ERGEBNISSE DER EXAKTEN NATURWISSENSCHAFTEN

REDIGIERT IN GEMEINSCHAFT MIT

F. HUND

VON

FERDINAND TRENDELENBURG

EINUNDZWANZIGSTER BAND

MIT 188 ABBILDUNGEN

BERLIN
SPRINGER-VERLAG
1945

ISBN-13: 978-3-642-93897-9 e-ISBN-13: 978-3-642-94297-6
DOI: 10.1007/978-3-642-94297-6

Inhaltsverzeichnis.

Neuere Fortschritte der Theorie des inneren Aufbaues und der Entwicklung der Sterne.

Von **L. Biermann**, Berlin-Babelsberg.

Mit 4 Abbildungen.

Inhaltsverzeichnis.

Vorbemerkungen. Seit dem Erscheinen des Berichts von B. Strömgren (*69*) sind wiederum wichtige Fortschritte in der Theorie des Sternaufbaues und der Sternentwicklung erreicht worden. Die Fortschritte, über die im folgenden berichtet werden soll, beziehen sich einmal auf die Modelltheorie radialsymmetrisch aufgebauter Sterne; vor allem wurden die Konsequenzen der Nichtüberschreitbarkeit des adiabatischen Temperaturgradienten in systematischer Weise untersucht, und es ergaben sich neue Modelltypen, deren Kenntnis im Hinblick sowohl auf die notwendige Vollständigkeit der Modelltheorie als auch auf das beobachtete Vorkommen von Konvektion auf der Sonne und auf den Sternen wesentlich ist. Ferner gelang es, mit Hilfe der Kernphysik die Theorie der Energieerzeugung wenigstens für die Sterne der Hauptreihe des Hertzsprung-Russelldiagramms, zu denen auch die Sonne gehört, zu einem gewissen Abschluß zu bringen. Dies führte zugleich zu wichtigen Folgerungen für unsere Vorstellungen von der Entwicklung der Sterne. Nicht betrachtet werden sollen in diesem Bericht rotierende, pulsierende und äußeren Kräfte unterworfene Sterne.

I. Konvektion im Sterninneren.

1. Das Instabilitätskriterium. Konvektion im Rahmen der Eddingtonschen Theorie des inneren Aufbaues. Das *Kriterium für das Auftreten von Konvektion* in einer Gasmasse, die sich in einem Schwerefeld der Schwerebeschleunigung g im hydrostatischen Gleichgewicht befindet, ist nach der Theorie und der meteorologischen Erfahrung [s. etwa (*62* und (*51*)] gegeben durch das Verhältnis des wirklichen Temperaturgradienten ∇T zu dem adiabatischen Temperaturgradienten $(\nabla T)_{ad}$; der letztere ist der Gradient, der durch die Temperaturänderung eines sich adiabatisch in Richtung des Potentialgradienten bewegenden Gaselements angezeigt wird. Überschreitet der wirkliche Temperaturgradient in einem Gebiet den adiabatischen Wert, ist also

$$\frac{\nabla T - (\nabla T)_{ad}}{(\nabla T)_{ad}} = \frac{\Delta \nabla T}{(\nabla T)_{ad}} > 0 \tag{1}$$

so ist die Schichtung in diesem Gebiet instabil, und jede Störung bringt alsbald die ganze Zone in Bewegung. Der molekular-theoretische Grund hierfür ist der, daß die Diffusionsgeschwindigkeit sehr klein wird gegenüber der Molekülgeschwindigkeit, sobald die betrachteten Gebiete hinreichend groß werden gegen die freien Weglängen der Moleküle. Dann gleichen sich nämlich Temperaturunterschiede sehr langsam, Druckunterschiede dagegen vergleichsweise instantan aus, und man kann annehmen, daß ein bewegtes Gaselement dem lokalen Druckgradienten, aber dem adiabatischen Temperaturgradienten folgt. Man überzeugt sich gemäß einer bekannten Überlegung leicht, daß bei Überschreitung des adiabatischen Temperaturgradienten jedes durch eine Störung aus seiner Anfangslage verschobene Gaselement durch den gegen seine Umgebung gewonnenen Dichteunterschied beschleunigt wird, während es im Falle eines unteradiabatischen Temperaturgradienten gebremst wird. Der Extremfall einer Temperaturinversion (Temperaturzunahme in der Richtung abnehmenden Drucks) ist aus der Meteorologie als besonders stabile Schichtung bekannt.

Die bei Instabilität der Schichtung einsetzenden Vorgänge haben die Tendenz, den lokalen Temperaturgradienten überall auf den adiabatischen Wert hinabzudrücken. Anders ausgedrückt heißt dies, daß die Entropie der Zone beim Umklappen der Instabilität, das neben adiabatischen Zustandsänderungen zu einem teilweisen Ausgleich der Temperaturunterschiede in der Zone führt, insgesamt vermehrt wird; außerdem wird die Entropie pro Gramm innerhalb der Zone ausgeglichen. Im stationären Zustand, bei ständiger Aufrechterhaltung des überadiabatischen Temperaturgradienten, kann die Entropie pro Gramm in der Richtung fallender Temperatur nicht abnehmen, wie die thermodynamischen Formeln [s. z. B. (*24*) Kap. II] zeigen.

Bei der schließlichen Vermischung eines bewegten Gaselements mit seiner neuen Umgebung wird die Temperatur ausgeglichen, und das Gesamtergebnis des Zusammenwirkens der Bewegungs- und Mischungsprozesse ist ein zusätzlicher Wärmetransport gegen die Richtung des Temperaturgradienten. Dieser beruht darauf, daß die nach außen aufsteigenden Gaselemente heißer, die absteigenden dagegen kälter sind als ihre Umgebung, die nach Voraussetzung gemäß dem überadiabatischen Temperaturgradienten geschichtet ist. Ist dieser Energietransport intensiv genug, so bestimmt er sogar den Temperaturgradienten selbst und damit über die Zustandsgleichung auch die Schichtung.

In der Eddingtonschen *Theorie des inneren Aufbaues der Sterne* (*24, 79*) stand die Frage des Temperaturgradienten im Falle von Instabilität der Schichtung anfänglich ganz im Hintergrund, da die Modelltheorie zunächst nur auf durchweg stabil geschichtete Sternmodelle führte. Der Erfolg der Theorie bei der Deutung der Masse-Leuchtkraftbeziehung verführte dann zu der — wie wir heute wissen, irrigen — Meinung, daß die Frage des Energietransports im Sterninneren endgültig geklärt sei und zwar in dem Sinne, daß nur der Strahlungstransport wirksam und die Unhaltbarkeit der älteren adiabatischen Hypothese (Energietransport im wesentlichen durch Konvektion) erwiesen sei. Allerdings hatte auch noch jede quantitative Behandlung des konvektiven Transportmechanismus gefehlt; die Mittel dazu wurden erst gleichzeitig mit der Eddingtonschen Theorie im Bereich der theoretischen Meteorologie entwickelt [s. (*64*)], ohne daß die Astrophysik zunächst Kenntnis davon erhielt.

Eine Änderung der Sachlage ergab sich, als die Theorie der Kernprozesse die sehr starke Temperaturabhängigkeit dieser Art von Energiequellen erwies (*69, 31, 85*). Die Energiequellen der Sterne mußten nämlich nunmehr in der nächsten Umgebung des Sternmittelpunktes konzentriert gedacht werden. Hieraus folgte, daß bei Strahlungstransport der Energie der Temperaturgradient in Mittelpunktsnähe sehr groß wurde, während gleichzeitig die Dichte im Mittelpunkt ein Minimum hätte aufweisen müssen. Es wurde zwar von geophysikalischer Seite darauf hingewiesen (*44*), daß diese Vorstellung sämtlichen meteorologischen und experimentellen Erfahrungen widersprach, da die zwangsläufig auftretenden Strömungen den Temperaturgradienten stark herabdrücken müßten, doch blieb dieser qualitative Hinweis unbeachtet. Auch die Feststellung, daß praktisch alle auf Sternen etwa auftretenden Strömungen turbulenten Charakter zeigen müßten (*62*), blieb ohne Konsequenzen. Die Nutzbarmachung der meteorologischen und hydrodynamischen Erfahrungen für die Astrophysik geschah erst von 1932 an (*7, 8, 20, 66, 67*). Ihr Ergebnis war, daß gerade die für die Eddingtonsche Theorie charakteristische Differentialgleichung, die Strahlungstransportgleichung der Energie, sich als nicht mehr uneingeschränkt gültig erwies, daß sie vielmehr bei Instabilität der Schichtung im allgemeinen durch die adiabatische Beziehung zwischen Druck und Temperatur ersetzt werden muß. Hierdurch wurde eine Erweiterung der Modelltheorie notwendig. Bevor diese beschrieben wird, sollen jedoch kurz die *hydrodynamischen und meteorologischen Grundlagen* (*15, 49, 51, 58, 59, 60, 61, 64, 68*) auseinandergesetzt und die Frage ihrer Übertragbarkeit auf die Astrophysik diskutiert werden.

2. Hydrodynamische und meteorologische Grundlagen. Wir gehen aus von der folgenden hydrodynamischen Erfahrungstatsache. Wenn die Geschwindigkeit der Strömung in einem Rohr einen bestimmten durch den kinematischen Viskositätskoeffizienten ν und den Rohrdurchmesser a festgelegten kritischen Wert vom ungefähren Betrage 2000 ν/a [cm sec^{-1}] überschreitet, so wird die durch die molekulare innere Reibung bestimmte zeitlich konstante Geschwindigkeitsverteilung instabil. Es entwickelt sich ein neuer Zustand, der durch rasche Schwankungen des Geschwindigkeitsvektors an jedem Ort und durch eine scheinbare erhebliche Zunahme der inneren Reibung charakterisiert ist. Das genannte Kriterium wurde von Reynolds entdeckt, und der beschriebene stationäre Zustand heißt *Turbulenz*. Er ist der in der Natur vorherrschende Bewegungstyp der Strömungen, denn der Wert der kritischen Geschwindigkeit wird wegen der Kleinheit von ν (für Wasser $1.0 \cdot 10^{-2}$, für Luft $1.5 \cdot 10^{-1}$ bei 20° C) und der Größe der Strömungsquerschnitte normalerweise weit überschritten. Erst recht gilt dies natürlich, worauf zuerst Rosseland (*62*) aufmerksam gemacht hat, von allen auf Sternen auftretenden Strömungen.

Diese auf einer Instabilität der laminaren Geschwindigkeitsverteilung beruhende Turbulenz heißt *dynamische Turbulenz*. Es hat sich aber weiterhin gezeigt, daß in der Atmosphäre und den Gewässern auch die Stabilität der Schichtung, deren Kriterium in Abschnitt 1 gegeben wurde, von großem Einfluß auf das Auftreten von Turbulenz ist. Wenn die Schichtung stabil ist (unteradiabatischer Temperaturgradient), so wird die dynamische Turbulenz gehemmt, und es hängt von der durch den Geschwindigkeitsgradienten gegebenen instabilisierenden Antriebskraft ab, ob überhaupt Turbulenz auftritt. Das Kriterium hierfür ist zuerst von Richardson (*61*) abgeleitet worden; es besagt, daß man die längs des Weges eines Flüssigkeitselements infolge des Geschwindigkeitsgradienten ∇u gewonnene kinetische Energie zu vergleichen hat mit der Arbeit, die gegen die stabile Schichtung geleistet werden muß. Der kritische Wert der so gebildeten Richardsonschen Zahl

$$\mathfrak{Ri} = \frac{g}{T} \frac{\Delta \nabla T}{|\nabla u|^2} \tag{2}$$

beträgt [s. (*51*)] ungefähr $^1/_{24}$, nicht wie früher angenommen etwa 1 oder $\frac{1}{2}$. Die Anwendung dieses Kriteriums auf das Sonneninnere durch Biermann (*7*) hat ergeben, daß die Stabilität der Schichtung dort der dominierende Faktor ist, und eine einfache Abschätzung zeigt, daß dies im allgemeinen für das Innere der Sterne gelten wird.

Bei Instabilität der Schichtung treten, wie bereits eingangs bemerkt, schon bei einem sehr geringen Überschuß über den adiabatischen Gradienten Strömungen auf. Unter irdischen Verhältnissen können sich außer der Turbulenz noch bestimmte Formen von Konvektion entwickeln. Es hat sich jedoch gezeigt [Siedentopf (*68*); Biermann (*7*)], daß diese auf den Sternen kaum zu erwarten sind, und daß überhaupt die Form des Geschwindigkeitsfeldes, die von den sich der Schwerkraft überlagernden Kräften und den Randbedingungen bestimmt wird, für den Energietransport und die Schichtung in erster Näherung ohne Belang ist. Es ist daher für das folgende auch nicht notwendig, einen Unterschied zwischen Turbulenz im engeren Sinne und Konvektion zu machen.

Die Turbulenz zieht, wie schon bemerkt wurde, scheinbar eine erhebliche Erhöhung der inneren Reibung nach sich. Dasselbe gilt von allen anderen Freie-Weglängen Erscheinungen, von denen uns hier besonders die Wärmeleitung interessiert. Eine phänomenologische Theorie dieser Erscheinungen ist von dem Meteorologen W. Schmidt (*64*) und von L. Prandtl (*58, 59, 60*) gegeben worden. Ihr Grundgedanke ist die Analogie der Verhältnisse in einer turbulenten Schicht mit denen, die von der kinetischen Theorie der Gase angenommen werden. Im Falle von Turbulenz bilden sich nämlich spontan durch gemeinsame Bewegung gekennzeichnete Flüssigkeits- bzw. Gasballen, die sich eine

Zeitlang selbständig unter annähernd adiabatischer Zustandsänderung fortbewegen und dabei Impuls, Energie usf. mit sich tragen, bis sie unter Auflösung und Vermischung mit ihrer Umgebung ihre Individualität wieder verlieren. Prandtl hat gezeigt, daß der Betrag ihrer „freien Weglänge" bis auf einen dimensionslosen Faktor von der Ordnung 1 gegeben ist durch den Durchmesser der als Turbulenzelemente bezeichneten Ballen (*59*); ferner kann man nach Prandtl die freie Weglänge, die im folgenden durch l bezeichnet sei, zu einem gewissen, nicht zu kleinem Bruchteil der Schichtdicke (etwa $1/3$ oder mehr) ansetzen[1]).

Die mittlere Geschwindigkeit v der Turbulenzelemente reguliert sich dadurch, daß im stationären Zustand die Zufuhr an instabilisierender Energie gerade den Verzehr durch die turbulente Reibung kompensieren muß; im Mittel müssen sich der Auftrieb und der Bewegungswiderstand, den die Ballen erfahren und der gemäß dem Newtonschen Widerstandsgesetz anzusetzen ist, gerade die Waage halten [Prandtl (*60*)]. Dies führt auf die folgende Bestimmungsgleichung für die Turbulenzgeschwindigkeit v, in der ein dimensionsloser Faktor von der Größenordnung 1 unterdrückt ist[2]).

$$(3) \qquad \frac{v^2}{l} = \frac{l \cdot \Delta \nabla T}{T} \cdot g \ [\text{cm sec}^{-2}]$$

Hierin ist der Widerstandsbeiwert [s. etwa (*51*)] zu $1/3$ angenommen entsprechend dem hohen Werte der mit l und v gebildeten Reynoldsschen Zahl.

Auf Grund der eben skizzierten Vorstellungen lassen sich die verschiedenen Transportgleichungen sofort ableiten [W. Schmidt (*64*)]. Hier interessiert uns hauptsächlich die für den Energietransport durch Konvektion. Sie lautet für ein ideales Gas mit festem mittleren Molekulargewicht

$$(4) \qquad H_K = c_v \cdot l \varrho v \cdot \Delta \nabla T + P\bar{v}_r \approx c_p \cdot A \cdot \Delta \nabla T$$

Hierin sind c_v und c_p die spezifischen Wärmen pro Gramm bei konstantem Volumen und konstantem Druck, ϱ die Dichte, $A = \varrho l v$ der in der Meteorologie als Analogon zum Viskositätskoeffizienten viel gebrauchte Austauschkoeffizienten und $\bar{v}_r$ das Mittel über eine Kugelfläche der radialen Geschwindigkeitskomponente v_r. Trotzdem die Auflösung

[1]) Zusatz bei der Korrektur. Selbst ein so schwacher Grad von Rotation wie derjenige der Sonne, vermag nach einer neueren Untersuchung von Randers (Ap. Journ. **94**, 109, 1941) die Bewegungen senkrecht zur Achse stark zu behindern. Biermann (Z. f. Astrophysik, im Druck) hat daraufhin gezeigt, daß die Wirkung der Rotation für diese Bewegungen auf eine Beschränkung der l hinausläuft, die für die Sonne im Falle starrer Rotation für die Mittelpunktskonvektionszone etwa eine Zehnerpotenz, für die Wasserstoffkonvektionszone aber nichts ausmacht.

[2]) In der gleichen Untersuchung findet Biermann diesen Faktor zu $\approx 1/8$; zu der folgenden Gleichung (4) tritt der Faktor $1/2$ hinzu (Vogt, Veröff. Sternwarte Heidelberg **14**, Nr. 3, 1943).

der Elemente bei konstantem Druck erfolgt, ist nicht die spezifische Wärme bei konstantem Druck, sondern diejenige bei konstantem Volumen für den eigentlichen Wärmetransport maßgebend, da ein Teil dieser Wärmeenergie durch die Druckarbeit kompensiert wird, welche die dem Temperaturausgleich parallelgehende Volumenänderung begleitet; andererseits ist die mittlere Druckarbeit $P\bar{v}_r$ dem Energietransport hinzuzurechnen, und dadurch kommt man doch wieder auf c_p als Faktor in Gl. (4) (Cowling (*20*)). Falls der Ionisationsgrad x innerhalb der Schicht noch vom Ort abhängt, ergibt sich für ein Gas in 1. Ionisation für c_p folgender Ausdruck [Möglich, Riewe und Rompe (*55*)]

$$c_p = \tfrac{1}{2} N k\,(1 + x) \left\{5 + x \cdot (1 - x) \left(\frac{\chi}{kT} + \frac{5}{2}\right)^2\right\} \tag{5}$$

wo k die Boltzmannsche Konstante, N die Anzahl der *Atome* pro Gramm und χ die Ionisationsenergie ist. Auch die Transportgleichung gilt nur bis auf einen dimensionslosen Faktor von der Größenordnung 1, der zweckmäßig in die Abschätzung des Mischungsweges einbezogen wird.

Nach den meteorologischen und anderen Erfahrungen kommt es für die Austauscherscheinungen und ihren zahlenmäßigen Zusammenhang in erster Näherung nicht auf die Ursache der Instabilität an, die oft komplex ist. Es ist daher berechtigt, für den durch das Spiel der ungeordneten Bewegungen charakterisierten Zustand in jedem Fall den Ausdruck Turbulenz zu gebrauchen [Lettau (*51*)], auch wenn es sich nicht wie etwa bei der Rohrströmung um dynamische Turbulenz handelt. Daneben werden wir das Wort Konvektion gebrauchen und zwar ohne Zusatz, wenn der vollkommen ungeordnete Bewegungszustand gemeint ist.

3. **Die Nichtüberschreitbarkeit des adiabatischen Temperaturgradienten.** Denken wir zunächst an die Konvektionszone, die infolge der starken Temperaturabhängigkeit der Kernprozesse wahrscheinlich den Mittelpunkt der Sonne umgibt, so hätten wir in ihr etwa mit folgenden Werten der Zustandsgrößen zu rechnen:

$$H = 10^{12.5} \qquad \varrho = 10^{1.5} \qquad c_v = 10^8$$
$$l = 10^{9.5} \qquad \nabla T = 10^{-3.5} \qquad [(\Delta \nabla T)_s = 10^{-4}]$$

Der angegebene Wert von $\Delta \nabla T$ würde für Strahlungstransport der Energie gelten. Man findet dann aus der Gleichung (4), das eine Geschwindigkeit von nur 10^{-2} cm/sec einen konvektiven Energiefluß von der Ordnung H hervorrufen würde. Andererseits würde man bei starker Instabilität der Schichtung damit zu rechnen haben, daß ein gewisser Bruchteil der Zone mit einer annähernd dem Druckgefälle entsprechenden Geschwindigkeit durchmessen würde; diese ergibt sich größenordnungsmäßig zu $\sqrt{gl}$ oder 10 bis 100 km pro sec. Man erkennt daraus schon, daß $\Delta \nabla T$ (und damit die Instabilität) um Größenordnungen geringer sein muß.

Die im vorigen Abschnitt erwähnte Bestimmungsgleichung für die Turbulenzgeschwindigkeit im stationären Zustand ergibt zusammen mit der konvektiven Transportgleichung der Energie

$$v^3 = \frac{l \cdot g \cdot H_k}{c_p \cdot \varrho \cdot T} \tag{6}$$

Im vorliegenden Beispiel führt diese Gleichung mit $T = 10^7$ und $g = 10^{3.5}$ auf $v^3 = 10^{9.0}$, $v = 10$ m/sec und $\Delta \nabla T = 10^{-9.5}$ o/cm. Die Zahlenwerte zeigen, ein wie milder Grad von Turbulenz bereits hinreicht, um den Energietransport zu leisten; dies beruht hauptsächlich auf der großen linearen Ausdehnung der Zone und auf dem hohen Wert der Energiedichte. Das Ergebnis läßt sich am einfachsten folgendermaßen ausdrücken: Der adiabatische Temperaturgradient kann im Inneren der Sonne nicht merklich überschritten werden; für den Überschußgradienten gilt $|\Delta \nabla T| \ll |\nabla T|$. Die Grenzen der Gültigkeit dieses Satzes, der von Biermann (*7*) und nochmal mit etwas eingehenderer Begründung von Cowling (*20*) abgeleitet wurde, werden noch diskutiert werden (Ziffer 6). Hier sei nur bemerkt, daß nach den genannten Abschätzungen der Satz für das Innere aller normalen Klassen der Sterne gilt.

Eine einfache, aber nicht unwichtige Folgerung ist die, daß der turbulente Zusatzdruck $\frac{1}{3} \varrho v^2$ gegen den Gasdruck völlig vernachlässigt werden kann; denn v ist ja sehr klein gegen die Molekülgeschwindigkeit.

Es liegt nahe, nach der Berechtigung der im vorstehenden angewandten Schlußweise zu fragen [vgl. Biermann (*8*), 1. Arbeit]. Die in den Gleichungen (3) und (4) ausgedrückten Gesetzmäßigkeiten sind zunächst nur phänomenologische Ansätze, die auf der Ähnlichkeit des turbulenten Zustandes mit den von der kinetischen Theorie der Gase vorausgesetzten Verhältnissen beruhen. Ein wirkliches theoretisches Verständnis der Turbulenz ist bis heute nicht erreicht worden, doch dürfte nicht daran zu zweifeln sein, daß es sich um eine Erscheinung handelt, die bei Instabilität hinreichend großer Raumgebiete zwangsläufig auftritt. Die Natur der Instabilität bietet aber im vorliegenden Fall (anders als bei Strömungsinstabilität) kein Problem. Unter irdischen Verhältnissen haben sich die gemachten Ansätze über einen außerordentlichen Spielraum von Größenordnungen und Verhältnissen bewährt, bis zu Werten des Mischungsweges von der Ordnung 1000 km für den Wärmetransport über die Breiten. Bei der Anwendung auf die Wasserstoffkonvektionszone der Sonne haben sie zu einer Theorie der Granulation auf der Sonnenscheibe geführt, die in befriedigender Übereinstimmung mit der Beobachtung steht (vgl. Ziffer 6), und es ist kein Grund erkennbar, warum sie im Sterninneren versagen sollten.

Das Mißverhältnis zwischen den Zeiten, in denen sich in Druckdifferenzen einerseits, Temperaturdifferenzen andererseits ausgleichen, ist übrigens gerade im Sterninneren besonders groß. Für den ganzen Stern gerechnet verhalten sich diese Zeiten größenordnungsmäßig wie die Eigenschwingungsdauer zur Kontraktionszeitskala, d. h. für die Sonne z. B. wie $1 : 10^{10}$; für Teilgebiete wird das Verhältnis nur $\approx (l/R)^2$ kleiner (R Sternradius). Die Voraussetzung adiabatischer Zustandsänderung bewegter Massenelemente ist daher im Sterninneren in besonders guter Näherung erfüllt; erst in den oberflächennahen Schichten bricht diese Näherung schließlich zusammen.

4. **Die Grundgleichungen des Sternaufbaues und ihre Oberflächenbedingungen. Der Satz von Vogt und Russell.** Wir gehen nun zur eigentlichen Theorie des inneren Aufbaues über. Es erscheint nützlich, zu Beginn die Grundgleichungen für den Fall von Kugelsymmetrie, der uns in diesem Bericht allein beschäftigen soll, in der gegenwärtig zweckmäßig erscheinenden Fassung zusammenzustellen[1]).

$$(7)\quad -\frac{dP}{dr} = G\,\frac{M_r}{r^2}\,\varrho$$

$$(8)\quad \frac{dM_r}{dr} = 4\pi r^2 \varrho$$

$$\begin{array}{ll}(9) & \\ & -\dfrac{dp_R}{dr}\left\{\begin{array}{l}\leqslant \dfrac{\varrho}{c}\,\dfrac{L_r}{4\pi r^2}(\varkappa+\sigma)\\[2ex] \leqslant \left(\dfrac{d\log p_R}{d\log P}\right)_{ad}\dfrac{p_R}{P}\cdot\left(-\dfrac{dP}{dr}\right)\end{array}\right.\\ (10) & \end{array}$$

$$(11)\quad \frac{dL_r}{dr} = \varepsilon\cdot 4\pi\varrho r^2$$

$$(12)\quad P = \frac{\Re}{\mu}\,\varrho T + \frac{a}{3}\,T^4 \equiv p_G + p_R \equiv \beta P + (1-\beta)\,P$$

$$(13)\quad \varkappa = 10^{25.59}\,\frac{\varrho}{T^{3.5}}\,\frac{1-X-Y}{\tau}\,(1+X)\sqrt{\left(\frac{1}{6}\,\frac{Z^2}{A}\right)}$$

$$(14)\quad \sigma = 0.20\cdot(1+X)$$

$$(15)\quad \mu = \frac{2}{1+3X+\frac{1}{2}Y}$$

$$(16)\quad \varepsilon = \varepsilon\,(X,\,Y\cdots;\,\varrho,\,T) \quad [\text{erg/gr sec}]$$

$$(17)\quad \tau = \tau\,(X,\,Y\cdots;\,\varrho,\,T)$$

Bezeichnungen.

P Gesamtdruck.
p_G Gasdruck.
p_R Strahlungsdruck.
ϱ Dichte.
T Temperatur.
r Mittelpunktsabstand.
M_r Masse innerhalb r.
L_r pro sec. innerhalb r erzeugte Energie.

$\varkappa$ Opazität.
σ Streukoeffizient.
ε Energieerzeugung.
τ Guillotinefaktor.
μ mittl. Molekulargewicht.
χ Ionisationspotential.
x Ionisationsgrad.

Z, A Ordnungszahl und Atomgewicht der zur Opazität beitragenden Elemente.
X Wasserstoffgehalt in g.
Y Heliumgehalt in g.

[1]) s. hierzu auch die eben erschienene Monographie von H. Vogt. Aufbau und Entwicklung der Sterne. Leipzig 1943.

Mittelpunktsbedingungen (Oberflächenbedingungen s. Text).

$$(18, 19)\quad M_r(0) = 0 \quad L_r(0) = 0$$

$$(20, 21)\quad \frac{dP}{dr}(0) = 0 \quad \frac{dp_R}{dr}(0) = 0$$

$$(22, 23)\quad \frac{dM_r}{dr}(0) = 0 \quad \frac{dL_r}{dr}(0) = 0$$

Bezeichnungen.

G	Gravitationskonstante.
c	Lichtgeschwindigkeit.
$\mathfrak{R}$	Gaskonstante pro Mo.
a	Stefansche Konstante.

L	Leuchtkraft	des Sterns
M	Maße	
R	Radius	

Adiabatische Beziehungen:

$$(24)\quad \left(\frac{d\log p_R}{d\log P}\right)_{ad} = \frac{8 + 24(1-\beta)}{5 + 30(1-\beta) - 3(1-\beta)^2} \quad \left(\begin{matrix}\mu = \text{konst.}\\ \beta \text{ beliebig}\end{matrix}\right)$$

$$(24a)\quad \left(\frac{d\log p_R}{d\log P}\right)_{ad} = \frac{8 + 4\cdot x\cdot(1-x)\left(\frac{5}{2} + \frac{\chi}{kT}\right)}{5 + x\cdot(1-x)\left(\frac{5}{2} + \frac{\chi}{kT}\right)^2} \quad \left(\begin{matrix}1-\beta \ll 1,\\ \text{ein Element}\\ \text{in erster}\\ \text{Ionisation}\end{matrix}\right)$$

$$(25)\quad \left(\frac{d\log P}{d\log \varrho}\right)_{ad} = \frac{c_P}{c_V}\left(1 - \left(\frac{\partial\log\mu}{\partial\log\varrho}\right)_T\right)$$

Von den Beziehungen (9) und (10), deren zweite den adiabatischen Strahlungsdruckgradienten angibt, ist diejenige mit dem Gleichheitszeichen zu benutzen, die den kleineren Betrag ergibt (Ziffer 3). Im adiabatischen Fall liefert die Beziehung (9) mit Gleichheitszeichen den durch die Strahlung allein transportierten Teil des Energieflusses.

Die Gleichungen (7) bis (25) sind in ihrem physikalischen Inhalt identisch mit den in dem Bericht B. Strömgrens (*69*) aufgeführten. Die Formulierung weist explizit hin auf den Einfluß der chemischen Zusammensetzung auf die Opazität, auf das mittlere Molekulargewicht und auf die Energieerzeugung, die sämtlich als durch die physikalische Theorie gegeben anzusehen sind. Für die adiabatischen Beziehungen s. Fowler und Guggenheim (*30*) und Unsöld (*75*); neuere Opazitätstabellen hat Morse (*56*) gerechnet.

Die Oberflächenbedingungen, denen die Lösungen der Grundgleichungen genügen müssen, stehen in engem Zusammenhang mit dem Satz von Vogt und Russell [vgl. Strömgren (*69*), Ziffer 4, sowie Vogt (*79*) und (*80*)].

Es ist nun nicht ganz trivial, daß dieser Satz, nach dem Masse und chemische Zusammensetzung bei Kugelsymmetrie den gesamten Aufbau festlegen, auch nach dem Hinzukommen der Gleichung (10) bestehen bleibt. Die Oberflächenbedingungen der früheren Theorie

$$(26)\qquad P(R) = 0;\ \varrho(R) = 0;\ T(R) = 0;\ M_R = M;\ L_R = L$$

sind nämlich nicht mehr ohne weiteres anwendbar, weil sich inzwischen gezeigt hat, daß bei Berücksichtigung von (10) die genauen Verhältnisse an der Oberfläche bei der Integration der Gleichungen nach innen hin den Aufbau des tiefen Inneren wesentlich beeinflussen können (s. die folg. Ziffer 6). Es sei daher zunächst eine Ableitung skizziert, die den Satz von Vogt und Russell unter allgemeineren Voraussetzungen beweist [Cowling (*21*)]. Angenommen wird dazu nur hydrostatisches Gleichgewicht, nicht dagegen ein bestimmter Mechanismus des Energietransportes in der Photosphäre. Unter Photosphäre sind dabei die Schichten verstanden, deren optische Tiefe in den wesentlichen Frequenzen von der Größenordnung 1 ist. Die Bedingung, daß die Leuchtkraft des Sternes gleich dem Integral der von den verschiedenen oberflächennahen Schichten ausgestrahlten Energie sein muß, führt in Verbindung mit der als bekannt vorausgesetzten Abhängigkeit des Absorptionskoeffizienten von den Zustandsgrößen zu einer Beziehung zwischen dem Wert von p_R/P an der Stelle, wo die Temperatur gleich der effektiven Temperatur T_e ist, und den Zustandsparametern L, M, R, X usf. des ganzen Sterns; in der Schicht mit der Temperatur T_e muß infolge dieser Bedingung ein solcher Druck herrschen, daß ihre optische Tiefe bis auf bestimmte Mittelungsfaktoren gleich 1 ist. Für die Integration von außen nach innen ist es daher notwendig und hinreichend, die Werte von R und L zunächst neben Masse und chemischer Zusammensetzung willkürlich vorzugeben; im Mittelpunkt hat man die beiden Bedingungen (*18, 19*) zu erfüllen, was durch Variation von L und R gerade erreichbar ist. Die Bedingungen (20)—(23) sind dann wegen der Endlichkeit der Mittelpunktswerte aller Zustandsgrößen automatisch erfüllt. Unter den idealen, in dieser Ziffer angenommenen Verhältnissen bleibt also die Zahl der Freiheitsgrade der Sternmodelle unverändert, nämlich bei gegebener chemischer Zusammensetzung gleich eins.

In dem normalerweise zunächst anzunehmenden Fall von Strahlungstransport in der Photosphäre ist die Oberflächenbedingung nach der Theorie der Sternatmosphären [siehe etwa Unsöld (*75*)]

$$(27)\qquad \begin{cases} T_o^4 \equiv T^4(R) = \dfrac{L}{2\pi a c R^2} \\ (p_G)_o \equiv p_G(R) = 0 \end{cases}$$

Vom Standpunkt der Theorie des inneren Aufbaues ist es ausreichend und zweckmäßiger, bis zu einer optischen Tiefe von der Ordnung 1 (etwa $^2/_3$, die gerade der effektiven Temperatur entspricht) eine angenähert integrierte Form zu benutzen, die sich bei hydrostatischem Gleichgewicht mit Hilfe des physikalischen Opazitätsgesetzes ohne Schwierigkeit (etwa durch den Ansatz $\varkappa = \varkappa_o P^m T^n$) aus der folgenden Gleichung gewinnen läßt (vgl. Gl. 7 u. 9)

$$(28)\qquad P_{T=T} = \frac{16\pi a c}{3} \int_{T_o}^{T_e} \frac{GM}{\varkappa(P,T)} \, \frac{T^3 dT}{L}$$

$$T_e^4 = \frac{L}{\pi a c R^2} \tag{29}$$

Auch in dieser Form ist die Oberflächenbedingung des Sternaufbaues in der Praxis nicht ganz einfach anzuwenden, einmal wegen des noch nicht völlig befriedigenden Standes der Theorie der Opazität in den Sternatmosphären, ferner vor allem, weil gerade unterhalb der Photosphäre ein Gebiet beginnt, in dem die Verhältnisse besonders schwer zu übersehen sind, und das daher eine besondere Untersuchung erfordert (s. Ziffer 6). Man geht daher praktisch so vor, daß man das Innere und die oberflächennahen Schichten zunächst unabhängig voneinander untersucht; die Bedingung, die das Aneinanderpassen der Lösungen ergibt, liefert dann erst die endgültige Lösung.

In der Eddingtonschen Theorie lagen die Verhältnisse sehr viel einfacher, da man infolge einer bestimmten mathematischen Eigenschaft der Lösungen (s. Ziffer 5) die Bedingung (27) durch die sehr viel bequemere ersetzen kann, daß Gesamtdruck und Strahlungsdruck bei der Integration von innen nach außen miteinander klein werden sollen gegen die Werte im tiefen Inneren. Diese Bedingung, die wir symbolisch folgendermaßen schreiben

$$\left.\begin{matrix} \dfrac{p_R}{(p_R)_c} \\ \dfrac{P}{P_c} \end{matrix}\right\} \to 0 \tag{30}$$

ist physikalisch gewissermaßen interpretiert worden durch die Erwägung, daß die Oberflächendrucke unmöglich die Verhältnisse im tiefen Inneren bestimmen könnten. Infolge aufgetretener Mißverständnisse ist es aber wesentlich zu bemerken, daß diese Interpretation nicht stichhaltig ist, und daß die Bedingung (30) im allgemeinen Fall nicht ausreichend ist, um die Anpaßbarkeit einer stationären Atmosphäre zu garantieren [Cowling (*21*); Biermann (*8*)]. Andererseits ist (30) aber jedenfalls eine notwendige Bedingung, und es hat sich als methodisch zweckmäßig erwiesen, sie bei der Untersuchung der Lösungen für das Innere zunächst zugrundezulegen und erst nachträglich durch die strenge Bedingung (27) zu ergänzen.

Innerhalb der Theorie exakt kugelsymmetrisch aufgebauter Sternmodelle mit Energiequellen gemäß Gleichung (16) sind die Verhältnisse somit vollkommen eindeutig. Beim Vergleich mit der Beobachtung zeigt sich folgendes: Die Gültigkeit des Satzes von Vogt und Russell ist äquivalent mit der Behauptung, daß die Schwerebeschleunigung oder der Energiestrom jeweils zusammen mit der chemischen Zusammensetzung den Zustand der Sternatmosphäre eindeutig festlegen. Ob dies für alle Sternklassen auch empirisch der Fall ist, ob mithin die Abweichungen von den idealen Voraussetzungen der Theorie wirklich unmerklich sind, ist neuerdings zweifelhaft geworden; nach Unsöld [(*75*),

Kap. XV] muß man — falls vorhanden — die Turbulenz der Sternatmosphäre als dritten möglicherweise unabhängigen Parameter einführen (die Gleichung (28) gilt in diesem Fall sicher nicht), und auf Grund bestimmter Beobachtungen O. Struves an den Spektren von Sternen früher Spektraltypen rechnet Unsöld mit der Möglichkeit, daß der Zustand dieser Sterne mit abhängt mit ihrer Vorgeschichte. Hinzukommt, daß bei Einzelsternen der Drehimpuls und Rotationszustand, bei engen Doppelsternen infolge der vielleicht engen Koppelung von Innerem und Oberflächenbeschaffenheit die Systemkonstanten möglicherweise mit eingehen [K. Walter (*82*)]. Endlich haben die neueren Untersuchungen von Spektren hoher Dispersion gelehrt, daß man generell zur genauen Beschreibung der Sternspektren mit einer zweiparametrigen Spektralklassifikation (etwa entsprechend der Masse und dem Wasserstoffgehalt) nicht mehr auskommt; vielmehr scheint jeder Stern mehr oder weniger ein Individuum darzustellen. Daß dieser Sachverhalt ausschließlich auf feinere Unterschiede der chemischen Zusammensetzung zurückzuführen ist, erscheint aber nicht sehr glaubhaft; vielleicht ist es vielmehr so, daß die Voraussetzungen des Satzes von Vogt und Russell bei manchen Sterngruppen oder vielleicht überhaupt nur in erster Näherung gelten. Man muß aus allen diesen Beobachtungen wohl den Schluß ziehen, daß die Modelltheorie sich bei Festhalten an den kugelsymmetrischen Lösungen einstweilen noch nicht ausschließlich auf die durch (28, 29) definierten Lösungen festlegen darf (die Wirkung der störenden Parameter auf die Zahl der Freiheitsgrade z. B. ist äquivalent einer Lockerung der Randbedingung), obwohl kaum daran zu zweifeln ist, daß diese Grenzbedingung bei der Sonne und allen Sternen ähnlichen Typs erfüllt ist. Die allgemeine Gültigkeit von (30) als notwendiger Bedingung wird hierdurch nicht berührt.

5. **Die Theorie konvektiver Sternmodelle mit der unvollständigen Oberflächenbedingung.** In diesem Abschnitt soll die Theorie des inneren Aufbaues dargestellt werden in der Allgemeinheit, wie sie die Oberflächenbedingung (30) zuläßt [Biermann (*8*), Bohrmann (*13*) und Öpik (*57*)[1]]. Die strenge Oberflächenbedingung (27) wird im folgenden Abschnitt eingeführt werden.

Das einfachste Modell, das schon alle wesentlichen Züge erkennen läßt, ist charakterisiert durch die Annahmen

$$L_r = \frac{L}{M} M_r \equiv \varepsilon_0 M_r \tag{31}$$

$$\varkappa + \sigma = \text{konstans} = \varkappa_0 \tag{32}$$

[1]) Auf die Arbeiten von Öpik, der auch Modelle mit zonenweise verschiedener chemischer Zusammensetzung und damit komplizierterer Struktur, aber ohne die exakten Oberflächenbedingungen (27) bzw. (28,29) betrachtet, kann in diesem Bericht nur hingewiesen werden.

In der Literatur wird es als Standardmodell bezeichnet. Der Vorteil dieses Modells besteht darin, daß bei ihm die Kombination von Gleichung (7) mit (9, 10) gestattet, ein Differentialgleichungspaar für die „Weggleichung“ $p_R(P)$ zu separieren, dessen Diskussion schon alle erforderlichen Aufschlüsse liefert. Es lautet

$$(33) \qquad \left(\frac{d\,p_R}{d\,P}\right)_S = \frac{\varepsilon_0\,\varkappa_0}{4\pi c\,G} \qquad \left(\frac{d \log p_R}{d \log P}\right)_S = \frac{\varepsilon_0\,\varkappa_0}{4\pi c\,G}\cdot\frac{P}{p_R}$$

$$(34) \qquad \left(\frac{d \log p_R}{d \log P}\right)_K = \left(\frac{d \log p_R}{d \log P}\right)_{ad} = \frac{8 + 24\,(1-\beta)}{5 + 30\,(1-\beta) - 3\,(1-\beta)^2}$$

Die Indizes weisen auf den vorherrschenden Mechanismus des Energietransports, Strahlungstransport oder Konvektion hin. Die Gleichung

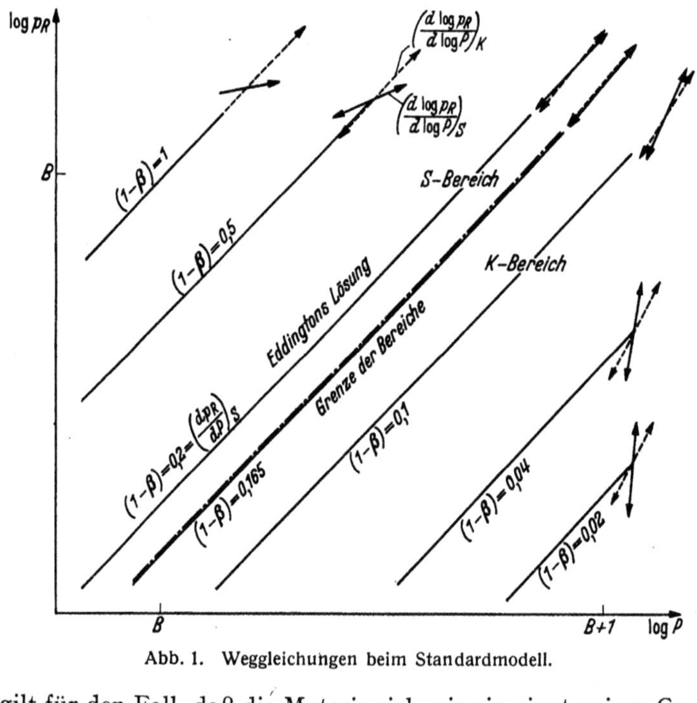

Abb. 1. Weggleichungen beim Standardmodell.

(34) gilt für den Fall, daß die Materie sich wie ein einatomiges Gas verhält; falls die Ionisation eines häufigen Elements das Verhältnis der spezifischen Wärmen c_p und c_v beeinflußt, ist die Adiabate besonders zu berechnen.

Trägt man die logarithmischen Gradienten gegen log P und log p_R als Abszisse und Ordinate auf, so entsteht das beistehende Diagramm. Hier ist zunächst zu beachten, daß alle Gradienten nur von p_R/P abhängen, alle Doppelpfeile können daher längs der Geraden $p_R \sim P$ parallel zu sich selbst beliebig verschoben werden. Ferner bedeuten die ausgezogenen Doppelpfeile die Gradienten für Strahlungstransport, die gestrichelten die für Konvektion. B ist eine beliebig vorgebbare Zahl.

Die Gleichungen (33) und (34) und das Diagramm ergeben folgendes. Achtet man zunächst nur auf die S-Gradienten, so heißt die allgemeine Lösung

$$p_R = \frac{\varepsilon_0 \varkappa_0}{4\pi c G} \cdot P + \text{konst.} \tag{35}$$

und alle speziellen Lösungen konvergieren im logarithmischen Diagramm mit wachsendem Druck rasch gegen die asymptotische Lösung

$$p_R = \frac{\varepsilon_0 \varkappa_0}{4\pi c G} \cdot P \quad (S\text{-Lösung}) \tag{36}$$

Betreffs der Konvergenz der Lösungen ist zu bemerken, daß der Druck im Sonnenmittelpunkt um mindestens 10 Zehnerpotenzen höher ist als der in der Atmosphäre. Diese Konvergenz ist der Grund dafür, daß man in der Eddingtonschen Theorie schon mit der Bedingung (30) auskommt, denn auch starke Abweichungen von den Bedingungen (28, 29) gleichen sich bei der Integration nach innen hin rasch aus. Die asymptotische Lösung ist daher die Weggleichung der Eddingtonschen Theorie.

Betrachtet man nun die konvektiven Gradienten, so erkennt man, daß das ganze Diagramm je nach dem relativen Wert der beiden Gradienten in zwei Teile zerfällt. Im oberen Teil sind die S-Gradienten überall die kleineren, die Schichtung ist daher stabil; im unteren Teil dagegen ist es gerade umgekehrt. Der Wert von p_R/P, für den die beiden Gradienten gerade gleich sind, ist im Falle $p_R \ll P$ (z. B. bei der Sonne) gegeben durch

$$\frac{p_R}{P} = \frac{5}{8} \frac{\varepsilon_0 \varkappa_0}{4\pi c G} \tag{37}$$

Es gibt nun offenbar folgende Typen von Lösungskurven: 1. diejenigen, die ganz oberhalb der Eddingtonschen Lösung (36) verlaufen. Diese Lösungen verletzen schon die Bedingung (30) und fallen demgemäß aus. 2. Eddingtons Lösung (36), welche die Bedingung (30) erfüllt und an der sich nichts ändert. 3. Lösungskurven, die irgendwo die Stabilitätsgrenze $(\nabla p_R)_S = (\nabla p_R)_{ad}$ überschreiten und unterhalb derselben durch die gestrichelten Gradienten festgelegt werden. Diese Lösungen erfüllen wegen (34) ebenfalls die Bedingung (30), im Gegensatz zu den entsprechenden S-Lösungen (ausgezogene Gradienten). Diese Lösungskurven ergeben demnach Sternmodelle, die in der Eddingtonschen Theorie nicht vorkommen, und zwar zwei verschiedene Modelle, je nach dem der Bildpunkt des Sternmittelpunktes im stabilen oder im instabilen Bereich liegt. Im ersten Fall erhalten wir Sternmodelle mit stabil geschichtetem Kern und konvektiver Hülle, im zweiten Fall dagegen vollständig konvektive Modelle. Im Grenzfall liegt der Bildpunkt des Sternmittelpunkt gerade auf der Stabilitätsgrenze; diese Lösung wollen wir als K^*-Lösung bezeichnen.

Die S-Lösung ergibt, wie schon Eddington zeigte, eine Polytrope mit dem Index $n = 3$. Die vollständig konvektiven Lösungen bis zur K^*-Lösung einschließlich führen im Falle $p_R \ll P$ auf Polytropen $n = 1.5$. Die Lösungen mit stabil geschichtetem Kern und konvektiver Hülle weisen eine Dichtekonzentration zum Mittelpunkt hin auf, die zwischen diesen beiden Fällen liegt. Falls p_R und P von derselben Größenordnung sind, ergibt sich im vollständig konvektiven Fall keine Polytrope mit einheitlichem Index. Definiert man einen von Ort zu Ort variablen Polytropenindex n durch die Gleichung

$$\frac{d \log P}{d \log \varrho} = 1 + \frac{1}{n} \tag{38}$$

so ergeben sich in diesem Fall Sternmodelle mit langsam längs des Sternradius abnehmendem Polytropenindex, dessen Wert jedoch überall zwischen den Grenzen 1.5 und 3 liegt. Die Polytrope $n = 3$ ist zugleich das vollständig konvektive Modell im anderen Grenzfalle $p_G \ll P$; in diesem Fall wird man also stets auf die Polytrope $n = 3$ geführt. Zur Verdeutlichung sei bemerkt, daß die Materie des Sterns um so stärker zum Sternmittelpunkt hin konzentriert ist, je höher der Polytropenindex ist. Von den neueren Untersuchungen über Sternmodelle mit variablem Polytropenindex seien diejenigen von Eddington (*25*), Bucerius (*16*) und Fairclough (*29*) erwähnt.

Biermann (*8*) und Bohrmann (*13*) haben auch allgemeinere Modelle untersucht, nämlich die Modelle

$$\frac{L_r \cdot \varkappa \cdot (1-\beta)}{M_r \cdot \beta} = \text{konstans oder} \sim T^{\pm m};\ \varepsilon = \text{konst,},\ \ \varepsilon \sim T \text{ und}$$
$$\varepsilon \sim T^{\infty}\ (L_r = L) \text{ mit } \varkappa \sim \varrho\, T^{-3.5}$$

In allen diesen Fällen ergaben sich aber dieselben Modelltypen. Ihr Aufbau läßt sich einfach überblicken, da die Weggleichung stets wenigstens teilweise vom polytropen Typus ist.

Die Transformationseigenschaften der mit der Oberflächenbedingung (30) berechneten Modelle sind im wesentlichen die gleichen wie die der analogen Modelle der früheren Theorie [vgl. B. Strömgren (*69*), Ziffer 8]. Das liegt daran, daß $(d \log p_R / d \log P)_{ad}$ nach Gleichung (34) eine Funktion nur von p_R/P ist. Die sog. Lanesche Transformation

$$\begin{matrix} r_2 = \alpha\, r_1 & \varrho_2 = \bar{\alpha}^3 \varrho_1 & (1-\beta)\ \text{invariant} & \varepsilon_2 = \bar{\alpha}^{s-3}\, \varepsilon_1 \\ P_2 = \bar{\alpha}^4 P_1 & T_2 = \bar{\alpha}^1 T_1 & M_r\ \ \text{invariant} & (L_r)_2 = \bar{\alpha}^s (L_r)_1 \end{matrix} \begin{pmatrix} \text{für} \\ \varkappa \sim \varrho\, T^{-3-s} \end{pmatrix} \tag{39}$$

ergibt zu einer bestimmten Sternmasse sämtliche Lösungen mit verschiedenem Radius. Im Falle $p_R \ll P$, $(\beta = 1)$ gilt ferner die Transformation, die eine Variation der Masse bei festgehaltenem Radius liefert. Sie lautet

$$(40)\quad \begin{array}{llll} (M_r)_3 = \eta (M_r)_2 & P_3 = \eta^2 P_2 & T_3 = \eta\, T_2 & \varepsilon_3 = \eta^{5+s} \varepsilon_2 \\ r \text{ invariant} & \varrho_3 = \eta\, \varrho_2 & \varkappa_3 = \eta^{-2-s} \varkappa_2 & (L_r)_3 = \eta^{5+s} (L_r)_2 \end{array}$$

Mit der gleichen Einschränkung gilt die Ähnlichkeitstransformation auf ein anderes Molekulargewicht, bei der Masse und Radius festgehalten werden:

$$(41)\quad \begin{array}{llll} T_4 = \zeta\, T_3 & r \text{ invariant} & P \text{ invariant} & \varepsilon_4 = \zeta^{7+s} \varepsilon_3 \\ \mu_4 = \zeta\, \mu_3 & M_r \text{ invariant} & \varrho \text{ invariant} & \end{array}$$

Im Falle gleicher Größenordnung von p_R und P dagegen gelten die beiden letztgenannten Transformationen nicht mehr.

Übrigens erkennt man leicht, daß die Oberflächenbedingung (28, 29), von der in dieser Ziffer kein Gebrauch gemacht wurde, sich nicht mit transformiert. Dies beruht darauf, daß der Nettostrom H in der Atmosphäre schließlich $\approx c \cdot p_R$ statt $c \cdot \nabla\, p_R / \varkappa\, \varrho$ beträgt und daß in den oberflächennahen Schichten ein ganz anderes Opazitätsgesetz als im tiefen Inneren gilt. Würden die Oberflächenbedingungen sich mit transformieren, so wäre es ja auch nicht möglich, daß sie (bei fest angenommener chemischer Zusammensetzung) aus der 3 parametrigen Mannigfaltigkeit M, R, Modelltyp bzw. M, R, L eine 2 parametrige Schar aussonderten. Dies letztere ist aber offenbar notwendig für die Existenz eines Masse-Leuchtkraftgesetzes. Ergibt die physikalische Theorie der Energieerzeugung eine weitere Relation zwischen L einerseits und M, R andererseits, so bleibt offenbar eine 1 parametrige Schar übrig (Satz von Vogt und Russell). Zählt man die Parameter X, Y der chemischen Zusammensetzung von vornherein einzeln mit, so sind die Resultate die gleichen.

Von besonderem Interesse ist nun die Frage, wie die Masse-Leuchtkraftbeziehung dieser Modelle von der Verteilung der Energiequellen und von der Ausdehnung des konvektiven Bereichs abhängt. Im Falle $p_R \ll P$ lassen sich die Resultate exakt angeben. Mit Hilfe numerischer Integrationen hat Biermann für einen Stern von der Masse und vom Radius der Sonne und von einer bestimmten chemischen Zusammensetzung, die charakterisiert ist durch das Molekulargewicht $10^{-8.0}\, \mathfrak{R} = 0.83$, folgende Werte für die Leuchtkraft erhalten. Dabei ist $\varkappa = 10^{25.0} \varrho \cdot T^{-3.5}$ angenommen.

Modell	$\varepsilon =$ konstans	$\varepsilon \sim T$	$\varepsilon \sim T^3$	$\varepsilon \sim T^\infty$
K^*-Lösung	$\log L = 34.01$	33.73		32.90
S-Lösung	33.10	32.97	32.81	32.71

Wie zu erwarten, erweist sich große Ausdehnung des konvektiven Bereichs mit höherer Leuchtkraft, d. h. größerem S-Gradienten, korreliert, doch ist der zahlenmäßige Unterschied besonders bei dem der

Wirklichkeit wahrscheinlich am besten entsprechenden Punktquellenmodell ($\varepsilon \sim T^{\infty}$) nur gering, solange die Konvektion nicht das ganze Sterninnere erfaßt. Bei gegebenen Werten von M, R und L hängt also das aus der Masse-Leuchtkraftbeziehung gerechnete Molekulargewicht nur wenig von der Annahme über die Ausdehnung des konvektiven Bereichs ab, sobald $d \log \varepsilon / d \log T > 1$ ist. Bei den vollständig konvektiven Modellen läßt die Randbedingung (30) allerdings noch beliebig hohe Leuchtkraft zu.

Die Form der Abhängigkeit der Leuchtkraft von Masse, Radius und mittlerem Molekulargewicht ist im Falle $p_R \ll P$ durch die schon diskutierten Ähnlichkeitstransformationen festgelegt. Sie ist daher die gleiche wie im Fall der Eddingtonschen Theorie. Ein charakteristisches Beispiel sei explizit angegeben; der Übergang auf andere Verteilungen der Energiequellen erfolgt mit Hilfe der vorstehenden Tabelle.

(42) $\frac{\varepsilon \sim T}{\varkappa = \varkappa_1 \varrho T^{-3.5}}$

$$L = \frac{L/M}{\varepsilon_c} \cdot M \cdot \frac{4\,(4\pi)^3}{3\,(n+1)^{7.5}} \frac{a\,c}{\varkappa_1} \left(\frac{G\,\mu}{\Re}\right)^{7.5} \left(\frac{M}{M'}\right)^{4.5} \left(\frac{R'}{R}\right)^{0.5}$$

K^*-Lösung: $\frac{L/M}{\varepsilon_c} = 0.53$ $n = 1.5$ $M' = 2.72$ $R' = 3.66$

S-Lösung: 0.58 3 2.02 6.90

Bei gleicher Größenordnung von p_R und P ist eine Abnahme der Unterschiede zwischen der S-Lösung und der K^*-Lösung zu erwarten, da die Modelle, wie schon bemerkt, auch in ihrem Aufbau einander immer ähnlicher werden.

Die S-Lösung des Modells $\varepsilon =$ konstans mit $\varkappa \sim \varrho\, T^{-3.5}$ und für den Fall $p_R \ll P$, nämlich die Polytrope $\mu = 3.25$, ist von Chandrasekhar (*18*) numerisch integriert worden.

Die empirischen Grundlagen des Masse-Leuchtkraftgesetzes sind soeben von Kienle (*45*) wieder dargestellt worden. Neue Berechnungen der chemischen Zusammensetzung der Sterne aus dem Masse-Leuchtkraftgesetz bei fest angenommenem Modell sind seit dem Bericht von B. Strömgren (*69*) noch nicht wieder erschienen. Nur für die Sonne liegt eine Neuberechnung von Biermann vor (*9*, letzte Arbeit). Gewisse Schwierigkeiten, denen derartige Berechnungen noch unabhängig von den nicht ganz geklärten Fragen des inneren Aufbaues (Ausdehnung der Konvektionszonen, Einfluß der Rotation) begegnen, sind in der folgenden Ziffer behandelt (p. 21).

6. **Die Theorie konvektiver Sternmodelle mit der exakten Oberflächenbedingung. Der Aufbau der Sonne.** Wir wollen das Problem der Integration der Grundgleichungen mit der exakten Oberflächenbedingung (28, 29) im Anschluß an die Untersuchungen Biermanns (*9*) zunächst an dem besonders wichtigen Spezialfall der Sonne betrachten. Für den Aufbau der Sonnenatmosphäre werde das Modell von B. Strömgren (*71*) zugrundegelegt. Für den Massenanteil an Helium, an Elementen der Sauerstoffgruppe und an Metallen (*Mt*) seien Werte angenommen,

die mit den spektroskopischen Beobachtungen [ten Bruggencate (*14*); B. Strömgren (*71*)] dem Masse-Leuchtkraftgesetz und dem Gesetz der Energieerzeugung im Einklang sind, und zwar $Y = 11\%$, $Mt \approx 2^0/_{00}$ und $1 - X - Y = 34\%$. Hierbei ist vorausgesetzt, daß aus Gründen der Zeitskala (s. Ziffer 8) und im Hinblick auf das (beobachtete) Vorkommen von Konvektion auf der Sonne (s. Ziffer 7) keine wesentliche Entmischung der chemischen Elemente auf der Sonne stattfinden konnte. Dies bedingt übrigens eine wesentliche Abweichung von der sog. Russell-Mischung (*71*, Ziffer 5), denn bei dieser wird $Mt = {}^1/_2\,(1 - X - Y)$ angenommen.

Die effektive Temperatur der Sonne, die der optischen Tiefe $^2/_3$ entspricht, beträgt nach Unsöld (*75*) $5713^0 \pm 30^0$. In nur wenig größerer optischer Tiefe, nämlich bei der Temperatur 6200^0, wird die Schichtung instabil, da die wachsende Anregung des Wasserstoffs die Opazität stark erhöht, während gleichzeitig die beginnende Ionisation des Wasserstoffs das Verhältnis der spezifischen Wärmen bei konstantem Druck und bei konstantem Volumen und damit den adiabatischen Temperaturgradienten stark herabdrückt. An dieser Stelle beginnt der als Wasserstoffkonvektionszone (WKZ) bezeichnete Instabilitätsbereich, der höchstwahrscheinlich für die Erscheinung der Granulation auf der Sonnenoberfläche verantwortlich zu machen ist [Unsöld (*75*) und (*76*), Siedentopf (*67*)].

Hier entsteht zunächst die Frage, ob auch in der WKZ annähernd die adiabatische Druckdichtebeziehung gilt, m. a. W. ob der konvektive Energietransport ausreicht, um den Temperaturgradienten praktisch auf den adiabatischen Wert hinabzudrücken. Für die Geschwindigkeit der Turbulenzelemente kann man den Wert von etwa 2 km pro sec einsetzen, den die erzwungene Turbulenz der Photosphäre anzeigt [Waldmeier (*81*)]; er stimmt befriedigend überein mit dem Wert, den die nicht ganz einfache Anwendung der Gleichung (6) auf dieses Grenzgebiet ergibt. Da die Schallgeschwindigkeit etwa 10 km/sec beträgt, ist keine dynamische Störung der Schichtung zu erwarten. Für den Mischungsweg hat man den Durchmesser der sichtbaren Granulationselemente von etwa 1000 km oder 1".4 auf der Sonnenscheibe als Anhalt (*81*). Für die spezifische Wärme bei konstantem Druck folgt für ein teilweise ionisiertes Gas aus der Gleichung (5)

$$c_p = \frac{\mathfrak{R}}{2\mu}\left\{5 + x(1-x)\left(\frac{5}{2} + \frac{\chi}{k\,T}\right)^2\right\} \tag{43}$$

in der wieder x den Ionisationsgrad, χ die Ionisationsenergie und $\mathfrak{R}$ die Gaskonstante pro Mol bedeutet. Für den Druck muß man als geringste Schätzung $10^{5.4}$ dyn/cm² setzen, den Wert für Strahlungstransport; in diesem Fall ist der Druck nämlich in der WKZ fast konstant, und für die $\{\,\}$ hat man im Mittel etwa 10^1—$10^{1.5}$. Dann ergibt sich aus der konvektiven Transportgleichung, daß für den beobachteten Energiefluß von $10^{10.8}$ erg/cm^2 sec ein Überschußgradient von $10^{-5.5}$ ^{0}/cm erforderlich wäre, wenn kein anderer Transportmechanismus mitwirken würde. Für den wirklichen Temperaturgradienten gilt aber wegen des Bestehens hydrostatischen Gleichgewichts

$$(44) \qquad -\frac{d\,T}{d\,r} = \frac{g\,\mu}{\mathfrak{R}}\,\frac{d \log T}{d \log P} \approx 10^{-3.5}\,\frac{d \log T}{d \log P}.$$

Im Hauptionisationsbereich des Wasserstoffs beträgt $(d \log T/d \log P)_S$ jedenfalls mehr als 1 gegen $(d \log T/d \log P)_{ad}$ etwa gleich 0.1 — 0.3. Im Falle eines Aufbaues gemäß dem Strahlungstransportgradienten ergibt sich also ein Widerspruch, insofern dieser Fall nur bei verschwindendem Beitrag der Konvektion zum Energietransport realisiert sein kann, während andererseits die konvektive Transportgleichung das Hundertfache des beobachteten Nettostroms allein für den konvektiven Energiefluß ergibt. Wie die nähere Diskussion zeigt, läßt sich diese Diskrepanz um etwa 1 Zehnerpotenz herabdrücken; allerdings zeigt sich außerdem, daß die Dichte innerhalb der WKZ in diesem Fall um einen Faktor 4 nach innen hin abnehmen müßte und die Dicke der WKZ ergibt sich nur zu 400 km (im Falle reinen Wasserstoff 700 km). Im Falle annähernd adiabatischen Aufbaues der WKZ wird dagegen der Druck um einige Zehnerpotenzen höher und nach Gleichung (4) wird $\Delta \nabla T$ entsprechend kleiner, so daß jeder Widerspruch vermieden wird.

Das Gesamtergebnis der eben skizzierten Untersuchung ist dieses, daß die höhere Wahrscheinlichkeit für einen *adiabatischen* Aufbau der WKZ spricht. Entsprechend den in Ziffer 3 diskussierten Verhältnissen ist natürlich eine gewisse Reserve angebracht, bevor ein abschließendes Urteil gefällt wird. Das genannte Resultat erscheint aber hinreichend begründet, um weitere Schlüsse daraus zu ziehen.

In seiner ersten Untersuchung dieser Frage war Biermann [(*8*), 3. Arbeit] zu dem Ergebnis gekommen, daß die WKZ sämtlicher Hauptreihensterne mittleren und späten Spektraltyps und ebenso diejenige die sämtlicher normaler Riesen adiabatisch aufgebaut sein sollte. Dieser Arbeit war indessen eine inzwischen überholte Theorie des photosphärischen Opazitätskoeffizienten zugrundegelegt worden, so daß die Untersuchung mindestens für die Riesen wiederholt werden müßte; für die Hauptreihensterne wird der Fall der Sonne als typisch gelten können, für die späteren Spektralklassen sind die Drucke und die Temperaturgradienten sogar noch höher und der Nettostrom wesentlich kleiner, so daß hier die Verhältnisse für die Konvektion noch entsprechend günstiger liegen.

Die Lösung des Anpassungsproblems gestaltet sich nunmehr folgendermaßen. Da die Anpassung jedenfalls in einem Bereich vorgenommen werden soll, in dem M_r und L_r annähernd konstant sind, genügt es wieder, die Weggleichung für sich zu betrachten. Damit die von innen und die von außen gerechnete Lösung aneinander passen, ist es notwendig und ausreichend, daß bei irgendeiner Temperatur die Drucke oder auch das Verhältnis von Strahlungsdruck und Gasdruck übereinstimmen. Nach den Integrationen Biermanns nimmt p_R/P in der WKZ nach innen hin auf etwa den Wert $10^{-5.5}$ ab, der bei $P = 10^{10}$ bzw. $T = 10^{4.75}$ erreicht wird. Von dort an nimmt p_R/P etwa längs der Adiabate eines einatomigen Gases nach innen hin zu, solange die Schichtung instabil ist. Die Stabilitätsgrenze läßt sich durch eine Betrachtung des Aufbaues des tiefen Inneren im Prinzip exakt ermitteln und hängt natürlich von dem angenommenen Modell ab. Für den vorliegenden Zweck genügt es aber, mit einem Durchschnittswert von p_R/P zu rechnen, der bei der heute wahrscheinlichsten chemischen Zusammensetzung der Sonne bei etwa 10^{-3} liegt. Da längs der Adiabate eines einatomigen Gases im Falle $p_R \ll P$ der Druck proportional zu $T^{2.5}$ geht, wird die Stabilitätsgrenze etwa bei $P = 10^{14}$ oder einer Temperatur von 2—$3 \cdot 10^6$ erreicht. Die gerechnete Atmosphäre, welche der Bedingung (27, 28) genügt, läßt sich demnach anpassen an ein teilweise konvektives Modell des Sonneninneren, bei dem die Grenze der Stabilität der Schichtung bei einigen Millionen Grad liegt. Die genaue Lage der Grenze und damit die Ausdehnung des konvektiven Bereichs erweist sich als recht empfindlich gegen die für die Photosphäre angenommenen Verhältnisse und ist demgemäß recht unsicher.

Zur Frage des wirklichen Modells, nach dem die Sonne und die Hauptreihensterne aufgebaut sind, lassen sich noch folgende Gesichtspunkte heranziehen. An der Oberfläche wird ein Massenanteil von 10^{-9} der Elemente Lithium und Beryllium beobachtet. Im tiefen Inneren würden diese Elemente in längstens einer Viertelstunde zu Helium abgebaut (vgl. die spätere Ziffer 9) unter einer Energieentwicklung von 10^{45} erg für die ganze Sonne. Dies ergibt 10^{42} erg/sec, während die normale Strahlung der Sonne nur $10^{33.6}$ erg/sec beträgt. Die Sonne kann daher nicht vollständig konvektiv aufgebaut sein, da dann an der Oberfläche diese Elemente praktisch fehlen müßten (der Massenzuwachs aus der interstellaren Materie ist völlig zu vernachlässigen). — Für einige Hauptreihensterne, die Komponenten enger Doppelsternsysteme und Bedeckungsveränderliche sind, läßt sich grundsätzlich aus der beobachteten Drehung der großen Achse ihrer Bahnellipsen ein Schluß auf den inneren Aufbau ziehen. Die theoretische Klärung des ziemlich verwickelten Problems ist erst vor kurzem gelungen [Cowling (*23*)], und die zahlenmäßige Auswertung durch Kopal und andere Autoren [s. z. B. (*47*)] hat ergeben, daß im allgemeinen ein Verhältnis der Mittelpunktsdichte zur mittleren Dichte des Sterns von der Ordnung 10^2 anzunehmen ist. Auch diese Beobachtungen sprechen gegen die Annahme eines vollständig konvektiven Modells für diese Sterne, besagen aber selbstverständlich nichts über die Ausdehnung etwaiger äußerer Konvektionszonen, da diese den Potentialverlauf im Außenraum kaum beeinflussen.

Die Integrationen von Modellen des tiefen Inneren der Sonne sind fast sämtlich unter Benutzung des Kramersschen Opazitätsgesetzes Gleichung (13) mit konstantem Guillotinefaktor τ durchgeführt worden. Aus den Rechnungen Strömgrens (*70*) hatte sich aber schon ergeben, daß der Guillotinefaktor im Fall der Sonne etwa $\sim T$ nach innen hin anwächst, und man konnte schon aus der vorliegenden Modelltheorie erkennen, daß dies eine Erhöhung des mittleren Polytropenindex um etwa 0.5 bedingt (exakt gilt dieser Wert im Fall $L_r \sim M_r \cdot \sqrt{T}$) und damit eine Erhöhung der Mittelpunktstemperatur um etwa $1/3$. Die ersten Integrationen des Punktquellenmodells mit konvektiver Mittelpunktszone und unter Berücksichtigung der Variation von τ mit T ist nun soeben von Bethe, Blanch, Lowan und Marshak (*6*) durchgeführt worden, und mit $X = 0.35$ ($\mu = 0.98$) ergab sich eine Mittelpunktstemperatur T_c von $26 \cdot 10^6$ Grad und eine Mittelpunktsdichte von 110 gr cm^{-3} gegen $20 \cdot 10^6$ bzw. 56 gr cm^{-3} für konstantes τ. Da man andererseits nach der Theorie der Energieerzeugung im Mittelpunkt der Sonne kaum eine höhere Temperatur als etwa $19 \cdot 10^6$ annehmen kann (s. Ziffer 9), so folgt, daß das mittlere Molekulargewicht, das nach der Modelltheorie in diesem Fall etwa proportional der Mittelpunktstemperatur anzunehmen ist, nur etwa 0.75 betragen kann. Dies entspricht auch der zu Anfang dieser Ziffer angenommenen chemischen Zusammensetzung, die allerdings schon in Rücksicht auf die vorerwähnte Überlegung über den Einfluß der $d\tau/dr$ auf T_c abgeleitet war.

Es ist an dieser Stelle wesentlich zu bemerken, daß man hinsichtlich ihrer Wirkung auf das mittlere Molekulargewicht und die Opazität wenigstens 4 Gruppen unter den chemischen Elementen zu unterscheiden hat: 1. Wasserstoff; 2. Helium; 3. die Sauerstoffgruppe C, N, O, F und Ne; 4. die Metallgruppe, hauptsächlich Mg, Al, Si und Fe. Wasserstoff allein ergibt $\mu = 0.5$, Helium 1.33, die Sauerstoffgruppe etwa 1.8 und die Metallgruppe bei vollständiger Ionisation etwa 2.0. Zur Opazität tragen H und He direkt gar nichts bei, sie beeinflussen sie nur durch die freien Elektronen, die sie zur Verfügung stellen. Die Sauerstoffgruppe absorbiert im Inneren der Sonne sehr schlecht, weil ihre Absorptionskanten sämtlich weit auf der roten Seite des Energiemaximums liegen (für $T = 12.5 \cdot 10^6$ bei $h\nu/kT \lessdot 0.8$); nur für die Metallgruppe, besonders das Eisen, liegen die Absorptionskanten günstig. Die 4 Gruppen verhalten sich also in ihrer Wirkung auf die Masse-Leuchtkraftbeziehung wesentlich verschieden, und man hat daher wenigstens 3 Unbekannte X, Y und Mt (die Summe der Massenanteile ist natürlich $= 1$). Da man an Daten über das Innere nur die Leuchtkraft und durch die Theorie der Energieerzeugung (Ziffer 9) die Mittelpunktstemperatur zur Verfügung hat, ist man darauf angewiesen, noch mindestens ein weiteres Kriterium heranzuziehen. Nun sind die Gründe, die für eine (praktisch) gleiche chemische Zusammensetzung von Innerem und Atmosphäre der Sonne sprechen, nämlich die Zeitskala der Diffusion und der Energieerzeugung sowie die Konvektion der äußeren Schichten der Sonne, zwar nicht vollkommen zwingend, da man die Möglichkeit einer Trennung der Elemente bei der Entstehung

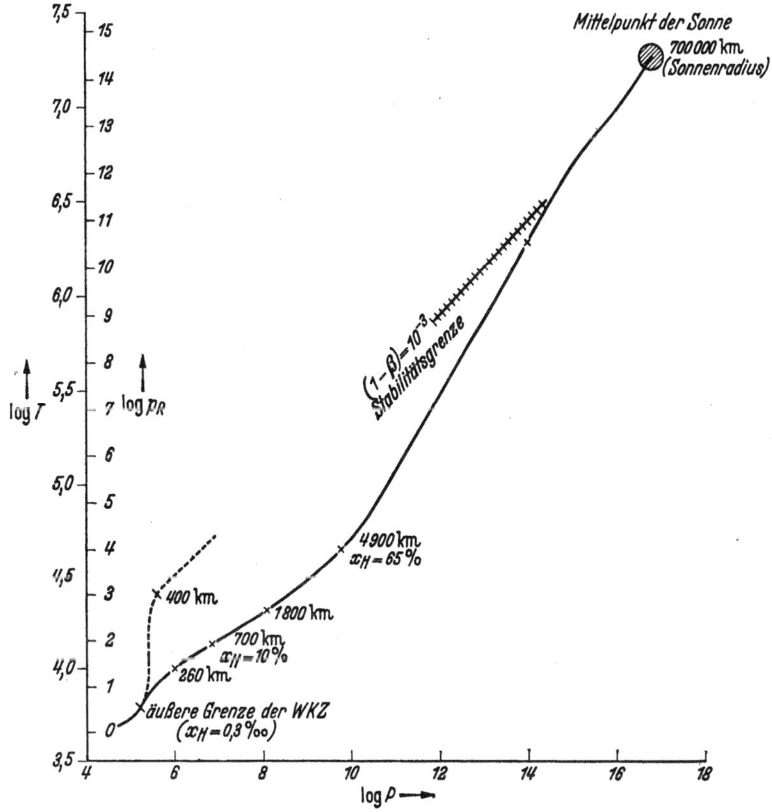

Abb. 2. Weggleichungen und Schichttiefen für die Sonne.

der Sonne nicht mit absoluter Sicherheit ausschließen kann. Doch wird man eine einheitliche chemische Zusammensetzung der Sonne für überwiegend wahrscheinlich ansehen müssen, solange die Ergebnisse der quantitativen Spektralanalyse der Sonnenatmosphäre [s. hierzu (*71*) und (*75*), § 88] dies nicht ausschließen, indem sie auf eine mit den Daten über das Innere unvereinbare chemische Zusammensetzung führen. Einstweilen sind aber die Massenanteile in der Atmosphäre des Heliums und der Elemente von C bis Ne noch viel zu unsicher bekannt, als daß ein Vergleich mit dem Sonneninneren durchführbar wäre.

Endlich ist darauf hinzuweisen, daß der Rotationszustand der Sonnenoberfläche sich am einfachsten durch die Annahme eines rasch rotierenden Kerns verstehen läßt. In diesem Fall würde man mit einer gewissen Erniedrigung der Mittelpunktsdichte und (in geringerem Maße, vielleicht einigen Prozent) auch der Mittelpunktstemperatur zu rechnen haben gegenüber den von der Theorie radialsymmetrischer Sternmodelle gegebenen Werten. Allerdings würde die Druck- und Dichteverteilung vermutlich nur in der nächsten Umgebung des Mittelpunkts affiziert werden.

Zur Veranschaulichung der nach den Erwägungen dieser Ziffer für die Sonne anzunehmenden Verhältnisse sei das beistehende Diagramm des Verlaufs der Weggleichung gegeben, dem die Integrationen Biermanns (*9*) zugrundeliegen.

Zum Vergleich mit dem anderen Grenzfall ist punktiert der Anfang der bei Annahme von Strahlungstransport in der WKZ resultierenden Weggleichung eingetragen; in diesem Fall liegt die innere Grenze der WKZ bei $\log T = 4.4$, und bei höheren Drucken verläuft die Weggleichung dicht oberhalb der Stabilitätsgrenze. Die Tiefen unterhalb der äußeren Grenze der WKZ sind in Kilometer angegeben.

Man übersieht nun auch folgendes. Würde die WKZ nicht adiabatisch, sondern nach der Strahlungstransportgleichung aufgebaut sein, so würde p_R/P in ihr nicht abnehmen, sondern anwachsen, und es wäre mit Sicherheit unmöglich, sie an ein außen konvektives Sternmodell anzupassen. Der Charakter der Schichtung im Ionisationsbereich des Wasserstoffs scheint damit den Charakter der Schichtung im ganzen Stern festzulegen. Diese Ausdrucksweise darf natürlich nicht darüber hinwegtäuschen, daß physikalisch gesehen die chemische Zusammensetzung und die durch sie bestimmten Energiequellen zusammen mit der dem Stern mitgegebenen Masse letzten Endes den Aufbau und auch den Charakter der Schichtung in der WKZ bestimmen (vgl. hierzu Ziffer 4).

In der erwähnten ersten Untersuchung von Biermann [(*6*), Astr. Nachr. **264**, 361] war versucht worden, den Aufbau aller Hauptreihen- und Riesensterne auf Grund der strengen Randbedingungen zu ermitteln. Hierzu wurde diejenige Linie im Russell-Diagramm festgestellt, die den K^*-Lösungen zusammen mit der Oberflächenbedingung (28, 29) entsprach. Diese Linie erwies sich als annähernd koinzident mit der Hauptreihe. Daraus folgte zugleich, daß die normalen Riesen als vollständig konvektiv angesehen werden mußten. Die Masse-Leuchtkraftbeziehung dieser Modelle, die ganz von dem photosphärischen Opazitätsgesetz bestimmt wird und daher von Eddingtons Beziehung stark abweicht, führte dann allerdings auf undiskutabel geringe Massen, ein Widerspruch, aus dem auf Nichtgültigkeit der benutzten Oberflächenbedingung infolge starker Turbulenz der Atmosphäre geschlossen wurde. Obwohl wegen der Unzulänglichkeit des benutzten Opazitätsgesetzes dieser Resultate nicht mehr als hinreichend begründet angesehen werden können, lassen sie doch erkennen, welche Art von Schlüssen sich im Prinzip aus der Theorie ziehen lassen. Einige Modellintegrationen der WKZ für drei Sterntypen sind inzwischen von Rudkjöbing (*63*) veröffentlicht worden.

Eddington (*26*) hat kürzlich gegen die Benutzung der Ionisationstheorie zur Bestimmung des effektiven Verhältnisses der spezifischen Wärme in der Wasserstoffkonvektionszone den Einwand erhoben, daß die Strahlungswechselwirkungen in einem bewegten Turbulenzelement viel zu wenig effektiv wären, als daß der Ionisationszustand der Druck- und Temperaturänderung rasch genug folgen könnte. Dieser Einwand wurde von Unsöld (*77*) und von Biermann (*9*) durch den Nachweis entkräftet, daß die Anregungen und die Ionisationen durch Strahlung und durch Elektronenstoß in der Wasserstoffkonvektionszone der Sonne beide häufig genug sind, um den Anregungs- und Ionisationszustand des Wasserstoffs in einer Zeit von der Ordnung 1 sec jeder Änderung der äußeren Bedingungen anzupassen. Man kann daher mit praktisch instantaner Einstellung des thermodynamischen Gleichgewichts nicht nur in bezug auf die Temperatur und die Geschwindigkeitsverteilung der Elektronen, Ionen und Atome rechnen, sondern auch in bezug auf die Anregung und Ionisation[1]).

7. **Die Stabilität konvektiv aufgebauter Sterne und ihre Entwicklung. Beobachtungen von Konvektion auf den Sternen.** Die Frage der *säkularen Stabilität* [Strömgren (*69*), Ziffer 14] der konvektiven Modelle hängt, wie Cowling (*22*) gezeigt hat, eng zusammen mit der Gültigkeit des Satzes von Vogt und Russell. Wenn dieser Satz gilt, so läßt sich aus der Masse-Leuchtkraftbeziehung in Verbindung mit dem physikalischen Gesetz der Energieerzeugung sofort ablesen, ob der Stern säkular stabil ist oder nicht. Wenn zum Beispiel, wie aus physikalischen Gründen anzunehmen, die Energieerzeugung stark mit der Temperatur ansteigt, so wird der Stern immer säkular stabil sein, wenn die Masse-Leuchtkraftbeziehung nur eine mäßige Abhängigkeit vom Radius anzeigt. Bei einer angenommenen geringen Kontraktion des Sternes wird dann die Energieerzeugung stärker anwachsen als der durch die Leuchtkraft angezeigte Abfluß nach außen, und der Stern wird in einer Zeit von der Ordnung der Kontraktionszeitskala (10^5 bis 10^7 Jahre) in seinen ursprünglichen Zustand zurückkehren. — Wenn dagegen für einen Stern der Satz von Vogt und Russell nicht gilt, so ist der Stern säkular im indifferenten Gleichgewicht, da dann kein Masse-Leuchtkraftgesetz existiert und der Stern einen zusätzlichen Freiheitsgrad besitzt.

Die Bedingung der *dynamischen Stabilität*, der jeder Stern unter allen

[1]) Anm. bei der Korrektur. Über zwei weitere Arbeiten zu diesem Gegenstand (M. Schwarzschild, Monthly Not. **102,** 152, 1942, und A. S. Eddington, ebda p. 154) ist dem Verfasser nur ein knappes Referat bekannt geworden (Astron. Newsletter Nr. 11). Eddington vertritt die Auffassung, daß der Exzeß der Sonnenstrahlung im äußersten UV auf noch nicht rekombiniert habende aus der WKZ aufgestiegene Ionen zurückzuführen ist.

Umständen genügen muß, ist die, daß bei einer infinitesimalen adiabatischen Zustandsänderung des Sterns seine gesamte Energie anwachsen muß. In vielen Fällen, aber nicht immer, ist diese Bedingung identisch mit der Forderung negativer Gesamtenergie [Eddington (*24*) § 104, Biermann und Cowling (*10*)]. Die Bedingung führt bekanntlich darauf, daß die Größe

$$\gamma_k = \left(\frac{d \log P}{d \log \varrho}\right)_{ad} \tag{45}$$

oder ein bestimmtes Mittel über γ_k größer als 4/3 sein muß; Variation von γ_k längs des Sternradius erhöht dabei die Gefahr dynamischer Instabilität. Für die teilweise oder vollständig konvektiven Modelle ergibt sich daraus, daß ihre dynamische Stabilität praktisch unabhängig ist von der Ausdehnung des konvektiven Bereichs. Sie sind dynamisch ebenso stabil wie die Modelle der Eddingtonschen Theorie, da die dynamische Stabilität ersichtlich im wesentlichen von der chemischen Zusammensetzung und in nächster Näherung vom Sternradius abhängt. — Für die roten Überriesen ergibt übrigens die Forderung der dynamischen Stabilität einen gewissen Mindest-Wasserstoffgehalt von der Ordnung 10—20 % [Biermann und Cowling, l. c.]. — Einige neuere in der Methode besonders exakte Arbeiten über die dynamische Stabilität der Sterne [Tolman (*74*); Severny (*65*)] haben keine weiterführenden Resultate erbracht, da der methodische Fortschritt nur erreichbar war auf Kosten stark einschränkender Voraussetzungen.

Die Frage der *radialen Stabilität* der konvektiven Modelle ist von Cowling (*22*) in analoger Weise untersucht worden wie für die nichtkonvektiven Modelle. Das Ergebnis war folgendes. Solange in den eigentlichen Oberflächenschichten (optische Tiefe von der Ordnung 1) der Strahlungstransport dominiert, sind die Stabilitätsverhältnisse ähnlich denen im Falle dominierenden Strahlungstransports im ganzen Stern. Die Änderung des inneren Aufbaues im Falle von Konvektion im ganzen Sterninneren erhöht die Gefahr der Überstabilität bei sehr stark temperaturabhängiger Energieerzeugung. Falls auch die Oberflächenbedingungen selbst durch starke photosphärische Turbulenz geändert werden, ergibt dies eine weitere Einschränkung der möglichen Temperaturabhängigkeit der Energieerzeugung. Wegen gewisser Unsicherheiten der Theorie, die gegenwärtig noch nicht behoben sind, sowie wegen der Möglichkeit einer verzögerten Abhängigkeit der Energieerzeugung von der Temperatur [Eddington (*24*) § 211] läßt sich daraus noch kein Schluß in bezug auf das Vorkommen konvektiver Sterne in der Natur ziehen (Cowling, s. oben), die Stabilitätsverhältnisse sprechen jedenfalls nicht dagegen.

Die *Entwicklung* konvektiv aufgebauter Sterne bei abnehmendem Wasserstoffgehalt ist von Wasyutinski (*83*) untersucht worden. Die

Methode der Untersuchung des inneren Aufbaues lehnt sich an die im letzten Abschnitt behandelte an. Das Ergebnis war, daß die Entwicklung dieser Modelle keine wesentlichen Unterschiede gegen die der S-Lösungen zeigt, die von Gamow (*32*) untersucht war. Diese Fragen werden im Zusammenhang in Ziffer 10 behandelt werden.

Stellt man am Schluß dieser theoretischen Betrachtungen die Frage nach dem Zeugnis der Beobachtung [vgl. hierzu die Berichte von Cowling (*20*) und Biermann (*8*), 3. Arbeit], so ist folgendes darauf zu antworten. Auf der Sonne sind die Flecken und die mit ihnen korrellierten Erscheinungen das deutlichste Anzeichen für die Instabilität tieferer Schichten. Die Granulation auf der Sonnenoberfläche ist als die zum Hauptionisationsbereich des Wasserstoffs gehörige Turbulenz befriedigend erklärt. Ob die Turbulenz der Korona und der Chromosphäre mit der in tieferen Schichten zusammenhängt, läßt sich noch nicht sagen, da eine Theorie dieser Erscheinungen noch aussteht. Der Fleckeninstabilitätszone muß nun wohl eine Tiefe von größenordnungsmäßig 100000 km zugeschrieben werden; anders dürften sich die verschiedenen mit dem Auftreten der Flecken verbundenen Gesetzmäßigkeiten kaum verstehen lassen [vgl. Bjerknes (*12*) und Unsöld (*75*) p. 388]. Die einzige bisher durchgeführte theoretische Möglichkeit hierzu besteht aber in der Annahme, daß die Sonne nach einem der besprochenen Modelle mit konvektiver Hülle aufgebaut ist. Die Voraussetzung hierfür ist adiabatischer Aufbau der WKZ, doch hat dieser, wie bereits dargestellt, auch nach der Theorie des inneren Aufbaues die höhere Wahrscheinlichkeit für sich. Es ist demnach nicht unwahrscheinlich, daß die Sonne und wenigstens alle Hauptreihensterne mittleren und späten Typs eine konvektive Zone besitzen, und diese Vorstellung bietet zugleich die Grundlage für eine (freilich noch nicht vorliegende) Theorie der Flecken und der damit korrellierten Erscheinungen.

Auf den Sternen gibt es in einer Anzahl von Einzelfällen Anzeichen atmosphärischer Turbulenz. Den sichersten Schluß gestattet die Konstruktion der Wachstumskurve [d. i. die Kurve, welche den funktionellen Zusammenhang zwischen der Gesamtabsorption einer Linie und der mit der Oszillatorenstärke des Übergangs multiplizierten Anzahl absorbierender Atome pro cm^2 angibt; s. etwa Unsöld (*75*)] mit Hilfe kalibrierter Aufnahmen des Linienspektrums. Auf diesem Wege hat O. Struve (*72*) bei einer Anzahl von Sternen vor allem solchen hoher Leuchtkraft und frühen Spektraltyps, Turbulenz in der Atmosphäre mit zum Teil sehr beträchtlicher Geschwindigkeit festgestellt; die Werte gehen bis zu 70 km/sec, gegenüber einem Wert der Schallgeschwindigkeit von etwa 10 bis 15 km/sec. Turbulenz der Chromosphäre läßt sich außerdem aus ihrer linearen Ausdehnung erkennen, falls diese meßbar ist. Ein nach beiden Verfahren gut untersuchtes Beispiel bietet der bedeckungsveränderliche und spektroskopische Doppelstern ζ Aurigae [Wellmann (*86*)].

Einige andere mehr indirekte Anzeichen für Strömungen und Turbulenz auf den Sternen, wie Veränderlichkeit mit geringer Amplitude von Helligkeit und Radialgeschwindigkeit, sind vor allem von Guthnick (*37*) untersucht worden.

II. Energiequellen und Entwicklung der Sterne.

8. **Die beiden Fassungen der Aufbauhypothese.** Um 1938 war die Situation hinsichtlich der Erforschung der Kernprozesse im Sterninneren die folgende. Nach der Pionierarbeit von Atkinson und Houtermans (*3*) war es sichergestellt worden, daß es Protoneneinfangprozesse geben müsse, die ausreichten zur Deckung der Ausstrahlung der Sonne und aller normalen Sterne für die Dauer der Erdentwicklung; eine Ausnahme bildeten nur die allerhellsten Hauptreihensterne und die Überriesen mit einer Leuchtkraft von mehr als dem 1000fachen der Sonnenleuchtkraft. Hinsichtlich der Zeitskala hatte sich ergeben, daß kein Argument zur Annahme eines wesentlich höheren Alters des Universums zwang als der etwa 2 Milliarden Jahre, die durch die erdgeschichtlichen Daten als untere Grenze gesetzt werden. Andererseits liefern kernphysikalische Überlegungen (*84*) eine obere Grenze von etwa $10 \cdot 10^9$ Jahren. Die mit Aussendung eines γ-Quants verbundenen Protoneneinfänge hatten sich als hinreichend häufig für die Energieerzeugung erwiesen bis etwa hinauf zur Sauerstoffgruppe. Über die Reaktionen der leichten Kerne miteinander hatte sich noch keine vollständige Klarheit gewinnen lassen, da die experimentellen Daten hinsichtlich der Stabilität oder Instabilität bestimmter wichtiger Kernsorten wie ^5He, ^5Li und ^8Be noch lückenhaft waren. Insbesondere war noch offen, ob einer der von v. Weizsäcker [(*85*), 1. Arbeit] vorgeschlagenen Reaktionszyklen ablaufen könnte und ob demgemäß die ständige Neubildung von Neutronen anzunehmen war. Dieser letztere Punkt war wesentlich im Hinblick auf die Entstehung der höheren Elemente. Bei den im Sterninneren anzunehmenden Temperaturen wäre ein Aufbau der höheren Elemente nur durch Neutroneneinfang denkbar, da alle geladenen Teilchen den die schwereren Kerne umgebenden Potentialwall mit einer kinetischen Energie von etwa 10 bis 20 kV nicht zu durchdringen vermögen. Die Frage der Bildung der schwereren Elemente war demgemäß noch ganz offen. — Endlich hatte Gamow (*31*) darauf hingewiesen, daß möglicherweise auch Resonanzeffekte eine wesentliche Rolle spielen; in diesem Fall wäre die Verteilung der Energiequellen eine andere als bei den normalen Kernreaktionen, da Resonanzeffekte nur in engen Temperaturbereichen eine Rolle spielen, und man wird auf ein Schalenquellenmodell an Stelle des Punktquellenmodells geführt.

Zum Verständnis des Eindringens langsamer ($\approx$ 20 kV-)Protonen in schwerere Atomkerne sei noch folgendes bemerkt. Nach den Experimenten besitzt auch ein bewegtes Proton in bestimmter Hinsicht Wellencharakter; seine Bewegung wird daher in der neueren Atommechanik durch die Wellengleichung beschrieben, wobei freilich der Brechungsindex vom Potentialverlauf und von der Energie des Protons abhängt (man denke an die analogen Verhältnisse in der Optik). Das Anlaufen gegen den Potentialwall eines schwereren Kerns kann daher mit dem Auftreffen von Licht auf eine total reflektierende Schichtgrenze verglichen werden, und genau wie im letzteren Fall ein kleiner Teil der auftreffenden Lichtenergie nicht reflektiert wird, sondern durch die Grenze hindurchtritt, besteht auch für ein gegen einen schwereren Kern anlaufendes Proton eine endliche, wenn auch geringe Wahrscheinlichkeit, durch den Potentialwall hindurchzukommen, auch wenn dessen Höhe die Energie des Proton weit übertrifft. Daß praktisch nur Protoneneinfänge eine Rolle spielen, beruht darauf, daß die Fähigkeit des Durchdringens eines Potentialwalls sehr rasch mit wachsender Ladung des stoßenden Teilchens abnimmt, wie die wellenmechanische Theorie und die Experimente übereinstimmend ergeben.

In der eben beschriebenen Lage wurde ein entscheidender Fortschritt erreicht durch zwei gleichzeitige Arbeiten von v. Weizsäcker [(*85*), 2. Arbeit], und Bethe (*4*); diese sollen im folgenden ausführlich besprochen werden.

v. Weizsäcker beginnt mit einer scharfen Trennung der beiden möglichen Fassungen der Aufbauhypothese. Die *weitere* Fassung führt sowohl die Energieerzeugung der Sterne wie auch den Höheraufbau der chemischen Elemente auf die gegenwärtig im Stern ablaufenden Kernprozesse zurück, während die *engere* Fassung der Aufbauhypothese die chemische Häufigkeitsverteilung der Elemente als im Großen gegeben ansieht, und sie nur durch die energieliefernden Prozesse hinsichtlich der direkt daran beteiligten Elemente sich langsam verändern läßt. Die aufgetretenen Schwierigkeiten betreffen sämtlich nur den Höheraufbau der schweren Elemente und damit die weitere Fassung der Aufbauhypothese. Die Nichtexistenz der Kerne der Massen 5 und 8, die sich gerade damals herausstellte, läßt neutronenliefernde Reaktionszyklen der leichten Kerne als unmöglich erscheinen. Ferner ist die Entstehung von Thorium und Uran durch Neutronenanlagerung kaum zu verstehen, da sie wegen der instabilen Zwischenprodukte sehr rasch vor sich gehen müßte; dies würde zu der Annahme zwingen, daß die energieliefernden Reaktionen nur in einem winzigen Bruchteil des Sternvolumens ablaufen, was wieder mit unseren gegenwärtigen Vorstellungen über den inneren Aufbau, insbesondere über die Ausdehnung der inneren Konvektionszone, kaum vereinbar ist. Auf der anderen Seite gibt es keinen empirischen Grund, der gegen die Beschränkung auf die engere

Fassung der Aufbauhypothese spricht. Diese letztere wird daher akzeptiert. Die wesentlichste Konsequenz ist die, daß das Alter der Welt größenordnungsmäßig nicht höher sein kann, als die Halbwertszeit der heute vorhandenen radioaktiven Elemente; quantitative Abschätzungen führen auf etwa $5 \cdot 10^9$ Jahre als Alter der heutigen Elementverteilung. Für die Sonne und überhaupt alle Sterne ähnlicher oder geringerer Masse und Leuchtkraft folgt daraus, daß auch die energieliefernden Prozesse, die im wesentlichen nur in einer Umwandlung von Wasserstoff in Helium resultieren können, ihre chemische Zusammensetzung nicht merklich haben verändern können; denn der vorhandene Wasserstoffgehalt der Sonne würde die Ausstrahlung für wenigstens 100 Milliarden Jahre decken.

Die Entstehung der gegenwärtigen Elementverteilung muß damit gewissermaßen an den Anfang der Welt gestellt werden. Über den physikalischen Zustand des Kosmos, bei dem sie möglich erscheint, wird noch gesprochen werden (s. Ziffer 12).

Auf Grund einer Diskussion der energieliefernden Reaktionen schlägt v. Weizsäcker schließlich folgenden Zyklus als ausschlaggebenden für die Hauptreihensterne vor:

(46) $^{12}C + {}^{1}H = {}^{13}N + \gamma + 2.0\,\text{TME}$

(47) $^{13}N\ (\text{nach } 9^m.9) = {}^{13}C + e^{+} + \gamma + \leqslant 1.3\,\text{TME} + \text{neutrino}$

(48) $^{13}C + {}^{1}H = {}^{14}N + \gamma + 8.2\,\text{TME}$

(49) $^{14}N + {}^{1}H = {}^{15}O + \gamma + 7.8\,\text{TME}$

(50) $^{15}O\ (\text{nach } 125^m) = {}^{15}N + e^{+} + \gamma + \leqslant 1.8\,\text{TME} + \text{neutrino}$

(51) $^{15}N + {}^{1}H = {}^{12}C + {}^{4}He + 5.2\,\text{TME}$

Die freiwerdenden Energiebeträge sind in Tausendstel Masseneinheiten angegeben (1 TME $= 1.50 \cdot 10^{-6}$ erg). Bei diesem Zyklus dient der Kohlenstoff nur als Katalysator für die Bildung von Helium aus Wasserstoff. Der Zyklus ist offenbar ausreichend für die Hauptreihensterne, deren fast einheitliche Mittelpunktstemperatur sofort aus der großen Temperaturempfindlichkeit dieses Prozesses folgen würde. Für die Riesen kämen Umwandlungen der leichten Elemente Li, Be, B und vielleicht auch des schweren Wasserstoffisotops in Betracht, die sämtlich bei Temperaturen von einigen bis etwa 10 Millionen Grad zu Helium abgebaut werden. Für die Hauptreihensterne geringerer Leuchtkraft wäre möglicherweise außerdem die von Atkinson (*1*) vorgeschlagenen Reaktion

(52) $$^{1}H + {}^{1}H = {}^{2}H + e^{+} + 1.5\ \text{TME}$$

in Rechnung zu ziehen, die aber eine wesentlich geringere Temperaturempfindlichkeit aufweist.

Da übrigens nach den experimentellen Feststellungen die mittlere Energie der bei β-Zerfällen ausgesandten Elektronen merklich geringer ist als die Energiedifferenz zwischen Anfangs- und Endzustand (die der oberen Grenze des β-Spektrums entspricht), entzieht sich bei jedem β-Zerfall ein Teil der Energie jeder Beobachtung; nach der Theorie des

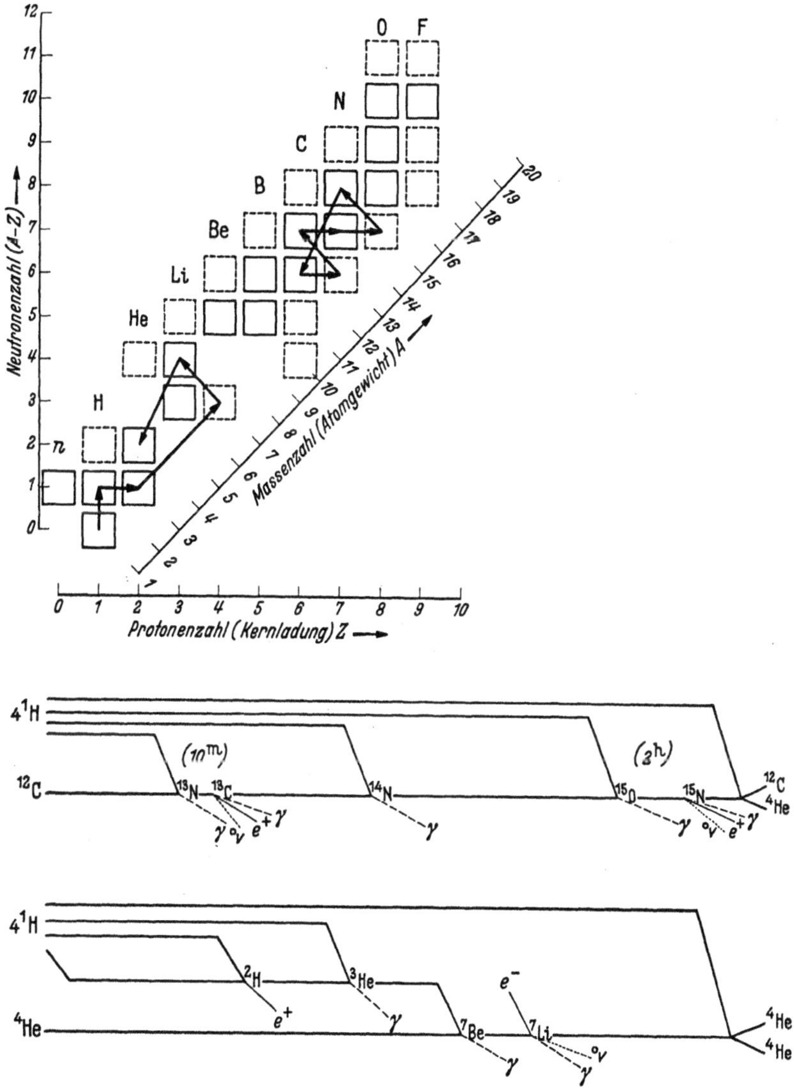

Abb. 3. Kohlenstoffzyklus und Proton-Protonreaktion im Diagramm der Kernarten (nach Mattauch-Flügge) und in einer anderen Darstellungsweise (nach Hund).

β-Zerfalls wird diese Energie von den Neutrinos mitgenommen. Für den Kohlenstoffzyklus bedeutet dies nach einer Abschätzung von Houtermans (*38*), daß maximal etwa 5% der umgesetzten Kernenergie verlorengeht, d. h. unbeobachtbar wird.

Der Kohlenstoffzyklus sowie die Proton-Protonreaktion mit ihren Folgereaktionen (vgl. die folg. Ziffer) sind in der beistehenden Figur dargestellt. Darin sind (s. oberer Teil der Figur) sämtliche stabilen oder nur β-labilen Kernarten eingetragen gegen die Kernladung Z als Abszisse und den Überschuß des Atomgewichtes A über die Kernladung als Ordinate. Die Koordinaten ergeben so die Zahl der Protonen und der Neutronen, aus denen man sich den Kern aufgebaut zu denken hat, und die Massenzahl $A = Z + (A\text{-}Z)$ ist auf der unter 45^0 geneigten Achse ablesbar. Die stabilen Kerne sind als ausgezogene Quadrate, die β-labilen Kerne als gestrichelte Quadrate eingetragen. Die Kerne mit $A = 2Z$ oder $A = 2Z + 1$ sind meist stabil. Jedes oberhalb eines stabilen Kerns stehende β-labile Isotop ist β^--labil (Elektronenstrahler), jedes unterhalb stehende β^+-labil (Prositronenstrahler); nur ^7Be ist labil von der Art, daß es in etwa 2 Monaten ein K-Elektron der Atomhülle einfängt. In jedem Fall geht der β-labile Kern durch einen Schritt senkrecht zur Massenzahlachse im Diagramm in einen stabilen Kern über. Der Einfang eines Protons unter Aussendung eines γ-Quants (p, γ Reaktion) bedeutet einen Schritt nach rechts, während ein Einfang mit nachfolgender Aussendung eines α-Teilchens (p, α Reaktion) insgesamt zwei Schritte abwärts und einen nach links ergibt. Über die Möglichkeit einer bestimmten Kernreaktion entscheiden natürlich die energetischen Verhältnisse [vgl. hierzu Mattauch-Flügge (*53*).].

Im unteren Teil der Figur sind die Schicksale der einzelnen Reaktionspartner nochmal in einer von F. Hund angegebenen Darstellungsweise wiedergegeben. Emittierte γ-Strahlen sind gestrichelt, Neutrinos (bezeichnet durch $^0\nu$) punktiert und positive oder negative Elektronen durch dünne Striche angedeutet. Eingefangene Partikel sind durch von links oben kommende Striche bezeichnet, emittierte Partikel durch nach rechts unten gehende. Die Abklingzeiten der β-Zerfälle sind in Klammern angegeben.

9. **Der Kohlenstoffzyklus und die Proton-Protonreaktion im Innern der Hauptreihensterne.** Der Schwerpunkt der gleichzeitigen Arbeit von Bethe (*4*) liegt in der ausführlichen quantitativen Untersuchung aller Kernreaktionen, die bei Temperaturen um 10 Millionen Grad ablaufen. Die Grundlage hierzu bildet die aus der Gamowschen Theorie der Kernumwandlungen [s. (*31*)] folgende Formel für die Wahrscheinlichkeit einer Kernreaktion. Hierin ist p die Anzahl der Prozesse pro gr und sec, m_1, A_1, Z_1, x_1 und m_2, A_2, Z_2, x_2 die Massen, Atomgewichte, Ladungen und Gewichtsanteile der beiden Reaktionspartner (A bezogen auf die Masse des Wasserstoffatoms als Einheit). Ferner ist

$$\bar{m} = \frac{m_1\, m_2}{m_1 + m_2} \qquad [\text{gr}] \tag{53}$$

die reduzierte Masse und

(54) $$\bar{A} = \frac{A_1 A_2}{A_1 + A_2},$$

$$\bar{R} = 1.6 \cdot 10^{-13} (A_1 + A_2)^{1/3} \quad [\mathrm{cm}]$$

der „kombinierte" Radius,

(56) $$a = \frac{\hbar^2}{m\, e^2 Z_1 Z_2},$$

$\Gamma/\hbar$ die Wahrscheinlichkeit der Kernreaktion nach dem Eindringen des leichteren in den schwereren Kern, und

(57) $$\tau = 3 \left(\frac{\pi^2}{2} \frac{m\, e^4}{\hbar} \frac{Z_1^2 Z_2^2}{k\, T} \right)^{1/3} = 42.7\, (Z_1 Z_2)^{2/3} (10^6\, \bar{A}/T)^{1/3} \ [\text{dim. los}]$$

(diese Größe hat nichts zu tun mit dem Guillotinefaktor in Ziffer 4).

Dann gilt

(58) $$p = \frac{4}{3^{5/2}} \frac{\varrho\, x_1 x_2}{m_1 m_2} \frac{\Gamma}{\hbar}\, a\, \bar{R}^2 \exp(4 \sqrt{2\, \bar{R}/\bar{a}}) \cdot \tau^2 e^{-\tau}$$
$$= 5.3 \cdot 10^{25}\, \varrho\, x_2\, x_2\, (\Gamma)_{Volt} \cdot \tau^2 e^{-\tau} \cdot \psi(Z_1 Z_2) \quad [\mathrm{gr}^{-1}\, \mathrm{sec}^{-1}]$$

mit

(59) $$\varphi = \frac{1}{A_1 A_2 Z_1^3 Z_2^3 \bar{A}^3} \left(\frac{8\, \bar{R}}{\bar{a}} \right)^2 e^2 \sqrt{8\, \bar{R}/\bar{a}} \qquad [\text{dim. los}]$$

Für die hier in Betracht kommenden Reaktionen hat φ Werte zwischen 0.4 und 3; so ist für die Reaktion $^{12}C + {}^1H$ $\varphi = 2.00$ und für $^{14}N + {}^1H$ $\varphi = 2.78$. Die jeweilige Temperaturempfindlichkeit ergibt sich aus

(60) $$\frac{\partial \log p}{\partial \log T} = \frac{\tau - 2}{3}$$

Wir geben nachstehend nun einen Auszug aus den Tabellen 5 und 7 der Arbeit von Bethe, die für $T = 20 \cdot 10^6$ gerechnet sind. Darin ist Q die Energietönung des Prozesses in Tausendstel Masseneinheiten, und

(61) $$P = \frac{m_2}{x_2} \cdot \frac{p}{\varrho\, x_1}$$

so daß $P \varrho x_1$ die Wahrscheinlichkeit dafür ist, daß ein gegebener Kern der Sorte 2 eine Reaktion mit irgendeinem der Kerne 1 ausführt. Damit ist bei Abwesenheit anderer Reaktionen des Kernes 2 seine mittlere Lebensdauer $1/P \varrho\, x_1$; diese ist in der letzten Spalte für $\varrho x_1 =$ 30 gr cm^{-3} angegeben.

Aus der letzten Aufstellung geht hervor, daß in der C-N-Gruppe alle diese Reaktionen bis auf die letzte für thermische Protonen energetisch verboten sind. Dies ist der Grund dafür, daß im Kohlenstoffzyklus zunächst dreimal eine Masseneinheit angelagert wird, schließlich aber der ^{12}C-Kern durch Aussendung eines α-Teilchens reproduziert wird. Aus den Kernphysikalischen Tabellen von Mattauch und Flügge (*53*) überzeugt man sich leicht, daß alle diese Reaktionen im Laboratorium beobachtet sind und daß es keine energetisch erlaubten Nebenreaktionen gibt, die den Ablauf des Zyklus stören könnten. Da die A-priori Wahrscheinlichkeit der Aussendung eines α-Teilchens, nach dem Einfang eines Protons durch einen ^{15}N-Kern etwa 10^6 mal so groß ist wie das Verbleiben des Protons im Kern unter Aussendung eines γ-Quants, wird der ^{12}C-Kern nur in einem von 10^6 Fällen nicht

Reaktion	Q	Γ_{Volt}	τ	$P\,[sec^{-1}]$	$\frac{1}{30\,P}$
(p—γ) Reaktionen					
$^1H + {}^1H = {}^2H + e^+$	1.53	—	12.5	$8.5 \cdot 10^{-21}$	$1.2 \cdot 10^{11} a$
$^2H + {}^1H = {}^3He$	5.9	1	13.8	$1.3 \cdot 10^{-2}$	2 *sec*
$^{10}B + {}^1H = {}^{11}C$	9.2	10	44.6	10^{-12}	1000 *a*
$^{11}C + {}^1H = {}^{12}N$	0.4	0.02	50.6	10^{-17}	10^8 *a*
$^{12}C + {}^1H = {}^{13}N$	2.0	0.6	50.6	$4 \cdot 10^{-16}$	$2.5 \cdot 10^6$ *a*
$^{13}C + {}^1H = {}^{14}N$	8.2	30	50.6	$2 \cdot 10^{-14}$	$5 \cdot 10^4$ *a*
$^{14}N + {}^1H = {}^{15}O$	7.8	50	56.3	$2.5 \cdot 10^{-16}$	$4 \cdot 10^6$ *a*
$^{16}O + {}^1H = {}^{17}F$	0.5	0.02	61.6	$8 \cdot 10^{-22}$	10^{12} *a*
$^{22}Ne + {}^1H = {}^{23}Na$	10.7	10	71.7	$5 \cdot 10^{-23}$	$2 \cdot 10^{13}$ *a*
$^3He + {}^4He = {}^7Be$	1.6	0.02	47.3	$3 \cdot 10^{-17}$	$3 \cdot 10^7$ *a*
$^{12}C + {}^4He = {}^{16}O$	7.8	1	119	$7 \cdot 10^{-43}$	
(p—α) Reaktionen					
$^6Li + {}^1H = {}^3He + {}^4He$	4.1	$5 \cdot 10^5$	31.1	$7 \cdot 10^{-3}$	5 *sec*
$^7Li + {}^1H = 2\,{}^4He$	18.6	$4 \cdot 10^4$	31.3	$6 \cdot 10^{-4}$	1 *min*
$^9Be + {}^1H = {}^6Li + {}^4He$	2.4	10^6	38.1	$4 \cdot 10^{-5}$	15 *min*
$^{11}B + {}^1H = 3\,{}^4He$	9.4	10^6	44.6	$1.2 \cdot 10^{-7}$	3 *d*
$^{12}C + {}^1H = {}^9B + {}^4He$	- 8.1	—	—	—	—
$^{13}C + {}^1H = {}^{10}B + {}^4He$	- 4.4	—	—	—	—
$^{14}N + {}^1H = {}^{11}C + {}^4He$	- 3.5	—	—	—	—
$^{15}N + {}^1H = {}^{12}C + {}^4He$	5.2	$1.0 \cdot 10^7$	56.3	$5 \cdot 10^{-11}$	20 *a*
$^{19}F + {}^1H = {}^{16}O + {}^4He$	8.8	10^5	66.9	$4 \cdot 10^{-17}$	$3 \cdot 10^7$ *a*

wieder neu gebildet. Der ganze Ablauf des Zyklus erfordert aber nach der Tabelle etwa 10^7 Jahre; daher spielt dieser Verlust keine Rolle. Andererseits ist die genannte Zeit kurz genug, um die Häufigkeitsverhältnisse der verschiedenen an dem Zyklus beteiligten Kernsorten ihren Lebensdauern (siehe die letzte Spalte der Tabelle) proportional zu machen. Bei den C-Isotopen und dem Häufigkeitsverhältnis ^{12}C : ^{14}N fällt der Vergleich mit der Beobachtung befriedigend aus, bei den N-Isotopen ist er zur Zeit noch nicht möglich. — Übrigens zeigt die Tabelle, daß auch das Fluor zu den selteneren Elementen gehören sollte, im Einklang mit der Beobachtung.

Falls die gesamte Energieerzeugung der Hauptreihensterne auf den Kohlenstoffzyklus zurückzuführen ist, ergeben sich mit 1% Gewichtsanteil an ^{12}C und ^{14}N zusammen folgende Mittelpunktstemperaturen für einige typische Sterne.

	L/M	ϱ_c	X	T_c	T_c
Sonne..................	2.0	76	0.35	$19 \cdot 10^6$	$18.5 \cdot 10^6$
Sirius A................	30	41	0.35	26	22
U Oph A	180	12	0.50	25	26
Y Cyg A...............	1200	6.5	0.80	32	30
Capella A..............	50	0.16	0.35	6	32

Links stehen die mit Hilfe der Modelltheorie erhaltenen Daten. Die Dichte und die Temperatur im Mittelpunkt sind unter Annahme eines Aufbaues nach dem Eddingtonschen Modell gerechnet, der Wasserstoffgehalt ist gemäß den von B. Strömgren für verschwindenden Heliumgehalt erhaltenen Werten (*70*) angenommen. Aus dem Gesetz der Energieerzeugung ergibt sich sodann der in der letzten Spalte rechts angegebene Wert der Mittelpunktstemperatur. Die Übereinstimmung der beiden Wertereihen für T_c ist für die 4 Hauptreihensterne vorzüglich, und zweifellos besser als die Genauigkeit der Werte selbst. Die Hauptresultate sind tatsächlich die sehr starke Temperaturempfindlichkeit dieser Kernprozesse, die in Übereinstimmung mit der annähernden Konstanz der Beobachtungswerte von $M/R^{1.4}$ nur auf ein sehr langsames Anwachsen der Mittelpunktstemperatur längs der Hauptreihe führt, und ferner der größenordnungsmäßig richtige Betrag der absoluten Ausbeute. Der Kohlenstoff- und Stickstoffgehalt ist mit 1% vermutlich angemessen angenommen (die Tabellenwerte für die Reaktionen $^{14}N + H$ und $^{15}N + H$ sind schon nach der späteren Mitteilung von Bethe [(*4*) 2. Arbeit] angegeben). Die Werte von X sind wahrscheinlich zu niedrig (vgl. Ziffer 6); dies würde die nach der Modelltheorie gerechneten Werte der Mittelpunktstemperatur herabdrücken, wenn nicht das Anwachsen des Guillotinefaktors nach innen hin, das im entgegengesetzten Sinne wirkt, diesen Effekt kompensiert (s. Ziffer 6). Genauere Rechnungen hierüber liegen außer der schon in Ziffer 6 behandelten Integration von Bethe, Blanch, Lowan und Marshak (*6*) noch nicht vor. Insgesamt läßt sich jedenfalls sagen, daß Theorie und Erfahrung in allen bisher prüfbaren Aussagen recht befriedigend miteinander übereinstimmen und daß der Zuwachs an kernphysikalischen Kenntnissen in den letzten Jahren die Hypothesen von v. Weizsäcker und Bethe schon fast zwangsläufig erscheinen läßt.

Für den zuletzt aufgeführten Stern der Tabelle, den Riesenstern Capella, besteht eine grobe Diskrepanz, die sich in analoger Weise bei allen Riesensternen ergeben würde. Bevor wir indessen auf das Problem der Energiequellen der Riesen eingehen, muß noch kurz der zweite Prozeß diskutiert werden, der bei den Hauptreihensternen geringer Masse in Betracht zu ziehen ist.

Die schon erwähnte Umwandlung je zweier Protonen in schweren Wasserstoff und weiter in Helium ist von Bethe und Critchfield (*5*) genauer untersucht worden. Die Reaktionskette läuft dann noch folgendermaßen ab (unter Beschränkung auf den Fall B bei Bethe (*4*), der nach Mattauch und Flügge (*53*) allein in Betracht kommt):

(62) $^1H + {}^1H = {}^2H + e^+ + 1.5\,\mathrm{TME}$

(63) $^2H + {}^1H = {}^3He + \gamma + 5.9\,\mathrm{TME}$

(64) $^3He + {}^4He = {}^7Be + \gamma + 1.6\,\mathrm{TME}$

(65) $^7Be + e^- = {}^7Li + \gamma + \mathrm{Neutrino} + Q$

(66) $^7Li + {}^1H = 2\,{}^4He + 18.6\,\mathrm{TME}$

Die Halbwertszeit der Reaktion (65) beträgt 43 Tage. Bei der Berechnung der ersten Teilreaktion tritt die Schwierigkeit auf, daß in Ermangelung experimenteller Daten von einer Theorie des β-Zerfalls Gebrauch gemacht werden muß, die in wirklich einwandfreier Form noch nicht vorliegt. Bethe und Critchfield betrachten die Fermi-Theorie in der ihr von Gamow und Teller gegebenen Form als die mit den Experimenten am besten übereinstimmende. Damit finden sie folgende Energieausbeuten für $\varrho X^2 = 10$ [gr cm^{-3}].

$T \cdot 10^{-6}$	5	10	15	20	30	40	50	100
τ	19.8	15.7	13.7	12.6	10.9	9.9	9.2	7.3
ε [erg gr^{-1} sec^{-1}]	0.004	0.15	0.76	2.2	9.1	20	36	150

Wegen seiner sehr viel schwächeren Temperaturabhängigkeit — man vergleiche die τ-Werte mit den früheren — muß dieser Prozeß bei den Hauptreihensternen geringer Masse (etwa unterhalb der Sonnenmasse) dominieren.

Betreffs der Elemente Li, Be, B ergeben die vorstehenden Tabellen, daß die Beschießung mit Protonen stets nur auf einen Abbau auf ^{4}He oder auf ^{3}He führt, welch letzteres aber nach Gleichung (64)—(66) schließlich auch in ^{4}He umgewandelt wird. Da diese Reaktionen schon bei niedrigeren Temperaturen als der Kohlenstoffzyklus ablaufen, müssen die Elemente zwischen He und C im Sonneninneren praktisch verschwunden sein. Die Beobachtung zeigt, daß sie im Kosmos besonders selten sind, im Einklang mit unserem Resultat, da sie durch Kernreaktionen am leichtesten zerstört werden.

10. **Die Energiequellen der Riesen. Probleme der Sternentwicklung.** Die *Energiequellen der Riesensterne* und die damit zusammenhängenden Probleme der *Sternentwicklung* sind außer von Bethe und von v. Weizsäcker behandelt worden von Gamow und Teller (*32, 33*) sowie von Greenfield (*35*). Die einzigen Energiequellen, die im Falle normalen Aufbaues der Riesensterne (normal im Sinne der Modelltheorie, d. h. ohne überdichten Kern) nach dem gegenwärtigen Stand der Forschung

kernphysikalisch möglich erscheinen, sind Umwandlungen der leichten Kerne ^{2}H, Li, Be und B; diese Umwandlungen laufen ab bei Temperaturen von ½, 2, 3 und 6 Millionen Grad, wenn sie die für die Energieerzeugung erforderliche Häufigkeit aufweisen sollen. Da alle diese Umwandlungen nur einseitig ablaufen und der Ausgangskern demgemäß verzehrt wird, vermögen sie die Ausstrahlung nur für eine relativ beschränkte Zeit zu decken. Für die Riesen können wir wohl im Durchschnitt mit $L/M = 10^{1.7}$ erg/sec gr (dem Wert für die Hauptkomponente von Capella) rechnen. Nehmen wir an, daß der Massenanteil der leichten Elemente etwa 10^{-2} beträgt, so würden etwa $10^{-4.2}\ c^2 = 10^{16.8}$ erg/gr zur Verfügung stehen, die demnach für 40 Millionen Jahre ausreichen würden. Wenn der Massenanteil weniger als 10^{-4} beträgt, so würde die Kontraktion dieser Sterne kaum verlangsamt werden. Schon 40 Millionen Jahre sind aber nur 1% des Alters der Welt nach der eingangs akzeptierten Zeitskala. Die Riesen würden demnach sehr junge Sterne sein müssen. Nach den bisher vorliegenden Beobachtungen scheint es aber [Diskussionsbemerkung von Biermann auf einem Kolloquium in Kopenhagen, 1940], daß die genannten Elemente in Wirklichkeit auch auf den Riesen erheblich seltener sind als in der vorstehenden Überschlagsrechnung angenommen. Auch ist kaum anzunehmen, daß sie im Verhältnis zu den Metallen etwa an der Oberfläche seltener sind als im tiefen Inneren. Gamow und Teller korrellieren übrigens die Häufigkeitsmaxima der regelmäßigen Veränderlichen im Hertzsprung-Russell-Diagramm mit den aufgezählten 4 Elementen, die nach ihrer Theorie sukzessive die Energieerzeugung übernehmen müßten. Die nähere quantitative Durchführung dieses Gedankens durch Greenfield (*35*) hat aber gezeigt, daß man das Li den langperiodischen Veränderlichen und das Be und B den δ-Cephei-Sternen verschieden langer Periode (Greenfield nennt diejenigen von etwa 0.5, 2.0, 4.75 und 33^d als besonders häufig vorkommend) zuordnen müßte, während des ^{2}H kaum eine Rolle spielen kann.

Die astronomischen Beobachtungen, insbesondere das gemeinsame Auftreten von Riesen und Zwergen in Sternhaufen und Doppelsternsystemen, lassen ein geringes Alter der Riesen als nicht sehr glaubhaft erscheinen. Auch die beobachtete Konstanz der Perioden der δ-Cephei-Sterne (*24*, Kap. XI) zwingt zu der Annahme subatomarer Energiequellen irgendwelcher Art, zumindest für diese Sterne.

Andererseits besteht modelltheoretisch noch die Möglichkeit, sich die Riesen gänzlich anders aufgebaut vorzustellen, als die Hauptreihensterne. Dabei wäre mit Landau (*50*) und Gamow (*32*) vor allem an einen überdichten Kern zu denken, in dem die Gravitationsenergie Beträge ganz anderer Größenordnung als in normalen Sternen liefern könnte. Daß nur Sterne oberhalb einer gewissen Masse einen derartigen Kern aufweisen, könnte damit zusammenhängen, daß der Übergang in das weiße Zwergstadium nur Sternen bis zur Masse 1.7 $M_{\odot}$ (Masse der Sonne) möglich ist. Dies ergibt sich aus der Theorie der weißen Zwerge [vgl. Chandrasekhar (*17*) oder B. Strömgren (*69*)] und aus der Tatsache, daß die weißen Zwerge aus kernphysikalischen Gründen in ihrem Innern keinen Wasserstoff aufweisen dürfen [Marshak (*52*)]; auf diesen letzteren Punkt wird noch einzugehen sein. Landau und Gamow denken dabei an einen Kern solcher Dichte, daß die Materie überwiegend aus Neutronen besteht [s. hierzu Hund (*43*)]. Leider ist diese Vorstellung, die auch den Riesensternen ein hohes Alter zubilligen würde, noch nicht unter Berücksichtigung der Grenzbedingungen zwischen dem Neutronenkern und der Hülle durchgeführt worden. Die Hypothese, daß die Riesen ein späteres Entwicklungsstadium darstellen und demgemäß alte Sterne sind, ist übrigens unter anderen Gesichtspunkten [vgl. (*28*)] auch von Eddington (*27*) vertreten worden.

Ferner hat Öpik (*57*) den Vorschlag gemacht, den Aufbau und die Energieerzeugung der Riesen durch die Annahme zonenweise verschiedener chemischer Zusammensetzung zu verstehen (vgl. hierzu Ziffer 5, Anmerkung, und Ziffer 6).

Insgesamt ist festzustellen, daß über die Natur der Energiequellen der Riesen noch keine Klarheit besteht und daß keine der bisher vorgeschlagenen Lösungen des Problems wirklich glaubhaft gemacht worden ist.

Bei den frühesten B-Sternen mit einer mittleren Energieerzeugung von der Ordnung 1000 erg/gr sec besteht eine ähnliche Schwierigkeit, die indessen mehr graduellen als prinzipiellen Charakter hat. Falls bisher 30% der Masse in Helium umgewandelt worden sind, wäre das Alter dieser Sterne etwa 60 Millionen Jahre (gerechnet aus ihrer gegenwärtigen Leuchtkraft); es besteht aber wohl kein zwingender Grund, diesen im Raum sehr seltenen Sternen ein wesentlich höheres Alter zuzuschreiben. Als Ausweg aus der Schwierigkeit ist die Möglichkeit eines Massenzuwachses durch Aufsammeln interstellarer Materie diskutiert worden [Atkinson (*2*)], doch war das Ergebnis völlig negativ. Es ist unwahrscheinlich, daß die Sterne innerhalb der heute anzunehmenden Zeitskala Masse aus der interstellaren Materie aufnehmen, außer in Regionen, in denen die interstellare Dichte, die aus den Dunkelwolken bekannte um Größenordnungen übersteigt[1]).

Von der Sternentwicklung hätten wir uns demnach folgendes Bild zu machen. Die schweren Elemente vom Kohlenstoff aufwärts müssen sämtlich als vorher gebildet angenommen werden, außerdem mögen bestimmte Anteile an Wasserstoff und Helium und vielleicht auch den heute seltenen Zwischenelementen Li, Be, B vorhanden ge-

[1]) Hoyle und Lyttleton, Proc. Cambr. Phil. Soc. **35**, 592, 1939, sowie spätere Arbeiten haben den gegenteiligen Standpunkt zu begründen unternommen; vgl. Zentralblatt f. Math. **23,** 93, 1941.

wesen sein. Ein gewisser schon anfänglich vorhandener Wasserstoffgehalt ist für die Sterne größerer Masse (etwa $> M_{\odot}$) aus Gründen der dynamischen Stabilität sogar erforderlich (s. Ziffer 7). Beginnt jeder Stern, wie normalerweise angenommen, sein Dasein als diffuser Gasball, so wird er sich zunächst kontrahieren. Diese Kontraktion wird durch den Abbau der leichten Zwischenelemente Li, Be, B auf Helium, der als erste Kernreaktion einsetzt, größenordnungsmäßig vermutlich nicht allzusehr verlängert werden. Wenn eine Mittelpunktstemperatur von etwa 15 Millionen Grad erreicht ist, beginnt der Kohlenstoffzyklus zu arbeiten und den Wasserstoff langsam in Helium umzuwandeln. Wie lange dieses Stadium dauert, hängt von dem Anfangsgehalt an Wasserstoff ab. Die Bahn, die ein Stern mit abnehmendem Wasserstoffgehalt im Hertzsprung-Russell-Diagramm beschreibt, ist von Gamow (*32*) und von Wasyutinski [(*83*), vgl. auch Ziffer 7] untersucht worden. Danach verläuft die Entwicklung so, daß der Stern sich niemals erheblich von der Hauptreihe entfernt. Zunächst, wenn der Wasserstoffgehalt anfänglich groß ist, verläuft die Entwicklung langsam, da die Leuchtkraft noch ungefähr ihren Minimalwert besitzt; je geringer aber der Wasserstoffgehalt schon geworden ist, desto rascher wird er infolge der gestiegenen Leuchtkraft aufgezehrt. Es ist daher auch keineswegs erstaunlich, daß man unter den verhältnismäßig wenigen bisher bekannten Sternen mit gut bestimmten Werten von Masse, Leuchtkraft und Radius noch keine groben Abweichungen von der normalen Masseleuchtkraftbeziehung gefunden hat. Da sich die Mittelpunktstemperatur langsamer als das Molekulargewicht ändert, wird der Radius anwachsen; dieser Effekt ist in dem Material von B. Strömgren [(*69*) S. 516—517] auch angedeutet, doch muß für die Unterriesen eine andere Energiequelle oder aber ein anderer Aufbau angenommen werden, da sonst ihre Mittelpunktstemperatur zu niedrig herauskommt. Da schon eine große Anzahl weißer Zwerge mit geringer Masse bekannt sind, die ihren Wasserstoffgehalt innerhalb der erdgeschichtlichen Zeitskala nicht merklich hätten ändern können, sind wir zu der Annahme gezwungen, daß schon ursprünglich Sterne ganz verschiedener chemischer Zusammensetzung entstanden sind. Eine Schwierigkeit erwächst dieser Auffassung aus der Existenz von Doppelsternsystemen, deren eine Komponente ein weißer Zwerg ist, während der anderen Komponente auf Grund ihrer Leuchtkraft ein gewisser Mindestgehalt an Wasserstoff zugeschrieben werden muß. Indessen handelt es sich dabei stets um weite Systeme, deren Entstehungsmechanismus noch keineswegs geklärt ist, so daß diese Schwierigkeit wohl nicht allzu ernst genommen werden braucht.

Wenn der Wasserstoffgehalt sehr gering geworden ist, oder wenn er es von Anfang an war, so können die bisher betrachteten Kernprozesse nicht mehr ablaufen, und der Stern beginnt wieder sich zu kontrahieren

Das Endergebnis ist im Falle hinreichend kleiner Masse ($\lesssim 1.7\,M_\odot$) ein weißer Zwerg. Die Entwicklung im andern Fall größerer Masse ist noch unklar; vielleicht entstehen, wie schon bemerkt, als ein normales Ergebnis dieser Entwicklung die Riesen, doch ist es auch denkbar, daß sie in den Bereich der O-Sterne im Hertzsprung-Russell-Diagramm führt.

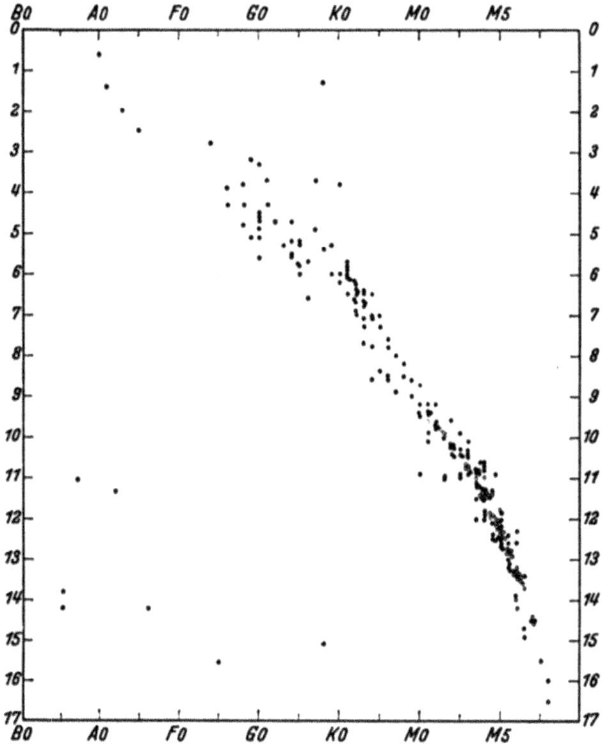

Abb. 4. Hertzsprung-Russell-Diagramm der bekannten Sterne mit Entfernungen bis zu 10.5 parsec (nach Kuiper).

Nicht berücksichtigt ist in diesen Untersuchungen der Einfluß der Rotation, der in den bekannten klassischen Arbeiten behandelt worden ist. Endlich ist zu bemerken, daß der Mechanismus der Sternentstehung und der Ablauf der ersten Entwicklungsstadien noch nicht als geklärt anzusehen ist.

Zum Abschluß dieses Abschnitts sei ein gerade von Kuiper (*48*) zusammengestelltes Hertzsprung-Russell-Diagramm wiedergegeben, das wohl als erstes die Verhältnisse in einem bestimmten Raumteil unseres Milchstraßensystems in relativer Vollständigkeit wiedergibt [vgl. hierzu auch die Berichte von Heß (*41*) und Hopmann (*42*)]. Es handelt sich um die Sterne mit trigonometrischen Parallaxen von über 0.095, d. h. bis zu einer Entfernung von 10.5 parsec oder 34.2 Lichtjahren. Durch Vergleich mit den statistischen Daten über Sterne großer Eigenbewegungen ergibt sich, daß das Diagramm bis etwa zur 11. Größe abwärts praktisch vollständig ist. Eingetragen sind die photovisuellen absoluten Helligkeiten; nur für einen Teil der schwächsten Sterne, für die diese nicht zur Verfügung standen, sind die photographischen Helligkeiten herangezogen (durch offene Kreise kenntlich gemacht). Die Spektren, deren Ungenauigkeit eine Hauptfehlerquelle der früheren Diagramme dar stellte, sind fast sämtlich von Kuiper neu bestimmt. Nur für die weißen Zwerge sind auch die Farbenindizes herangezogen.

Das Diagramm zeigt deutlich die große Seltenheit der Riesen und der hellen Hauptreihensterne. In dem beschriebenen Raumteil von 4850 $(psc)^3$ befinden sich 254 erfaßte Sterne (die Komponenten von Doppelsternen und mehrfachen Systemen sind dabei einzeln gezählt), zu denen noch reichlich ebensoviele bisher nicht erfaßte schwache M-Sterne hinzuzurechnen sind. Am häufigsten dürften die Sterne etwa der 13. Größenklasse sein. In diesem Raumteil befinden sich nur 1 Riese und 2 Unterriesen, 4 A-Sterne sowie 7 weiße Zwerge. Die wirkliche Anzahl der letzteren [zu ihrer Verteilung im Hertzsprung-Russell-Diagramm vgl. Kienle (*46*)] ist allerdings sicher ein vielfaches der angegebenen Zahl, sie werden wenigstens etwa 10% der Sternzahl und demgemäß einen noch größeren Bruchteil der Masse ausmachen. Geht man bis zu einer Entfernung von 20 psc, so kommen hinzu 4 Riesensterne, 2 A-Sterne und 1 B8-Stern, aber noch kein Überriese, trotzdem der Raum im Verhältnis 1 : 6.9 größer ist als vorher.

Von Bedeutung für die Theorie der Energieerzeugung und der Entwicklung der Sterne sind neben der Leere der Gebiete beiderseits der Hauptreihe vor allem die relative Schärfe der letzteren [die allerdings noch weit von der Schärfe der Hauptreihe in offenen Sternhaufen übertroffen wird; s. Heckmann (*39*)]. Die wirkliche Streuung ist zu etwa einer halben Größenklasse beiderseits der Kammlinie anzunehmen (*42*). Nach dem zuvor in dieser Ziffer ausgeführten deutet dies aber weniger auf eine einheitliche chemische Zusammensetzung als vielmehr auf einen einheitlichen, sehr temperaturempfindlichen Prozeß der Energieerzeugung.

11. **Die Theorie der Neuen Sterne und der Supernovae.** Die zuletzt diskutierten Verhältnisse bilden zugleich die Grundlage für die *Theorie der Neuen Sterne*, die daher als nächstes behandelt werden soll. Es liegt nahe, das Aufleuchten dieser Sterne mit dem Übergang in das Weiße Zwergstadium in Verbindung zu bringen [Milne (*54*); Grotrian (*36*); Gamow (*32, 34*)], doch ist darauf hinzuweisen, daß die geschilderte Entwicklungsfolge gar keinen katastrophenartigen Charakter

besitzt oder auch nur erlaubt. Wir müssen vielmehr fragen, ob der Übergangszustand vielleicht auf eine Instabilität irgendwelcher Art führt, die dann zu dem Ausbruch Veranlassung geben könnte. Auf dieser Basis ist eine Theorie der Neuen Sterne von Biermann (*11*) entwickelt worden. Ferner ist kürzlich von Gamow (*34*) ein kernphysikalischer Mechanismus angegeben worden, der möglicherweise eine Erklärung der sog. Supernovae, einer besonders lichtstarken Klasse Neuer Sterne, gibt. Diese beiden Theorien sollen in diesem Abschnitt dargestellt werden

Wir beginnen mit der Aufzählung einiger für die Theorie der normalen Neuen Sterne wichtiger Beobachtungstatsachen.

1. Die gesamte während des Ausbruchs ausgestrahlte Energie ist von der Ordnung 10^{44} erg (bei der Supernovae dagegen 10^{48}—10^{49} erg), gegenüber einer potentiellen Energie des Sterns von der Ordnung 10^{49} erg. Die Gesamtenergie des Sterns bleibt demnach bei einem normalen Novaausbruch praktisch unverändert.

2. Die Masse der abgestoßenen Schalen beträgt etwa $10^{-5} M_{\odot}$, so daß auch die Masse der normalen Nova praktisch dieselbe bleibt.

3. Die photographische Helligkeit strebt nach dem Abklingen des Ausbruchs schließlich wieder der Helligkeit vor dem Ausbruch zu.

Diese Beobachtungen lassen sich kaum anders verstehen, als durch die Annahme, daß der Stern im Praenova- und im Postnovastadium praktisch im gleichen physikalischen Zustand ist.

4. Die visuelle absolute Helligkeit der Postnovae ist im Durchschnitt etwa das Dreifache derjenigen der Sonne. Da ihre effektive Temperatur sehr hoch (von der Ordnung 40000^{0}) ist, beträgt der Radius nur etwa $^{1}/_{5}$ $R_{\odot}$. Im Hertzsprung-Russell-Diagramm stehen demnach die Prae- und Postnovae in ziemlichem Abstand links unterhalb der Hauptreihe.

5. Die Wahrscheinlichkeit eines Novaausbruchs, bezogen auf alle Sterne bis herab zur absoluten Helligkeit der Sonne, ist von der Ordnung 10^{-7} pro Jahr (für die Supernovae dagegen nur 10^{-2}—10^{-3} pro Sternsystem und Jahr). Auch dies spricht aus Gründen der Zeitskala gegen die Auffassung der Novaausbrüche als katastrophenartiger Übergänge in einen anderen physikalischen Zustand. Da aber die räumliche Häufigkeit der Sterne links der Hauptreihe um Größenordnungen geringer ist als die der Hauptreihensterne selbst, müssen diese Sterne entsprechend häufiger, etwa alle 10^{4} Jahre aufleuchten. Die potentiellen Novae wären demnach nur eine besondere Klasse der veränderlichen Sterne.

Die Anwendung der Theorie des inneren Aufbaues auf diese Sterne lehrt dann zunächst, daß die freien Elektronen in ihrem Inneren noch nicht entartet sein sollten. Aus der Masse-Leuchtkraftbeziehung erhält man für die Masse etwa $\frac{1}{2}$ $M_{\odot}$, für die Mittelpunktstemperatur etwa 90 Millionen Grad. Hierbei ist schon von dem Ergebnis des letzten Abschnitts Gebrauch gemacht, daß diese Sterne keinen Wasserstoff mehr in ihrem Inneren enthalten sollten; sonst müßte schon allein die Proton-Protonreaktion sehr hohe Energiebeträge liefern.

Die Annahme eines verschwindend geringen Gehalts an Wasserstoff und auch an Helium ist entscheidend für die von Biermann vorgeschlagene Theorie der Novaausbrüche. In diesem Fall liegt nämlich das Verhältnis der spezifischen Wärmen c_p/c_v, das nach Gleichung (25) wesentlich in den adiabatischen Temperaturgradienten eingeht, in erheblichen Teilen des Sterninneren unter dem Normalwert für ein einatomiges Gas $^5/_3$. Die Durchrechnung zeigt, daß dies überall dort gilt, wo die Atomhüllen-Elektronen mit Bindungsenergien unterhalb von 2000 Volt noch nicht vollständig ionisiert sind, und zwar findet sich überraschenderweise, daß in dem Temperaturbereich zwischen 1 und etwa 6 Millionen Grad

$$\left(\frac{d \log p_R}{d \log P}\right)_{ad} = 1 \qquad (\pm 10\%)$$

beträgt. Da der entsprechende Gradient für Strahlungstransport ebenfalls nahe $= 1$ sein muß, ergibt sich, daß diese Teile des Sterninneren sich ständig nahe der Grenze der Stabilität der Schichtung befinden müssen.

Die Vorstellung von Mechanismus der Novaausbrüche ist nun die folgende. Da die Sterne sich in diesem Entwicklungsstadium langsam kontrahieren müssen, wird angenommen, daß die Instabilität der eben diskutierten Schichten zeitweise aufgebaut wird, bis sie dann plötzlich zusammenbricht. Der Energievorrat besteht hierbei aus der Ionisationsenergie dieser Schichten, und es zeigt sich, daß diese gerade ausreicht zur Deckung der während eines Ausbruchs ausgestrahlten Energie. Ebenso ist die Geschwindigkeit von größenordnungsmäßig 300 bis 1000 km/sec, mit der während eines Ausbruchs die Hülle der Nova in den Raum hinausgestoßen wird, von der Ordnung der Schallgeschwindigkeit an der inneren Grenze dieser Zone. Die Vorstellung, eine innere Instabilitätszone für die Novaausbrüche verantwortlich zu machen, ist übrigens als solche schon 1930 von Unsöld (*78*) vorgeschlagen worden; Unsöld begnügte sich aber damit zu zeigen, daß die Expansionsgeschwindigkeit der Hüllen und die gesamte ausgestrahlte Energie in ihrer Größenordnung erklärbar sind, wenn man eine derartige Zone postuliert.

Eine gewisse Schwierigkeit der hier skizzierten Theorie ist die folgende. Nach den Beobachtungen der Novaspektren hat man nicht den Eindruck, in den Novae *besonders* wasserstoffarme Sterne vor sich zu haben, obwohl die chemische Zusammensetzung der ausgestoßenen Hüllen abnorm zu sein scheint und nach Swings (*73*) eine geringere Wasserstoffhäufigkeit nicht ausgeschlossen ist. Die gleiche Schwierigkeit liegt übrigens für die Weißen Zwerge und die Kerne der planetarischen Nebel vor, die man sämtlich auf Grund des kernphysikalischen Arguments, daß ein merklicher Wasserstoffgehalt ihnen im Gegensatz zur Beobachtung eine besonders hohe Energieerzeugung verleihen müßte, als wasserstoffarm ansehen muß. Bei den wenigen Weißen Zwergen mit bekannter Masse hat der Vergleich der beobachteten Radien mit den theoretischen Werten noch keine eindeutigen Aufschlüsse erbracht [Marshak (*52*)]. So muß man wohl dem kernphysikalischen Argument einstweilen das höhere Gewicht zuerkennen.

Den Ausgangspunkt von Gamows und Schönbergs neuer Theorie (*34*), zu der wir nun übergehen wollen, bildet eine Auffassung vom Charakter der Novaausbrüche, die der bisher in dieser Ziffer vertretenen entgegengesetzt ist. Gamow hält es für unzweifelhaft, daß die Novaausbrüche den katastrophenartigen Übergang in einen neuen Zustand höherer Dichte darstellen. Das Nicht-stimmen der Energiebilanz veranlaßt dann dazu nach Kernprozessen zu suchen, in deren Folge große Energiebeträge rasch und unbeobachtbar den Stern verlassen könnten, und Gamow und Schönberg finden dann diese Prozesse in Form des folgenden Zyklus, der im Prinzip zwischen jedem Paar benachbarter isobarer Kerne ablaufen kann:

(67) $${}^{A}_{Z}N + e^{-} = {}_{Z-1}^{A}N + \text{antineutrino} \quad - Q_1$$

(68) $${}_{Z-1}^{A}N = {}^{A}_{Z}N + e^{-} + \text{neutrino} + Q_2$$

Nach der Kernphysik ist höchstens eines von je zwei benachbarten Isobaren stabil. Man hat also aus den kernphysikalischen Tabellen [s. etwa Mattauch-Flügge (*53*)] solche isobaren Nachbarelemente zu suchen, deren eines β-labil ist. Ist der Massenunterschied gering, so braucht das Elektron keine hohe kinetische Energie Q_1, um in den stabilen Kern ${}^{A}_{Z}N$ einzudringen und ihn in den β-labilen Kern ${}_{Z-1}^{A}N$ umzuwandeln. Wenn dieser Kern dann zerfällt (Gleichung 68), so geht nach der experimentellen Erfahrung nur ein Teil der freiwerdenden Energie in kinetische Energie Q_2 des emittierten Elektrons über. Um den Energiesatz beibehalten zu können, muß man ein praktisch unbeobachtbares Teilchen sehr geringer Masse, das „Neutrino", postulieren, das den Energieunterschied abtransportiert. Ein entsprechendes Teilchen mit entgegengesetztem Spin, das „Antineutrino", muß dann auch für die erste Reaktion (67) postuliert werden, um dem Drehimpulssatz Genüge zu leisten. Die in den Neutrinos und Antineutrinos abgeführte Energie, die wegen der anzunehmenden sehr hohen Durchdringungsfähigkeit dieser Teilchen mit diesen praktisch instantan den Stern verläßt, entstammt der kinetischen Energie des ersten Elektrons (Gleichung 67).

Die quantitative Durchführung des Gedankens [(*34*), 2. Arbeit] zeigt, daß derartige Prozesse in einer Häufigkeit, die für die Sternentwicklung wesentlich wäre, erst bei Temperaturen von der Ordnung 10^9 Grad zu erwarten sind. Bei Temperaturen von der Ordnung 10^{10} Grad könnte der Energieverlust mit 10^{10} erg/gr sec und mehr ein derartiges Ausmaß annehmen, daß der Stern rasch einen wesentlichen Teil seiner Energie abgeben könnte. Nach diesen Werten scheint es, daß in Sternen mittlerer und kleinerer Masse diese Prozesse kaum eine Rolle spielen werden, da die notwendigen Temperaturen wegen der einsetzenden Entartung wahrscheinlich nicht erreicht werden. Bei den Sternen höherer Masse liegen die Verhältnisse gerade umgekehrt. Diese Temperaturen müssen wohl zwangsläufig schließlich erreicht werden und es ist daher sehr wohl möglich, daß die Supernovae sich auf diese Art erklären.

Abschließend ist zu erwähnen, daß der Prozeß (67) bisher im Laboratorium nicht beobachtet wurde; doch wäre es voreilig, hieraus einen Schluß gegen die Theorie zu ziehen, da geeignete experimentelle Untersuchungen hierzu noch nicht vorliegen.

12. **Die Entstehung der schweren Elemente.** Die *Entstehung der schweren Elemente* ist vor allem von v. Weizsäcker in der schon besprochenen Arbeit (*85*) behandelt worden. v. Weizsäcker nimmt an, daß bei der Bildung der schweren Kerne kinetische Energien von der Ordnung der Kernbindungsenergien (≈ 10 *TME* pro Neutron oder Proton) zur Verfügung standen. Die ursprüngliche Häufigkeitsverteilung der Elemente würde dann einem thermodynamischen Gleichgewicht entsprechen, und die relative Häufigkeit aufeinanderfolgender Kerne berechnet sich auf Grund der Saha schen Formel. Für eine Neutronenanlagerung gilt z. B.

$$\frac{n_{A-1}}{n_A} = \frac{G_{A-1}}{G_A} \cdot 2\, \frac{(2\pi M k T)^{3/2}}{h^3\, n_N}\, e^{-\frac{E_A}{kT}} \tag{69}$$

wo jetzt n mit entsprechendem Index die Dichte (cm^{-3}) der Kerne vom Atomgewicht A — 1, A und die der Neutronen angibt, ferner G die zugehörigen statistischen Gewichte, M die Neutronenmasse und E_A die Bindungsenergie des hinzukommenden Neutrons. Wenn man nun die Häufigkeitsverteilung der Elemente im Großen überblickt, so hat man für etwa 200 sukzessive Anlagerungen eines Neutrons oder Protons einen Häufigkeitsabfall um 6 Zehnerpotenzen. Das Verhältnis $n_{A-1} : n_A$ kann also im Mittel nur wenig (etwa 7%) über 1 liegen. Die nähere Diskussion lehrt nun, daß dieser Sachverhalt nur verständlich wird, wenn man eine solche Temperatur annimmt, daß kT von der Ordnung der Kernbindungsenergie pro Teilchen wird; dies führt auf größenordnungsmäßig $T = 10^{10}$—10^{11} Grad. Die zugehörige Dichte nähert sich schon derjenigen, die für die Atomkerne selbst angenommen werden muß. Zur Prüfung dieser Vorstellungen wären vor allem genauere Werte der Isotopengewichte erforderlich, um die Saha-Formel auf möglichst viele Kernreaktionen anwenden zu können. Dazu ist noch zu bemerken, daß die Feinstruktur der Häufigkeitsverteilung, die wir heute vorfinden, wohl erst in einem späteren Stadium, bei tieferen Temperaturen entstand; diese müssen aber immer noch hoch genug angenommen werden, um Kernreaktionen im Gleichgewicht überhaupt zu ermöglichen.

Fragt man nun nach der Verwirklichung derartiger physikalischer Bedingungen, so hält v. Weizsäcker es für denkbar, daß in einem sich kontrahierenden „Stern" besonders großer Masse vorübergehend diese Temperaturen entstanden, bis die Kernreaktionen ihn schließlich zersprengten. Stellt man sich vor, daß der ganze Kosmos in diesem „Stern" vereinigt war, so hätte man einen Anknüpfungspunkt zum Verständnis der Fluchtbewegung der Spiralnebel, wenn man diese nämlich nach einem einmal von Milne gemachten Vorschlage als Folge einer ursprünglichen Explosion der das Weltall bildenden Materie ansieht. Falls diese Deutung zutrifft, so sollte man erwarten, daß Spiralnebel mit Geschwindigkeiten oberhalb einer gewissen kritischen Geschwindigkeit von etwa $\sqrt{2}/10 \cdot c = 42000$ km/sec selten wären. Vielleicht wird sich diese Prüfung der Theorie in Zukunft einmal durchführen lassen. Doch hat Heckmann [(*40*), p. 100] darauf hingewiesen, daß dann die schwächsten schon mit den jetzigen Mitteln photographierbaren Spiralnebel (scheinbare Helligkeit 21^m) nicht weiter entfernt sein dürften als die schwächsten, deren Spektren noch aufgenommen werden können (18^m, Rotverschiebung 40000 km/sec), und dies erscheint nicht sehr glaubhaft.

In einer neueren Arbeit haben Chandrasekhar und Henrich (*19*) versucht, die v. Weizsäckerschen Gedanken quantitativ weiterzuentwickeln. Durch den Vergleich der Häufigkeiten je dreier Isotopen desselben Elements läßt sich, wie schon v. Weizsäcker gezeigt hatte, die Temperatur und die Neutronendichte angeben, bei der diese Häufigkeitsverhältnisse im Gleichgewicht vorliegen. Chandrasekhar und Henrich finden für die Elemente O, Ne, Mg, Si und S Temperaturen zwischen 3 und $13 \cdot 10^9$ Grad, und Neutronendichten zwischen 10^{19} und 10^{31}. Alsdann betrachten sie das Gleichgewicht zwischen Neutronen, Protonen und α-Teilchen sowie positiven und negativen Elektronen für Temperaturen von 5 bis $8 \cdot 10^9$ Grad und Neutronendichten von etwa 10^{25} bis 10^{30} [cm^{-3}]. Dabei zeigt sich, daß bei geringen Neutronendichten die dann gleichhäufigen Positronen und negativen Elektronen sich nur mit den Lichtquanten ins Gleichgewicht setzen, während bei zunehmender Neutronendichte die Protonendichte ein Maximum erreicht und dann wieder abfällt, die α-Teilchendichte dagegen stetig anwächst und die der Positronen monoton abnimmt. Diese Resultate werden dann benutzt zur Berechnung der relativen Häufigkeiten der schwereren Elemente im Gleichgewicht für $T = 6.5 \cdot 10^9$, $\log n_N = 27.65$ und $T = 8 \cdot 10^9$, $\log n_N = 29.30$. Es zeigt sich, daß für $T = 8 \cdot 10^9$, $\log, n_N = 29.30$ der Verlauf zwischen den Elementen O und S ungefähr mit den empirischen Daten übereinstimmt; dagegen findet sich ^{1}H um fast einen Faktor 10^7 häufiger als ^{16}O, ^{4}He sogar um mehr als einen Faktor 10^7, während die Häufigkeit der schwereren Elemente aus der Rechnung viel zu niedrig herauskommt. Diese letzteren müssen daher bei $T = 10^{10}$—10^{11} entstanden sein, und das Gleichgewicht dieser Elemente muß daher beim Abkühlen teilweise „eingefroren" sein. Das Gleichgewicht zwischen den leichtesten Elementen muß bei Temperaturen um $5 \cdot 10^9$ entstanden sein, und unterhalb von $T = 4 \cdot 10^9$ kann kein thermodynamisches Gleichgewicht zwischen den Kernen mehr geherrscht haben, so daß nur noch einseitige Kernprozesse nach Art der in Ziffer 8—10 behandelten möglich waren.

Die in dieser Ziffer mitgeteilten Ergebnisse mögen durch neue Fortschritte der Kernphysik noch beträchtlich modifiziert werden.

Literaturverzeichnis.

1. Atkinson, R. D'E.: (Energiequellen) Astrophys. J. **84**, 73 (1936).
2. — (Massenzuwachs aus dem interstellaren Raum) Monthly Not.
3. — u. F. G. Houtermans: (Energieerzeugung und Elementumwandlung im Sterninnern) Z. f. Physik **54**, 656 (1929).
4. H. Bethe: (Kohlenstoffzyklus) Phys. Rev. **55**, 434 (1939): Astrophys. J. **92** 118 (1940).
5. — u. Critchfield: (Proton-Protonreaktion) Phys. Rev. **54**, 248, 862 (1938).
6. — Blanch, Lowan u. Marshak: (Modell der Sonne) Phys. Rev. **59**, 467 (1941).
7. Biermann, L.: (Allgemeines über Konvektionszonen) Z. f. Astrophysik **5**, 117 (1932); **22**, 65 (1942).
8. — (Konvektive Sternmodelle) Astron. Nachr. **257**, 269 (1935); **258**, 257 (1936); **264**, 361 (1938); **266**, 1 (1938); **267**, 131 (1938).
9. — (Aufbau der Sonne) Astron. Nachr. **264**, 395 (1938); Vierteljahrsschrift Astron. Ges. **76**, 194 (1941); Z. f. Astrophysik **21**, 320 (1942) **22**, 244 (1943).
10. — (Dynamische Stabilität) Z. f. Astrophysik **16**, 29 (1938); **19**, 1 (1939) (zus. mit T. G. Cowling).
11. — (Theorie der Neuen Sterne) Z. f. Astrophysik **18**, 344 (1939).
12. Bjerknes, V.: (Theorie der Sonnenflecken) Astrophys. J. **64**, 93 (1926); Astrophysica Norvegica **2**, Nr. 6 (1937).
13. Bohrmann, A.: (Konvektive Sternmodelle) Astron. Nachr. **263**, 449 (1937).
14. Bruggencate, P. ten, u. J. Houtgast: (Chemische Zusammensetzung der Sonne) Z. f. Astrophysik **20**, 149 (1940).
15. Brunt, D.: Physical and dynamical Meteorology. Cambridge 1934.
16. Bucerius, H.: (Theorie der Polytropen) Astron. Nachr. **267**, 253 (1938).
17. Chandrasekhar, S.: Introduction to the theory of stellar structure. Chicago 1939.
18. — (Polytrope $n = 3.25$) Astrophys. J. **89**, 116 (1939).
19. — u. Henrich: (Entstehung der schweren Elemente) Astrophys. J. **95**, 288 (1942).
20. Cowling, T. G.: (Konvektionszonen) Monthly Not. **94**, 768 (1934); Observatory **58**, 243 (1935).
21. — (Satz von Vogt) Astron. Nachr. **258**, 133 (1936); Monthly Not. **98**, 528 (1938).
22. — (Stabilität konvektiver Modelle) Monthly Not. **98**, 528 (1938).
23. — (Drehung der Apsidenlinie und innerer Aufbau enger Doppelsterne) Monthly Not. **98**, 734 (1938).
24. Eddington, A. S.: The internal constitution of the stars. Cambridge 1926. Der innere Aufbau der Sterne. Berlin 1928.

25. Eddington, A. S.: (Zusammengesetzte Polytropen) Monthly Not. **99**, 4 (1938).
26. — (Wasserstoffkonvektionszone) Monthly Not. **101**, 177 (1941).
27. — (Sternentwicklung und Theorie der Weißen Zwerge) Monthly Not. **99**, 595 (1939).
28. — (Zustandsgleichung bei Entartung im Falle sehr hoher Elektronengeschwindigkeit) Monthly Not. **95**, 194 (1935); **100**, 582 (1940).
29. Fairclough, N.: (Zusammengesetzte Polytropen) Monthly Not. **93**, 40 (1932)
30. Fowler, R. H., u. Guggenheim: (Adiabaten im Sterninneren) Monthly Not. **85**, 939, 961 (1925).
31. Gamow, G.: (Kernumwandlungen) Z. f. Astrophysik **16**, 113 (1938); Nature **144**, 575 (1939).
32. — (Sternentwicklung) Phys. Rev. **53**, 595 (1938); **55**, 718 (1939).
33. — u. Teller: (Energiequellen der Riesen) Phys. Rev. **55**, 791, 796 (1939).
34. — u. Schönberg: (Theorie der Neuen Sterne) Phys. Rev. **59**, 539, 617 (1941).
35. Greenfield: (Energiequellen der Riesen) Phys. Rev. **60**, 175 (1941).
36. Grotrian, W.: (Nova Herculis) Z. f. Astrophysik **2**, 78 (1931).
37. Guthnick, P.: (Strömungen in Sternatmosphären) Sitz.Ber. Preuß. Akademie d. Wiss. Phys. Math. Klasse 1931, II u. XXIX.
38. Houtermans, F. G.: (Massenverlust durch Neutrinos beim Kohlenstoffzyklus) persönliche Mitteilung.
39. Heckmann, O.: (Farbenhelligkeitsdiagramm offener Sternhaufen) Veröff. Sternw. Göttingen Nr. **55**, (1937).
40. — Theorien der Kosmologie. Berlin 1942.
41. Heß, R.: Die Statistik der Leuchtkräfte der Sterne. Erg. exakt. Naturwiss. **3**, 38 (1924).
42. Hopmann, J.: Die Verteilung der absoluten Helligkeiten der Sterne von verschiedenem Spektraltypus. Erg. exakt. Naturwiss. **18**, 1 (1939).
43. Hund, F.: Materie unter sehr hohen Drucken und Temperaturen. Erg. exakt. Naturwiss. **15**, 189 (1936).
44. Jeffreys, H.: (Temperaturgradient in Instabilitätszonen) Monthly Not. **91**, 121 (1930).
45. Kienle, H.: Die empirischen Grundlagen des Masse—Leuchtkraftgesetzes. Erg. exakt. Naturwiss. **20**, 89 (1943).
46. — (Weiße Zwerge) Z. f. Physik **118**, 443 (1941).
47. Kopal, Z.: (Drehung der Apsodenlinie und innerer Aufbau enger Doppelsterne) Harvard Circular **443** (1940).
48. Kuiper, G. P.: (Hertzsprung-Russell-Diagramm) Astrophys. J. **95**, 201 (1942).
49. Lamb: Hydrodynamik.
50. Landau: (Neutronenkern) Nature **141**, 333 (1938).
51. Lettau, H.: Atmosphärische Turbulenz. Leipzig 1939.
52. Marshak: (Weiße Zwerge) Astrophys. J. **92**, 321 (1940).
53. Mattauch-Flügge: Kernphysikalische Tabellen. Berlin 1942.
54. Milne, E. A.: (Theorie der Neuen Sterne) Monthly Not. **91**, 4 (1930); Observatory **54**, 140 (1931).
55. Möglich, F., Riewe u. R. Rompe: Ann. d. Physik **35**, 735 (1939).
56. Morse, P. M.: (Opazität im Sterninneren) Astrophys. J. **92**, 27 (1940).
57. Öpik: (Konvektive Sternmodelle) Veröff. Sternw. Dorpat (Tartu) **30**, Nr. 3 u. 4 (1938); **31**, Nr. 1 (1943).
58. Prandtl, L.: (Mechanik reibender Flüssigkeiten). Strömungslehre.
59. — (Mischungsweganstaz) Verhandl. 2. internationaler Kongr. techn. Mechanik. Zürich 1926. Ferner persönliche Mitteilungen.
60. — (Instabilitätszonen) Beitr. Physik freier Atmosphäre **19**, 188 (1932).
61. Richardson: (Stabilitätskriterien) Proc. Roy. Soc. **97**, 354 (1920); Phil. Mag. **49**, 81 (1925).
62. Rosseland, S.: Astrophysik auf atomtheoretischer Grundlage. Berlin 1931.

63. Rudkjöbing, M.: (Konvektionszonen) Z. f. Astrophysik **21**, 254 (1942).
64. Schmidt, W.: Der Massenaustausch in freier Luft. Hamburg 1925.
65. Severny, A. B.: (Stabilität) C. R. Acad. Sci. URSS., N. S. **30**, 405 (1941).
66. Siedentopf, H.: (Stabilitätsbedingungen) Astron. Nachr. **244**, 273 (1932); **249**, 53 (1933).
67. — (Konvektionszonen) Astron. Nachr. **247**, 297 (1932); **255**, 157 (1935).
68. — (Zellulare und nichtstationäre Konvektion) Vierteljahrsschrift Astron. Ges. **76**, 185 (1941).
69. Strömgren, B.: Die Theorie des Sterninnern und die Entwicklung der Sterne. Erg. exakt. Naturwiss. **16**, 466 (1937).
70. — (Wasserstoffgehalt der Sterne und Hertzsprung-Russell-Diagramm) Z. f. Astrophysik **4**, 118 (1932); **7**, 222 (1933).
71. — (Aufbau und chemische Zusammensetzung der Sonnenatmosphäre) Festschrift Elis Strömgren S. 218. Kopenhagen (1940).
72. Struve, O., u. C. T. Elvey: (Turbulenz in Sternatmosphären) Astrophys. J. **79**, 409 (1934).
73. Swings: (Chemische Zusammensetzung der Novahüllen) Astrophys. J. **95**, 112 (1942).
74. Tolman: (Stabilität) Astrophys. J. **90**, 541, 568 (1939).
75. Unsöld, A.: Theorie der Sternatmosphären. Berlin 1938.
76. — (Wasserstoffkonvektionszone) Z. f. Astrophys. **1**, 138 (1930); **2**, 209 (1931).
77. — (Einstelldauer des Ionisationsgleichgewichtes) Z. f. Astrophysik **21**, 307 (1942).
78. — (Theorie der Neuen Sterne) Z. f. Astrophysik **1**, 138 (1930).
79. Vogt, H.: Der innere Aufbau und die Entwicklung der Sterne. Erg. exakt. Naturwiss. **6**, 1 (1927).
80. — (Allgemeine Theorie des Sternaufbaus) Abh. Heidelb. Akad. d. Wiss., math. naturw. Kl. **24**. Abh. (1940).
81. Waldmeier: Ergebnisse und Probleme der Sonnenforschung. Leipzig 1941.
82. Walter, K.: (Gezeitendeformation und Leuchtkraft enger Doppelsterne) Z. f. Astrophysik **15**, 315 (1938); **19**, 157 (1940).
83. Wasyutinski: (Entwicklung konvektiv aufgebauter Sterne) Monthly Not. **100**, 362 (1940).
84. Wefelmeier: (Obere Grenze des Alters der Welt) Persönliche Mitteilung.
85. Weizsäcker, C. F. v.: (Energiequellen der Sterne) Phys. Z. **38**, 176 (1937); **39**, 633 (1938).
86. Wellmann, P.: (Turbulenz auf ζ Aurigae) Veröff. Sternwarte Babelsberg **12**, 4 (1939).

Elektrische Leitfähigkeit der Metalle bei tiefen Temperaturen.

Von **E. Grüneisen**, Marburg.

Mit 44 Abbildungen.

Inhaltsverzeichnis.

Einleitung.

Wenn der Wunsch besteht, in diesem Band einen Bericht über den normalen Leitungsvorgang in Metallen zu bringen, unter Ausschluß der Supraleitung, die eine besondere Behandlung durch Herrn Justi erfährt, so liegt der Grund darin, daß in den letzten ein bis zwei Jahrzehnten die Kenntnis der Elektronenleitung in Metallen bedeutende Fortschritte gemacht hat, sowohl vom Experiment wie von der Theorie her, unter glücklichster gegenseitiger Befruchtung. Nun sind zwar im letzten Jahrzehnt eine ganze Reihe zusammenfassender Darstellungen der Elektronentheorie und insbesondere der Elektronenleitung in Metallen erschienen (*13, 58, 89, 93, 105, 121, 32*), an denen man den Fortschritt der Erkenntnis z. B. gegenüber dem älteren Bericht des Verfassers im Handbuch der Physik (*40*) auf den ersten Blick erkennt, aber gerade für das Gebiet tiefer Temperaturen sind neuerdings wieder so viele wichtige Ergebnisse gewonnen, daß eine Darstellung derselben im Zusammenhang mit den früheren berechtigt ist.

Die experimentelle Forschung verdankt ihre Fortschritte wesentlich den verbesserten und erweiterten Versuchsbedingungen, unter denen die Leitfähigkeit der Metalle gemessen werden konnte. Genannt seien: Höhere Reinheit der Metallproben und ihre Herstellung in Form von Einkristallen; Herstellung von Mischkristallen aus reinen Komponenten; Erweiterung des Temperatur- und Druckbereichs; Anwendung starker Magnetfelder bis zu tiefsten Temperaturen; Herstellung dünnster Drähte und Schichten, die in ihrem Leitvermögen charakteristische Unterschiede gegenüber dem kompakten Metall zeigen; Herstellung von Lösungen der Alkali- und Erdalkalimetalle in flüssigem Ammoniak, die den stetigen Übergang vom Metallzustand der konzentrierten Lösung in den Nichtmetallzustand der verdünnten Lösung zu untersuchen erlauben (*58a*).

Wie andererseits die Elektronentheorie der Metalle einen neuen Anstoß bekam mit der Einführung der Fermi-Statistik durch Sommerfeld (*104*) und der wellenmechanischen Behandlung durch Bloch (*11*) u. a., ist bereits in Bd. XI dieser Ergebnisse (1932) von Peierls geschildert worden. Wir werden auf die Vorstellungen und Ergebnisse der Theorie hier nur insoweit eingehen, wie es zur Ausschöpfung der experimentellen Ergebnisse wünschenswert erscheint.

I. Allgemeines. Temperaturabhängigkeit des Widerstandes.

1. Definition der Leitfähigkeit und des spezifischen Widerstandes.

Isotrope Leiter. Für isotrope Stoffe ergibt sich der Begriff der el. Leitfähigkeit (L.F.) oder des Leitvermögens (L.V.) $\varkappa$, sowie der Begriff des spez. Widerstandes $\varrho = 1/\varkappa$ aus dem Ohmschen Gesetz

$$\mathfrak{J} = \varkappa \mathfrak{E} = \frac{1}{\varrho} \mathfrak{E}, \tag{1}$$

wo $\mathfrak{J}$ die el. Stromdichte, $\mathfrak{E}$ die sie erzeugende Feldstärke ist. Nimmt man also, wie das bei der Untersuchung von Metallen üblich ist, einen geraden zylindrischen Leiter von der Meßlänge l und dem Querschnitt q, so ist die Stromstärke

$$I = \mathfrak{J} q = \frac{V}{R},$$

wo $V = \mathfrak{E} l$ die Spannungsdifferenz auf der Meßlänge l ist und

$$R = \varrho \frac{l}{q} = \frac{l}{\varkappa q}$$

der el. Widerstand des Leiters genannt wird. Leitfähigkeit oder spez. Widerstand lassen sich also aus den meßbaren Größen R, l und q berechnen:

$$\varrho = \frac{1}{\varkappa} = R \frac{q}{l}. \tag{2}$$

Diese Definition gilt auch für kubisch kristallisierte Metalle, da diese isotrop leiten.

Ebenso einfach und übersichtlich wie die Definition von ϱ oder $\varkappa$ ist auch ihre Messung, wenigstens im Prinzip. Wir dürfen die Meßmethoden als bekannt voraussetzen. Schwierigkeiten, die oft nicht genug beachtet werden, entstehen z. B. bei sehr kleinen Widerständen und bei kleinen Querschnitten. Diese sollte man möglichst durch Wägung bestimmen. Auch die Definition der Meßlänge l ist bei kurzen Proben mit unvermeidlichen Fehlern behaftet.

Wünscht man ϱ bei verschiedenen Temperaturen oder Drucken zu kennen, so hat man neben der Änderung von R auch die der Dimensionen q und l zu berücksichtigen. Die hieraus entstehenden Korrektionen sind allerdings im allgemeinen klein.

Anisotrope Leiter. Bei solchen ist die Definition des L.V. und des spez. Widerstandes komplizierter. Sie vereinfacht sich jedoch etwas für die anisotrop leitenden Metallkristalle, da diese nur dem hexagonalen, trigonalen oder tetragonalen System angehören. Lassen wir die z-Achse eines rechtwinkligen Koordinatensystems mit der kristallographischen Hauptachse der letztgenannten Systeme zusammenfallen, so besteht senkrecht und parallel zu ihr verschiedene L.F., in der xy-Ebene jedoch Gleichheit nach allen Richtungen. Senkrecht zur Hauptachse und parallel zu ihr gilt das Ohmsche Gesetz

(3) $$\mathfrak{J}_x = \varkappa_\perp \mathfrak{E}_x, \qquad \mathfrak{J}_y = \varkappa_\perp \mathfrak{E}_y, \qquad \mathfrak{J}_z = \varkappa_\parallel \mathfrak{E}_z;$$

$\varkappa_\perp$ und $\varkappa_\parallel$ heißen Hauptleitfähigkeiten, $1/\varkappa_\perp = \varrho_\perp$ und $1/\varkappa_\parallel = \varrho_\parallel$ heißen Hauptwiderstandskoeffizienten. In anderen Richtungen, die einen Winkel φ zwischen 0^0 und 90^0 mit der Hauptachse bilden, fällt $\mathfrak{J}$ nicht in die Richtung von $\mathfrak{E}$. Zerlegt man $\mathfrak{E}$ in seine Komponenten parallel und senkrecht zur Hauptachse, bildet nach (3) die Komponenten von $\mathfrak{J}$ und setzt sie zusammen, so bekommt $\mathfrak{J}$ eine etwas andere Richtung wie $\mathfrak{E}$.

Schneidet man einen zylindrischen hinreichend langen Stab so, daß seine Längsachse den Winkel φ mit der krist. Hauptachse bildet, so findet die Strömung jedenfalls unter dem Winkel φ gegen die Hauptachse statt, falls die Oberfläche des Stabes isoliert. Man hat aber an gegenüberliegenden Punkten eines Stabquerschnitts im allgemeinen nicht gleiches Potential [Meißner (*89*), S. 23]. Herrscht an den Enden des Stabes die Potentialdifferenz V, so ist der Strom [W. Voigt (*118*)]

$$I = \frac{1}{\varrho_\varphi} \frac{q}{l} V,$$

wobei ϱ_φ der spez. Widerstand in der Richtung φ ist und mit den Hauptwiderstandskoeffizienten zusammenhängt durch die Gleichung

(4) $$\varrho_\varphi = \varrho_\perp \sin^2\varphi + \varrho_\parallel \cos^2\varphi.$$

Durch eine entsprechende Formel ist auch die L.F. in der Richtung φ definiert durch

$$\varkappa_\varphi = \varkappa_\perp \sin^2\varphi + \varkappa_\parallel \cos^2\varphi.$$

Es ist aber im allgemeinen nicht $\varrho_\varphi = 1/\varkappa_\varphi$. Nur für $\varphi = 0^0$ und $\varphi = 90^0$ ist diese Beziehung erfüllt.

Nach Kohler (*81*) bedarf Formel (4) streng genommen noch eines Korrektionsgliedes, das praktisch nur bei Metallen mit großen Thermokräften, wie Wismut und Antimon, merklich wird und hier auch durch Bridgmans Versuche bestätigt ist.

Quasiisotrope Metalle. Metallische Werkstücke bestehen nicht aus einem einzigen Kristall, sondern aus einem Haufwerk vieler kleiner miteinander verwachsener Kristallkörner, deren kristallographische Hauptachsen mehr oder weniger ungeordnete Zufallsrichtungen haben. Ist keine Richtung bevorzugt, so heißt das Metall „quasiisotrop", weil es sich in Dimensionen, die groß gegen die Korngröße sind, isotrop verhält. Der mittlere spez. Widerstand des quasiisotropen Metalls wird nach Gleichung (2) definiert und gemessen.

Bei kubisch kristallisierenden Metallen stimmt der spez. Widerstand des quasiisotropen Vielkristalls mit dem des Einkristalls theoretisch und nach den bisherigen Erfahrungen auch experimentell überein, wenigstens bei reinen, undeformierten Metallstücken. Die Korngrenzen sind also ohne merklichen Einfluß.

Bei anisotrop leitenden Metallen entsteht die theoretische Frage, wie man den mittleren spez. Widerstand $\bar{\varrho}$ des quasiisotropen Vielkristalls aus den Hauptwiderstandskoeffizienten $\varrho_\perp$ und $\varrho_\parallel$ des Einkristalls berechnen soll. W. Voigt gibt in Anhang II seiner „Kristallphysik" die Formel

$$\frac{1}{\bar{\varrho}} = \frac{1}{3}\left[\frac{1}{\varrho_\parallel} + \frac{2}{\varrho_\perp}\right], \tag{5}$$

welche in der Regel angewendet wird. Nach Bruggeman (*20*) liefert sie jedoch zu kleine $\bar{\varrho}$, weil Voigt unzulässige Annahmen über die Stetigkeit auch der normalen Feldkomponenten an den Korngrenzen einführe. Nach einem hier nicht näher zu erläuternden Mittelungsverfahren findet Bruggeman

$$\frac{1}{\bar{\varrho}} = \frac{1}{4\,\varrho_\perp}\left(1 + \sqrt{\frac{\varrho_\parallel + 8\,\varrho_\perp}{\varrho_\parallel}}\right).$$

Da die Unterschiede gegen (5) nicht allzugroß sind, werden wir $\bar{\varrho}$ in Tab. 3 nach Voigt angeben. [Vgl. auch E. Schmid und F. Staffelbach (*108*)].

2. Elektrische Leitfähigkeit reiner Metalle. Matthiessensche Regel.

Der Hauptgrund, weshalb auch heute noch, trotz der Einfachheit der Messungen, die Leitfähigkeit $\varkappa$ (bzw. ϱ) nur für wenige reine Metalle auf 1% sicher bekannt ist, liegt in der Beschaffenheit der Metallproben. Die L.F. ist äußerst empfindlich gegen eine Störung in der Regelmäßigkeit des Metallatomgitters. Solche die L.F. herabsetzenden Störungen können entstehen durch Einlagerung von Fremdatomen — sei es an Stelle, sei es in den Zwischenräumen der Grundmetallatome —, oder durch Kaltbearbeitung, die mit Verfestigung verbunden ist[1]), wie Biegen, Ziehen, Walzen usw.

Bei regulär krist. Metallen verschwindet die einmal eingetretene Verfestigung sowie die damit verbundene Herabsetzung der L.F. fast völlig bei mehrstündigem Erwärmen auf eine für jedes Metall zu bestimmende günstigste Temperatur. Bei anisotrop leitenden Metallen, sowohl quasiisotropen wie einkristallinen, kann jedoch durch die mechanische Verzerrung eine bleibende, durch Anlassen nicht zu beseitigende Veränderung der Anisotropie entstehen.

[1]) Ob der Einfluß der Kaltbearbeitung einfach auf geometrischen Gitterverzerrungen beruht, oder auf Änderungen der Atome selbst, indem etwa die äußeren Elektronenhüllen deformiert werden [W. Geiß und J. A. M. van Liempt (*33*); G. Tammann (*115*)], können wir dahingestellt sein lassen. Auch im letzteren Falle muß die Periodizität des Ionengitters gestört werden.

Die chemischen Verunreinigungen zu vermeiden, ist nur bei einigen Metallen nach langjährigen Bemühungen nahezu gelungen.

Auch die thermische Bewegung der Atome ist eine den vorigen sich überlagernde Störung der Regelmäßigkeit des Gitters, die um so mehr gegen jene zurücktritt, je niedriger die Temperatur ist.

Ein Urteil darüber, ob man einen unverzerrten, völlig reinen Einkristall oder auch Vielkristall („Idealmetall") vor sich hat, oder welche Korrektion an der L.F. anzubringen ist, um auf das Idealmetall zu extrapolieren, sucht man meist mit Hilfe der sog. *Matthiessenschen Regel* zu gewinnen, die etwa aussagt, daß für Proben eines und desselben Metalls, aber mit verschiedenen nicht zu großen Gitterstörungen durch Fremdatome oder durch Verzerrung, das bei einer bestimmten Temperatur $T_{abs.}$ genommene Produkt aus dem spez. Widerstande ϱ und seinem Temperaturkoeffizienten $\beta = \frac{1}{\varrho}\frac{d\varrho}{dT}$ annähernd gleich, also nur von T abhängig sei. Demnach wäre

$$\frac{d\varrho}{dT} = f(T)$$

eine vom Grade der Gitterstörung unabhängige, also für das Idealmetall charakteristische Temperaturfunktion. Durch Integration folgt

$$\varrho = F(T) + \zeta = [\varrho] + \zeta, \tag{6}$$

wo $F(T) = [\varrho]$ den Widerstand des Idealmetalls, der wesentlich durch die thermische Bewegung erzeugt wird, ζ einen von der Temperatur unabhängigen, durch die Gitterstörung bewirkten Zusatzwiderstand bezeichnet.

Die spez. Widerstände verschiedener Proben eines Metalls unterscheiden sich also durch ihre Zusatzwiderstände ζ. Trägt man ϱ als Funktion von T auf, so haben die Kurven eine konstante Ordinatendifferenz (Abb. 1). Da nun bei Annäherung an den abs. Nullpunkt $F(T)$ verschwindet (vgl. jedoch Abschn. 5), so wird $\varrho = \zeta$. Findet man also bei Messungen in tiefster Temperatur einen konstanten Restwiderstand, so kann man diesen als den durch Gitterstörung verursachten Zusatzwiderstand ζ annehmen. Die Differenz $\varrho - \zeta$ würde nach (6) den Widerstand des Idealmetalls $[\varrho]$ ergeben. Die Matthiessensche Regel ist nur beschränkt gültig, in manchen Fällen aber mit sehr guter Näherung [vgl. z. B. (*40*) S. 8].

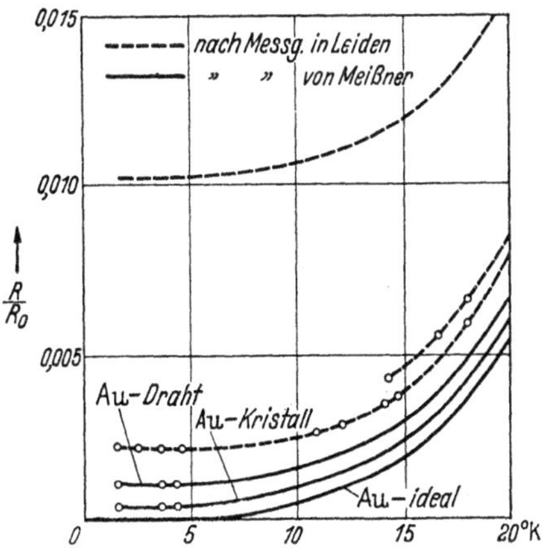

Abb. 1. Widerstand verschiedener Goldsorten nach W. Meißner (*89*).

Aus praktischen Gründen pflegt man bei solchen Untersuchungen nicht den spez. Widerstand ϱ selbst zu messen, sondern das Verhältnis des Widerstandes R einer Metallprobe zu deren Widerstand beim Eispunkt R_0. Sieht man von der Dimensionsänderung durch thermische Ausdehnung ab, so gibt R/R_0 zugleich ϱ/ϱ_0. Setzen wir

(7) $$r = \frac{\varrho}{\varrho_0}; \quad z = \frac{\zeta}{\varrho_0}; \quad [r] = \frac{[\varrho]}{[\varrho_0]},$$

so folgt für das Widerstandsverhältnis des Idealmetalls

(7a) $$[r] = \frac{r - z}{1 - z}.$$

Da $[r]$ mit T verschwindet, so wird in genügend tiefer Temperatur das verhältnismäßig leicht zu messende $r = z$, und z gibt das Verhältnis des Zusatzwiderstandes zum Gesamtwiderstand beim Eispunkt und damit ein Maß für die Gitterstörung. Mit bekanntem z läßt sich $[r]$, ζ und damit aus Gl. (6) auch $[\varrho]$ berechnen.

Tabelle 1.

Regulär kristallisierende Metalle: Charakter. Temp. Θ; spez. Widerstand $\varrho_{0^0\mathrm{C}}$ und dessen Temperaturkoeffizient $\bar{\beta}$; spez. Widerstand ϱ_Θ und „atomarer Widerstand" $\varrho_\Theta V^{-\frac{1}{3}}$ bei der Temp. Θ.

Metall	Gruppe des per. Systems Struktur	Θ	$10^4 \varrho_0$ in $[\Omega\,\mathrm{cm}]$	$10^3 \bar{\beta}_{0,100^0}$	$10^6 \varrho_\Theta$	$10^6 \varrho_\Theta V^{-\frac{1}{3}}$ in $[\Omega]$
Li	Ia k.rz	363	0,085	4,37	11,9	$5{,}0_7$
Na	Ia k.rz	160	0,0427	5,5	$2{,}3_4$	0,82
K	Ia k.rz	100	0,063	5,4	$2{,}0_9$	0,59
Rb	Ia k.rz	68	0,116	5,3	$2{,}5_7$	0,67
Cs	Ia k.rz	54	0,190	5,0	$3{,}3_2$	0,80
Ca	IIa k.fz	230	0,043	4,1	$3{,}5_4$	1,53
Sr	IIa k.fz	148	0,303	3,8	15,3	$5{,}8_5$
Ba	IIa k.rz	133	≈0,6		≈ 27	≈ 8,1
Th	IVa k.fz	200	≈0,13			
Ta	Va k.rz	236	0,124	3,6	10,5	4,7
Cr	VIa k.rz	485	≈0,150		≈ 32	≈ 16,4
Mo	VIa k.rz	380	0,050	4,7	7,5	3,6
W	VIa k.rz	333	0,049	4,82	$6{,}2_2$	2,9
Mn α	VIIa kub.		≈6—3	≈ 0,2[1]		
Mn β	VIIa kub.	330	≈0,9	≈ 1,4[2]		
Fe α	VIIIa k.rz	420	0,087	6,57	$14{,}_8$	7,7
Co α	VIIIa k.fz	385	0,052	6,58	7,9	4,2
Ni	VIIIa k.fz	400	$0{,}065_8$	6,75	10,5	5,6
Rh	VIIIa k.fz	370	0,043	4,57	6,2	$3{,}0_7$
Pd	VIIIa k.fz	270	$0{,}097_7$	3,8	9,7	$4{,}7_0$
Ir	VIIIa k.fz	283	$0{,}049_3$	4,11	5,2	$2{,}5_1$
Pt	VIIIa k.fz	220	$0{,}098_1$	3,92	7,7	$3{,}6_7$
Cu	Ib k.fz	322	0,0155	4,33	1,89	0,98
Ag	Ib k.fz	223	0,0150	4,10	1,19	0,55
Au	Ib k.fz	175	0,0204	3,98	1,24	0,57
Al	IIIb k.fz	395	0,0250	4,67	$4{,}0_8$	1,89
Pb	IVb k.fz	86	0,193	4,22	$5{,}4_7$	$2{,}0_7$

[1] nach H. D. Erfling zwischen 0 und 19° C.
[2] nach F. Brunke zwischen — 78,9 und + 20° C.

In Tab. 1 sind die spez. Widerstände *regulär kristallisierender* Metalle bei der Temperatur 0° C angegeben, und zwar bedeuten die Zahlen Grenzwerte für den Zustand höchster Reinheit und günstigster Temperung, wenn solche experimentell bestimmt sind oder mittels der Matthiessenschen Regel extrapolierbar waren. Andernfalls ist ein $\approx$ Zeichen gesetzt.

Da nach der Matthiessenschen Regel auch der Temperaturkoeffizient ein Kriterium für die Reinheit des Metalls bilden kann, weil β um so größer ist, je kleiner ϱ, ist auch er für eine Reihe von Metallen angeführt. Man gibt ihn in der Regel für den gemessenen Widerstand an, nicht für den spez. Widerstand, vernachlässigt also die Dimensionsänderung der Probe bei Temperaturänderung. Dementsprechend bedeutet

$$\bar{\beta}_{0,100} = \frac{R_{100} - R_0}{100\, R_0}.$$

Tabelle 2.
Hauptwiderstandskoeffizienten und Achsenverhältnis anisotrop leitender Metallkristalle.

Metall	Gruppe d. per. Syst. Struktur	$10^4(\varrho_{\parallel})_{0^\circ \mathrm{C}}$	$10^4(\varrho_{\perp})_{0^\circ \mathrm{C}}$	$\varrho_{\parallel}/\varrho_{\perp}$	c/a	Beobachter von ϱ
Be	IIa hex.	0,0358	0,0312	1,15	1,568	Grüneisen, Adenstedt und Erfling
Mg	IIa hex.	0,0348	0,0418	0,83	1,625	Goens und Schmid
Zn	IIb hex.	0,0558	0,0538	1,04	1,856	Goens u. Grüneisen
Cd	IIb hex.	0,0773	0,0635	1,22	1,886	Goens u. Grüneisen
Hg	IIb rhombd	0,178[1] 0,0557[2]	0,235[1] 0,0737[2]	0,76	1,94[3]	Sckell Sckell u. Grüneisen
Sn (weiß)	IVb tetr.	$0{,}131_3$	$0{,}090_5$	1,45[5]	0,54	Bridgman
Sb	Vb rhombd	0,263	0,360	0,73	2,62[3]	K. Rausch
Bi	Vb rhombd	1,27	0,99	1,29	2,61[3]	Schubnikow u. de Haas, Grüneisen und Gießen
Te	VIb Se-Typ	283[4]	613[4]	0,46[4]	1,33[4]	E. Schmid und F. Staffelbach

[1] bei —45,5° C.
[2] bei —187,5° C.
[3] bezogen auf hexagonale Achsen.
[4] bei + 20° C.
[5] Bridgman (*16*) hat in seiner Tab. III für Sn die Zahlen der beiden letzten Spalten für die beiden Kristallorientierungen offenbar vertauscht, daher ist in Tab. VIII $\varrho_{0^\circ}/\varrho_{90^\circ}$ für Sn mit 0,695 statt 1/0,695 = 1,439 angegeben. Wir benutzen deshalb frühere Angaben Bridgmans (Proc. Amer. Acad. **60**, 305 [1925]).

Für die *anisotrop leitenden* Kristalle sind in Tab. 2 die Hauptwiderstandskoeffizienten $\varrho_{\parallel}$ und $\varrho_{\perp}$ bei 0°C angegeben, ferner $\varrho_{\parallel}/\varrho_{\perp}$ und das Achsenverhältnis c/a.

Tabelle 3.

Nicht regulär kristallisierende Metalle: Mittl. charakter. Temp. $\overline{\Theta}$; mittl. spez. Widerstand $\overline{\varrho}_{0^0\mathrm{C}}$ und dessen Temperaturkoeffizient $\overline{\beta}$; spez. Widerstand $\overline{\varrho}_{\Theta}$ und „atomarer Widerstand" bei der Temp. Θ.

Metall	Gruppe d. per. Syst. Struktur	$\overline{\Theta}$	$10^4\overline{\varrho}_0$ in [Ω cm]	$10^3\overline{\beta}_{0,100^0}$	$10^6\overline{\varrho}_{\Theta}$	$10^6\overline{\varrho}_{\Theta}\,V^{-\frac{1}{3}}$ in [Ω]
Be	IIa hex.	1000	0,0325	10[1]	21,5	9,4
Mg	IIa hex.	333	0,0394	4,2	5,0	$2{,}0_6$
Ti	IVa hex.	$\approx$ 400	0,42	5,46	$\approx$ 67	$\approx$ 30
Zr	IVa hex.	288	0,41	4,4	44	18
Mn γ[4]	VIIa tetr.		0,39	6,3[1]		
Zn	IIb hex.	230	0,0545	4,20	4,5	$2{,}1_4$
Cd	IIb hex.	158	0,0673	4,26	3,6	$1{,}5_5$
Hg −45°*C*	IIb rhombd.	69	0,212		5,6	2,3
Ga	IIIb rhombd. (pseudotetrag.)	125	0,38	$3{,}9_6$ [2]	16,0	7,0
In	IIIb tetr.	$\approx$ 150	0,082	5,1	$\approx$ 4,2	$\approx$ 1,7
Tl	IIIb hex.	100	0,15	5,2	5,0	1,9
Sn (weiß)	IVb tetr.	180	0,101	$4{,}6_3$	$6{,}3_1$	$2{,}4_9$
Sb	Vb rhombd.	201	0,321[3]	5,06[1,3]	22,7	8,7
Bi	Vb rhombd.	147	1,07	4,45	54	21

[1] zwischen 0 und 20° C.
[2] unterhalb des Schmelzpunktes (29° C).
[3] nach K. Rausch, Diss. Marburg 1943.
[4] in tiefer Temp. unbeständig.

Tab. 3 gibt die Fortsetzung von Tab. 1 für die nicht regulär kristallisierenden Metalle. Als mittlerer spezifischer Widerstand $\varrho_{0^0\mathrm{C}}$ einer quasiisotropen Metallprobe ist der aus den Werten von Tab. 2 mittels der Voigtschen Formel (5) berechnete angeführt oder, wo Einkristalle nicht untersucht worden sind, wie bei Ti, Zr, Mnγ, Ga, In, Tl, der unmittelbar an den gemessenen Proben gefundene. In diesen Fällen ist es fraglich, ob diese Proben wirklich quasiisotrop waren und die Angaben für quasiisotrope Proben gelten.

Über die Bedeutung der letzten Spalten von Tab. 1 und 3 siehe später.

3. Bedeutung der charakteristischen Temperatur Θ für den elektrischen Widerstand.

Die im Vorigen für den Vergleich der Widerstände benutzte Bezugstemperatur 0°C ist aus praktischen Gründen gewählt, hat aber keine Beziehung zum Wesen der metallischen Leitung. Eine zweckmäßigere Vergleichstemperatur drängt sich auf, wenn man die Temperaturabhängigkeit des Widerstandes regulärer Metalle betrachtet. Sie steht, wie Kamerlingh Onnes und Nernst fanden, in enger Beziehung zur Änderung des Energieinhaltes der Metalle mit der Temperatur, also zur charakteristischen Temperatur Θ, wie sie in Debyes Theorie der spez. Wärme definiert ist ($\Theta = \frac{h\nu}{k}$; h = Plancks Wirkungsquantum; k = Boltzmannsche Konstante; ν = Grenzschwingungszahl der Atome).

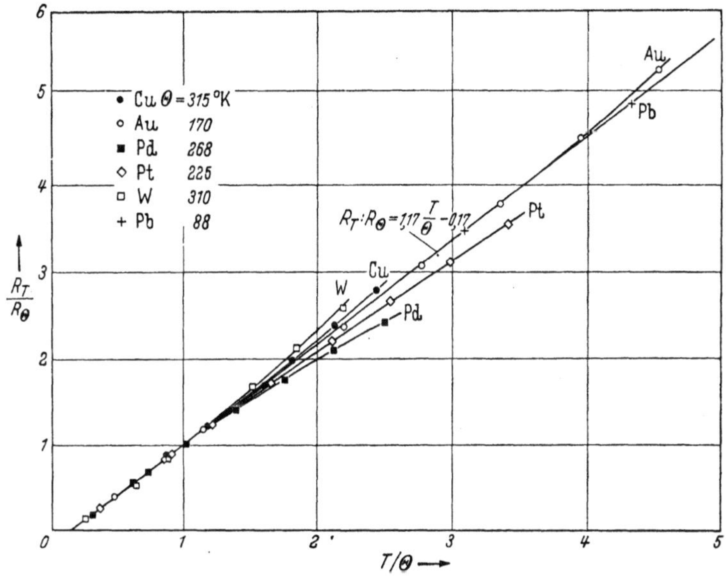

Abb. 2. Widerstandsverhältnis $\mathfrak{r} = R_T/R_\theta$ als Funktion von $\mathfrak{t} = T/\theta$ für einige reguläre Metalle aus G. Borelius (*13*).

Ist R der Widerstand bei der Temperatur T, R_θ der Widerstand bei der Temperatur Θ, so erhält man [Grüneisen (*38*)] bei nicht zu hohen Temperaturen für die meisten regulären Metalle ein und dieselbe Kurve für den „reduzierten Widerstand" $\mathfrak{r} = R/R_\theta$ als Funktion der „reduzierten Temperatur" $\mathfrak{t} = \frac{T}{\Theta}$, wie aus Abb. 2 zu ersehen ist. Bei nicht zu tiefen und nicht zu hohen Temperaturen gilt etwa die lineare Beziehung [Borelius (*13*), S. 326]

$$\frac{R_T}{R_\theta} = 1{,}17\,\frac{T}{\Theta} - 0{,}17. \tag{8}$$

Wenn sie auch keineswegs streng gilt und insbesondere die ferromagnetischen Metalle sowie Platin und Palladium schlecht umfaßt, so kann diese empirische Beziehung doch dazu dienen, in einfacher Weise aus einem beobachteten Wertepaar R, T und der bekannten charakteristischen Temperatur Θ den Widerstand R_θ abzuschätzen. Die Θ-Werte und die nach (8) berechneten spez. Widerstände ϱ_θ sind in Tabelle 1 und 3 mit angegeben.

4. Der Widerstandsabfall regulär kristallisierender Metalle nach tiefen Temperaturen.

In tiefen Temperaturen ist die Beziehung zwischen R und T viel komplizierter. Sie fand eine einfache und, wie es zunächst schien, befriedigende Formulierung durch Grüneisen (*38*). Nach ihm sollte für isotrop leitende reine und undeformierte Metalle

$$\varrho \sim T C_p \sim T \cdot D\left(\frac{\Theta}{T}\right) \cdot \frac{C_p}{C_v} \tag{9}$$

sein, wo C_p, die Atomwärme des Metalls, auch durch die Debyesche Funktion $D(\Theta/T)$ für C_v, multipliziert mit dem von 1 nicht sehr verschiedenen mit T ansteigenden Faktor C_p/C_v, ersetzt werden kann. Demnach würde im Gebiet $T < \frac{1}{12}\Theta$, wo innerhalb 1% $C_v \sim T^3$ gesetzt werden kann, $\varrho \sim T^4$ absinken müssen. Diese empirisch gefundene Beziehung hat sich theoretisch nicht befriedigend ableiten lassen. Dagegen bewährte sie sich experimentell bei manchen regulär kristallisierenden Metallen, besonders im Gebiet mitteltiefer Temperaturen, wenn man die Größe Θ dem Verlauf des Widerstandes anpaßte [z. B. W. Meißner (*89*)]. Dies Θ_ϱ ergab sich aber im allgemeinen etwas größer als das Debyesche Θ_c. Auch forderten die Beobachtungen häufig in tieferen Temperaturen einen etwas rascheren Widerstandsabfall als nach Formel (9). [Vgl. Tab. 4, S. 63 und Borelius (*12*)].

Einen neuen Anstoß erhielt die Frage der Widerstandstemperaturfunktion durch Einführung der Wellenmechanik in die Elektronentheorie der Metalle durch Sommerfeld (*104*), Bloch (*11*) u. a. Bloch berechnete den spez. Widerstand für hohe ($T \gg \Theta$) und sehr tiefe Temperaturen ($T \ll \Theta$) und fand (1930)

(10)
a) für $T \gg \Theta$ $\qquad \varrho = B\,\frac{T}{\Theta}$;

b) für $T \ll \Theta$ $\qquad \varrho = 497{,}7\, B\left(\frac{T}{\Theta}\right)^5$.

B ist eine für das betreffende Metall charakteristische Konstante, von der weiter unten die Rede sein wird. Hier interessiert vor allem, daß an Stelle des T^4-Gesetzes in tiefster Temperatur ein T^5-Gesetz trat. Bloch prüfte das aus (10) folgende Verhältnis der Widerstände ϱ_1 und ϱ_2 für $T_1 \ll \Theta$ und $T_2 \gg \Theta$, also

$$\frac{\varrho_1}{\varrho_2} = 497{,}7\,\frac{T_1}{T_2}\left(\frac{T_1}{\Theta}\right)^4$$

an reinem Gold und fand es in Übereinstimmung mit der Beobachtung, wenn er für Θ den aus dem Abfall der Atomwärme folgenden Wert 175 einsetzte.

Ein Temperaturgesetz für das Zwischengebiet vermochte Bloch nicht zu begründen. Es gelang Grüneisen (*41*) durch theoretisch nicht genügend fundierte Überlegungen im Anschluß an Brillouin eine Formel zu finden, die im Zwischengebiet den Beobachtungen genügte und die Grenzfälle von Bloch umfaßte. Sie lautet:

$$\varrho = B \frac{T}{\Theta} I\left(\frac{\Theta}{T}\right) = \frac{B}{x} I(x), \tag{11}$$

wo B die in (10) eingeführte Konstante, $x = \Theta / T$ und

$$I(x) = \frac{4}{x^4} \int_0^x \frac{\xi^5 \, d\xi}{(e^{\xi} - 1)(1 - e^{-\xi})} \tag{11a}$$

bedeutet. Dieser Ausdruck findet sich übrigens auch bei Bloch, ohne daß seine praktische Anwendbarkeit zur Darstellung von ϱ erkannt wäre. Für $T \gg \Theta$ wird $I(x) = 1$ ($x = 1/4$ gibt bereits $I(x) = 0{,}9965$); für $T \ll \Theta$ wird $I(x) = 497{,}7/x^4$; Formel (11) enthält also die Formeln (10) als Grenzfälle. Der Unterschied gegen (9) besteht darin, daß die Funktion $I(x)$, deren Verlauf in Abb. 3 dargestellt ist, an Stelle der Atomwärmefunktion getreten ist. Eine Tabelle für die Werte von $I(x)$ findet sich in (*41*) [dort σ/σ_∞ bezeichnet].

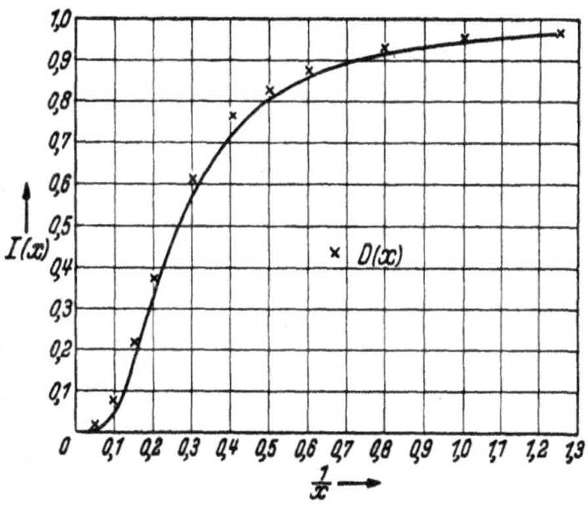

Abb. 3. Darstellung von $I(x)$ als Funktion von $1/x$, verglichen mit $D(x)$.

Während Formel (11) zunächst nur als eine Art rationeller Interpolationsformel angesehen werden konnte, gelang später ihre wellenmechanische Begründung auch für das Zwischentemperaturgebiet, allerdings mit gewissen Einschränkungen, die eine Allgemeingültigkeit der Formel unwahrscheinlich machen [vgl. Bethe (*105*); Titeica (*116*); Kohler (*80*); Supek (*106*); Nordheim (*96*); Sauter (*102*)].

5. **Prüfung an der Erfahrung.**

Anschluß an höhere Temperaturen. Wir wollen untersuchen, wieweit die Formeln (10) und (11) den heute bekannten Beobachtungen gerecht werden. Wir werden dabei auch den Anschluß an das Gebiet höherer Temperaturen in Betracht ziehen müssen, wo ϱ nicht mehr als proportional einer universellen Funktion von T/Θ gelten kann. Daß die schon von Clausius vermutete, durch Formel (10a) verlangte Proportionalität des Widerstandes mit T bei hoher Temperatur den Beobachtungen an reinen Metallen nicht entspricht, ist eine alte Erfahrung, die in Abb. 2 und in Formel (8) Ausdruck findet. So sind z. B. auch die in Tab. 1 und 3 aufgeführten Temperaturkoeffizienten $\bar{\beta} > 3{,}67 \cdot 10^{-3}$, welchen Wert sie nach Formel (10a) haben müßten. Formel (9) trägt diesem Umstand durch den Faktor C_p/C_v besser Rechnung. Nun haben Lenssen (*84*), Mott und Jones (*93*) und Meixner (*90*) allerdings gezeigt, daß die zuletzt genannten Unterschiede, wenigstens bei den einwertigen Metallen der Gruppen I a und I b unbedeutend werden, wenn man den bei konstantem Druck beobachteten Temperaturkoeffizienten β_p auf den bei konstantem Volumen geltenden β_v reduziert. Meixner gab dafür die Näherungsformel

$$\beta_v = \beta_p + (1 + 100\,\beta_p)\,\frac{\alpha}{\chi}\,\frac{\partial \log R(273,{}^0 t)}{\partial p}$$

(α = Volumausdehnungskoeffizient, χ = Volumkompressibilität). Die Wahl von β_v ist berechtigt, weil die theoretischen Ableitungen der Formeln (10a) und (11) für konstantes Volumen des Metalls gelten. Indessen wird man bei vielen Metallen der anderen Gruppen des periodischen Systems mit dieser Umrechnung keine so befriedigenden Erfolge erzielen. Es bleiben systematische Abweichungen des beobachteten Temperaturanstiegs von dem nach Gleichung (10a) bestehen. Die Widerstands-Temperaturkurve verliert in hoher Temperatur ihren universellen Charakter, indem z. B. Platin, Palladium und Tantal einen verzögerten, die Ferromagnetika Eisen, Nickel, Kobalt bis zu ihrem Curie-Punkt einen sehr stark beschleunigten Anstieg des Widerstandes zeigen.

Das Gebiet mitteltiefer Temperaturen ($T < \Theta$). Diese Besonderheiten in hoher Temperatur müssen sich auch nach tiefen Temperaturen hin auswirken. Man muß ihnen Rechnung tragen, wenn man den Widerstandsabfall nach Theorie und Experiment in tiefer Temperatur vergleichen will. Deshalb hat Grüneisen der Formel (11) einen Korrektionsfaktor $(1+a_1\,T+a_2T^2)$ zugefügt, dessen Konstanten a_1 und a_2 sich wesentlich aus dem Verlauf in hoher Temperatur bestimmen. Durch den gleichen Faktor hatte Grüneisen schon früher den Faktor C_p/C_v in Gleichung (9) ersetzt. Mit diesem Faktor, der vermutlich z. T. der Reduktion von β_p auf β_v entspricht, gelingt es für eine Reihe von Metallen (Cu, Ag, Au, Pb, W, Rh) in befriedigender Weise, den Widerstandsverlauf beim Übergang von hohen zu tiefen Temperaturen nach Formel (11) mit einem Θ darzustellen, das dem aus Atomwärmemessungen folgenden nahekommt. Man findet dafür ausführlichere Tabellen bei Grüneisen (*41*) und Meißner (*89*).

In Tab. 4 beschränken wir uns auf eine kleine Auswahl der Beobachtungen an den reinsten bisher untersuchten Proben einiger regulär kristallisierender Metalle und prüfen an ihnen die Formeln (9) und (11). Der Matthiessensche Restwiderstand z beträgt überall nur einige Zehntausendstel vom Widerstand beim Eispunkt. Die damit nach Gl. 7a auf ideales Metall reduzierten $[r]$ sind nur für $20{,}4^0$ K, bei *Pb* auch für einige tiefere Temperaturen angegeben. Daneben finden sich die nach Formel (9) und der unkorrigierten Formel (11) berechneten r.

Der Korrektionsfaktor würde die Werte nach Formel (11) um einige Prozent erniedrigen. Die gewählten T liegen nur bei *Cu* und *W* innerhalb des Gebietes, wo das Blochsche T^5-Gesetz gelten sollte.

Tabelle 4.
Prüfung der Formeln (9) und (11) für den Widerstandsabfall mit T.

Metall	T °K	$z \cdot 10^4$	$[r] \cdot 10^4$ nach Beobacht.	Θ	r ber. $\cdot 10^4$ nach Gl. 11	r ber. $\cdot 10^4$ nach Gl. 9	Beobachter
Cu	20,4	3	5,1	333	5,64	14,0	Grüneisen und Goens; W. Meißner
Ag	20,4	3	26	223	26,2	44	Grüneisen und Reddemann; Meißner, Steiner und Fünfer
Au	20,4	2,9	57,2	175	60,5	85	W. Meißner
Pb	20,32	1,55	290,5	88	305,8		
	14,02	1,55	102,5	88	100,3		W. Meißner (1932)
	7,26	1,55	6,0	88	5,7		
Pb	20,32	4,96	298,1	86	318,1	334	
	14,22	4,96	109,2	86	111,7	130	van den Berg (1938)
	7,27	4,96	6,76	86	6,6	11,8	
W	20,4	5,2	5,6	333	5,7	14,0	Grüneisen und Goens; W. Meißner, van den Berg (1938)
W	20,4	4,6–7,2	5,1–5,8				
Pd	20,4	5,5	32,3	270	12,6	26	Grüneisen und Reddemann; Meißner
Pt	20,4	3,1	39,4				W. Meißner (1937)
	20,4	3,6	41,5	220	27,4	46,3	de Boer (1935)
	20,4	4,8	43,2				

Wir finden in der Tabelle bestätigt, daß der Übergang von höheren zu tieferen Temperaturen bei Cu, Ag, Au, Pb, W durch Formel (11) ziemlich gut und wesentlich besser als durch Formel (9) dargestellt wird, daß aber für die Übergangsmetalle Pd und Pt Formel (9) besser paßt als Formel (11).

Das Gebiet tiefster Temperaturen ($T < 1/13\,\Theta$). Wenden wir uns nun zum Gebiet des Blochschen T^5-Gesetzes. Hier ist besonders scharfe Kritik geboten, weil die Schwierigkeiten der Messung wachsen. Proben mit verschwindend kleinem Restwiderstand liegen meist nur in solcher Form vor, etwa als Einkristalle, daß ihr Ohmscher Widerstand im T^5-Gebiet sehr klein und nicht genau genug meßbar ist, um das Potenzgesetz scharf zu prüfen. Ist der Restwiderstand etwa durch künstliche Querschnittsverminderung größer, so ist die Messung zwar genauer, aber bei der Reduktion auf den Idealwiderstand durch Subtraktion von z sind die Anforderungen an die Gültigkeit der Matthiessenschen Regel sehr hoch. Denn schon relativ geringe Inkonstanz von z muß sich stark auswirken und macht die Prüfung des Potenzgesetzes illusorisch.

Nun ist die Matthiessensche Regel offenbar nicht so zuverlässig, daß man präzise Schlüsse auf sie gründen könnte. Denn es hat sich wiederholt gezeigt, daß man von verschiedenen Proben desselben Metalls aus in tiefsten Temperaturen nicht zu denselben $[\varrho]$-Werten kommt. Je größer die Restwiderstände sind, um so höher pflegen auch die extrapolierten $[\varrho]$ zu liegen. Man vergleiche z. B. Blei und Platin in Tab. 4. Man kann also, wenn es auf die Feststellung des Idealwiderstandes in tiefer Temperatur ankommt, nur zu denjenigen $[\varrho]$-Werten einiges Vertrauen haben, die aus Proben mit äußerst kleinen Restwiderständen gewonnen sind.

Messungen über die Gültigkeit des T^5-Gesetzes verdankt man vorwiegend dem Leidener Kältelaboratorium. Die Bedeutung dieser Messungen wird aber dadurch etwas eingeschränkt, daß die benutzten Metallproben nicht immer so ideal waren, wie man sie heute haben kann. Die Ergebnisse sind in der Weise mitgeteilt, daß man zunächst r auf $[r]$ mit Hilfe des extrapolierten Restwiderstandes reduziert, und dann $\log\,[r]$ oder $\log\,[\mathfrak{r}]$ als Funktion von $\log\,(T/\Theta)$ oder $\log T$ graphisch dargestellt hat. Es ergeben sich entweder gerade Linien, entsprechend dem allgemeinen Gesetz

$$[r] = A\left(\frac{T}{\Theta}\right)^n, \tag{12}$$

wobei n meistens kleiner als 5 ist, oder schwach $\int$-förmig geschwungene Kurven, die auf ein in tiefster Temperatur wieder abnehmendes n deuten. Wegen der grundlegenden Bedeutung der Frage, in welche Form das Widerstands-Temperaturgesetz für $T \to 0$ ausmündet, wollen wir die untersuchten Metalle einzeln besprechen.

Kalium. Die beste Probe ist die von van den Berg (*9*) untersuchte mit $z = 0{,}00312$. Er findet Formel (12) im Intervall 3—7° K mit $n = 5$ gültig. Zwischen 14—20° K entspricht die Krümmung der Kurve bereits $n = 3$, was durch das verhältnismäßig niedrige $\Theta \approx 100$ begründet ist. Wegen des zu hohen Restwiderstandes der van den Bergschen Probe sind diese Ergebnisse jedoch nicht sehr beweiskräftig.

Kupfer. Provisorische Messungen von de Haas und Voogd (1932) an einer Probe mit $z = 0{,}0036$ ergaben für den Exponenten in Formel (12) $n = 4{,}5$. Versuche von de Haas, de Boer und van den Berg (*54*) an wesentlich reineren Kupferkristallen genügten nicht, um den idealen Widerstand und damit die Gültigkeit von Gleichung (12) festzustellen.

Silber. Für den reinsten, von Hönigschmid hergestellten Silberkristall, an dem nach Tabelle 4 die Formel (11) bis 20⁰ herab gut bestätigt ist, sind keine genügenden Messungen im T^5-Gebiet durchgeführt. An Proben mit einem etwa 10-mal höheren Restwiderstand fanden de Haas, Voogd und de Boer Formel (12) mit $n = 4{,}2$ gültig, van den Berg mit $n = 4{,}1$ (*9*).

Gold. Für das von Mylius in höchster Reinheit ($z = 0{,}00029$) hergestellte Gold reichen die Meißnerschen Messungen an Einkristallen nicht aus, um das T^5-Gesetz zu prüfen. Die Leidener Proben hatten einen etwa 10-mal höheren Restwiderstand. An ihnen fanden de Haas, de Boer und van den Berg (*54*, *9*) die merkwürdige Erscheinung, daß der Widerstand mit sinkender Temperatur nicht einem konstanten Betrage z zustrebt, sondern ein flaches Minimum durchläuft. Dieser Befund, auf den wir später zurückkommen, erschwert die Feststellung des Idealwiderstandes. Van den Berg, der eine Anzahl Au-Drähte sorgfältig untersucht hat, extrapoliert den Teil der Widerstandskurve, der oberhalb des Minimums liegt, um z zu erhalten. Er findet $n = 4{,}2$ zwischen 20 und 6^0 K. Man beachte jedoch, daß der Bereich, in dem für Au ($\Theta = 175$) das T^5-Gesetz auf 1% gelten sollte, unterhalb 13^0 K liegt.

Blei. Die Gültigkeit des T^5-Gesetzes auf weniger als 1% kann erst unterhalb 7^0 K erwartet werden. Hier ist aber Blei bereits supraleitend. Man kann also nur durch Magnetfelder den Normalleitungszustand erzwingen und aus den gefundenen Widerständen auf den feldlosen Zustand ($H = 0$) extrapolieren. Dies Verfahren haben W. Meißner (*88*) und van den Berg (*9*) auf Proben hoher Reinheit angewandt. Ihre Ergebnisse sind mit der Annahme verträglich, daß die Pb-Widerstandskurve in eine T^5-Abhängigkeit ausmündet. Auch oberhalb 7^0 K ist Formel (11) brauchbar, wie Tab. 4 zeigt.

Wolfram. Bis $20{,}4^0$ K herab ist Formel (11) gültig befunden (Tab. 4). Diese Temperatur liegt bereits im T^5-Gebiet. Zwischen 8 und 20^0 K fand van den Berg Formel (12) mit $n = 3{,}6$ passend.

Ebenso wie bei Wolfram scheint auch bei Molybdän nach Foroud der Widerstand langsamer als $\sim T^5$ abzufallen (*27*).

Palladium und **Platin** lassen schon im Zwischentemperaturgebiet die Anwendung der Formel (11) nicht zu. Dem entspricht das von de Haas und de Boer (*53*) an reinstem Platin ($z = 3{,}6$ und $4{,}8 \cdot 10^{-4}$) gefundene Ergebnis: zwischen 0 und 20^0 K ist kein T^n-Gesetz gültig. Vielmehr steigt n vom Werte 2 bei tiefsten Temperaturen bis 4 bei 20^0 K.

Auch bei Rhodium scheint in tiefster Temperatur der Widerstand auffallend langsam abzusinken (*110*).

Nach diesen Beispielen kann man keinesfalls von einer allgemeinen Gültigkeit des T^5-Gesetzes bei regulär kristallisierenden Metallen sprechen. Der Exponent $n = 5$ stellt einen oberen Grenzwert dar, der bei ideal reinem K, Cu, Ag, Au, Pb vielleicht erreicht wird. Den Gegenbeweis hält Verfasser bisher nicht für geliefert. Dagegen gibt es unzweifelhaft Metalle mit langsamerem Widerstandsabfall und es entsteht die Frage, worin die Gründe dafür zu suchen sind (Abschnitt 7).

6. **Widerstandsabfall nicht regulär kristallisierender Metalle.**

Der verschiedene spez. Widerstand parallel und senkrecht zur Hauptachse (Tab. 2) ist z. T. dadurch bedingt, daß die Atomamplituden und -Schwingungszahlen $\parallel$ und $\perp$ zur Achse verschieden sind. Da bei regulären Metallen die Schwingungszahlen bzw. Θ für den Widerstandsabfall nach tiefen Temperaturen maßgebend sind, so ist bei anisotropen Leitern zu erwarten, daß der Unterschied der Schwingungszahlen $\parallel$ und $\perp$ zur Achse sich auch im Widerstandsabfall auswirkt. Das ist in der Tat der Fall.

Für Zn und Cd fällt nach Versuchen von Grüneisen und Goens, sowie W. Meißner der Widerstand $\varrho_\perp$ schneller ab als $\varrho_\parallel$, so daß $\varrho_\parallel/\varrho_\perp$ mit sinkender Temperatur monoton ansteigt, wie Abb. 4 nach Meißner zeigt (*89*).

Für sehr reine Bi-Kristalle fanden Schubnikow und de Haas umgekehrt den Abfall von $\varrho_\parallel$ schneller als den von $\varrho_\perp$ [Abb. 5 nach Meißner (*89*)].

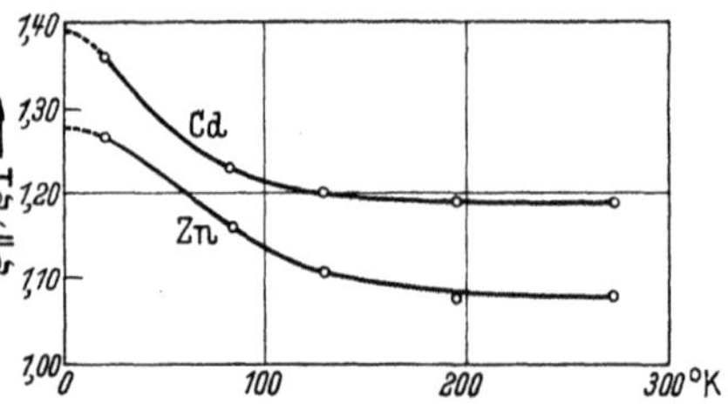

Abb. 4. $\varrho_\parallel/\varrho_\perp$ für Zink und Cadmium in Abhängigkeit von T nach W. Meißner (*89*).

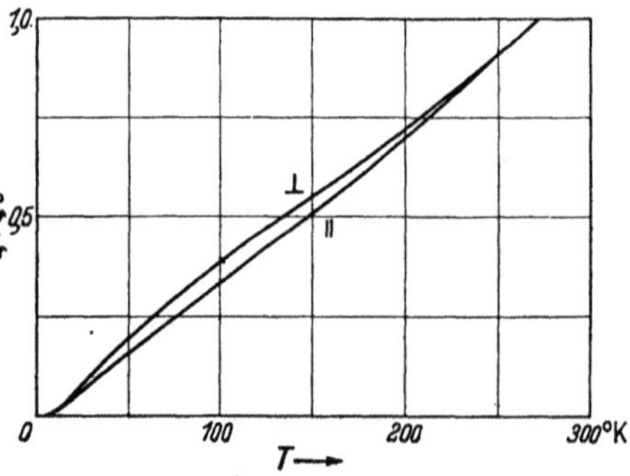

Abb. 5. $(\varrho/\varrho_0)_\parallel$ und $(\varrho/\varrho_0)_\perp$ für sehr reine Wismut-Einkristalle nach Schubnikow und de Haas aus W. Meißner (*89*).

Grüneisen und Goens (*39*) haben den Versuch gemacht, unter Benutzung der Formel (9) einen Zusammenhang der Widerstandskurven mit denjenigen Θ-Werten nachzuweisen, die sie aus den elastischen Konstanten der Zn- und Cd-Kristalle für verschiedene Richtungen berechnet hatten. Sie wollten damit entscheiden, ob die Atomelongationen senkrecht oder parallel zur Stromrichtung den elektrischen Widerstand beeinflussen. Ihr Ergebnis ist, daß die zu zweit genannte Annahme geeignet erscheint, die experimentellen Tatsachen zu erklären, während bei der ersten die Frage offenbleibt. Eine wohlbegründete Berechnung der Widerstands-Temperaturkurven für die Hauptrichtungen anisotroper Metallkristalle ist jedoch bislang noch nicht möglich gewesen. Es sei bemerkt, daß auch die wellenmechanische Theorie der Elektrizitätsleitung den Atomschwingungen in Richtung des Stromes den Haupteinfluß auf den Widerstand zuschreibt [Bethe (*105*) S. 513; zu anderem Schluß kommt E. M. Baroody (*5*)].

Für quasiisotrope Proben der nicht regulären Metalle wird man den Widerstandsabfall in grober Näherung durch Formel (11) oder (9) mit *einem* Θ darstellen können. Deshalb sind in Tab. 3 mittlere Θ-Werte angegeben. Doch ist deren Wahl unsicherer, als für die regulären Metalle (Tab. 1).

In tiefster Temperatur liegen Messungen von de Haas und seinen Mitarbeitern vor, an denen die Gültigkeit der Formel (12) geprüft wurde. Die ersten nur orientierenden Messungen von de Haas und Voogd (1932) seien hier übergangen. Die späteren von de Haas, de Boer und van den Berg (*55*) ergaben für Cd ($z = 6{,}1 \cdot 10^{-4}$) $n = 4{,}5$—$4{,}7$, für Sn ($z = 10{,}6 \cdot 10^{-4}$) $n = 4$. Indessen verliefen die logarithmischen Widerstandskurven schwach $\int$-förmig. Stärker war dies der Fall bei Tl ($z = 4 \cdot 10^{-4}$), so daß hier von einer Gültigkeit des Potenzgesetzes (12) nicht die Rede sein kann. Die maximale Neigung der logarithmischen Kurve würde jedoch auch etwa $n = 4{,}4$ ergeben. Van den Berg findet später (*9*) für reines Sn unterhalb 10°K $n = 5$.

Das abschließende Urteil über die Gültigkeit der Formel (12) für reguläre Metalle kann also auch auf nichtreguläre übertragen werden. Der Widerstandsabfall in tiefster Temperatur (unter Ausschluß der Supraleitung) erfolgt etwa proportional T^n, und $n = 5$ stellt einen oberen Grenzwert dar.

7. Einige Gründe für die Ungültigkeit der Formeln (10) und (11).

In den theoretischen Ableitungen der Formeln (10) und (11) stecken u. a. die gleichen vereinfachenden Annahmen über das elastische Schwingungsspektrum der Kristallgitter, wie sie Debye zur Ableitung seiner Formeln für den Energieinhalt des festen Körpers gemacht hat. Die Einfachheit dieser Formeln rührt wesentlich davon her, daß das wahre Gesetz des Schwingungsspektrums in der bekannten Weise durch ein formales mit *einer* Grenzfrequenz ersetzt ist, die dann als einzige bestimmende Konstante die Temperaturabhängigkeit regelt. Nun haben besonders die Leidener Messungen über die spez. Wärme in tiefer Temperatur aus dem letzten Jahrzehnt bewiesen, daß die (C_v, T)-Kurve keineswegs allgemein mit einem einheitlichen Θ darstellbar ist, und deshalb auch nicht in dem erwarteten Temperaturgebiet in das T^3-Gesetz ausmündet. Die Abweichungen lassen sich teils durch den allzu schematischen Ansatz für das Schwingungsspektrum erklären, wie besonders Blackman (*10*) im Anschluß an Born und Karman gezeigt hat, teils durch den Einfluß der Elektronenenergie, die ein zu T proportionales Glied zur spez. Wärme beisteuert (*105*). Dies Glied ist nach Theorie und Experiment besonders groß bei den Übergangsmetallen.

Es ist einleuchtend, daß eine exaktere Behandlung des Atomschwingungsspektrums nach dem Vorgang Blackmans auch auf die Widerstandsabhängigkeit in tiefer Temperatur merklichen Einfluß haben würde. Ferner hat W. G. Baber (*4*) darauf hingewiesen, daß Formel (11) durch ein mit T^2 proportionales Glied ergänzt werden müßte, wenn man den von Bloch vernachlässigten Einfluß der Elektronenzusammenstöße untereinander berücksichtigte. Die Vernachlässigung sei bei einwertigen Metallen statthaft, nicht aber bei den Übergangsmetallen.

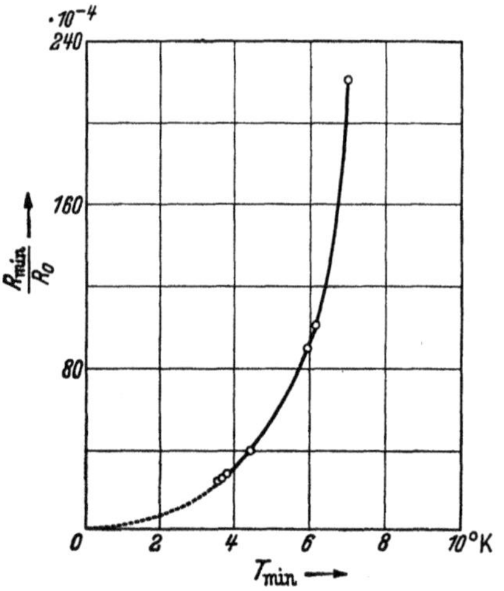

Abb. 6. Beziehung zwischen T_{min} und R_{min}/R_0 für Gold nach van den Berg (*9*).

Die Beobachtung des Widerstandsminimums bei Gold hat zu der Frage geführt, ob das Potenzgesetz (12) grundsätzlich verkehrt ist und ob etwa der Widerstand reiner Metalle bei Annäherung an den absoluten Nullpunkt nicht verschwindet, sondern unendlich groß wird. Eine Antwort suchte van den Berg (*9*) zu geben, indem er das Widerstandsminimum bei Gold besonders sorgfältig studierte, allerdings nur an Proben mit verhältnismäßig hohem Restwiderstand. Von seinen Ergebnissen sei hier nur ein besonders wichtiges hervorgehoben: eine einfache durch Abb. 6 dargestellte Beziehung zwischen der Höhe des Widerstandsminimums R_{min}/R_0 und der Temperatur des Minimums T_{min}. Je kleiner R_{min}/R_0, je idealer also die Au-Probe, um so tiefer rückt T_{min}. Extrapolation nach Abb. 6 läßt vermuten, daß bei ideal reinem Gold das Minimum im abs. Nullpunkt liegt, also als solches nicht mehr auftritt. Was aber kann die Ursache des Widerstandsminimums sein? Einen Hinweis geben vielleicht die Beobachtung von Giauque, Stout und Clark (*35*), sowie Stout und Barieau (*114*), daß ein Au-Draht unterhalb des Widerstandsminimums eine auch schon von W. Meißner und Scheffers bei unreinem Au gefundene anomale Widerstandsverminderung im Magnetfeld erfährt, und die Beobachtung von Nakhimovich (*94*), daß eine anomale Widerstandsverminderung von Au im Magnetfeld der Vermutung von Meißner entsprechend durch Eisengehalt hervorgerufen wird. Wenn auch ein Zusammenhang des Widerstandsminimums mit der anomalen Widerstandsänderung im Magnetfeld nicht erwiesen ist, so liegen jedenfalls noch keine zwingenden Gründe vor, das Ergebnis der Theorie aufzugeben, daß der normale Widerstand *reiner* Metalle bei $T = 0$ verschwindet.

II. Abhängigkeit des Widerstands von Stoff, Form, Struktur und äußeren Kräften.

8. Der Absolutwert des spezifischen elektrischen Widerstandes.

Gl. (11) lautete

$$\varrho = B\frac{T}{\Theta}\,J\left(\frac{\Theta}{T}\right).$$

Die für das leitende Metall charakteristische Konstante B blieb bisher unerörtert. Es ist aber ein besonders wichtiger Erfolg der wellenmechanischen Theorie, daß sie den Wert von B der Größenordnung nach berechnen kann, wenigstens für einwertige Metalle. Und zwar ergibt sich in der Schreibweise von Bethe [(*105*) S. 523] und mit den von ihm benutzten Einheiten (el. stat.)

$$B = \frac{\pi^3 m}{n_0 M}\left(\frac{C}{K\frac{dE}{dK}}\right)^2 \frac{\hbar K a_0}{k\Theta}. \tag{13}$$

Hier bedeutet

n_0 = Anzahl Leitungselektronen / Atom,
= Elektronenmasse,
M = Masse des Metallatoms = Masse des Grammatoms A, dividiert durch die Loschmidtsche Zahl N,
$\hbar$ = $\frac{h}{2\pi}$ (h Plancksches Wirkungsquantum),
k = Boltzmannsche Konstante,
a_0 = Bohrscher H-Atomradius = $\frac{\hbar^2}{me^2}$,
K = Absolutbetrag des Wellenzahlvektors,
E = Energie eines Elektrons,
C = Blochsche Konstante.

K, $\frac{dE}{dK}$ und C sind mit ihren Werten für die Fermische Grenzenergie einzusetzen. Zur Bedeutung von K, E, C sei folgendes angeführt: Einem freien Elektron von der Geschwindigkeit v entspricht nach de Broglie die Elektronenwelle mit der Wellenlänge

$$\lambda = \frac{h}{mv} = \frac{2\pi}{K},$$

woraus folgt $$mv = \hbar K.$$

Bei nicht freien Elektronen ist im allgemeinen $\hbar K$ etwas größer als mv [(*105*) S. 523].

Für die Energie E freier Elektronen gilt

$$E = \frac{\mathfrak{h}^2 K^2}{2m}, \quad \text{also} \quad \frac{dE}{dK} = \frac{\mathfrak{h}^2 K}{m},$$

mithin

$$K\left(\frac{dE}{dK}\right)^2 = \frac{\mathfrak{h}^4 K^3}{m^2}.$$

Zwischen dem Wellenzahlvektor und der Leitungselektronendichte n (= Anzahl Elektronen im cm³) besteht die Beziehung [(*105*) S. 522]

(14)
$$n = \frac{8\pi}{3}\left(\frac{K}{2\pi}\right)^3.$$

Also folgt für die im Nenner von B stehende Größe unter der Voraussetzung freier Elektronen

$$K\left(\frac{dE}{dK}\right)^2 = \frac{3n\pi^2\mathfrak{h}^4}{m^2} = \frac{3n_0 N\pi^2\mathfrak{h}^4}{m^2 V}.$$

Dabei haben wir für n das Verhältnis n_0/Ω_0 eingeführt, wo Ω_0 das auf ein einzelnes Metallatom entfallende Volumen, also V/N ist (V = Atomvolumen).

Nach Einsetzen in den Ausdruck (13) für B folgt

$$B = \frac{\pi}{3k\mathfrak{h}}\left(\frac{m}{e}\right)^2\left(\frac{C}{n_0}\right)^2\frac{V}{A}\frac{1}{\Theta},$$

(15)
$$\varrho = \frac{\pi}{3k\mathfrak{h}}\left(\frac{m}{e}\right)^2\left(\frac{C}{n_0}\right)^2\frac{V}{A}\frac{T}{\Theta^2}\mathcal{I}\left(\frac{\Theta}{T}\right).$$

C mißt die Wechselwirkung zwischen Elektronen und Gitter [(*105*) S. 514], läßt sich aber nicht sicher angeben. C ist im wesentlichen die mittlere kinetische Energie eines Leitungselektrons [(*105*) S. 523]. Setzt man nach Bethe für C den Wert der Fermischen Grenzenergie für freie Elektronen

$$E_g = \frac{h^2}{2m}\left(\frac{3n}{8\pi}\right)^{2/3}$$

ein, so erhält man für die Alkalimetalle K und Na ($n_0 = 1$) den spez. Widerstand der Größenordnung nach richtig [vgl. die Tab. in (*105*) S. 524]. Je stärker die Bindung der Leitungselektronen an die Atome, je stärker also deren Potentialfelder, um so größer ist C.

Der Widerstand ist also nach der Theorie proportional dem Atomvolumen, dem Quadrat der Stärke der Wechselwirkung zwischen Elektronen und Gitter C^2 und dem Quadrat der Amplitude der Atomschwingungen, das in hoher Temperatur $T/(A\Theta^2)$ proportional ist. Der Widerstand ist umgekehrt proportional dem Quadrat der Elektronenzahl je Atom und dem Quadrat der spez. Elektronenladung.

Da eine Abschätzung von C und n_0 für viele Metalle nicht gut möglich ist, wollen wir umgekehrt verfahren und C/n_0 aus dem Widerstand ausrechnen und mit der Grenzenergie E_g freier Elektronen vergleichen.

Wir benutzen reduzierte Temperaturen, setzen also $T = \Theta$, $I(\Theta/T) = 0{,}9465$, $\varrho = \varrho_\Theta$ und erhalten dann

$$\left(\frac{C}{n_0}\right)^2 = \frac{3\,k\,\mathrm{h}}{\pi}\left(\frac{e}{m}\right)^2 \frac{\varrho_\Theta\,A\,\Theta}{V}\,\frac{1}{0{,}9465},$$

und nach Einsetzen der bekannten Werte für h, k, e/m und Umrechnung der ϱ_Θ auf $[\Omega\,\mathrm{cm}]$ (Werte in Tab. 1 u. 3)

$$(16)\qquad \frac{C}{n_0} = 2{,}15\cdot 10^{-10}\sqrt{\frac{\varrho_\Theta\,A\,\Theta}{V}}\,[\mathrm{Erg}] = 134\sqrt{\frac{\varrho_\Theta\,A\,\Theta}{V}}\,[\mathrm{eV}]\,.$$

Indem wir diese Formel auf alle Metalle anwenden, müssen wir uns klar darüber sein, daß dies streng genommen unzulässig und nur für die einwertigen Metalle, deren Elektronen als nahezu frei gelten können, erlaubt ist. In der Darstellung von C/n_0 als Funktion der Ordnungszahl Z (Abb. 7) tritt das periodische System der Elemente sehr deutlich hervor, wie dies für die Wechselwirkung zwischen Leitungselektronen und Atomionen zu erwarten ist. Relative Minima (1,8—10 eV) treten auf bei den Alkalimetallen und den Edelmetallen Kupfer, Silber, Gold. Für diese Metalle sind in Abb. 7 die theoretischen E_g - Werte nach Bethe (*105*, S. 524) durch horizontale Striche markiert. Sie stimmen hier in der Tat der Größenordnung nach mit den aus Gl. (16) berechneten Werten C/n_0 überein.

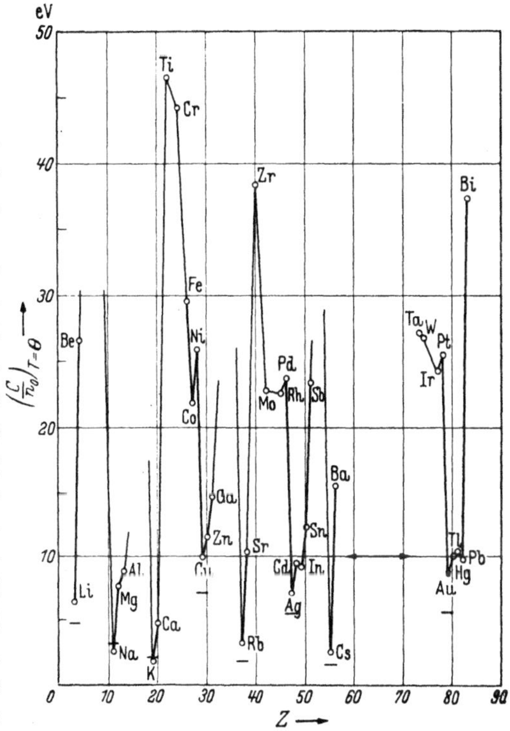

Abb. 7. „Bindungsenergie" je Leitungselektron C/n_0 in Abhängigkeit von der Ordnungszahl Z.

In Abb. 8 geben wir noch die Darstellung der reziproken Größe

$$(16\mathrm{a})\qquad \frac{n_0}{C} = \frac{1}{134}\sqrt{\frac{\varkappa_\Theta\,V}{A\,\Theta}}\,[\mathrm{eV}]^{-1}\,;$$

die Ordinaten sind etwa ein Maß für die „Lockerkeit" der Leitungselektronen. Die Ähnlichkeit mit der bekannten Atomvolumen-Kurve betrifft nur die Spitzen der Alkalimetalle. Die Zwischengebiete sind völlig verschieden.

9. Das atomare Leitvermögen verschiedener Metalle bei gleichen reduzierten Temperaturen.

Schon lange bevor die Theorie der L.F. zu der Gleichung (15) für ϱ gelangt war, bemühte man sich, die Beziehung der L.F. zum elektropositiven oder elektronegativen Charakter des chemischen Elements zu finden. Benedicks (*8*) erkannte die auffallend deutliche Periodizität mit der Ordnungszahl für die Größe $(\varkappa V)/\Theta$, die er „Leitungskapazität" nannte und die ja auch im wesentlichen die in Abb. 8 dargestellte Periodizität von n_0/C bewirkt (Gl. 16a)]. Mehr Anklang fand die von Simon (*103*) eingeführte „atomare L.F. bei gleicher reduzierter Temperatur". Er versteht darunter den Leitwert eines dem Elementarparallelepiped ähnlichen Einkristalls vom Atomvolumen V, etwa für $T = \Theta$, also die Größe $\varkappa_\Theta V^{\frac{1}{3}}$. Die reziproke Größe $\varrho_\Theta V^{-\frac{1}{3}}$ wird „atomarer Widerstand bei $T = \Theta$" genannt. Dieser atomare Widerstand ist in Tab. 1 und 3 in letzter Spalte angegeben, wobei jedoch die Behandlung der nicht regulären Metalle in Tab. 3 als quasiisotrope Stoffe nicht einwandfrei ist.

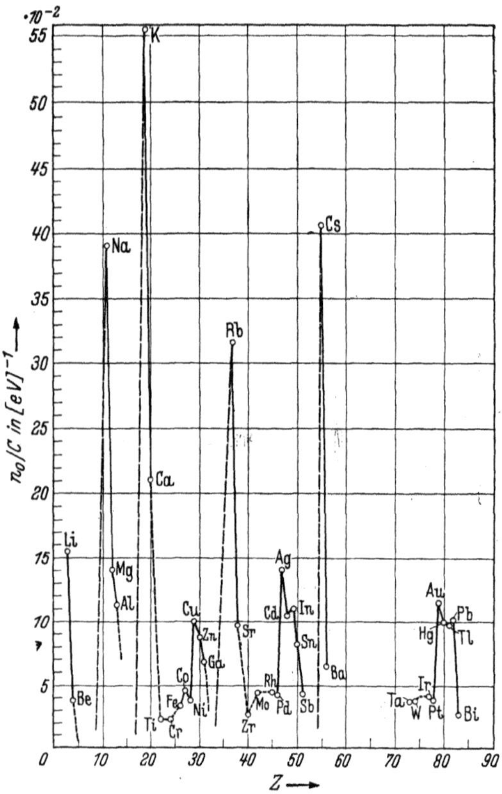

Abb. 8. n_0/C in Abhängigkeit von Z.

In Abb. 9 finden sich die atomaren Leitfähigkeiten bei der Temperatur Θ als Funktion der Ordnungszahl Z aufgetragen. Man erkennt folgendes:

1. Die at. L.F. bei der Temperatur Θ ändert sich periodisch mit Z. Sie ist in jeder Periode weitaus am größten für die einwertigen Metalle, d. h. für die Alkalimetalle und Cu, Ag, Au.

2. Die at. L.F. fällt stark ab bei Übergang von einem 1-wertigen Metall zu dem folgenden 2-wertigen.

3. Beim Übergang von den 2- zu den 3-wertigen Elementen derselben

Periode ist der Abfall nicht mehr so regelmäßig, bei Al und Tl findet sogar ein geringer Anstieg statt.

4. In Gruppe IV haben die A-Elemente, z. B. Ti und Zr sehr kleine, die B-Elemente Sn und Pb große at. L.F.

5. In den Übergangselementen der langen Perioden zeigen die at. L.F. eine mehr oder weniger deutliche Erhöhung bei Gruppe VI (Cr nur wenig; Mo, W stark), danach unregelmäßige Änderung bis zum plötzlichen Anstieg zu Cu, Ag, Au.

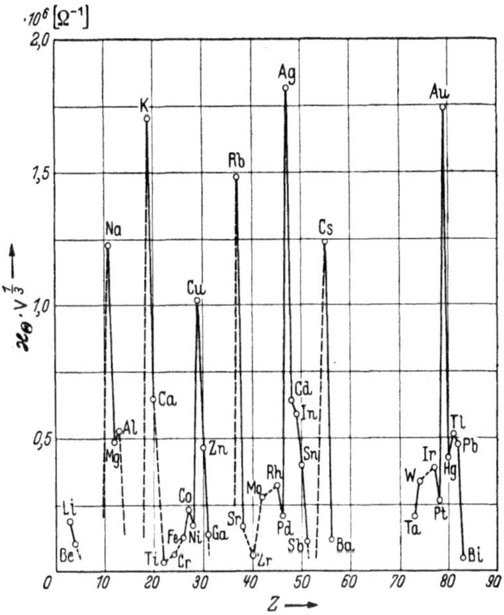

Abb. 9. Atomare Leitfähigkeit für $T = \Theta$ in Abhängigkeit von Z.

Das in Abb. 7—9 dargestellte Ergebnis hängt nach der wellenmechanischen Elektronentheorie u. a. zusammen mit der Verteilung der Leitungs-Elektronen auf die Energiebänder im Grundzustand des Metalls. Damit ein Kristall von G Atomen ein Leiter ist, muß das äußerste Energieband, das Elektronen enthält, noch freie Plätze haben. Ist es voll besetzt, was nach dem Pauli-Prinzip der Fall ist, wenn 2 G Elektronen ein Energieband füllen, so ist der Kristall ein Isolator, weil der Austausch von Elektronen innerhalb des Bandes keine Ladungsverschiebung zur Folge haben kann.

Unter welchen Bedingungen gibt es nur teilweise besetzte Energiebänder? Darauf antwortet die Theorie:

1. Bei 1-wertigen Metallen mit kubischem Gitter, also bei Alkalimetallen und Cu, Ag, Au, enthält das äußerste besetzte Energieband im Grundzustand des Metalls 2 G mögliche Zustände, aber nur G Elektronen. Es sind also G freie Plätze im Band. Die Ladungsverschiebung geht leicht vonstatten, zumal bei den Alkalimetallen, deren periodisches Potentialfeld wegen der großen Atomvolumina schwach ist.

2. Bei 2-wertigen Metallen gibt es genug Elektronen, um das äußerste Band voll zu besetzen. Der Kristall wäre also ein Isolator, wenn nicht Überlappung mit dem nächst höheren Energieband stattfände. In diesem wird sich ein kleiner Teil der Elektronen befinden, der Hauptteil der 2 G Elektronen wird im tieferen Energieband verbleiben. Die Leitung übernimmt im wesentlichen nur jener kleine Teil, der loser gebunden ist.

3. Für höherwertige Atome ist es nicht ohne genaue Einzelforschung, die sich nach verschiedensten Richtungen hin erstrecken muß, möglich, die Zahl der Leitungselektronen und ihre Verschieblichkeit abzuschätzen. Solche aus magnetischen Messungen gemachte Schätzungen führen z. B. bei den Übergangsmetallen für n_0, das Verhältnis Leitungselektronen/Atom, zu Bruchteilen von 1: Fe 0,22; Co 0,71; Ni 0,61 (*117*, *93*). Sehr klein wird n_0 für Wismut ($\approx 10^{-6}$; vgl. Abschnitt 11).

10. Der auf gleiche Schwingungsamplitude bezogene Widerstand und seine Beziehung zum periodischen System.

Mott und Jones (*93*), sowie A. H. Wilson (*121*) schlagen vor, die spez. Widerstände verschiedener Metalle bei nicht zu tiefer Temperatur, also etwa bei 0° C, d. h. in einem Bereich, wo etwa $\varrho \sim T$, $f\left(\frac{\Theta}{T}\right) \approx 1$ ist, auf gleiche Schwingungsamplitude zu beziehen. Sie bilden also das Verhältnis von Widerstand und mittlerem Amplitudenquadrat. Dieses setzen sie proportional $T/(A\Theta^2)$. Also sind bei gleicher Temperatur, etwa der des Eispunktes, die auf gleiche Amplitude bezogenen spez. Widerstände proportional $\varrho_0 A\Theta^2$. Die entsprechenden Leitfähigkeiten $\varkappa_0/(A\Theta^2)$ sind nach Mott und Jones in Abb. 10 als Funktion der Ordnungszahl aufgetragen und geben eine sehr ähnliche Kurve wie die at. L.F. bei der Temperatur Θ in Abb. 9. Dabei ist zu beachten, daß die von Mott und Jones benutzten $\varkappa_0$ und Θ nicht immer mit denen übereinstimmen, die in unseren Tabellen 1 und 3 angegeben sind. Wie sich aus Gl. (15) ergibt, muß $\varkappa_0/(A\Theta^2)$ bei festem T die gleiche Periodizität zeigen wie $n_0^2/(C^2 V)$, wodurch auch die Ähnlichkeit der Abb. 10 u. 8 verständlich ist.

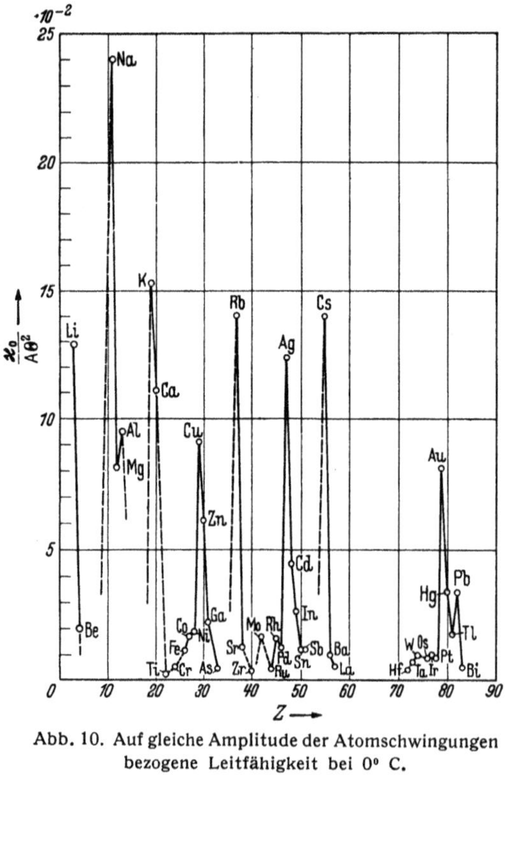

Abb. 10. Auf gleiche Amplitude der Atomschwingungen bezogene Leitfähigkeit bei 0° C.

11. Einfluß der Leiterform auf den spez. Widerstand in tiefer Temperatur.

Wenn die Dimensionen eines Leiters, wie bei dünnen Drähten und Schichten, mit der mittleren, freien Weglänge (fr.W.) $\bar{l}$ des Elektrons vergleichbar sind, werden verhältnismäßig viele Elektronen an der Begrenzung des Leiters ihre ursprüngliche Richtung verlieren und in ihrer fr. W. herabgesetzt werden. Der spez. Widerstand wird zunehmen. Unter welchen Umständen ist dieser Effekt beobachtbar?

Die wellenmechanische Theorie gibt für die L.F. die Formel

$$(17) \qquad \varkappa = \frac{e^2 \bar{l} n}{\hbar K},$$

die mit der alten Drudeschen übereinstimmt, wenn man $\hbar K$ durch mv ersetzt (v = Elektronengeschwindigkeit). Durch Einführung der Beziehung (14) zwischen K und n erhält man

$$(17\text{a}) \qquad \varkappa = \frac{e^2 \bar{l} n^{\frac{2}{3}}}{h} \left(\frac{8\pi}{3}\right)^{\frac{1}{3}},$$

woraus $\bar{l}$ berechnet werden kann, wenn $\varkappa$ durch Beobachtung bekannt ist. So fand Sommerfeld (*105*) für Silber bei Zimmertemperatur, indem er n = Atomzahl/cm³ annahm,

$$\bar{l} = 5{,}2 \cdot 10^{-6} \text{ cm}.$$

Für andere Metalle würde man in der Regel Werte ähnlicher Größe finden. Die $\bar{l}$ umfassen also bei 0°C etwa mehrere hundert Atomabstände.

Mit sinkender Temperatur muß aber $\bar{l}$ sehr stark zunehmen, da die starke Zunahme von $\varkappa$ anders nicht zu erklären ist. Es erscheint also theoretisch möglich, durch Herabsetzung der Temperatur und der Leiterdimensionen den einleitend erwähnten Fall zu verwirklichen und den Einfluß der freien Weglänge auf $\varkappa$ bzw. ϱ festzustellen.

Dünne Drähte. Nordheim (*97*) hat theoretisch berechnet, wie sich der Widerstand von Drähten bei abnehmendem Durchmesser ändern müßte, und findet

$$\varrho_d = \varrho_\infty \left(1 + a \frac{l}{d}\right);$$

ϱ_∞ spez. Widerstand für unendlich großen Querschnitt, ϱ_d für einen Draht vom Durchmesser d, a Reflexionskoeffizient des Elektrons an der Wand des Drahtes (nach Nordheim: $8/(3\pi)$).

Für den praktischen Gebrauch in tiefer Temperatur hat Riedel (*100*) durch Einführung des relativen Widerstandsverhältnisses $r = R/R_0$ und der Annahme, daß $\varrho \bar{l}$ temperaturunabhängig und $(\varrho_d)_{0^\circ\text{C}} \approx (\varrho_\infty)_{0^\circ\text{C}}$ ist, der Nordheimschen Gleichung die Form gegeben

$$r_d = r_\infty + a \frac{\bar{l}_0}{d}.$$

Messungen von Eucken und Förster (*23*) an äußerst dünnen, in Glasröhren gezogenen Wismutdrähten, von Riedel (*100*) an Pb- und Cd-

Drähten, von van den Berg (*9*) an Au-Drähten (⌀ = 25—500 μ) zeigen den erwarteten Effekt, nämlich eine Zunahme des Restwiderstandes mit abnehmender Dimension. Die Beobachtungen streuen aber so stark, daß man den daraus abgeleiteten $\bar{l}_0$-Werten kein allzugroßes Gewicht beilegen darf. Nachdem $\bar{l}$ bekannt, kann man aus Gl. (17a) auch n bzw. n_0 berechnen. Die Ergebnisse sind:

		$\bar{l}_{0^0 C}$	n_0
Eucken und Förster:	*Bi*	groß	10^{-6}
	Ag	$575 \cdot 10^{-8}$ cm	1
Riedel:	*Pb*	62,5 ,, ,,	1,02
(Cd für mittlere Richtung):	*Cd*	292 ,, ,,	0,34
van den Berg:	*Au*	391 ,, ,,	0,96

Man sieht, daß die $\bar{l}_0$ mit den theoretisch erwarteten ziemlich gut stimmen. Auch die n_0 entsprechen den auf andere Weise geschätzten: bei Au, Ag und Pb 1 Leitungselektron/Atom, bei dem 2-wertigen Cd jedoch nur 0,34, was so zu verstehen ist, daß im Metall eine teilweise Überführung von Elektronen aus der beim 2-wertigen freien Atom an und für sich abgeschlossenen äußersten Zone in die nächsthöhere stattgefunden hat. Bei Wismut entspricht das kleine n_0 der Sonderstellung dieses Elements in Bezug auf metallische Eigenschaften.

Dünne Schichten. Da sich durch Kathodenzerstäubung oder Verdampfung im Vakuum sehr dünne Schichten metallischer Elemente herstellen lassen, hat man vielfach auch an solchen den spez. Widerstand zu messen versucht, besonders nachdem J. J. Thomson (*1901*) eine Theorie für die Abhängigkeit des spez. Widerstandes von der Schichtdicke aufgestellt hatte, aus der sich die mittlere fr. W. der Elektronen berechnen lassen sollte. Die technischen Schwierigkeiten (z. B. Vermeidung okkludierter Gase) sind aber auch hierbei sehr groß und die Ergebnisse nicht einheitlich. Immerhin ist sicher, daß der spez. Widerstand dünner Schichten, solange deren Struktur als normal kristallin angesehen werden kann, mit abnehmender Dicke zunächst konstant bleibt, dann aber, etwa unter 10 mμ beschleunigt ansteigt, in qualitativer Übereinstimmung mit der Theorie.

An frisch hergestellten Schichten hat man aber vielfach eigentümliche Strukturänderungen beobachtet, die sich z. B. dadurch äußerten, daß der spez. Widerstand der auf gekühlter Unterlage aufgefangenen Schicht einige Zehnerpotenzen zu groß war und erst bei Temperaturerhöhung — manchmal bei einer bestimmten Umwandlungstemperatur — den dem Metall zukommenden Wert annahm. Kramer und Zahn (*82*) erklären den Vorgang als Übergang eines „amorphen" in den kristallisierten Zustand, Swann, Appleyard u. a. (*107*, *2*) als Übergang aus einzelnen submikroskopischen kolloidalen Teilchen durch Brückenbildung in das kompakte Metall.

Wir übergehen hier das umfangreiche Schrifttum und verweisen auf einen Bericht von L. Riedel (*101*).

12. Einiges über den Widerstand von Legierungen. Norburysche Regel.

Die umfangreichen Untersuchungen des Widerstandes von Metalllegierungen können im Rahmen dieses Berichts nicht besprochen werden. Wir beschränken uns auf einige Ergebnisse, die für das Wesen der metallischen Leitung eine besondere Bedeutung haben. So übergehen wir die Fälle von Kristallgemengen (Sn-Cd, Zn-Sn, Pb-Sn, Pb-Cd), bei denen der spez. Widerstand des Gemenges sich aus den Widerständen der Komponenten zusammensetzt und etwa nach Lichtenecker (*85*) berechnen läßt. Wichtiger sind für uns die Mischkristallegierungen und zwar hauptsächlich in zweierlei Hinsicht.

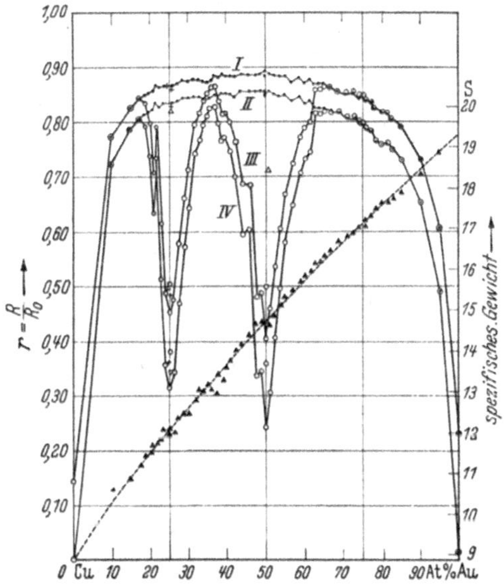

Abb. 11. r-Werte von Au-Cu-Legierungen, abgeschreckt (I u. II) und getempert (III u. IV) bei 78° K (I u. III) und 20° K (II u. IV), sowie ihr spez. Gewicht (gestrichelte Kurve), nach Pospišil aus W. Meißner (*89*).

Einmal, weil sich verfolgen läßt, wie der spez. Widerstand des reinen Ausgangs- oder Grundmetalls in bedeutendem Maße vermehrt wird, wenn die Periodizität des Atomgitters durch Fremdatome gestört wird, die in statistischer Unordnung im Gitter verteilt sind; wie aber in manchen Fällen (Cu-Au, Cu-Pd, u. a.) diese Widerstandserhöhung zurückgeht, wenn sich durch Tempern eine regelmäßige periodische Anordnung der beiden Atomarten einstellt, die sich röntgenographisch feststellen läßt (*59*). Als Beispiel diene das in Abb. 11 nach Pospišil (*99*) dargestellte Verhalten der Cu-Au-Legierungen, für die bei 78° und 20° K gezeigt ist, wie der relative Widerstand r der von hoher Temperatur abgeschreckten Legierungen (Kurven I und II) dem bekannten Kurventyp der binären ungeordneten Mischkristallegierungen folgt, während der Widerstand der bei etwa 400° C 7 Tage lang getemperten Legierungen scharfe Minima bei den Konzentrationen 25 und 50 At% Au hat, entsprechend den regelmäßigen Gittern Cu_3Au und CuAu. Die noch verhältnismäßig hohe Lage der Minima bei 20° K läßt auf einen noch erheblichen Restwiderstand bei 0^0 K schließen, der z. T. daher rühren mag, daß die Ordnung der Atome nicht vollständig gelungen ist.

Für den Kurventyp der abgeschreckten Legierungen, also der einfachen binären Legierungen unbegrenzter Mischbarkeit, hat Nordheim (*96*) gezeigt, daß sich der Widerstand in einfachen Fällen additiv zusammensetzt aus dem temperaturabhängigen Widerstand des Gemenges der reinen Komponenten und einem temperaturunabhängigen Zusatzwiderstand, der proportional $c\,(1-c)$ ist, wo c die Atomkonzentration der einen, $1-c$ die der anderen Komponente ist.

Zweitens gestatten die Widerstandsmessungen an verdünnten Mischkristall-Legierungen einen Einblick in den Zusammenhang zwischen Widerstand und Elektronenaufbau der Metallatome. Nach der Matthiessenschen Regel (6) ist der Widerstand verdünnter Mischkristalllegierungen

$$\varrho = [\varrho] + \zeta\,,$$

wo ζ ein von der Temperatur unabhängiger, also auch beim absoluten Nullpunkt bleibender Zusatz- oder Restwiderstand sein soll. Die Frage, wie ζ von der Menge und Art des gelösten Fremdstoffes abhängt, ist experimentell nicht leicht zu beantworten. Denn ζ stellt eine verhältnismäßig kleine Widerstandsdifferenz dar, die an zwei verschiedenen Metallproben, der „reinen" und der legierten zu messen ist. Nach dem früher in Abschnitt 5 Gesagten wird man nur dann verwertbare Ergebnisse bekommen, wenn beide Proben sich durch nichts anderes unterscheiden, als durch den beabsichtigten Fremdzusatz. Sie müssen also aus gleichem reinen Ausgangsmaterial hergestellt und sorgfältigst in derselben Weise behandelt sein.

Daß ζ nahe proportional einem kleinen Fremdzusatz anwächst, ist lange bekannt. Benedicks (1902) bildete zuerst das Verhältnis von ζ zur Atomkonzentration c, die sogen. atomare Widerstandserhöhung ζ_A, kam jedoch noch nicht zu einer allgemeinen Regel. Norbury (*95*) schloß aus den vorliegenden, noch recht mangelhaften Meßresultaten, die er später selbst ergänzte: *Die atomaren Widerstandserhöhungen sind um so größer, je größer im periodischen System der Abstand der Gruppe des Zusatzmetalls von der des Grundmetalls ist.*

Einen wesentlichen Fortschritt brachten die mit peinlicher Sorgfalt durchgeführten Untersuchungen von J. O. Linde (*86*). Er hat an einer großen Zahl verdünnter Legierungen des Kupfers, Silbers und Goldes mit 26 anderen Elementen, die den Grundelementen Cu, Ag, Au im periodischen System vorangehen (*a*-Elemente) oder nachfolgen (*b*-Elemente), die Gültigkeit der Norburyschen Regel geprüft und die Änderung des Zusatzwiderstandes mit Temperatur und Druck gemessen. Wir wollen seine Ergebnisse kurz anführen.

Ist c die Atomkonzentration des fremden Stoffes, meist kleiner als 3%, so ergab sich

$$\zeta = \zeta_A c - \delta c^2;$$

δ ist oft sehr klein, so daß

$$\zeta_A = \frac{\zeta}{c}$$

als atomare Widerstandserhöhung gesetzt werden kann. Andernfalls ist $\zeta_A = \left(\frac{\zeta}{c}\right)_{c \to 0}$ graphisch zu extrapolieren.

Abb. 12 zeigt, wie die atomare Widerstandserhöhung von der Stellung des Zusatzmetalls zum Grundmetall abhängt. Für die b-Elemente (rechts) ist die Norburysche Regel erfüllt und läßt sich nach Linde in die Form bringen

$$\zeta_A = a_1 + a_2 \mathfrak{z}^2,$$

wo a_1 und a_2 Konstanten sind und $\mathfrak{z}$ die Differenz der Gruppennummern des Zusatz- und Grundmetalls. Für die a-Elemente bestehen Abweichungen von der N.'schen Regel. Die Widerstandserhöhungen durch b-Elemente sind fast ausnahmslos kleiner in Cu, als in Ag oder Au, die durch a-Elemente sind im allgemeinen größer in Cu als in Ag oder Au. Linde hat aus dem letzten Befund und der Tatsache, daß das Atomvolumen von Ag und Au gleich, das von Cu wesentlich kleiner ist, den Schluß gezogen, daß das Atomvolumen des Grundmetalls einen wichtigen Einfluß auf die Größe ζ_A hat. Eine Bestätigung hierfür bietet die Beobachtung, daß die at. Widerstandserhöhungen von 1% Au in Ag und von 1% Ag in Au gleich sind, während das entsprechende bei der Kombination von Cu mit Ag und Au nicht gilt. Es liegt bei Ag-Au der besonders einfache Fall vor, daß beide Komponenten dasselbe Atomvolumen, dieselbe Kristallstruktur und dieselbe effektive Zahl freier Elektronen haben (Mott, *93*).

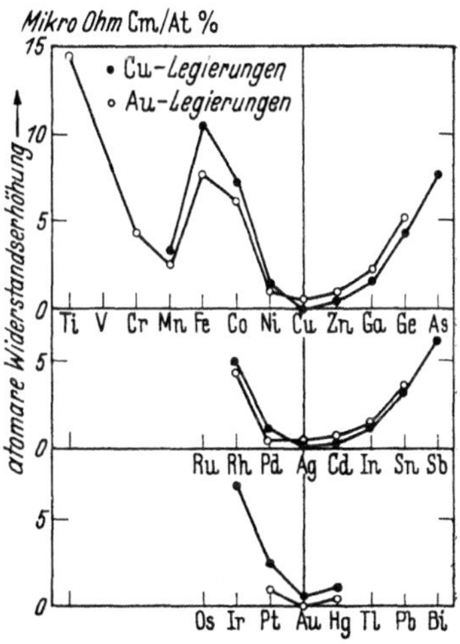

Abb. 12. Atomare Widerstandserhöhungen der Cu- und Au-Legierungen nach Linde aus G. Borelius (*13*).

Über die Frage, ob die N.'sche Regel auch bei anderen Grundmetallen gilt, sei folgendes angeführt: Eucken und Schürenberg (*24*) untersuchten verdünnte Bleilegierungen mit Mg, Ag, Cd, In, Sn, Sb, Hg, Tl, Bi zwischen 273° und 14° K und fanden die N.'sche Regel bestätigt. Dagegen fand Fraenkel (*30*) für verdünnte Aluminium-Legierungen Abweichungen von jener Regel.

Linde hat auch die Gültigkeit der Matthiessenschen Regel geprüft, indem er den Temperatureinfluß auf die at. Widerstandserhöhung zwischen 0 und 100° C, teilweise noch bis zur Temperatur der flüssigen Luft bestimmte. Er fand zwischen 0 und 100° Temperaturkoeffizienten $(1/\zeta_A)(\partial\zeta_A/\partial T)$, die zwischen $+ 3{,}6 \cdot 10^{-4}$ (Cu + Be) und $- 3{,}2 \cdot 10^{-4}$ (Cu + Cr) lagen, also viel kleiner sind, als die Temperaturkoeffizienten des Widerstandes reiner Metalle, aber merkwürdigerweise auch negatives Vorzeichen haben können, so daß bei einer gewissen Konzentration der Temperaturkoeffizient einer Legierung verschwinden kann. Diese Erkenntnis kann praktisch zur Herstellung von Legierungen temperaturkonstanten Widerstandes verwertet werden.

Die Matthiessensche Regel ist also nach Linde keineswegs immer gut erfüllt, am besten für Legierungen mit *b*-Elementen. Auch Eucken und Schürenberg fanden nach tiefen Temperaturen hin häufig Abweichungen von der Matthiessenschen Regel, deren Betrag mit der Größe der at. Widerstandserhöhung etwa parallel ging.

Was die theoretische Deutung der Norburyschen Regel betrifft, so könnte nach Mott [(*93*) S. 286ff.] die at. Widerstandserhöhung entweder dadurch bewirkt werden, daß die dem Fremdatom benachbarten Atome aus ihrer Lage gedrängt werden, oder dadurch, daß das Potentialfeld am Gitterpunkt des Fremdatoms verändert ist gegenüber dem, wie es im reinen Metall sein würde. Die zweite Wirkung hält Mott für die wichtigere. Die Lindesche Beziehung macht er zunächst in elementarer Weise verständlich: der Atomkern des Grundmetalls habe die positive Ladung $+ e$, der Kern des gelösten Atoms die Ladung $+ (\mathfrak{z} + 1)\, e$. Die Differenz beider Ladungen ist $+ \mathfrak{z}e$. Das Feld dieser Überschußladung muß als Ursache der Elektronenstreuung und damit des Widerstandes ζ betrachtet werden. Da nun nach Rutherford die Intensität der Streuung proportional dem Quadrat der streuenden Ladung ist, so muß auch ζ proportional $\mathfrak{z}^2$ sein.

Bei der Durchführung der wellenmechanischen Rechnung wird natürlich die Abschirmung der Kerne berücksichtigt. Auch dann findet Mott $\zeta_A \sim \mathfrak{z}^2$ und mit dem Atomvolumen wachsend, wie es für die Legierungen von Cu, Ag, Au mit den *b*-Elementen gefunden wurde. Der absolute Betrag von ζ_A ergab sich bei Mott allerdings fünfmal zu groß.

Daß bei den Legierungen mit den *a*-Elementen die N.'sche Regel und Lindesche Beziehung Ausnahmen haben, indem z. B. Mn und Cr in Au und Cu viel kleinere Widerstandserhöhungen geben, als Co und Fe (Abb. 12), daß ferner die Widerstandserhöhungen in Cu größer sind als in Ag und Au, führt Linde auf die unvollständig mit Elektronen besetzten inneren Schalen und den dadurch möglichen Austausch von *s*- und *d*-Elektronen zurück (*86*). Nicht allein die Ionenladungen sind nach ihm für die Mischkristallwiderstände verantwortlich, sondern auch „andere Faktoren, wie Spinmomente und die damit verbundenen elektrischen Kräfte und Streuungsmöglichkeiten". Eine genaue Deutung steht noch aus.

Lindes Ergebnisse über die Druckkoeffizienten von ζ besprechen wir im folgenden Abschnitt.

13. Einfluß allseitigen Druckes auf den elektrischen Widerstand in tiefer Temperatur.

Chwolson hat zuerst festgestellt, daß ein metallischer Leiter bei allseitiger Druckerhöhung seinen Widerstand ändert. Und zwar fand er Widerstandsabnahme mit steigendem Druck bei Cu, Pb und Messing. Daß die meisten anderen Metalle sich ebenso verhalten, wurde durch spätere Messungen anderer Autoren bewiesen. Besonders die Untersuchungen Bridgmans haben neben denen von Lisell (*87*) und Beckman (*6*) ein sehr wertvolles und umfangreiches Beobachtungsmaterial geliefert.

Bridgman hat für fast alle metallisch leitenden Elemente und eine Reihe Legierungen die Widerstandsänderung mit dem Druck gemessen, bei vielen wurde der Druck bis 30000 kg*/cm² gesteigert (*18*), sowohl bei 30° wie 75° C. Bei einer Reihe von Metallen wurde die Temperatur bis —183° C erniedrigt und gleichzeitig der Druck bis 7000 kg*/cm² erhöht (*14*). Ferner hat Bridgman bei nicht regulären Metalleinkristallen die Druckwirkungen in verschiedenen Richtungen gemessen (*16*).

Über die großen Schwierigkeiten, die bei allen diesen Messungen auftreten, und die vielfachen technischen Kunstgriffe Bridgmans sei auf die Originalarbeiten verwiesen.

Wir überblicken am schnellsten einen wichtigen Teil der Bridgmanschen Ergebnisse, wenn wir eine Auswahl seiner Messungen über die Abhängigkeit des Widerstandes vom Druck bei 30° C in den Abb. 13—16 betrachten. Als Ordinate ist das Verhältnis des beim Druck p gemessenen Widerstandes R_p zu dem beim Druck 0 gemessenen R_0 für 30° C aufgetragen, als Abszisse der Druck p in 10^3 kg*/cm². Die Bilder lehren auf den ersten Blick, daß es verschiedene Typen der Widerstandsabhängigkeit vom Druck gibt: Bild 13 und 14 zeigen einen gleichmäßigen, in Bild 13 fast linearen, in Bild 14 deutlich verzögerten Abfall, der jedoch nicht auf die Existenz eines Widerstandsminimums schließen läßt. Bild 15 und 16 zeigen entweder sofortigen Anstieg der Kurven oder anfangs stark verzögerten Abfall bis zu einem Widerstandsminimum und dann Anstieg. Die Lage der Minima ist durch Pfeile gekennzeichnet. Für Na ist das Minimum noch nicht erreicht. Bridgman schätzt, daß es bei $p = 40000$ liegen wird.

Die Zuordnung der Metalle zu den beiden Kurventypen entspricht im allgemeinen ihrer Zugehörigkeit zu bestimmten Gruppen des periodischen Systems der Elemente. Zum Typ 1 der gleichmäßig abfallenden

Kurven gehören die Metalle der Gruppen IVa, Va, VIa, VIII, Ib, IIb, IIIb, IVb¹) sowie Magnesium, im wesentlichen also die Elemente, die in den langen Perioden links und rechts von den Edelmetallen stehen.

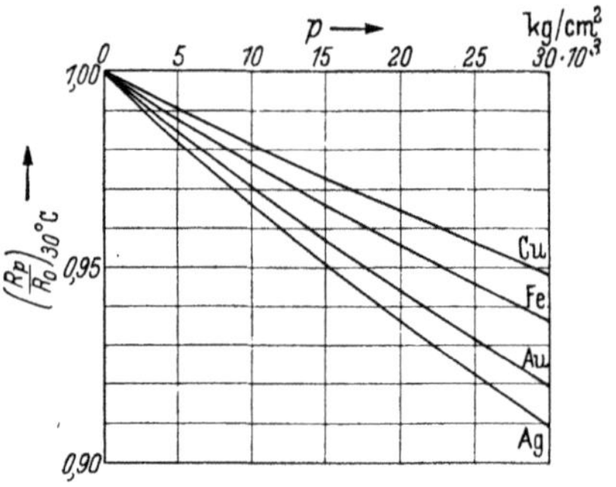

Abb. 13

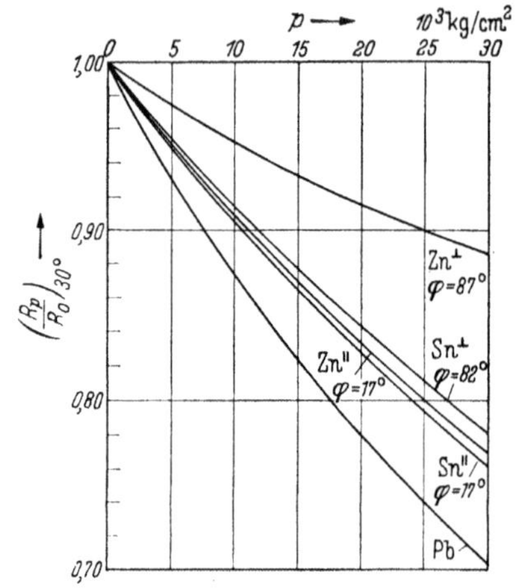

Abb. 14

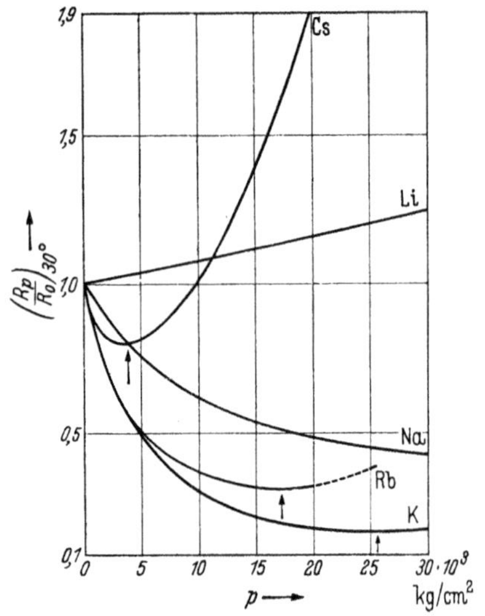

Abb. 15

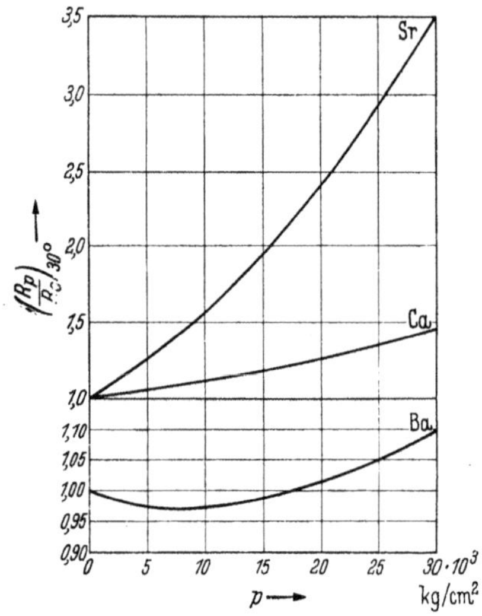

Abb. 16

Abb. 13—16. Druckabhängigkeit des Widerstandes nach Bridgman.

Den Typ 2 der sofort oder nach Durchschreitung eines Minimums ansteigenden Kurven zeigen die Metalle der Gruppen Ia und IIa, also Alkali- und Erdalkalimetalle.

Die metallischen Elemente der Gruppen Vb, Sb und Bi, sowie VIb,

¹) Germanium (IVb) mit sehr hohem spez. Widerstand zeigt Anstieg mit p.

Se und Te zeigen je noch Besonderheiten: der Widerstand eines Sb-Einkristalls ($\varphi = 87^0$) wächst zunächst mit dem Druck, durchschreitet ein Maximum und fällt dann ab. Sb ist das einzige Beispiel für Erreichung eines Widerstandsmaximums. Ein Kristall mittlerer Orientierung ($\varphi = 41^0$) gab anfangs normalen beschleunigten Anstieg, bei $p = 5000$ einen Wendepunkt, dann verzögerten Anstieg, der ein Maximum dicht oberhalb der Beobachtungsgrenze bei $p = 31250$ (30^0 C) vermuten läßt. — Ein Bi-Einkristall ($\varphi = 78^0$) zeigte bis $p = 24700$ Widerstandsanstieg, ähnlich wie Ca, dann sprang der Widerstand plötzlich auf den 6,3. Teil, stieg bei $p = 26600$ ebenso plötzlich auf das 2,6-fache des vorigen, so daß noch eine Widerstandsminderung um fast 40% gegenüber dem Zustand bei $p = 0$ übrig blieb [Abb. 17 (*18*)]. Diese Widerstandssprünge fallen mit Übergängen des Bi in andere Modifikationen zusammen, die Bridgman mit Bi II und III bezeichnet. Bei hohen Drucken wird Bi den normalen Metallen ähnlicher.

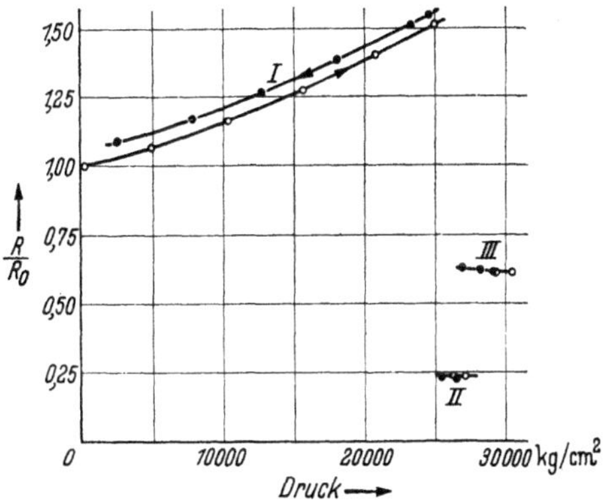

Abb. 17. Relativer Widerstand bei 30° C für die drei Modifikationen von Bi bei steigendem und fallendem Druck nach P. W. Bridgman (*18*).

Ein besonders interessantes Verhalten zeigt Tellur, das ja unter Atmosphärendruck sowohl ∥ wie auch ⊥ zur Hauptachse einen mehrere 100mal größeren spez. Widerstand hat, als die anderen Metalle (vgl. Tab. 2), sowie einen negativen Temperaturkoeffizienten, wie er für nichtmetallische Halbleiter charakteristisch ist. Bei Druckerhöhung sinkt der Widerstand des Tellurs ganz außerordentlich rasch und erreicht bei $p = 30000$ für eine Kristallorientierung $\varphi = 23{,}5^0$ etwa 1/400, für eine Orientierung $\varphi = 86^0$ etwa 1/600 des Ausgangswertes. Der Zustand des zusammengepreßten Tellurs wird also dem der normalen Metalle ähnlicher, was sich auch in der Verschiebung des Temperaturkoeffizienten nach positiven Werten hin ausdrückt. Bei 40130 kg*/cm² fand Bridgman eine Modifikationsänderung des Te unter starker Volumenabnahme (*19*).

Der Widerstand von schwarzem Phosphor (Gr. V) sinkt bis $p = 20000$ ähnlich stark ab wie der von Te (*17*).

Auch Selen zeigt nach Holmes und Allen (*57*) eine verhältnismäßig starke Abnahme des Widerstandes mit steigendem Druck ($\partial \log R/\partial p = -310 \cdot 10^{-6}$ cm²/kg*).

Für Legierungen haben schon Lisell und Beckman gefunden, daß der Druckkoeffizient des Widerstandes von Kristallgemengen sich etwa nach der Mischungsregel berechnen läßt, daß jedoch bei Mischkristallbildung der negative Druckkoeffizient des Grundmetalls einen positiven Zuwachs bekommt, in manchen Fällen sogar sein Vorzeichen ändert. Hierfür ist das bekannteste Beispiel das Manganin, bei dem der Widerstand mit dem Druck so regelmäßig linear zunimmt, daß darauf die genaue Messung hoher Drucke gegründet worden ist. Eine ähnlich günstige Ag-Mn-Legierung mit noch höherem Druckkoeffizienten hat Linde (*86*) angegeben.

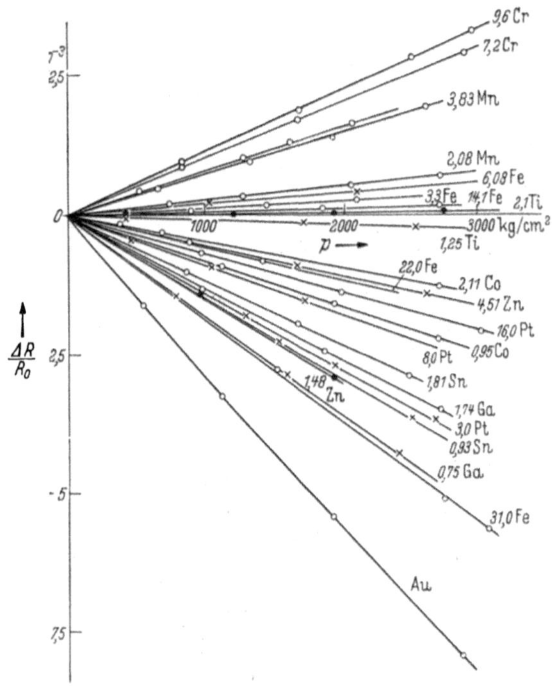

Abb. 18. Relative Widerstandsänderung von Au-Legierungen mit dem Druck aus J. O. Linde (*86*).

Linde hat bei den zahlreichen Cu-, Ag-, Au-Legierungen, an denen er die Norburysche Regel prüfte, auch den Druckkoeffizienten von R gemessen und die Ergebnisse Lisells und Beckmans bestätigt (Abb. 18, nach Linde).

In einfacher Weise konnte er den Druckkoeffizienten für den spez. Widerstand berechnen

$$\frac{\partial \log \varrho}{\partial p} = \frac{\partial \log R}{\partial p} - \frac{\chi}{3}$$

(χ = Volumkompressibilität) und weiter den Druckkoeffizienten des Zusatzwiderstands ζ oder der atomaren Widerstandserhöhung ζ_A. Für Legierungen mit den b-Elementen (außer Mg und Zn) ist $\partial \log \zeta / \partial p$ negativ und numerisch von derselben Größenordnung, wie die Volumkompressibilität χ des Grundmetalls. Für Legierungen mit den Übergangs- oder a-Elementen sowie mit Mg und Zn kommen vielfach positive Druckkoeffizienten vor. Sie treten nach Linde im allgemeinen dann auf, wenn die Zusatzatome im Mischkristallgitter geschlossene edelgasähnliche Konfigurationen haben.

Nach dem Gesagten ist es notwendig, bei Messung des Widerstands-Druckkoeffizienten eines Metalls auch dessen Reinheitsgrad zu bestimmen, was Bridgman nach Möglichkeit durch Messung der Temperaturabhängigkeit des Widerstands getan hat.

Besondere Bedeutung hat die Reinheit des Metalls für den Druckkoeffizienten in tiefer Temperatur. Die für ein reines Metall dort beobachtete numerische Zunahme des Druckkoeffizienten wird durch eine Verunreinigung stark herabgesetzt oder in eine Abnahme verwandelt. Das wird durch die Versuche Bridgmans (*14*) in Tab. 5 bewiesen.

Tabelle 5.

	Θ	z	$\frac{1}{C_V}\frac{dV}{dT}\,10^6$	$10^6 \times$ mittl. Druckkoeff. des el. Widerstandes bis 7000 kg*/cm² bei 0° beob.	bei −78,4° beob.	bei −78,4° ber.	bei −182,9° C beob.	bei −182,9° C ber.
Pb	86	0,004	6,16	−12,99	− 2,88	−13,05	−12,76	−13,5
Mg	333	?	4,45	− 4,39	− 4,49	− 5,01	− 5,89	− 9,0
Al	395	0,010	2,91	− 4,28	− 4,71	− 4,80	− 9,16	− 7,48
Ag	223	0,003	2,38	− 3,45	− 3,46	− 3,62	− 4,09	− 4,64
Au	175	0,014	1,75	− 2,94	− 2,97	− 3,03	− 3,27	− 3,43
Cu	322	0,008	1,44	− 1,88	− 2,14	− 2,01	− 3,09	− 3,12
Ni	400	0,059	0,99	− 1,85	− 2,00	− 1,98	− 1,88	− 2,13
Fe	420	0,068	0,94	− 2,34	− 2,27	− 2,42	− 2,44	− 2,40
Pd	270	0,019	1,18	− 2,13	− 2,32	− 2,22	− 2,82	− 2,79
Pt	220	0,009	0,94	− 1,93	− 1,97	− 2,00	− 2,34	− 2,35
Rh	370	0,044	0,86	− 1,64	− 1,86	− 1,74	− 2,26	− 2,11
Mo	380	?	0,56	− 1,30	− 1,29	− 1,40	− 1,91	− 2,01
Ta	236	0,221	0,84	− 1,45	− 1,42	− 1,50	− 1,17	− 1,13
W	333	0,174	0,47	− 1,37	− 1,42	− 1,43	− 1,36	− 1,20

Tabelle 6.

Druckkoeffizient des Widerstandes von Blei für kleine Drucke in 10^{-6} cm²/kg*

	T =	273,°1	78°	20,3°	15° K
$\beta_p = -\frac{\partial \log R}{\partial p}$	beob.	14,2	14,4	22,4–23,5	31,6–33,2
	ber.	(14,2)	15,0	23,3	27,9

Dort sind die mittleren Druckkoeffizienten zwischen 0 und 7000 kg*/cm², also $(R_{7000} - R_0)/7000\,R_0$ bei 0°, — 78,4° und — 182,9° C angegeben, dazu das Verhältnis z des Zusatzwiderstandes zum Widerstand bei 0° C, das sich aus dem Vergleich von Bridgmans Proben mit anderwärts bekannten reineren Proben abschätzen ließ (*44*). Man erkennt, daß sich der Druckkoeffizient zwischen 0° und —78,4° wenig ändert, daß er aber bei reinen Metallen mit kleinem z bis —182,9° C z. T. numerisch bedeutend anwächst, bei unreinen Proben mit größerem z (Ta, W) abnimmt. Auch für reines Pb fand Bridgman keine Zunahme des Druckkoeffizienten. Diese tritt erst bei tieferer Temperatur auf, wie die Versuche U. Fischers (*26*) in Tab. 6 beweisen. Die im folgenden gegebene Rechnung zeigt, daß die Zunahme erst bei einem gewissen

Wert von T/Θ einsetzt, daß also auch hier die charakteristische Temperatur Θ eine maßgebende Rolle spielt.

In einer späteren Arbeit (*16*) gibt Bridgman auch den Druckeinfluß auf den spez. Widerstand für Einkristalle von Zn, Cd, Sn, Bi, Sb, Te bis —183° C. Der Druckkoeffizient von ϱ wächst numerisch in tiefer Temperatur stärker bei $Zn_{\perp}$, $Cd_{\perp}$, d. h. in den Richtungen, in denen auch ϱ stärker mit T abfällt (entsprechend höherem Θ). Vgl. Abb. 4.

Bei Bi und Sb nimmt der Druckeinfluß auf den spez. Widerstand in tiefer Temperatur zu, bei Te jedoch stark ab.

14. Theoretische Deutung des Druckeinflusses auf den elektrischen Widerstand.

Durch Kompression werden die Atome des Metalls einander genähert. Dadurch wachsen ihre Bindungskräfte an die Ruhelagen und die Frequenzen ihrer thermischen Schwingungen, also nehmen bei gleicher Schwingungsenergie (Temperatur) die Amplituden ab. Da nun der elektrische Widerstand nach den früheren Ausführungen unzweifelhaft zu einem wesentlichen Teil von den Atomschwingungen herrührt, liegt es nahe, in der Verminderung der Schwingungsamplitude bei Druckerhöhung die Ursache für die Widerstandsabnahme zu suchen, die bei den meisten Metallen beobachtet wird. Damit wäre eine qualitative Deutung des ersten Kurventyps der Widerstands-Druckabhängigkeit (Abb. 13 und 14) gegeben.

Nun hängt selbst unter den einfachsten Voraussetzungen, wie sie zur Ableitung der Gl. (15) dienten, der Widerstand noch von der Zahl der freien Elektronen/Atom und der Wechselwirkung zwischen Elektronen und Atomgitter ab. Durch Druckerhöhung kann sich die Lage der Energiebänder der Elektronen zueinander ändern, so daß Elektronen von einem zum anderen übergehen können. Dadurch wird nach Mott (*92*) der Widerstand besonders in solchen Fällen beeinflußt werden, wo das höchste Energieband sehr schwach, das tieferliegende fast voll mit Elektronen besetzt ist (Ca, Sr). Die Diskussion dieser Fälle ist schwierig und unsicher. Darum ist auch die Deutung des Kurventyps 2 (Abb. 15, 16), geschweige denn die der Sonderfälle aus Gruppe V und VIb bisher noch nicht befriedigend gelungen. N. H. Frank (*31*) hat die Fälle des Li und Na durchgerechnet und gefunden, daß bei Na eine Vermehrung, bei Li eine Verminderung der Freiheit der Elektronen durch Druck eintritt.

Wir wollen kurz zeigen, wie für die zahlreichen Metalle vom Typ 1 die Widerstandsabnahme bei *schwacher* Drucksteigerung sich nicht nur qualitativ deuten, sondern auch größenordnungsmäßig richtig berechnen läßt, wenn man als wesentliche Ursache die Amplitudenänderung der Atomschwingungen annimmt. Das gilt für reine und unreine Metalle, bei gewöhnlicher und tiefer Temperatur [Grüneisen (*38*, *44*), Mott (*92*), Lenssen (*84*)].

Auf Grund von Gl. (15) läßt sich der Widerstand eines Metalls ohne Restwiderstand in der Form schreiben

$$[R] = P \frac{T}{\Theta^2} I\left(\frac{\Theta}{T}\right), \tag{18}$$

wo der mit P multiplizierte Ausdruck etwa dem Amplitudenquadrat der Atomschwingungen proportional ist und stark von der Temperatur abhängt, während

$$P = \frac{\pi}{3\,k\,\mathrm{h}} \left(\frac{m}{e}\right)^2 \left(\frac{C}{n_0}\right)^2 \frac{V\,l}{A\,q}$$

nur Größen enthält, deren Temperaturabhängigkeit gegenüber der des Amplitudenquadrats nicht ins Gewicht fällt. P soll deshalb als nur vom Druck, nicht von der Temperatur abhängig gelten.

Einfache Rechnung ergibt mit $\Theta/T = x$ den Druckkoeffizienten

$$\begin{aligned} \frac{\partial \log [R]}{\partial p} &= \frac{\partial \log P}{\partial p} - \frac{1}{\Theta}\frac{\partial \Theta}{\partial p}\left[2 - \frac{d \log I(x)}{d \log x}\right] \\ &= \frac{\partial \log P}{\partial p} - \frac{1}{\Theta}\frac{\partial \Theta}{\partial p}\left[1 + \left(\frac{\partial \log [R]}{\partial \log T}\right)_V\right], \end{aligned} \tag{19}$$

wobei für $[R]$ der Wert aus Gl. (18) einzusetzen ist.

Die Änderung von Θ mit p berechnet man aus dem Verhältnis des thermischen Ausdehnungskoeffizienten zur Atomwärme

$$\frac{1}{\Theta}\frac{\partial \Theta}{\partial p} = \frac{1}{C_V}\left(\frac{\partial V}{\partial T}\right)_p,$$

während $-d \log I / d \log x$ aus Tab. 7 entnommen werden kann.

Tabelle 7.

$x = \frac{\Theta}{T}$	$-\frac{d \log I(x)}{d \log x}$	$x = \frac{\Theta}{T}$	$-\frac{d \log I(x)}{d \log x}$	$x = \frac{\Theta}{T}$	$-\frac{d \log I(x)}{d \log x}$
0,1	0,0011	5,0	1,881	11,0	3,745
0,3	0,0100	6,0	2,358	12,0	3,849
1,0	0,109	7,0	2,783	13,0	3,904
2,0	0,413	8,0	3,135	14,0	3,947
3,0	0,852	9,0	3,405	15,0	3,982
4,0	1,359	10,0	3,611	16,0	3,983

Es zeigt sich nun, daß man unter der Annahme (Mott), daß P unabhängig vom Druck sei, aus Gl. (19) den Druckkoeffizienten des Widerstandes bereits in richtiger Größenordnung findet (Tab. 8, Sp. 4). Das Glied $\partial \log P/\partial p$ würde Beträge von der Größenordnung der Volumenkompressibilität χ beisteuern. Lenssen leitet für den Fall „freier“ Elektronen $\partial \log P/\partial p = +\frac{4}{3}\chi$, für den Fall praktisch gebundener Elektronen $-\frac{2}{3}\chi$ ab. Die damit erhaltenen Werte sind in Tab. 8, Sp. 5 und 6, zugefügt.

Wie aus Tab. 7 folgt, ist für $T > \Theta$ $(x < 1)$

$$-\frac{d \log I(x)}{d \log x} < 0{,}109\,,$$

fällt also gegenüber 2 in Gl. (19) wenig ins Gewicht. Für tiefe Temperaturen jedoch $(x > 1)$ wächst dieser Ausdruck rasch an bis zum Grenzwert 4. Es findet also in tiefster Temperatur eine Verdreifachung des von

Tabelle 8.
Druckkoeffizient d. Widerstandes $\times 10^6$ für kleine Drucke [nach Lenssen (*84*)].

	Θ	Beob.	Ber. nach Gl. (19) $\frac{\partial \log P}{\partial p} = 0$	$= +\frac{4}{3}\chi$	$= -\frac{2}{3}\chi$
Al	395	− 4,16	− 6,47	− 4,67	
Cu	320	− 2,01	− 3,02	− 2,06	
Ag	215	− 3,58	− 4,95	− 3,63	
Au	175	− 3,05	− 3,56	− 2,79	
Pd	260	− 1,98	− 2,46	− 1,76	− 2,82
Ir	284	− 1,35	− 1,32	− 0,96	− 1,50
Pt	225	− 1,97	− 1,96	− 1,48	− 2,20
W	310	− 1,43	− 1,03	− 0,63	− 1,23
Pb	88	−14,5	−12,3	− 9,1	−13,9

der Amplitudenänderung herrührenden Anteils des Druckkoeffizienten statt. Diese theoretisch geforderte Zunahme läßt sich für reine Metalle gut an der Erfahrung prüfen, weil das unsichere Glied $\partial \log P/\partial p$ dabei keine Rolle spielt. In Tab. 5 ist dies geschehen. Sie enthält die von Bridgman beobachteten Druckkoeffizienten, sowie die für die beiden tiefen Temperaturen berechneten Werte nach Grüneisen (*44*), wobei von den beobachteten 0^0-Werten ausgegangen ist.

Da aber die Bridgmanschen Metallproben z. T. erhebliche Restwiderstände haben, wie aus den z-Werten der Tab. 5 hervorgeht, so muß bei der Berechnung des Druckkoeffizienten darauf Rücksicht genommen werden. Grüneisen erhält für ein Metall vom Widerstand $R = [R] + Z$, wo Z der Matthiessensche Zusatzwiderstand ist, statt Gl. (19)

$$(20)\quad \frac{\partial \log R}{\partial p} = \frac{\partial \log P}{\partial p} - \frac{1}{\Theta}\frac{\partial \Theta}{\partial p}\left[2 - \frac{d \log I(x)}{d \log x}\right]\frac{[R]}{R} + \left(\frac{\partial \log Z}{\partial p} - \frac{\partial \log P}{\partial p}\right)\frac{Z}{R}\,.$$

Das erste Glied rechts fällt bei der Differenzbildung für zwei verschiedene Temperaturen wieder fort, das zweite kann dem absoluten Betrage nach mit sinkender Temperatur durch den Faktor $[R]/R$ in seinem Wachstum wesentlich geschwächt, ja sogar zur Abnahme gebracht werden. Über das letzte Glied läßt sich nichts Sicheres aussagen. Es kann dem absoluten Betrage nach die Größenordnung von χ erreichen. In Tab. 5 ist es vernachlässigt. Trotzdem stimmen auch bei den weniger reinen Metallen (großes z) Rechnung und Beobachtung ziemlich überein, besonders hinsichtlich der Abnahme der absoluten Druckkoeffizienten bei den unreinen Proben Ta und W (Abb. 19 und 20). Man beachte, daß Bridgmans Beobachtungen für einen *großen* Druckbereich, die Berechnungen nur für *kleine* Druckänderungen gelten.

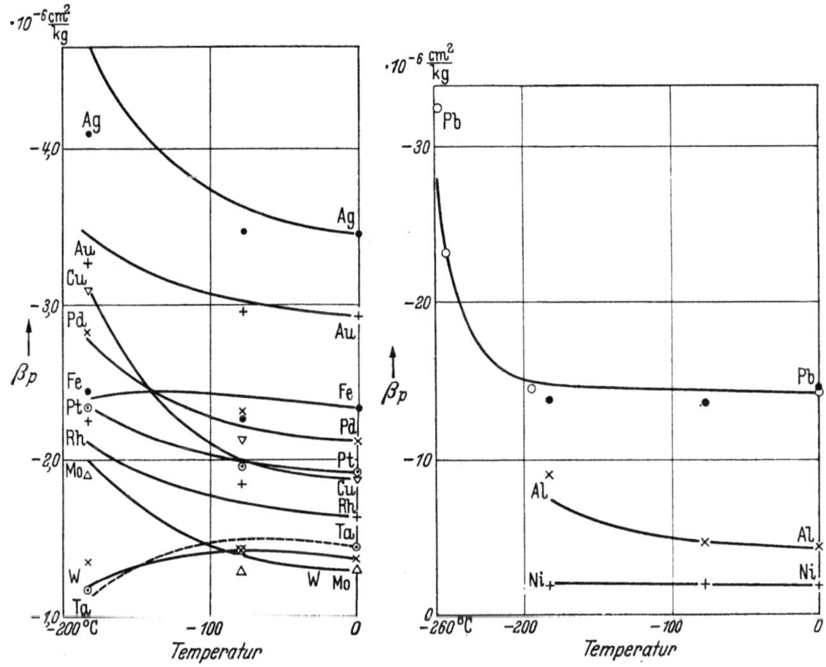

Abb. 19 u. 20. Druckkoeffizient β_p des Widerstandes als Funktion der Temperatur. Die Kurven sind berechnet, die markierten Punkte von Bridgman, die Kreise für Pb von U. Fischer beobachtet (aus *44*).

15. **Einfluß einseitiger elastischer Dehnung auf den elektrischen Widerstand.**

Die Ergebnisse über den Einfluß elastischer Dehnung auf den el. Widerstand parallel und senkrecht zur Dehnungsrichtung von Drähten, Stäben oder Blechen brauchen wir nur kurz zu erwähnen, da sie bisher nur für höhere Temperatur vorliegen. Ihre Deutung wird, besonders für Einkristalle nichtregulärer Systeme [Allen (*1*)] ziemlich undurchsichtig. Für vielkristalline Metallproben kam Bridgman (*19a*) zu dem theoretisch verwertbaren Ergebnis, daß bei normalen Metallen eine Vergrößerung des Atomabstandes den spez. Widerstand stets vergrößert, mag die Vergrößerung parallel oder senkrecht zur Stromrichtung erfolgen. Im ersten Falle ist jedoch der Einfluß auf den Widerstand etwas größer.

III. Einfluß magnetischer Felder auf den elektrischen Widerstand.

16. Ergebnis älterer Messungen.

Die magnetische Feldwirkung auf den el. Widerstand der meisten metallischen Leiter ist bei gewöhnlicher Temperatur sehr gering. Deshalb haben sich die älteren Untersuchungen, die schon auf W. Thomson (1856) zurückgehen, vorwiegend mit Wismut befaßt, das durch die Größe seiner Widerstandserhöhung im Magnetfeld eine Ausnahmestellung einnimmt. Lenard erkannte die Bedeutung der Reinheit des Wismut für die Größe der Feldwirkung, Henderson (*56*) sowie Dewar und Fleming (*21*) stellten die Vervielfachung des Effekts in tiefer Temperatur fest, van Everdingen (*25*) fand bei kristallinem Bi die Abhängigkeit des Widerstands von der Richtung des Magnetfeldes gegen die Kristallachsen (magnetische Widerstandsanisotropie). Bald darauf untersuchten Patterson (*98*) sowie Grunmach und Weidert (*47*) auch für andere Metalle den magnetischen Widerstandseffekt bei Zimmertemperatur. Sie fanden in der Regel eine Erhöhung, die in der Reihenfolge Cd, Zn, Hg, Ag, Au, Cu, Sn, Pd, Pb, Pt, Ta abnahm. Bei den ferromagnetischen Metallen kam jedoch auch der umgekehrte Effekt vor.

Durch diese frühen Arbeiten war klar geworden, daß zur Erzielung wirklich entscheidender Fortschritte folgende Hauptfragen zu behandeln seien:

für vielkristalline, möglichst quasiisotrope Metalle:

a) die Abhängigkeit der Widerstandsänderung von Stärke und Richtung des Magnetfeldes zum Strom (Quer- und Längs-Effekt),
b) die Abhängigkeit von der Temperatur,
c) der Einfluß der Gitterstörungen durch Fremdatome oder mechanische Verzerrungen;

für Einkristalle außer den vorigen Fragen:

d) die Abhängigkeit der Widerstandsänderung von der Richtung des Magnetfeldes zu den Kristallachsen;

und schließlich:

e) die Gründe für die so verschiedene Größe des Effekts bei verschiedenen Metallen.

Dementsprechend sind die folgenden Untersuchungen bis zu sehr viel tieferen Temperaturen und höheren Magnetfeldern, sowie an ein- und vielkristallinen Metallen verschiedener Reinheit und Behandlung durchgeführt worden.

17. Kurze Übersicht der neueren Ergebnisse.

Die Messungen im Leidener Kältelaboratorium bewiesen die starke Zunahme der magn. Widerstandsänderung im Temperaturgebiet des flüssigen Wasserstoffs und Heliums auch bei anderen Metallen als Bi (*7*) und führten de Haas (*48*) zu der Annahme eines Zusammenhangs zwischen hohem Widerstandseffekt und starkem Diamagnetismus. Sie bewiesen die starke, in tiefer Temperatur komplizierter werdende Abhängigkeit der Feldwirkung von der Stellung des Feldes zu den Kristallachsen bei Bi, Sb, Ga (*109, 50*), deren Kenntnis von Stierstadt (*112, 113*) an Bi in vielfacher Hinsicht erweitert wurde.

Seit 1924 entwickelte Kapitza (*72—74*) seine Methode zur Herstellung sehr starker Magnetfelder kurzer Dauer (300000 Oe, 1/100 s), in denen er die Widerstandsänderung von Bi-Kristallen (1928) und vielen anderen vielkristallinen Metallen (1929) von Zimmertemperatur bis herab zu 78° K maß. Die Wirkungen waren z. T. überraschend groß, besonders in den Gruppen II, V und VI des periodischen Systems. Während man aus theoretischen Gründen ein Konstantwerden (Sättigung) des Effekts bei starken Magnetfeldern vermutet hatte, fand Kapitza als allgemeine Regel, daß der Widerstand als Funktion des Querfeldes H nach anfangs beschleunigtem Wachstum, etwa $\sim H^2$, in einen linearen Anstieg mit H überging. Nur Graphit, Ge und Te zeigten in tiefer Temperatur und in starken Feldern verzögerten Anstieg. Der Zustand des Metalls — ob hart oder getempert, rein oder unrein — war besonders für den ersten, quadratischen Anstieg von Einfluß, nicht für den linearen.

Den Verlauf von R mit H konnte Kapitza durch Formeln darstellen, für deren theoretische Begründung er jedoch unhaltbare Annahmen machte. Die hieraus sich ergebenden Fragen veranlaßten W. Meißner und Scheffers [1929 (*89*)], Goldproben in ein- und vielkristalliner Form, von höchster und etwas geringerer Reinheit bei Temperaturen von 20° K und darunter zu untersuchen. Sie konnten die von Kapitza gefundene Form des Anstiegs und den Einfluß der Reinheit bestätigen, nicht aber die den K.'schen Formeln zugrunde liegenden Annahmen.

Auch Milner (*91*) fand an vielkristallinen Cd-Proben verschiedener Reinheit und Behandlung Kapitzasche (R, H)-Kurven, die der Formel

$$\frac{\Delta R}{R_{0^\circ C}} = a H^2 + b H \tag{21}$$

genügten. Zum Beweis dient Abb. 21, wo sich $(\Delta R/R_0)/H$ als lineare Funktion von H darstellt. Dem Kapitzaschen Befund entsprechend ist die Konstante b, der Ordinatenabschnitt für die bei 4,2° K gemessenen vier Cd-Proben nahe gleich, während a, die Neigung der Geraden, mit zunehmendem Restwiderstand stark absinkt, umgekehrt proportional dem spez. Widerstand. Mit steigender Temperatur nimmt a ab, so daß bH in Formel (21) überwiegt. Vgl. auch Abb. 31.

Den Längseffekt ($H \parallel I$) fand Milner in Übereinstimmung mit Kapitza u. a. viel kleiner als den Quereffekt und mit einer Neigung zur Sättigung.

Im Jahre 1936 machten Justi und Scheffers (*60, 61*), in Verfolgung der erwähnten Messungen von Meißner und Scheffers, an reinsten Gold- und Wolframkristallen in Wasserstoff- und Heliumtemperaturen die Entdeckung, daß auch bei *regulär* kristallisierten Metallen die Stellung des Magnetfeldes zu den Kristallachsen von außerordentlich starkem Einfluß auf die Widerstandsänderung ($H \perp I$) sein kann. Zwar hatte Webster (*119*) schon zehn Jahre früher die gleiche Beobachtung an Fe-Einkristallen bei Zimmertemperatur gemacht, und auch die an Bi, Sb, Ga in Leiden gefundenen Anisotropien der Widerstandsänderung gingen weit über die Widerstandsanisotropie der Einkristalle ohne Feld hinaus. Indessen lagen hier einerseits wegen der starken Magnetisierbarkeit des Eisens, andererseits wegen der in mancher Hinsicht anomalen Eigenschaften von Bi, Sb, Ga Gründe vor, eine Ausnahmestellung dieser Metalle anzunehmen. Jedenfalls hatte man kaum eine so auffallende Widerstandsanisotropie auch kubischer Kristalle erwartet, wenn sie auch theoretisch von Kohler (*76*) für möglich erklärt war.

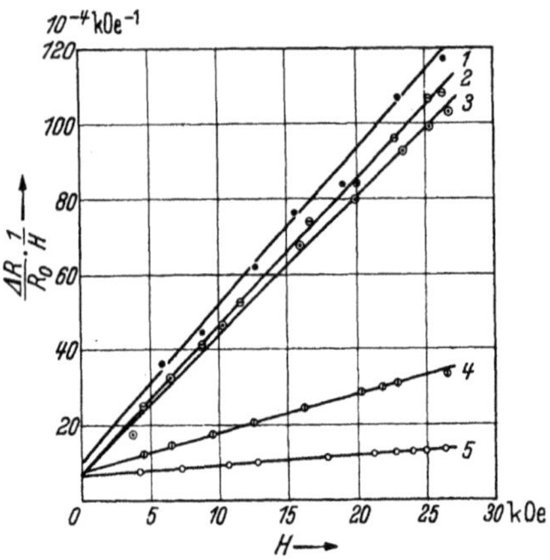

Abb. 21. Lineare Beziehung zwischen $\frac{\Delta R}{R_0} \cdot \frac{1}{H}$ und H für Cadmium bei der Temperatur des flüssigen Heliums nach C. J. Milner (*91*). 1. Cd D (Kahlbaum) 2,35° K; — 2. Dasselbe bei 4,2° K; — 3. Dasselbe gereckt, 4,2° K; — 4. Cd F (weniger rein) 4,2° K; — 5. Cd + 0,4% Cu, 4,2° K.

Die weiteren Untersuchungen von Justi und Scheffers u. a. (*62—71, 83, 45, 46, 22, 99a*) führten zu der Erkenntnis, daß die Widerstandsänderung im Magnetfeld und ihre Anisotropie, die für alle reinen Metalle in tiefer Temperatur mehr oder weniger merkbar wird, ein stark differenziertes und offenbar für den Elektronenzustand des betreffenden Metalls charakteristisches Merkmal bildet. Weiter ergab sich, daß die Kapitzasche Form der (R, H)-Abhängigkeit im Querfeld keineswegs allgemeine Gültigkeit hat. Neben Fällen, wo wie bei Wolfram der sehr kleine Widerstand in Heliumtemperatur durch Magnetfelder beschleunigt bis weit über den Eispunktswiderstand vermehrt werden konnte (*64*), gab es auch Fälle, in denen bei hinreichend tiefer Temperatur R mit $H_\perp$ verzögert ansteigt und vielleicht einer Sättigung zustrebt. Tiefe Temperatur kann hohe Felder ersetzen, deshalb waren Kapitza, der nur bis 78° K herab gemessen hatte, trotz seiner starken Felder manche Erscheinungen entgangen. Justi und Scheffers (*62*) fanden auch eine auffallende Beziehung zwischen der (R, H)-Kurvenform und der Temperaturabhängigkeit der Widerstandsänderung ΔR im Magnetfeld: *ΔR nimmt bei konstantem $H_\perp$ mit sinkender Temperatur zu, bleibt konstant oder nimmt ab, je nachdem ΔR bei konstanter Temperatur mit wachsendem H beschleunigt, linear oder verzögert ansteigt.*

18. Kohlersche Beziehung.

Die wechselseitige Verknüpfung der Einflüsse von Feldstärke, Temperatur und Reinheit auf die magnetische Widerstandsänderung hat durch M. Kohler (*79*) eine sehr einfache Formulierung gefunden, die elektronentheoretisch unter der Annahme folgt, daß die Elektronen eine mittlere isotrope Streuzeit haben. Sie lautet

$$\frac{\Delta\varrho}{\varrho_{H=0}} = \psi\left(\frac{H}{\varrho_{H=0}}\right). \tag{22}$$

Die Funktion ψ hängt von der Orientierung des Stromes und des Magnetfeldes gegenüber den Kristallachsen ab. Für eine bestimmte Orientierung sollte demnach die relative Widerstandsänderung bei verschiedenen Temperaturen, Feldstärken und Reinheitsgraden lediglich eine Funktion von $H/\varrho_{H=0}$ sein. Je tiefer die Temperatur oder je kleiner bei gleichem T der Restwiderstand des Metalls, um so kleiner ist $\varrho_{H=0}$, um so kleiner also auch die Feldstärke H, welche eine bestimmte relative Widerstandszunahme $\Delta\varrho/\varrho_{H=0}$ hervorruft. Da für reine Metalle $[\varrho]$ eine Funktion von Θ ist (Gl. 11), so wird für verschiedene Metalle von gleichem ψ-Typus die Feldstärke H, die eine bestimmte relative Widerstandszunahme hervorruft, um so kleiner, je höher die charakteristische Temperatur Θ ist. Besteht andererseits $\varrho_{H=0}$ im wesentlichen aus temperaturunabhängigem Restwiderstand, so ist $\Delta\varrho$ von T nahezu unabhängig. Das wird selbst bei sogenannten „reinsten“ Metallproben in tiefsten Temperaturen die Regel sein.

Schon Bethe (*105*) hatte für die Fälle hoher und tiefster Temperatur ($\varrho \sim T$, bzw. $\sim T^5$) eine der Gl. (22) gleichwertige Formulierung abgeleitet und insbesondere für den Fall quadratischer Feldabhängigkeit die umgekehrte Proportionalität der absoluten Widerstandsänderung mit dem Widerstand ohne Magnetfeld gefolgert.

Geben wir Gl. (22) die Form

$$\frac{\Delta\varrho}{\varrho_{H=0}} = a'\left(\frac{H}{\varrho_{H=0}}\right)^2 + b'\,\frac{H}{\varrho_{H=0}},$$

also

$$\Delta\varrho = \frac{a'}{\varrho_{H=0}}\,H^2 + b'\,H,$$

so haben wir wesentlich Übereinstimmung mit Gl. (21) von Milner. Der Faktor von H^2 ist entsprechend Milners Befund umgekehrt proportional zum Widerstand ohne H.

Der Faktor des linearen Gliedes aber muß unabhängig von Temperatur und Reinheitsgrad sein. Auch dies Ergebnis entspricht einigermaßen dem Befund von Kapitza, Milner u. a.

Durch Differentiation von Gl. (22) nach T erhält Kohler (*79*)

$$\frac{\partial(\Delta\varrho)}{\partial T} = \frac{d\varrho_{H=0}}{dT}\left[\psi\left(\frac{H}{\varrho_{H=0}}\right) - \frac{H}{\varrho_{H=0}}\psi'\left(\frac{H}{\varrho_{H=0}}\right)\right].$$

Da $d\varrho_{H=0}/dT > 0$, so nimmt die Widerstandsänderung bei konstantem Magnetfeld mit sinkender Temperatur zu oder ab, je nachdem (Abb. 22)

$$\frac{\psi}{(H/\varrho_{H=0})} \text{ bzw. } \operatorname{tg}\alpha \lesseqgtr \psi' \text{ bzw. } \operatorname{tg}\beta,$$

oder je nachdem der Anstieg von $\Delta\varrho$ beschleunigt oder verzögert ist. Das ist aber der von Justi und Scheffers experimentell gefolgerte Satz. Wenn z. B. der transversale Widerstandseffekt beschleunigt, der longitudinale verzögert ansteigt, wie das häufig der Fall ist, so muß mit sinkender Temperatur $\Delta\varrho_{transv.} : \Delta\varrho_{long.}$ zunehmen. Dagegen wäre dies Verhältnis nach Gl. (22) von Feld und Temperatur unabhängig, falls $\Delta\varrho_{transv.}$ und $\Delta\varrho_{long.}$ beide $\sim H^2$ wachsen. Alle diese Folgerungen sind mit dem Experiment in Übereinstimmung außer bei Wismut.

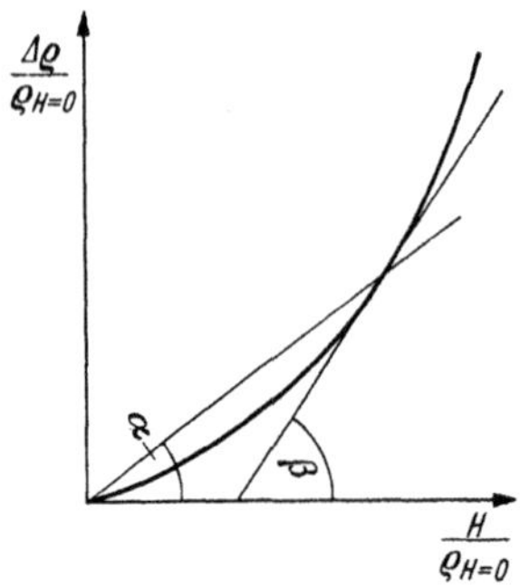

Abb. 22. Schematische Skizze zu Gl. (22).

Offenbar ist es erlaubt, in Gl. (22) oder auch nur auf der rechten Seite dieser Gleichung statt des spez. Widerstandes ϱ das in der Regel gemessene Widerstandsverhältnis $r = \varrho/\varrho_{0^\circ C}$ einzuführen, oder auch nach Kohler $\mathfrak{r} = \varrho/\varrho_\Theta$, wodurch die Effekte der verschiedenen Metalle auf ihre charakteristische Temperatur bezogen und ihrer Größe nach rationeller vergleichbar werden, als beim Bezug auf die gleiche absolute Temperatur.

Kohler hat später (*80*) die Gültigkeit seiner Beziehung dahin eingeschränkt, daß sie voraussichtlich nicht mehr richtig ist

1. im Falle tiefer Temperaturen, wo Restwiderstand und temperaturabhängiger Widerstand von derselben Größenordnung sind;
2. im Falle mittlerer Temperaturen;

daß sie aber streng richtig bleibt

1. im Falle tiefer Temperatur, wo der Restwiderstand zu vernachlässigen ist,
2. im Falle tiefer Temperatur, wo nur Restwiderstand vorhanden ist,
3. in höheren Temperaturen.

19. **Abhängigkeit der Widerstandsänderung von Feldstärke, Temperatur und Restwiderstand für ein- und vielkristalline Proben.**

Wenn auch die Kohlersche Beziehung nicht immer streng gilt, so bietet die Darstellung der funktionellen Abhängigkeit der relativen Widerstandsänderung von H/r oder $H/\mathfrak{r}$ doch das beste und einfachste

Mittel, um Messungen in weitem Bereich von Temperaturen, Reinheitsgraden und Magnetfeldern an einer Metallsorte zu vergleichen. Erstreckt sich dieser Bereich über mehrere Zehnerpotenzen, so empfiehlt sich nach Justi und Mitarbeitern ein logarithmischer Maßstab von Ordinate und Abszisse. Ergibt sich bei dieser Darstellung eine lineare Abhängigkeit

$$\log \frac{\Delta \varrho}{\varrho} = m \log \left(\frac{H}{\mathfrak{r}}\right), \qquad (23)$$

so ist die Widerstandsänderung der m-ten Potenz von $H/\mathfrak{r}$ proportional, wo m aus der Neigung der Geraden abzulesen ist. Grö-

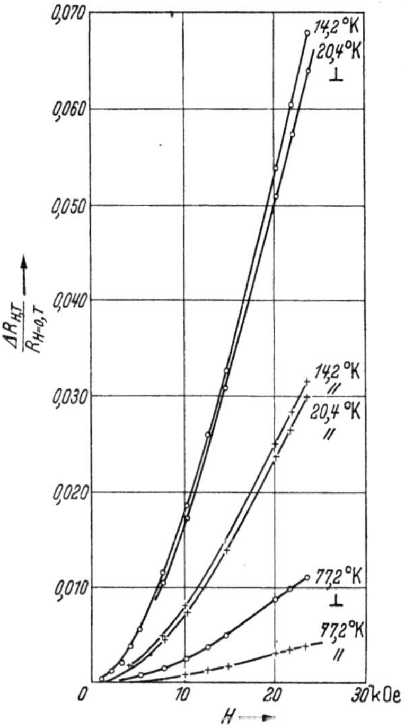

Abb. 23. Quer- und Längseffekt der magn. Widerstandsänderung von vielkristallinem *Al*, nach W. J. de Haas und P. M. van Alphen (*19*).

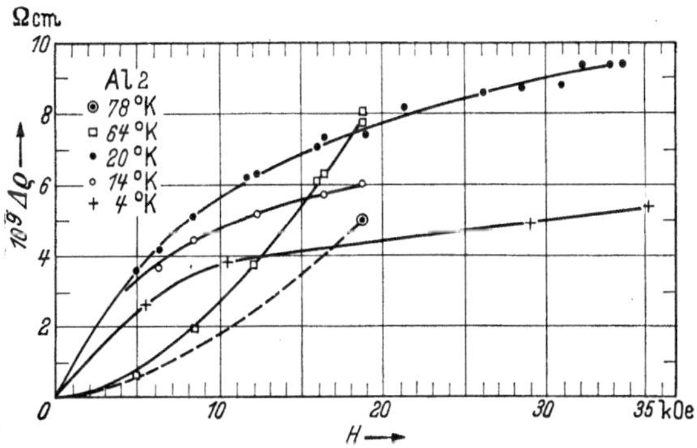

Abb. 24. Widerstandszunahme $\Delta\varrho$ eines reinen Al-Kristalls im magn. Querfeld nach Justi und Scheffers (*67*).

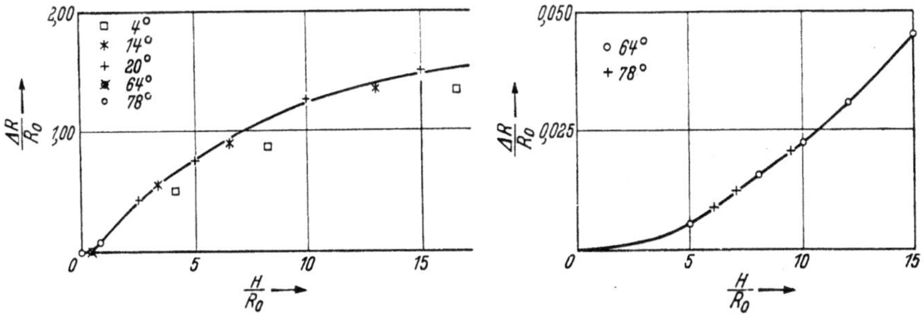

Abb. 25 u. 26. $\Delta R/R_0$ als Funktion von H/R_0 für Al nach Justi u. Scheffers aus M. Kohler (*79*).

ßere Werte als 2 sind für m nicht gefunden. Dagegen findet man häufig gekrümmte Kurven, also eine Inkonstanz von m in dem Sinne, daß m mit steigendem H abnimmt; $m = 0$ würde Sättigung bedeuten, doch ist dieser Zustand bei transversalen Feldern selten ganz erreicht worden.

Einige Beispiele sollen das erläutern. Besonders lehrreich ist der Fall des Aluminiums. Wir geben in Abb. 23 die Beobachtungen von de Haas und van Alphen [(*49*) Abb. 5] bei 14,2°, 20,4° und 77,2° K für den Quer- und Längseffekt an einer vielkristallinen Probe mit hohem Restwiderstand $z = 0{,}0675$, und daneben in Abb. 24 den Quereffekt an einem äußerst reinen Aluminiumkristall nach Justi und Scheffers (*62*) für mehrere Temperaturen zwischen 78° und 4° K. Im ersten Bild beschleunigter Anstieg in allen Fällen, auch bei 14,20° K, im zweiten Bild bei gleichem H von 20° K abwärts ein stark verzögerter, der Sättigung zustrebender Anstieg. Der Widerspruch ist nur scheinbar. Denn wegen der viel geringeren Reinheit des Al von de Haas und van Alphen entsprechen die von ihnen beobachteten Kurvenstücke den bei gleicher Temperatur zu viel geringeren Feldstärken gehörigen Kurvenstücken des Reinaluminiums von Justi und Scheffers. In der Kohlerschen Darstellungsweise würden deshalb die beiderseitigen Beobachtungen sehr wohl in eine Kurve zusammenfallen können, die anfangs beschleunigt ansteigt, einen Wendepunkt erreicht und dann verzögert weitersteigend der Sättigung zustrebt. Diese Kurve hat Kohler in den Abb. 25 und 26 für Al gegeben, wobei Abb. 26 den Anfang der Abb. 25 in stark vergrößertem Maßstab darstellt. Die Abszisse ist in willkürlichen Einheiten aufgetragen.

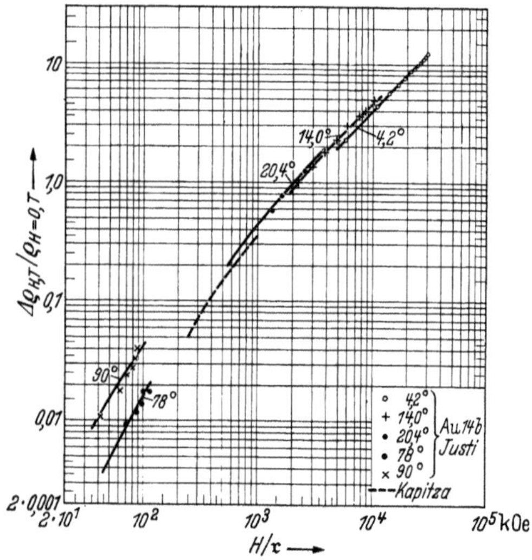

Abb. 27. Kohler-Diagramm für vielkristallines Gold im magn. Querfeld nach Justi und Kapitza (*69*).

Das Verhalten des Aluminiums soll nach Justi und Mitarbeitern typisch für die Metalle der 1., 3. und 5. Gruppe des periodischen Systems sein (Ausnahmen Ga, Sb, Bi). Wir geben in Abb. 27 noch in doppelt logarithmischem Maßstab das Kohler-Diagramm für vielkristallines Gold nach Justi und Kapitza (*69*). Die Krümmung des Kurvenzuges deutet an, daß der Exponent m der Gl. (23) abnimmt, jedoch kaum unter 1, also noch nicht so weit, daß der Anstieg von $\Delta\varrho/\varrho$ deutlich verzögert wäre. Eine Sättigung bei höheren Feldern ist hier also noch unsicher. Vielleicht könnte man sie daraus vermuten, daß bei Einkristallen aus Au oder Cu in der Richtung maximaler Feldwirkung zwar beschleunigter, in der Richtung minimaler Feldwirkung aber verzögerter

Anstieg von $\Delta\varrho/\varrho$ mit H gefunden wird (*60, 45*). Doch hat man die gleiche Erscheinung bei Bleikristallen (*63*), also einem Metall der 4. Gruppe. Deshalb muß man nach Justi vielkristallines Metall untersuchen, um über seine Sättigungstendenz urteilen zu können. Vielkristallines Pb zeigt keine Neigung zur Sättigung. Es gehört deshalb nach Justi zu einer anderen Klasse von Metallen.

Diese andere Klasse umfaßt nach Justi und Mitarbeitern die Metalle der 2., 4. und 6. Gruppe des perio-

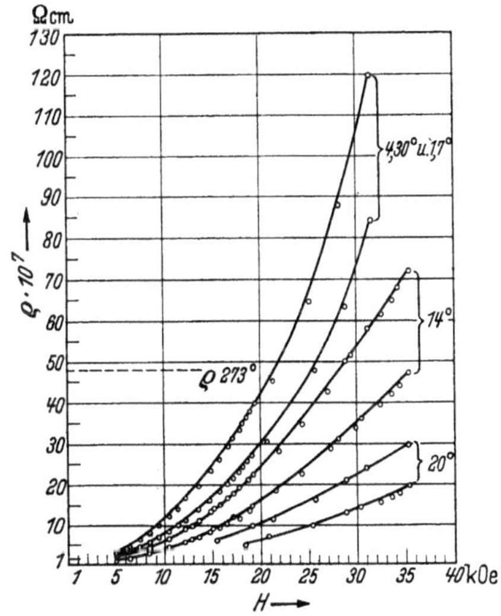

Abb. 28. Max. u. min. Widerstandsänderung eines [100]-Wolframkristalls im magn. Querfeld nach E. Justi und H. Scheffers (*61*).

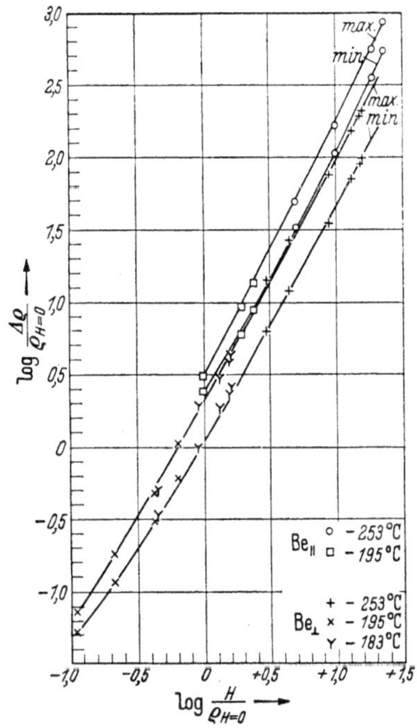

Abb. 29. Kohler-Diagramm für Be-*S*- und Be-*P*-Kristalle im magn. Querfeld (*45, 46*).

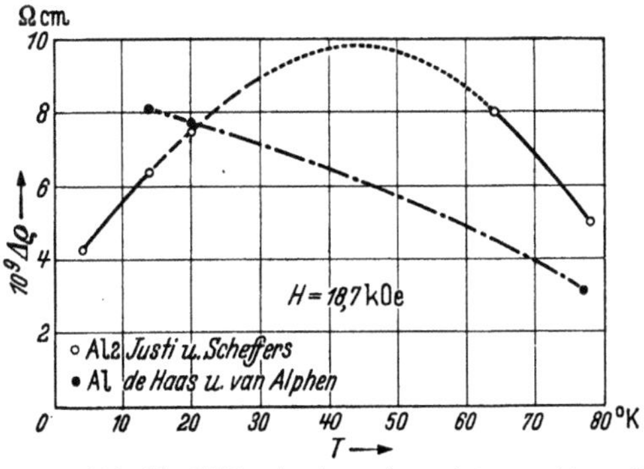

Abb. 30. Widerstandszunahme $\Delta\varrho$ verschiedener Al-Proben in Abhängigkeit von T in einem Querfeld von 18,7 kOe. Nach Justi u. Scheffers (*62*).

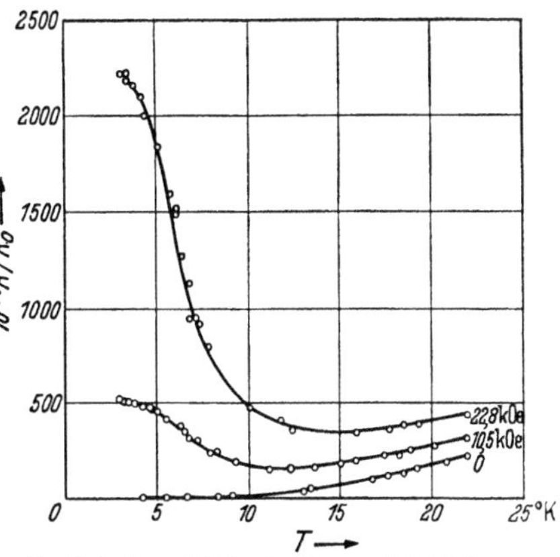

Abb. 31. Relativer Widerstand von Cd (vielkrist.) in Abhängigkeit von T in magn. Querfeldern nach C. J. Milner (*91*).

dischen Systems und zeigt bis zu den höchsten Feldern und tiefsten Temperaturen beschleunigte Widerstandszunahme in unvermindertem Maße, ohne Neigung zur Sättigung. Wir geben als Beispiel in Abb. 28 die Beobachtungen von Justi und Scheffers (*61*) an einem reinen Wolframkristall: $\Delta\varrho$ steigt etwa $\sim H^{1,95}$, sowohl in der Richtung maximaler wie minimaler Feldwirkung. Im doppelt logarithmischen Kohler-Diagramm würde man für jede Richtung einen wesentlich geradlinigen Verlauf mit $m \approx 1{,}95$ erhalten oder sogar einen etwas beschleunigten Anstieg, wie ihn Abb. 29 für Beryllium-Kristalle nach Beobachtungen von Grüneisen, Adenstedt und Erfling (*45*, *46*) zeigt. Die vier getrennten Kurven entsprechen vier verschiedenen Kohlerschen ψ-Funktionen, nämlich für Be-Kristalle mit Stromrichtung $\parallel$ und $\perp$ zur hexagonalen Achse für die Feldrichtungen maximaler und minimaler Wirkung.

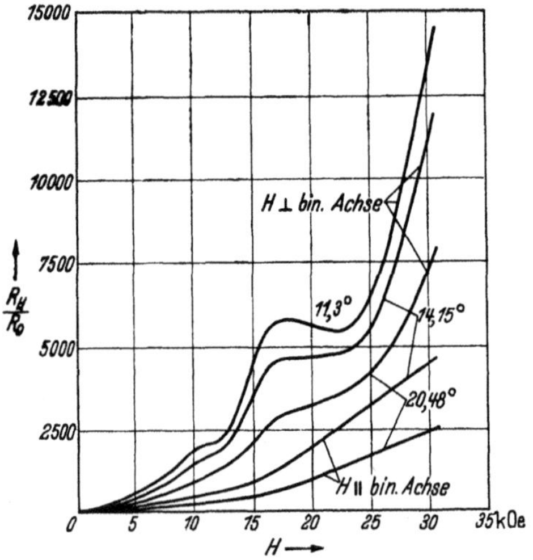

Abb. 32. Relativer Widerstand eines Bi-*P*-Kristalls in Abhängigkeit vom magn. Querfeld in verschiedenen Temperaturen nach Schubnikow und de Haas aus W. Meißner (*89*).

Der verschiedene Anstieg des Widerstandseffekts mit H für Metalle mit geradzahliger und ungeradzahliger Gruppennummer äußert sich gemäß Abschn. 17 auch in der Änderung des Widerstandseffekts mit der Temperatur. Hierfür noch zwei Beispiele: In Abb. 30 ist für das in Abb. 24 bereits benutzte Aluminium die Widerstandszunahme im Felde von 18,7 kOe als Funktion von T aufgetragen. Es ergibt sich bei etwa 40° K ein Maximum und nach tieferen Temperaturen ein erheblicher Abfall des Effekts. Man kann der Abb. 24 entnehmen, daß mit sinkendem H das Maximum nach tieferen Temperaturen rückt. Der hohe Restwiderstand des Aluminiums von de Haas und van Alphen (*49*) sollte ebenso wirken, deshalb mag von diesen Forschern bis 14° K noch kein Maximum gefunden sein.

Demgegenüber wächst bei vielkristallinem Cadmium nach Milner (*91*) der Effekt mit sinkender Temperatur bis unter 3° K immer weiter an (Abb. 31). Ebenso verhält sich u. a. Wolfram [(*61*), Abb. 7].

Obwohl zur 3. bzw. 5. Gruppe des periodischen Systems gehörig, zeigen Ga, Sb und Bi im transversalen Magnetfeld ein auch in tiefster Temperatur fortgesetztes Wachstum der Widerstandsänderung, beim Bi bis zum millionenfachen des feldlosen Widerstandes (*109*). Man wird ihre

Ausnahmestellung mit ihrem auch in anderen Beziehungen anomalen Verhalten — z. B. der Erhöhung der Leitfähigkeit beim Schmelzen — in Verbindung bringen. Am reinen Bi entdeckten Schubnikow und de Haas außerdem, daß der in hohen Temperaturen monotone Anstieg mit H von einer mit sinkender Temperatur zunehmenden periodischen Feldwirkung überlagert wird, wie sie in Abb. 32 dargestellt ist. Manche Anzeichen sprechen dafür, daß diese periodischen Feldwirkungen nicht auf Bi beschränkt sind, sondern auch anderen Metallen bei hinreichend großen H/r-Werten zukommen, wenn auch in viel schwächerem Maße [z. B. Ga, bei de Haas und Blom (*50*) und Be bei Grüneisen und Adenstedt (*45*)].

20. Einfluß der Stellung des Magnetfeldes zur Stromrichtung. Verhältnis von Längs- und Quereffekt.

In einem ursprünglich isotropen, also vielkristallinen Metall wird durch ein Magnetfeld eine bestimmte Vorzugsrichtung geschaffen. Parallel und senkrecht zu ihr hat das Metall verschiedene Leitfähigkeit. Vgl. das Beispiel des Aluminiums in Abb. 23. Der Widerstand in einer Zwischenrichtung wird nach de Haas und van Alphen (*49*) ebenso gefunden wie für einen einachsigen Kristall ohne Feld, also nach Gl. (4)

$$\Delta\varrho_\psi = \Delta\varrho_\parallel \cos^2\psi + \Delta\varrho_\perp \sin^2\psi;$$

ψ bedeutet den Drehwinkel aus der $(H \parallel I)$-Stellung zur $(H \perp I)$-Stellung, $\Delta\varrho_\parallel$ den Längs-, $\Delta\varrho_\perp$ den Quereffekt.

Für Einkristalle gilt diese Formel nicht allgemein. Justi und Scheffers (*61*) fanden sie für die regulären Kristalle W und Mo angenähert gültig. Für das hexagonale Be, das trigonale Bi und das pseudotetragonale Ga sind je nach Lage der Drehebene zu den Kristallachsen auch kompliziertere, nicht in Formeln gefaßte Beziehungen gefunden worden (*51*, *22*, *43*).

Der Längseffekt $\Delta\varrho_\parallel$ steigt mit wachsendem H/r anfangs beschleunigt, dann linear, später verzögert an und scheint sich stets einem Sättigungswert zu nähern. Entsprechend der Kohlerschen Beziehung beobachtet man in mitteltiefen Temperaturen (fl. Luft) trotz starker Felder nur das An-

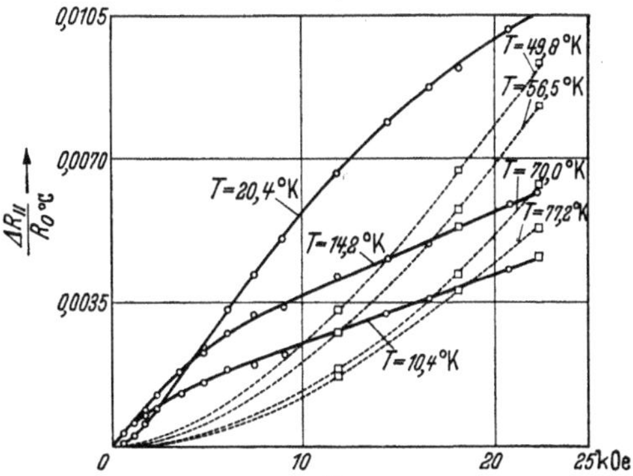

Abb. 33. Magn. Längseffekt für einen Ga-P-Kristall bei verschiedenen Temperaturen nach de Haas, van Alphen und Blom (*51*).

fangsgebiet — beschleunigten und linearen Anstieg —, erst bei tiefsten Temperaturen, wo r sehr klein wird, erkennt man die Neigung zur Sättigung. Vgl. Abb. 33 für Gallium nach de Haas und Blom (*51*).

In der Regel ist $\Delta\varrho_{\parallel} < \Delta\varrho_{\perp}$. Im Anfangsgebiet der Kurven, für kleine H/r, kommen aber auch Ausnahmen vor, z. B. bei $Bi_{\perp Achse}$ (*112*, *43*) und bei Ga [(*74*) S. 314). Für die Metalle, deren Quereffekt einer Sättigung zustrebt, bleibt $\Delta\varrho_{\perp}$ ein niedrigzahliges Vielfaches von $\Delta\varrho_{\parallel}$. Für die Metalle, deren $\Delta\varrho_{\perp}$ beschleunigt wächst (W, Mo, Be, Cd, Bi, Ga) gilt bei schwachem H dasselbe, bei starken wird schließlich $\Delta\varrho_{\perp}/\Delta\varrho_{\parallel} \gg 1$.

21. Einfluß der Richtung des Magnetfeldes zu den Kristallachsen. Anisotropie der Widerstandsänderung.

Wie schon mehrfach erwähnt, hängt bei Einkristallen die Widerstandsänderung im magnetischen Querfeld von dessen Richtung gegenüber den Kristallachsen ab. Dreht man das Feld in einer Ebene senkrecht zum stromführenden Kristallstab um 360°, so schwankt der Widerstand zwischen maximalen und minimalen Werten. Trägt man den Widerstand oder seine Änderung als Funktion des Drehwinkels etwa in ein Polarkoordinatennetz ein, so bemerkt man eine Beziehung der Widerstandsschwankungen zur Kristallstruktur, am deutlichsten natürlich, wenn der Strom oder Kristallstab einer krist. Achse parallel läuft. Und zwar treten Maxima und Minima des Widerstandes in der Regel dann auf, wenn die Feldrichtung mit einer ausgezeichneten Richtung des Kristallgitters zusammenfällt.

Aus dem Unterschied der maximalen und minimalen Widerstandsänderung kann man in verschiedener Weise ein Maß für die „Anisotropie“ der Feldwirkung gewinnen. Justi (*68*) und Mitarbeiter entschieden sich für die Definition:

$$\text{Anisotropie } a = \frac{\Delta\varrho_{max} - \Delta\varrho_{min}}{\Delta\varrho_{mittel}},$$

Grüneisen und Mitarbeiter für

$$\text{Anisotropie } A = \frac{\Delta\varrho_{max}}{\Delta\varrho_{min}}.$$

Erst wenn die Widerstandsänderung deutlich meßbar ist, meist also erst in tiefer Temperatur, kann ihre Anisotropie festgestellt werden. Sie wird durch Restwiderstände herabgedrückt (z. B. *45*). Ob sie mit wachsendem Feld stärker wird oder nicht, hängt davon ab, wie $\Delta\varrho_{max}$ und $\Delta\varrho_{min}$ mit H anwachsen. Bei $2n$-wertigen Metallen (vgl. S. 97) hat man im allgemeinen eine Anisotropie, die schon bei verhältnismäßig niedrigen Feldern einen konstanten Grenzwert erreicht, der auch von T wenig abhängt (Be, W). Bei $(2n+1)$-wertigen Metallen steigt die Anisotropie stark an mit steigendem H und sinkendem T (Au). Bei hohen Feldern kann Sättigung eintreten. Ausnahmen haben wir bei Cd, Bi u. a.

Wir geben aus der Mannigfaltigkeit der beobachteten Fälle einige Beispiele für die bei den verschiedenen Kristallstrukturen auftretenden Anisotropien.

Kubisch raumzentrierte Kristalle. Als Einkristalle untersucht wurden aus Gruppe I Na (*65, 66*), aus Gruppe VI Mo (*28*), und W (*61, 45*).

Natrium, ∥ [110], zeigte bei 78° K keine meßbare Anisotropie, bei 20,4° K und 33,2 kOe Querfeld betrug $\Delta\varrho/\varrho_{H=0}$ etwa 9% im Minimalazimut, etwa 22% im Maximalazimut. Bei hohen Feldern hat Justi Sättigung gefunden. Elastisch ist Na stark anisotrop (O. Bender).

Molybdän wurde in Kristallen ∥ [111] untersucht, die nicht sehr rein waren, und zeigte deshalb eine nur geringe von H wesentlich unabhängige Anisotropie. Bei 20,38° K war $\Delta\varrho_{max}/\Delta\varrho_{min} \approx 1{,}08$. Im ganzen verhält sich Mo ähnlich wie das folgende W.

Wolfram wurde von Justi und Scheffers (*61*) besonders eingehend in Kristallen verschiedener Orientierung untersucht. Abb. 34 gibt ein Polardiagramm der relativen Widerstandszunahme für einen zu [100] parallelen reinen Kristallstab bei 14° K und 18,6 kOe (Kurve A) und bei 20,4° K und 21,7 kOe (Kurve B). Die Kurvenform bleibt auch bei 4,2° K wesentlich die gleiche (*70*). Die Anisotropie ist also von H und T wenig abhängig und beträgt etwa $A = 1{,}7 - 1{,}4$ (*45*). $\Delta\varrho$ steigt im Maximal- und Minimalazimut monoton an. Im Bild 34 drückt sich die einfache vierzählige Symmetrie der Drehachse aus. Über andere Fälle vgl. (*61*). Elastisch ist W merklich isotrop (Bridgman).

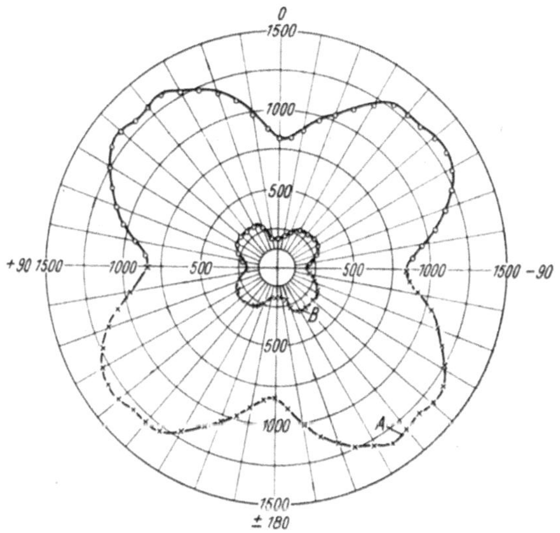

Abb. 34. $\Delta\varrho/\varrho_{H=0}$ eines [100]-Wolframkristallstabes in Abhängigkeit von der Richtung des Querfeldes: A) 18,6 kOe bei 14,0° K, B) 21,7 kOe bei 20,4° K. Die Minima entsprechen H ∥ [100]. Nach E. Justi (*71*).

Kubisch flächenzentrierte Kristalle. Als Einkristalle sind untersucht aus Gruppe I: Cu, Ag (*45*); Au (*60*); aus Gruppe III: Al (*62*); aus Gruppe IV: Pb (*63*).

Kupfer, Silber und Gold verhalten sich sehr ähnlich. Ihre Widerstandsanisotropie im Magnetfeld nimmt mit sinkender Temperatur und steigendem Feld stark zu, wie aus Abb. 35 für Au-Kristall 13, ∥ [100], hervorgeht (*70*). Es entspricht dies dem Befund, daß die Widerstandsvermehrung im Minimum verzögert, im Maximum beschleunigt mit H ansteigt (vgl. Abschn. 19). Da die Stabachse nicht genau mit der Würfelkante zusammenfiel, ist die vierzählige Symmetrie des Bildes zu den

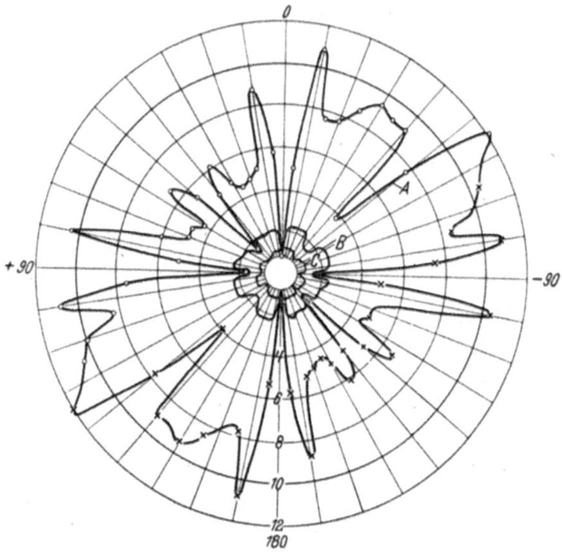

Abb. 35. $\Delta\varrho/\varrho_{H=0}$ eines [100]-Goldkristallstabes in Abhängigkeit von der Richtung des Querfeldes A) 18,6 kOe bei 4,22° K, B) 35,2 kOe bei 20,4° K, C) 21,7 kOe bei 20,4° K. Aus E. Justi (*70*).

Richtungen der Würfelkanten 0°/180° und +90°/—90° nicht vollkommen. Der Unterschied der Kurve gegen die des k.r.z. Wolfram ist sehr auffallend.

Tabelle 9.
Cu 13[1]: Widerstandszunahme und Anisotropie A bei 20,4° K in Abhängigkeit von H.

H in kOe	$\Delta\varrho_{min} \cdot 10^9$	$\Delta\varrho_{max} \cdot 10^9$	$A = \frac{\Delta\varrho_{max}}{\Delta\varrho_{min}}$
3,4	1,00	1,74	1,74
6,8	1,55	4,15	2,68
11,7	2,01	8,95	4,46
12,1	2,03	9,49	4,69

[1] nach unveröffentlichten Messungen von Erfling und Grüneisen.

Als Beispiel für die schon bei mäßigen Feldern beträchtliche Größe der Widerstandsanisotropie bei einem sehr reinen natürlichen Kupferkristall, dessen Stäbchenachse mit den Würfelachsen die Winkel $34\frac{1}{2}^0$, $65\frac{1}{2}^0$ und $67\frac{1}{2}^0$ bildete, diene noch Tab. 9.

Elastisch sind Cu, Ag und Au stark anisotrop (Goens, Röhl).

Aluminium zeigt nach Justi und Scheffers eine sehr geringe Anisotropie der Feldwirkung. Auch die Widerstandszunahme ist verhältnismäßig gering und nähert sich bei hohen Feldern der Sättigung. Elastisch ist Al wenig anisotrop (Goens).

Blei, ∥ [100], zeigt nach Justi und Scheffers in Heliumtemperatur eine vierzählige Anisotropie, die der des W in der Form ähnlich ist, aber

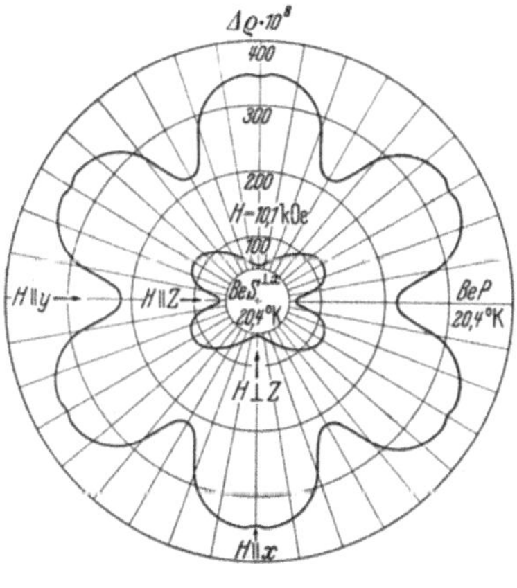

Abb. 36. $\Delta\varrho$ eines Be P Kristalls in Abhängigkeit von der Richtung des Querfeldes 10,1 kOe bei 20,4° K. Die innere Kurve entspricht der äußersten in Abb. 37 (*45, 46*).

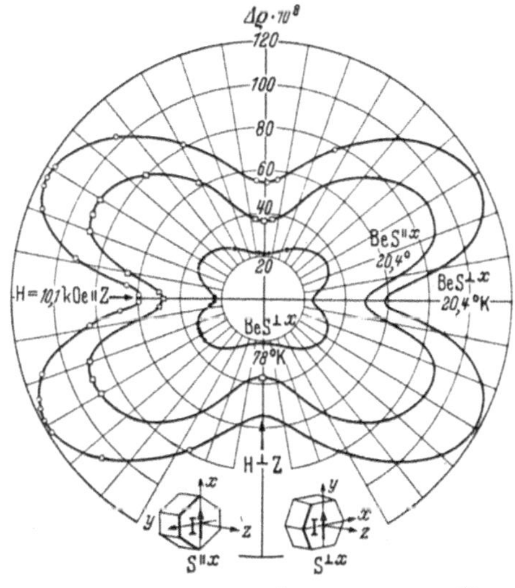

Abb. 37. $\Delta\varrho$ eines Be-$S^{\perp x}$- und eines Be-$S^{\parallel x}$ Kristalls in Abhängigkeit von der Richtung des Querfeldes 10,1 kOe bei 20,4° und 78° K (*45, 46*).

viel höhere Beträge mit wachsendem H erreicht, weil $\Delta\varrho_{min}$ verzögert, $\Delta\varrho_{max}$ linear bis beschleunigt anwächst. Pb ist auch elastisch stark anisotrop (Goens).

Zu den nicht kubischen Metallkristallen übergehend, nennen wir die Hauptachse z, die darauf senkrechten Nebenachsen x und y. Stäbe, deren Längsrichtung (= Stromrichtung) ∥ oder ⊥ z liegt, nennen wir P- oder S-Kristalle. Die beiden Fälle der S-Kristalle, in denen die Stromrichtung ∥ oder ⊥ zur binären x-Achse liegt, bezeichnen wir mit $S^{\parallel x}$ und $S^{\perp x}$.

Hexagonale Kristalle. Untersucht sind aus Gruppe II P- und S-Kristalle von Beryllium (*45, 46, 22*), Zink und Cadmium (*83, 68*). Das Achsenverhältnis c/a (Tab. 2) entspricht für Be annähernd der dichtesten Kugelpackung, für Zn und Cd ist es erheblich größer. Elastisch ist Be schwach, Zn und Cd stark anisotrop (Bridgman, Grüneisen und Goens).

Beryllium. Beim P-Kristall ist die Wirkung des Querfeldes stark anisotrop und zeigt sechszählige Symmetrie. Sie hat ein breites Maximum für $H \parallel x$, ein Minimum für $H \parallel y$ (Abb. 36 außen). Bei höheren Feldern bilden sich in den Richtungen $H \parallel x$ neue Minima aus, wie in Abb. 36 bereits angedeutet. Die Anisotropie nimmt ähnlich wie bei W schon bei mäßigen Feldern einen von H und T fast unabhängigen Wert $A = 1{,}58$ an *(45)*.

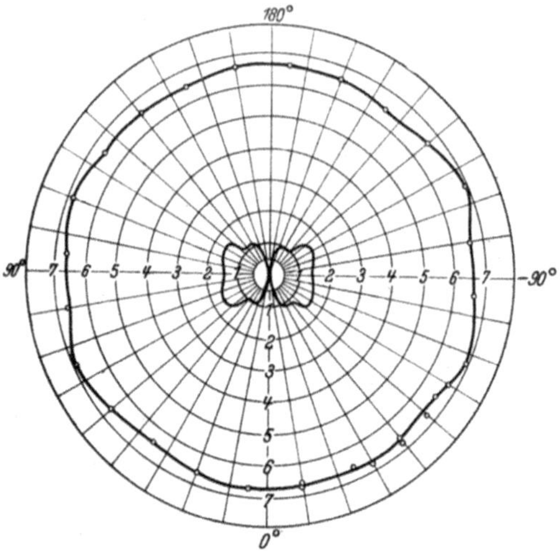

Abb. 38. $\Delta\varrho/\varrho_{H=0}\cdot 10^{-3}$ eines Cd-P-Kristalls in Abhängigkeit von der Richtung des Querfeldes 35,6 kOe bei 4,22° K. Die innere Kurve entspricht einem Cd-S-Kristall bei $H = 36{,}3$ kOe und 4,22° K. Nach Justi, Kramer und R. Schulze *(68)*.

Beim S-Kristall ist die Querfeldwirkung stark anisotrop und zeigt zweizählige Symmetrie (Abb. 37) in bezug auf die Stromrichtung als Achse. Sie ist spiegelbildlich symmetrisch zu der durch I und z bestimmten Ebene. Die Lage der binären x-Achse zur Stromrichtung hat auf diese Symmetrieverhältnisse keinen Einfluß (Abb. 37, die beiden äußeren Kurven). Die Feldwirkung ist am schwächsten für $H \perp z$. Ihr Maximum liegt in schwachen Feldern ($\sim$ 1 kOe) bei $H \parallel z$, bei stärkeren Feldern bilden sich, wie Abb. 37 zeigt, zwei Maxima unter $\pm$ 20 bis 30° gegen die z-Achse aus, so daß auch für $H \parallel z$ Minima entstehen. Man kann also den von Justi, Kramer und Schulze aufgestellten Satz *(68)*, daß stets Minima, nie Maxima entstehen, wenn $H \perp$ auf einer niedrig indizierten Kristallfläche steht, für schwache Felder nicht als allgemein gültig annehmen. Die Anisotropie A ist von H wenig abhängig und erreicht einen Höchstwert, der den von Be—P noch übertrifft (A bis 2,5 bei 20,4° K; vgl. die beiden Kurven in Abb. 36; die innere ist identisch mit der äußeren von Abb. 37). Aber der Höchstwert steigt mit sinkender Temperatur und ist vielleicht auch von der Lage der x-Achse zur Stromrichtung etwas abhängig.

Zink und Cadmium verhalten sich beide sehr ähnlich, aber von Be merklich verschieden. Z. B. ist die Widerstandszunahme der P-Kristalle im Querfeld (Abb. 38) fast isotrop [$A = 1{,}02$ bis $1{,}07$ *(68)*]. Bei den S-Kristallen (Abb. 39) haben wir zwar in erster Näherung die gleiche

Form starker Anisotropie wie bei Be, jedoch ist das Minimum für $H \perp z$ noch tiefer, und im Abstand $\pm$ 35° von dieser Richtung (0°/180°) treten noch sekundäre Minima auf, die bei Be fehlen. Es mag sein, daß die Anisotropiekurven von Be in stärkeren Feldern und tieferen Temperaturen den Kurven der Abb. 39 sich nähern. Indessen ist das nicht wahrscheinlich, denn die Temperatur von 20,4° K bei Be mit $\Theta = 1000$ entspricht etwa der Temperatur des flüssigen Heliums bei Zn und Cd mit Θ-Werten von 230 und 158.

Ein weiterer Unterschied zwischen Be einerseits, Zn und Cd andererseits besteht darin, daß die relative Widerstandszunahme, auf gleiches H/r umgerechnet, bei Be—P größer ist als bei Be—S, bei Zn und Cd jedoch umgekehrt. Abb. 38 für Cd scheint dem zu widersprechen, doch ist der Restwiderstand des S-Kristalls größer als der des P-Kristalls, was um so stärker ins Gewicht fällt, als $\Delta\varrho/\varrho \sim (H/r)^2$ ist.

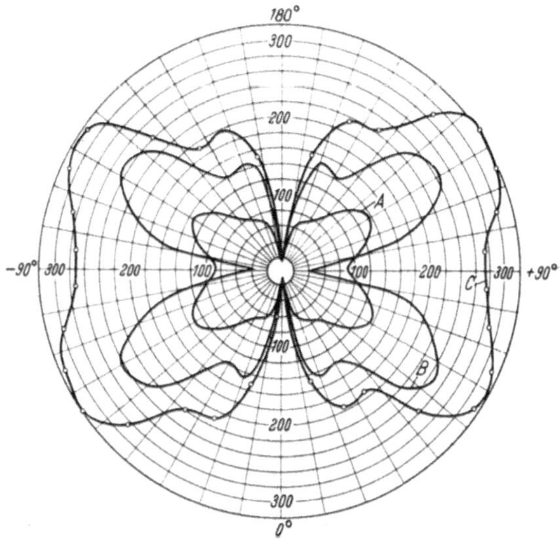

Abb. 39. $\Delta\varrho/\varrho_{H=0}$ von Zn-S- und Cd-S-Kristallen in Abhängigkeit von der Richtung des Querfeldes; A) Cd 12,9 kOe bei 4,22° K; B) Zn, 12,9 kOe bei 4,22° K, nach Lazarew usw. (*83*); C) Cd, 14,8 kOe bei 4,22° K (*68*).

Für Cd-S haben schließlich Justi, Kramer und Schulze die sehr auffallende Erscheinung gefunden, daß die Anisotropie in hoher Temperatur (273° K) trotz der Kleinheit von $\Delta\varrho/\varrho$ (höchstens = 0,01) sehr groß war, bis 20,4° K abnahm, um dann wieder zu hohen Werten (A = 24,2 bei 4,22° K) anzusteigen (Tab. 10).

Tabelle 10.

Anisotropie der Widerstandsänderung eines Cd-S-Kristalls (Cd 47) nach Justi, Kramer und R. Schulze.

T [°K]	273	78	20,4	14,0	4,22
H [kOe]	34,0	34,4	34,2	34,2	36,3
$A = \left[\frac{\Delta\varrho_{max}}{\Delta\varrho_{min}}\right]$	26	3,4	1,30	2,34	24,2

Trigonale Kristalle. Untersucht sind aus Gruppe V Bi und Sb, aus Gruppe VI Te, am häufigsten und eingehendsten jedoch

Wismut. Abb. 40 gibt dessen vereinfachtes Elementarrhomboeder mit der Hauptachse z und den Nebenachsen x und y.

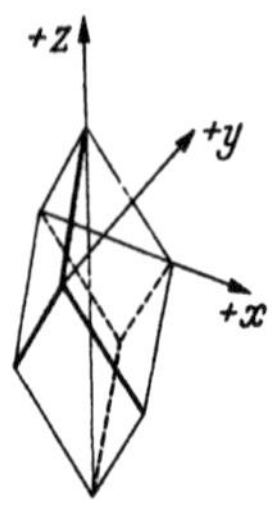

Abb. 40. Elementarrhomboeder von Wismut.

Schon Kapitza und Webster (1928) fanden eine sinusförmige Schwankung der Widerstandsänderung des Bi-P-Kristalls bei Drehung im Querfeld. Die Periode war 60^0. Die Maxima traten für $H \perp x$, die Minima für $H \parallel x$ auf, also umgekehrt wie beim hex. Be (Abb. 36). Aus den Kurven der Autoren folgt für den reineren Kristall A

		$T = 290^0$ K	$T = 195^0$ K	$T = 83^0$ K
$R/R_{H=0}$ für 300 k0e	max.	≈ 50	≈ 400	≈ 1700
	min.	39	370	1600

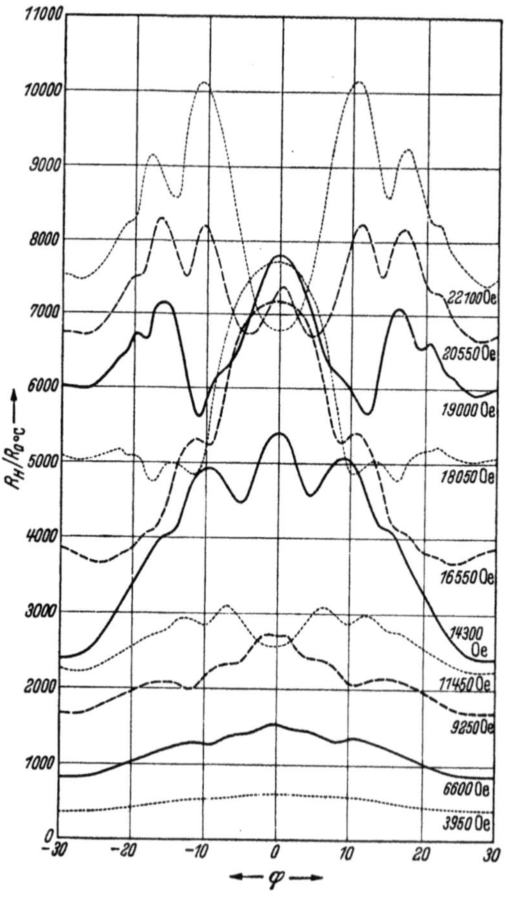

Abb. 41. R_H/R_{0^0C} eines Bi-P-Kristalls in Abhängigkeit von der Richtung verschiedener Querfelder bei $4{,}22^0$ K nach de Haas, Blom und Schubnikow (*52*).

Die Differenz max.-min. wurde in starken Feldern ziemlich konstant, und zwar in um so schwächeren Feldern, je tiefer die Temperatur war.

Schubnikow und de Haas (*109*) entdeckten 1930, daß Bi-P-Kristalle höchster Reinheit, deren Restwiderstand durch 7-faches Umkristallisieren eines chemisch möglichst gutgereinigten Wismuts auf wenige Promille des Eispunktswiderstandes herabgedrückt war, in tiefster Temperatur sich noch viel merkwürdiger verhielten, als Kapitza gefunden hatte. Die bei schwachen Feldern noch sinusförmige Grundwelle der Widerstandsschwankung mit einer Periode von 60^0 wurde bei steigendem H durch Oberwellen überlagert. Abb. 41 (*52*) zeigt diese Veränderung der 60^0 Periode eines P-Kristalls bei $4{,}22^0$K in Feldern zwischen 3,95 und 22,1 kOe. Schubnikow und de Haas (*109*) bestimmten in einigen Fällen von Drehungsdiagrammen die wichtigsten Fourierkoeffizienten, indem sie

$$\frac{R_H}{R_{0^0 C}} = B_0 + B_1 \cos 1 \frac{2\pi\varphi}{60} + \cdots\cdots + B_6 \cos 6 \frac{2\pi\varphi}{60}$$

setzten. Dann ergab sich für B_0 der monotone Anstieg mit H, wie er auch von Kapitza beobachtet war. Die übrigen Koeffizienten zeigten einen wellenförmigen Anstieg mit H, doch waren bei 14^0K B_5 und B_6 bereits von geringem Einfluß.

Wie sich diese Einzelschwankungen der B im Anstieg von R_H/R_{0^0C} äußern, haben wir bereits in Abb. 32 gesehen.

Von S-Kristallen hat Kapitza nur einen $S^{\parallel x}$-Stab in Querfeldern $H \parallel z$ und $H \perp z$ untersucht. Im zweiten Fall war die Feldwirkung größer als im ersten, also umgekehrt wie bei hex. Kristallen. Die Widerstandsänderung war bei S- und P-Kristallen von ähnlichem Betrage. Stierstadt (*112, 113*) hat bei seinen umfassenden Messungen an Bi vollständige Drehdiagramme auch für S-Kristalle aufgenommen, meistens bei Zimmertemperatur, niemals unter 80^0K. Deshalb sind die von ihm gewonnenen Kurven der Drehwinkelabhängigkeit von verhältnismäßig einfacher Form. Abb. 42 und 43 geben die Polardiagramme der relativen Widerstandserhöhungen eines $S^{\perp x}$- und eines $S^{\parallel x}$- Kristallstabes in magn. Querfeldern verschiedener Stärke bei 20^0 C.

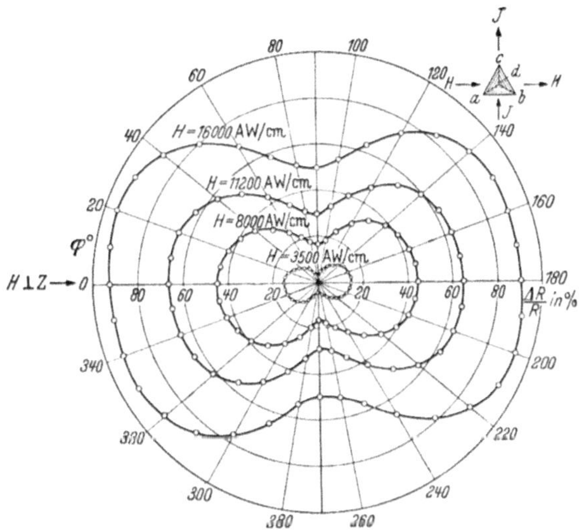

Abb. 42. $\frac{\Delta\varrho}{\varrho} \cdot 10^2$ eines Bi-$S^{\perp x}$-Kristalls in Abhängigkeit von der Richtung verschiedener Querfelder bei 20^0 C nach Stierstadt (*113*).

Beim $S^{\perp x}$-Kristall tritt das Maximum für $H \perp z$ (0^0—180^0), das Minimum für $H \parallel z$ ein. Das entspricht Kapitzas Befund. Doch entstehen in starken Feldern und vor allem auch in tiefen Temperaturen für $H \perp z$ sekundäre Minima, die bei der Darstellung in rechtwinkligen Koordinaten deutlicher herauskommen [vgl. auch (*42*) Abb. 6]. Die $S^{\perp x}$-Kristalle verhalten sich also im trig. und hex. System ziemlich ähnlich.

Ganz anders die $S^{\parallel x}$-Kristalle. Während im hex. System die Drehwinkelabhängigkeit der $S^{\parallel x}$- und $S^{\perp x}$-Kristalle übereinstimmt, sind im trig. System die Polardiagrammkurven des $S^{\parallel x}$-Kristalls um etwa 30° gegen die des $S^{\perp x}$-Kristalls gedreht. Dazu kommt, daß die im schwachen Feld symmetrischen Kurven bei wachsendem Feld verzerrt werden, indem das absolute Maximum sich im vorhergenannten Drehsinn verschiebt, während das Minimum unverändert bleibt (Abb. 43). Der Drehsinn wäre umgekehrt, wenn in Abb. 43 die Spitze des Basisdreiecks nach rechts statt nach links zeigte. Stierstadt schloß aus seinen Beobachtungen, daß Widerstandsmaxima dann auftreten, wenn $H \parallel$ zur Basisebene oder auch möglichst senkrecht zu Nebenspaltebenen gerichtet ist, Widerstandsminima entsprechend für $H \perp$ Basis und H etwa $\parallel$ Nebenspaltebenen.

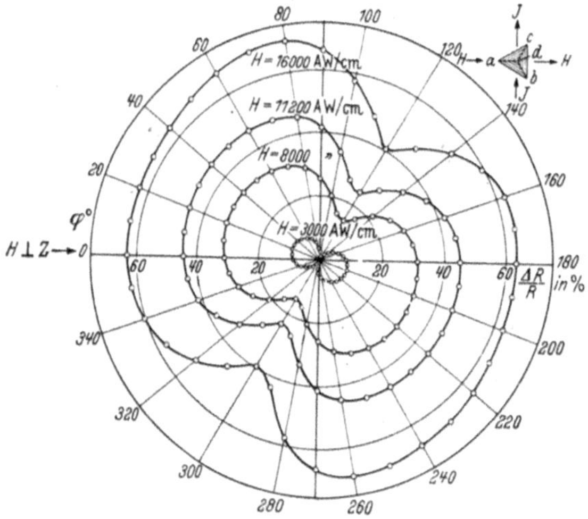

Abb. 43. $\frac{\Delta \varrho}{\varrho_{H=0}} \cdot 10^2$ eines Bi-$S^{\parallel x}$-Kristalls in Abhängigkeit von der Richtung verschiedener Querfelder bei 20° C nach Stierstadt (*113*).

Die Ergebnisse an Bi sind später noch von anderen bestätigt worden (*42, 43, 75*).

Antimon verhält sich nach Messungen von Rausch (*99a*) dem Bi ganz analog, doch sind die Effekte schwächer.

Rhombische Kristalle. Gallium kristallisiert nach Laves (*82a*) rhombisch, pseudotetragonal. Die beiden kurzen Achsen sind gleichlang, haben aber etwas verschiedene Anordnung der Atome. Dem entspricht der Befund von de Haas und Blom (*50*), daß das Drehwinkeldiagramm der Widerstandsänderung für einen P-Kristall ($\parallel$ zur pseudotetragonalen Achse) im Querfeld nicht vier-, sondern zweizählige Symmetrie zeigt. Die bei schwachen Feldern sinusförmigen Schwankungen komplizieren sich in stärkeren Feldern, indem an den Stellen der Minima sekundäre Maxima, an den Stellen der Maxima sekundäre Minima entstehen. Auf die Erscheinungen bei den S-Kristallen und den Einfluß der Temperatur sei hier nicht näher eingegangen.

22. Theoretische Ergebnisse über die Anisotropie der Widerstandsänderung.

Kohler (*76*) hat die magn. Widerstandsänderung in kristallinischen Medien ganz allgemein mit dem Ziel untersucht, festzustellen, welche Arten von Orientierungsabhängigkeit der magn. Widerstandsänderung mit den Kristallsymmetrien verträglich sind. Dabei hat er unter Ausschaltung elektronentheoretischer Gesichtspunkte nur die Annahme quadratischer Feldabhängigkeit zugrunde gelegt. Damit sind seine Schlüsse auf um so kleinere Feldstärken beschränkt, je tiefer die Temperatur ist. Immerhin konnte er die Stierstadtschen Ergebnisse an Bi als speziellen Fall für trigonale Kristalle zum guten Teil ableiten. Er folgerte, daß auch kubische Kristalle sich anisotrop verhalten können.

Nach der wellenmechanischen Elektronentheorie kommen als Ursache für die magn. Widerstandsanisotropie (W.-A.) einerseits die Anisotropie der Elektronenbindung an das Metallionengitter, infolge des Vorhandenseins des dreifach periodischen elektrischen Potentialfeldes, andererseits die Anisotropie der Stoßzeit der Elektronen in Betracht. Diese hängt von der Anisotropie der elastischen Konstanten ab, da in die quantenmechanische Stoßrechnung die Schallgeschwindigkeiten der elastischen Wellen eingehen (*105*, *65*).

Im allgemeinen werden beide Anisotropien wirksam sein, in Grenzfällen nur eine. Bei Wolfram ist die elastische Anisotropie sehr gering, die Bindungsanisotropie stark, bei Natrium ist die elastische Anisotropie sehr stark, die Bindung der Elektronen sehr schwach.

Kohler (*78*) hat die Widerstandsänderung im Magnetfeld für ein zweiwertiges, raumzentriertes kubisches Metallgitter mit isotroper Streuzeit und merklicher Elektronenbindung berechnet und ist zu Ergebnissen gekommen, wie sie experimentell beim Wolfram gefunden sind. Wolfram ist zwar nicht zweiwertig, hat aber als isoliertes Atom 2 s-Elektronen, während die übrigen Valenzelektronen sich in der unvollständigen d-Schale befinden, wo sie stärker gebunden sind. Sie werden vermutlich auch im Metall einen geringeren Beitrag zur Widerstandsänderung geben. Wolfram kommt also dem zweiwertigen Modell von Kohler qualitativ nahe.

Für Natrium hat Kohler (*65*) unter Vernachlässigung der Bindungsanisotropie und Einführung anisotroper Streuzeit ableiten können, daß $\Delta\varrho \parallel$ zu vierzähligen Achsen einem verhältnismäßig niedrigen Sättigungswert zustrebt. Dies stimmt mit Justis Messung überein.

Für andere Fälle liegen noch keine Berechnungen vor. Wenn man aber einerseits die oben vermerkten elastischen Anisotropien der Metalle, andererseits ihre in Abb. 7 dargestellte Bindungsenergie in Betracht zieht, und annimmt, daß bei schwacher Bindungsenergie auch die

Anisotropie der Bindung nur geringen Einfluß hat, so liegen folgende Schlüsse nahe.

Aluminium hat eine geringe W.-A., weil es eine geringe elastische Anisotropie und eine ziemlich schwache Bindungsenergie hat.

Cu, Au und wohl auch Ag haben eine Bindungsenergie, die nach Abb. 7 ähnlich gering wie bei Al ist, aber eine starke elastische Anisotropie. Also wird diese wesentlich die mit sinkender Temperatur stark anwachsende W.-A. bedingen.

Ähnliches dürfte von dem elastisch stark anisotropen Pb gelten, obwohl hier wahrscheinlich die Bindungsanisotropie eine größere Rolle spielt.

Für Be scheint nach Bridgman (*15*) die elastische Anisotropie nicht bedeutend zu sein, die Bindungsenergie ist aber so groß, wie bei W. Also kann die erhebliche, mit der Temperatur nicht sehr veränderliche W.-A., wie bei W, mindestens zum Teil auf Bindungsanisotropie zurückgeführt werden, besonders in der elastisch isotropen Basisebene.

Bei Zink und Cadmium ist in dieser Ebene die W.-A. auffallend klein, also wohl auch die Bindungsanisotropie. Die starke W.-A. bei Drehung des Feldes in einer Prismenfläche (Achsenschnitt) wird aber vielleicht nicht nur durch die starke elastische Anisotropie bedingt, sondern auch durch die Anisotropie der allerdings nicht starken Bindung (Abb. 7). Nach Justi, Kramer und Reinhart Schulze (*68*) soll nämlich die eigentümliche Veränderung der W.-A. des Cd mit sinkender Temperatur (vgl. Tab. 10, S. 105) ein Anzeichen dafür sein, daß elastische und Bindungsanisotropie gleichzeitig wirksam sind und zwar gegensinnig. Diese Deutung überzeugend zu machen, ist den Autoren allerdings nicht gelungen.

23. **Magnetische Widerstandsänderung der ferromagnetischen Metalle.**

Ferromagnetika unterscheiden sich von den anderen Metallen darin, daß, wie schon W. Thomson fand, auch Widerstandsabnahme im Magnetfeld auftritt. Es rührt dies nach Ansicht verschiedener Autoren [Kapitza (*74*), Gerlach (*34*), Stierstadt (*111*)] daher, daß sich der normalen Widerstandszunahme, wie sie alle Metalle im Längs- und Querfeld zeigen eine besondere Wirkung der Magnetisierung überlagert. Nach Gerlach entspricht der magnetischen Ordnung der Magnetonen eine störungsfreiere Bewegung der Elektronen, also eine Widerstandsabnahme. Darauf beruht z. B. nach Gerlach die Erscheinung, daß unterhalb des Curie-Punktes mit sinkender Temperatur und zunehmender spontaner Magnetisierung der Widerstand ungewöhnlich stark abfällt. Vgl. die hohen Temperaturkoeffizienten der Ferromagnetika in Tab. 1.

Die Abnahme der spontanen Magnetisierung mit steigender Temperatur kann durch ein äußeres Magnetfeld z. T. aufgehoben werden, somit muß ein äußeres Feld in hinreichend hoher Temperatur eine Widerstandsabnahme bewirken. In tiefer Temperatur wird diese Wirkung schwächer. Dem steht die normale Widerstandszunahme im Magnetfeld gegenüber, die in gewöhnlicher Temperatur sehr klein ist, aber mit sinkender Temperatur wächst. So ist verständlich, daß in höherer Temperatur die beobachtete Widerstandsänderung im Querfeld negativ ist, in tiefer Temperatur aber positiv wird. Gerade das ist beim Fe beobachtet, beim Ni tritt wenigstens die Verschiebung nach der positiven Seite mit sinkender Temperatur ein (*74*).

Im Längsfeld ist der Effekt in gewöhnlicher Temperatur noch positiv, er wird erst nahe dem Curie-Punkt negativ (*120, 34*).

Webster (*119*) fand an Fe-Einkristallen bei gewöhnlicher Temperatur eine W.-A. in magnetischen Längs- und Querfeldern verschiedener Richtung zum Kristall. Im Querfeld war die Anisotropie vierzählig für einen Stab ∥ [100], zweizählig für einen Stab ∥ [110]. Unterhalb etwa 5000 Oe war die Widerstandsänderung beider Stäbe negativ und fast isotrop. Bei Steigerung des Feldes bis 30000 Oe nahm der Widerstand für $H \parallel [100]$ weiter gleichmäßig ab, für $H \parallel [110]$ jedoch trat zwischen 5 und 12000 Oe bei Stab ∥ [100] ein rascher Anstieg des Widerstandes, bei Stab ∥ [110] ein rascher Abfall des Widerstandes ein. Oberhalb 12000 Oe sank der Widerstand bei beiden Stäben wieder langsam ab. Im Gebiet 5—12000 Oe entstand also eine starke Anisotropie der Widerstandsänderung. Bei Stab ∥ [100] und $H \parallel [110]$ wurde die Widerstandsänderung zwischen 8 und 20000 Oe sogar positiv.

24. Ordnung der Metalle nach der Größe der magnetischen Widerstandsänderung.

Will man die Größe der magnetischen Widerstandsänderung verschiedener Metalle vergleichen, so muß man zunächst fragen, unter welchen Verhältnissen dies zu geschehen hat. Die Kohlersche Beziehung, die $\Delta\varrho/\varrho$ als Funktion von H/r darstellt, war, wie wir sahen, das beste Mittel, um Messungen an Proben eines Metalls verschiedener Reinheit in weitem Bereich von H und T zu vergleichen, wenn die Proben quasiisotrop oder von gleicher Kristallorientierung sind. Für den Vergleich verschiedener Metalle wählt man als Nenner von H statt r besser $\mathfrak{r} = \varrho/\varrho_\Theta$, wobei allerdings die früher erwähnte, besonders bei anisotropen Leitern bedeutende Schwierigkeit entsteht, ein maßgebendes Θ des Metalls zu bestimmen. Außerdem müssen die Proben der Metalle entweder quasiisotrop sein oder die an Einkristallen gefundenen $\Delta\varrho$ und ϱ bzw. $\mathfrak{r}$ müssen auf Quasiisotropie umgerechnet werden.

Justi und Mitarbeiter haben auf Grund vorstehender Überlegungen eine Übersicht fast aller bisher vorliegenden Messungen in einem „reduzierten Kohler-Diagramm" zu geben versucht (Abb. 44). Sie haben daraus folgende Schlüsse gezogen. Sieht man von Bi und Sb ab, deren Kurven in Abb. 44 weit links von denen der anderen Metalle liegen würden (*99a*), so ist die Reihenfolge der in Abb. 44 nicht vollständig wiedergegebenen Kurven von links nach rechts, oder von oben nach unten, d. h. von starken zu schwachen Effekten, etwa folgende (Z = Ordnungszahl):

	Cd	Zn	Mg	Be	Ba	W	Pb
Z =	48	30	12	4	56	74	82

	Au	In	Ag	Al	Cu	Re	Rh	Pt	Ta	Li	Na	Nb
Z =	79	49	47	13	29	75	45	78	73	3	11	41

In der oberen Reihe stehen lauter Elemente mit gerader Ordnungszahl (geradzahliger Valenz), die den Gruppen II, IV und VI des periodischen Systems angehören. In der unteren Reihe stehen mit Ausnahme von Platin nur Elemente mit ungerader Ordnungszahl (ungeradzahliger Valenz), die den Gruppen I, III, V, VII und VIII angehören.

Es unterliegt also keinem Zweifel, daß die Metalle mit geraden Ordnungszahlen im Durchschnitt eine größere magnetische Widerstandsänderung zeigen, als die Metalle mit ungerader Ordnungszahl.

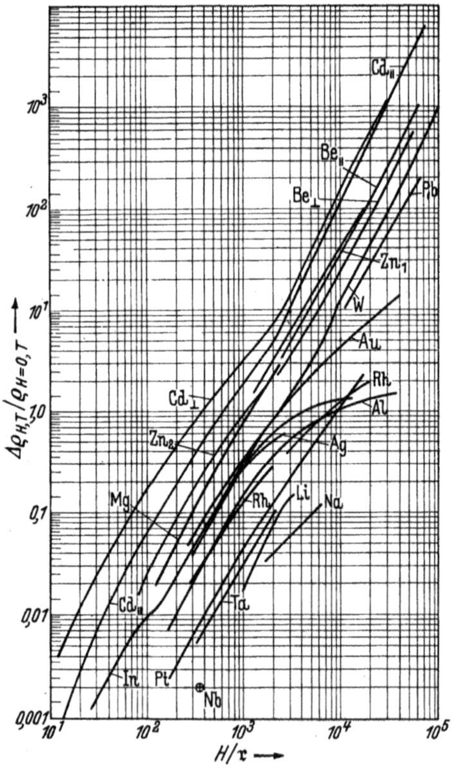

Abb. 44. Reduziertes Kohlersches Diagramm der relativen Widerstandszunahme verschiedener Metalle in magn. Querfeldern nach E. Justi (*71*).

Dazu kommt, wie schon oben gezeigt, daß der Typus des Anstiegs der Widerstandsänderung mit $H/\mathfrak{r}$ verschieden ist, je nachdem die Ordnungszahl gerade oder ungerade ist. Wenn auch für eine Reihe von Metallen die nötigen Beobachtungen fehlen, so darf aus den übrigen mit einiger Wahrscheinlichkeit geschlossen werden, daß bei gerader Ordnungszahl (einschl. Pt) die Widerstandszunahme im Querfeld mit wachsendem H monoton beschleunigt ansteigt, ohne daß sich eine Andeutung von Sättigung erkennen ließe, während bei ungerader Ordnungszahl (auch bei Rh, das zur Gruppe VIII gehört) eine Verzögerung des zunächst beschleunigten Anstiegs deutlich wird, die in einigen Fällen (Al, In u. a.) zur Sättigung zu führen scheint. Wieweit solche Sättigung für noch höhere $H/\mathfrak{r}$-Werte bei allen ungeradzahligen Elementen auftritt, läßt sich heute noch nicht sagen.

Außer der Ordnungszahl ist nach Justi und Mitarbeitern auch die Zugehörigkeit zu bestimmten Gruppen des periodischen Systems und die Kristallstruktur von Einfluß auf die magnetische Widerstandsänderung.

Man erkennt das z. B. an der Nachbarschaft der Kurven für die hex. Metalle der Gruppe II, für die k.r.z. Kristalle der Gruppe Ia (Li, Na), für die k.fl.z. Gruppe Ib (Cu, Ag, Au), für die Gruppe III (Al, In).

De Haas (*48*) hatte schon 1914 die Vermutung geäußert, daß große magnetische Widerstandsänderung und starker Diamagnetismus ursächlich verbunden seien. Beispiele hierfür sind Bi, Sb, Ga, Graphit, also gerade die Leiter, die sich den oben ausgesprochenen Regeln nicht fügen, sondern innerhalb ihrer Gruppen Ausnahmen bilden. Ihre Kristalle sind ausgezeichnet durch schlechte L.F., hohe anisotrope diamagnetische Suszeptibilität, große anisotrope magnetische Widerstandsänderung, Volumabnahme beim Schmelzen, Herabsetzung von Diamagnetismus und Widerstandsänderung durch Schmelzen. Zur Deutung dieses Verhaltens hat Ehrenfest einen besonderen Mechanismus der Leitungselektronen angenommen. Jedenfalls wird man einen Zusammenhang zwischen Diamagnetismus und magn. Widerstandsänderung nur für diese Ausnahmemetalle und die eine oder andere Legierung annehmen dürfen, nicht aber für die übrigen Metalle, wo sich keine regelmäßige Beziehung zwischen beiden Eigenschaften nachweisen läßt.

Die Theorie ergibt für ein isotropes Gas freier Elektronen im magn. Querfeld viel zu niedrige Werte der Widerstandsänderung, im Längsfeld sollte der Effekt sogar verschwinden. Erst durch die Einführung der Elektronenbindung oder einer anisotropen Stoß- oder Streuzeit der Elektronen vermag die wellenmechanische Theorie die Größenordnung der beobachteten magn. Widerstandsänderungen zu deuten. Insbesondere kann man nach Kohlers Theorie für die Widerstandsänderung zweiwertiger Metalle von k.r.z. Kristallstruktur vermuten, daß der dort angegebene Grund für eine starke Widerstandsänderung mehr oder weniger für alle Metalle mit gerader Ordnungszahl zutrifft. Ist nämlich das oberste Energieniveau des isolierten Atoms mit zwei Elektronen voll besetzt, so würde auch das entsprechende Energieband der zum Kristall vereinigten Atome voll besetzt und der Kristall ein Isolator sein, wenn nicht das nächsthöhere Energieband das untere überlappte und somit von dessen Elektronen einen Bruchteil aufnähme, der freie Plätze im unteren Band hinterläßt. Dadurch wird der Kristall zum Leiter. Die hohe magn. Widerstandsänderung aber wird nach Kohler (*78*) durch die gegenseitige Kompensation eines fast vollen und eines fast leeren Energiebandes verursacht.

Schluß.

Der vorstehende Bericht dürfte gezeigt haben, daß die neueren Untersuchungen der metallischen Leitung in ihrer Abhängigkeit von verschiedensten Einflüssen, besonders in tiefer Temperatur, stark differenzierte charakteristische Unterschiede der verschiedenen metallischen Leiter aufgedeckt haben, die mit deren Stellung im periodischen System zusammenhängen. Sie geben daher wichtige Fingerzeige für die Vorstellungen, die man sich über die Struktur des metallischen Zustandes, insbesondere die Verteilung und Bindung der Elektronen im Metallgitter, zu bilden hat. Die Theorie hat in dieser Richtung erfolgreiche Ansätze gemacht, doch ist zu einer befriedigenden Deutung aller experimentellen Erfahrungen, die selbst vielfacher Ergänzung bedürfen, noch ein weiter Weg zurückzulegen.

Literaturverzeichnis.

1. Allen, M.: z. B. Physic. Rev. **52**, 1246 (1937).
2. Appleyard, E. T. S., u. J. R. Bristow: Proc. Roy. Soc. Lond. (A) **172**, 530 (1939).
3. Aschermann, G., u. E. Justi: Physik. Z. **43**, 207 (1942).
4. Baber, W. G.: Proc. Roy. Soc. Lond. (A) **158**, 383 (1937).
5. Baroody, E. M.: Physic. Rev. **58**, 793 (1940).
6. Beckman, B.: Diss. Upsala 1911.
7. — Comm. Leiden Suppl. **1915**, Nr. 40.
8. Benedicks, C.: Jahrb. f. Rad. u. El. **13**, 351 (1916).
9. van den Berg, G. J.: Diss. Leiden 1938.
10. Blackman, M.: Proc. Roy. Soc. Lond. (A) **148**, 365; **149**, 117 (1935); **159**, 416 (1937).
11. Bloch, F.: Z. Physik **59**, 208 (1930).
12. Borelius, G.: Z. Physik **54**, 806 (1929).
13. — Grundlagen des metallischen Zustandes; Physikalische Eigenschaften der Metalle. Handb. d. Metallphysik, Bd. I, 1, Leipzig 1935.
14. Bridgman, P. W.: Proc. Amer. Acad. **67**, 305 (1932).
15. — Ebenda **68**, 27 (1933).
16. — Ebenda **68**, 95 (1933).
17. — Ebenda **70**, 71 (1935).
18. — Ebenda **72**, 157 (1938).
19. — Physic. Rev. **57**, 237 (1940).
19a. — Proc. Amer. Acad. **60**, 421 (1925).
20. Bruggeman, D. A. H.: Ann. Physik (5) **25**, 645 (1936).
21. Dewar, J., u. J. A. Fleming: Proc. Roy. Soc. Lond. **60**, 72 (1896).
22. Erfling, H.-D., u. E. Grüneisen: Ann. Physik (5) **41**, 89 (1942).
23. Eucken, A., u. F. Förster: Gött. Nachr. N. F. **1**, 43 (1934).
24. Eucken, A., u. H. Schürenberg: Ann. Physik (5), **33**, 1 (1938).
25. van Everdingen, E.: Comm. Leiden **1900**, Nr. 61.
26. Fischer, U.: Z. physik. Chemie B. **8**, 207 (1930).
27. Foroud, A.: Diss. Berlin 1939.
28. Foroud, A., u. E. Justi: Physik. Z. **40**, 501 (1939).
29. Foroud, A., E. Justi u. J. Kramer: Physik. Z. **41**, 113 (1940).
30. Fraenkel, W.: Metallw. **12**, 159 (1933).
31. Frank, N. H.: Physic. Rev. **47**, 282 (1935).
32. Fröhlich, H.: Elektronentheorie der Metalle, Berlin 1936.
33. Geiß, W., u. J. A. M. van Liempt: Z. Physik, **45**, 631 (1927).
34. Gerlach, W.: Z. Physik, **59**, 847 (1930).

35. Giauque, W. F., J. W. Stout u. C. W. Clark: Physic. Rev. **51**, **1108** (1937).
36. Goens, E.: Ann. Physik (5) **17**, 233 (1933).
37. — Physik Z. **37**, 321 (1936).
38. Grüneisen, E.: Verh. d. D. Physik. Ges. **15**, 186 (1913).
39. Grüneisen, E., u. E. Goens: Z. Physik **26**, 250 (1924).
40. Grüneisen, E.: Handbuch d. Physik **13**, 1 (1928).
41. — Leipziger Vorträge 1930, S. 46; Ann. Physik (5) **16**, 530 (1933).
42. Grüneisen, E., u. J. Gieleßen: Ann. Physik (5) **26**, 449 (1936).
43. — — Ann. Physik (5) **28**, 225 (1937).
44. Grüneisen, E.: Ann. Physik (5) **40**, 543 (1941).
45. Grüneisen, E., u. H. Adenstedt: Ann. Physik (5) **31**, 714 (1938).
46. Grüneisen, E., u. H.-D. Erfling: Ann. Physik (5) **38**, 399 (1940).
47. Grunmach, L., u. F. Weidert: Ann. Physik (4) **22**, 14 (1907).
48. de Haas, W. J.: Proc. Amsterdam **16**, 1110 (1914).
49. de Haas, W. J., u. P. M. van Alphen: Comm. Leiden **1933**, Nr. 225a.
50. de Haas, W. J., u. J. W. Blom: Comm. Leiden **1933—1934**, Nr. 229b u. 231b.
51. — — Ebenda Suppl. **1936**, Nr. 82c.
52. de Haas, W. J., J. W. Blom u. L. Schubnikow: Comm. Leiden **1935**, Nr. 237b.
53. de Haas, W. J., u. J. de Boer: Comm. Leiden **1934**, Nr. 231c.
54. de Haas, W. J., J. de Boer, u. G. J. van den Berg: Comm. Leiden **1933—1934**, Nr. 233b.
55. — — — Ebenda **1935**, Nr. 236d.
56. Henderson, J. B.: Wied. Ann. **53**, 912, 1894.
57. Holmes, R. M., u. H. W. Allen: Physic. Rev. **55**, 593, 1939.
58. Hume-Rothery, W.: The Metallic State, Electrical Properties and Theories, Oxford 1931.
58a. Huster, E.: Ann. Physik (5) **33**, 477 (1938); dort auch ältere Literatur.
59. Johansson, C. H., u. J. O. Linde: Ann. Physik (4) **78**, 439 (1925).
60. Justi, E., u. H. Scheffers: Physik. Z. **37**, 383 (1936). (Gold).
61. — — Ebenda **37**, 700 (1936) (Wolfram, transv. *H*.).
38, 891 (1937) (Wolfram, transv. u. long. *H*.).
62. — — Physik. Z. **39**, 105 (1938). (Aluminium).
63. — — Ebenda **39**, 591 (1938). (Blei, transv. *H*.)
64. — — Metallwirtschaft **17**, 1357 (1938) (Zusammenfassung).
65. Justi, E., u. M. Kohler: Ann. Physik (5) **36**, 349 (1939). (Natrium).
66. Justi, E., u. J. Kramer: Physik. Z. **41**, 105 (1940). (Natrium).
67. — — Ann. Physik (5) **41**, 197 (1940). (Barium, Vielkristall).
68. Justi, E., J. Kramer u. Reinhart Schulze: Physik. Z. **41**, 308 (1940). (Cadmium-Kristalle.)
69. Justi, E.: Physik. Z. **41**, 486 (1940). (Vielkristalle aus Gold, Blei, Niob, Tantal in transv. *H*.)
70. — Z. Tech. Physik **21**, 315 (1940). (Zusammenfassung.)
71. — Forschungen und Fortschritte **18**, 65 (1942). (Kristallbau u. LV.).
72. Kapitza, P.: Proc. Roy. Soc. London (A) **105**, 691 (1924).
73. — Ebenda **119**, 358; 401 (1928).
74. Ebenda **123**, 292, 342 (1929).
75. Kaye, G. W. C.: Proc. Roy. Soc. Lond. (A) **170**, 561 (1939).
76. Kohler, M.: Ann. Physik (5) **20**, 891 (1934).
77. — Z. Physik **95**, 365 (1935).
78. — Physik. Z. **39**, 9 (1938).
79. — Ann. Physik (5) **32**, 211 (1938).
80. — Ann. Physik (5) **38**, 283 (1940).
81. — Ebenda (5) **40**, 601 (1941).
82. Kramer, Joh.: seit 1933, z. B. Z. Physik **111**, 409 (1938).
82a. Laves, F.: Z. Kristallogr. **84**, 256 (1933).
83. Lazárew, B. G., N. M. Nakhimovich u. E. A. Parfenova: Journ. exp. u. theor. Phys. **9**, 1182 (1939).

84. Lenssen, M. H.: Diss. Amsterdam 1936.
85. Lichtenecker, K.: Physik. Z. **25**, 169, 193, 225 (1924).
86. Linde, J. O.: Elektr. Eigenschaften d. verdünnten Legierungen des Cu, Ag u. Au. Lund 1939.
87. Lisell, E.: Diss. Upsala 1903.
88. Meißner, W.: Ann. Physik (5) **13**, 641 (1932).
89. — Handb. d. Exp. Physik XI (2), Leipzig 1935.
90. Meixner, J.: Ann. Physik (5) **38**, 609 (1940).
91. Milner, C. J.: Proc. Roy. Soc. Lond. (A) **160**, 207 (1937).
92. Mott, N. F.: Proc. Phys. Soc. Lond. **46**, 680 (1934).
93. Mott, N. F., u. H. Jones: The theory of the properties of metals and alloys. Oxford 1936.
94. Nakhimovich, N. M.: Journ. Phys. USSR. **4**, 382 (1941).
95. Norbury, A. L.: Proc. Far. Soc. Dez. 1920.
96. Nordheim, L.: Ann. Physik (5) **9**, 607 u. 641 (1931).
97. — Rep. Réunion Int. de Chim. Phys. 1933.
98. Patterson, J.: Phil. Mag. (6) **3**, 643 (1902).
99. Pospišil, V.: Ann. Physik (5) **18**, 497 (1933).
99a. Rausch, K.: Diss. Marburg 1943.
100. Riedel, L.: Ann. Physik (5) **28**, 603, (1937).
101. — Metallwirtschaft **17**, 1105 u. 1134 (1938).
102. Sauter, F.: Ann. Physik (5) **42**, 110 (1942).
103. Simon, F.: Z. physik. Chemie **109**, 136 (1924).
104. Sommerfeld, A.: Z. Physik **47**, 1 u. 43 (1928).
105. Sommerfeld, A., u. H. Bethe: Handbuch d. Physik, 2. Aufl., S. 333 (1934).
106. Supek, J.: Z. Physik **117**, 125 (1940).
107. Swann, W. F. G.: Phil. Mag. **28**, 467 (1914).
108. Schmid, E., u. F. Staffelbach: Ann. Physik (5) **29**, 273 (1937).
109. Schubnikow, L., u. W. J. de Haas: Comm. Leiden **1930** Nr. 207a—d; 210a, b.
110. Schulze, Reinhart: Physik. Z. **42**, 297 (1941).
111. Stierstadt, O.: Z. Physik **67**, 725 (1931).
112. — Z. Physik **80**, 636 (1933).
113. — Ebenda **85**, 310 u. 697 (1933).
114. Stout, J. W., u. R. E. Barieau: Journ. Am. Chem. Soc. **61**, 238 (1939).
115. Tammann, G.: Z. Metallkunde **28**, 6 (1936).
116. Ţiţeica, Ş.: Ann. Physik (5) **22**, 129 (1935).
117. Vogt, E.: Z. Elektrochem. **45**, 602, (1939).
118. Voigt, W.: Kristallphysik, Leipzig und Berlin 1910.
119. Webster, W. L.: Proc. Roy. Soc. Lond. (A) **113**, 196 (1926), **114**, 611 (1927).
120. Williams, W. E.: Phil. Mag. (4) **9**, 77 (1905).
121. Wilson, A. H.: The Theory of Metals. Cambridge 1936.

Supraleitfähigkeit.

Von **E. Justi**, Berlin-Charlottenburg, und **K. M. Koch**, Wien.

Mit 22 Abbildungen.

Inhaltsverzeichnis.

I. Allgemeines.

Bald nachdem W. Meißner den vorangegangenen Bericht (1932) über Supraleitfähigkeit (Erg. d. ex. Naturwiss. XI, 1932) verfaßt hatte, begründete er selbst eine neue Epoche der Supraleitungsforschung, indem er zusammen mit Ochsenfeld (*182*) die Verdrängung von Strom und Magnetfeld aus einfach zusammenhängenden Körpern beim Eintritt der Supraleitung entdeckte und somit die Supraleitfähigkeit nicht nur als Problem des Leitungsmechanismus, sondern des Diamagnetismus zu betrachten lehrte. Damit wurden nicht nur die Voraussetzungen für eine Erweiterung der Maxwellschen elektrodynamischen Theorie und die thermodynamische Theorie der Supraleitung (SL.) geschaffen, sondern auch zahlreiche grundsätzlich neue experimentelle Fragestellungen angeregt. An ihnen beteiligten sich außer den bisher bestehenden großen Kältelaboratorien in Leiden, Toronto und Berlin-Charlottenburg auch die neugegründeten Kälteinstitute in Washington, Cambridge, Oxford, Moskau, Charkow u. a. m. Durch die Entdeckung neuer SL. mit extrem hohen Sprungtemperaturen und die Möglichkeit, alle Eigentümlichkeiten der SL. im Hörsaal zu zeigen, wurde das Interesse an diesem Wissensgebiet sehr verbreitet. Damit ergibt sich für diesen Bericht ein klar abgegrenzter Stoff von so großem Umfange, daß er im gegebenen Raum nicht vollständig referiert werden kann; da in der Berichtsperiode Monographien von Smith (*257*), Steiner und Graßmann (*277*), Burton (*31a*) sowie Shoenberg (*252*) erschienen sind, gehen wir hier ausführlicher vor allen auf diejenigen Veröffentlichungen ein, die in diesen Berichten wenig oder noch nicht wiedergegeben sind.

A. Supraleitende Metalle, Legierungen und Verbindungen.

a) Supraleitende Elemente. Nach dem Stand von 1932 hatte W. Meißner zehn supraleitende Elemente aufgeführt (Hg, Sn, Pb, Th, In, Ga, Ta, Ti, Th, Nb), die sich auf die 2. bis 5. Gruppe des Periodischen Systems verteilen. Heute sind weitere 9 supraleitende Elemente bekannt, von denen nach Mendelssohn und Daunt (*193*) nur La oberhalb (Übergangstemperatur $T_{ü} = 4{,}71^0$ abs) des normalen He-Siedepunktes ($4{,}22^0$ abs) springt, während die Mehrzahl der neuen Supraleiter (SL.) im Bereich niedriger Siededrucke, wie sie nur mit besonderer Pumptechnik erreicht werden können, aufgefunden wurden. Hierunter fallen, nach abnehmender Übergangstemperatur $T_{ü}$ geordnet, U [Justi (*13*)], Al [Keesom (*101*)], Re [Aschermann und Justi (*13*)] sowie Zn [Keesom (*103*)]. Durch Benutzung des neu entwickelten magnetokalorischen Kälteverfahrens wurde auch der Temperaturbereich unterhalb von $0{,}7^0$ abs zugänglich, in dem nach Kürti und Simon (*134*, *135*) Zr, Cd und Hf sl. werden. Ob dies Verfahren zu ebenso zuverlässigen Aussagen über den Eintritt der SL. führt, muß die Zukunft lehren. Für die Richtigkeit der magnetischen Methode spricht es, daß Shoenberg (*251*) an offenbar noch unreinen U-Proben partielle SL. in Mikrobereichen maß, die Justi (*13*) an reineren Proben durch Widerstandsmessung vollständig erhielt. Bemerkenswert ist ferner, daß nach Justi (*98*) Na, K, Rb, As, Sb, Si und Mo bis $0{,}8^0$ abs hinab normalleitend (nl.) bleiben, womit sich speziell die von Meißner (*180*) aus den $T_ü$ des binären Systems MoC für C → 0 extrapolatorisch vermutete SL. bei etwa 1,0° nicht bestätigt hat; daß Mo bis 0,3° nl. bleibt, findet Shoenberg in seiner bereits erwähnten magnetokalorischen Untersuchung (*251*), ebenso wie Cu, Au, Ag, Bi und Ge nach verschiedenen Autoren (Kürti, Simon, de Haas) übereinstimmend bis zu 0,05° hinab als NL. zu betrachten sind.

Damit sind gegenwärtig 19 Elemente als Supraleiter anzusehen, die Justi (*98a*) in der folgenden Tabelle zusammengestellt hat:

Tabelle 1. Sprungtemperatur $T_ü$° abs, charakteristische Temperatur Θ_D, Gruppe im periodischen System *Gr* und Kristallsystem *Kr* der bisher bekannten supraleitenden Metalle nach Justi (*98a*).

Met.	$T_ü$	Θ_D	*Gr*	*Kr*	V_A	Autoren
Nb	9,22	184	Va	k.rz.	10,8	Meißner, Franz
Pb	7,26	86	IVa	k.fz.	18,3	Onnes
La	4,71	?	IIa	hex.	22,6	Mendelssohn, Daunt
Ta	4,38	236	Va	k.rz.	10,9	Meißner, Westerhoff
V	4,3	69	Va	k.rz.	8,5	Meißner, Westerhoff
Hg	4,12	69	IIb	rho.	14	Onnes
Sn	3,69	180	IVb	tetr.	16,3	Onnes
In	3,37	150	IIIb	tetr.	15,9	Onnes, Tuyn
Tl	2,38	100	IIIb	hex.	17,2	Onnes, Tuyn
Ti	1,81	400	IVa	hex.	10,7	Meißner
Th	1,32	200	IVa	k.fz.	19,8	Meißner
U	1,25	141	VIa	k.rz.	12,7	Justi
Al	1,14	305	IIIa	k.fz.	10,0	Keesom
Ga	1,07	125	IIIb	rho.	11,8	de Haas, Voogd
Re	0,95	283	VIIa	hex.	9,1	Aschermann, Justi
Zn	0,79	230	IIb	hex.	9,2	Keesom
Zr	0,70	288	IVa	hex.	14,2	Kürti, Simon
Cd	0,54	158	IIb	hex.	13,6	Kürti, Simon
Hf	0,35	?	IVa	hex.	14	Kürti, Simon

Diese Tabelle 1 erhärtet zunächst die schon bekannte Einsicht, daß der Eintritt der SL. nicht unmittelbar mit der Abnahme der thermischen Ionenschwingungen („Phononen") bzw. dem von diesen Störschwingungen verursachten Ohmschen Widerstand zusammenhängt. Dies illustriert Justi (*98a*) durch ein instruktives Zahlenbeispiel. Danach besitzt z. B. Pb mit seiner extrem hohen Sprungtemperatur $T_ü = 7{,}26°$ abs eine besonders niedrige charakteristische Debye-Temperatur $\Theta_D = 86°$, das erst bei 1,14° abs springende Al dagegen einen sehr hohen Θ_D-Wert von 395°; gemäß dem Blochschen T^5-Gesetz für den Temperaturabfall des normalen Widerstandes verhalten sich die Widerstände bei übereinstimmendem (98a) atomaren Widerstand $\varrho_A = \varrho_{\Theta^0} \cdot V_A^{1/3}$ kurz vor Eintritt der SL. wie $(7{,}26/86)^5 : (1{,}14/395)^5$, so daß die SL. beim Al trotz weitgehender Übereinstimmung der Kristallstruktur, des atomaren Leitvermögens und Nachbarschaft im Periodischen System erst eintritt, wenn der von den Störschwingungen herrührende Widerstand auf den 21millionsten Teil von dem bei Pb gesunken ist.

Stellt man sich auf den naheliegenden Standpunkt, daß die SL. ähnlich wie der normale Leitungsstrom von den äußersten Elektronen der Metallatome getragen wird, so ist ein Zusammenhang der SL. mit andern von den Valenzelektronen abhängigen Eigenschaften zu erwarten. Hierbei wird man zunächst an die seit Lothar Meyer bekannte, mit steigender Ordnungszahl Z fast periodisch schwankende V_A-Kurve denken; in der Tat fand Clusius (*39a*), daß im V_A, Z-Diagramm die damals (1932) bekannten sl. Elemente sämtlich in einem gürtelförmigen Bereich $11 \leqq V_A \leqq 21$ liegen (Abb. 1), innerhalb dessen keine Nichtsupraleiter auftreten. Die seitdem entdeckten SL. durchbrechen vielfach diese Regel, wie die 6. Spalte der Tabelle 1 zeigt; nicht genug damit, daß in La ein SL. sogar hohen Sprungpunktes mit zu großem $V_A = 23$ auftritt, liegen nunmehr in V, Al, Re und Zn sicher SL. mit $V_A < 11$ vor. Die Clusiussche Regel läßt sich nun nicht einfach abändern, indem man alle in Tabelle 1 angeführten SL. umfassend $8{,}5 \leqq V_A \leqq 23$ setzt; denn in diesem Falle würde man z. B. Au ($V_A = 10{,}2$) und Pt ($V_A = 9{,}1$) als SL. einordnen, die bis zu 0,05° (*134, 135*) bzw. 0,77° abs (*103*) normalleitend bleiben. Ließe man nun die Forderung nach einer Ungleichung $V_{\min} \leqq V_A \leqq V_{\max}$ überhaupt fallen — leichte Elemente wie Li und Mg werden ja in Abb. 1 sowieso schon aus dem Gürtel ausgeschlossen — und beschränkte sich auf das Postulat eines einfach zusammenhängenden SL.-Bereichs im V_A, Z-Diagramm, so wäre man gezwungen, in Abb. 1 scharf begrenzte SL.-Halbinseln, z. B. nach unten für Re, nach oben für La, an den Gürtel anzuflicken, die nur gezwungen

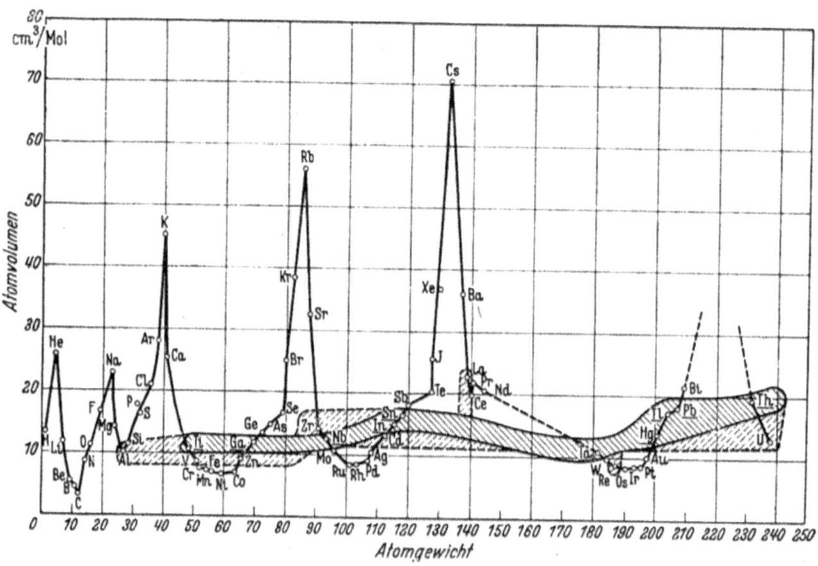

Abb. 1. Lage der Supraleiter in der Atomvolumen-, Atomgewichts-Kurve. Stand bei 1932 nach Clusius; Bereich der seitdem neuentdeckten S-Leiter.

nicht dicht benachbarte NL. wie W [nl. bis 0,74° abs nach (*103*), $V_A = 9{,}6$] oder Ce [nl. bis 1,43° nach (*98*), $V_A = 20{,}6$] mit einschließen.

Betrachten wir nach der Spalte V_A der Tabelle 1 diejenige für das Kristallsystem, so sehen wir, daß SL. in allen möglichen Formen auftreten, außer im Diamantgitter. Tatsächlich bleiben nicht nur Si bis 0,9° nach Justi (*98*) sowie Ge bis 0,05° nach Kürti und Simon (*134*, *135*) nl., sondern auch graues Sn leitet nach de Haas, Sizoo und Voogd (Comm. Leiden Nr. 187d, 1927) bis 2,5° normal, obwohl dieses in seiner gewöhnlichen („weißen") tetragonalen Form ab 3,7° supraleitet. Da auch unter den Verbindungen mit Diamantgitter wie z. B. Karborund (Silit) kein SL. aufgefunden werden konnte, wird man die NL. des grauen Sn nicht nur seinem ungünstigen Atomvolumen ($V_A > 21$) zuschreiben (*39a*), sondern in Erwägung ziehen, daß das Diamantgitter etwa wegen seiner extrem niedrigen Koordinationszahl (KZ. = 4) grundsätzlich zur SL. ungeeignet ist. Auf die Begünstigung des Eintritts der SL. durch hohe Koordinationszahlen weist besonders Dehlinger (*49*) hin.

Im übrigen ergibt eine Statistik folgendes: Von 15 untersuchten kubisch-raumzentrierten Metallen (KZ. = 8) (Li, Na, K, Rb, Cs, Ba, *V*, Cr, *Nb*, Co, *Ta*, *U*, Mo, W, Fe) werden 4, also 27% sl. (*98*); von 14 kubisch-flächenzentrierten (KZ. = 12) Metallen (Cu, Ag, Au, Sr, Ca, *Al*, *Pb*, Co, Ni, Rh, Pd, Ir, Pt, *Th*) werden 3, also 21% sl. Unter 13 untersuchten hexagonalen Metallen (KZ. = 12) (Be, Mg, *Zn*, *Ti*, *Zr*, Ru, Os, *Re*, *Hf*, *La*, Ce, *Tl*, Cd) fanden sich 7, also 62% SL. Zwei tetragonale Metalle (In fz., Sn rz.) werden beide sl., von 5 rhombischen bzw. trigonalen Stoffen (*Ca*, *Hg*, As, Sb, Bi) werden 2, also 40% sl. In den beiden letzten Fällen wird man der geringen Zahl wegen nur feststellen, daß das tetragonale, rhombische und trigonale System für den Eintritt der SL. günstig sind, ohne einer Statistik quantitativen Wert beizumessen. Ob die Häufung der SL. im hexagonalen System mit dessen günstigerer Struktur (dichteste Kugelpackung) primär zusammenhängt, muß einstweilen dahingestellt bleiben.

Betrachtet man schließlich noch die Spalte *Gr* der Tabelle 1, so findet man, daß zu den z. B. nach Kürti und Simon für — bis auf die im Diamantgitter auftretende Spalte IVb — durchweg sl. Elemente der Spalten IIa bis Va nunmehr Spalte VIa (U) und VIIa (Re) hinzugetreten sind, so daß lediglich aus der I. und VIII. Gruppe keine bzw. noch keine SL. bekannt sind. Hierbei ist Ru, das nach McLennan, Allen und Wilhelm (*155*) bei 2,04° sl. wird, entsprechend der Nachuntersuchung einer bedeutend reineren Probe (Restwiderstand z nur noch $0{,}08 \cdot R_{273}$ statt $0{,}75 \cdot R_{273}$) bis zu 1,17° hinab durch Meißner und Voigt als Nichtsupraleiter rubriziert.

Nachdem sich die Zahl der bekannten SL. nunmehr fast verdoppelt hat und nicht länger auf die Gruppen IIa bis Va beschränkt ist, sollte man nach Justi (*98*) die These in Betracht ziehen, daß grundsätzlich sämtliche Metalle sl. werden, falls keine speziellen Gegengründe vorliegen. Als solches Hindernis ist z. B. bei den Metallen der VIII. Gruppe der Ferromagnetismus bzw. starke Paramagnetismus anzusehen, der mit der SL. als völlig diamagnetischem Zustand schwer vereinbar erscheint. Bei den Metallen der I. Gruppe sind mehrere Hindernisse für den Eintritt der SL. in Erwägung zu ziehen. So haben Meißner (*179*) und Justi (*98b*) darauf hingewiesen, daß sich die SL. vom Standpunkt der universellen Theorie des freien Elektronengases nicht verstehen läßt, sondern daß zu ihrem Verständnis die jeweilige Wechselwirkung der Elektronen mit dem Ionengitter herangezogen werden muß. Gerade in den Alkalien steht den Leitungselektronen ein großer Raum zur Verfügung — bei Li; Na; K; Rb; Cs bzw. 14; 22; 39; 48; 58 cm^3/Mol gegenüber etwa 3 cm^3/Mol bei der Mehrzahl der Metalle nach Meißner und Schubert (*183*), so daß der normale Leitungsmechanismus dieser Metallgruppe weitgehend durch die Theorie ungebundener Elektronen erklärt werden kann. Stellt man sich überdies auf den ebenfalls von Meißner (*179a*) erörterten Standpunkt, wonach nicht die normalen Leitungselektronen, sondern besondere aus inneren Schalen stammende Kurzschlußelektronen Träger der SL. seien, so fallen auch unter diesem Gesichtspunkt die Alkalien als SL. aus; denn deren „freies" Elektron befindet sich über einer völlig abgeschlossenen inneren Elektronenschale, die ihre Angehörigen besonders fest bindet („Edelgaskonfiguration"). Schließlich verhalten sich die 1-wertigen Metalle noch in anderer Hinsicht einzigartig, z. B. durch ihre maximale elastische Anisotropie [Bender (Ann. d. Phys. **34**, 359, 1939)], die sich durch stark anisotrope Streuung der Leitungselektronen nach Justi, Kohler und Kramer (Ann. d. Phys. **36**, 349, 1939; Phys. ZS. **41**, 105, 1940) ausgesprochen auf den elektrischen Widerstand auswirkt. Fallen somit aus speziellen Gründen die I- und VIII-wertigen Metalle als Supraleiter aus, so bleibt die SL. auf die II. bis VII. Spalte und damit automatisch vorzugsweise auf Elemente mittleren Atomvolumens beschränkt, wodurch die Clusiussche V_A-Regel praktisch begründet erschiene. Gegen einen tieferen Zusammenhang zwischen dem Eintritt der SL. und dem V_A-Wert spricht auch die besonders von De Kronigk (*132*) untersuchte Beziehungslosigkeit zwischen $T_ü$ und V_A; der Versuch Dehlingers (*49c*), Elektronenkonfiguration und $T_ü$ halb qualitativ zu verketten, dürfte wohl wegen der geringen Zahl der damals bekannten SL. zumindest neue Durcharbeitung erfordern.

Im übrigen weisen Meißner und Schubert (*183*) mit Recht darauf hin, daß die Frage nach der Beziehung zwischen Eintritt der SL. und V_A schon deshalb nicht eindeutig beantwortet werden kann, weil sie nicht korrekt gestellt ist. Denn nicht das ganze V_A steht den Leitungselektronen zur Verfügung, sondern nur die Differenz Atomvolumen-

Ionenvolumen. Dieses wirksame Leitungselektronenvolumen V_E für 1 Mol $\sim 6{,}06 \cdot 10^{23}$ Elektronen haben die Autoren über der Ordnungszahl Z abgetragen und damit das deutlich von der V_A, Z-Kurve abweichende Diagramm (Abb. 2) erhalten, in dem sämtliche SL. in dem verhältnismäßig engen Intervall $2{,}5 \leqq V_A \leqq 6{,}2$ zusammengedrängt erscheinen derart, daß mit abnehmendem V_E $T_ü$ steigt. Freilich liegen in diesem Bereich nicht weniger NL. Zusammenfassend ist festzustellen, daß keine ganz sichere Beziehung zwischen Eintritt der SL. und Stellung im Periodischen System bekannt ist; dieser Tatbestand darf zumindest

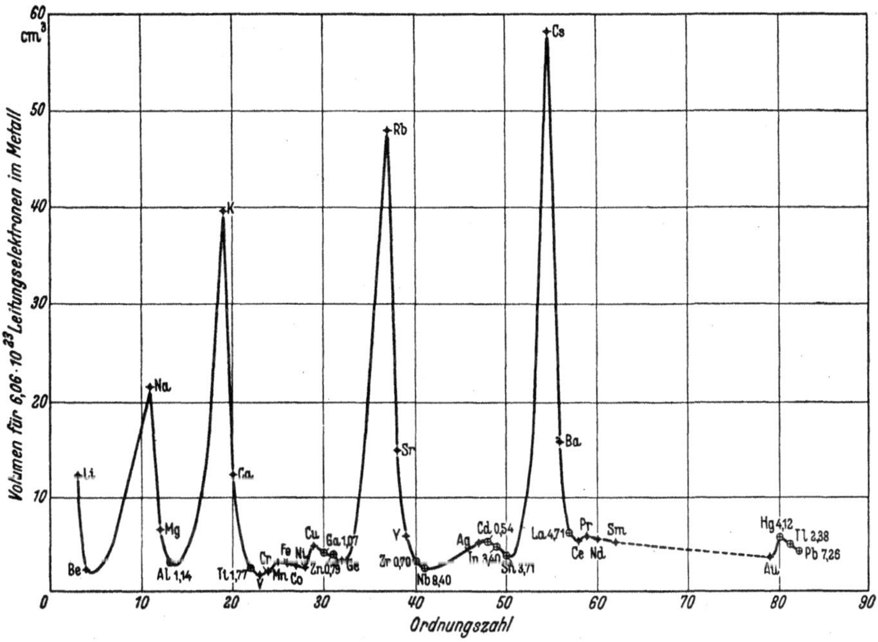

Abb. 2. Leitungselektronenvolumen für 1 Mol Metall ($6{,}0 \cdot 10^{23}$ Atome) als Funktion der Ordnungszahl nach Meißner und Schubert.

vorläufig auch so gedeutet werden, daß sämtliche oder fast alle metallischen Elemente bei Annäherung an $T \to 0$ sl. werden.

b) Supraleitende Legierungen und Verbindungen. Die Frage nach dem Auftreten der SL. in binären Legierungen, bestehend aus zwei SL. oder einem SL. und einem NL., ist von Meißner und Mitarbeitern 1932/33 systematisch untersucht und im Zusammenhang mit dem Zustandsdiagramm — d. h. völliger oder lückenhafter Mischkristallbildung, oder Auftreten von Eutektika, oder intermetallischen Verbindungen — im vorangegangenen Bericht abschließend dargestellt worden. Ebenso hat Meißner mit Franz und Westerhoff die SL. von Metall-Nitriden, -Karbiden, -Siliziden und -Boriden planmäßig durchforscht und wiedergegeben, so daß sich eine systematische Neubeschreibung hier erübrigt.

So sei hier lediglich auf die Entdeckung von sl. Verbindungen mit extrem hohen Sprungtemperaturen durch Aschermann, Friederich, Justi und Kramer (*12*) eingegangen, durch die teilweise mit $T_{ü} \geqq 23^{0}$ abs die bisherigen Rekordsprungtemperatur von NbC (10,1° bis 10,5°, Meißner und Franz 1932) mehr als verdoppelt wurde. Die Sprungkurven solcher NbH- und NbN-Präparate variieren in Abhängigkeit von Verunreinigung und thermischer Vorbehandlung derart, daß selbst Proben aus demselben Herstellungsgang verschieden ausfallen, wie dies Abb. 3 für NbN zeigt. Man erhält Sprungkurven, die hinsicht-

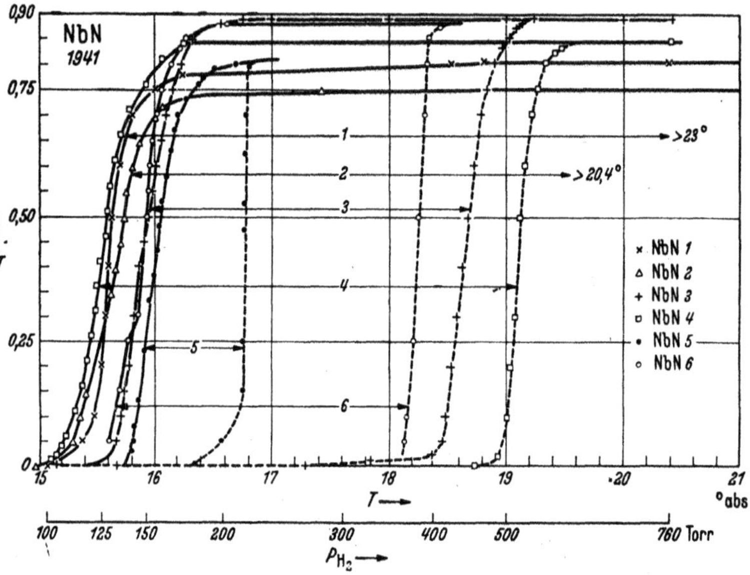

Abb. 3. Sprungkurve verschiedener NbN-Präparate derselben Herstellungsreihe nach Aschermann, Friederich, Justi und Kramer. Ordinate: Widerstandsverhältnis $r_T = R_T/R_{273}$; Abszisse T° abs. bzw. Siededruck des H_2-Bades in [Torr].

lich ihrer Steilheit an diejenigen mancher reiner Metalle heranreichen, dagegen fällt die ungewöhnliche Breite der Hysteresisschleife auf, sind doch die Halbwertswiderstände des fallenden und steigenden Zweiges bis zu 8° unterschieden. Sowohl chemisch wie röntgenographisch haben sich gerade die besten sl. Exemplare als nichtstöchiometrische Verbindungen mit beispielsweise 40% N-Unterschuß erwiesen (also $NbN_{0,6}$[1]); scheinbar in Verbindung hiermit steht die Ausbildung von Gitterverzerrung — also Abweichung des idealen NaCl-Gitters von $c/a = 1$ — von Gitteraufweitungen und von Überstrukturen (*12a*). Diese dürften für den SL.-Mechanismus nicht weniger wichtig sein als die Fähigkeit des Nb sowie des N, in verschiedensten Wertigkeiten aufzutreten. Kann

[1] Im Gegensatz zu Nb mit 50proz. N-Unterschuß wird die stöchiometrische Verbindung Nb_2N bis 9° abs nicht sl.

man also auch noch nicht gut sl. Präparate reproduzierend herstellen, so kennt man doch in der Abweichung vom stöchiometrischen Verbindungsverhältnis, der Ausbildung von verschiedenartigen Gitterfehlstellen und -verzerrungen, sowie dem Einfluß von Zusatzmetallen zahlreiche Parameter, die die Aussicht bieten, die bisherigen Erfolge durch systematische Variierung zu überbieten. Durch Messungen an ähnlichen Präparaten hat Justi (*97*) bereits festgestellt, daß zumindest der sl. Zwischenzustand (vgl. Kap. IV), in dem echt sl. mit nl. Mikrobereichen vermengt sind, noch weit oberhalb der H_2-Siedetemperatur existenzfähig ist, so daß echte SL. — wenn auch in Mikrobereichen — noch oberhalb von 100^0 abs möglich ist.

B. Demonstrationsversuche.

Diese hohen Sprungtemperaturen $T_ü$ bzw. hohen kritischen Feldstärken H_K haben es ermöglicht, alle bekannten SL.-Phänomene wie das Verschwinden des Widerstandes bei Abkühlung, seine magnetische Wiederherstellung, den Dauerstrom, den Abschirmstrom und Meißner-Effekt sowie das Umlagerungsspektrum selbst in großen Hörsälen ohne Benutzung von He-Kleinstverflüssigern [Seiler (*239a*)] vorzuführen; durch solche einfache Versuchsanordnungen wurde nicht nur das allgemeine Interesse an der SL. bedeutend gefördert, sondern der Fortfall des flüssigen Heliums bewirkte auch eine Intensivierung der kältephysikalischen Forschungsarbeiten, wie es sich z. B. anläßlich der Entdeckung der Umlagerungsgeräusche beim Übergang Normalleitung $\rightleftharpoons$ Supraleitung (N $\rightleftharpoons$ S) im äußeren Magnetfeld zeigte.

Da die thermische Vernichtung und die magnetische Wiederherstellung der Normalleitung schon von Clusius (*39b*) an NbC mittels tiefst sublimierendem H_2 ($p \sim 2$ Torr, $T \sim 10^0$ abs) vorgeführt werden konnte, sei hier nur auf die neu entwickelten Demonstrationen eingegangen.

In Abb. 4 ist schematisch die vereinfachte Ausführung des Dauerstromversuches dargestellt, wie er erstmals von Justi und R. Schulze (*96a*) öffentlich gezeigt und von Justi (*96b*) ausführlicher beschrieben wurde. Für diese Anordnung ist es kennzeichnend, daß nicht mehr ein selbst anzufertigendes sl. Galvanometer mit am Torsionskopf aufgehängtem SL. benutzt wird, vielmehr wird ein gewöhnliches Galvanometer verwendet, das durch eine bei Zimmertemperatur im Magnetfeld des Dauerstroms rotierende Probespule mit diesem gekoppelt ist. Die Durchführung dieser Methode geschieht so, daß das Spezialgefäß einen ebenfalls mit Vakuummantel umhüllten Kanal besitzt, in dem ein kleiner mit Synchronmotor angetriebener Doppel-T-Anker mit der unveränderlichen Frequenz N [$\sec^{-1}$] rotiert. In der Ankerwicklung der Windungsfläche $n \cdot q$ [cm^2] induziert dann das Magnetfeld H [Gauß] eine Spannung von $E = 2\pi \cdot N \cdot n \cdot \quad \cdot H \cdot 10^{-8}$ [Volt], und wenn man, wie veranschaulicht, durch zwei NbN-Ringe des Radius = Abstand = r [cm] ein homogenes Helmholtz-Feld erzeugt, so beträgt dies bekanntlich $H = 0{,}898\ J/r$ [Gauß], woraus sich die Dauerstromstärke J [Amp.] leicht berechnen läßt. Die Versuchsanordnung läßt besonders eindrucksvoll auch das unterschiedliche Verhalten (einfrierbarer) unterkritischer und (kommutierbarer) überkritischer Magnetfelder zeigen.

Bringt man einen bereits sl. Körper in ein äußeres Magnetfeld, so werden auf seiner Oberfläche Wirbelströme induziert, die mangels Ohmschen Widerstand zeitlich nicht abklingen und die nach der Maxwellschen Elektrodynamik das äußere Magnetfeld im Körperinnern gerade kompensieren; infolge dieses „Abschirmeffektes" verhält sich demnach ein SL. gegenüber Feldänderungen wie ein vollkommenes Diamagnetikum ($\mu = 0$ bzw. $\chi = -1/4\pi$), vorausgesetzt, daß bei der betreffenden

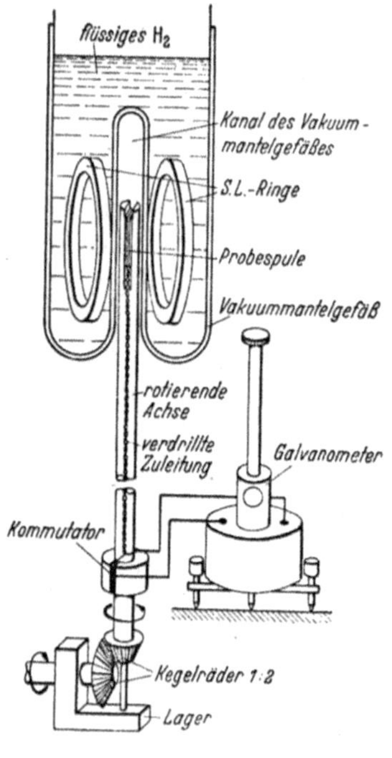

Abb. 4. Dauerstrom-Demonstrationsversuch nach Justi.

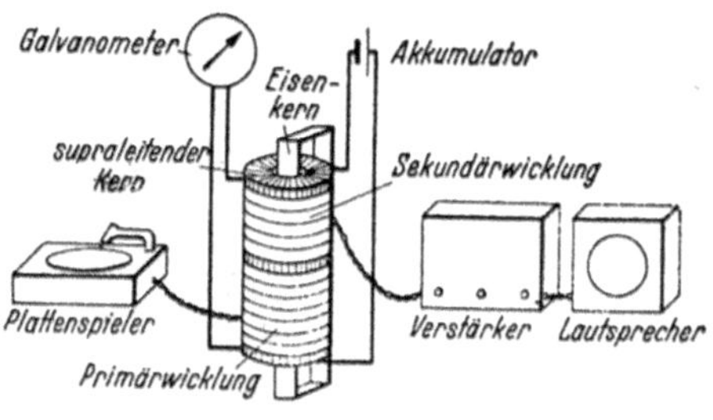

Abb. 5. Musikversuch zur Demonstration des Auftretens von Abschirmströmen nach Verschwinden des Ohmschen Widerstandes nach Justi.

Temperatur das Feld nicht überkritisch ($H > H_{kr}$) ist und dadurch die SL. aufhebt (vgl. II B). Zur Demonstration dieses Abschirmeffektes geht Justi (*96b*) so vor, daß er auf einen NbN-Zylinder 2 Wicklungen aufbringt und durch diesen Transformator Wechselstrom sendet; sowie der Kern infolge Abkühlung sl. geworden ist, hebt er durch Abschirmströme die magnetische Kopplung zwischen Primär- und Sekundärspule auf, und der Sekundärstrom setzt aus. Die Ausführung dieses Versuches veranschaulicht halbschematisch die Abb. 5. Der hohlzylindrische NbN-Kern ist mit 2 Strom- und 2 Potentialdrähten versehen, so daß der Eintritt der SL. am Lichtzeiger-Galvanometer abgelesen werden kann; in die Primärspule werden Wechselstromimpulse aus der Abtastdose eines Plattenspielers geleitet, die über einen sekundär angeschlossenen Verstärker im Lautsprecher hörbar gemacht werden. Sowie bei Abkühlung der Lichtzeiger auf 0 zurückgeht, setzt die Musik aus. Um mit einem mäßigen Verstärker auszukommen, ist die Kopplung zwischen Primär- und Sekundärwicklung durch einen Eisenkern verbessert; wenn trotz dieses hochpermeablen Joches die Kopplung verschwindet, so beweist dies, daß im SL. keineswegs einfach $\mu = 0$ gesetzt werden darf, sondern daß tatsächlich makroskopische Abschirmströme (II E) wirken. Dieses Wechselstromverfahren hat sich auch zur Untersuchung auf SL. für solche Proben (z. B. Sulfide) bewährt, an denen man keine Drähte anbringen kann.

Die letzte ebenso einfache wie drastisch wirkende Abwandlung des Dauerstromversuches stellt der Dauerstrom-Elektromagnet von Justi (*96*) dar, in dem der Dauerstrom ein Eisenjoch magnetisiert, so daß es viele Kilogramm Gewicht halten kann. Wie die Abb. 6 erkennen läßt, greift der Mittelpol (10 mm Rundeisen) des Topfmagneten *ABC* durch einen axialen Kanal des Vakuummantelgefäßes *D* hindurch, in dem der flüssige H_2M einen hohlzylindrischen Raum einnimmt. Man sendet durch die Flachspule G, O (600 Windungen) einen Erregungsstrom (max. 1 A), der am Anker P das Gewicht *Q* (max. 7 kp bei 10⁰ abs) hält. Dann erniedrigt man durch *J* den an *H* ablesbaren Siededruck und schaltet nach Unterschreiten der Schwellwertkurve den Erregerstrom aus, worauf *P*, *Q* hängenbleiben, weil der Ausschalt-Induktionsstoß im Ring *N* als Dauerstrom weiterfließt. Die Dauerstromstärke läßt sich annähernd aus $Q = 0{,}04\ (B/1000)^2 \cdot f$ [kp] ($f = 0{,}75$ cm²) und der Magnetisierungskurve, also der Induktion *B* als Funktion der Amperewindungszahl (AW.) berechnen. Einfacher und genauer erhält man die Dauerstromstärke aus der Überlegung, daß die Amp.W. von 0 und *N* merklich übereinstimmen, wenn sie dieselbe Last tragen. Dieser Demonstrationsapparat läßt also einfach aus Gewichtsmessungen bei verschiedenen Tempe-

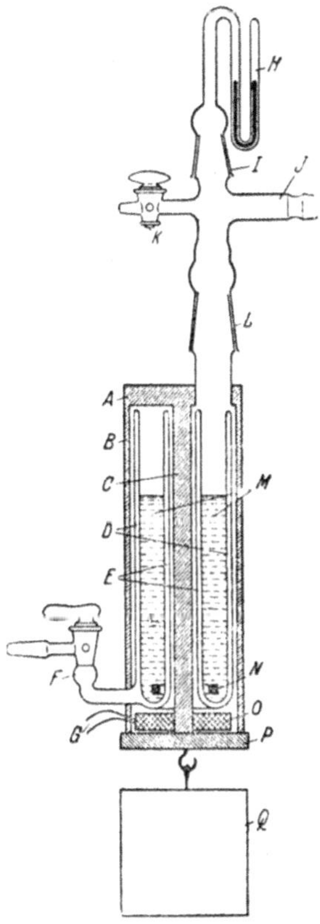

Abb. 6. Dauerstrom-Elektromagnet nach Justi. ABC Eisenjoch des Topfmagneten, D bzw. E äußerer bzw. innerer Vakuummantel des Glasgefäßes für flüssigen Wasserstoff, M, F Vakuummantelhahn, G Zuleitungen der Induktionsspule, O, H Dampfdruckthermometer, I, L Schliffe, J Pumpstutzen, K Lufteinlaßhahn, N NbN-Ring, P Anker, Q Gewicht.

raturen magnetische Schwellwertkurven $H_k = f(T)$ aufnehmen; sie liegen bei sl. Verbindungen tiefer als die aus Widerstandsmessungen abgeleiteten (vgl. II G), und unter Hinweis hierauf hatte Keesom (*105*) noch kürzlich die Möglichkeit, selbst unter Verwendung von flüssigem He Dauerstrom-Elektromagnete verwirklichen zu können, negativ beurteilt.

C. Dauerstrom- und Stromverzweigungsversuche.

Der Dauerstromversuch, den K. Onnes zur Festlegung einer oberen Grenze für den Ohmschen Widerstand im sl. Zustand erdachte, ist von Graßmann (*70, 71*) verfeinert worden; der Fortschritt besteht wesentlich im Ausbau zu einem Differenzmeßverfahren („Abklingversuch 2. Art"), wie es die Abb. 7 veranschaulicht. Ähnlich wie in der Onnesschen Anordnung bemerkt man einen sl. Ring R, der mit einem Ablesespiegel Sp drehbar mittels Quarzfaden Q am Torsionskopf aufgehängt ist; er ist dem Drehmoment eines durch die Spulen N_m erzeugten, seiner Ebene parallelen Meßfeldes H_m von 0,4 bis 0,8 Gauß ausgesetzt. Der Dauerstrom wird durch ein besonderes Paar von Induktionsspulen N_i induziert, deren Feld H_i senkrecht auf der Ringebene in Nullage steht. Läßt man die Spulen N_m aus, so hat man die Onnessche Anordnung vor sich, bei der die Abklingzeit des Dauerstromes aus der zeitlichen Änderung des Verdrehungswinkels $\Delta\alpha$ zwischen den Achsen von R und H_i ermittelt wird; dieser „Abklingversuch 1. Art" ist in seiner Genauigkeit durch die Zuverlässigkeit des Drehsystems auf etwa 0,1% beschränkt. Statt dessen arretiert nun Graßmann den Ring in der Ruhelage und läßt durch N_i einige Minuten lang ein zeitlich unveränderliches Feld H_i auf R einwirken. Da der Einschaltstoß den genau entgegengesetzt gleichen Dauerstrom wie der Ausschaltstoß induziert, so ist nach dem Ausschalten von H_i der Ring wieder stromlos; hat aber der Dauerstrom während der Versuchszeit um ΔJ abgenommen, so fließt nach Abschalten von H_i in R ein Dauerstrom $-\Delta J$, dessen Betrag nach Entarretierung des Ringes mit einer Genauigkeit von 0,04 bis 0,08 MA/sec abgelesen werden kann. Die Zeitkonstante L/R meinte der Autor durch Erhöhung von R weiter zu verkleinern, indem er statt massiver SL. auf Cu-Ringe aufgebrachte dünne SL.-Schichten benutzte. So findet Graßmann, daß der Wider-

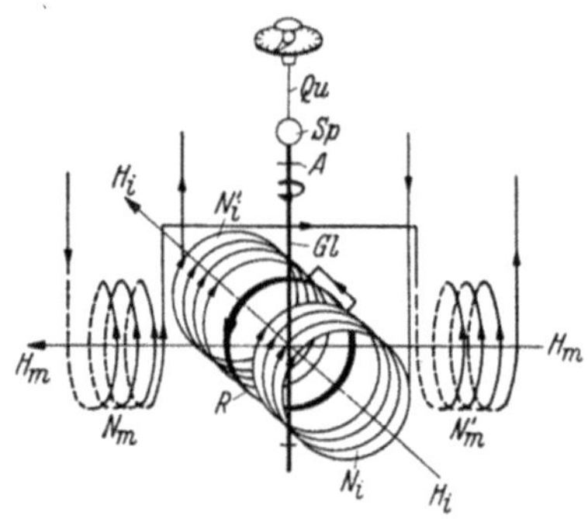

Abb. 7. Schematische Ansicht der Dauerstrom-Versuchsanordnung von Graßmann. A Arretierung, Gl Achse, N_m Meßfeldspulen, N_i Induktionsspulen, R s-leitender Ring, Q Quarzfaden, Sp Ablesespiegel.

stand einer 6,5 μ dicken Sn- bzw. 3,5 μ dicken Pb-Schicht weit unterhalb der Schwellwertkurve höchstens einige 10^{-14} des Eispunktswiderstandes beträgt. Der SL. leitet also um mindestens so viel Zehnerpotenzen besser als Cu bei Zimmertemperatur, wie dieses besser leitet als Marmor oder Glas (Abb. 8). Hierbei rechnet der Autor mit über den Querschnitt konstanter Stromdichte; geht man aber von der jetzt allgemein angenommenen endlichen Eindringtiefe des Stromes (vgl. VI B), mit der Halbwertstiefe von 10^{-5} cm aus, so wird die obere Widerstandsgrenze der SL. um weitere 1 bis 2 Größenordnungen erniedrigt. Selbst bei als unveränderlich gerechneten Stromdichten von $4 \cdot 10^5$ A/cm² tritt im Pb keine zeitliche Stromabnahme auf, woraus der Autor folgert, daß mindestens auf jedes 10^4. Atom ein sl. Elektron entfällt.

Bei der Fortsetzung dieser Versuche zusammen mit Eicke (71) wurde eine merkwürdige Irreversibilität beobachtet, die die Autoren folgendermaßen formulieren:

1. Bei der erstmaligen Induktion eines Dauerstromes tritt nur ein Teil der vom induzierenden Feld auf den SL. übertragenen Energie als Energie des Dauerstromes in Erscheinung, während der — meist allerdings sehr kleine — Rest in einer noch unbekannten Form im SL. verschluckt wird.

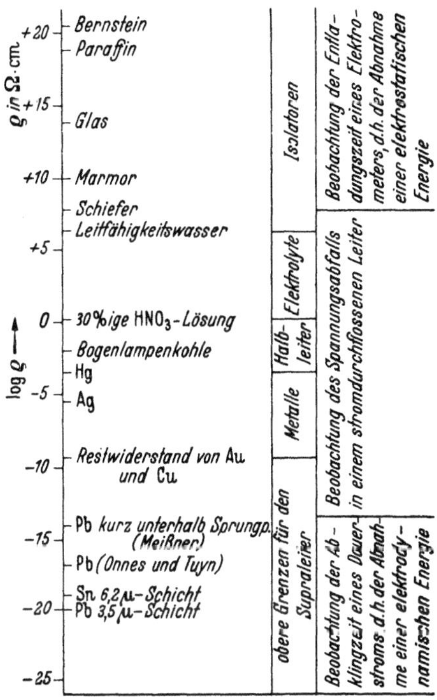

Abb. 8. Logarithmen der spezifischen Widerstände von Isolatoren, Elektrolyten, N-Leitern und S-Leitern nach Graßmann.

2. Der Betrag der insgesamt aufgenommenen Energie ist von der Zeitdauer, während der der Dauerstrom im SL. fließt, unabhängig.

3. Wird ein zweites und drittes Mal ein gleich starker und gleich gerichteter Strom im SL. induziert, so findet im allgemeinen keine wesentliche Energieaufnahme mehr statt.

4. Eine neuerliche, und zwar etwa doppelt so große Energieaufnahme des SL. tritt jedoch ein, wenn ein gleich starker, jedoch entgegengesetzt gerichteter Dauerstrom induziert wird.

5. Bei Annäherung an den Schwellwert des Stromes nimmt diese Energieaufnahme des SL. sehr rasch zu.

Dieses auch von Keesom und Mitarbeitern bearbeitete Problem der reversiblen Umwandlung von magnetischer bzw. Dauerstromenergie in eine potentielle Energie des Leiters wird uns später (vgl. III C) ausführlicher beschäftigen.

Außer diesen experimentellen Arbeiten ist auch eine theoretische Untersuchung zum Dauerstromproblem zu referieren, in der M. v. Laue (*150*) eine neue Erklärung für die von Onnes und Tuyn aufgefundene Unverschiebbarkeit der Dauerstrombahn in einer sl. Kugel gibt.

Vom Standpunkt der durch M. v. Laue fortgebildeten Londonschen phänomenologischen Theorie (vgl. VI C) wird die im Normalleiter auf den Strom i wirkende Volumkraft $\mathfrak{K} = \frac{1}{c}[i\mathfrak{H}]$ des äußeren Magnetfeldes durch einen aus dem Londonschen Zusatzglied folgenden, nur im S-Zustand vorhandenen und an der Oberfläche des SL. unstetig aufhörenden und an ihr eine Flächendivergenz besitzenden Spannungstensor gerade kompensiert; denn für nicht zu stark gekrümmte Flächen und hinreichend dicke Körper beträgt er wie die Maxwellschen Spannungen $\frac{1}{8\pi}H^2$. Wenn hiernach eine Voll- oder Hohlkugel von einigermaßen großem Radius im stationären Magnetfeld niemals ein Drehmoment um den Mittelpunkt erfahren kann, so vermag sie doch ein magnetisches Wechselfeld in Drehung versetzen, wie Becker, Heller und Sauter (*16*) bereits in ihrer Begründung der Beschleunigungstheorie rechnerisch und Kikoin und Gubar (*123*) experimentell bewiesen haben (vgl. VI).

Als eine besondere Art von Dauerstromexperimenten lassen sich die Stromverzweigungsversuche auffassen, wie sie von Justi und Zickner (*92*) mit größtmöglicher Präzision durchgeführt wurden, nachdem die im vorangegangenen Bericht referierten, zunächst eigentümlich erscheinenden qualitativen ersten Versuche von Sizoo durch v. Laue (*146*) einen theoretischen Deutungsversuch erfahren hatten. Nach den Kirchhoffschen Regeln verteilt sich ein Gleichstrom $\mathfrak{J}$ auf zwei parallel geschaltete Ohmsche Widerstände R_1 und R_2 gemäß $i_1/i_2 = 1/R_1 : 1/R_2$, welcher Ausdruck im Falle der SL. wegen $R_1 \approx R_2 \approx 0$ zu $i_1 : i_2 = \infty : \infty$ entartend unbestimmt wird. Nach der v. Laueschen Theorie stellt sich ein solches Verzweigungsverhältnis i_1/i_2 ein, daß die Energie E des Systems ein Minimum wird; falls keine besondere von der Stromstärke abhängige Ordnungsenergie im SL. besteht, ist sie rein magnetischer Natur und hängt also wie beim Wechselstrom von den Selbst- und Gegeninduktivitäten ab: $E_1 = \frac{1}{2}L_{11}i_1^2 + L_{12}i_1i_2 + \frac{1}{2}L_{22}i_2^2$. Hieraus ergibt sich das Verzweigungsverhältnis minimaler Energie stromunabhängig zu $i_1/i_2 = (L_{22} - L_{12})/(L_{11} - L_{12})$; für hinreichend große Gegeninduktivität $(L_{11} > L_{12} > L_{22})$ kann es also negativ werden, d. h. der Teilstrom i_1 fließt dann entgegengesetzt dem Gesamtstrom $\mathfrak{J} = i_1 + i_2$ „bergauf".

Die Prüfung dieser schon länger bekannten Theorie war bisher unterblieben, vielleicht wegen der meßtechnischen Schwierigkeiten, durften doch keine Amperemeter von endlichem, den Strom verzehrendem Widerstand benutzt werden. Die hohe Gegeninduktivität läßt sich nur erzielen, wenn die beiden SL. weitgehend gemeinsames Magnetfeld besitzen, also z.B. als koaxiale Spulen ausgebildet sind; um trotzdem die Teilströme aus ihrer magnetischen Wirkung getrennt bestimmen zu können, wandten Justi und Zickner folgende Versuchsanordnung an, die in Abb. 9 schematisch, in Abb. 10 im Schnitt gezeigt wird. Der bei +, — durch das Drehspulamperemeter A ein- bzw. austretende Gesamtstrom $\mathfrak{J}$ wird über einen Kommutator K den beiden parallel geschalteten SL.-Spulen Sp_1 bzw. Sp_2 zugeführt, deren Windungen Sp_{1_a} bzw. Sp_{2_a} fast alle auf zwei koaxialen Hohlzylindern aufgewickelt sind. Nur je zwei Windungen Sp_{1_b} bzw. Sp_{2_b} sind als Helmholtz-Feld (Abstand = Radius) mit zur Zylinderspulenachse senkrechtem Feld herausgeführt; durch präzise feinmechanische Ausführung ist erreicht, daß die über den Umschalter U wahlweise an das ballistische Galvanometer G anschließbaren, mittels der Drehachse F um $\pm$ 180° zu schwenkenden Probespulen Sp_{1_c} bzw. Sp_{2_c} lediglich den Magnetfeldern von Sp_{1_b} bzw. Sp_{2_b} ausgesetzt sind; die ballistischen Ausschläge sind also proportional i_1 bzw. i_2, und der Gesamtstrom $\mathfrak{J} = i_1 + i_2$ kann an A absolut abgelesen werden. Die Abb. 11 gibt Meßergebnisse an Sn-Spulen wieder, wobei die Teilströme i über dem Gesamtstrom $\mathfrak{J}$ abgetragen sind. Im nl. Zustand bei 4,22° abs ergeben sich für die Teilströme i_{1_n} bzw. i_{2_n} die strichpunktierten Geraden, deren Tangenten sich wie $1/R_1 : 1/R_2$ verhalten, und deren Summe wegen $\mathfrak{J} = i_1 + i_2$ eine (ge-

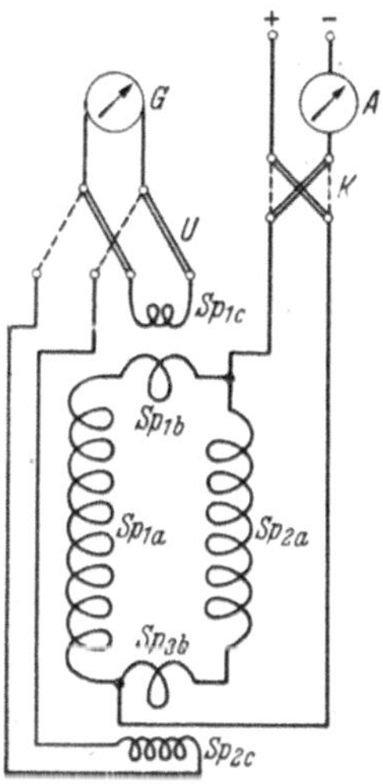

Abb. 9. Schema des Stromverzweigungsversuches von Justi und Zickner. A Amperemeter, G Galvanometer, K Kommutator, Sp_{1a} und Sp_{2a} Hauptspulen, Sp_{1b} und Sp_{2b} Meßschleifen, Sp_{1c} und Sp_{2c} schwenkbare Probespulen, U Umschalter.

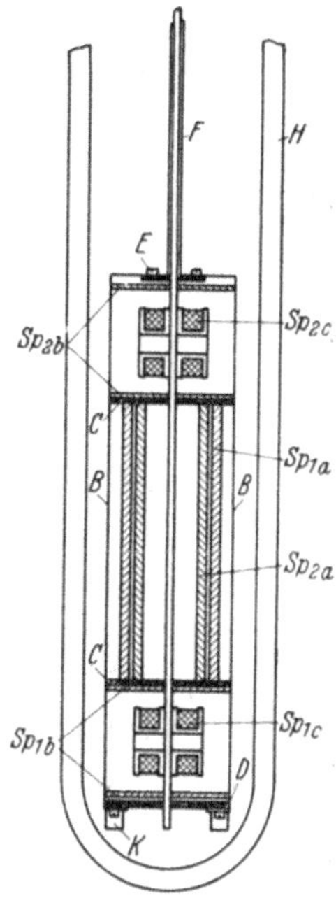

Abb. 10. Schnitt durch den Stromverzweigungsapparat von Justi und Zickner. B Neusilberrahmen, der die Spulenkörper Sp zusammenhält, an der Neusilberkapillare F, die die Drehachse der schwenkbaren Probespulen Sp_{1c} und Sp_{2c} enthält, über den Flansch E aufgehängt, D Isolierstück, das den Rahmen B elektrisch unterbricht. K Korkstückchen, C Trolitulflansch, H Vakuummantelgefäß, G Führungsstifte, I Drehachse.

strichelte) Gerade unter 45^0 ergeben muß. Sowie die Spulen sl. werden ($T < 3{,}71^0$ abs), wird der durch die windungsreichere Spule fließende *nach* Eintritt der SL. eingeschaltete Teilstrom i_{1_s} erwartungsgemäß negativ, und der andere Teilstrom i_{2_s} so viel größer als $\mathfrak{J}$, daß wieder $i_{1_s} + i_{2_s}$ zusammen die Gerade unter 45^0 ergeben. Verbindet man nun die Spulen gegensinnig, so bleiben erwartungsgemäß wegen des umgekehrten Vorzeichens von L_{12} beide Teilströme i_{1_s} und i_{2_s} positiv, wie es Abb. 12 zeigt. Die Autoren haben auch *vor* Eintritt der SL.-Ströme von z. B. $\mathfrak{J}_0 = 0{,}500$ A überlagert und Parallelverschiebung, d. h. reine Additivität festgestellt. Diese Ergebnisse wurden sowohl bei Parallelschaltung von 2 Sn-Spulen, von 2 Pb-Spulen sowie einer Sn- und einer Pb-Spule verschiedener L-Beträge erhalten. Die Induktivitäten wurden sowohl nach den Präzisionsmeßmethoden der PTR. (G. Zickner, Arch. f. El. 19, 49, 1927) gemessen, wie unter Berücksichtigung der Stromverdrängung nach Esau (Jahrb. f. drahtl. Tel. 5, 378, 1912) berechnet, wobei sich befriedigende Übereinstimmung ergab.

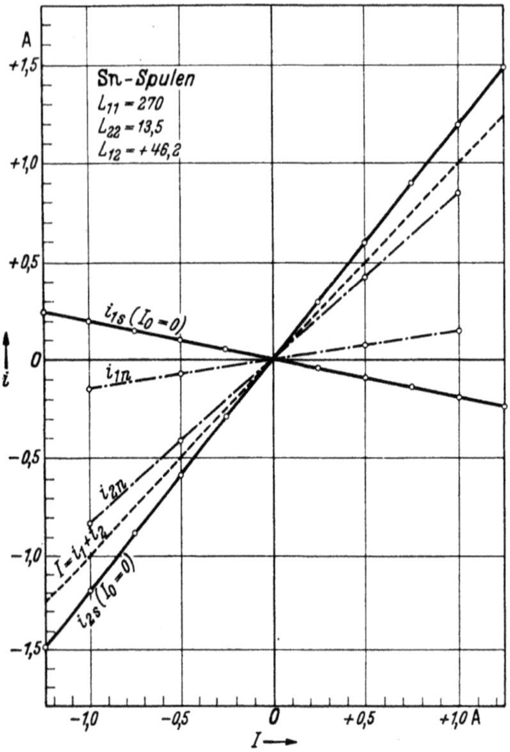

Abb. 11. Meßergebnisse für die Stromverzweigung zwischen 2 gleichsinnig parallel geschalteten Sn-Spulen von $L_{11} = 270$; $L_{22} = 13{,}5$; $L_{12} = 46{,}2$ μH. Dargestellt sind die Teilstromstärken i_{1s} und i_{2s} im s-leitenden Zustand als Funktion der nach Eintritt der S-Leitung ($T < T_u = 3{,}71^0$ abs.) eingeschalteten Gesamtstromstärke I [Amp.]. Die Meßpunkte für die Teilstromstärken i_{1n} und i_{2n} im n-leitenden Zustand als Funktion von I beim Siededruck p = 1 Atm. ($T = 4{,}22^0$ abs.) sind durch eine strichpunktierte Gerade verbunden. Die Gleichung $i_1 \pm i_2 = J$ ist durch eine gestrichelte Gerade dargestellt.

Als Maß für die Genauigkeit der Übereinstimmung zwischen der gemessenen und der nach v. Laue berechneten Stromverzweigung benutzen die Autoren die relative Abweichung $G = (E_1 - E_2)/E_2$ zwischen der aus gemessenen L- und i-Werten errechneten Energie $E_1 = \frac{1}{2} L_{11} i_1^2 + L_{12} i_1 i_2 + \frac{1}{2} L_{22} i_2^2$ und der theoretischen Minimalenergie $E_2 = \mathfrak{J}^2 (L_{11} L_{22} - L_{22}^2)/(L_{11} + L_{22} - 2 L_{12})$. Die Ausrechnung der in

Abb. 11 und 12 wiedergegebenen Meßreihen ergab $G = 0{,}67\%$ bzw. $0{,}7\%$; die entsprechenden Versuche an Pb lieferten $G = 0{,}0\%$ bzw. $1{,}1\%$.

Aus diesen Messungen ziehen die Autoren folgende Schlüsse:

1. Die Gleichstromverzweigung in parallelgeschalteten SL. wird durch deren induktive Widerstände bestimmt; ein entgegengesetzt zum Gesamtstrom „bergauf“ fließender Teilstrom kann aufgefaßt werden als Einschaltstoß in einem Autotransformator, der infolge unendlich großer Zeitkonstante nicht abklingt.

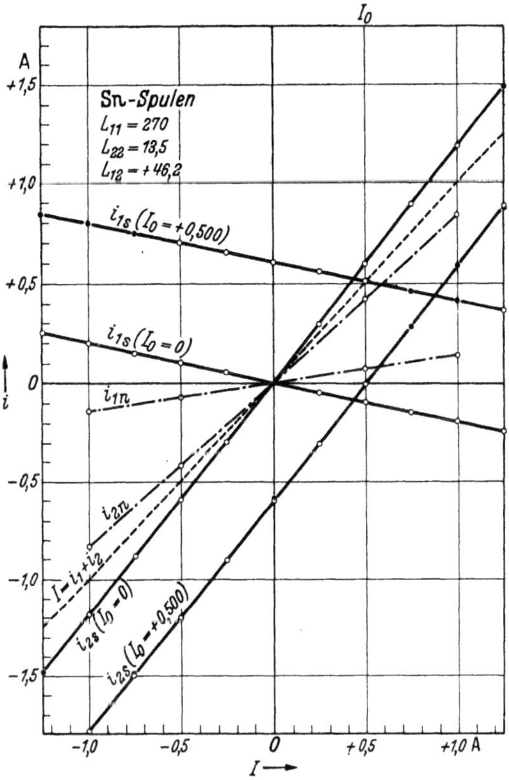

Abb. 12. Weitere Meßergebnisse für die Stromverzweigung zwischen zwei Sn-Spulen wie im Diagramm Abb. 11. Hier ist vor Eintritt der S-Leitung (bei 3,16° abs.) ein Vorbelastungsstrom $I_0 = 0{,}500$ Amp. eingeschaltet. Meßpunkte o mit voller, o mit herabgesetzter Galvanometerempfindlichkeit zur Prüfung der Linearität. Dauerstromstärke $i_0 = \pm 0{,}607$ [Amp.]. Übrige Bezeichnungen wie in Abb. 11.

2. Im SL. existiert keinerlei stromstärkenunabhängige Ordnungsenergie. Diese müßte als nur vom Betrag, nicht der Richtung des Stromes abhängend zu $E_{\mathrm{ord}} = \frac{1}{2}\,(a_a i_a^2 + b_a i_a^4 + c_a i_a^6 \ldots)$ angesetzt werden. Wäre a_a nicht Null, so würde die Stromverzweigung durch $L_{11} + a_1$ bzw. $L_{22} + a_2$ statt L_{11} bzw. L_{22} bestimmt werden, und die von Null verschiedenen Koeffizienten von i_a^4, $i_a^6 \ldots$ würden Krümmungen der i, J-Diagramme bewirken, beides im Widerspruch zu den Messungen.

3. Ein *vor* Eintritt der SL. eingeleiteter Vorbelastungsstrom J_0 verlagert sich bei Eintritt der SL. völlig in die Außenspule (vgl. Abb. 12), zeigt also einen Meißner-Ochsenfeld-Effekt. Dies ist insofern bemerkenswert, als er sich hier einfach erklären läßt: In der frei liegenden Außenspule Sp_{1a} (Abb. 10) sinkt die Temperatur und daher der Widerstand bei Abkühlung schneller als in der thermisch isolierten Innenspule Sp_{2a}; daher nimmt i_{1n} bei Abkühlung auf Kosten von i_{2n} zu und diese Stromverteilung „friert“ in Übereinstimmung mit der Maxwell-Lippmannschen

Gleichung bzw. dem Induktionsgesetz $\dot{B}_n = 0$ (vgl. II B) ein („Außenkühlungseffekt").

4. Diese Stromverzweigungsformeln stehen auch in engem Zusammenhang mit der Stromverdrängung, wie sie ein *nach* Eintritt der SL. durch einen Draht geleiteter Strom erfährt. Bezeichnet man nämlich den durch einen unendlich langen dünnen Draht fließenden Strom mit i_1, und fließt parallel hierzu durch einen koaxialen dünnen Hohlzylinder der Strom i_2, so gilt $L_{12} = L_{22}$, wie v. Laue (*147*) durch Koeffizientenvergleichung zwischen den Faktoren der gesamten magnetischen Energie $A\,(i_1 + i_2)^2 + B i_1^2$ und der allgemeinen Gleichung $E_{\text{magn}} = \frac{1}{2} L_{11} i_1^2 + L_{12} i_1 i_2 + \frac{1}{2} L_{22} i_2^2$ bewiesen hat. Da hier $L_{22} - L_{12} = 0$ wird, verschwindet gemäß $i_1/i_2 = (L_{22} - L_{12})/(L_{11} - L_{12})$ der Teilstrom i_1, d. h. der Gesamtstrom fließt lediglich als Oberflächenstrom i_2.

5. Innerhalb der Beobachtungsdauer änderte sich i_1/i_2 nicht, ohne daß hieraus weitergehende Schlüsse auf die obere Widerstandsgrenze in SL. gezogen werden könnten. Denn v. Laue (*149*) hat bewiesen, daß der Stromverzweigungsversuch als Kombination zweier Dauerstromversuche aufgefaßt werden kann, die alle ähnliche Zeitfunktionen $e^{-L/Rt}$ besitzen wie dieser.

II. Der Supraleiter im Magnetfeld.

A. Allgemeines.

Bei Besprechung des Verhaltens von SL. im Magnetfeld muß stets deutlich unterschieden werden, ob das Magnetfeld *nach* Eintritt der SL. eingeschaltet wird, oder ob der Körper *zuerst* noch nl. in das Magnetfeld eingebracht und nachher in den SL.-Zustand überführt worden ist. Zwar geht die thermodynamische Behandlung des Überganges $N \rightleftharpoons S$ von der Voraussetzung aus, daß der Übergang reversibel und von der Reihenfolge der Änderungen des Magnetfeldes und der Temperatur unabhängig ist, aber diese Voraussetzung ist idealisierend und muß durch die aus ihr gezogenen Folgerungen am Versuch jeweils bestätigt werden. Die experimentell beobachteten Abweichungen von der strengen Reversibilität hat man bisher immer kurzerhand als Hysteresiserscheinungen abgetan und es wäre denkbar, daß sie mehr sekundären Charakter haben. Trotzdem verstärkt sich in letzter Zeit der Eindruck, daß gerade in diesen sekundären Effekten der Mechanismus des Übergangs $N \rightarrow S$ besonders klar zum Ausdruck komme.

Ebenso scheint es uns auch empfehlenswert, das Verhalten eines isolierten SL. im Magnetfeld von dem eines SL. zu unterscheiden, der in einen äußeren Stromkreis eingeschaltet ist. Die beiden Erscheinungsgruppen sind durch den Umstand verknüpft, daß der SL.-Zustand nur unterhalb eines gewissen Wertes der magnetischen Feldstärke bestehen kann, wobei es im Sinne der Silsbeeschen Hypothese an sich gleichgültig sein sollte, ob diese Feldstärke durch ein äußeres Feld oder durch einen den SL. durchfließenden Strom erzeugt wird. Auch hier sind es vielleicht nur die Nebenumstände, die einen Unterschied zwischen den beiden Fällen hervorbringen, aber ebenso wie oben scheint der Mechanismus der Umwandlungsprozesse sich gerade in diesen Sekundäreffekten auszuprägen. Überdies erfordert die eindeutige Festlegung des Begriffs der „kritischen Feldstärke" eine Unterscheidung der beiden Erscheinungsgruppen. Dieser Standpunkt hat sich in den letzten Jahren in der Literatur immer mehr eingebürgert.

Wir besprechen also in den Abschnitten B und C zuerst das Verhalten eines isolierten, von keinem äußeren Strom durchflossenen SL. im Magnetfeld, wobei wir wieder unterscheiden wollen: Verhalten unterhalb und oberhalb der kritischen Feldstärke. Dann folgt der stromdurchflossene SL. in einem äußeren Magnetfeld (Abschnitt D). Im Abschnitt E dieses Kapitels besprechen wir sodann das Verhalten eines SL., der vor Eintritt der SL. in ein Magnetfeld gebracht wird, wobei es sich wieder empfiehlt, bei aller Gemeinsamkeit des Prinzipiellen eine Unterteilung vorzunehmen, je nachdem, ob der Übergang zum sl. Zustand durch Senkung der Temperatur oder der magnetischen Feldstärke bewerkstelligt wird.

B. Der Abschirmeffekt.

Bringen wir einen SL. von einfacher Gestalt nach erfolgter Abkühlung unter den Sprungpunkt in ein Magnetfeld, so liefert schon die klassische Elektrodynamik eine Aussage darüber, was wir zu erwarten haben. In der Induktionsgleichung $L\dot{J} + \frac{J}{\sigma} = -\dot{\Phi}$ fällt für $\sigma = \infty$ das zweite Glied weg, damit wird die ganze Gleichung nach der Zeit integrierbar und gibt

$$L\,(J - J_0) = -(\Phi - \Phi_0).$$

Voraussetzungsgemäß war für $t = 0$ auch $\Phi_0 = 0$, für J_0 dürfen wir das gleiche annehmen; es bleibt somit $LJ = -\Phi$. Das heißt, daß der vom Induktionsstrom erzeugte Kraftfluß den Fluß des äußeren Feldes im Inneren des Versuchskörpers aufhebt. Ist das vom Induktionsstrom erzeugte Feld homogen (das trifft bei Körpern von ellipsoidischer und kugelförmiger Gestalt zu[1]), dann wird das äußere Feld in allen Punkten des Inneren aufgehoben. Infolge des Wegfalls des Ohmschen Widerstandes fließt dieser, das äußere Feld vom Inneren des Körpers gleichsam abschirmende Strom so lange weiter, als der SL.-Zustand aufrechterhalten wird; wir sprechen von einem Abschirmstrom. Ein Hinweis auf die exakte Ableitung des Abschirmeffektes für Leiter von einfacher Form wird im Kapitel VI C, Seite 190, gegeben.

[1] Bei zylindrischen Körpern nur mehr in grober Annäherung.

Daß der Abschirmstrom tatsächlich durch einen makroskopischen, an der Oberfläche des Versuchskörpers fließenden Strom bewirkt wird, läßt sich zunächst einmal dadurch nachweisen, daß man die Feldstärke in einer engen, zur Feldrichtung parallelen Bohrung mißt. Dies haben de Haas und Guinau (*82*) getan und den einem Makrostrom entsprechenden Wert Null gefunden. Noch überzeugender sind die Versuche an Hohlkörpern, wie z. B. die von J. G. Daunt (*43*), der einen Hohlzylinder von 1 mm Wandstärke in ein Wechselfeld bringt und mittels einer koaxialen Induktionsspule nachweist, daß unterhalb der kritischen Feldstärke keine Kraftlinien in das Innere des Hohlraums eindringen. Von besonderem Interesse sind die Versuche mit transversalem Feld, weil hier die Strombahnen des Abschirmstromes recht verwickelt sind. Gleiche Ergebnisse erzielte A. D. Misener (*202*) mit ganz dünnen Zinnschichten (0,3—12,2 μ Dicke), die auf Neusilberröhrchen aufgetragen waren. Zur Demonstration des makroskopischen Abschirmstromes sei auch auf den (Seite 126 beschriebenen) Versuch von E. Justi hingewiesen, bei dem ein sl.-Hohlzylinder die magnetische Kopplung zwischen den beiden Wicklungen eines Transformators unterbricht, sobald der Sprungpunkt unterschritten ist.

Das Verhalten eines Körpers, aus dessen Innerem ein Magnetfeld durch Abschirmströme verdrängt wird, könnte grundsätzlich durch die Angabe, daß seine Permeabilität Null (Suszeptibilität = $-\frac{1}{4}\pi$) ist, beschrieben werden. Dabei darf nur nicht übersehen werden, daß alle Berechnungen an magnetisierten Körpern von der Permeabilität μ auf der Annahme beruhen, daß die Magnetisierung in mikroskopischen Bereichen erfolgt. Wenn wir somit für eine Kugel die innere Feldstärke $H_i = \frac{3}{2+\mu} H_0$ und daraus für $\mu = 0$ den Ausdruck $H_i = \frac{3}{2} H_0$ erhalten, so gilt dies eben nur für eine solche mikroskopische Magnetisierung. Bringen wir zur Messung von H_i eine enge, zum Feld parallele Bohrung an, so wird diese nicht nur von den Kraftlinien des äußeren Feldes, sondern auch von den rücklaufenden Kraftlinien der anstoßenden magnetisierten Teile erfüllt, und daraus ergibt sich, bei diamagnetischer Polarisation, die Erhöhung der Feldstärke in der Bohrung. Wir werden später sehen, daß dieser Zustand unter gewissen Umständen tatsächlich beobachtet wird. Im Falle eines makroskopischen Abschirmstromes ist dagegen das Feld im gesamten Innenraum kompensiert; hier dürfen daher weder die Begriffe der Permeabilität und Induktion, noch der der inneren Feldstärke angewendet werden.

Hingegen sind diese Unterscheidungen für die Verhältnisse im Außenraum ohne Belang; wir können somit die für $\mu = 0$ abgeleiteten Formeln ohne weiteres benützen, wenn es sich um die Feldverteilung in der Umgebung des Versuchskörpers handelt. Wir erhalten so z. B. für die Feldstärke am Äquator einer Kugel $H_{\text{äqu}} = \frac{3}{2} H_0$. Dies wurde durch

Messungen von de Haas und Guinau (l. c.) exakt bestätigt. Für einen unendlich langen Zylinder in einem zu seiner Achse senkrechten Feld hat M. v. Laue (*146*) an den Punkten C und D (Abb. 13) die Feldstärke 2 H_0 errechnet, an den Punkten A und B ist, genau wie an den Polen einer Kugel, die Feldstärke Null. Auch dies wurde durch verschiedene Messungen, vor allem von Meißner und Heidenreich (*181*) bestätigt.

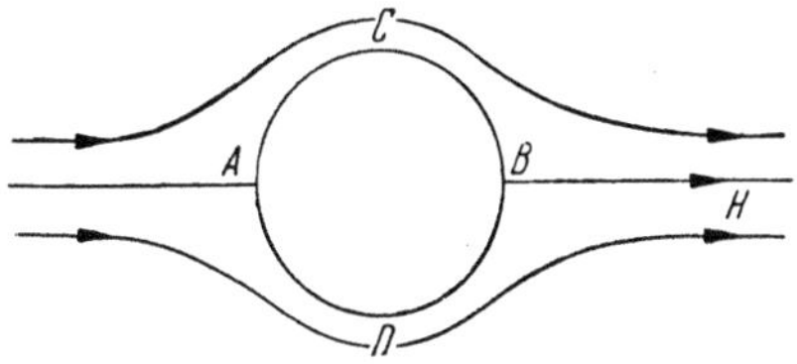

Abb. 13. Sl. Zylinder im transversalen Magnetfeld.

Wir haben nun einen neuerlichen, wenn auch indirekten Beweis für die Existenz makroskopischer Abschirmströme, wenn es sich herausstellt, daß die Feldverteilung in der Umgebung von Hohlkörpern die gleiche ist wie bei den entsprechenden massiven Körpern. So haben Meißner und Heidenreich (l. c.) an einem Hohlzylinder im transversalen Feld bei ansteigender Feldstärke genau die von v. Laue berechnete Feldverteilung gefunden. Ebenso hat Shalnikov (*241*) an einer Hohlkugel (hier war die Wandstärke besonders gering) unter den gleichen Verhältnissen am Äquator und am 60. Parallelkreis dieselben Feldstärkenwerte gemessen, die für die Vollkugel berechnet wurden. Diese Ergebnisse sind um so bemerkenswerter, als diese Körper im abnehmenden Feld, wenn vorher die SL. durch ein überkritisches Feld aufgehoben wurde, ein ganz abweichendes Verhalten zeigen. Wir werden später sehen, wie gerade an diesen „Hysteresiserscheinungen" der Mechanismus des Übergangs in den sl. Zustand besonders leicht zu erschließen ist (Keimtheorie).

Unsere Darstellung ist davon ausgegangen, daß der sog. Abschirmeffekt eine einfache Folgerung des Induktionsgesetzes sei. Daß dies zutrifft, beweisen die Versuche an SL.-Ringen in denkbarst anschaulicher Form. Grayson Smith und J. O. Wilhelm (*261*) haben die Feldverteilung in der Umgebung eines sl. Ringes, der zuerst unter den Sprungpunkt abgekühlt und dann in ein allmählich ansteigendes Feld gebracht worden war, sehr sorgfältig ausgemessen und gefunden, daß sie im Mittel der Gleichung $LJ = -\Phi$ gehorcht. Nur überlagert sich der aus dem Dauerstrom resultierenden Feldverteilung eine zweite, die bestehen bleibt, wenn man den Dauerstrom durch Unterbrechung des Stromkreises zerstört und infolgedessen durch eine Mikromagnetisierung entsprechend $\mu = 0$ bedingt sein muß. Über die Versuche an sl. Ringen wird noch in einem anderen Zusammenhang zu berichten sein.

Man hat aus theoretischen Überlegungen den Schluß gezogen, daß der volle Abschirmeffekt erst in einigem Abstand von der Oberfläche einsetzt, daß also das äußere Feld bis zu einer gewissen Tiefe in den SL.

eindringe. Dies müßte zur Folge haben, daß bei sehr kleinen Versuchskörpern, deren Dimensionen mit der „Eindringtiefe" vergleichbar sind, kein vollständiger Abschirmeffekt mehr beobachtet werden kann. Um dies zu überprüfen, hat Shoenberg (*250*) Messungen an kolloidalen Teilchen von Hg ausgeführt, die in verschiedenen Medien eingebettet waren und deren Radius zwischen 10^{-4} und 10^{-6} cm gelegen war. Die Messungen ergaben das übereinstimmende Resultat, daß die Suszeptibilität χ dieser kolloidalen Kügelchen (dem absoluten Wert nach) beträchtlich unterhalb des für kompakte Proben geltenden Wertes χ_0 gelegen war, und zwar um so mehr, je kleiner der Radius der Partikeln war. Die Messungen zeigen aber überdies eine starke Temperaturabhängigkeit in dem Sinn, daß sich χ mit abnehmender Temperatur einem Höchstwert näherte (Abb. 14). Beeinflußt durch die Londonsche Theorie hat Shoenberg dieses Ergebnis durch eine Abnahme der Eindringtiefe mit abnehmender Temperatur gedeutet. Casimir (*38*) hat diese Frage durch unmittelbare Messungen an makroskopischen Objekten überprüft und gefunden, daß keine Änderung der Eindringtiefe mit der Temperatur festzustellen sei. Es muß vorläufig unentschieden bleiben, ob diese Divergenz durch die Verschiedenheit der Versuchsbedingungen (Shoenberg hat statisch das magnetische Moment gemessen, Casimir dagegen den magnetischen Kraftfluß durch den Querschnitt der Probe mit einer Wechselstrommethode ermittelt) zu erklären ist, oder ob die Hypothese von der Veränderlichkeit der Eindringtiefe aufgegeben werden muß. Wir kommen am Ende des nächsten Abschnittes noch einmal auf diese Frage zurück.

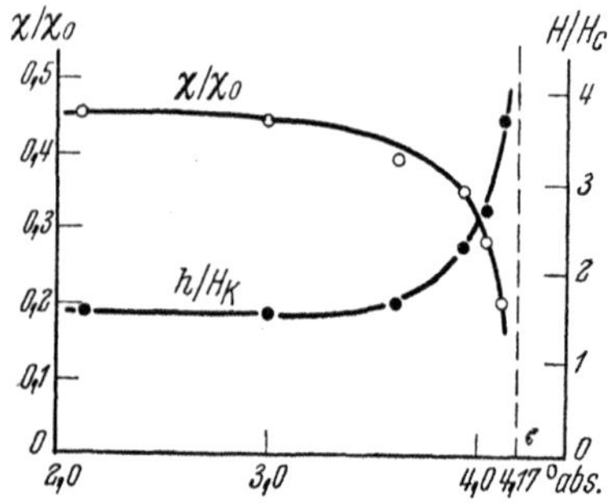

Abb. 14. Temperaturabhängigkeit der Suszeptibilität χ und der kritischen Feldstärke h von Hg-Kügelchen (r ∼ 10^{-5} cm). χ_0 ist die Susz., H_k die kritische Feldstärke einer kompakten Hg-Probe. Nach Shoenberg (*250*).

C. Das kritische Magnetfeld.

Verfolgen wir den Abschirmeffekt an einem mit einer Bohrung versehenen Körper, während die äußere Feldstärke allmählich gesteigert wird, so finden wir nach de Haas, daß von einer ganz bestimmten Feldstärke an die Kraftlinien in das Innere des Körpers eindringen. Verwenden wir insbesondere einen langgestreckten Zylinder, dessen Achse zum Feld parallel ist, so erfolgt das Eindringen der Kraftlinien innerhalb eines ziemlich engbegrenzten Feldstärkenintervalls, in anderen Fällen ist der Übergang $\mu = 0$ zu $\mu = 1$ weiter auseinander gezogen. Am klarsten sind die Verhältnisse an einer Kugel zu übersehen, wo sie von de Haas und Guinau (*81*) in Messungen festgestellt worden sind, die man als grundlegend bezeichnen kann. Wir hatten bereits unter B erwähnt, daß die Feldstärke am Äquator einer sl. Kugel, deren Verhalten im Außenraum durch $\mu = 0$ beschrieben werden kann, $H_{\text{äqu}} = \frac{3}{2} H_0$ ist. In Abb. 15 sind diese Messungen dargestellt und wir sehen, daß bis zu einem bestimmten Wert von H_0 der Anstieg der Feldstärke am Äquator dieser Voraussage exakt entspricht. Dann aber bleibt $H_{\text{äqu}}$ eine Weile lang konstant, worauf der weitere Anstieg gemäß $H_{\text{äqu}} = H_0$ erfolgt. Somit ist von hier ab $\mu = 1$, d. h. der Körper ist nl. De Haas und Guinau haben gleichzeitig die Feldstärke in einer engen axialen Bohrung gemessen und gefunden, daß sie Null ist, so lange als $H_{\text{äqu}} = \frac{3}{2} H_0$ ist, daß sie dann aber ziemlich schnell auf den Wert $H_{\text{äqu}}$ ansteigt und auf diesem Wert bleibt, bis die SL. restlos zerstört ist. Schon de Haas und Guinau haben aus diesen Beobachtungen den, wie es scheint, einzig möglichen Schluß gezogen, daß bei der Überschreitung von $^2/_3\, H_k$ der Makrostrom in sehr viele Mikroströme aufgespalten wird und die Zustände im Intervall von $^2/_3\, H_k$ bis H_k so zu behandeln sind, daß man dem Körper hier eine durch Mikromagnetisierung erzeugte Permeabilität $0 < \mu < 1$ zuschreibt, die dadurch entsteht, daß voll sl. Bereiche mit $\mu = 0$ durch nl. Bereiche voneinander getrennt sind.

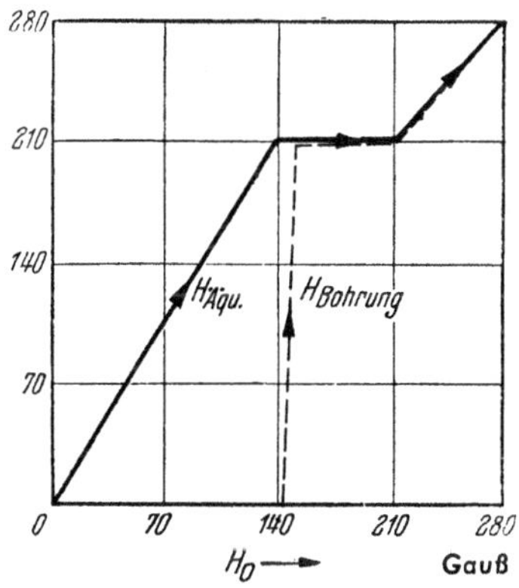

Abb. 15. Feldstärke am Äquator und in einer axialen Bohrung einer Sn-Kugel. Nach de Haas und Guinau (*81*).

Die weitere Behandlung dieses „Zwischenzustandes" erfolgte durch Peierls, durch F. und H. London (*165*) sowie Landau (*143*), wobei der erstere die Auffassung vertrat, daß es sich um eine eigene, dritte Phase handelt, während F. und H. London diese Frage offen ließen. Uns interessiert aber im Augenblick am meisten der Umstand, daß sich aus diesen Beobachtungen ein ziemlich scharf zu bestimmender Feldstärkenwert ergibt, den wir weiterhin als „kritische Feldstärke" H_k bezeichnen wollen. Offenbar ist es so, daß der makroskopische Abschirmstrom zerstört wird, wenn dieser Feldstärkenwert in der Äquatorzone überschritten wird. Die hierauf folgende Aufspaltung des Körpers in sl. Mikrobereiche wird durch die Forderung bestimmt, daß die Feldstärke an der Oberfläche dieser Bereiche H_k trotz der Erhöhung von H_0 nie überschreiten darf. Diese Feldstärke, die durch die Verdrängung der Kraftlinien aus den sl. Bereichen über H_0 erhöht ist, entspricht dem H_i der für Mikromagnetisierung geltenden

Theorie und ist somit $\frac{3}{2+\mu} H_0$[1]). Der Wert von μ, der die quantitative Verteilung von nl. und sl. Bereichen bestimmt, ergibt sich jeweils aus dieser Bedingung, daß H_k nicht überschritten werden darf, zu $\mu = 3\frac{H_0}{H_k} - 2$. Wir verstehen so, daß während des ganzen Übergangs $H_{\text{äqu}}$ und die in der Bohrung gemessene Feldstärke konstant bleiben und haben damit eine weitere Kontrolle für die kritische Feldstärke. Den endgültigen Übergang in den nl. Zustand wird man zunächst für den Fall erwarten, daß $H_0 = H_k$ wird, denn andernfalls würde ja das Auftreten von Mikrobereichen eine Überschreitung von H_k bedingen.

Neuere kalorimetrische Untersuchungen von Keesom und van Laer (*116*) zeigen, daß die Umwandlung $S \rightarrow N$ eines Sn.-Ellipsoids von $^1/_{1-N} = 1{,}059$ bei $H_0 = H_k$ erst zu 95% vor sich gegangen und erst bei $H_0 \sim 1{,}02\, H_k$ vollendet ist. Wir kommen auf diese Erscheinung in dem Abschnitt über den Zwischenzustand noch einmal zurück.

Man hat die kritische Feldstärke früher durch das Auftreten des Ohmschen Widerstandes definiert, wobei die einen Autoren die Feldstärke angenommen haben, bei der die ersten Spuren des Widerstandes auftreten, andere wieder die Feldstärke, bei der der Ohmsche Widerstand auf die Hälfte seines Normalwertes angestiegen ist. Auf alle Fälle ergaben sich so bedeutende Abweichungen sowohl untereinander als auch gegenüber den durch magnetische Messungen bestimmten Werten. Wir werden im weiteren sehen, daß diese Abweichungen zum größten Teil auf Sekundäreffekten beruhen und daß man bei entsprechender Berücksichtigung dieses Umstandes mit einer einzigen „kritischen Feldstärke" auskommt. Man hat in letzter Zeit versucht, die Feldstärke, bei der der Abschirmeffekt zerstört wird, als „Gleichgewichtsfeld" jener Feldstärke, bei der die unendliche Leitfähigkeit zerstört wird und die man als „Schwellenwert" bezeichnete, gegenüberzustellen. Diese Unterscheidung erscheint nach dem eben Gesagten und besonders den eigens angestellten Präzisionsmessungen von de Haas und Engel-

[1] Der Faktor 3/2, mit dem die äußere Feldstärke bei $\mu = 0$ multipliziert werden muß, um die Feldstärke am Äquator zu erhalten, hängt mit dem sog. „Entmagnetisierungsfaktor" N durch die Beziehung $\frac{1}{1-N}$ zusammen. N ist für die Kugel ⅓. Für Rotationsellipsoide von beliebigen Dimensionen gilt $H_{\text{äqu}} = \frac{1}{1-N} H_0$. N ist hier $\gtreqless$ ⅓, je nachdem, ob $a \gtreqless b$, wobei b die Rotationsachse ist. Sehr langgestreckte Zylinder lassen sich als Rotationsellipsoide von kleinem N auffassen. Dies stimmt mit der Tatsache, daß bei ihnen der Übergang in einem sehr schmalen Feldstärkenintervall erfolgt, überein. Die allgemeinste Definition von H_k wäre daher als jene Feldstärke, bei der die letzte Spur des Diamagnetismus vernichtet wird. Leider ist dieser Punkt infolge des Auftretens von Hysteresiserscheinungen, die in erster Linie auf einer Art Überhitzung beruhen dürften, nur sehr unscharf zu bestimmen, die Angaben von H_k sind also auf jeden Fall mit einer gewissen Unsicherheit behaftet.

kes (*80*) unnötig, wenn auch anscheinend die Methoden zur Bestimmung des Gleichgewichtsfeldes, bei denen nur ein äußeres Magnetfeld auf den SL. einwirkt, im allgemeinen verläßlicher sind, als die zur Bestimmung des Schwellenwertes. Hier ergeben sich Komplikationen aus der Aufspaltung des SL. in Mikrobereiche, die verschieden ausfällt, je nachdem, ob das äußere Feld oder das des Meßstroms dominiert, bzw. nach der Reihenfolge des Einschaltens (vgl. Abschnitt D, Seite 145 ff.).

Die kritische Feldstärke ist eine Funktion der Temperatur, die bei allen bisher untersuchten SL. folgende gemeinsame Kennzeichen hat: H^k wächst mit abnehmender Temperatur, bei manchen SL. zunächst fast linear, bei anderen mit einer mehr oder minder starken, zur T-Achse gerichteten Konvexität. Für jeden SL. gibt es eine Temperatur, bei der H_k gleich 0 wird, und diese bezeichnen wir als die Übergangstemperatur $T_ü$ im engeren Sinn. Für die thermodynamischen Überlegungen ist es wichtig, daß dH_k/dT für $T = T_ü$ von Null verschieden ist und nach dem Nernstschen Wärmesatz für $T = 0$ verschwindet (Abb. 16). A. D. Misener (*206*) hat für *Tl*, *Hg* und *In* besonders viele Werte von H_k gemessen und durch eine Potenzreihenentwicklung dargestellt; man sieht daraus, daß $H_k = f(T)$ für *Tl* fast exakt eine quadratische Parabel ist.

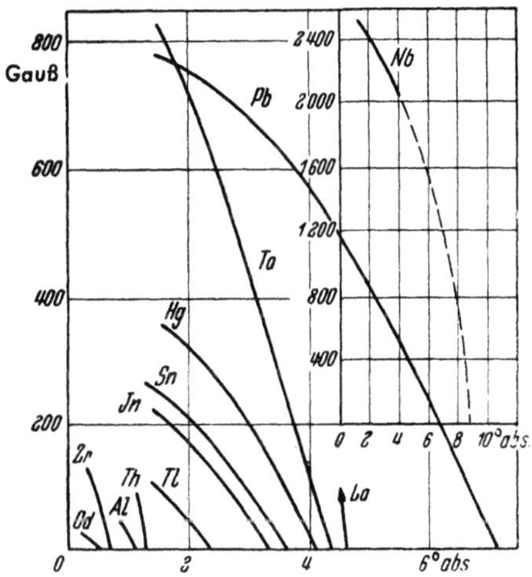

Abb. 16. Temperaturabhängigkeit der krit. Feldstärke.

Am Ende von Abschnitt B dieses Kapitels (Seite 138) wurde über die Messungen von Shoenberg an *Hg*-Emulsionen berichtet, die einen gegenüber kompakten Proben verkleinerten Wert von χ aufweisen. Auf Grund von theoretischen Überlegungen (*250*) sollte den verkleinerten χ ein über den normalen erhöhter Wert der krit. Feldstärke entsprechen. Abb. 14 (Seite 138) bestätigt dies, wobei es besonders befriedigt, daß auch die Temperaturabhängigkeit von h_k/H_k (h_k ist die krit. Feldstärke für die kolloidalen Teilchen) den umgekehrten Gang aufweist, wie die des Quotienten χ/χ_0.

Über die an Filmen gewonnenen Meßergebnisse wird gesondert am Schluß dieses Kapitels berichtet, ebenso über das Verhalten der Legierungen.

D. Stromdurchflossener SL. im Magnetfeld.

Um zu einer klaren Übersicht über die hier geltenden Verhältnisse zu kommen, hält man zweckmäßig folgende drei Fälle auseinander:

a) SL., der von einem schwachen Meßstrom durchflossen ist, in einem äußeren Magnetfeld H_0.

b) SL., im Eigenfeld des ihn durchfließenden Stromes ($H_0 = 0$).

c) Zusammenwirkung von Strom- und äußerem Feld bei beliebigen Stromstärken. Wir nehmen das Verschwinden bzw. Wiedererscheinen des Ohmschen Widerstandes als Kriterium für die SL. Daraus werden sich gewisse Abweichungen gegenüber dem vorher Besprochenen ergeben.

a) Hier müssen wir vor allem unterscheiden, ob das Magnetfeld parallel oder senkrecht zur Stromrichtung (und damit im allgemeinen

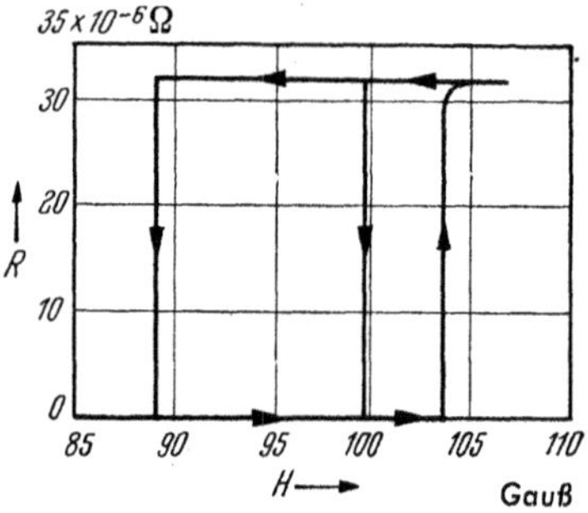

Abb. 17. Zylindrischer Leiter in longitudinalen Magnetfeld.

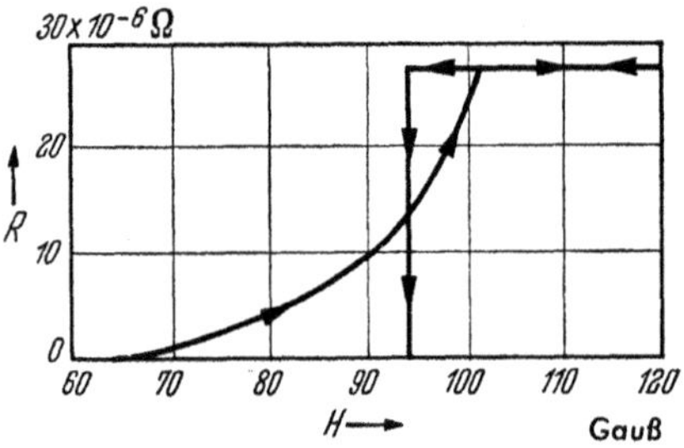

Abb. 18. Zylindrischer Leiter im transversalen Feld.

zur Längsrichtung des Leiters) wirkt. Im ersten Fall beobachten wir ein auf ein sehr enges Intervall begrenztes Erscheinen des Ohmschen Widerstandes bei wachsendem H_0, wobei (sehr kleine Intensität des Meßstromes vorausgesetzt) die Feldstärke, bei der der halbe Widerstand erscheint, ziemlich genau mit der durch magnetische Messungen ermittelten kritischen Feldstärke übereinstimmt (Abb. 17). Anders bei transversalem Magnetfeld. Hier treten die ersten Spuren des Widerstandes auf, wenn H_0 in der Nähe von 0,5 H_k liegt, der volle Widerstand wird erst für $H_0 = H_k$ erreicht (Abb. 18). Es unterliegt keinem Zweifel, daß diese Erscheinung mit dem früher besprochenen Zwischenzustand zusammenhängen, der an einem zylindrischen Leiter im transversalen Feld bei $\frac{1}{2} H_0$ beginnen soll. Thermodynamische Überlegungen führen zu dem Schluß, daß die Grenzflächen zwischen den nl. und den sl. Bereichen in diesem Zustand vorwiegend parallel zu den Kraftlinien liegen müssen. Demnach wäre der Draht im transversalen Feld oberhalb $H_0 = \frac{1}{2} H_k$ in aufeinanderfolgenden Schichten zerlegt zu denken und der Strom müßte abwechselnd durch nl. und sl. Gebiete hindurch. Der Ohmsche Widerstand könnte sonach jeden Wert zwischen Null und ϱ_n annehmen.

A. D. Misener (*204*) hat geglaubt, die hier angenommenen Verhältnisse durch unmittelbare Widerstandsmessungen an kurzen Teilstrecken eines Drahtes nachweisen zu können. Tatsächlich hat er bedeutende Widerstandsunterschiede in aneinander grenzenden Abschnitten beobachtet. Eine Wiederholung dieser wichtigen Messungen erscheint wünschenswert.

In beiden Fällen (longitudinales und transversales Feld) beobachtet man bei Wiederherstellung der Sl. durch Senken des Magnetfeldes sehr bedeutende Verzögerungen. Diese sind nach (97) so zu erklären, daß beim Wiedereintritt der Sl. zuerst nur dünne sl. Stromfäden entstehen, in deren Umgebung (gemäß $H = 2 J/r$) wesentlich höhere Feldstärken herrschen, als an der Oberfläche des voll sl. Drahtes beim umgekehrten Übergang. Diese Verhältnisse sind nicht restlos befriedigend erforscht.

Mit der vorhin gegebenen Erklärung stimmt es nicht ganz überein, daß die Kurve $\varrho = \varrho(H)$ bei $T =$ konst. sehr stark gekrümmt ist; aus dem linearen Verlauf von μ im Übergangsbereich würde man auf einen ebensolchen Verlauf von ϱ schließen. Die Ursache für die Abweichung ist wahrscheinlich die gleiche, die dafür verantwortlich ist, daß das erste Einsetzen des Widerstandes nicht genau bei $\frac{1}{2} H_k$ stattfindet. Wie Misener (l. c.) beobachtet hat, wird diese Abweichung um so auffallender, je weiter man sich von der Übergangstemperatur entfernt. An Pb zeigt sich z. B. das erste Auftreten des Widerstandes bei 1,68° abs für $H_0 = 0{,}91\ H_k$, an Sn bei 1,49° abs bei $H_0 = 0{,}706\ H_k$, bei 3,41° abs für $H_0 = 0{,}525\ H_k$. Man kann diese Verhältnisse verstehen, wenn man annimmt, daß die Unterteilung des SL. in nl. und sl. Bereiche, die wir zur Erklärung des magnetischen Verhaltens annehmen müssen, bei kleineren Feldstärkenwerten bzw. bei tieferen Temperaturen die Oberflächenschicht des Drahtes unzerstört läßt, die der Träger des Längsstroms ist. Mit dieser Annahme stimmt es sehr gut überein, daß der Wärmewiderstand, für den die Verhältnisse im ganzen Querschnitt maßgebend sind, im Zwischenzustand fast linear abnimmt. Dies wurde von de Haas und Rademakers (*84*) beobachtet, die auch eine ähnliche Erklärung vorgeschlagen haben (vgl. S. 183 und Abb. 51).

Bringen wir den stromdurchflossenen Leiter in ein longitudinales Feld, so ist erstens der Übergangszustand an sich infolge des kleineren Entmagnetisierungsfaktors weniger ausgedehnt, zweitens aber fallen hier die Grenzflächen zwischen den nl. und sl. Bereichen in die Stromrichtung, so daß auch durch diesen Umstand die Schärfe des Übergangs begünstigt wird.

Trifft die hier dargelegte Auffassung zu, dann müßte man an einem z. B. kugelförmigen Leiter, der sich im Zwischenzustand befindet, Unterschiede im Widerstand parallel und senkrecht zu den Kraftlinien feststellen können. Tatsächlich haben Shubnikov und Nachutin (*238*) beobachtet, daß der Widerstand in axialer Richtung viel später auftritt als in äquatorialer Richtung.

b) Nehmen wir (äußere Feldstärke $H_0 = 0$) die Übergangskurve eines SL. bei verschiedenen Meßstromstärken auf — wobei die Temperatur variiert und jeweils der Widerstand gemessen wird —, so erhalten wir bei nicht zu hohen Stromstärken ziemlich steil abfallende Kurven, die mit wachsender Stromstärke gegen tiefere Temperaturen verschoben sind. Nur bei größeren Belastungsströmen wird die Übergangskurve überdies flacher (Abb. 19). Halten wir andererseits die Temperatur konstant, so besteht für jedes T eine Maximal-Stromstärke, für die die SL. zerstört wird. Da diese Maximal-Stromstärke dem Drahtdurchmesser verkehrt proportional ist, liegt der Schluß nahe, daß nicht die Stromstärke an sich, sondern das von ihr an der Drahtoberfläche hervorgebrachte Magnetfeld $H_J = \frac{2\,J}{r}$ für die Zerstörung der SL. bestimmend ist. Dies ist der Inhalt der sog. Silsbeeschen Hypothese. Der Kurvenverlauf bei höheren Stromstärken zeigt uns, daß die Gültigkeit dieser Hypothese offenbar durch einen sekundären Effekt beeinflußt wird.

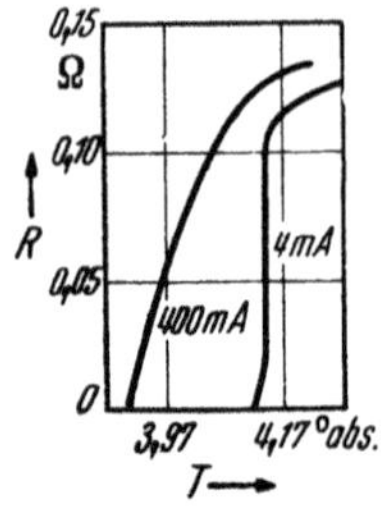

Abb. 19. Übergangskurve bei verschiedenen Belastungsströmen ($H_0 = 0$).

Dieser Sekundäreffekt tritt besonders klar hervor, wenn man versucht, wie es Tuyn und Onnes und nachher Steiner und Gerschlauer (*271*) getan haben, die Gültigkeit der Silsbeeschen Hypothese unmittelbar zu prüfen. Dies müßte möglich sein, wenn man als Leiter ein Röhrchen verwendet und in dessen Achse einen Draht spannt, durch den man einen, in seiner Stärke regulierbaren Gegenstrom schickt. Bei voller Gültigkeit müßte der, durch den Belastungsstrom hervorgerufene Ohmsche Widerstand wieder verschwinden, wenn das resultierende Feld an der Oberfläche des Röhrchens gerade Null ist. Wegen $H_J = \frac{2\,J}{r}$ müßte dies gerade dann der Fall sein, wenn der Gegenstrom J_Z dieselbe Stärke hat wie der Belastungsstrom J_R. Die Versuche (Abb. 20) zeigen, daß der Widerstand bei ansteigendem J_{Z2} tatsächlich abnimmt, aber ein Minimum erreicht, noch ehe $J_Z = J_R$ wird, wobei dieses Minimum nie bis zum vollen Verschwinden des Widerstandes geht*). Die Messungen von Steiner und Gerschlauer zeigen noch eine recht auffallende Abhängigkeit der Resultate von den Dimensionsverhältnissen. Eine eingehende

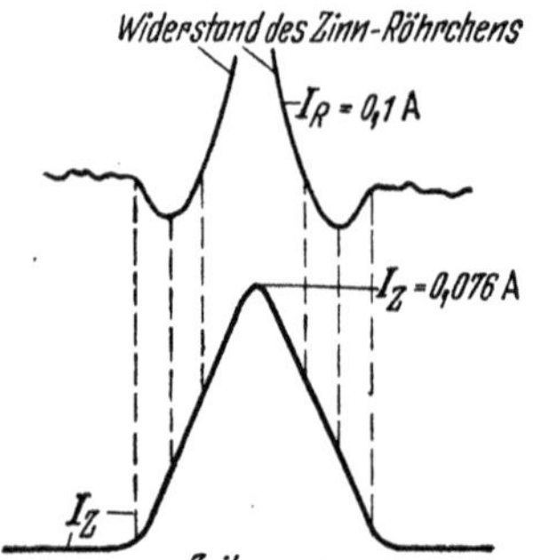

Abb. 20. Zur Prüfung der Silsbeeschen Hypothese nach Steiner und Gerschlauer (*271*).

*) Der Anstieg der Widerstandskurve in der Mitte bedeutet, daß die Sl. durch das Feld des Gegenstromes zerstört wird.

Betrachtung der Versuchsanordnung führt zu dem Ergebnis, daß das an der Oberfläche der Röhrchen herrschende Feld infolge des Einflusses der nicht ganz zweckmäßig angeordneten Zu- und Rückleitungen alles eher als einwandfrei rotationssymmetrisch ist. Auf keinen Fall ist der Wert des resultierenden Feldes an allen Punkten der Oberfläche mit Sicherheit abzuschätzen, wobei noch zu beachten ist, daß unter Umständen der an irgendeiner Stelle erreichte Maximalwert für die Zerstörung des SL.-Zustandes maßgebend sein kann. Es scheint auch, daß die Kompensation des Erdfeldes, das bei den in Frage kommenden kleinen Feldstärken immerhin schon ins Gewicht fällt, unterblieben ist. Jedenfalls erscheint eine Wiederholung des Versuches unter einwandfreien Versuchsbedingungen mit Rücksicht auf die Wichtigkeit des Problems sehr erwünscht. Da auch noch die (auf der Spaltung des Versuchskörpers in Mikrobereiche beruhende) Hysteresis in diese Erscheinungen hineinspielt, so würde es sich, wie M. v. Laue in einer Diskussion angeregt hat, empfehlen, J_R und J_Z bei einer Temperatur einzuschalten, die tief unterhalb $T_ü$ liegt und dann die Temperatur allmählich zu steigern. In diesem Fall müßte sich bei Gleichheit von J_R und J_Z der SL. so verhalten, als ob überhaupt kein Strom durch ihn fließen würde.

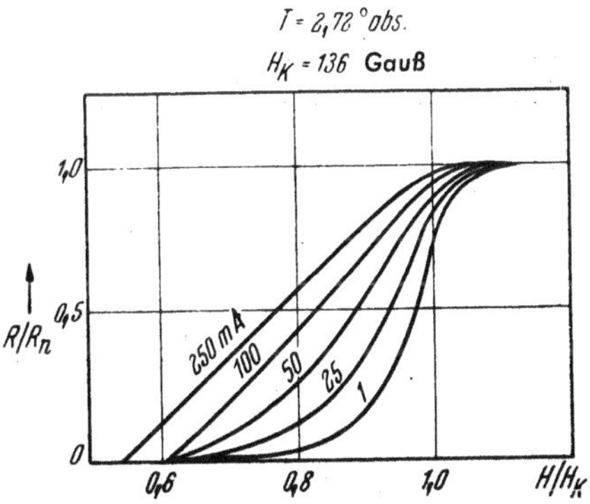

Abb. 21. Übergangskurven bei verschiedenen Belastungsströmen und transversalem Magnetfeld nach Misener (*204*).

c) Nach den Ausführungen unter b) scheint es klar zu sein, was wir zu erwarten haben, wenn wir einen SL. mit einem genügend starken Strom J belasten und gleichzeitig einem äußeren Magnetfeld H_0 aussetzen. An sich müßte der Zustand des SL. durch die Summe von $H_J + H_0$ bestimmt sein. Diesem Gesetz überlagert sich aber als weitaus beherrschender Faktor die Aufspaltung des SL. in Bereiche, wobei noch zu erwarten ist, daß die Verhältnisse bei Konstanthaltung von H_0 und Variation von J nicht ganz dieselben sein werden, wie wenn man umgekehrt vorgeht; denn das zirkuläre Feld des Stromes wird voraussichtlich eine etwas andere Aufspaltung des SL. bedingen, als das homogene Feld H_0. Betrachtet man unter diesen Gesichtspunkten die Messungen von Misener (Abb. 21), so findet man, daß bei kleinen Stromstärken offensichtlich der Einfluß von H_0 vorherrscht. Erst bei ziemlich beträchtlichen Stromstärken ändert sich der Charakter der Übergangskurven, diese werden linear, dabei verschiebt sich der Einsatz des ersten Auftretens von ϱ zu niedrigeren Werten von H_0. Erst in diesem Bereich ist also wirklich die Summe der beiden Feldstärken maßgebend.

Zu ganz eigenartigen Konsequenzen führt das Zusammenwirken von Strom- und Magnetfeld bei Dauerstromversuchen mit ringförmigen Leitern, wie sie verschiedene Autoren angestellt haben. Bringen wir einen Ring mit kreisförmigem Querschnitt (Radius $= r$, Radius des Ringes $= R$) nach erfolgter Abkühlung in ein zu seiner Fläche senkrechtes Magnetfeld, so geschieht zweierlei: es entsteht ein Dauerstrom, der der Gleichung $L\,J = -R^2\pi\,H_0$ gehorcht und an der Oberfläche des Ringes fließt, außerdem aber noch eine mikroskopische Magnetisierung gemäß $\mu = 0$, die den magnetischen Kraftfluß aus dem Innern des Ringes verdrängt. (Wir kommen im Abschnitt E dieses Kapitels nochmals auf diese Verhältnisse zurück.) Das Magnetfeld, das der Dauerstrom an der Oberfläche des Ringes erzeugt, kann annähernd so berechnet werden, als ob der Leiter geradlinig wäre, also $H_J = \frac{2\,\mathrm{J}}{\mathrm{r}}$. Durch die Verdrängung des Feldes aus dem Ringquerschnitt ergibt sich am inneren und äußeren Rand eine Erhöhung der Feldstärke, die man wieder so abschätzen kann, als ob man einen unendlich langen Zylinder vor sich hätte, also $H = 2\,H_0$. Insgesamt ergibt sich am äußeren Rand des Ringes die Feldstärke $\frac{2\,\mathrm{J}}{\mathrm{r}} + 2\,H_0$. Mit Anstieg von H_0 muß diese Summe schließlich H_k überschreiten. Die Messungen zeigen, daß in diesem Fall sich die Stärke des Dauerstroms zufolge eines, derzeit noch ungeklärten Mechanismus derart reduziert, daß trotz des Anstiegs von H_0 die Summe $H_J + 2\,H_0$ konstant und gleich H_k bleibt (vgl. Abb. 28 auf Seite 153). Hier gilt also offenbar die Regel von Silsbee, soweit die Grenzen der Meßgenauigkeit gehen. Es unterliegt aber keinem Zweifel, daß die Oberflächenschichten als Träger des Dauerstroms intakt bleiben, bis $2\,H_0 = H_k$ geworden, und damit der Dauerstrom völlig vernichtet worden ist. Damit ist neuerlich die Auffassung bestätigt, daß die Abweichungen von der Silsbeeschen Regel mit der Entstehung der Mikrostruktur im Zusammenhang stehen.

E. Der Meißner-Ochsenfeld-Effekt.

Bringt man einen Versuchskörper noch vor dem Übergang in den sl. Zustand in ein Magnetfeld und kühlt dann unter den Sprungpunkt ab, so sollte man erwarten, daß sich an den magnetischen Verhältnissen nichts ändert. Wird dann, — schon im sl. Zustand —, das Feld abgeschaltet, so müßte nach dem Induktionsgesetz wieder so wie früher (Seite 135) $L\,(J - J_0) = -(\Phi - \Phi_0)$ gelten. Da aber jetzt für $t = 0$ $\Phi = \Phi_0$, $J_0 = 0$, im Endzustand dagegen $\Phi = 0$ ist, so ergibt sich $LJ = +\Phi_0$, also ein Induktionsstrom, dessen Feld den ursprünglicheren magnetischen Kraftfluß im Innern des SL. aufrecht erhält. Wir werden weiter unten sehen, unter welchen Voraussetzungen dieser Sachverhalt, — den man häufig mit dem Schlagwort des „eingefrorenen Feldes“ beschreibt —, tatsächlich in Erscheinung tritt.

Die aufsehenerregende Entdeckung Meißners besteht nun darin, daß unter gewissen Voraussetzungen (dazu gehört vor allem große Reinheit der Probe, aber auch eine möglichst einfache, geschlossene Form) die Herstellung des SL.-Zustandes im konstanten Magnetfeld mit einer völligen Verdrängung des magnetischen Kraftflusses aus dem Innern des Körpers verbunden ist (Abb. 22). Es genügt nicht, zu sagen, der Körper benehme sich so, als ob beim Übergang N $\rightarrow$ S die Permeabilität vom Wert $\mu = 1$ auf den Wert $\mu = 0$ springen würde, Bekanntlich wird ja auch die gewöhnliche diamagnetische Suszeptibilität auf die Induktionswirkung des Magnetfeldes zurückgeführt, die aber im vorliegenden Fall, wegen $H_0 =$ const., wegfällt. Das Besondere der Erscheinung liegt vielmehr darin, daß ein Abschirmeffekt eintritt, der auf Grund der Maxwellschen Theorie unerklärbar scheint.

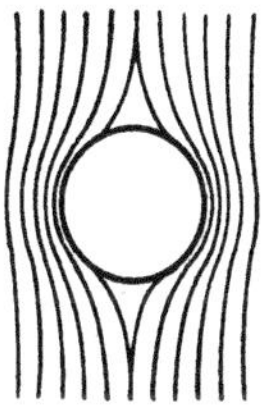

Abb. 22. Kraftlinienverlauf um eine Sn-Kugel nach Unterschreitung des Sprungpunktes (das Feld war vorher homogen).

Man kann drei Varianten des M. O. E. unterscheiden, die zwar im Grundsätzlichen ihres Mechanismus zweifellos übereinstimmen, trotzdem aber in Einzelheiten ihres Ablaufs sich infolge der verschiedenen Versuchsbedingungen unterscheiden. Als die primäre Variante, bei der die Dynamik des Effekts am klarsten und am wenigsten durch Nebeneffekte gestört, hervortritt, ist wohl die anzusprechen, bei der der Übergang $N \rightarrow S$ im konstanten Magnetfeld durch Senkung der Temperatur bewerkstelligt wird. Da sich hier in den äußeren magnetischen Verhältnissen nichts ändert, muß es völlig überraschend wirken, wenn bei der Unterschreitung von $T_ü$ eine Verdrängung des Magnetfeldes aus dem Versuchskörper stattfindet, die gleichsam einer inneren, zunächst unverständlich erscheinenden Tendenz des SL. entspringt. Die gleiche Tendenz tritt uns auch bei der zweiten Variante entgegen, bei der die Temperatur konstant gehalten und das Feld von einem überkritischen bis zu einem unterhalb von H_k gelegenen Wert gesenkt wird. Hier sind die Verhältnisse dadurch verwickelt, daß mit dem abnehmenden Feld nach den Maxwellschen Gleichungen ein rot E verbunden ist, das einen auf Erhaltung des ursprünglichen Kraftstromes gerichteten Strom auslösen sollte. Erst eine eingehendere Untersuchung zeigt, daß dieser Strom tatsächlich auftritt, aber durch den M. O. E. kompensiert wird. Als dritte Variante sollen die Vorgänge im zirkulären Magnetfeld behandelt werden, die vor allem dann auftreten, wenn ein von einem Längsstrom durchflossener Leiter unter den Sprungpunkt abgekühlt wird. In diesem Fall wirken sich die mikroskopischen Vorgänge so aus, daß, makroskopisch gesehen, eine Verlagerung der Strombahnen aus dem Innern des Leiters an die Oberfläche stattfindet. Gerade diese Beobachtung führte Meißner (*182*) im Jahre 1933 zu dem Schluß, daß hier eine allgemeine Tendenz des SL., magnetische Felder aus seinem

Innern zu verdrängen, zu Grunde liegen müsse. Erst später stellte Meißner in Gemeinschaft mit Heidenreich (*181*) Versuche an einem Zylinder im transversalen Feld an, die bereits den üblichen Versuchsbedingungen nach Variante I entsprachen und seinen Schluß bestätigten.

Seither sind die beiden ersten Varianten des Effekts von einer großen Zahl von Autoren (*32*, *83*, *99*, *187*, *220*, *243*, *281*) untersucht worden, die Ergebnisse dieser Untersuchungen lassen sich in Kürze so zusammenfassen: 1. Ein vollständiger M. O. E., d. h. eine vollständige Verdrängung des äußeren Feldes, die man durch die Angabe $\mu = 0$ (absoluter Diamagnetismus) beschreiben könnte, wird nur bei sehr reinen Proben und bei möglichst geschlossener Gestalt, am besten bei Kugeln beobachtet. 2. Die Beobachtung des Effekts wird dadurch erschwert, daß der Gleichgewichtszustand erst nach längerer Zeit erreicht wird, wobei diese Verzögerung sehr von den Versuchsbedingungen abhängt. Angaben über einen unvollständigen M. O. E. müssen also mit einer gewissen Vorsicht aufgenommen werden. Möglicherweise überlagern sich aber der zeitlichen Verzögerung noch Erscheinungen, die Mendelssohn (*187*) als Unterkühlungserscheinungen bezeichnet hat, d. h. der Effekt ist knapp unterhalb $T_ü$ tatsächlich nur partiell und wird erst bei beträchtlicher Unterschreitung der Sprungtemperatur vollständig. Besonders auffallende Unterkühlungserscheinungen hat Shoenberg (*251*) an sehr reinen Aluminiumproben entdeckt (Abb. 23). Sie sind vor allem deshalb beachtenswert, weil sie nur dann auftreten, wenn die Probe vorher genügend weit über den Sprungpunkt erhitzt war, so daß ein Zusammenhang mit dem Vorhandensein von Keimen nahegelegt wird. 3. In Versuchskörpern mit Hohlräumen tritt nur ein partieller M. O. E. auf, beim Abschalten des Feldes wird ein, unter Umständen recht bedeutendes, remanentes Feld beobachtet. Wir werden später sehen, daß der Effekt in Hohlkörpern in Wirklichkeit ein vollständiger ist, nur muß man ihn richtig beurteilen. 4. In Legierungen tritt nur ein sehr teilweiser M. O. E. auf, im Vergleich mit den anderen Eigenschaften der Legierungen wird man das wohl auf ihre inhomogene Struktur zurückführen können. An sehr reinen Kristallen von Au_2Bi hat Shoenberg (*249*) vor kurzem einen fast vollständigen M. O. E. beobachten können.

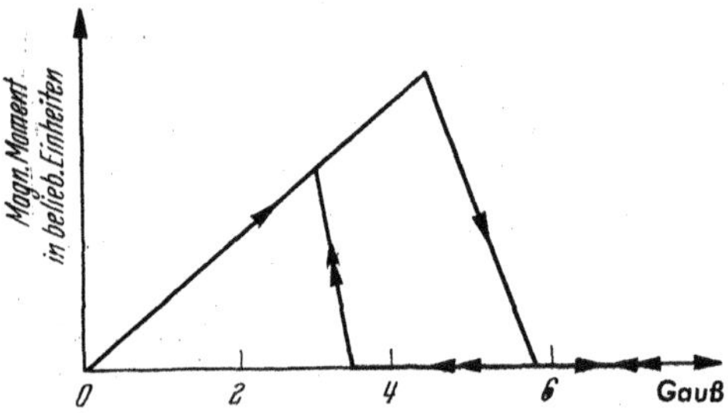

Abb. 23. Magnetisches Moment einer Al-Kugel bei $T = 1{,}105°$ abs. Beim Einschalten des Magnetfeldes steigt das Moment zuerst mit $^3/_{8\pi} \cdot H_0$, entsprechend $\mu = 0$. Die absteigende Linie gehört zum Zwischenzustand. Nach Shoenberg (*251*).

Die Untersuchungen über den M. O. E. lassen eine Frage offen, die allerdings zunächst nur sekundäre Bedeutung hat, nämlich die, ob der Abschirmeffekt in diesen Fällen durch einen Makrostrom oder durch Mikroströme verursacht wird. Wie schon im ersten Teil dieses Kapitels ausgeführt wurde, kann diese Frage nicht durch Messungen der Feldverteilung im Außenraum, also auch nicht durch die ballistische Messung der Induktion entschieden werden, sondern lediglich durch Messungen der inneren Feldstärke in Bohrungen. Solche sind aber nur von de Haas und Guinau (*83*) ausgeführt worden und zwar mit dem Ergebnis, daß (Abb. 24) bei konstantem Feld und abnehmender Temperatur die Feldstärke in der Bohrung, statt auf Null abzusinken, wie es beim Auftreten eines Makrostromes sein müßte, auf 2 H_e ansteigt. K. M. Koch (*127*) hat darauf verwiesen, daß durch die Bohrung die Verhältnisse an den Polen möglicherweise gestört werden und nur ein Teil der Kugel von der Form eines abgeflachten Rotationsellipsoids sl. wird. Da beim flachen Rotationsellipsoid der Entmagnetisierungsfaktor größer als $\frac{1}{3}$ ist, so würde dies das beobachtete Ergebnis erklären. Hält man dagegen T konstant und läßt H_e von $H_e > H_k$ zu $H_e < H_k$ abnehmen, so bleibt die Feldstärke in der Bohrung von $H_e = H_k$ an konstant und zwar gleich H_k. Dieses Ergebnis würde für eine Mikrostruktur sprechen, kann aber ebensogut durch Nebeneffekte vorgetäuscht werden. Für die Frage der Reversibilität der Umwandlung $N \rightleftarrows S$ im Sinne der Thermodynamik kommt es nur auf die Verdrängung des Feldes an, wobei es gleichgültig ist, ob diese durch Mikrobereiche oder einen Makrostrom erfolgt. Richtiger gesagt, dürfte der eventuelle Energieunterschied in die Grenzen der Meßgenauigkeit fallen. (Vgl. S. 167.) Dagegen ist die Frage, Mikrostruktur oder Makrostrom sicher für die Kinetik des Übergangs von Interesse. Man vergleiche hierzu das im nächsten Abschnitt Gesagte.

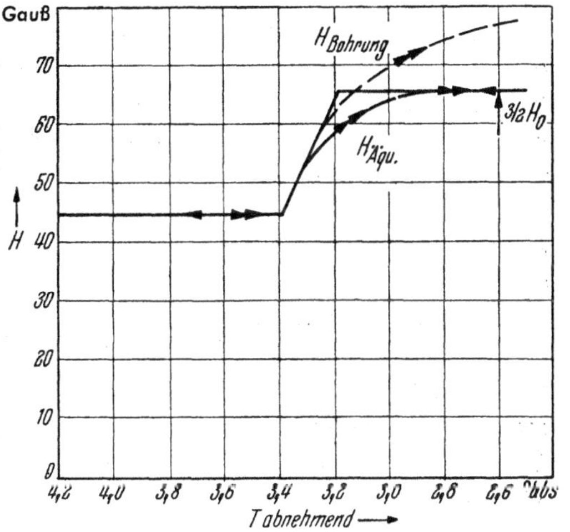

Abb. 24. Verlauf der Feldstärke am Äquator und in einer axialen Bohrung einer Sn Einkristallkugel beim Abkühlen im konstanten Feld H_0. Nach de Haas und Guinau (*81*).

Um die Wirkung des abnehmenden Magnetfeldes im Falle der Variante II zu verstehen, muß man sich folgendes klar machen. Wird eine Kugel unter $T_ü$ abgekühlt und dann in ein Feld $H < H_k$ gebracht, so entsteht ein Abschirmstrom, der in einer genügend schmalen Zone durch $LI_1 = -\int H_1 df$ bestimmt ist. Reduzieren wir nunmehr das Feld auf $H_2 < H_1$, so gilt für diesen Vorgang die Induktionsgleichung $L \cdot dI/dt = - dt \int H \cdot df$, die nach der Zeit integriert $L(I_2 - I_1) = -\int (H_2 - H_1) \cdot df$ ergibt. Setzen wir hier für LI_1 ein, so verbleibt $LI_2 = -\int H_2 df$, d.h. der Induktionsstrom, der mit dem Abschaltvorgang verknüpft ist, hat lediglich den Abschirmstrom auf den Wert reduziert, der der neuen Feldstärke entspricht. Nehmen wir nun an, — und diese Annahme wird sich noch mehrfach rechtfertigen —, daß beim Eintritt der SL. zuerst nur voneinander isolierte Zentren entstehen, und nehmen wir weiter an, daß H_e in ganz kleinen Schritten gesenkt wird. Solange der Körper im Ganzen nl. ist, laufen sich die durch dH/dt erregten Induktionsströme im Ohmschen Widerstand tot. Halten wir jetzt bei einer knapp unterhalb von H_k liegenden Feldstärke eine Zeitlang inne, bis sich die ersten SL.-Zentren gebildet haben, so werden sich diese infolge des M. O. E. (jetzt ist ja H konstant) mit einem Abschirmstrom umgeben, der das äußere Feld aus ihnen verdrängt. Senken wir nun H_e um einen weiteren Schritt, so bewirken die Induktionsströme, so wie oben ausgeführt, die Verminderung der Abschirmströme auf den jeweiligen Wert des Feldes, außerdem entstehen neue Bereiche, die sich wieder mit Abschirmströmen umgeben. Dieser zweifache Mechanismus: Bildung von Mikrobereichen und Reduktion der Abschirmströme auf den aktuellen Wert von H_e geht so lange weiter, bis der ganze Querschnitt des Versuchskörpers von Mikrobereichen erfüllt ist. So verstehen wir, wie der mit dH/dt verknüpfte Induktionsstrom die Entwicklung des M. O. E. nicht zu stören vermag. Komplikationen, — und ihrethalben wurde diese Frage so ausführlich besprochen —, treten erst auf, wenn sich die volle Verdrängung des äußeren Feldes ausgebildet hat und nun das Feld noch weiter gesenkt wird. Diese Komplikationen treten allerdings nur bei Körpern mit Bohrungen und dgl. auf. Darüber wollen wir weiter unten noch besonders sprechen.

Abb. 25. Zum Nachweis des M.O.E. bei zirkulärem Magnetfeld nach K. Steiner (*271*).

Die dritte Variante des M. O. E. ist seit den historischen Versuchen von Meißner und Ochsenfeld nur noch von K. Steiner (*271*) im Kältelaboratorium der P. T. R. untersucht worden. Da diese Versuche auf die Erforschung eines aus theoretischen Erwägungen heraus erwarteten Nebeneffekts eingestellt waren, sind ihre Ergebnisse bezüglich des M. O. E. leider nur qualitativ. Immerhin ist es recht instruktiv, daß Steiner der Nachweis des M. O. E. auch für den Fall gelungen ist, den Abb. 25 darstellt. In der

Achse eines Hohlzylinders aus Zinn ist ein Draht gespannt, durch den ein Strom fließt. Das zirkuläre Kraftfeld dieses Stromes durchsetzt auch den Hohlzylinder. Wird der Hohlzylinder nunmehr unter $T_ü$ abgekühlt, so wird der Kraftfluß aus ihm verdrängt. Dies läßt sich nachweisen, indem man den Zylinder so, wie es die Abbildung andeutet, mit einer Induktionswicklung umgibt, die zu einem ballistischen Galvanometer führt. Eine Abhängigkeit des MOE. von der Feldstärke nachgewiesen wird aber zweifellos nur durch die schon erwähnten zeitlichen Verzögerungserscheinungen vorgetäuscht; ferner sind die Ergebnisse wegen polykristalliner Struktur der Innenwand nicht eindeutig (*279*).

2. Entscheidende Aufschlüsse über den Mechanismus des M. O. E. dürften, so weit man heute sieht, gerade von den Versuchen an Hohlkörpern kommen, die anfangs dem Verständnis so große Schwierigkeiten bereitet haben. Es zeigt sich, daß man dieser Schwierigkeit ohne weiteres Herr wird, wenn man den Begriff der Mikrostruktur des SL., den man schon früher zur Erklärung der Vorgänge im Übergangszustand einführen mußte, noch etwas ergänzt. U. zw. stützt sich diese Ergänzung auf den schon von Gorter in die Diskussion der SL.-Phänomene eingeführten Begriff des „Keimes", der dann auch von London (*165*) mehrfach verwendet wurde (vor allem zur Erklärung von Hysteresiserscheinungen, „hysterèse par germes") und der in der letzteren Zeit von Rudnitzkij (*224*) und nach ihm von K. M. Koch (*126*) zu einer Erklärung des M. O. E. auf klassischer Grundlage verwendet worden ist. Man legt sich damit wohl noch auf keine besondere Theorie der SL. fest, wenn man annimmt, daß der Übergang $N \rightarrow S$ an vielen, mehr oder minder gleichmäßig verteilten Zentren einsetzt, die durch thermische Schwankungserscheinungen entstehen, genau so wie die Keime in einer Schmelze oder bei anderen strukturellen Umlagerungserscheinungen. So gesehen wird die Mikrostruktur, die zuerst beim Zwischenstadium beim Übergang $S \rightleftarrows N$ auf Grund der experimentellen Befunde eingebaut werden mußte, zu einem notwendigen Vorstadium des SL.-Zustandes.

Nachdem qualitative Vorversuche an NbN-Präparaten (*12*) gezeigt hatten, daß bei vorübergehender Erhitzung über den Sprungpunkt hinaus die Sl. wesentlich früher einsetzt, als bei erstmaliger Abkühlung, hat die Vorstellung von der Existenz sl. Keime oberhalb von $T_ü$ eine weitere experimentelle Stützung erfahren. Inzwischen ist es Justi (*97*) gelungen, die Existenz derartiger sl. Mikrobereiche bis zu Temperaturen von 100° abs. nachzuweisen. Bei diesen Versuchen wurde der Sl.-Zustand derart nachgewiesen, daß der Spannungsabfall eines durch die Probe geleiteten Wechselstromes über einen Verstärker an die eine Schleife eines Oszillographen geleitet wurde, während die zweite Schleife den Widerstand eines der Probe möglichst eng anliegenden Pb-Drahtes als Maß der Temperatur registrierte. Auf diese Weise war es möglich, einwandfrei festzustellen, daß die Sl. schon bei 20,4° abs. auftritt (zur erstmaligen Erreichung des Sl.-Zustandes war Abkühlung auf etwa 16° abs. notwendig), wenn das Präparat vorübergehend bis auf 112° abs. erwärmt worden war.

Die — nunmehr also auch experimentell gestützte — Vorstellung vom Auftreten sl. Keime oberhalb des eigentlichen Sprungpunktes hat zunächst einmal die Vorgänge in einer sl. Hohlkugel verständlich gemacht. Ein vollständiger MOE. müßte in der Hohlkugel wegen der Forderung nach Stetigkeit der Normalkomponente von B dazu führen, daß diese sich beim Übergang $N \rightarrow S$ genau so verhält, wie eine Vollkugel, daß also das äußere Feld gänzlich aus dem von ihr umschlossenen Raum verdrängt wird. Statt dessen zeigten die Messungen von Shoenberg (*244*) daß nur ein teilweiser MOE. auftritt und daß beim Abschalten des äußeren Feldes ein ganz beträchtliches remanentes Moment verbleibt. Parallelversuche mit sl. Ringen legten die Annahme nahe, daß die Hohlkugel nur in einer ringförmigen Zone am Äquator voll sl. wird. Diese Auffassung bestätigte sich durch die Versuche von Shalnikov (*241*), der das Magnetfeld am Äquator und am 60. Parallelkreis maß. K. M. Koch (*125*) hat gezeigt, daß dieser Sachverhalt die notwendige Folge des Auftretens einer Mikrostruktur beim Übergang $N \rightarrow S$ ist. Berechnet man nämlich die innere (d. h. in den Zwischenräumen zwischen den sl. Bereichen auftretende) Feldstärke in der Wandung einer Hohlkugel unter der Annahme $\mu = 0$, so ergibt sich an den Polen eine ganz bedeutende Überhöhung. Man erhält z. B. bei einem Außenradius von 10 mm und einer Wandstärke von 1 mm $H_i = 16\ H_e$. Würde also eine homogene Mikrostruktur entstehen, so würden die Mikrobereiche an den Polen sofort wieder durch die von ihnen hervorgebrachte Feldstärke zerstört werden. Man wird demnach erwarten müssen, daß die Bildung der Mikrobereiche am Äquator wesentlich rascher erfolgt, als in Polnähe. Damit ist aber der experimentelle Befund in großen Zügen erklärt. Bringt man die Hohlkugel dagegen erst nach erfolgter Abkühlung in ein Magnetfeld $H_e < H_k$, so entsteht ein makroskopischer Abschirmstrom, es fehlt jeder Anlaß zur Entstehung einer Mikrostruktur und die Hohlkugel verhält sich tatsächlich wie eine Vollkugel.

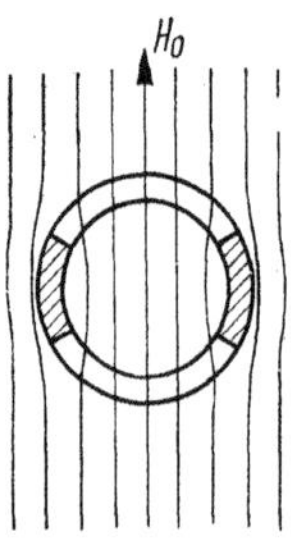

Abb. 26. Hohlkugel (Hohlzylinder) im Magnetfeld. Nur der schraffierte Teil ist sl.

Der Querschnitt eines, im transversalen Feld befindlichen Hohlzylinders entspricht völlig dem der Hohlkugel. Die eigenartigen Verhältnisse, die Meißner und Heidenreich (*181*) an einem Hohlzylinder festgestellt haben, bestätigen die für die Hohlkugel durchgeführten Überlegungen, sie zeigen eine Feldverteilung, die nur so zu verstehen ist, daß man annimmt, der Hohlzylinder sei an den zum Feld senkrechten Partien normalleitend. Auch die beobachtete Erhöhung der Feldstärke im Hohlraum ist durch die Verdrängung des Feldes aus der Wandung des Zylinders (Abb. 26) zumindest qualitativ verständlich. Das starke remanente Feld, das beim Abschalten von H_e entsteht, setzt allerdings zusätzlich noch voraus, daß auch die Endflächen des Hohlzylinders teilweise supraleitend sind und so ein Schließen der Stromlinien des Abschaltstromes (in der Art wie Abb. 27 es zeigt) ermöglichen.

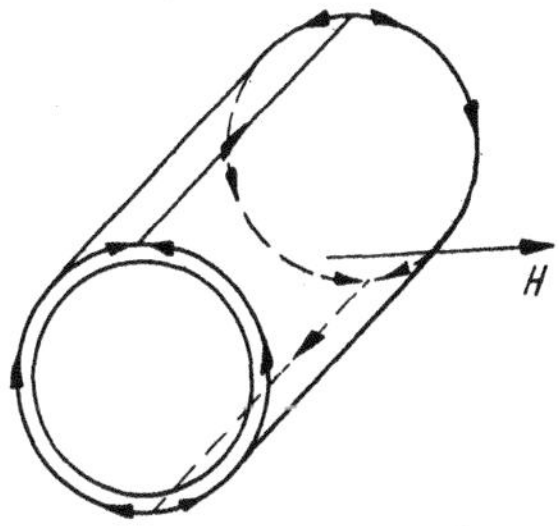

Abb. 27. Dauerstrom in einem Hohlzylinder beim Abschalten eines transversalen Magnetfeldes. (Analog Abschirmstrom beim Einschalten des Feldes).

Systematische Untersuchungen an Hohlzylindern im longitudinalen Feld, die besonders einfache Ergebnisse liefern müßten, sind bisher leider nicht angestellt worden. Es ist aber kaum anzunehmen, daß sie sich im wesentlichen von den Resultaten an ringförmigen Versuchskörpern, die im Nachstehenden besprochen werden sollen, unterscheiden werden.

3. Den Schlüssel zu einem restlosen Verständnis der Vorgänge in sl. Hohlkörpern beinhalten nach dem bisher Gesagten die Erscheinungen an ringförmigen Versuchskörpern, die wir jetzt einer etwas ausführlicheren Besprechung unterziehen wollen.

Bringt man einem Ring aus sl. Material nach erfolgter Abkühlung in ein Magnetfeld, so beobachtet man zunächst als auffallendstes Resultat die Induktion eines Dauerstroms, der annähernd der Gleichung

(1) $$LI = -\Phi$$

gehorcht. Die Geltung der Gl. (1) läßt sich einerseits durch unmittelbare Ausmessung der Feldverteilung in der Umgebung des Ringes überprüfen, diese haben H. Grayson Smith und J. O. Wilhelm (*261*) besonders sorgfältig ausgeführt. Man kann aber auch, wie Shoenberg (*244*) es getan hat, das magnetische Moment des Ringes mittels der ablenkenden Kraft ermitteln, die eine kleine, zur Ringfläche parallele Komponente des äußeren Feldes auf diesen ausübt. In jedem Fall zeigt es sich, daß die Messungen die Gl. (1) exakt erfüllen, wenn man überdies eine diamagnetische Polarisation der Ringsubstanz gemäß $\mu = 0$ annimmt. Wieviel diese beträgt, kann überaus drastisch festgestellt werden, wenn man den Ring an einer Stelle durchschneidet, so daß das Fließen eines geschlossenen Stromes verhindert wird. Abb. 28 zeigt in OA den Verlauf des magnetischen Moments

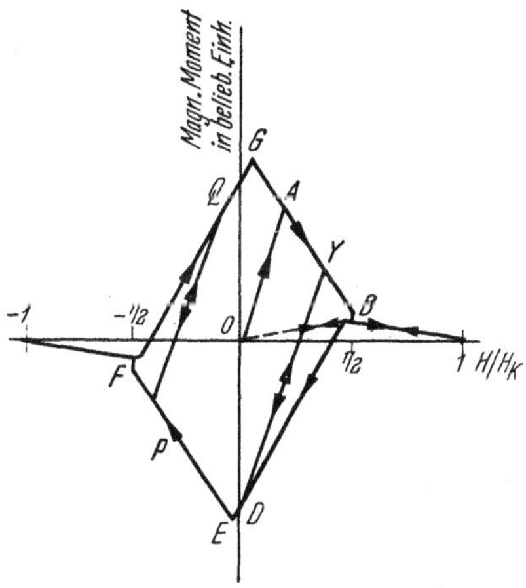

Abb. 28. Magnetisches Moment eines sl. Ringes, H senkrecht zur Ringfläche. Nach Shoenberg (*244*).

bei geschlossenem, OB bei geschlitztem Ring. Wie schon früher (Seite 146) dargelegt wurde, liefert die diamagnetische Polarisation und der Dauerstrom am Rande des Ringes die Feldstärke $H_{res} = 2\,H_e + 2\,I/r$. Die Strecke AB der Kurve in Abb. 28 ist durch die Bedingung $H_{res} = H_k$ bestimmt; der Abfall ist qualitativ durch eine dieser Bedingung entsprechende Abnahme des Dauerstroms zu erklären. Diese Verhältnisse wurden im Zusammenhang mit der Silsbeeschen Regel schon besprochen (Seite 146). Im Punkt B′ ($2\,H_e = H_k$) ist der Dauerstrom zur Gänze zerstört, bei weiterer Erhöhung von H_e setzt der Zwischenzustand ein, der bis $H_e = H_k$ reicht. Die Deutung des Punktes B wird dadurch bestätigt, daß hier die Linie OB endet, die den Anstieg des Moments für den aufgeschnittenen Ring wiedergibt.

Wird nunmehr H_e wieder schrittweise gesenkt, so durchläuft das Moment des Ringes die Kurve BC im umgekehrten Sinn, es stellt sich also zuerst die Verdrängung des äußeren Feldes durch Mikrobereiche aus dem Innern des Ringes ein, wobei es gleichgültig ist, ob der Ring zerschnitten oder zusammenhängend ist. Bei einer weiteren Abnahme von H_e unter $\frac{1}{2} H_k$ gelangen wir aber nicht mehr auf die Kurve OAB zurück, wir erhalten vielmehr ein positives magnetisches Moment, also einen Dauerstrom von entgegengesetzter Richtung, wie beim Einschalten des Feldes. Es ist klar, daß das Auftreten dieses Stromes eine prinzipielle Umlagerung voraussetzt. Die im Zwischenzustand sich abspielenden Vorgänge konnten doch nur durch die Annahme von einander isolierter, SL.-Zentren erklärt werden, es muß also im Punkt B, nachdem die sl. Mikrobereiche den Querschnitt des Ringes restlos ausgefüllt haben, eine Verschmelzung der Oberflächen stattfinden, sonst wäre das Zustandekommen des Dauerstromes nicht erklärbar. Allerdings erfüllt die Stärke dieses Stroms, wie Shoenberg gezeigt hat, nicht die Regel $LI = \Phi$, weil sonst die Feldstärke am inneren Rand des Ringes H_k überschreiten würde. Die Steigung von BD ist infolgedessen das Spiegelbild zu AB. Ist H_e gleich Null geworden, so verbleibt ein remanentes Feld in der Ringfläche.

Vergleichen wir diese Befunde am ringförmigen Leiter mit den Meßergebnissen, die Shalnikov (l. c.) an Hohlkugeln erhielt (Abb. 29), so zeigt sich für den absteigenden Ast beste Übereinstimmung. Sobald H_k unterschritten wird, folgen die am Äquator gemessenen Feldstärkenwerte zuerst der für ansteigendes H erhaltenen Kurve; es ist das offenbar die Phase des Zwischenzustandes, in der die sl. Zentren noch voneinander isoliert sind. Der Punkt, in dem die Kurve für abnehmendes H von der für ansteigendes abweicht, ist mit dem Punkt B der Abb. 28 identisch, hier ist die volle Verdrängung des Feldes aus der Wandung erreicht, die Mikrobereiche verschmelzen zu einer makroskopischen sl. Oberfläche, in der das weiter abnehmende Feld einen Dauerstrom induzieren kann. Nur in einem Punkt unterscheiden sich die Meßergebnisse an der Hohlkugel von den an Ringen erhaltenen. Während bei den Ringen nach Durchlaufen eines Magnetisierungszyklus die jungfräuliche Kurve OA nie mehr erreicht wird, zeigt sich bei der Hohlkugel eine neue Tendenz. Hier steigt die Kurve bei zunehmendem H steil an und erreicht schließlich die jungfräuliche Kurve OA. Offenbar verbreitert sich beim Wiedereinschalten des Feldes der sl. Gürtel und löst dabei eine strukturelle Umlagerung aus, durch die der Abschaltstrom zerstört wird.

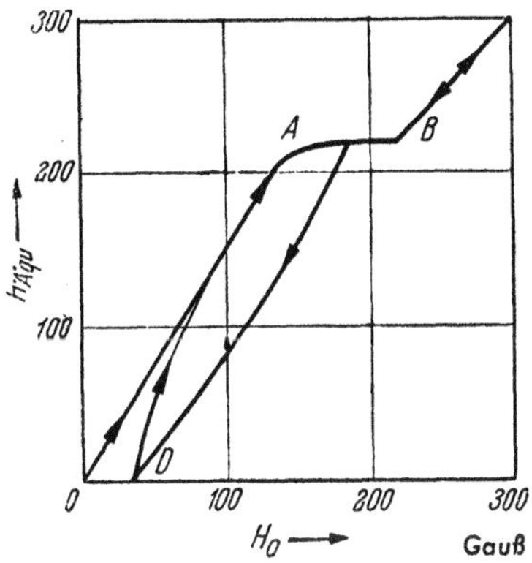

Abb. 29. Feld am Äquator einer sl. Hohlkugel. Nach Shalnikow (*241*).

Wir können mithin zusammenfassend feststellen, daß die an den Hohlkörpern auftretenden Abweichungen vom M. O. E. verständlich werden, wenn wir versuchen, uns ein Bild vom Zustandekommen dieses Effekts zu machen. Wir haben uns vorläufig darauf beschränkt, anzunehmen, daß der SL. Zustand von vielen Zentren ausgehend gleichzeitig entsteht, haben es aber unterlassen, uns von der Verdrängung des äußeren Feldes aus diesen Zentren oder Bereichen eine genauere Vorstellung zu machen. Wir kommen auf diese Frage im Kap. VI, Abschn. E wieder zurück.

F. Das Verhalten dünner Drähte und Filme.

Das Verhalten dünner Drähte und Filme im Magnetfeld weist derartig grundsätzliche Abweichungen von dem massiver Proben auf, daß eine gesonderte Besprechung durchaus gerechtfertigt ist. So hat zuerst Pontius (218) an Bleidrähten von 5,6 bis 127,2 μ Dicke eine auffallende Zunahme der kritischen Feldstärke mit abnehmender Dicke (von 539 bis 561 Oerst.) beobachtet. Diese Messungen sind von M. v. Laue theoretisch ausgewertet worden (vgl. Kap. VI, S. 192). Messungen, die Alekseyewski (*1*) an etwas dickeren Sn-Drähten (55 bis 140 μ) ausführte, sind wegen des Vergleichs mit den Ergebnissen an Filmen und an Legierungen von Bedeutung. Alekseyewski zeigt nämlich, daß die früher von Onnes*) an dickeren Proben festgestellte Abweichung von der Silsbeeschen Regel wegfällt, wenn man die Messungen in *He II*, das eine sofortige Ableitung jeder Spur von Umwandlungswärme verbürgt, ausführt. Wird der Draht gleichzeitig dem Eigenfeld eines stärkeren Meßstromes H_l und einem longitudinalen Feld H_L ausgesetzt, so scheint die Zerstörung der SL. durch $\sqrt{H_l^2 + H_L^2} = H_K$ bestimmt zu sein.

Wesentlich umfangreicher ist aus begreiflichen Gründen das an Filmen verschiedenster Dicke gewonnene Beobachtungsmaterial. Die

*) Leiden. Comm. 160a, 174a.

älteren Messungen, von Misener und Mitarbeitern (*207*, *208*) sind an Schichten gewonnen, die elektrolytisch auf Neusilberröhrchen niedergeschlagen worden waren. Wenn sie eine Abhängigkeit der Sprungtemperatur von der Schichtdicke aufweisen, und bei $d < 2 \cdot 10^{-5}$ cm keine SL. mehr aufzutreten scheint, so ist dieses, durch die späteren Messungen nicht mehr bestätigte Ergebnis zweifellos auf Legierungsbildung zwischen der Schichte und der metallischen Unterlage zurückzuführen. Shalnikov (*240*) glaubt nachgewiesen zu haben, daß Filme bis zu $5 \cdot 10^{-7}$ cm Dicke (also ~ 15 Atomabstände) noch voll sl. werden. Bei frisch hergestellten Filmen liegt T etwas höher als beim kompakten Material, — das hat auch Hilsch (*87*) bestätigt, durch wiederholte Erwärmung bis auf Zimmertemperatur und Wiederabkühlen verschwindet diese Abweichung.

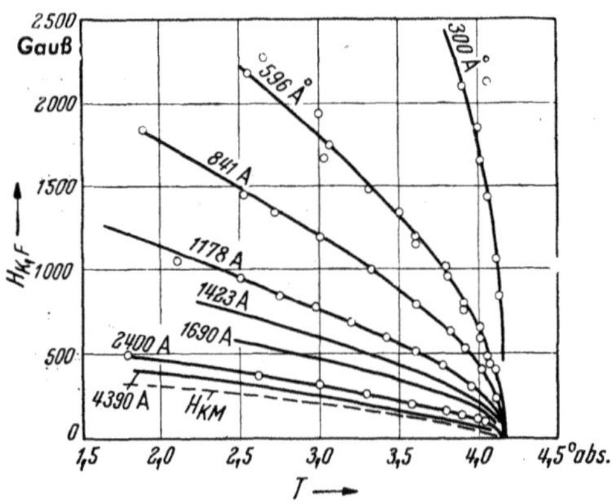

Abb. 30. Krit. Feldstärke von Filmen verschiedener Dicke in Abhängigkeit von der Temperatur. Nach Appleyard und Mitarb. (*9*).

In besonders systematischer Weise haben E. T. S. Appleyard und Mitarbeiter (*9*) das Verhalten von Hg-Filmen untersucht, die unter Einhaltung besonderer Vorsichtsmaßnahmen auf Glas niedergeschlagen worden waren. Dabei wurde vor allem die Tatsache berücksichtigt, daß die Dicke der Schichte gegen den Rand hin abnimmt. Die Versuche zeigen sehr scharfe Übergangskurven, die nur in ihrem oberen Teil, wo schon ein beträchtlicher Ohmscher Widerstand vorhanden ist, infolge der angedeuteten Randeffekte einen etwas verwickelten Verlauf zeigen. Das wichtigste Ergebnis dieser Untersuchung liegt aber in der Feststellung, daß die kritische Feldstärke in ganz auffallender Weise mit abnehmender Dicke des Films zunimmt. (Abb. 30). So weist ein Film von 596 Å Dicke bei $T = 3{,}5^0$ abs fast die 10fache kritische Feldstärke auf, wie eine massive Hg-Probe. An einem noch dünneren Film (300 Å) konnten die Messungen wegen der Unzulänglichkeit des vorhandenen Elektromagneten nur bis 4^0 geführt werden, dabei war $H_{k,F}$ bereits ~ 40 mal so groß wie $H_{k,M}$. Qualitativ hatten auch Misener und seine Mitarbeiter das gleiche Resultat erhalten, ebenso Shalnikov (l. c.) an Filmen aus Pb und Sn. Nach einer recht originellen Methode ermittelte Alekseyewski (*4*) die kritische Feldstärke an Sn-Filmen. Die Filme wurden mit ihrer Glasunterlage drehbar aufgehängt und sodann einem Magnetfeld ausgesetzt, das mit ihrer Fläche einen kleinen Winkel einschloß. Der beim Einschalten induzierte

Dauerstrom bewirkt eine Einstellung der Plättchen in die Richtung der magnetischen Kraftlinien. Wird nun das Magnetfeld allmählich erhöht, so kehrt der Film nach Zerstörung der SL. in seine Ausgangsstellung zurück. Diese Methode, bei der alle durch die Zuleitungen usw. bedingten Störungen wegfallen, liefert bei Filmdicken bis zu 155 Å genau die gleichen Ergebnisse, wie die vorher besprochenen Untersuchungen (Abb. 31).

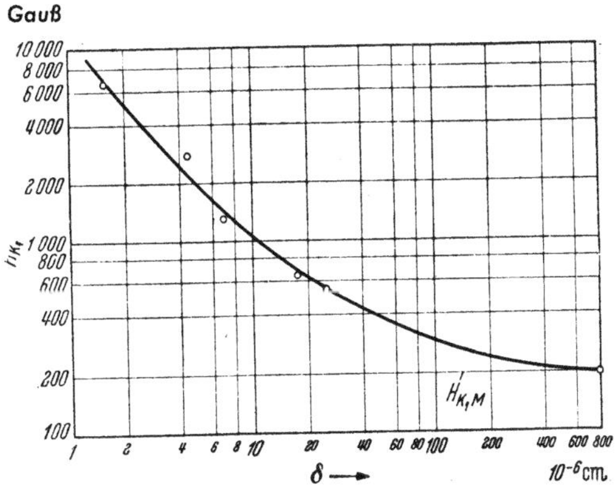

Abb. 31. Krit. Feldstärke von Filmen in Abhängigkeit von der Dicke. Nach Alekseyewski (4).

Ebenso zeigen die Messungen aller Autoren auch in folgendem volle Übereinstimmung. Bildet man für eine bestimmte Filmdicke das Verhältnis H_F/H_M, so zeigt sich, daß dieses mit steigender Temperatur stark ansteigt und bei Annäherung an den Sprungpunkt fast unendlich zu werden scheint (Abb. 32). Es ist derselbe Sachverhalt, den die meßmethodisch so ganz anders gelegenen Untersuchungen an kleinsteu Partikeln gezeigt haben. Wir werden später sehen, wie sich die Theorie mit diesem Sachverhalt auseinandersetzt (Kap. VI, Seite 192).

Man hat aus den älteren Messungen, die an röhrchenförmigen Schichten ausgeführt worden waren, den Schluß gezogen, daß die Zerstörung der SL. durch Steigerung des Meßstromes bei bedeutend kleineren Feldstärken einsetzt als die Zerstörung durch äußere Magnetfelder. Dieser Befund wäre wegen der Analogie zum Verhalten der Legierungen (Abschn. G) von großem Interesse. Leider ist es bei den Messungen mit ebenen Schichten nicht so ganz einfach, die Verteilung des Magnetfeldes anzugeben, so daß die neueren Messungen zu dieser Frage keinen Beitrag liefern. Ebenso fehlen Messungen über das Eindringen des Feldes in derartig dünne Schichten.

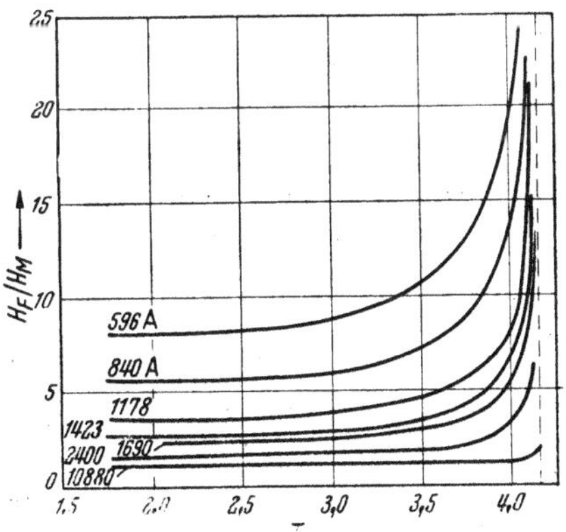

Abb. 32. Krit. Feldstärke von Filmen (H_F) im Verhältnis zu der an massiven Proben gemessenen (H_M). Nach (9).

Zum Schluß sei noch eine Beobachtung von **Brucksch** und Mitarbeitern (29) angeführt, die grundsätzliche Bedeutung haben dürfte.

Schickt man durch eine dünne Schichte einen Strom der knapp unterhalb des Wertes liegt, bei dem die Zerstörung der SL. einsetzt, so genügt die Zufuhr einer ganz kleinen Wärmemenge, z. B. durch Strahlung, um den vollen Ohmschen Widerstand herzustellen. Goetz (*63*) hat vorgeschlagen, diesen Effekt zur Konstruktion eines Radiometers von besonderer Empfindlichkeit zu verwenden. Die von Brucksch gegebene Erklärung läuft auf eine Art Rückkopplungserscheinung hinaus. Mit dem Einsetzen der ersten Spur des Ohmschen Widerstandes ist die Erzeugung von Wärme verbunden, diese beschleunigt die Zerstörung der SL. und damit den Anstieg des Ohmschen Widerstandes, damit ist vermehrte Wärmeentwicklung verbunden usw. Brucksch und seine Mitarbeiter haben festgestellt, daß die Erhöhung der Stromstärke (bei der ganz stabile Verhältnisse bestehen) um 0,03% genügt, um den vollen Ohmschen Widerstand herzustellen. Es ist anzunehmen, daß der größere Teil der Abweichungen von der Silsbeeschen Hypothese auf dieser Erscheinung beruht. Dafür sprechen auch die oben erwähnten Beobachtungen von Alekseyewski, nach denen diese Abweichungen verschwinden, wenn für die radikale Abfuhr jeder entwickelten Wärme gesorgt wird.

G. Die Anomalien supraleitender Legierungen und Verbindungen.

Wie in den vorhergehenden Abschnitten gezeigt wurde, sind für den „idealen SL." folgende Eigenschaften kennzeichnend: a) bei $H = 0$ und Verwendung eines schwachen Meßstromes erfolgt der Übergang von $\mu = 0$ auf $\mu = 1$ in einem überaus schmalen Temperaturintervall (einige Hundertstel Grad). b) Die Breite des Übergangsintervalls im Magnetfeld ist nur durch den Entmagnetisierungsfaktor bestimmt. c) Einsetzen des Ohmschen Widerstandes und Eindringen der Kraftlinien in die Probe (Zerstörung des absoluten Diamagnetismus) erfolgen bei derselben Feldstärke. Aber auch die Zerstörung der SL. durch das Eigenfeld des Meßstroms erfolgt bei der gleichen Feldstärke (Silsbeesche Regel). d) Beim Abkühlen der Probe im konstanten Magnetfeld wird der gesamte Kraftfluß verdrängt (Meißner-Effekt).

Im Gegensatz hierzu zeigen sl. Legierungen und Verbindungen mit ganz wenigen Ausnahmen folgendes Verhalten: a) die Übergangskurve ist auch bei $H = 0$ über ein größeres Temperaturintervall ausgedehnt ($\sim 1^0$). b) bei $H = 0$ ist das Übergangsintervall weit über das Maß erstreckt, das durch den Entmagnetisierungsfaktor bedingt wäre. Daraus ergibt sich eine große Unschärfe des Überganges, die den Vergleich der verschiedenen Daten sehr erschwert. c) Das Einsetzen des Ohmschen Widerstandes erfolgt bei einer ganz wesentlich höheren Feldstärke (H_3) als das Eindringen des magnetischen Feldes (H_2), so daß bei Feldstärken, bei denen längst $\mu = 1$ erreicht ist, noch immer SL. besteht. Bemerkenswert ist die absolute Höhe des zur Zerstörung der SL. erforderlichen

Feldes (H_3) die um das 10- bis 100fache über den für reine SL. geltenden Werten liegt. Man hat geglaubt, diesen Umstand zur Herstellung starker Dauerfelder ausnützen zu können. Dem steht der Umstand entgegen, daß die Zerstörung der völligen SL. durch das Eigenfeld des Stromes bei Feldstärken (H_1) erfolgt, die noch um ungefähr 30% tiefer liegen als die zur Zerstörung der Abschirmung erforderlichen (H_2). d) Die Legierungen zeigen keinen M. O. E., dagegen beim Abschalten des äußeren Magnetfeldes starke eingefrorene Felder. (Abb. 33 zeigt nach Messungen von Rjabinin und Shubnikov (*222*) das Verhältnis der drei kritischen Feldstärken für eine Pb-Tl-Legierung. Das hier dargestellte Verhältnis von H_1, H_2 und H_3 ist bei allen Legierungen qualitativ dasselbe, nur sind die Unterschiede nicht in allen Fällen gleich groß. Man wird überall dort, wo ein SL. ein ähnliches Verhalten zeigt, auf Legierungsbildung durch Verunreinigung schließen. Shoenberg (*249*) hat darauf hingewiesen, daß Verunreinigungen im Betrage von 10^{-3} % genügen, um eine Abweichung vom Verhalten der idealen SL. zu erzeugen.

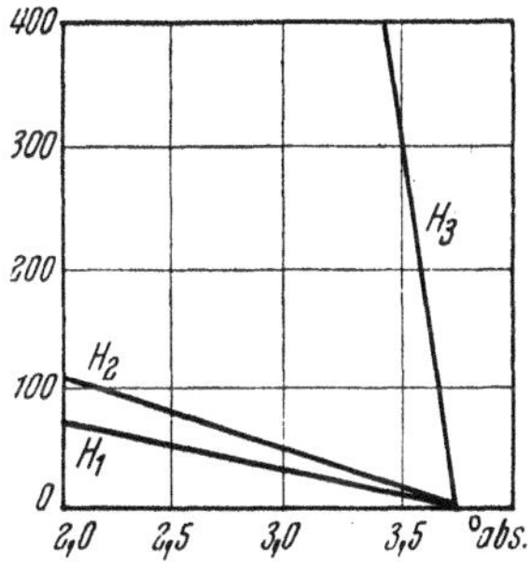

Abb. 33. Die drei krit. Feldstärken einer Legierung. Nach Rjabinin und Schubnikow (*222*).

Andererseits hat Shoenberg (*249*) an kristallinen Proben von sehr reinem Au_2Bi ein magnetisches Verhalten nachgewiesen, das fast dem der idealen SL. entspricht, also vor allem einen fast 80%igen M. O. E. sowie einen normalen Wert von H_3. Man gewinnt also den Eindruck, daß das Verhalten der übrigen Legierungen eher auf eine Inhomogenität des Aufbaues zurückzuführen ist, derzufolge die Proben aus einem Gemenge von verschiedenen kritischen Daten bestehen. Mendelssohn (*196*) hat die Auffassung vertreten, daß die Struktur einer sl. Legierung einem Schwamm zu vergleichen sei, dessen Maschen aus einem Material von höherer kritischer Feldstärke bestünden. Man versteht dann leicht, daß der magnetische Kraftfluß fast zur Gänze in den Körper eindringen kann, ohne den sl. Strom, der in wenigen dünnen Fäden großer kritischer Feldstärken fließt, zu zerstören. Diese Auffassung wird durch die kalorischen Messungen weitgehendst gestützt. Besonders aufschlußreich sind in dieser Hinsicht die Messungen, die Mendelssohn und Moore (*197*) an einer mit 4% Bi verunreinigten Sn-Probe ausgeführt haben. Diese Probe gibt ohne Magnetfeld noch einen deutlichen Sprung der spez. Wärme. Bei Abkühlung im konstanten Magnetfeld, bei der ein ausgeprägtes eingefrorenes Feld auftritt, bleibt die spez. Wärme auf den Werten, die sie im nl. Zustand (z. B. bei Zerstörung der SL. durch ein überkritisches Feld) hat. Man wird also annehmen, daß in den Zuständen mit eingefrorenem Feld nur ein kleiner Bruchteil der Probe tatsächlich sl. ist. Bei den Legierungen, die auch ohne Magnetfeld keine kalorischen Effekte mehr aufweisen, wird man annehmen, daß der SL.-Zustand in jedem Fall auf dünne Fäden oder Schichten beschränkt ist. Es ist bedauerlich, daß von der Au_2Bi-Probe, die Shoenberg untersucht hat, keine kalorischen Daten vorliegen, wie denn überhaupt bei aller Fülle des Materials eine recht mangelhafte Systematik die theoretische Verwertung außerordentlich erschwert.

Was schließlich die Annahme der anormal erhöhten kritischen Feldstärke anlangt, so meinten Gorter und Shoenberg, daß sie vor allem auf die Dimensionen der sl. Partien zurückzuführen und mit den Beobachtungen an dünnen Filmen und Drähten (vgl. unter F) in Parallele zu stellen sei.

III. Kalorimetrische Untersuchungen an Supraleitern.

A. Der Sprung der Atomwärme beim Übergang N $\rightleftharpoons$ S.

Wenn sich auch die bereits von K. Onnes bei Entdeckung der SL. ausgesprochene Möglichkeit des Vorliegens eines gewöhnlichen allotropen Phasengleichgewichtes mit latenter Wärme nicht bestätigt hat, und wenn auch dilatometrische Präzisionsmessungen von McLennan, Allen und Wilhelm (Trans. Roy. Soc. Canada 25 III, 1, 1931) sowie Debye-Scherrer-Aufnahmen von Keesom und Onnes, Comm. Leiden Nr. 174b, 1924) eine auch nur geringe Volumstetigkeit bei der Umwandlung N $\rightleftharpoons$ S ausgeschlossen haben, so blieb dennoch angesichts der tiefgreifenden Unterschiede der beiden Phasen der Verdacht auch auf kalorische Unterschiede bestehen.

Diese Ansicht wurde durch neuere theoretisch-thermodynamische Arbeiten unterstützt, wonach außer gewöhnlichen „Gleichgewichten 1. Art", gekennzeichnet durch eine Unstetigkeit in den 1. Ableitungen der freien Enthalpie G und p und T ($\partial G/\partial T = -S$, $\partial G/\partial p = V$), auch „Umwandlungen 2. Art", gekennzeichnet durch Unstetigkeiten lediglich in den 2. Ableitungen ($\partial^2 G/\partial T^2 = -C_p/T$, $\partial^2 G/\partial p \partial T = \partial V/\partial T$, $\partial^2 G/\partial p^2 = \partial V/\partial p = K$) (vgl. Abb. 34b) [Ehrenfest (*53a*)], sowie „Gleichgewichte 3. Art", gekennzeichnet durch Unstetigkeiten erst in den 3. Ableitungen ($\partial^3 G/\partial T^3 = -(\partial C_p/\partial T)/T^2$ usw.) (vgl. Abb. 34d) [Justi und v. Laue (*90a*, *90b*)] möglich sind und tatsächlich auftreten. Wie Abb. 34b im einzelnen zeigt, liegt bei zwei sich tangierenden, aber nicht durchdringenden G-Flächen die eine Fläche durchweg tiefer oder durchweg höher als die andere, und so kann z. B. die bei tiefen Temperaturen ($T < T_u$)stabilere Phase 1 oberhalb von T_u nicht in die Phase 2 übergehen, ohne wegen $G_2 > G_1$ den 2. Hauptsatz zu verletzen (*90a*, *90b*); es sind daher nicht Gleichgewichte, sondern allenfalls Umwandlungen 2. Art in homogener Phase mit sich gabelnden G-Flächen gemäß Abb. 34c möglich. Diese ergeben einen einfachen Sprung ΔC_p der Atomwärme gemäß Abb. 34a, während das Gleichgewicht 3. Art mit sich oskulierend durchdringenden G-Flächen notwendig ein steiles C_p-Maximum (Abb. 35b) verursacht, weil die anschaulich als unumgänglich erkennbare starke Krümmung der stabilen G-Kurve $\partial^2 G/\partial T^2$ bis auf einen Faktor mit C_p identisch ist. Anschaulich, wenn auch nicht mathematisch ganz korrekt, läßt sich also ein Gleichgewicht 3. Art als

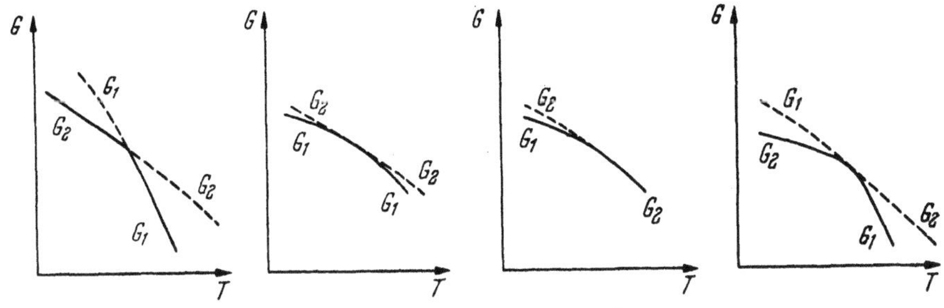

Abb. 34a Abb. 34b Abb. 34c Abb. 34d

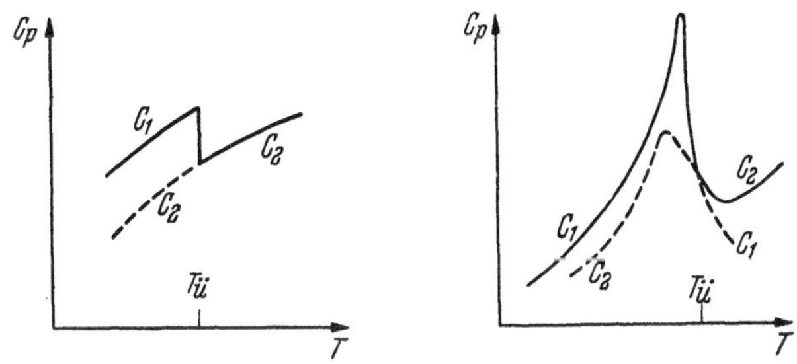

Abb. 35a Abb. 35b

Abb. 34. Verlauf der freien Enthalpie (thermodynamisches Potential) G zweier Phasen 1 und 2 als Funktion der Temperatur T, a) bei einem gewöhnlichen Gleichgewicht 1. Art, gekennzeichnet durch Schneiden von G_1 und G_2, b) bei einem Gleichgewicht 2. Art, gekennzeichnet durch Berührung ohne Schneiden, c) ebenso Gabelungstyp, d. h. ober- oder unterhalb der Gleichgewichtstemperatur $T_ü$ besteht nur eine Phase, d) Gleichgewicht 3. Art, gekennzeichnet durch oskulierende Berührung von G_1 und G_2 bei $T_ü$ wie unter b) und Schneiden wie unter a). — Abb. 35. Verlauf der spezifischen Wärme C_p als Funktion von T, a) im Falle des Gleichgewichtes 2. Art (vgl. Abb. 34c), b) im Falle des Gleichgewichtes 3. Art (vgl. Abb. 34d). Gemäß Abb. 34 ist die Phase mit jeweils kleinerer spezifischer Wärme (gestrichelt) wegen kleinerem G instabil.

ein gewöhnliches Gleichgewicht (1. Art) mit einer über ein geringes T-Intervall verschmierten Umwandlungswärme ansehen.

Die experimentelle Untersuchung der Atomwärmen scheiterte bislang nicht allein an der Kleinheit der C_p-Werte, die dem T^3-Gesetz entsprechend im siedenden He nur noch einige 10^{-3} bis 10^{-4} des Dulong-Petitschen Grenzwertes von ~ 6 cal/Mol · Grad betragen, sondern auch an der Schwierigkeit, die Probe im Vakuumkalorimeter thermisch hinreichend zu isolieren; bei tiefen Temperaturen nimmt nicht nur die

Wärmeleitung durch das Meßkabel beträchtlich zu, sondern das He läßt sich aus dem Mantelraum nicht genügend wirksam abpumpen. Als Keesom und Kok (*109*) die ersten Präzisionsmessungen der Atomwärme an Sn gelangen, fanden sie, daß hier C zunächst bis auf $\sim 0{,}0054$ [cal/Mol · Grad] abfällt, um beim Durchschreiten der Sprungtemperatur innerhalb von wenigen $^1/_{1000}{}^0$ auf $\sim 0{,}0078$ wieder anzusteigen. Statt dieser ersten Ergebnisse sei die neueste Kurve von Keesom und van Laer (*118*) wiedergegeben (Abb. 36). Man erkennt, wie sich die Atomwärme im nl. Zustand additiv aus der Schwingungswärme des Ionengitters gemäß einer Debye-Funktion $C = D\,(185/T) \sim 464{,}5\,(T/185)^3$ und der Elektronengaswärme gemäß einer Sommerfeldschen Funktion $C_{el} = \gamma \cdot T$ mit $\gamma = 0{,}00040$ zusammensetzt. Diese Kurve konnte bis weit unterhalb von $T_ü$ ($3{,}71^0$ abs) verifiziert werden, wenn die SL. durch überkritische Magnetfelder aufgehoben wurde. Sonst steigt C beim Durchschreiten von $T_ü$ um etwa die Hälfte an, und anschließend

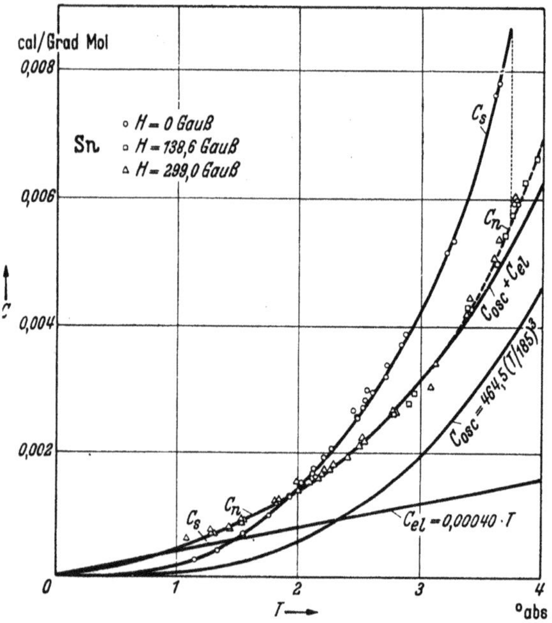

Abb. 36. Atomwärme von Sn nach Keesom und van Laar. o Meßpunkte ohne äußeres Magnetfeld; □ und △ bei überkritischen Magnetfeldern von 138,6 bzw. 299,0 Gauß. Ferner eingetragen die theoretischen Kurven für die Schwingungswärme $C_{osc} = 464{,}5\,(T/185)^3$ nach Debye und die Elektronengaswärme $C_{el} = 0{,}00040 \cdot T$ nach Sommerfeld.

fällt C_s merklich wie T^3. Es ist besonders bemerkenswert, daß C_s anschließend nicht nur C_n (bei $1{,}9^0$), sondern sogar C_{el} (bei $1{,}5^0$) unterschreitet; damit spricht diese Kurve gegen die Annahme, daß die SL. durch einen *zusätzlichen* Kurzschlußmechanismus unter Fortbestehen des die normale Leitung tragenden Elektronengases zustande kommt.

Während die Leidener Schule die Umwandlung N $\rightleftharpoons$ S als eine solche 2. Art ansieht, spricht nach Justi und von Laue, vom Konflikt mit dem 2. Hauptsatz abgesehen, das Auftreten eines endlichen Umwandlungsintervalls und eines C-Maximums, sowie das Fehlen eines Sprunges im Ausdehnungskoeffizienten (Zitate S. 160, vgl. dagegen [286]) für ein Gleichgewicht 3. Art. Für die später zu besprechende thermodynamische Theorie der SL. ist diese Frage insofern unerheblich, als beide Annahmen zu ähnlichen Formeln führen. Hier sei zur Diskussion der C, T-Kurven nur vorweggenommen, daß nach Casimir und Gorter (*68*) gilt $\Delta C = C_n - C_s = \frac{V}{8\pi} T \frac{d^2}{dT^2} (H^2)$. Setzt man nun dem experimentellen Befund entsprechend mit Kok (*128*) $C_n = \beta_n \cdot T^3 + \gamma T$, $C_s = \beta_s \cdot T^3$, $H_k = -aT^2 + b$, so liefert die Casimir-Gortersche Gleichung $\gamma = V\, ab/2\pi$ und $\beta_s - \beta_n = 3\, V\, a^2/2\pi$ und für $T = T_ü$ $\Delta C = 2\gamma \cdot T_ü$, welche Beziehung durch das Diagramm Abb. 14 genau bestätigt wird. Kok zieht aus diesen Messungen und Rechnungen den Schluß, daß dieselben Leitungselektronen, die sich für $T > T_ü$ wie ein Fermi-Dirac-Gas verhalten, im SL. zu einem Gitter verfestigt seien.

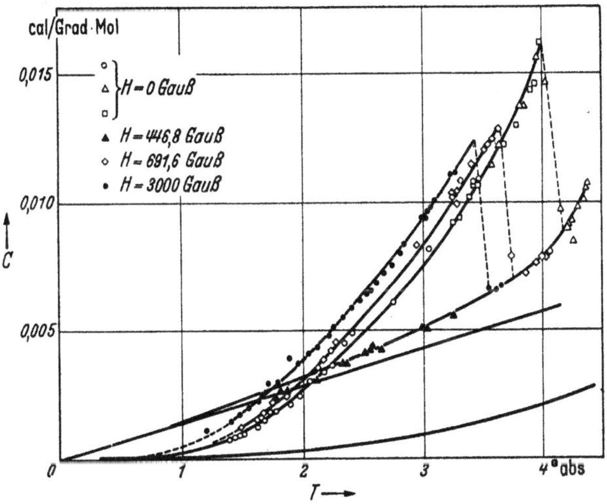

Abb. 37. Atomwärme von Ta nach Keesom und Désirant. o, △, □, Meßkurven ohne äußeres Magnetfeld; ▲, ◇, • Meßkurven für äußere Magnetfelder von 446,8 bzw. 691,6 bzw. 3000. Gauß.

Mit diesem Befund an Sn stehen auch die Meßergebnisse von Keesom und Kok an Tl (*110*) und Al (*113a*) überein; wie deren Diagramm erkennen läßt, nimmt die Atomwärme des Al zunächst auf den durch sehr großen Θ-Wert (419°) und sehr niedrige Sprungtemperatur (1,13°) bedingten extrem kleinen Wert von $C_n = 0{,}000429$ [cal/Mol · Grad] ab, um dann in einem unmeßbar kleinen Intervall bis zu 0,000889 zu steigen; da C_n bei $T_ü$ fast nur noch aus Elektronenwärme $\gamma \cdot T$. besteht, wird also auch hier wieder die Koksche Formel $\Delta C = 2\gamma T$ zahlenmäßig bestätigt. Wenn hier die aus der thermodynamischen ΔC-Formel berechnete Schwellwertkurvenneigung 143 [Gauß/Grad] merklich geringer ausfällt als die unmittelbar gemessene von 175 [Gauß/Grad], mag das auf denselben experimentellen Schwierigkeiten der extrem tiefen Temperaturen beruhen, die auch eine Fortsetzung der C, T-Kurve unterhalb von 1,13° verhinderten.

Dagegen treten ernstere Unstimmigkeiten im Falle des Ta auf, dessen C, T-Kurve zwischen 1,2° und 4,5° abs Keesom und Désirant (*108*) gemessen haben. Auch hier (Abb. 37) nimmt bei sinkender Temperatur C plötzlich schnell zu, wenn auch nur um $\Delta C = \gamma \cdot T_k$ und in einem weiteren Intervall (von einigen 0,1°) unterschreitet C_s ebenfalls die C_n- und die $\gamma \cdot T$-Kurve. Dagegen stimmen die elektrisch und kalorimetrisch gemessenen Umwandlungstemperaturen nicht überein, denn nach Meißner verschwindet der Ta-Widerstand bei 4,38°, während sich der C-Sprung erst zwischen 4,155° bis 3,955° vollzieht. Noch ausgedehnter werden diese Abweichungen, wenn man nicht nur die Übergangstemperaturen $T_{ü}$ für $H = 0$, sondern die nach verschiedenen Methoden gewonnenen Schwellwertkurven vergleicht (Abb. 38). Keesom und Désirant schieben diese Diskrepanzen, in denen Ta den Legierungen ähnelt, hauptsächlich darauf, daß bei Ta die magnetische Induktion beim Verschwinden des Widerstandes nicht plötzlich Null wird, wie es die thermodynamische Theorie bei ihren Formeln voraussetzt. Einen gewissen Einfluß hat wohl auch der Umstand gespielt, daß die Ta-Probe nicht die günstige Form eines gestreckten, sondern flachen ($a:b:c = 3:3:1$) Rotationsellipsoides besaß, bei dem H zudem noch parallel statt senkrecht zum Äquator verlief. Ein Versuch von Mendelssohn (*190*), diese Diskrepanz durch provisorische C, T-Messungen zu beseitigen, dürfte wohl als negativ ausgegangen zu bewerten sein.

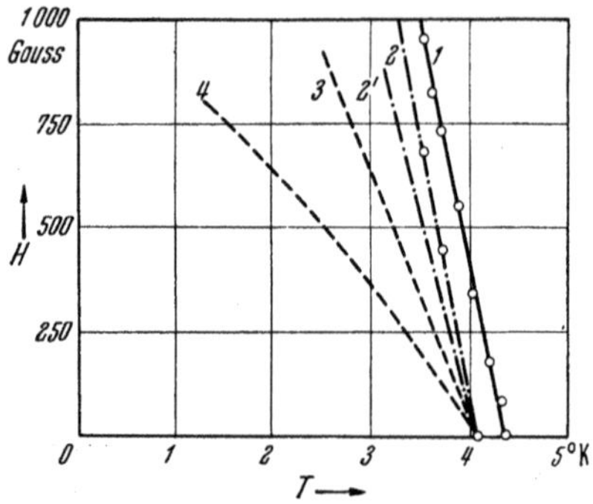

Abb. 38. Abhängigkeit der kritischen Feldstärke von der Temperatur bei Ta nach verschiedenen Meßmethoden. 1 nach Widerstandsmessungen von Mendelssohn und Moore, 2 nach kalorischen Messungen, 2' ebenso mit um 1/(1—N)—1/1,22 verringertem H_{kr}, 3 Eindringkurve nach Mendelssohn und Moore, 4 magnetische Gleichgewichtskurve nach Mendelssohn und Moore.

B. Die latente Wärme des Übergangs N ⇌ S im Magnetfeld.

Keesom und Kok haben schon bei ihren grundlegenden Messungen an Tl und Sn (*111*) bemerkt, daß nicht nur der ΔC-Betrag im Einklang mit der Gorter-Casimirschen Gleichung von einem äußeren Magnetfeld beeinflußt wird (vgl. Abb. 35 und 36), sondern daß für $H > 0$ zudem eine latente Wärme Q auftritt. Man überlegt sich leicht, daß $Q = T(S_n - S_n)$ außer bei $T = T_{ü}$ (wegen $H = 0$) auch bei $T = 0°$ abs (wegen des Nernstschen Wärmesatzes) verschwinden und demnach dazwischen ein Maximum durchlaufen muß, wie

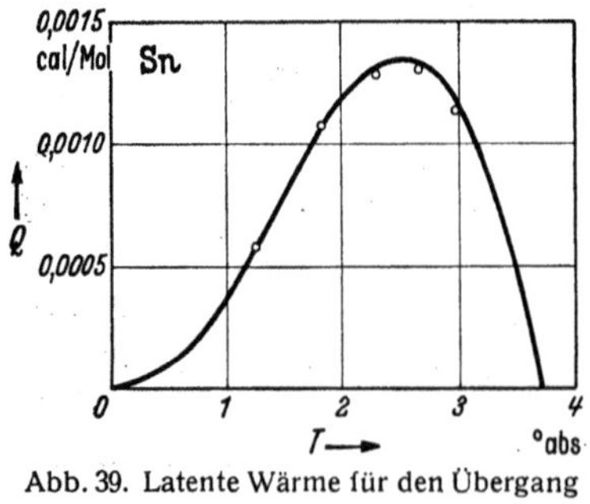

Abb. 39. Latente Wärme für den Übergang N→S von Sn nach Keesom u. van Laar.

es auch die späteren Präzisionsmessungen von Keesom und van Laer (*116*) bestätigten (Abb. 39).

Zunächst sollen uns die von Keesom und Kok an Tl (*111*) gewonnenen Kurven (Abb. 40) zeigen, daß tatsächlich bei der überkritischen Magne-

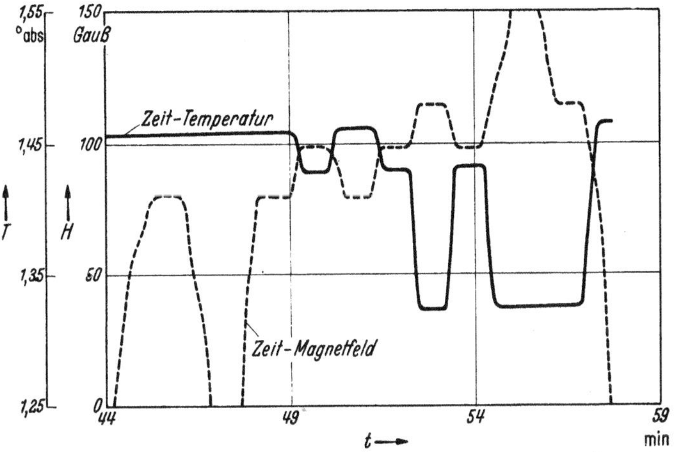

Abb. 40. Zeitlicher Verlauf des magnetokalorischen Effektes beim Übergang N⇄S des Tl von Keesom und Kok; gestrichelte Kurve: zeitlicher Verlauf des angelegten äußeren Magnetfeldes; ausgezogene Kurve: zeitlicher Verlauf der Temperatur.

tisierung des thermisch isolierten SL. eine unter Umständen beträchtliche Abkühlung auftritt, die genau entgegengesetzt gleich der Erwärmung bei der Wiederherstellung der SL. durch Feldsenkung auf $H < H_k$ und damit reversibel ist. Daher läßt sich die erzielbare Abkühlung leicht im T, S-Diagramm (Abb. 41) abgreifen, wie es Shoenberg (*252*, S. 72) nach dem Vorgang von van Laer (*137*) aus den anschließend zu besprechenden kalorimetrischen Messungen für eine Sn-Kugel konstruiert hat. Hiernach kann man z. B. durch isentropische überkritische Magnetisierung ($H > 300$ Gauß) des Sn von 1,0° ausgehend 0,1° abs unterschreiten. Der Vorschlag (47a, 195), wie bei paramagnetischen Salzen durch diesen „magnetokalorischen" Effekt der SL. tiefste Temperaturen zu erzeugen, hat zu keinem praktischen Erfolg geführt, da die Wärmetönung entsprechend dem T^3-Abfall

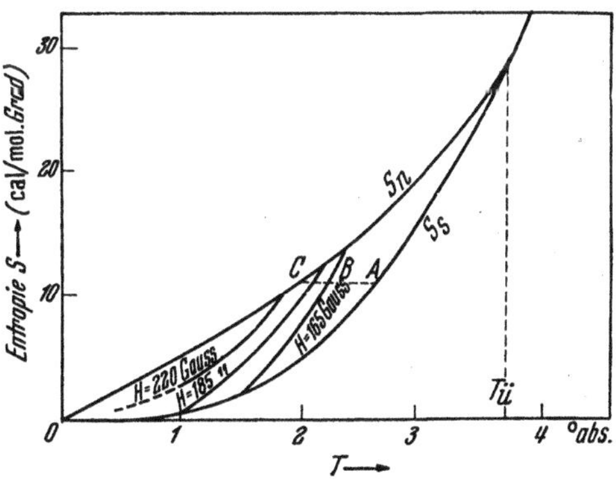

Abb. 41. Entropie-Temperatur-Diagramm des Sn- im S- und N-Zustand ber verschiedenen äußeren Magnetfeldern nach Shoenberg.

der Atomwärme des sl. Metalle sehr viel kleiner ist als bei den paramagnetischen Salzen.

Bei ihren kalorimetrischen Präzisionsmessungen der latenten Umwandlungswärme der Sn konnten Keesom und van Laer (*116*) also so verfahren, daß sie, bei einer Anfangstemperatur $T < T_{ü}$ beginnend, die im Vakuumkalorimeter thermisch isolierte ellipsoidische Probe einem schrittweise gesteigerten Magnetfeld aussetzten; sobald dann H den Betrag $H_k/(1-N)$ erreichte, begann die Umwandlung S → N, und die hierbei eintretende Abkühlung wurde durch Zufuhr Joulescher Wärme genau kompensiert, die ihrerseits unmittelbar die latente Wärmemenge Q ergab.

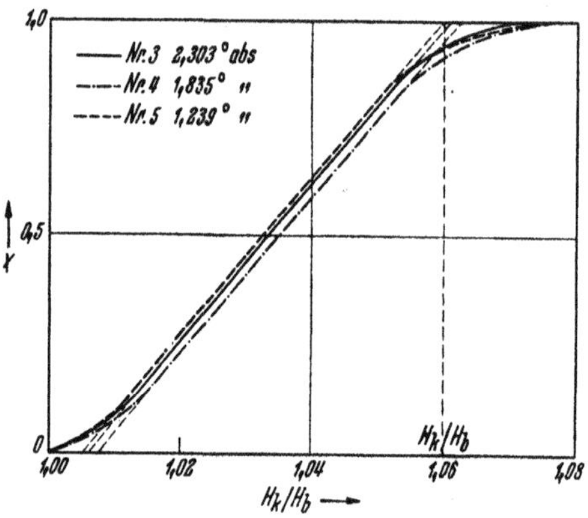

Abb. 42. Bruchteile x der durch steigendes Magnetfeld $H_0 = H_k/H_b$ vom S- in den N-Zustand überführten Sn nach kalorimetrischen Messungen von Keesom und van Laar. $H_b = H_{kr}/1{,}059$ ist die Feldstärke, bei der infolge der Feldverdichtung am Äquator der rotationsellipsoidischen Probe die Umwandlung beginnt.

In Kenntnis der Umwandlungswärme je Mol, die nach den Meßergebnissen (Abb. 39) zwischen den Nullstellen für $T = 0^0$ bzw. $T = T_{ü}$ das erwartete Q-Maximum bei $2{,}5^0$ zeigt, konnte auch aus der jeweils zugeführten Wärmemenge berechnet werden, wieviel Bruchteile x der Substanz bereits umgewandelt waren. Solche x, H-Diagramme sind in Abb. 42 wiedergegeben, und zwar ist das Außenfeld H_0 in Bruchteilen der Feldstärke $H_B = H_k/(1-N) = H_k/1{,}059$ angegeben, bei der infolge der Feldverdichtung am Äquator die Umwandlung beginnt. Man erkennt, daß x mit H_0/H_B zunächst beschleunigt steigt, bis 15% ungewandelt sind; der darauffolgende lineare Teil reicht nur bis x $\sim$ 85%, so daß die Umwandlung bei $1{,}059 \cdot H_B = 1{,}00 \cdot H_k$ erst zu 95% und erst bei $1{,}08 \cdot H_B \sim 1{,}02 \cdot H_k$ vollständig vollzogen ist. Dieselbe Überschreitung von H_k wurde auch bei der kalorischen Umwandlung im konstanten Feld gemessen und durch die Aufspaltung des ursprünglich zusammenhängenden SL. in nadelförmige sl. Mikrobereiche gedeutet (*66*, 95), deren H_k-Wert bei Annäherung der Nadeldicke an die Eindringtiefe $1/\beta$ gemäß der Beschleunigungstheorie (vgl. VIB) ansteigen muß, bis schließlich bei einer Minimaldicke SL. aus unbekannten Gründen nicht mehr möglich ist (vgl. hierzu IIF und IV).

C. Die Reversibilität der Umwandlung N ⇌ S im Magnetfeld.

Schon aus den Kurven über die Umkehrbarkeit des „magnetokalorischen“ Effektes der SL. (Abb. 40) kann man den Schluß ziehen, daß die Umwandlung N ⇌ S im Magnetfeld weitgehend reversibel ist, denn wenn in Gl. (III, 5) bzw. (III, 7) Abschn. III D) für die Wärmetönung statt des =-ein>-Zeichen aufträte, würde die Endtemperatur nach jedem Zyklus S → N → S ein wenig über die Anfangstemperatur steigen. In Kenntnis der thermodynamischen Theorie kann man die Frage nach dem Grade der Reversibilität auch so prüfen, daß man die unter der Bedingung völliger Umkehrbarkeit abgeleiteten Gl. (III, 5) $Q = -VTH\,(dH/dT)/4\pi$ durch absolute Präzisionsmessungen der Wärmemenge, der Schwellwertkurve sowie der jeweiligen H- und T-Werte verifiziert. Das Ergebnis dieser Messungen von Keesom und van Laer (*118*) ist in der folgenden Tabelle wiedergegeben.

Versuch Nr.	T⁰ abs	Heizdauer	Zugeführte Kalorien	Umwandlungswärme in cal/Mol		Differenz %
				gemessen	berechnet	
1	2,971	460	$0{,}00787_6$	$0{,}00112_6$	$0{,}00119_3$	— 5,4
2	2,662	458	$0{,}00907_0$	$0{,}00129_8$	$0{,}00134_0$	— 3,1
3	2,303	522	$0{,}00893_8$	$0{,}00127_8$	$0{,}00131_5$	— 2,8
4	1,835	772	$0{,}00742_8$	$0{,}00106_2$	$0{,}00106_8$	— 0,6
5	1,239	696	$0{,}00401_1$	$0{,}000573_6$	$0{,}000573_1$	+ 0,1

Van Laer und Groenewold (*138*) weisen zur Diskussion dieser Tabelle darauf hin, daß die zu $H_k^2 V/8\pi$ angesetzte Energie der Abschirmströme bei 3⁰ nur 15%, bei 1,2⁰ aber schon das Doppelte der latenten Wärme ausmache, so daß gerade wegen der bei 1,239⁰ erreichten Reversibilität von 99,9% jede auch nur teilweise Vernichtung von Dauerstrom durch wiederentstehenden Ohmschen Widerstand ausgeschlossen werden kann.

Zu derselben Folgerung sind schon Keesom und Kok (*112*) durch einen Spezialversuch gelangt, in dem sie die C, T-Kurve einer Tl-Probe maßen, die sie zunächst von 4,2⁰ an in einem Außenfeld auf 1,92⁰ abgekühlt hatten, nach dessen Ausschaltung im Tl ein starker Dauerstrom zirkulierte. Anschließend wurde die C, T-Kurve von 1,97⁰ bis 2,40⁰ durch Hochheizen im Vakuumkalorimeter bestimmt, wobei sich die Kurve Abb. 43 ergab. Sobald die für das Dauerstromfeld kritische Temperatur erreicht ist und die Umwandlung S → N beginnt, wird Umwandlungswärme verbraucht, und infolgedessen steigt die zuzuführende Wärme über die bei $H = 0$ gemessene (gestrichelte)

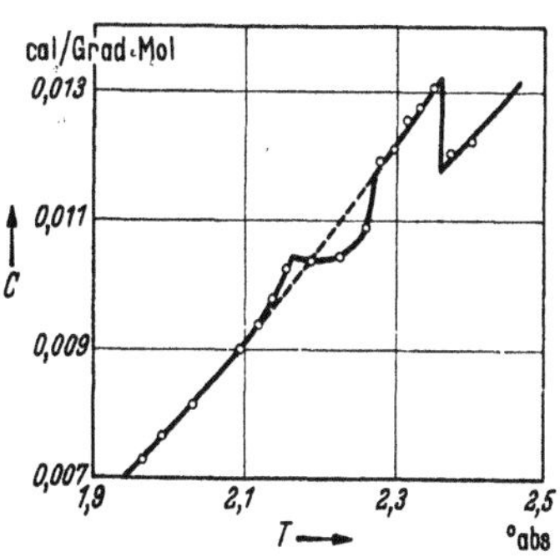

Abb. 43. Atomwärme C einer Tl-Probe, in der ein durch Ausschaltung eines bei 1,92⁰ abs. induzierter Dauerstrom fließt in Abhängigkeit von der Temperatur nach Keesom und Kok.

C, T-Kurve hinaus. Hierbei wird der Dauerstrom auf noch zu erörternde Weise vernichtet, nl. Teile werden dadurch wieder sl. und geben dabei Umwandlungswärme ab, die eine vorübergehende Verminderung der Wärmezufuhr von außen, also eine Unterschreitung der normalen C, T-Kurve bewirkt. Die Energieinhalte $\int_{2,14^0}^{2,19^0} (C_s - C_n)\, dT = 14{,}10^{-6}$ und $\int_{2,19^0}^{2,27^0} (C_s - C_n)\, dT = 40 \cdot 10^{-6}$ [cal/Mol] sind absolut so klein (der Nullpunkt des Diagramms ist unterdrückt), daß geringe Ungleichheit nicht wesentlich erscheint.

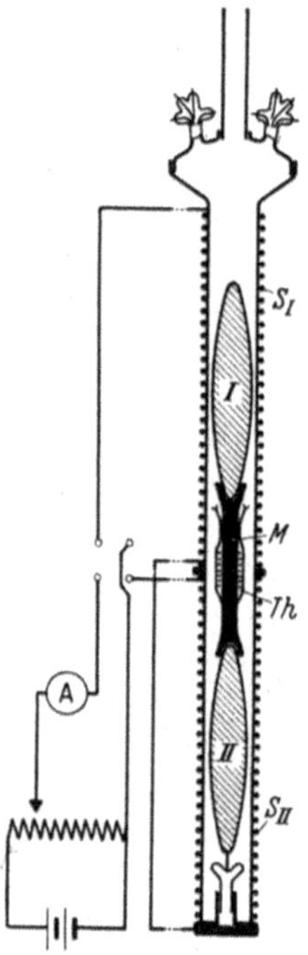

Abb. 44. Differentialkalorimeter zur Prüfung der Reversibilität und der Relaxation der Umwandlung S⇄N zweier Sn-Rotationsellipsoide I und II nach van Laar und Keesom. S_I, S_{II} Solenoide, M Kupferstücke, Th Phosphorbronze-Widerstandsthermometer, A Amperemeter.

Eine 4. Methode der Reversibilitätsprüfung haben van Laar und Keesom (*140*) mit einem Apparat durchgeführt, den sie ursprünglich zur Messung von Relaxationszeiten konstruiert hatten. Man erkennt in Abb. 44 zwei genau gleiche Sn-Ellipsoide I und II, die durch einen angelöteten Cu-Stab thermisch verbunden sind. Seine Temperatur wird mit dem Phosphorbronzethermometer *Th* gemessen, das gegen Magnetfelder mit einem sl. Bleimantel *M* abgeschirmt ist. Außer den beiden Solenoiden S_I und S_{II} von gleicher Windungsdichte ist noch ein großes Solenoid vorhanden, das über die ganze Länge des Vakuumkalorimeters homogenes Feld H_0 erzeugt. Zu Beginn des Versuches wurde H_0 so gewählt, daß es in der Mitte des isothermen Umwandlungsintervalls (im x, H-Diagramm) lag; S_I und S_{II} wurden gegensinnig hintereinandergeschaltet mit einer solchen Stromstärke beschickt, daß sich der eine Sn-Block im S-, der andere im N-Zustand befand. Nun wurde nach thermischer Isolierung der Proben durch Evakuieren des Kalorimeters der Erregerstrom von S_I bzw. S_{II} langsam (zur Vermeidung von Wirbelströmen) auf Null gesenkt, kommutiert, und wieder auf den Anfangs-Absolutbetrag gesteigert, so daß die beiden Sn-Blöcke ihren N- bzw. S-Zustand vertauscht hatten. Ließ sich hiernach mit dem hochempfindlichen Thermometer Th keine Temperaturerhöhung bemerken, so war bewiesen, daß die Umwandlungswärme Q für den Prozeß S → N genau entgegengesetzt gleich der für N → S ist. Die Genauigkeit konnte durch mehrmalige Umschaltung gesteigert werden; die Temperaturkonstanz innerhalb von $0{,}01^0$ bis $0{,}005^0$ zeigte, daß diese irreversible Entropiezunahme bei 3^0 höchstens 1,6%, bei $2{,}6^0$ höchstens 1% betragen konnte.

Diese nach vier verschiedenen Methoden bewiesene Reversibilität der Umwandlung N $\rightleftharpoons$ S im Magnetfeld erfordert eine besondere Erklärung der reversiblen Vernichtung der Dauerströme ohne Ohmschen Widerstand; auf den zuerst von Keesom und Kok (*112*) vorgeschlagenen Mechanismus gehen wir zweckmäßig im Abschnitt über den Zwischenzustand IV, Seite 175 ein.

D. Die Thermodynamik der Umwandlung N $\rightleftharpoons$ S im Magnetfeld.

Im Zeitalter der Atomistik ist die Beschäftigung mit der Thermodynamik offenbar deswegen zurückgegangen, weil sie nur makroskopische Energiebilanzen liefernd wenig über die atomistischen Vorgänge auszusagen vermag; diese scheinbare Schwäche ist aber zugleich eine Stärke der Theorie, wenn es gilt, wie im Falle der SL. wenigstens phänomenologische Aufschlüsse über Vorgänge unbekannter Atomistik zu bekommen.

Wir gehen der Allgemeinheit halber mit Gibbs von der freien Enthalpie $G = U + pV - TS$ [cal/Mol] (III, 1) aus und nennen ihren Betrag im nl. Zustand G_n, im sl. G_s; betrachten wir nun einfachheitshalber einen zylindrischen SL. in einem anfangs überkritischen Feld, so tritt zur kalorischen Enthalpie wegen $\mu = 1$ die magnetische Energie $H^2 V/8\pi$, die im sl. Zustand wegen $\mu = 0$ wegfällt (II E). Senkt man nun H zur Umwandlung N $\rightarrow$ S bis auf H_k, so muß im Gleichgewicht die Differenz der freien Enthalpien $G_s - (G_n + H_k^2\, V/8\pi)$ offenbar gleich der vom Magnetfeld dem Körper zugeführten Arbeit A sein. Diese bei der Umwandlung aus dem Zylindermantel strömende Arbeit A ist offenbar negativ, und ihre strenge Berechnung durch v. Laue (*150*) hat ergeben (III,2) $A = -H_k^2 V/4\pi$, so daß sich als Gleichgewichtsbedingung $G_s - (G_n + H_k^2 V/8\pi) = -H_k^2 V/8\pi$, also (III, 3) $G_n - G_s = H_k^2/8\pi$ ergibt. Die rechte Seite kann nach K. M. Koch (*126*) anschaulich als die beim Wachstum des sl. Volumens V gegen den auf dem SL. lastenden Druck $H^2/8\pi$ gedeutet werden. v. Laue hat die Berechnung noch für den Fall verallgemeinert, daß A wegen mit der Eindringtiefe $1/\beta$ vergleichbar geringer Dicke von dieser abhängt, welcher Fall wegen der beim Übergang S $\rightarrow$ N schließlich übrigbleibenden Nadeln praktisch dominiert (vgl. IIIB). Gegen die einfachere Ableitung der Gleichgewichtsbedingung III, 3 durch Shoenberg (252, S. 62) erhebt v. Laue den Vorwurf des Vorzeichenfehlers, während an der Ableitung durch F. London (*165*) bemängelt wird, daß nicht mit einem isothermen Übergang gerechnet wird. Die genannten Ableitungen sind insofern allgemeiner als die ersten Deduktionen durch Casimir und Gorter (*68*), als sie nicht an einen speziellen Kreisprozeß (im H, T-Diagramm) geknüpft sind. Allerdings besitzt der Gorter-Casimirsche Kreisprozeß den didaktischen Vorzug, erkennen zu lassen, daß diese Formeln nur unter der Voraussetzung des MOE. zustande kommen, der durch die Feldverdrängung den Teilprozeß N → S zum genau umgekehrten des Vorganges S → N im Magnetfeld macht. Auch in der nach v. Laue wiedergegebenen Ableitung steckt die Voraussetzung eines 100proz. MO.-Effektes insofern, als für das Ende der magnetischen Umwandlung N → S $\mu \equiv 0$ angenommen wird. Damit tritt die unter Abb. 22 vorweggenommene Bedeutung der Meißnerschen Entdeckung klar hervor.

Die Differentiation nach T, die wegen $\partial G/\partial T = -S$ die Entropiedifferenz der beiden Phasen liefert, ist wegen des bei tiefsten Temperaturen vernachlässigbar kleinen Ausdehnungskoeffizienten $\alpha = \delta V/\delta T$ bzw. der nachgewiesenen Volumgleichheit (vgl. 286) der Phasen leicht auszuführen:

(III, 4) $$\Delta S = S_n - S_s = -\frac{H_k V}{4\pi}\frac{dH_k}{dT}.$$

Da nun die Neigung der Schwellwertkurve dH_k/dT nach Abb. 16 durchweg ≤ 0 ist, so ist stets $S_n \geq S_s$, außer bei $T_ü$, wo wegen $H_k = 0$ auch $S_n - S_s = 0$ wird. Hieraus darf man wegen der Bedeutung der Entropie als Maß für molekulare Unordnung sofort den Schluß ziehen, daß der sl. gegenüber dem nl. Zustand durch höhere Ordnung ausgezeichnet ist, wie etwa der Kristall gegenüber seiner Schmelze. Da nach dem Nernstschen Wärme $\lim_{T\to 0} \Delta S \to 0$ gelten muß, erklärt die thermodynamische Theorie ferner gemäß (III, 4), weshalb die Neigung der Schwellwertkurven bei Annäherung an $T = 0^0$ abs verschwindet. Die (Gl. III, 4) liefert uns auch sofort die Umwandlungswärme

(III, 5) $$Q = T(S_n - S_s) = -\frac{T H_k V}{4\pi}\frac{dH_k}{dT}.$$

Sie ist wegen $dH_k/dT < 0$ für $H_k > 0$ durchweg positiv, d. h. beim Übergang N→S wird Wärme entwickelt, und diese verschwindet, ebenfalls in Übereinstimmung mit der Erfahrung (Abb. 39), bei $T = T_ü$ und $T = 0^0$ abs.

Eine 2. Differentiation nach T liefert wegen $\partial^2 G/\partial T^2 = -\partial S/\partial T = -C_p/T$ die Differenz der Atomwärmen

(III, 6) $$\Delta C = C_n - C_s = \frac{T H_k V}{4\pi}\frac{d^2 H_k}{dT^2} + \frac{T V}{4\pi}\left(\frac{dH_k}{dT^2}\right)^2,$$

von der für $H = 0$ wegen Verschwinden des 1. Termes nur die einfache Rutgerssche Formel (*53a, 225*) $\Delta C = \frac{T V}{4\pi}\left(\frac{dH}{dT}\right)^2$ für ΔC bei $T_ü$ übrigbleibt, die durch die nachfolgenden Meßwerte von Keesom und Kok an Tl, Sn und In bestens verifiziert wird:

Metall	Tl	Sn	In
ΔC gemessen bei $H = 0$	0,00148	0,0024	0,00202
ΔC berechnet nach (V, 6)	0,00146	0,0026	0,00201

Etwas weniger befriedigend ist die Übereinstimmung mit den Messungen bei $H \neq 0$, weil in den 1. Term die unsichere 2. Ableitung eingeht; immerhin gibt (III, 6) wegen der sicheren Konvexität d^2H/dT^2 die Tatsache wieder, daß ΔC bei tieferen Temperaturen das Vorzeichen wechselt, was das Q-Maximum verursacht.

Aus (III, 6) folgt durch einfache Umformungen für die Umwandlungswärme

$$\text{(III, 7a u. b)} \quad Q = \int_T^{T_s} \Delta C \cdot dT - H_k^2 V/8\pi \quad \text{bzw.} \quad Q = T \int_T^{T_s} (\Delta C/T) dT,$$

welche beiden Formeln erstmals Casimir und Gorter (*68*) mittels des 1. und 2. Hauptsatzes aus ihrem T, H-Kreisprozeß abgeleitet haben. Von diesen ist (III, 7a) besonders lehrreich, weil sie zeigt, daß die Energie des diamagnetischen Abschirmstromes in die Bilanz des reversiblen Prozesses einzubeziehen ist; damit wird erneut die Auffassung von Keesom und Mitarbeitern gestützt, wonach der Dauerstrom nicht irreversibel durch Ohmschen Widerstand in Joulesche Wärme vernichtet wird, sondern reversibel in die Energie der nl. Phase übergeht.

Shoenberg (*252*) hat auch die Ausdrücke für einen allfallsigen Sprung des Molvolumens V bzw. Ausdehnungskoeffizienten α ausgerechnet:

$$\text{(III, 8)} \qquad \Delta V = V_n - V_s = \frac{H_k}{4\pi} \frac{dH_k}{dp} V; \quad \left(\frac{dV}{dp} \sim 0\right),$$

$$\text{(III, 9)} \qquad \Delta \alpha = \alpha_n - \alpha_s = \frac{1}{4\pi} \frac{dH_k}{dT} \frac{dH_k}{dp} + \frac{H_k}{4\pi} \frac{d^2 H_k}{dp\,dT},$$

setzt man nach Sizoo (Dissertation Leiden 1926) für die Größenordnung von $\partial H/\partial p$ 10^{-10} abs Einh. und für $H \sim 100$ Gauß ein, so erhalt man für $\Delta V/V \sim 10^{-9}$ im Einklang mit der Messung von McLennan (vgl. Zitat Seite 160), wonach $\Delta V/V \leqq 3 \cdot 10^{-8}$ sein muß. Entsprechend ergibt sich für $\Delta \alpha/\alpha \sim 10^{-2}$, ein angesichts der Kleinheit von α unmeßbar kleiner Betrag. Hiernach kann also zwischen einer Umwandlung 2. oder 3. experimentell Art nicht unterschieden werden.

Die Gleichgewichtsbedingung (III, 1) muß an den Grenzflächen NL./SL. Punkt für Punkt erfüllt sein, was wegen der Feldverzerrung bei anderen makroskopischen Formen nur an zylindrischen SL. im Längsfeld möglich ist; hierin sieht v. Laue den inneren Grund für die Bildung von nadelförmigen sl. Mikrobereichen im Zwischenzustand. Für mikroskopische Abmessungen erscheinen auch andere Mikrobereichformen wie z. B. Hohlkugeln möglich, da nach den Deduktionen von Gorter (*66*) und v. Laue (*148*, *150*) der H_k-Wert dünner sl. Bleche (Dicke d) im Längsfeld bei $d \to 1/\beta$ steigt, im Querfeld dagegen fällt.

So liefert die einfache thermodynamische Theorie eine Fülle wertvoller, von speziellen atomistischen Hypothesen unabhängiger Erkenntnisse.

Eine gewisse Belastung für die thermodynamische Theorie der SL. bilden nach M. v. Laue (*150*) die im vorigen Bericht referierten Versuche von de Haas und Kinoshita, nach denen sich der Drillingsmodul von Sn und Hg beim Übergang N $\rightleftarrows$ S um weniger als $^1/_{100\,000}$ ändern soll, obwohl die Sprungtemperatur durch äußeren Druck oder Zug merklich verschoben wird. Im einfachen Falle $H = 0$ lautet die Gleichgewichtsbedingung $G_n(T) = G_s(T)$, und im Falle isothermer Deformation mit den Deformationskomponenten $e_{xx} = e_1 \ldots e_{yz} = e_4$ nimmt die freie Enthalpie eines beliebigen Körpers um $\sum_{k=1}^{6} \sum_{k=1}^{6} c_i c_k e_i e_k$ zu, wobei die c_k die elastischen Konstanten bedeuten. Aus der Verschiebung von $T_ü$ durch Druck oder Zug muß man nach v. Laue auf Unterschiede der c_k in den beiden Phasen schließen, während andererseits die zitierten Messungen Gleichheit der Drillingsmoduln ergeben haben. Insofern wären neue Messungen namentlich der Dehnungsmoduln erwünscht.

IV. Der Zwischenzustand und die Relaxationserscheinungen.

A. Zwischenzustand.

Im vorangegangenen Bericht war dargelegt worden, wie der Übergang vom endlichen zum unmeßbar kleinen Widerstand in einem für reinstes einkristallines Sn fast unmeßbar schmalen T-Intervall vor sich geht, falls man auf verschwindende Meßstromstärke $J = 0$ extrapoliert; im allgemeinen sind aber Gebiete vollen und verschwundenen Widerstandes durch ein Zwischengebiet getrennt. Dieser „Zwischenzustand" reicht, wie wir schon gesehen haben, bei der isothermen magnetischen Vernichtung der SL. von $H_k/(1 - N)$ bis H_k, wird also nur für zylinderförmige Proben im Längsfeld unendlich schmal, weil diese Form trotz der hohen diamagnetischen Suszeptibilität $\chi = -1/4\pi$ das ursprüngliche homogene Längsfeld H_0 nicht verzerrt.

Peierls (*216*) und F. London (*160*) haben als Erste den Zwischenzustand begrifflich hervorgehoben, und es steht heute außer Zweifel, daß die Vorstellung eines aus nl. und sl. Bereichen gemischten Zwischenzustandes sich gegenüber der Peierlsschen Konzeption eines besonderen homogenen 3. Zustandes als richtig und dazu äußerst fruchtbar erwiesen hat.

Den inneren Grund für das Auftreten eines solchen Zwischenzustandes dürfte v. Laue (*150*) auf Grund der thermodynamischen Theorie (vgl. III, D) erkannt haben; diese erfordert ja Punkt für Punkt der Grenzfläche N/S die Erfüllung der energetischen Gleichgewichtsbedingung $G_n - G_s = H_k^2 V/8\pi$ sowie der magnetischen Bedingung $H = H_K$. Infolge der Feldverzerrung durch alle anderen makroskopischen Körperformen lassen sich diese beiden Bedingungen gleichzeitig nur an Zylindern im Längsfeld erfüllen. Infolgedessen können anders geformte SL. nur derart in den nl. Zustand übergehen, daß sie sich bei steigendem H bzw. T parallel zum Homogenfeld in sl. Nadeln aufspalten, deren nl. Zwischenräume ihr Volumen zunehmend auf Kosten der sl. Bereiche vermehren.

Ein erstes experimentelles Argument für die Richtigkeit dieser Nadelstrukturtheorie erbrachten Schubnikow und Nakhutin (*238*), als sie den elektrischen Widerstand einer Kugel im Zwischenzustand maßen und fanden, daß diese senkrecht zu H_0 bereits endlichen Widerstand zeigt, während sie parallel zu H_0 bzw. den Nadeln noch keinen Ohmschen Widerstand aufweist.

Auf die aus N- und S-Scheibchen zusammengesetzte Struktur von Sn-Drähten im zirkulären Stromfeld wiesen erstmals Versuche von Misener (*205*) hin, der den Spannungsabfall entlang dem Strom von mm zu mm mit einem Sondenkamm maß und Inkonstanz beobachtete.

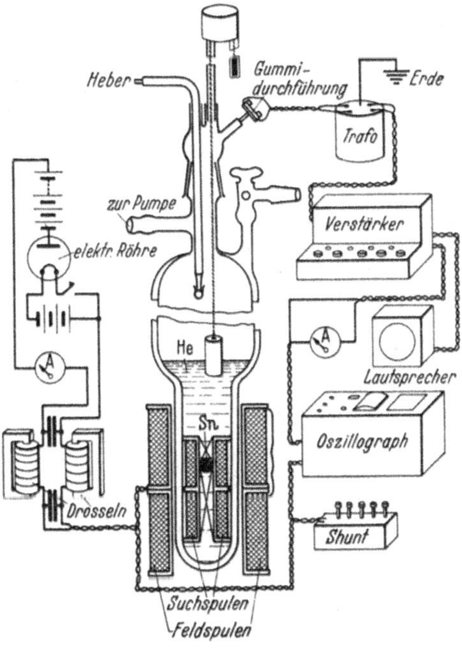

Abb. 45. Versuchsanordnung von Justi zur Registrierung des beim magnetisch bewirkten Übergang N ⇌ S einer Sn-Kugel entstehenden Umlagerungsspektrums zwecks Nachweis des Auftretens von Mikrobereichen im Zwischenzustand.

Als bündiger experimenteller Beweis für die Strukturtheorie des Zwischenzustandes gelten aber erst die Oszillogramme von Justi (*94*, *95*), der die Spannungsstöße aufzeichnet, die bei der magnetischen Aufhebung der SL. durch die fortgesetzte Aufspaltung des Makroabschirmstromes in Mikroströme bzw. deren Aufzehrung in einer umgebenden Suchspule induziert werden. Wie die Abb. 45 zeigt, ähnelt die Versuchsanordnung in mancher Hinsicht derjenigen zur Registrierung des Barkhausen-Effektes der Ferromagnetika nach Preisach (Ann. d. Phys. 3, 737, 1929). Die beispielsweise kugelförmige Probe ist im Ansatz des flüssiges He enthaltenden Gefäßes von der Suchspule umgeben, die zur Kompensation äußerer Störungen in zwei wirkungsgleiche, gegensinnig hintereinandergeschaltete Teilspulen aufgeteilt ist. Von ihr führen Zuleitungen über einen Anpassungstransformator zum Verstärker, Kontrollautsprecher und Oszillographen. Der stufenlos an- oder abschwellende Erregerstrom der Feldspulen wird durch die thermische Trägheit eines Gleichrichterrohres erhalten, dessen Sättigungsstrom innerhalb einiger Sekunden nach Einschalten des Heizstromes seinen Endwert erreicht. In der folgenden Abb. 46 ist ein Registrierstreifen der Umwandlung S→N bei 3,15° wiedergegeben; sobald die sich von der Nullinie allmählich abhebende Feldstärken- (Erregerstrom) Kurve $2H_k/3$ (A) erreicht hat, setzen schlagartig mittelfrequente Umlagerungsstöße von

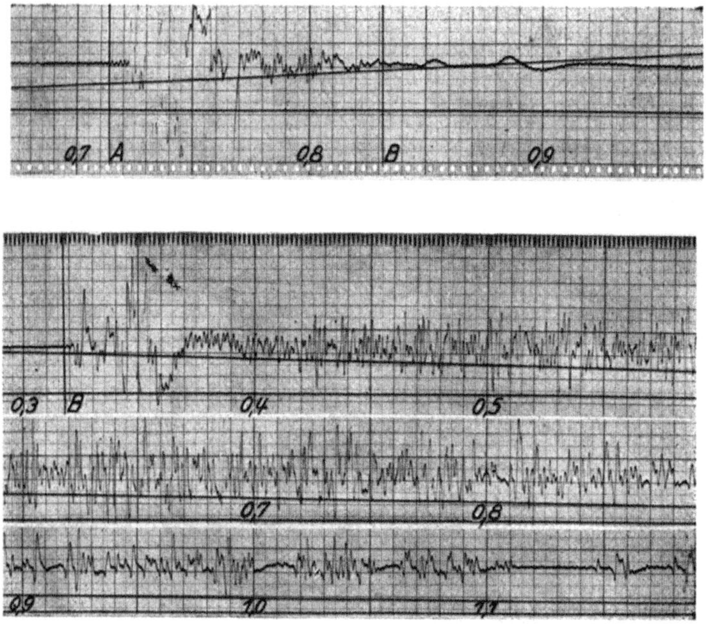

Abb. 46. Umlagerungsspektren der Umwandlung S→N im zeitlich wachsenden magnetischen Außenfelde (1. Streifen) sowie der Umwandlung S→N im zeitlich abnehmenden Außenfeld (2. bis 4. Streifen) nach Justi. A = $2H_{kr}/3$ untere, B = H_{kr} obere Grenze des Zwischenzustandes. Abszisse: Zeit in sec. Im 1. Streifen von unten nach oben: Nullinie, Feldstärkenkurve, Umlagerungsstöße.

durchschnittlich 700 Hz ein, die niederfrequent moduliert erscheinen und recht unvermittelt bei $H_k = 76\,G$ (B) wieder aufhören. Ob die dann noch bemerkbaren niederfrequenten Schwankungen der von Keesom und van Laer (*116*) beobachteten H_k-Überschreitung infolge mit $1/\beta$ vergleichbarer Nadeldicke zuzuschreiben sind oder ob es sich um eine Senkung von H_k durch die während der kurzen Umwandlungszeit nicht voll abgeführte latente Kälte handelt, sei noch dahingestellt. Daß die umgekehrte Umwandlung N→S im fallenden Feld (Abb. 25) wegen der durch die geringe Wärmeleitung (Abb. 51) der äußersten, zuerst sl. Kugelschale verzögerten Abfuhr der Umwandlungswärme noch weit über $2H_k/3$ hinausreicht, wurde bereits unter II F als Relaxationserscheinung besprochen. Man erkennt, daß die Umlagerungsfrequenzen wieder schlagartig bei H_k (B) einsetzen, aber schließlich intermittierend aus- und einsetzend bis $0{,}14 \cdot H_k$ reichen.

Die niederfrequente Modulation dieser mittelfrequenten Stöße könnte mit der von Keesom und van Laer (*114*, S. 5, Absatz e) sowie Meißner (*176*, insbes. Abb. 7) beobachteten Galvanometerunruhe identisch sein. Ob es sich bei den Mittelfrequenzen um die Äußerung der Abschirmstromaufspaltungen handelt, die unter dem Antagonismus der H-Zunahme und T-Abnahme im Falle S→N bzw. H-Abnahme und T-Zunahme im Falle N→S zu Pendelschwingungen der Grenzfläche S/N führen, oder ob es sich bei den niederfrequenten Modulationsschwingungen um die eigentlichen Aufspaltungs- bzw. Verschmelzungsstöße handelt, kann noch nicht diskutiert oder gar entschieden werden; jedenfalls ergibt die zuletzt erwähnte Vorstellung unter der Berücksichtigung der später gemessenen Empfindlichkeit der Verstärkeranordnung allzu große Nadeldicken. An anderer Stelle hat Justi (*94*) darauf hingewiesen, daß das kooperative Problem der SL., bestehend in der Erklärung des fast unvermittelten Verschwindens der Induktion bzw. des Widerstandes, auch beim Ferromagnetismus nicht atomistisch erklärt werden kann, sondern ein Problem mittelkleiner Bereiche ist und unter diesem Gesichtspunkt kürzlich von Kramers und Wannier (Phys. Rev. 60, 263, 1941) mathematisch durchgeführt werden konnte.

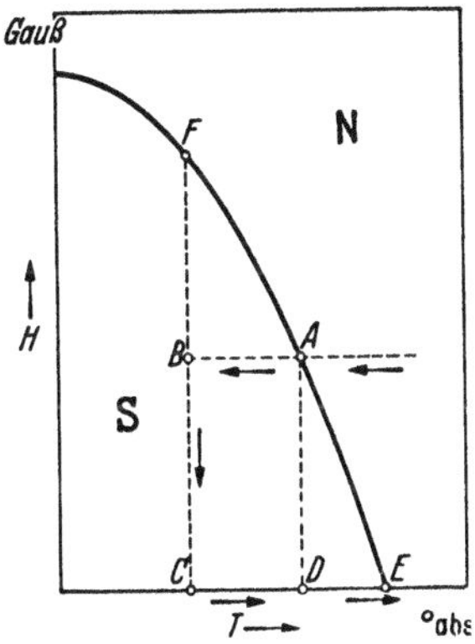

Abb. 47. H,T-Kreisprozeß-Diagramm der Umwandlung N→S→N zur Erklärung der kalorimetrischen Kurve Abb. 42 nach Keesom und Kok.

Eine dritte Bedeutung kommt der Strukturtheorie des Zwischenzustandes für die Erklärung der *reversiblen* Umwandlung der Dauerstromenergie in kalorische Energie des Kristalles ohne Auftreten von Joulescher Wärme zu. Hierzu haben Keesom und Kok (*112*) gelegentlich ihrer unter IIIC besprochenen kalorimetrischen Versuche an Dauerstrom führendem Tl einen detaillierten Mechanismus entworfen, der zusammen mit dem Kreisprozeßdiagramm wiedergegeben sei (Abb. 47). Wenn man die Schwellwertkurve bei der Temperatursenkung unterschreitet, während ein Außenfeld eingeschaltet ist (Punkt A), und wenn man dann T weiter vermindert (Punkt B), so dringen die Kraftlinien in den Metallblock in getrennten Fäden ein derart, daß das Magnetfeld eines solchen Fadens das Metall am Übergang zur SL. hindern kann. Auf diese Weise entsteht ein Dauerstromsystem so, daß in den sl. gewordenen und gebliebenen Metallteilen das Magnetfeld Null ist. Ausschaltung des Außenfeldes H_0 (Punkte B—C) verursacht kräftige zusätzliche Dauerströme, die hauptsächlich rund um die zentralen Magnetfeldfäden fließen. Erhöht man jetzt T von Punkt C an, so passiert nichts Besonderes, und die Atomwärme unterscheidet sich nicht sehr vom gewöhnlichen Betrag C_s. Aber etwas unterhalb von Punkt D (im Versuch der Abb. 43 0,03°) beginnt die gemessene spezifische Wärme abnorm zu wachsen, weil ein kleiner Teil des Metalls vom S- in den N-Zustand übergeht und seine latente Wärme absorbiert; bei diesem T-Wert beginnen die nl. Fäden, in denen H bisher dem Wert von CF entsprach, zu wachsen, wobei H abnimmt. Bei 2,17° (Abb. 43) erreicht H in den nl. Kanälen den der Temperatur zugehörigen H_k-Wert, und das Feld beginnt nun in die sl. Metallbezirke einzudringen, wo Dauerströme fließen. Diese Dauerströme werden durch Induktion vernichtet. Infolgedessen stirbt das Magnetfeld in den n-leitenden Kanälen aus, so daß das Metall wieder in den S-Zustand zurückkehrt. Bei diesem Vorgang wird latente Wärme verbraucht, woraus sich der langsamere Anstieg bzw. vorübergehende Abfall der scheinbaren spezifischen Wärme ergibt.

Auch von anderer Seite sind spezielle Vorstellungen über die Struktur des Zwischenzustandes veröffentlicht worden, so z. B. von Landau (*142, 143*), der zu expliziten Formeln gelangte; die hiernach charakteristische Aufspaltung der sl. Lamellen in einem Blech senkrecht zum Außenfeld ist in Abb. 48 wiedergegeben. Auf die Deutung geht auch Shoenberg (*252*, S. 33/35) unter Benutzung unveröffentlichter Mitteilungen Landaus ein.

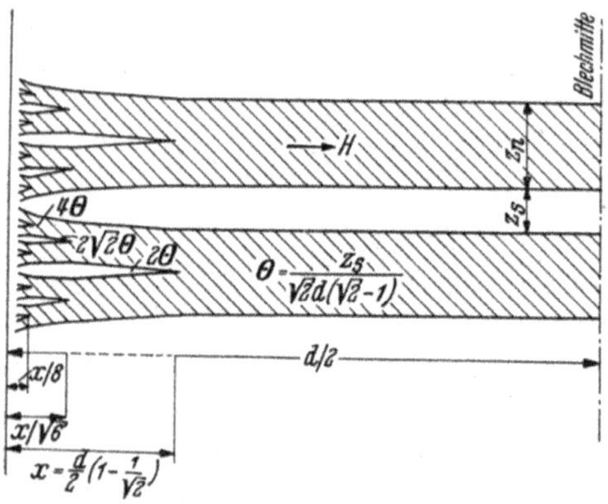

Abb. 48. Zusammensetzung eines stromdurchflossenen Drahtes beim Außenfeld $H = 0$ aus n- und s-leitenden Rotationskörpern im Zwischenzustand nach Landau und Shoenberg.

Nicht unwichtig ist es, sich in diesem Zusammenhang auch die Form der Mikrobereiche im nichthomogenen Feld, insbesondere im zirkulären Magnetfeld zu überlegen, wie es der stromdurchflossene zylindrische Draht zeigt. Landau hat auch hierzu Überlegungen und Berechnungen angestellt, die Shoenberg (*252*, S. 56/57) veröffentlicht hat, und die sich auf den allgemeineren Fall beziehen, daß dem zirkulären Stromfeld noch ein homogenes Längsfeld überlagert wird. Wir geben hier (Abb. 48) nur ein Schema der Zwischenzustands-Struktur eines stromdurchflossenen Drahtes bei $H = 0$ wieder, das Shoenberg (*252*, S. 57/58) diskutiert, und auf dessen Übereinstimmung mit ihren Versuchen an Pb de Haas und Rademakers (*84*) ausdrücklich hinweisen. Da hier die Stromdichte wie $1/r$ wachsen soll, während das elektrische Feld unveränderlich ist, so muß auch der Widerstand eines Fadens im Abstand r diesem proportional wachsen, und daher wird die Dicke der n-leitenden Bereiche von der Achse aus zunehmen, bis diese zur Grenze hin den ganzen Querschnitt füllen; dementsprechend nimmt die Dicke der s-leitenden Scheibchen zur Achse hin linear zu. In der Achse selbst ist danach der Draht noch voll s-leitend, was angeblich zu keinem Widerspruch führen soll, da ein sehr dünner Draht rund um die Achse erstreckt einen nur verschwindend kleinen Strom zu tragen habe. Die Anzahl der Bereiche je cm Drahtlänge wird vom Drahtradius und der Oberflächenspannung zwischen der n- und s-leitenden Phase abhängen, und diese Dichte wird größenordnungsmäßig auf $1/\sqrt{r_0 \cdot d_0}$ geschätzt.

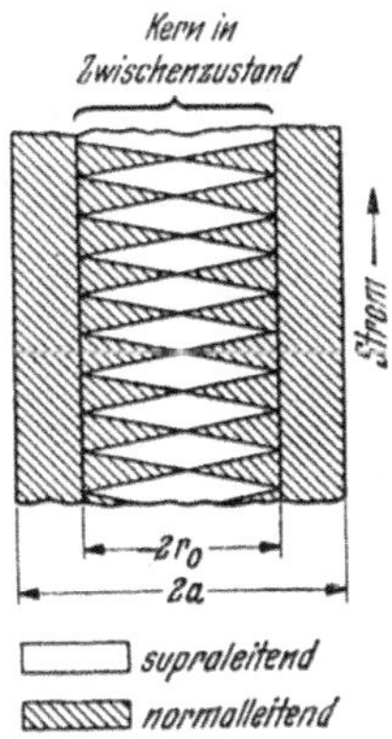

Abb. 49. Aufspaltung in n- und s-leitende Lamellen in einem Blech senkrecht zum magnetischen Außenfeld nach Landau.

Jedenfalls ist es interessant zu sehen, wie auch die Strukturtheorie des Zwischenzustandes auf die Vorstellung von s-leitenden Kanälen führt, die von K. Onnes erstmals ausgesprochen und zuletzt von Casimir und Gorter in ihrer Theorie fadenförmiger Elektronenkristalle formuliert worden ist.

B. Relaxationserscheinungen.

Aus allen Kältelaboratorien sind Beobachtungen darüber bekannt, daß der Zustand eines in der Umwandlung N⇄S begriffenen Leiters Änderungen der Zustandsvariablen T und H nicht unverzüglich folgt, sondern daß hier als Relaxationserscheinungen bezeichnete Zeiteffekte auftreten; aber erst Keesom und van Laer (*114*) haben die Meinung vertreten, daß diese bisher mehr als unliebsame Störungen empfundenen Nebenerscheinungen einer besonderen Untersuchung insofern wert sind, als sie für die noch zu entwickelnde Theorie der SL. von Wichtigkeit seien.

Wie die Relaxation aus der Diskussion des Temperaturverlaufs bei kalorimetrischen Versuchen an einem polykristallinen Sn-Ellipsoid im Vakuumkalorimeter bei unterkritischem Magnetfeld abgeleitet wird, erläutern die Kurven Abb. 50a) und b), von denen a) für den T-Verlauf im völlig nl. oder sl. Zustand, b) für den im Zwischenzustand charakteristisch ist. Nachdem sich in den ersten 30 sec gleichmäßiger Heizung stationäre T-Gradienten ausgebildet haben, ist der T-Anstieg in gleichen Heizperioden derselbe, und nach Abschaltung des Heizstromes verläuft die Nachperiode völlig gleichförmig; T-Gleichgewicht wird durchweg innerhalb von etwa 2 sec erzielt. Ein ganz anderes Aussehen zeigt der zeitliche T-Verlauf im Zwischenzustand

(Abb. 50b); hier nimmt der T-Anstieg anfänglich ab, z. B. innerhalb der je 10 sec betragenden Meßintervalle a, b, c; erst die letzten ΔT werden annähernd gleich. Besonders auffallend ist aber der Verlauf der Nachperiode, die alle 2 sec beobachtet wurde. Hier setzt nach Abschaltung des Heizstromes ein T-Abfall ein, der 10 bis 40 sec, im Mittel 30 sec andauert. Hieraus ist zu schließen: Bei Einschalten des Heizstromes (Kurvenstück a) nimmt die Temperatur des Blocks zu, und als Folge davon geht ein bestimmter Teil der Probe vom S- in den N-Zustand über. Dieser Übergang erfolgt verzögert, und mit ihm ist eine Wärmetönung verbunden, aus welchem Grund die folgenden T-Erhöhungen (b und c) kleiner ausfallen, bis ein stationärer Zustand (d) erreicht ist. Gemäß dieser Relaxation muß ein Teil des Blocks noch

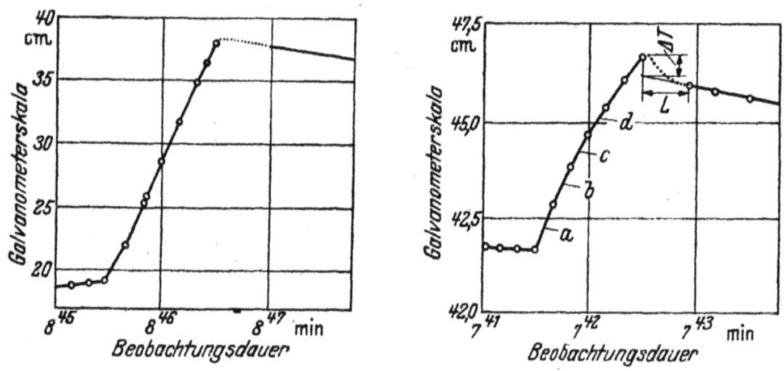

50a. 50b.

Abb. 50. Zeitlicher Verlauf der Temperatur bei Wärmezufuhr in ein polykristallines Sn-Ellipsoid a) im Zwischenzustand, b) im N- und S-Zustand nach kalorimetrischen Messungen von Keesom und Kok.

in den N-Zustand übergehen, nachdem der Heizstrom schon ausgeschaltet ist, und hierbei verbraucht er Wärme, wodurch sich die Abkühlung ΔT nach 42' 30'' erklärt. Durch besondere Versuche mit verschiedenen Heizstromstärken wurde festgestellt, daß mit steigendem Wärmestrom der Temperaturabfall ΔT der Nachperiode entsprechend der größeren umgewandelten Menge wächst, daß aber die Relaxationszeit τ unverändert etwa 30 sec bleibt; auch eine Variierung der Feldstärke ($H_0 = 50$, 100 bzw. 140 Gauß) hatte auf τ keinen Einfluß.

Wird dagegen die Umwandlung $S \rightleftharpoons N$ nicht durch Wärmezufuhr im konstanten unterkritischen Feld H_0, sondern durch schrittweise Steigerung des Feldes bei konstanter Außentemperatur $T < T_ü$ bewirkt, so tritt keine merkliche Verzögerung auf. Die am Wärmeverbrauch thermometrisch verfolgte Umwandlung beginnt etwa bei $0{,}94 \cdot H_k$, wo das Feld am Äquator auf $1{,}00 \cdot H_k$ verdichtet ist, und auf jede folgende Felderhöhung reagiert die Probe ohne merkliche Verzögerung mit Abkühlung. Dabei ist bemerkenswert, daß das Außenfeld anfänglich überhaupt noch nicht in das Innere einzudringen vermag, und daß das mit einem Bi-Draht gemessene Innenfeld dem Außenfeld erst am Ende der Umwandlung sofort folgt.

Über ganz andere Relaxationen haben de Haas, Engelkes und Guinau (*81*) bei der Fortsetzung ihrer S → N-Umwandlungsversuche an Sn-Kugeln in tieferen Temperaturen berichtet; hier folgt die Feldstärke $H_ä$ am Äquator Änderungen des Außenfeldes H_0 unverzüglich, während die Feldstärke in der Innenbohrung erst bei beträchtlicher Überschreitung von $(^2/_3)\ H_k$ von 0 abzuweichen beginnt und dann erst 10 bis 20 Minuten nach jeder H_0-Erhöhung ihren Endwert merklich erreicht.

Bedeutende Verzögerungserscheinungen treten nach den Beobachtungen namentlich russischer Autoren (*237*) auch bei der umgekehrten Umwandlung N → S auf, und es ist bemerkenswert, daß die Verzögerung um so beträchtlicher ist, je kleiner die Stufen der Zustandsvariablenänderung sind und je reiner und einkristalliner die Proben sind.

Aus ihren Beobachtungen ziehen Keesom und van Laer folgende im Einklang mit allen Grundvorstellungen über S- und N-Leitung stehenden Schlüsse:

α) sobald die Schwellwertkurve erreicht ist, besteht eine nur schwache Kopplung zwischen dem Atomgitter und dem System der sl. Elektronen;

β) zwischen dem System der sl. Elektronen und dem äußeren Magnetfeld besteht eine starke Kopplung;

γ) zwischen den nicht sl. Elektronen und dem Atomgitter besteht eine starke Kopplung.

Die Folgerung *α*) wird auch durch die Beobachtungen bekräftigt, wonach während der kalorischen Umwandlung beim Durchschreiten der Schwellwertkurve die separaten Systeme der sl. Elektronen in den separaten Kristalliten vor dem plötzlichen Übergang in den nl. Zustand zeitweilig in einem metastabilen Zustand verharren; insofern wären vergleichende Versuche an Einkristallen interessant. Es sei hier darauf hingewiesen, daß die Folgerung *γ*) offenbar dem Wiedemann-Franz-Lorentzschen Gesetz entspricht, ebenso wie *α*) mit der Entdeckung von de Haas und Rademakers (*84*) über den Ausfall des Elektronenanteils der Wärmeleitfähigkeit im nl. Zustand übereinstimmt (vgl. V B).

Grayson-Smith und Mann haben versucht, sämtliche Relaxationserscheinungen, von denen Keesom und van Laer (*117*) eine Übersicht gegeben haben, einfach auf das zeitliche Abklingen von Dauerströmen, also auf ihre irreversible Umwandlung in Joulesche Wärme zurückzuführen; hiergegen haben sich in überzeugender Weise Groenewold und van Laer (*138*) mit dem Hinweis gewandt, daß durch die kalorimetrische Reversibilitätsuntersuchung von Keesom und van Laer (*116*) die Umkehrbarkeit des Kreisprozesses N ⇌ S im *T*, H-Diagramm gerade bei tiefsten Temperaturen (1,24° abs) auf 99% sichergestellt ist, so daß selbst eine teilweise Umwandlung der hier ein Vielfaches der latenten Wärme betragenden Dauerstromenergie in Joulesche Wärme experimentell ausgeschlossen werden kann; wir müssen uns vielmehr vorstellen, daß die Dauerstromenergie beim Übergang S → N reversibel in eine potentielle Energie des nl. Kristalls übergeht, wie dies im Abschnitt über den Zwischenzustand im Zusammenhang mit der Fadenstruktur näher ausgeführt wurde.

Inzwischen haben die dort beschriebenen Versuche von Justi (*95*) zur experimentellen Fundierung der Strukturtheorie des Zwischenzustandes dank ihrer oszillographisch-registrierenden Methode neue Beobachtungen und Gesichtspunkte zum Relaxationsproblem gebracht. Wie oben auseinandergesetzt, wird hier das Durchschreiten des Zwischenzustands im zeitlich monoton anwachsenden Magnetfeld durch Wechselspannungen gekennzeichnet, die bei der schrittweisen Aufspaltung und Auflösung der Mikrobereiche in einer die Probe umgebenden Suchspule induziert und anschließend verstärkt sowie oszillographisch registriert werden. Die an einer Sn-Kugel bzw. länglichem Sn-Ellipsoid erhaltenen Oszillogramme des Übergangs S → N verschärfen das Resultat von Keesom und van Laer, wonach im wachsenden Feld bei konstanter Außentemperatur keine merkliche Relaxation auftritt; denn obwohl hier die Umwandlungen um mehrere Größenordnungen schneller binnen 0,118 bzw. 0,086 sec vollzogen werden, und obwohl hier eine zeitliche Auflösung von 0,001 sec/mm erzielt wird, bemerkt man ebenso wie bei Keesom und van Laer kurz oberhalb von $1{,}00 \cdot H_k$ keine mittelfrequenten Umlagerungsimpulse mehr.

Wohl aber treten bei der inversen Umwandlung N → S bei konstanter Außentemperatur im monoton fallenden Magnetfeld Verzögerungserscheinungen auf, wie die Oszillogramme Abb. 46 uns zeigen; denn noch lange, nachdem z. B. die Kugel das Umwandlungsintervall von $1{,}00 \cdot H_k$ bis $(^2/_3)\, H_k$ durchlaufen hat, treten Umlagerungsimpulse auf, die schließlich intermittierend aus- und einsetzend bis zu $0{,}14 \cdot H_k$ reichen. Diese bedeutende Verzögerung vermag Justi ohne ad hoc gemachte Annahmen lediglich unter dem Gesichtspunkt einfach zu erklären, daß die Umwandlung hier nicht quasistatisch wie bei Keesom und van Laer, sondern extrem schnell und daher merklich adiabatisch (polytropisch) verläuft; die bei der Entmagnetisierung entstehende Umwandlungswärme erwärmt nämlich nach dem Shoenbergschen T, S-Diagramm (Abb. 40) die Probe von $3{,}04^0$ um $0{,}21^0$ auf $3{,}25^0$, also nahe an $T_ü = 3{,}71^0$ abs, und diese beträchtliche Annäherung an die Sprungtemperatur wirkt der durch die Magnetfeldminderung gegebene Tendenz zum Übergang N → S entgegen. Wird nun entsprechend dem merklich radialen Temperaturgefälle die äußerste, mit dem He-Bad in Kontakt stehende Sn-Schicht sl., so verliert sie damit nach de Haas-Rademakers weitgehend ihr Wärmeleitvermögen und verzögert dadurch erheblich den Abfluß der Umwandlungswärme an das He-Bad. Es sei hier dahingestellt, ob die Wärme einfach monoton langsam abfließt, oder ob durch den Antagonismus zwischen Magnetfeldminderung und Temperatursteigerung die Grenze N/S hin und her pendelt, wie es der Verlauf der Oszillogramme als möglich erscheinen läßt. Jedenfalls spricht für diese Deutung der Relaxation beim Übergang N → S, daß die Verzögerung beim gestreckten Ellipsoid geringer ist als bei der Kugel, die bei gegebenem Inhalt die geringste kühlende Oberfläche besitzt; man wird in der Auffindung und Deutung dieser Relaxation keinen Widerspruch zur Erwartung von Keesom und van Laer (*114*, S. 8, Fußn. 2) sehen, so daß die zusammenfassende Deutung von Groenewold, Keesom und van Laer zu Recht bestehen bleibt.

V. Verhalten verschiedener Eigenschaften beim Übergang N ⇌ S.

A. Thermokraft und Peltiereffekt.

Schon 1927 hatte Meißner (ZS. f. d. ges. Kälteind. 34, 197, 1927) durch Messungen gezeigt, daß zwischen SL. keine Thermokraft bestehen könne, die größer wäre als 2.10^{-8} [V/Grad]. Auf Grund der Überlegung, daß eine Thermokraft im voll sl. Kreis einen Dauerstrom verursachen müßte, haben Steiner und Graßmann (*273*, *276*) drehbare Thermoelementschleifen im Magnetfeld untersucht und durch Benutzung der Dauerstromapparatur von Graßmann (*70*) (vgl. a. Abb. 7) eine Thermokraft zwischen Pb und Sn im sl. Zustand mit einer Genauigkeit von 5.10^{-14}, bei In-Sn bis 3.10^{-15} [Volt/Grad] ausschließen können. Andere Autoren haben dieses Resultat dann bestätigt. Inzwischen haben Daunt und Mendelssohn (*47*) nachgewiesen, daß im SL. auch kein Thomsoneffekt auftritt. Infolge der Thomsonschen Beziehung

$$de_{12} = \frac{\sigma_1 - \sigma_2}{T} dT$$

folgt daraus auch wiederum das Verschwinden der thermoelektrischen Kraft de_{12}. Dagegen würde aus dieser Gleichung folgen, daß eine Thermokraft zwischen einem SL. und einem Normalleiter bestehen müsse[1]. Dies haben W. H. Keesom und C. G. Mattijs (*119*, *120*) auch tatsächlich nachweisen können; die von ihnen beobachteten Werte sind wegen der tiefen Temperaturen äußerst klein. Ihre Resultate sind deshalb von allgemeinem Interesse, weil sie eine starke Beeinflußbarkeit von e durch das Magnetfeld auch *oberhalb* der Sprungtemperatur zeigen; unterhalb $T_ü$ ist diese Beeinflußbarkeit selbstverständlich, da das Magnetfeld den Sprungpunkt verschiebt. Hier und im Verlauf des

[1] Dies Ergebnis hat praktische Bedeutung insofern, als man nunmehr gemessene Thermokräfte auf SL. als zweites Metall beziehend auf ein willkürlich festgesetztes Bezugsmetall mit eigener Thermokraft verzichten kann.

Wärmewiderstandes (vgl. IV B) liegen also die einzigen Beobachtungen vor, nach denen sich der SL.-Zustand oberhalb der Sprungtemperatur in irgend einer Weise vorbereitet.

Es ergibt sich eigentlich schon aus der Thomsonschen Beziehung, läßt sich andererseits aus den Messungen über die Thermokraft SL./NL. direkt ableiten, daß zwischen einem SL. und demselben Material im nl. Zustand eine Thermokraft bestehen müsse. Um dies zu bestätigen, bringen Keesom und Matijs eine Drahtschleife aus Sn bzw. In in ein überkritisches Magnetfeld, nachdem sie die eine Hälfte durch ein Bleiröhrchen (dessen $T_ü$ ja beträchtlich höher liegt) gegen das Magnetfeld abgeschirmt haben. Durch Hintereinanderschaltung von 4—6 solcher Schleifen erhöhen sie die Meßgenauigkeit ihrer Anordnung und finden so tatsächlich eine elektromotorische Kraft, die in der Größenordnung von 10^{-8} [Volt/Grad] liegt. Da der Pb-Mantel noch oberhalb des Sprungpunktes von In sl. bleibt, können sie auch die Thermokraft des nl. In ohne Magnetfeld gegen nl. In im Magnetfeld bestimmen.

Es handelt sich hier phänomenologisch um ein Analogon zur bekannten Thermokraft zwischen magnetisierten und unmagnetisierten Ferromagnetika, welche Erscheinung kürzlich Grüneisen und Adenstedt (Ann. d. Phys. 29, 597, 1939; 31, 714, 1938) auch an normalen Metallen wie Wolfram bei tiefen Temperaturen nachweisen konnten.

B. Wärmewiderstand.

Die Messung des Wärmewiderstandes w bietet unvergleichlich höhere Schwierigkeiten als die des elektrischen Widerstandes ϱ, weil nicht nur eine mittlere Temperatur, sondern ein ganz bestimmtes Temperaturgefälle entlang der Probe eingehalten werden muß; zudem ist eine genaue elektrische T-Messung im He-Gebiet noch dazu unter dem Einfluß magnetischer Felder äußerst schwierig. Infolgedessen fehlten bisher verläßliche Informationen über die Beziehung zwischen Elektrizitäts- und Wärmeleitung im sl. Zustand, die sich zur Deutung der n-Leitung als unentbehrlich erwiesen haben (Wiedemann-Franz-Lorenzsches Gesetz). De Haas, der mit seinen Mitarbeitern zahlreiche Versuchsanordnungen erdacht und durchgeführt hat, benutzte zusammen mit Rademakers (*84*) zur Messung des Widerstandes von reinsten einkristallinen Pb einen Apparat, der zwei He-Gasthermometer enthielt, wodurch eine von H unabhängige T-Messung auch im schwer zugänglichen Gebiet zwischen siedendem He und H_2 möglich wurde.

Abb. 51 zeigt die Meßergebnisse von de Haas und Rademakers im w, T-Diagramm. Unterdrückt man die SL. durch überkritische Magnetfelder, so fällt w mit sinkender Temperatur bis zu einem Minimum gemäß $w = AT^2 + \zeta/LT$, woraus mit der Lorenz-Konstante $L = 2{,}44 \cdot 10^{-8}$ [prakt. Einh.] der Restwiderstand $\zeta = 1{,}4 \cdot 10^{-4}$ in Übereinstimmung mit direkter elektrischer Messung folgt. Hebt man aber die SL. nicht magnetisch auf, so steigt w unterhalb von $T_{ü}$ wieder an und mündet nach Durchlaufen eines Minimums mit $T^{-2,5}$ bis T^{-3} steil ansteigend in eine w, T-Kurve, wie sie de Haas und Biermasz (Comm. Leiden Nr. 249a, 1937) für Isolatoren, z. B. Quarz gemessen haben. Bemerkenswert ist, daß w im Gegensatz zur elektrischen Leitfähigkeit in einem größeren T-Intervall allmählich ansteigt, daß der w-Anstieg erst bei 7,13° — also erst *unterhalb* von $T_{ü} = 7{,}3°$ beginnt, und daß die große Streuung der Meßpunkte um 3° abs die Möglichkeit einer Instabilität zuläßt.

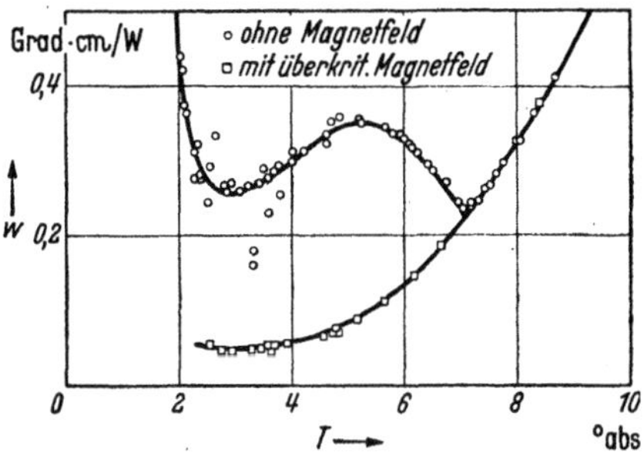

Abb. 51. Wärmewiderstand W von reinstem einkristallinen Pb o ohne Magnetfeld, □ im überkritischen Magnetfeld in Abhängigkeit von der Temperatur nach de Haas und Rademakers.

Im steigenden Querfeld nimmt w zwischen $H_k/2$ und H_k linear ab, wobei eine Hysteresis auftritt, analog wie beim elektrischen Widerstand.

Aus den Meßergebnissen läßt sich folgern: Von $T_{ü}$ an abwärts werden mehr und mehr Elektronen sl und gehen damit für die Wärmeleitung verloren; deutet man elektrische Widerstandslosigkeit als Unterbindung des Energieaustausches zwischen Elektronen und schwingenden Ionen („Phononen"), so sprechen auch diese Messungen also dafür, *daß dieselben Elektronen, die die N-Leitung tragen, auch die S-Leitung tragen.* Bei 4° dagegen existiert fast nur Gitterleitung wie in Quarz, (de Haas und Biermasz, Comm. Leiden Nr. 249a, 1937), möglicherweise also auch mit einer Abhängigkeit des spezifischen Wärmewiderstandes von der Probendicke (de Haas und Biermasz, Comm. Leiden Nr. 253b, 1938). Der Übergang $w_n \rightleftharpoons w_s$ im Magnetfeld spricht im Einzelnen für die von Shoenberg (*252*, S. 56) vorgeschlagene Struktur des Zwischenzustandes aus abwechselnd sl. und nl. Schichten senkrecht zur Achse (vgl. IV, Abb. 49).

Die nur in willkürlichen Einheiten angegebene w, T-Kurve von Mendelssohn und Pontius (*200*) stimmt mit den Leidener Messungen nicht überein; es scheint, daß durch den meßtechnischen Fortschritt von de Haas und Rademakers auch die früheren Leidener w-Messungen an In (*75*) und sl-Legierungen (*76*) an Bedeutung verloren haben.

C. Ausdehnungskoeffizient und Elastizität.

Schon unter III D waren die Präzisionsversuche von Mc Lennan, Allen und Wilhelm angeführt worden, in denen durch Kapazitätsmessungen festgestellt worden war, daß sich bei Pb und einer Legierung das Volumen beim Übergang $N \rightleftharpoons S$ um höchstens $3 \cdot 10^{-9}$ ändert; auch eine Unstetigkeit im Temperaturverlauf des Ausdehnungskoeffizienten α

konnten die Autoren aus ihren Messungen nicht entnehmen. Indessen hat Westerfield (*286*) diese Messungen neu diskutiert und glaubt doch eine Anomalie in der a, T-Kurve beim Übergang $N \rightarrow S$ feststellen zu können.

Über die ebenfalls vom Standpunkt der thermodynamischen Theorie wichtige Frage der Beeinflußbarkeit von $T_{ü}$ bzw. der Schwellwertkurve $H_k = F(T)$ durch Druck und Zug lagen zum vorangegangenen Bericht nur die Messungen von Sizoo (Dissertation Leiden 1926) vor, wonach durch äußeren Zug von 2,5 [kp/mm²] $T_{ü}$ um 0,07° erhöht wird. Seitdem hat Alekseyewski (*2*) solche Versuche an dem wesentlich zugfesteren *Ta* wiederholt und außer dem Übergang bei $H = 0$ auch die Schwellwertkurven im Längsfeld $0 \angle H \angle 400$ Gauß bzw. Eigenfeld des Belastungsstroms untersucht. Die normale Übergangstemperatur konnte durch 15000 [kp/mm²] um 0,125°, also 20 mal mehr als bei Sn erhöht werden. Dies Ergebnis liegt wiederum im Sinne der einfachen Onnesschen Kanaltheorie, wonach Netzebenen-Abstandsvergrößerung die SL. begünstigt. Trägt man die H_k als Funktion des Zuges mit T als Parameter auf, so erhält man Gerade, deren Neigung mit sinkender Temperatur verschwinden. Auch der kritische Stromwert wächst mit steigendem Zug, und zwar ergibt sich für T = const eine etwa lineare Zugabhängigkeit. Bemerkenswert ist die Feststellung, daß die von den Belastungsströmen herrührenden kritischen Feldstärken geringer sind als die außen angelegten H_k; jedoch mag diese Abweichung von der Silsbeeschen Regel auch auf der Sonderstellung des *Ta* beruhen, das sich mangels vollständigem MOE. eher wie eine Legierung verhält (vgl. III A, insbes. Abb. 37).

Neuere Messungen über das Verhalten der elastischen Daten beim Übergang $N \rightleftarrows S$ liegen leider nicht vor, was wegen einschlägiger Schwierigkeiten der thermodynamischen Theorie (vgl. III D S. 172) bedauerlich ist.

D. Optische Eigenschaften und Verhalten in Hochfrequenzfeldern.

Soweit die London-von Lauesche Elektrodynamik (vgl. VII C) die Größe Λ als frequenzunabhängig annimmt, so wird sie dabei denselben Beschränkungen unterworfen sein, wie die gewöhnliche Maxwellsche Theorie und im Bereich optischer Schwingungen versagen. Als Beweis hierfür lassen sich die Versuche ansehen, die unabhängig voneinander einerseits Daunt, Keeley und Mendelssohn (*46*), andererseits Hirschlaff (*88*) ausgeführt haben, und denen zufolge sich beim Übergang $N \rightleftarrows S$ das Reflexionsvermögen sowohl für Wärmestrahlung als auch für sichtbares Licht nicht ändert. Im Einklang hiermit stehen Beobachtungen von Hilsch (*87*), wonach sich auch die Absorption von sichtbarem und ultraviolettem Licht in Sn-Folien am Sprungpunkt nicht ändert. Für so schnelle Schwingungen gibt es offenbar keine Supraleitung, und v. Laue (*151*) zieht hieraus den Schluß, daß die außen unbemerkbaren Schwingungen der Londonschen Theorie (vgl. VII C) von der Größenordnung $\frac{1}{2}\pi \cdot \sqrt{\Lambda} \sim 10^{15}$ Hz tatsächlich nicht existieren.

Über das Verhalten der Sl. im hochfrequenten Wechselfeld liegen nur wenige wirkliche klare Befunde vor. Immerhin zeigen schon die etwas weiter zurückliegenden Arbeiten von Silsbee und Mitarbeitern (*245*, *255*), bei denen der Widerstand durch Messung der Stromstärke festgestellt wurde, daß bei Frequenzen von 200 bis 1200 kHz eine wesentliche Widerstandsabnahme unterhalb der Sprungtemperatur zu beobachten ist. Eine neuere Arbeit von H. London (*171*), über die weiter unten noch eingehender berichtet wird, enthält die Angabe, daß bei $T = 2{,}3^0$ abs. und einer Frequenz von $1{,}46 \cdot 10^9$ Hz ein Widerstand beobachtet wird, der 0,6% des Widerstandes oberhalb des Sprungpunktes beträgt. (Die Messungen erfolgten an einer aus wenigen Einkristallen bestehenden Probe aus Sn.) Es ist bei diesen Messungen schon äußerst schwierig, sekundäre Energieverluste zu vermeiden, die einen Ohmschen Widerstand dieser Größenordnung vortäuschen können. Alle Arbeiten stimmen aber darin überein, daß der Hochfrequenzwiderstand bei Unterschreitung des Sprungpunktes bedeutend langsamer abnimmt als der Gleichstromwiderstand.

Weitaus der größere Teil der einschlägigen Arbeiten hat zum Ziel, die Frage der Einstellzeit des S-Zustandes bei Zerstörung durch ein überkritisches Magnetfeld zu klären. Nach Mc. Lennan (*157*, *158*) ist diese Einstellzeit kleiner als 2.10^{-6} sec. B. G. Lasarew und Mitarbeiter (*145*) überlagerten Gleich- und Wechselstrom (bis zu 2.10^{-7} Hz) in solcher Weise, daß das resultierende Feld in der einen Halbperiode größer, in der anderen kleiner als H_k wird. Gemessen wurde die Gleichstrom-Potentialdifferenz an den Enden des Leiters. Nach diesen Versuchen, über die bedauerlicherweise kein ausführlicher Bericht vorliegt, müßte die Einstellzeit des S-Zustandes kleiner als 2.10^{-8} sec sein. Es sei hervorgehoben, daß diese Befunde keinen Widerspruch zu den früher beschriebenen Trägheitserscheinungen (Kap. IV) beinhalten, da es sich hier ja um eine Zerstörung der Sl durch ein Magnetfeld handelt, nicht aber thermische Aufhebung. Beim magnetisch bewirkten Übergang $S \rightarrow N$ hatten auch die kalorimetrischen Messungen im Rahmen ihrer Meßgenauigkeit Trägheitslosigkeit des Überganges gezeigt.

Die oben erwähnte Arbeit von H. London geht von der Zielsetzung aus, die Koexistenz nl- und sl-Elektronen nachzuweisen. In qualitativer Form könnte man sich den Grundgedanken dieser Untersuchung folgendermaßen klar machen. Bestehen in einem Körper nebeneinander nl- und sl. Partien, so verteilt sich im stationären Zustand der Strom nach dem Kirchhoffschen Gesetz auf die beiden Zweige; es fließt also praktisch der gesamte Strom durch die sl. Partien. Das elektrische Feld wird demgemäß null. Beim erstmaligen Einschalten des Stromes ist aber das elektrische Feld noch vorhanden, somit fließt ein wesentlicher Teil des Stromes über die normalleitenden Fäden. (In diesem Falle wird, solange der Sprungpunkt noch nicht wesentlich unterschritten ist, eine zusätzliche Komplikation aus dem Umstand entstehen, daß die entwickelte Joulesche Wärme einen Teil der sl. Partien zerstört.) Auf alle Fälle wird also im ersten Augenblick ein endlicher Widerstand beobachtet werden. Schicken wir nun einen Wechselstrom durch den Leiter, so wird diese Einstellzeit der Stromverteilung um so mehr ins Gewicht fallen, je höher die Frequenz des Stromes ist, wir werden somit über die Vollperiode gemittelt einen Widerstand beobachten, der zwischen ϱ_n und null um so näher an ϱ_n liegt, je höher die Frequenz ist.

Die Messungen des Widerstandes erfolgen bei London indirekt durch Bestimmung der entwickelten Wärme. Der Genauigkeitsgrad der Messungen ist, den außerordentlichen Schwierigkeiten entsprechend, nicht sehr hoch, reicht aber aus, um nachzuweisen, daß sofort mit der Unterschreitung des Sprungpunktes der Widerstand abzunehmen beginnt (vgl. Abb. 52 auf Seite 193). Nach London ist dieses Verhalten mit der Zunahme der Zahl der sl-Elektronen mit fallender Temperatur zu erklären.

Die oben gegebene qualitative Erklärung läßt erwarten, daß es eine Grenzfrequenz gibt, von der an Sl nicht mehr nachweisbar ist. Damit wären die zu Eingang dieses Abschnittes angeführten Ergebnisse bei optischen Frequenzen verständlich gemacht. Man vergleiche hierzu die theoretischen Ausführungen von M. von Laue (*151*), die im wesentlichen eine Übersetzung unserer qualitativen Erklärung in die mathematische Formelsprache darstellen.

VI. Die Theorien der Supraleitung.

Es fällt nicht leicht, unter den vielen Arbeiten zur Theorie der SL. eine einheitliche Linie herauszufinden, in der sich die Annäherung an eine allgemein gültige Theorie der SL. ausprägen würde. Eine gewisse, wenn auch nicht sehr scharfe Einteilung ergibt sich daraus, daß die älteren Arbeiten darauf hinzielen, das Verschwinden des Ohmschen Widerstandes zu erklären, während in den neueren Arbeiten die Bemühung, das Zustandekommen des absoluten Diamagnetismus ($\mu = 0$) zu erklären, im Vordergrund steht. Die zeitliche Grenze zwischen den beiden Gruppen ist durch die Entdeckung des Meißner-Ochsenfeld-Effekts und durch die Arbeiten von F. und H. London gegeben. Vorher schien es, als ob das Verhalten der SL. im Magnetfeld, der Abschirmeffekt, einfach als Folge der unendlichen Leitfähigkeit darstellbar sei. Die Entdeckung des Meißner-Ochsenfeld-Effekts hingegen führte zu der Auffassung, als wäre der Diamagnetismus der SL. eine primäre, auf elementare Art unerklärbare Eigenschaft derselben, die von dem

Verschwinden des Ohmschen Widerstandes unabhängig oder sogar umgekehrt die Ursache dieser, nur scheinbar so elementaren Eigenschaft, sei. Erst in neuester Zeit sind Versuche zu einer Deutung des Meißner-Ochsenfeld-Effekts auf klassischer Basis unternommen worden, die in ihrer weiteren Ausgestaltung zu der Annahme führen, daß möglicherweise unendliche Leitfähigkeit und absoluter Diamagnetismus aus einem einheitlichen Bild der Umwandlung $N \rightleftharpoons S$ abzuleiten sind.

A. Das Verschwinden des Ohmschen Widerstandes.

Es ist eigentlich selbstverständlich (auch Steiner und Graßmann, [*277*] weisen in ihrer zusammenfassenden Darstellung der SL. darauf hin), daß jeder Versuch das Verschwinden des Ohmschen Widerstandes beim Eintritt der SL. zu erklären von der Vorstellung abhängt, die man sich von der Entstehung des Ohmschen Widerstandes im nl. Zustand macht. Nun sind diese Vorstellungen von vornherein durch das Bestreben bestimmt, das Verschwinden des Ohmschen Widerstandes im völlig reinen, spannungslosen, Material beim absoluten Nullpunkt zu erklären. Man kann also, genau gesehen, gar nicht erwarten, daß es so ohne weiteres möglich sein könnte, mit Hilfe einfacher Ergänzungen dieser Vorstellungen das Verschwinden von ϱ bei $T \neq 0$ und in Materialien, die oft recht erhebliche Inhomogenitäten aufweisen, zu erklären. Von diesem Gesichtspunkt aus erweisen sich demnach die verschiedenen Theorien des Elektronenkristalls und der Elektronenkette, sofern in ihnen nicht ein ganz anderer Gedanke, nämlich der des kooperativen Prinzips zum Ausdruck kommt, als mehr oder minder verhüllte Zirkelkonstruktionen. Dasselbe gilt auch für die Versuche, das wellenmechanische Modell der metallischen Leitfähigkeit zu ergänzen. Eine sehr übersichtliche Darstellung der hierher gehörigen Arbeiten, soweit sie bis zum Jahre 1937 erschienen sind, findet man in dem oben erwähnten Buch von Steiner und Graßmann. Seit 1937 sind nur noch zwei Arbeiten von Slater (*256*) erschienen, die in diese Gruppe gerechnet werden können. Diese Arbeiten beweisen aber nur die Unschärfe der zugrunde liegenden Vorstellungen, denn dieselben Annahmen: diskrete Energieniveaus unterhalb der kontinuierlichen Energiebänder der Blochschen Theorie, führen in der ersten Arbeit zu einer erhöhten Leitfähigkeit, in der zweiten Arbeit zu einem abnormal hohen Diamagnetismus und einer verringerten Leitfähigkeit. Wir kommen auf die zweite Arbeit von Slater unter 2. noch einmal zurück.

Nun gibt es, — was nicht übersehen werden soll —, einige Ansätze zu einem Bild des normalen Leitungsvorganges, das der Einordnung des Supraleitphänomens weit mehr entgegenkommt, als das Modell des freien Elektronengases. Es handelt sich hierbei um verschiedene Varianten des Gedankens, daß der widerstandsfreie Teil der Bewegung des Leitungselektrons auf Quantenbahnen im Atomverband erfolge und daß der Energieverlust, der dem Ohmschen Widerstand zugrunde liegt, beim Übergang von einem Atom zum nächsten stattfinde. Eine Übersicht über die Versuche zur Umdeutung des Leitungsmechanismus gibt Grüneisen im Hdb. d. Phys. (Geiger und Scheele) Bd. XV, S. 65, sowie Kretschmann (Phys. ZS. 28, 565, 1927). Aus dem letzterwähnten Bericht ist zu ersehen, daß diese Versuche auf dem Gebiet der Normalleitung bis nun keine sonderlichen Erfolge gezeitigt haben. Die Anwendbarkeit dieser Gedanken zur Deutung des Supraleitphänomens ist besonders von Benedicks (*17*) und Kretschmann (*131a*) vertreten worden. Sie liegt darin begründet, daß in diesem Bild die Annahme des Ohmschen Widerstandes durch zwei Faktoren bedingt sein kann: erstens durch die Abnahme der Wärmebewegung, durch die die Übergangswahrscheinlichkeit erhöht wird, und die ebenso wie bei der Elektronengastheorie zu $\varrho = 0$ für $T = 0$ führt, zweitens aber durch die Annäherung der Atome infolge der Abkühlung, die eine Verminderung der Übergänge bedingt. Man vergleiche hierzu auch (127a).

B. Die Beschleunigungstheorie.

In einer ungemein interessanten Arbeit haben Becker, Heller und Sauter (*16*) im Jahre 1933 die Frage untersucht, welche Folgen sich aus der Annahme ergeben, daß die Bewegung der Leitungselektronen im SL. lediglich durch die Massenträgheit und die Rückwirkung des bei ihrer Bewegung entstehenden Magnetfeldes begrenzt sei. Diese Arbeit muß vor allem deshalb einer genaueren Besprechung unterzogen werden, weil die ihr zugrunde liegende Auffassung durch die Polemik zum Gegenpol der, im nächsten Abschnitt zu besprechenden Londonschen Theorie gemacht worden ist. Aber auch darüber hinaus ist sie von Interesse. Ihr Ausgangspunkt ist die Frage, was zu erwarten wäre, wenn man eine sl. Kugel in gleichförmige Rotation versetzt. Bekanntlich haben die berühmten Versuche von Tolman gezeigt, daß bei der Beschleunigung eines Normalleiters die Elektronen anfangs hinter dem Ionengitter zurückbleiben, dann aber sozusagen durch den derb anschaulich als Reibungskraft aufzufassenden Ohmschen Widerstand mitgenommen werden. In Analogie dazu müßte man beim SL. ein dauerndes Zurückbleiben der Elektronen, somit einen ungeheuer starken Konvektionsstrom des positiven Ionengitters erwarten. Schon bei einer zunächst etwas schematisierten Behandlung des Problems zeigt sich aber, daß das Einsetzen dieses Stromes in einer dünnen Oberflächenschichte ausreichen würde, um durch die Induktionswirkung seines Magnetfeldes alle übrigen Elektronen im Innern auf die Geschwindigkeit des Gitters zu beschleunigen, so daß also der erwartete Effekt ganz auf die Oberflächenschichte beschränkt bleibt. Becker und seine Mitarbeiter haben errechnet, daß das magnetische Moment einer mit einigen Hundert Umdrehungen/sec. rotierenden sl. Kugel knapp an der Grenze der Meßbarkeit liegen würde.

Eine Verfeinerung und Verallgemeinerung des Rechenvorganges führt zu dem Ergebnis, daß die Mitnahme der L. E., im Innern des Körpers derartig erfolgt, daß eine von der Oberfläche an exponentiell abnehmende Stromverteilung zustande kommt. Ist n die Anzahl der L. E. je cm^3, so ist die Dichte dieses Volumsstroms in der Entfernung β von der Oberfläche auf den e-ten Teil abgesunken, wobei $\beta = \sqrt{\frac{mc^2}{4\pi ne^2}}$ ist, sie ist im Innern also genau so wie früher, praktisch genommen gleich Null. Zu dem gleichen Ergebnis wird man aber, — und das ist das Beachtenswerte —, auch dann geführt, wenn man das Problem zuerst in voller Allgemeinheit für einen nl. Körper ansetzt und dann zur unendlichen Leitfähigkeit als Grenzfall übergeht. Nur muß man vorher das Ohmsche Gesetz durch ein Zusatzglied ergänzen, das die Massenträgheit der Elektronen ausdrückt, so wie man das in der Metalloptik schon seit langem tut. Das so erweiterte Ohmsche Gesetz lautet $E = \frac{J}{\sigma} + \frac{m}{ne^2} \cdot \dot{J}$; setzt man hier $\sigma = \infty$, so bleibt $\frac{m}{ne^2} \cdot \dot{J} = E$.

Schließlich zeigen Becker und seine Mitarbeiter, daß ihre Rechnungen auch auf den Fall eines ruhenden sl. Körpers angewendet werden können, der in ein Magnetfeld gebracht wird. Auch hier entsteht ein Strom, dessen Dichte von der Oberfläche gegen das Innere zu exponentiell abklingt. Dieser Strom schirmt das äußere Magnetfeld vom Inneren des SL. ab, dieses dringt somit, der Stromverteilung entsprechend, nur in dem Maße in den SL. ein, daß seine Intensität in der Entfernung $\beta = \sqrt{\frac{mc^2}{4\pi ne^2}}$ von der Oberfläche auf den e-ten Teil abgesunken ist.

Versuche mit bewegten SL. sind bis nun nicht ausgeführt worden, auch die Frage, ob das Magnetfeld tatsächlich in der geschilderten Weise in den SL. eindringt, ist an sich ungeklärt; die Versuchsergebnisse an Körpern kleinster Dimensionen, die zu Gunsten dieser Auffassung ins Feld geführt werden, können zweifellos auch anders interpretiert werden. Es bleibt aber das Verdienst der „Beschleunigungstheorie" gezeigt zu haben, daß zumindest ein Teil der SL.-Probleme in klassischer Weise mit Hilfe der Maxwellschen Gleichungen und unter Berücksichtigung der Elektronenträgheit behandelt werden kann und daß schon auf diese Weise die primitive Vorstellung von dem freien Elektronengas eine gewisse Korrektur erfährt.

Den experimentellen Nachweis dafür, daß die Elektronenbewegung bei der Ausbildung der Abschirmströme nach durchaus klassischen Gesetzen erfolgt, haben Kikoin und Gubar (*123*) durch folgenden Versuch erbracht: Sie bringen eine sl. Kugel, die an einem Faden aufgehängt ist, in ein magnetisches Wechselfeld, dessen Richtung parallel zur Aufhängung der Kugel ist und dessen Frequenz variiert werden kann. Die aufgehängte Kugel hat natürlich eine bestimmte Torsionsfrequenz und sobald die Frequenz des Wechselfeldes mit dieser übereinstimmt, beobachtet man ganz beträchtliche Schwingungsamplituden. Das Wechselfeld erzeugt Induktionsströme in äquatorialer Richtung und durch den Rückstoß der beschleunigten Leitungselektronen wird die Kugel in Bewegung versetzt. Der Versuch ist an sich eine einfache Variante der Versuche von Barnett[1] zur Bestimmung von e/m und beweist somit, daß der Mechanismus der Beschleunigung von L. E. im sl. Zustand genau derselbe ist wie im nl. Der sl. Zustand modifiziert den Versuch von Kikoin und Gubar nur insofern, als das magnetische Moment der Kugel, aus dessen Verhältnis zum Drehimpuls sich e/m ergibt, infolge des Wegfalls des Ohmschen Widerstandes um einige Zehner-Potenzen größer als im nl. Zustand ist.

C. Die phänomenologische Theorie von F. u. H. London und v. Laue.

Als den formalen Ausdruck der im vorgehenden Abschnitt vorgetragenen Auffassung des SL.-Zustandes kann man die sogen. „Beschleunigungsgleichung"

(VI, 1) $$\Lambda \dot{J} = E; \quad \Lambda = \frac{m}{ne^2}$$

auffassen. K. M. Koch (*124*) hat in Richtigstellung der Londonschen Rechnungen gezeigt, wie man unter Berücksichtigung des Eigenfeldes der bewegten Elektronen aus den Maxwellschen Gleichungen mit Hilfe von (VI, 1) zu der Differentialgleichung

$$\frac{\Lambda c^2}{4\pi} \Delta H = H$$

gelangt, die sich nach der Zeit integrieren läßt und so

(VI, 2) $$\frac{\Lambda c^2}{4\pi} \Delta (H - H_0) = H - H_0$$

liefert.

Wird das Magnetfeld erst nach der Herstellung des SL.-Zustandes eingeschaltet (Abschirmeffekt), so wird $H_0 = 0$ und Gl. (2) liefert unter der Voraussetzung zylindrischer Symmetrie die Lösung

(VI, 3) $$H_z = H_{z,0}\, e^{-k(R-r)}; \quad k = \sqrt{\frac{4\pi}{\Lambda c^2}}$$

Das Magnetfeld ist somit in der Entfernung $1/k \approx 10^{-6}$ cm von der Oberfläche auf den e-ten Teil abgesunken, im Innern des Körpers also praktisch gleich Null, in völliger Übereinstimmung mit der Ableitung von Becker, Heller und Sauter. Wird aber das Feld schon vor Eintritt der SL. eingeschaltet, so ist $H_0 \neq 0$, die Gl. (2) somit inhomogen. Ein partikuläres Integral kann allerdings sofort angegeben werden,

[1] Phil. Mag. 12, 349 1931

nämlich $H = H_0$, dies liefert mit der Lösung der homogenen Gl. zusammen das allgemeine Integral

$$H = H_0 - H_0 e^{-k\,(R-r)} \tag{VI, 4}$$

Das ursprüngliche Feld bliebe somit, abgesehen von einer dünnen Oberflächenschichte, unverändert erhalten, in vollem Widerspruch mit der Entdeckung Meißners. Erfahrungsgemäß gilt also, unabhängig davon, ob das Magnetfeld vor oder nach dem Eintritt der SL. eingeschaltet wurde, die durch (VI, 3) beschriebene Feldverteilung. Formal kann man das so ausdrücken, daß die Konstante H_0 in (1) auf jeden Fall gleich 0 gesetzt werden muß. Durch verschiedene Umformungen erhält man schließlich die Gleichung

$$\Lambda c^2 \operatorname{rot} J = -H \tag{VI, 5}$$

die den Strom im SL. mit dem Magnetfeld verknüpft, das also gleichsam die Stelle des elektrischen Feldes im Ohmschen Gesetz einnimmt. Insofern, als Gl. (5) definitionsgemäß unabhängig davon gilt, auf welchem Weg der Endzustand erreicht wird, kann man auch sagen, daß sie den Meißner-Effekt ausdrückt.

Der Inhalt der „phänomenologischen" Theorie von F. und H. London (*165*) besteht nun im Wesentlichen in der Postulierung, daß der Meißner-Ochsenfeld-Effekt durch keinen klassischen Elektronenmechanismus erklärbar sei. Dieses Postulat wird allerdings nirgends bewiesen. Wenn auch die von London als „originäres Naturgesetz" angesprochene Gl. (5) tatsächlich formal den Befund des Meißnerschen Versuches ausdrückt, so ist damit, wie sowohl F. Bopp (*22*) als auch K. M. Koch (l. c.) betont haben, gar nichts über die Vorgänge ausgesagt, die sich während des Überganges vom normal- zum supraleitenden Zustand abspielen.

Anstatt nach Mechanismen zu suchen, die imstande wären, im Übergangszustand N $\to S$ das Magnetfeld aus dem SL. zu verdrängen, hat man nach weiteren formalen Kunstgriffen gesucht, die das Nullwerden von H_0 in Gl. (2) bewirken sollen. Emory Cook (*40*) hat die Londonsche Grundgleichung (VI, 5) so abzuleiten versucht, daß er die Variation der Lagrange-Funktion $\int [\tfrac{1}{2}(H^2 - E^2) - \tfrac{1}{2} N m v^2]\, d\tau dt$ mittels geeigneter Multiplikatoren mit den Maxwellschen Gl. kombiniert. Dies gelingt ihm zwar, physikalisch genommen ist seine Ableitung aber nicht aufschlußreicher als die Londons. F. Bopp (l. c.) kommt zur Londonschen Gl. indem er in die Bewegungsgleichung des Elektrons die Lorentzkraft einführt und eine der Hydrodynamik entlehnte Betrachtungsweise anwendet. Er betont aber selber, daß seine Überlegungen nichts über die Vorgänge aussagen, die dem Eintritt der SL. vorangehen.

Die Grundgleichung (5) ist aber, wie London gezeigt hat, auch aus wellenmechanischen Überlegungen zu gewinnen. Bekanntlich liefert ein Elektron, dem die Wellenfunktion ψ zugeordnet ist, bei der Bewegung in einem Magnetfeld $H = \text{rot } A$ die Stromdichte

$$\text{(VI, 6)} \qquad j = \frac{h\,e}{4\pi i m}\left(\psi \text{ grad } \psi^* - \psi^* \text{ grad } \psi\right) - \frac{e^2}{m c^2} \psi\psi^* A$$

Nimmt man an, daß die Wellenfunktionen durch das Magnetfeld nicht beeinflußt werden, dann gibt die Summe des Klammerausdruckes über alle Zustände Null, während das zweite Glied zu $j = \frac{n e^2}{m c^2} A$ wird. Bildung des rot führt zur Londonschen Gl. (5).

Dieses Ergebnis bleibt auch aufrecht, wenn man annimmt, daß die Wellenfunktionen durch das Magnetfeld Störungen erfahren, die man durch Zusatzglieder von der Form $\psi = \psi_0 + H^n \psi_1$ ausdrücken kann. Ist $n \geqq 2$, so kann die Abweichung des Klammerausdruckes von Null bei kleineren Feldstärken gegenüber dem letzten Glied vernachlässigt werden. Bildet man das magnetische Moment des durch (6) dargestellten Stromes, so erhält man die wohlbekannte Formel für den atomaren Diamagnetismus. Die Grundgl. (5) kennzeichnet also, wie London sagt, den SL. als ein einziges, diamagnetisches Riesenatom.

Als ein Bestandteil der Londonschen Theorie wird von den meisten Autoren der Gedanke einer endlichen Eindringtiefe des Magnetfeldes in den SL. angesehen. Dies trifft, wie man aus unserer Darstellung erkennt, nicht zu, dieser Gedanke ist vielmehr schon in der „Beschleunigungstheorie" von Becker, Heller und Sauter enthalten. Wohl aber kommt London das Verdienst zu, die Annahme einer mit der Temperatur veränderlichen Eindringtiefe zur Erklärung der Beobachtungen an dünnen Filmen (vgl. S. 157) versucht zu haben. Aus thermodynamischen Überlegungen findet er für das Verhältnis der an Filmen beobachteten kritischen Feldstärke H_F zu der am massiven Material gemessenen H_M

$$H_F/H_M = 1 + d/\beta$$

wo β die Eindringtiefe und d die Dicke des Filmes ist. M. v. Laue (*148*) hat für zylindrische Körper $H_F/H_M = 1 + 2e^{-d/\beta}$ berechnet. Die an Filmen verschiedener Dicken und bei verschiedenen Temperaturen gemessenen kritischen Feldstärken liefern für die Eindringtiefe bei 2,5° den Wert $(1{,}2 \pm 0{,}3) \cdot 10^{-5}$ cm. Der in Abb. (32) auf Seite (157) dargestellte Anstieg der Quotienten H_F/H_M mit Annäherung an $T_ü$ ist somit nach London durch ein entsprechendes Wachstum der Eindringtiefe zu deuten. Die Theorie (Seite 189) liefert für β den Wert $\sqrt{\frac{m c^2}{4\pi n e^2}}$, eine Änderung von β mit der Temperatur kann somit auf eine Änderung der Zahl der die SL. tragenden Elektronen zurückgeführt werden. Dann würden also die an den Filmen erhaltenen Meßresultate darauf zurückzuführen sein, daß die Zahl dieser „Supraleitelektronen" bei der Sprungtemperatur sehr klein ist und mit abnehmender Temperatur rasch anwächst. In dieser Annahme begegnet sich die Londonsche Theorie recht eigenartig mit der Auffassung des Supraleitphänomens als Überstrukturproblem. Aus den Messungen von Appleyard und Mitarbeitern (*9*) schließt London, daß die Zahl der Supraleitelektronen von *Hg* pro Atom bei 2,5° abs. erst 0,05 ist.

Interessant ist der Versuch M. v. Laues (*151*), die Londonsche Theorie durch die klarere Herausarbeitung einiger Gedanken zu ergänzen. Laue greift im besonderen den Gedanken auf, daß der normale Leitungsmechanismus im sl. Zustand weiter bestehe und durch einen, den Londonschen Gesetzen gehorchenden Mechanismus lediglich ergänzt werde. Für stationäre Vorgänge schließt der Londonstrom den Ohmschen Strom kurz, dagegen tritt dieser in Erscheinung, sobald es sich um Schwingungen von hoher Frequenz handelt. Bei optischen Frequenzen verschwindet, in Übereinstimmung mit den Messungen, der Unterschied zwischen Normal- und Supraleiter völlig. Bei langsameren Schwingungen bleibt eine gewisse Dämpfung erhalten, die sich nach Laues Ansicht bei kalorimetrischen Messungen nachweisen lassen müßte. Es ist nun bemerkenswert, daß H. London (*171*) den Hochfrequenzwiderstand von Zinn bei Heliumtemperaturen auf kalorimetrischem Weg gemessen und gefunden hat, daß dieser zwar beim Sprungpunkt einen scharfen Knick (Abb. 52) aufweist, dann aber ganz allmählich gegen Null geht. Auch London gibt eine Theorie seiner Übergangskurve, die von einem modifizierten Ohmschen Gesetz $(\dot{J} = \sigma E + {}^1/_{\Lambda} \cdot E)$ und der Annahme ausgeht, daß die Zahl der Supraleitelektronen beim Sprungpunkt Null ist und mit sinkender Temperatur zunimmt.

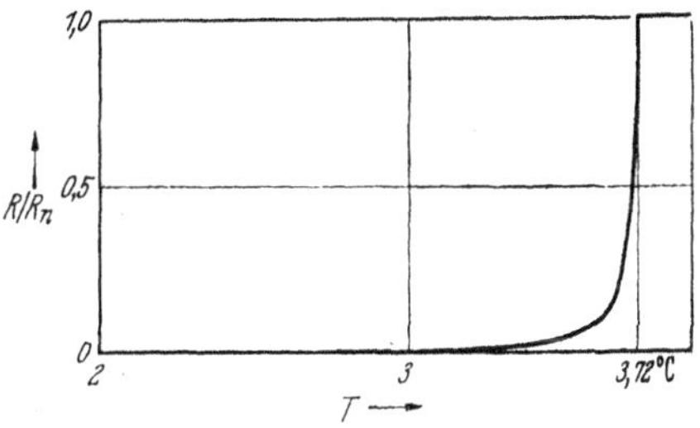

Abb. 52. Widerstand eines Sl. bei Hochfrequenz, $\lambda = 20{,}5$ cm. Nach H. London (*171*).

D. Die Welkersche Theorie.

Die Londonsche Theorie hat eine Reihe von Arbeiten ausgelöst, die das Problem des absoluten Diamagnetismus in den Vordergrund stellen und damit die unendliche Leitfähigkeit als sekundäre Eigenschaft des SL. erscheinen lassen. In besonders konsequenter Weise hat dies H. Welker (*283*) durchgeführt, der sich auf die Arbeiten von Landau[1], Teller[2] und Papapetrou[3] über den Diamagnetismus eines „freien" Elektronengases stützt. Welker berechnet das magnetische

[1]) ZS. f. Phys. 64, 629, 1930. [2]) ZS. f. Phys. 67, 311, 1931. [3]) ZS. f. Phys. 106, 9, 1937 und 107, 387, 1937

Moment des in einem zylindrischen Kasten von endlichen Ausmaßen eingeschlossenen Elektronengases (H parallel zur Zylinderachse) indem er von der Schrödingergleichung des Elektrons im Magnetfeld H ausgeht. Er erhält das Moment Null, aber als Differenz zweier gleich großer Glieder, von denen das eine einen sehr großen Diamagnetismus ausdrückt, der, anschaulich gesprochen, der atomaren Suszeptibilität eines Atoms von den Ausmaßen des Zylinders entspricht. Das andere Glied muß demnach einem ebenso großen Paramagnetismus entsprechen, der den Diamagnetismus aufhebt. Welker deutet dieses Glied anschaulich aus der Tendenz der Elektronenbahnen, sich dem Magnetfeld parallel zu stellen, also umzuklappen, wenn sie durch den Larmoreffekt ein diamagnetisches Moment erhalten haben. Er postuliert nun eine Bahnumkehr-Energie, die diese Parallelstellung verhindern soll und setzt sie gleich der thermischen Energie $kT_ü$, die dem Elektron bei der Sprungtemperatur zukommt. Solange die thermische Energie kleiner ist als diese Bahnumkehrenergie bleiben die Elektronenbahnen in der durch das Einschalten des Magnetfeldes bewirkten Antiparallelstellung; der durch das zweite Glied der Welkerschen Rechnung ausgedrückte große Diamagnetismus kommt somit zur vollen Geltung, (wird aber durch die Wirkung des von der Elektronenbewegung erzeugten Magnetfeldes auf den Betrag $\chi = -1/4\pi$ reduziert). Die Tatsache, daß der SL.-Zustand sowohl durch die Überschreitung einer bestimmten Temperatur als auch durch Anwendung eines kritischen Magnetfeldes zerstört werden kann, kommt hier so zum Ausdruck, daß die Bahnumkehrenergie in Form von thermischer, wie auch von magnetischer Energie zugeführt werden kann. Durch Gleichsetzung der magnetischen Störungsenergie und $kT_ü$ erhält Welker, unter Berücksichtigung der Eindringtiefe des Feldes, einen größenordnungsmäßig befriedigenden Wert für den Schwellenwert des magnetischen Feldes.

Die weiteren Bemühungen Welkers (*284*) gehen nun zunächst dahin, den Begriff der Bahnumkehrenergie physikalisch noch besser zu fundieren. Seiner Meinung nach leistet dies die magnetische Austauschwechselkraft, der zufolge antiparallele Stromkreise sich anziehen. Allerdings tritt diese für gewöhnlich hinter der klassischen Wechselwirkung (Anziehung paralleler Stromkreise) weit zurück. Ein Überwiegen der wellenmechanischen Austauschenergie ist nur durch recht umständliche Zusatzannahmen und mit Hilfe der Einführung des Begriffs einer „Quasikristallinen Elektronenflüssigkeit" mit „Geschwindigkeitsüberstruktur" zu begründen. Indem die elektrostatische Abstoßung den Elektronen gewisse Mindestabstände aufzwingt, entsteht der quasikristalline Charakter der Elektronenflüssigkeit, während durch die Austauschenergie ein Zustand bewirkt wird, bei dem jedes Elektron die entgegengesetzte Nullpunktgeschwindigkeit aufweist wie alle seine Nachbarn: diesen Sachverhalt soll das Wort „Geschwindigkeitsüberstruktur" ausdrücken. Für die Arbeit, die erforderlich ist, um ein Elektron aus dieser Überstruktur herauszunehmen und durch eines von entgegengesetzter Geschwindigkeit zu ersetzen, erhält man den Ausdruck

$$A \doteq v^2 e^2/c^2\ \delta.$$

Hierin ist δ der mittlere Abstand der Elektronen in der quasikristallinen Flüssigkeit und annähernd gleich der Gitterkonstante. Setzt man für v den sich aus der Sommerfeldschen Elektronentheorie ergebenden Wert ein, so erhält man für A annähernd $1{,}8 \cdot 10^{-16}$ erg und aus $A = k \cdot T_{ü}$ für $T_{ü} = 1^0$ abs, also wieder die richtige Größenordnung. Während also die erste Arbeit Welkers den magnetischen Schwellenwert liefert, wenn man $T_{ü} = 1^0$ annimmt, so ergibt die zweite Arbeit auch $T_{ü}$ selber.

Nach Welker wäre somit das Überwiegen der Austauschwechselwirkung über die klassische Wechselwirkung für das Zustandekommen der SL. maßgebend. Nachdem dies von der Elektronendichte abhängt, wäre es verständlich, daß alle Supraleiter in einem engen Bereich des Atomvolumens liegen (Regel von Clusius, vgl. Seite 120).

Auf der anderen Seite versucht Welker darzutun, daß die Dauerströme in ringförmigen Leitern sich als Folgeerscheinungen des absoluten Diamagnetismus ergeben. Sein Nachweis liegt darin, daß der Dauerstrom eine Feldverteilung ergibt, die ihrerseits den Dauerstrom als Abschirmstrom bedingen würde.

Die neueste Arbeit Welkers (*285*) zeigt das Bestreben, den Begriff der Überstruktur konkreter zu fassen. Dies führt zunächst zur Annahme, daß die Bahnumkehrenergie A einerseits eine Funktion der Temperatur, andererseits dem Ordnungsgrad S proportional ist.

$$A(T) = A_0 S;\quad S = 1 - \Delta N / A_0 D(\zeta)/2.$$

Hier ist $A_0 D(\zeta)/2$ die Anzahl der möglichen, ΔN die Anzahl der tatsächlichen Störstellen in der Überstruktur. A_0 ist sinngemäß die Bahnumkehrenergie bei völliger Ordnung, $D(\zeta)$ die Dichte der Elektronen bei der Grenzenergie; die Produktbildung drückt aus, daß ebenso wie beim Paramagnetismus nur ein Bruchteil der Elektronen durch die Überstruktur energetisch beeinflußt wird. Die gesamte Energieänderung ΔU, die sich demnach aus der Überstrukturbildung ergibt, ist $A_0{}^2 D(\zeta)/2$. Zwischen A_0 und der Sprungtemperatur findet Welker die Beziehung $A_0 = k\,(ln\,4)\,T_{ü}$. Indem er ΔU der magnetischen Energie $H(0)^2/8\pi \cdot V$ gleichsetzt, erhält er die Beziehung

$$\text{(VI, 7)} \qquad \frac{H(0)}{T_{ü} \cdot \sqrt{\gamma}} = \sqrt{\frac{2\pi}{0{,}58}}$$

$H(0)$ bedeutet die kritische Feldstärke bei $T = 0$; γ ist der Koeffizient der spez. Wärme γT des Elektronengases.

Sommerfeld (*263*) hat an Hand der Messungen von Misener (*206*) nachgewiesen, daß die Beziehung (VI, 7) für *Tl* fast exakt gilt, wenn man statt 0,58 den Faktor $a = 1$ setzt; bei *Hg* ($a \approx 0{,}82$) und *In* ($a \approx 0{,}63$) ist die Übereinstimmung weniger gut.

Die Gl. (VI, 7) ist allerdings auch von Kok (*128*) (vgl. III A) auf Grund einfacher thermodynamischer Betrachtungen abgeleitet worden, trotzdem ist es befriedigend, daß die modellmäßigen Überlegungen Welkers zu dem gleichen Ergebnis führen.

Mit einem etwas anders gearteten mathematischen Apparat hat Kanetaka Aryama (*11*) die Welkerschen Gedanken behandelt, ohne zu besonderen Ergebnissen zu gelangen.

Sowohl Welker als auch London kommen zu einer Formel für den Diamagnetismus eines makroskopischen Komplexes, die der Langevinschen Formel für den atomaren Diamagnetismus, $\lambda = C\,a^2$; $a =$ Radius der Elektronenbahn nachgebildet ist. Nehmen wir beispielsweise an, daß wir es mit Komplexen aus N-Atomen zu tun haben von denen jedes Atom ein Elektron zu einer gemeinsamen Elektronenhülle beisteuert, so ergibt sich, daß der Komplex schon für $a = 10^{-4}$ cm eine Suszeptibilität hervorbringen würde, die dem absoluten Diamagnetismus entspricht. Der Gedanke, daß die SL. durch die Bildung derartiger vielatomiger Komplexe bedingt sein könnte, ist mehrfach behandelt worden, so z. B. von Hund (*88a*), späterhin von Slater (*256*). In etwas speziellerer Form ist diese Frage von London (*163*) und Rudnitzkij (223) bearbeitet worden, indem der erhöhte Diamagnetismus aromatischer Verbindungen zum Ausgangspunkt genommen und das Verhalten von ringförmigen Atomkomplexen studiert wird.

E. Zur klassischen Deutung des Meißner-Ochsenfeld-Effektes.

Der starke Einfluß, den die Londonschen Postulierungen auf das theoretische Denken der letzten Jahre ausgeübt haben, macht es ganz besonders bedeutsam, wenn es gelingen sollte, das Dogma von der Unerklärbarkeit des M.-O.-Effekts durch einen klassischen Elektronenmechanismus zu erschüttern. Es zeigt sich nun, daß bei einer unbefangenen, elementaren Betrachtung der Sachlage ganz leicht ein allgemeiner Gesichtspunkt herausgefunden werden kann, von dem aus eine derartige Deutung des M.-O.-Effektes denkbar wäre. Nimmt man nämlich an, daß der Übergang $N \rightarrow S$ in irgendeiner Weise mit einer Elektronenbewegung vom Innern des Versuchskörpers nach seiner Oberfläche hin verbunden ist, — und wir werden sofort sehen, daß zur Verwirklichung einer solchen sogar mehrere Möglichkeiten bestehen —, so sieht man ein, daß auf diese Weise ein Abschirmstrom bei konstantem Magnetfeld zustande kommen kann. Denkt man sich der Einfachheit halber den Versuchskörper von zylindrischer Form, Achse parallel H, so sieht man aus Abb. 53, daß die Elektronen durch das Magnetfeld derartig von ihrer radialen Bewegungsrichtung abgelenkt werden, daß sie eine zirkuläre Stromkomponente liefern, die so gerichtet ist, daß ihr Magnetfeld das primäre Feld schwächt. (Man denke z. Vgl. an die Abart des Hall-Effektes in Kreisscheiben, die von einem radialen Flächenstrom durchflossen werden, den Corbinoeffekt). Man berechnet leicht, daß der so entstehende Kreisstrom aus elektrodynamischen Gründen zu einem Oberflächenstrom werden muß und daß (unter Beachtung der unendlichen Leitfähigkeit) die Schwächung des primären Magnetfeldes zu einer völligen Aufhebung desselben wird, wenn die radiale Elektronenströmung nur genügend lange anhält.

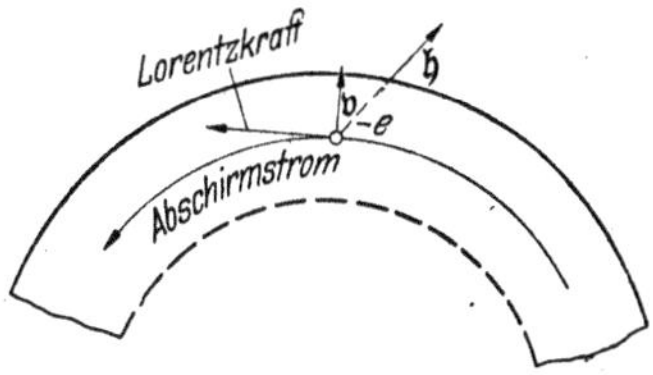

Abb. 53. Zustandekommen des Abschirmstromes durch die magnetische Ablenkung der zentrifugal bewegten Elektronen bei konstantem Feld.

Nun hat K. M. Koch (*124*) in einer ersten Arbeit darauf hingewiesen, daß der Übergang $N \rightarrow S$ im Magnetfeld notwendigerweise mit einer Wärmeströmung aus dem Innern des Versuchskörpers nach außen verbunden ist. Erfolgt eine solche Wärmeströmung im Magnetfeld, so hat sie eine transversale elektromotorische Kraft, den Ettingshausen-Nernst-Effekt, zur Folge. Es ist, anschaulich gesprochen, so, als ob ein Teil der am Wärmetransport beteiligten Leitungselektronen durch das Magnetfeld abgelenkt würde und so, in Analogie zum Hall-Effekt, die transversale Spannung erzeugt. Auf diese Weise könnte also der einleitend dargelegte Mechanismus zur Auslösung des M.-O.-Effektes durchaus realisiert werden. Einer konsequenten Ausgestaltung dieser Hypothese stehen mehrere Umstände entgegen. Erstens fehlen experimentelle Daten über das Verhalten des Ettingshausen-Nernst-Effekts bei Annäherung an tiefste Temperaturen. Es wäre nämlich eine bedeutende Stützung für diese Vorstellung, wenn sich z. B. der Eintritt der SL. im Verhalten dieses Effektes oberhalb des Sprungpunkts ankündigen würde. Im SL.-Zustand selber wird der Effekt ja voraussichtlich, wie alle übrigen thermoelektrischen Effekte, ausfallen. Zweitens ist, — wie man bei einiger Überlegung sieht —, der elektronenphysikalische Mechanismus des Nernst-Effektes nicht restlos geklärt. In einem Leiter, an dessen Enden eine Temperaturdifferenz besteht, bewegen sich im statistischen Gleichgewicht gleich viel Elektronen in der einen, wie in der anderen Richtung; es ist also nicht zu verstehen, wie durch Ablenkung im Magnetfeld ein transversaler Effekt zustande kommen soll. Daß die Sommerfeldsche Elektronentheorie doch derartige Effekte, und sogar in richtiger Größenordnung liefert, liegt an dem Begriff der „gestörten Verteilungsfunktion", deren physikalischer Sinn aber noch einer näheren Untersuchung bedarf. Und drittens sind auch unsere Vorstellungen über die Natur des SL. im Übergangszustand noch nicht so weit geklärt, daß daraus die notwendigen Ansätze gewonnen werden könnten.

Nach einer eingehenden Untersuchung des Zwischenzustandes hat Koch (*126*) weiter gezeigt, daß unter Umständen ein noch einfacherer Mechanismus des M.-O.-Effektes denkbar wäre, der aber im Grunde genommen auf das gleiche Schema zurückgeht. Die Erscheinungen des Zwischenzustandes, insbesondere die in Hohlkörpern auftreten, sind nur so zu erklären, daß man annimmt, der SL.-Zustand entwickle sich aus Keimen, die allmählich anwachsen und schließlich irgendwie verschmelzen. Denkt man sich das Wachstum dieser Mikrobereiche im konstanten Magnetfeld vor sich gehend, so sieht man, daß der magnetische Kraftfluß Φ durch den Querschnitt dieser Bereiche anwächst und so zu einem Induktionsstrom Anlaß gibt, der, — dem elementaren Induktionsgesetz zufolge —, den primären Kraftfluß aufhebt. Man kann sich diesen Wachstumsvorgang auch so denken, daß nur die äußerste Hülle dieser Bereiche von SL.-Elektronen besetzt ist, und daß diese Hülle bei der weiteren Anlagerung normalleitender Partien ihren elektrischen Zusammenhang bewahrt. Es ist dann im Grunde genommen wieder so, daß Elektronen, — diesmal durch einen strukturellen Vorgang —, zentrifugal bewegt und dabei vom Magnetfeld abgelenkt werden. Eine ähnliche, wenn auch nur verschwommen ausgedrückte Vorstellung hat V. Rudnitzkij (*244*) entwickelt.

Man kann also zusammenfassend wohl mit einiger Berechtigung sagen, daß es sinnvoll sein könnte, die Supraleittheorie von dem Gedanken der klassischen Deutbarkeit des M.-O.-Effekts aufzubauen. Es ist der weiteren Entwicklung der Theorie zu überlassen, ob sie durch eine solche Annahme weiter gebracht wird als durch das umgekehrte Postulat. Jedenfalls spricht weder die Analyse der Londonschen Theorie, noch die skizzenhafte Darlegung der bisherigen Deutungsversuche dafür, daß die Unmöglichkeit einer Deutung des M.-O.-Effektes auf klassischer Grundlage zu einem Axiom gemacht werden dürfte.

Literaturverzeichnis (1933—1943).

Umfaßt die seit Abschluß des Meißnerschen Berichtes (Erg. d. ex. Naturw. XI. 1932) bis zum 30. April 1943 erschienenen Arbeiten. Die ausländische Literatur seit Kriegsausbruch ist so weit berücksichtigt, als sie in den Phys. Ber. bis zum 30. April 1943 referiert worden ist. An Stelle des Titels ist meistens der Inhalt in Stichworten wiedergegeben.

1. Alekseyevski, N.: Journ. exp. theor. Phys. (russ.) **8**, 342, 1938. Messungen der kritischen Stromstärke in He II ausgeführt.
2. — Journ. Phys. USSR. **3**, 443, (1940). Zugbeeinflussung der kritischen Daten bei Ta.
3. — Journ. Phys. USSR. **4**, 381 (1941). Gestaltseinfluß.
4. — Journ. Phys. USSR. **4**, 401 (1941). Kritische Feldstärke an dünnen Filmen durch Ablenkung im Magnetfeld gemessen.
5. Allen, J. F.: Phil. Mag. **16**, 1005 (1933). Sl. von Legierungen.
6. Andrews, D. H., W. W. Brucksch jr., W. T. Ziegler, E. R. Blanchard: Phys. Rev. **59**, 1045 (1941). Sl.Substanzen als radiometrische Empfänger.

7. Apinis, A.: Acta Univ. Latviensis. **3**, 265 (1939). Dynamische Elektronengitter.
8. Appleyard, E. T. S., J. R. Bristow und H. London: Nature **143**, 433 (1939). Krit. Feldstärke in Filmen und das Problem der Eindringtiefe.
9. — und A. D. Misener: Proc. Roy. Soc. London (A) **172**, 540 (1939). Quecksilberfilme.
10. —, —, Nature **142**, 474 (1938). Quecksilberfilme.
11. Ariyama, Kanetaka: ZS. f. Phys. **119**, 174 (1942). Einführung der magnetischen Austauschwechselwirkung in das Bloch-Hartreesche Modell.
12. Aschermann, G. E Friedrich, E. Justi, J. Kramer: Phys. ZS. **42**, 349 (1941). Untersuchungen an NbH und NbN.
12a. — Techn. Wiss. Abhandl. a. d. Osram-Konzern Bd. 5, 401, Springer-Verlag Berlin. NbH und NbN.
13. — E. Justi: Phys. ZS. **43**, 207 (1942). Sl. von Rhenium u. Uran.
14. Aubel, E. van, W. J. de Haas, J. Voogd: Comm. Leiden Nr. **193**c (1928), Proc. Amst. **37**, 706 (1926). Sl. von Legierungen.
15. Bardeen, J.: Phys. Rev. (2) **59**, 928 (1941). Theorie.
16. Becker, R., G. Heller, F. Sauter: ZS. f. Phys. **85**, 772 (1933). Rotierende sl. Kugel.
17. Benedicks, C.: Ann. d. Phys. (5) **17**, 169 (1933). Phoret. El. Theorie und Sl.
18. — ZS. f. Metallkunde **25**, 197 (1933). Phasendiagramme der sl. Legierungen und die phor. Theorie.
19. Bernal, J. D.: Prov. Roy. Soc. London (A) **152**, 42 (1935). Kristallbau und Sl.
20. Bethe, H.: ZS. f. Phys. **90**, 674 (1934). Kritik der Theorie von Schachenmeier.
21. — H. Frölich: ZS. f. Phys. **85**, 389 (1933). Elektrodyn. Wechselwirkung der Leitungselektronen.
22. Bopp, F.: ZS. f. Phys. **107**, 623 (1937). Londonsche und Beschleunigungstheorie.
23. Borelius, G., W. H. Keesom, C. H. Johannsson, J. O. Linde: Comm. Leiden Suppl. Nr. 70a, Proc. Amst. **35**, 10 (1932). Absolute Skala f. Thermokräfte.
24. Braunbeck, W.: ZS. f. Phys. **87**, 470 (1934). Ausbreitung elektrischer Wellen.
25. Bremmer, H., W. J. de Haas: Physica **3**, 672 (1936). Wärmeleitung von *Pb*, *Cu*, *Hg*.
26. — — Physica **3**, 692 (1936). Wärmeleitung von Legierungen.
27. Brillouin, L.: Journ. de Phys. et le Radium (7) **4**, 333 und 677 (1933), C. R. **196**, 1088 (1933). Metastabile Elektronenzustände im Metall.
28. — Proc. Roy. Soc. London (A) **152**, 19 (1935). Theorie der Sl.
29. Brucksch, W. F. jr., W. T. Ziegler, E. R. Blanchard, D. H. Andrews: Phys. Rev. (2) **59**, 688 (1941). Kritische Ströme in sl. Filmen.
30. — W. T. Ziegler, F. H. Horn, D. H. Andrews: Phys. Rev. (2) **60**, 170 (1941). Filme und dünne Drähte.
31. Burton, E. F.: Nature **133**, 459 (1934). Sl. einer dünnen *Sn*-Schicht.
31a. — The Phenomenon of Superconductivity The University of Toronto Press. 1934. Zusammenfass. Darstell.
32. — Nature **133**, 684 (1934). Meißner-Ochsenfeld Effekt.
33. — H. G. Smith, F. G. A. Tarr: Nature **135**, 906 (1935). Sl. Galvanometer.
34. — K. C. Mann: Nature **139**, 325 (1937). Dauerstromversuche.
35. — F. G. A. Tarr, J. O. Wilhelm: Nature **136**, 141 (1935). Fehlen des thermoelektrischen Effekts in Sl.
36. — J. O. Wilhelm, A. D. Misener: Trans. Roy. Soc. Canada (3) **28**, III 65, (1934). Sl. dünner *Sn*-Schichten.

37. Burton, E. F., J. O. Wilhelm, A. Pitt, A. C. Young: Canad. Journ. Res. **9**, 630 (1933). Einfluß der Frequenz auf Sl.
38. Casimir, H. B. G.: Physica **7**, 887 (1940). Comm. Leiden Nr. 261e. Keine Änderung der Eindringtiefe mit der Temperatur.
39. Casimir-Jonker, J. M., W. J. de Haas: Physica **2**, 935 (1935). Comm. Leiden Nr. 237c. Dauerstromversuche mit *Pb-Tl*.
39a. K. Clusius. ZS. F. El. Chem. **38**. 312 (1932).
39b. —, Phys. ZS. **35**, 929, (1934).
40. Cook, Emory: Phys. Rev. (2) *57*, 57 (1940) und **58**, 357 (1940). Ableitung der Londonschen Grundgleichung mittels eines Variationsprinzips.
41. Cristescu, S., F. Simon: ZS. f. phys. Chemie (B) **25**, 273 (1934). Spez. Wärme von *Pb*.
42. Darrow, K. K.: Rev. Scient. Instr. **7**, 124 (1936). Bericht über Sl.
43. Daunt, J. G.: Phil. Mag. (7) **24**, 361 (1937). Sl. in Hohlzylindern bei Anwendung von Wechselfeldern.
44. — Phil. Mag. (7) **28**, 24 (1939), Schwellenwert und Gleichgewichtsfeld.
45. — A. Horsemann, K. Mendelssohn: Phil. Mag. (7) **27**, 754 (1939). Sprung der spez. Wärme aus den Kurven $H_K = H_K(T)$ bestimmt.
46. — T. C. Keeley, K. Mendelssohn: Phil. Mag. (7) **23**, 264 (1937). Absorptionskoeff. für Infrarot ändert sich nicht beim Übergang *N-S*.
47. — K. Mendelssohn: Nature **141**, 116 (1938). Kein Thomson-Effekt in Sl.
47a. — — Proc. Roy. Soc. **160**, 127 (1937). Entropieunterschied zwischen N- und S-Zustand.
48. Dehlinger, U.: Naturwiss. **21**, 607 (1933). Sprung der Sl. und Umlagerungen in Leg.
49. — Phys. ZS. **36**, 892 (1935). Elektronenkonfigurationen der sl. Metalle.
50. Dorfman, J.: Nature **130**, 166 (1932). Zur Theorie.
51. — Phys. ZS. d. Sowj. Union **3**, 366 (1933). Zur Theorie der Sl.
52. — Metallwirtschaft **12**, 221 und 235 (1935). Sl. und Hallkoeff.
53. Duffin, Richard J.: Phys. Rev. (2) **51**, 575 (1937). Berechnungen an einem koaxialen Leitersystem.
53a. P. Ehrenfest, Comm. Leiden Suppl. Nr. 75 (1933) Umwandlung 2. Art, Rutgerssche Formel für Δ C.
54. Epstein, Paul S.: ZS. f. Physik **96**, 386 (1935). Kompressibilitätskoeff.
55. — Proc. Nat. Acad. Amer. **23**, 604 (1937). Zur Laueschen Regel über die Zerstörung der Sl. bei Überschreitung von H_K an einer Stelle.
56. Fakidow, I., B. G. Lasarew: Phys. ZS. Sowj.Un. **7**, 677 (1935). Hallefekt und Sl.
57. Felici, Noel: Journ. de Phys. et le Radium (7) **9**, 149 (1938) und C. R. **206**, 242 (1938). Theorie.
58. Forrer, R.: C. R. **202**, 2059 (1936). Sl. und Aufbau der äußersten Elektronenschale.
59. — Journ. de Phys. et le Radium (7) **8**, 67 (1937). Sl. Elektronen in einem anderen Quantenzustand als die normalen Leitungs-Elektronen.
60. Frenkel, J.: Phys. Rev. **43**, 907 (1933). Erklärung der Sl. durch induktive Wechselwirkung der Leitungselektronen.
61. — Nature **133**, 730 (1934). Erklärung der Sl. durch elektrische Polarisation.
62. — V. Rudnitzkij: Journ. exp. theor. Phys. (russ.) **9**, 260 (1939). Zum gyromagn. Effekt in Sl.
63. Goetz, Alexander: Phys. Rev. (2) **55**, 1270 (1939). Verwendung der Sl. als radiometrische Substanzen.
64. Gorter, C. J.: Arch. Mussé Teyler (3) **7**, 378 (1933). Abl. der Rutgersschen Gl.
65. — Nature **132**, 931 (1933). Thermodyn. der Sl. und der M. O.-Effekt.
66. — Physica **2**, 449 (1935). Arch. Musée Teyeler (3) **8**, 115 (1936). Thermodyn. der Sl. von Legierungen.

67. Gorter, C. J.: Phys. Rev. (2) **52**, 1256 (1937). Zur Theorie von Wick.
68. — H. Casimir: Physica **1**, 306 (1934). Kreisprozeß.
69. — — Phys. ZS. **35**, 963 (1934). ZS. f. techn. Phys. **15**, 539 (1934). Entropie der Elektronen im Sl.
70. Grassmann, P.: Phys. ZS. **37**, 569 (1936). Mikrowiderstand der Sl.
71. — H. Eicke: Phys. ZS. **38**, 429 (1937). Energieverlust beim erstmaligen Induzieren eines Dauerstroms.
72. Haas, W. J. de: Leipziger Vorträge **1933**, S. 59. Bericht.
73. — P. M. van Alphen: Proc. Amst. **36**, 263 (1933), Comm. Leiden Nr. 225b. Magnetische Eigenschaften.
74. — J. de Boer: Proc. Amst. **35**, 128 (1932), Comm. Leiden Nr. 220a. Sl. von *Hg—Cd*.
75. — H. Bremmer: Proc. Amst. **35**, 131 (1932), Comm. Leiden Nr. 200b. Wärmeleitung von *In*.
76. — — Proc. Amst. **35**, 323 (1932), Comm. Leiden Nr. 220c. Wärmeleitung von $Pb\ Tl_2$.
77. — — Rapports Laborat. Onnes **1932**, S. 270. Bericht über Wärmeleitung.
78. — J. M. Casimir-Jonker: Physica **1**, 291 (1934). Comm. Leiden Nr. 229d. Sl. in transversalem Magnetfeld.
79. — — Nature **135**, 30 (1935). Proc. Amst. **38**, 2 (1935). Comm. Leiden Nr. 233c. Eindringen eines Magnetfeldes in Sl. Legierungen.
80. — A. D. Engelkes: Physica **4**, 325 (1937), Comm. Leiden Nr. 247. Zerstörung der Sl. durch ein Magnetfeld.
81. — — O. A. Guinau: Physica **4**, 595 (1937). Comm. Leiden Nr. 247e. Eindringen des Feldes in sl. Zinnkugel.
82. — O. A. Guinau: Physica **3**, 182 (1936). Comm. Leiden Nr. 241a. Abschirmeffekt bei monokristalliner *Sn*-Kugel.
83. — — Physica **3**, 534 (1936), Comm. Leiden Nr. 241b. Meißner-Ochsenfeld-Effekt bei einer *Sn*-Kugel.
84. — — A. Rademakers: Physica **7**, 992 (1940), Comm. Leiden Nr. 261e. Wärmeleitung von *Pb* im N- und S-Zustand.
85. — J. Voogd: Comm. Leiden Suppl. Nr. 73a (1932). Sl. von Legierungen.
86. — — J. M. Jonker: Nature **125**, 952 (1930). Sl. von Legierungen.
87. Hilsch, R.: Phys. ZS. **40**, 592 (1939). Keine Änderung der opt. Durchlässigkeit dünner Zinnschichten beim Übergang $N \rightleftarrows S$.
88. Hirschlaff, E.: Proc. Cambr. Soc. **33**, 140 (1937). Kein Unterschied im Reflexionsvermögen beim Übergang $N \rightleftarrows S$.
88a. Hund, F.: Ann. d. Phys. **32**, 102 (1938). Diamagnetismus kleiner Metallstücke.
89. Jones, H.: Nature **142**, 611 (1938). Thermodyn. Berechnung der Sprungpunkte von Legierungen.
90. Justi, E.: ZS. VDI **80**, 109 (1936). Bericht über Kältephysik.
90a. — u. M. v. Laue, Sitz.-Ber. Pr. Akad. Berlin, **1934**, XVII, S. 237.
90b. — ZS. f. techn. Phys. **15**, 521, (1934). Umwandlungen höherer Art.
91. — ETZ. **62**, 721 und 741 (1941). Elektr. Leitungsmechanismus und Sl.
92. — G. Zickner: Phys. ZS. **42**, 257 (1941). Versuche über Stromverzweigung in Sl.
93. — Phys. ZS. **42**, 325 (1941), Wissenschaftl. Veröffentl. der PTR **25**, 94 (1942). Isotopenzusammensetzung und Sl. von *Pb*.
94. — Phys. ZS. **43**, 130 (1942). Exp. Nachweis der Umklapp-Prozesse beim Übergang $N \rightleftarrows S$.
95. — Ann. d. Phys. (5) **42**, 84 (1942). Oszillographische Untersuchung des Übergangs $N \rightleftarrows S$ im zeitlich variablen Magnetfeld.
96. — — ETZ **63**, 577 (1942). Dauerstrom-Elektromagnet.
96a. — u. Reinhart Schulze, Verhdl. d. Deutsch. Phys. Ges. **21**, 29 (1940) (Dauerstrom-Demonstration).
96b. — ZS. f. d. ges. Kälteind. **50**, 37 (1943). SL-Demonstrationen.
97. — Phys. ZS **44**, 469 (1943). Keimeffekt der SL Sl-Mikrobereiche bei $T > 100^0$ abs.
98. — Phys. ZS **46** (1945) (im Erscheinen) Sl und Period. System

98a. Justi, E.: Elektrizitätsleitung in Festkörpern, Verlag Gebr. Borntraeger, Berlin (Im Ersch.).
98b. — ZS. f. techn. Phys. **21**, 315 (1940), Zusammenf. Bericht üb. Leitungsmechanismus.
99. Keeley, T. C., K. Mendelssohn, J. R. Moore: Nature **134**, 773 (1934). Spez. Wärme von *Pb* Tl_2. Einfluß von Verunreinigungen auf den M.-O.-Effekt.
100. — — Proc. Roy. Soc. London (A) **154**, 378 (1936). Magnetische Eigenschaften von Sl.
101. Keesom, W. H.: Proc. Amst. **36**, 381 (1933), Comm. Leiden Nr. 224c. Sl. von *Al*.
102. — Journ. de Phys. et le Radium (7) **5**, 373 (1934). Bericht über kalorimetrische Untersuchungen.
103. — Physica **1**, 123 (1934), Comm. Leiden Nr. 230a. Sl. von *Zn*.
104. — Phys. ZS. **35**, 939 (1934), ZS. f. techn. Phys. **15**, 515 (1934). Thermische Eigenschaften der Sl.
105. — Physica **2**, 35 (1935), Comm. Leiden Nr. 234f. Kritischer Stromwert in Legierungen.
106. — Proc. Roy. Soc. London (A) **152**, 11 (1935). Spez. Wärme von Sl.
107. — J. N. van den Ende: Proc. Amst. **35**, 143 (1932), Comm. Leiden Nr. 219b. Spez. Wärme von *Sn*, *Zn*.
108. — M. Désirant: Proc. Amst. **42**, 536 (1939), Comm. Leiden Nr. 257b, Physica **8**, 273 (1941). Spez. Wärme von Tantal.
109. — J. A. Kok: Proc. Amst. **35**, 743 (1932), Comm. Leiden Nr. 221e. Spez. Wärme von *Sn*.
110. — — Physica **1**, 174 (1935), Comm. Leiden Nr. 230c. Spez. Wärme von *Tl*.
111. — — Physica **1**, 503 (1934), Comm. Leiden Nr. 230e. Übergangswärme von *Tl*. im Magnetfeld.
112. — — Physica **1**, 595, (1934), Comm. Leiden Nr. 232 a. Spez. Wärme von *Tl*. Reversible Dauerstromenergie-Umwandlung.
113. — — Physica **1**, 770 (1934), Comm. Leiden Nr. 232d. Spez. Wärme von *Zn* und *Ag*.
113a. — — Physica **4**, 835 (1937), Comm. Leiden Nr. 248e. Spez. Wärme.
114. — P. H. v. Laer: Physica **3**, 173 (1936), Comm. Leiden Nr. 240c, Proc. Amst. **39**, 148 (1936). Zeiteffekte beim Übergang $N \rightleftarrows S$.
115. — — Physica **3**, 371 (1936), Comm. Leiden Nr. 242a, Proc. Amst. **39**, 573 (1936). Latente Übergangswärme von *Sn* im Magnetfeld.
116. — — Physica **4**, 487 (1937), Comm. Leiden Nr. 248e, Proc. Amst. **40**, 390 (1937). Latente Wärme bei der Zerstörung der Sl. durch ein Magnetfeld.
117. — — Physica **4**, 499 (1937), Comm. Leiden Nr. 248d, Proc. Amst. **40**, 390 (1937). Relaxationserscheinungen.
118. — — Physica **5**, 193 (1938), Comm. Leiden Nr. 252b, Proc. Amst. **41**, 96 (1938). Atomwärme von *Sn* im normalen und sl. Zustand.
119. — C. J. Matthijs: Physica **5**, 1 (1938), Comm. Leiden Nr. 250d. Thermoelektr. Kraft von Sl. in der Nähe ihres Sprungpunktes.
120. — — Physica **5**, 437 (1938), Comm. Leiden Nr. 252e. Thermokraft eines Sl. gegen dasselbe Metall im nl. Zustand.
121. Khotkevich, V.: Journ. exp. theor. Phys. (russ.) **8**, 515 (1938). Kritische Stromstärke bei Dauerstromversuchen.
122. Kikoin, J., B. Lasarew: Phys. ZS. d. Sowj.Un. **3**, 351 (1933). Sl. und Halleffekt.
123. Kikoin, I. K., S. W. Gubar: Journ. Phys. USSR. **3**, 33 (1940) und C. R. Moskau **19**, 249 (1938). Der gyromagnetische Effekt in Sl.
124. Koch, K. M.: ZS. f. Phys. **116**, 586 (1940). Deutung des M.O.Effektes mittels des Temperaturgradienten beim Übergang $N \rightleftarrows S$.
125. — ZS. f. Phys. **118**, 1 (1941). Erklärung der Erscheinungen in Hohlkörpern.
126. — ZS. f. Phys. **120**, 86 (1942). Deutung des M.O.Effektes auf Grund der „Keim"-Theorie der Sl.

127. Koch, K. M.: ZS. f. Phys. **121**, 488 (1943). Entgegnung auf die Arbeit von Th. Neugebauer.
127a.— Kolloid-ZS. **105**. Bd. (1943), Heft 2. Zwischenzustand.
128. Kok, J. A.: Physica **1**, 1103 (1934), Comm. Leiden Suppl. Nr. 77a und Nature **134**, 532 (1934). Sl. und Fermi-Dirac-Statistik.
129. — Diss. Leiden 1935. Magnetische Übergangskurve für *Hg*.
130. — Physica **4**, 276 (1937), Comm. Suppl. 84a. Anwendung des Kreisprozesses auf die Thermokraft. N / S.
131. Kramer, J.: ZS. f. Phys. **111**, 423 (1939). Sl. und die amorphe Metallmodif.
132. Kronigk, R. de L.: ZS. f. Phys. **78**, 744 (1933); **80**, 203 (1933). Elektronenkristall und Elektronenkette.
133. — Proc. Roy. Soc. London (A) **152**, 16 (1935). Elektromagn. Wellen im Sl.
134. Kürti, N., und F. Simon: Nature **133**, 907 (1934). Sl. von *Cd*.
135. — — Nature **135**, 31 (1935). Sl. von *Zr*, *Hf*.
136. — — Proc. Roy. Soc. London (A) **151**, 610 (1935). Neue Sl.
137. Laer, P. H. van: Physica **6**, 1 (1939). Comm. Suppl. 86. Magn. und thermodyn. Funktionen im sl. Zustand, Zwischen- und nl. Zustand.
138. — H. J. Groenewold: Physica **6**, 473 (1939), Comm. Suppl. 86b. Relaxationserscheinungen beim Übergang $N \rightleftarrows S$.
139. — W. H. Keesom: Physica **5**, 986 (1938). Relaxationserscheinungen.
140. — — Physica **5**, 993 (1938). Comm. Leiden Nr. 254e. Versuche zur Reversibilität des Überganges $N \rightleftarrows S$.
141. Landau, L.: Phys. ZS. d. Sowj.Un. **4**, 43 (1933). Theorie d. Sl., Kapillaritätsglied.
142. — Phys. ZS. d. Sowj.Un. **11**, 129 (1937). Berechnung der sl. Schichten in einer Platte.
143. — Nature **141**, 688 (1938). Zum Zwischenzustand.
144. Lasarew, B. G.: Phys. ZS. d. Sowj.Un. **4**, 567 (1933). Sl. und Halleffekt.
145. — A. A. Galkin, W. I. Khotkevich: Journ. Phys. USSR. **4**, 380 (1941). Sl. bei hohen Frequenzen.
146. Laue, M. v.: Phys. ZS. **33**, 793 (1932). Theorie der Stromverteilung. Longitudinales und transversales Magnetfeld.
147. — Sitz. Bericht Preuß. Akad. (Phys. Mathem. Kl.) **1937**, S. 240. Stromverteilung im Sl.
148. — Ann. d. Phys. (5) **32**, 71 und 253 (1938). Zur Thermodynamik der Sl. Schwellenwert dünner Drähte.
149. — ZS. f. Phys. **118**, 455 (1941). Theor. Auswertung der Versuche von Justi und Zickner.
150. — Phys. ZS. **43**, 274 (1942). Diskussion einiger Grundfragen.
151. — Ann. d. Phys. (5) **42**, 65 (1942). Ausgestaltung der Londonschen Theorie.
152. — ZS. f. Phys. **118**, 455 (1941). Theorie der Stromverzweigungs-Versuche.
153. — F. und H. London: ZS. f. Phys. **96**, 359 (1935). Theorie.
154. — F. Möglich: Berl. Ber. **16**, 543 (1933). Mehrfach zusammenhängende Sl.
155. Mc. Lennan, J. C.: Nature **129**, 858 (1932) und **130**, 879 (1932). Bericht über Sl.
156. — Nature **135**, 943 (1935), Proc. Roy. Soc. London (A) **152**, 1 (1935). Bericht über Sl.
157. — A. C. Burton, A. Pitt, J. O. Wilhelm: Proc. Roy. Soc London (A) **136**, 52 (1931). Sl. und Hochfrequenzen
158. — — — — Nature **130**, 201 (1932), Proc. Roy. Soc. London (A) **138**, 245 (1932). Überlagerung von Gleich- und Wechselstrom.
159. London, F.: Proc. Roy. Soc. London (A) **152**, 24 (1935). Theorie.

160. London, F.: Physica 3, 450 (1936). Magnet. Eigenschaften und Thermodynamik des Zwischenzustandes.
161. — Nature 137, 991 (1936). Elektrodynamik im Sl.
162. — Phys. Rev. (2) 51, 678 (1937). Über die Natur des sl. Zustandes.
163. — C. R. 205, 28 (1937). Diamagnetismus der aromatischen Verbindungen.
164. — ZS. f. Phys. 108, 542 (1938). Polemik gegen Bopp.
165. — „Une conception nouvelle de la supraconductibilité", Paris, Herman & Co. 1937.
166. — H. London: Proc. Roy. Soc. London (A) 149, 71 (1935). Zerstörung der Sl. in einem stromdurchflossenen Draht.
167. — — Physica 2, 341 (1935). Sl. und Diamagnetismus.
168. London, H.: Nature 133, 497 (1934). Wärmeerzeugung im Sl. durch Wechselstrom.
169. — Proc. Roy. Soc. London (A) 152, 650 (1935). Phasengleichgewicht.
170. — Proc. Roy. Soc. London (A) 155, 102 (1936). Elektrostat. Verhalten.
171. — Proc. Roy. Soc. London (A) 176, 522 (1940). Hochfrequenzwiderstand von sl. Zinn.
172. Mann, K. C., J. O. Wilhelm: Trans. Roy. Soc. Can. (3) 31, III, 19 (1937). Dauerstromversuche.
173. — H. G. Smith, J. O. Wilhelm: Phys. Rev. (2) 54, 758 (1938) Dauerstromversuche und Relaxationserscheinungen.
174. Meißner, W.: ZS. f. d. ges. Kälteindustrie 39, 104 (1932). Sl. von Legierungen und Verbindungen.
175. — Helv. Phys. Acta 6, 414 (1933). Arbeiten des Charlottenburger Kältelabor. über Sl.
176. — ZS. f. d. ges. Kälteindustrie 41, 125 (1934). Magn. Effekte beim Eintritt der Sl.
177. — Phys. ZS. 35, 931 (1934); ZS. f. techn. Phys. 15, 507 (1934). Bericht über neuere Arbeiten.
178. — Proc. Roy. Soc. London (A) 152, 13 (1935). Meißner-Ochsenfeld-Effekt.
179. — E. T. Z. 56, 1061 (1935). Bericht.
179a. — Elektronenleitung usw. Hdb. d. Exp. Phys. *XI*.
180. — H. Franz, H. Westerhoff: Ann. d. Phys. (5) 17, 593 (1933). Sl. von *Nb*, *Mo—C*.
181. — F. Heidenreich: Phys. ZS. 37, 449 (1936). Versuche an Voll- und Hohlzylindern im Magnetfeld.
182. — R. Ochsenfeld: Naturwiss. 21, 787 (1933). M.O.Effekt.
183. — G. Schubert, Sitz.-Ber. Bayr. Akad. (1943). S. 195.
184. — K. Steiner, P. Graßmann: Phys. ZS. 36, 519 (1935). Kein Einfluß von Knickungen auf die kritischen Daten.
185. — H. Westerhoff: ZS. f. Phys. 87, 206 (1934). Sl. von *V*.
186. Mendelssohn, K.: Nature 132, 602 (1933). Sl. Legierungen.
187. — Proc. Roy. Soc. London (A) 152, 34 (1935). Änderung der magn. Induktion im Sl., Hysteresis, kalorimetrische Versuche.
188. — Proc. Roy. Soc. London (A) 155, 558 (1936). Magn. Induktion in *Hg*.
189. — Phys. Rev. (2) 51, 781 (1937). Spez. Wärme der Elektronen im nl. Zustand, Einwände gegen die Theorie von Slater.
190. — Nature 148, 316 (1941). Spez. Wärme von *Ta*.
191. — J. D. Babbit: Nature 133, 459 (1934). Magn. Moment im Sl.
192. — — Proc. Roy. Soc. London (A) 151, 316 (1935). *Sn*-Kugel im Magnetfeld.
193. — J. G. Daunt: Nature 139, 473 (1937). Sl. von *La*.
194. — — Phil. Mag. (7) 26, 376 (1938). Koexistent nl. und sl. Gebiete.
195. — J. R. Moore: Nature 133, 413 (1934). Magnetokalorischer Effekt in Sl.
196. — — Nature 135, 826 (1935). Sl. Legierungen, Schwammtheorie.
197. — — Proc. Roy. Soc. London (A) 151, 334 (1935). Spez. Wärme von sl. Leg.

198. Mendelssohn, K., J. R. Moore: Phil. Mag. (7) **21**, 532 (1936). Anormales Verhalten von *Ta*.
199. — R. B. Pontius: Nature **138**, 29 (1936); Physica **3**, 327 (1936). Zeiteffekte in Sl.
200. — — Phil. Mag. (7) **24**, 777 (1937). Wärmeleitung von sl. *Pb* im Magnetfeld.
201. Mikura, Ziro: Proc. Phys. Math. Soc. Japan (3) **22**, 733 (1940). Theorie.
202. Misener, A. D.: Canad. Journ. Res. **14** (A) 25 (1936). Dünne sl. Schichten.
203. — Proc. Cambr. Phil. Soc. **33**, 583 (1937). Zum „overshoot phenomenon" von Silsbee, Scott und Brickswedde. Zum gleichen Thema: Proc. Cambr. Phil. Soc. **34**, 465 (1938).
204. — Proc. Roy. Soc. London (A) **166**, 43 (1938). Zylinder im transversalen Feld. Nl. und sl. Schichten im Draht.
205. — Proc. Cambr. Phil. Soc. **35**, 95 (1939). Stromdurchflossene Leiter im Magnetfeld. Silsbeesche Regel.
206. — Proc. Roy. Soc. London (A) **174**, 262 (1940). Genaue Kurven von $H_K = H_K$ (T) aufgenommen und daraus c_s berechnet.
207. — H. C. Smith, J. O. Wilhelm: Trans. Roy. Soc. Canada (3) **29**, III, 13 (1935). Sl. dünner Schichten im Magnetfeld. Kritische Stromdichte.
208. — J. O. Wilhelm: Trans. Roy. Soc. Canada (3) **29**, III, 5 (1935). Sl. dünner Schichten und die Silsbeesche Regel.
209. Nakhutin, I. L.: Journ. Phys. USSR. **4**, 381 (1941); Journ. ex. theor. Phys. (russ.) **8**, 713 (1938). Anisotropie des Widerstandes im Zwischenzustand.
210. Neugebauer, Th.: ZS. f. Phys. **119**, 581 (1942). Zum abs. Diamagnetismus d. Sl.
211. Niven, C. D.: Phil. Mag. (7) **21**, 291 (1936). Hume- Rotherysche Regel und Metallbau. Bemerkungen zur Sl.
212. Papapetrou, A.: ZS. f. Phys. **92**, 513 (1934). Theorie der Sl.
213. — ZS. f. Phys. **94**, 814 (1935). Entgegnungen auf eine Bemerkung von Schachenmeier.
214. — ZS. f. Phys. **111**, 318 (1938). Zur Theorie der Sl.
215. Patai, E.: Phys. ZS. **35**, 837 (1934). Vorschlag eines Versuches zum Nachweis der Bewegungsgröße der Leitungselektronen.
216. Peierls, R.: Proc. Roy. Soc. London (A) **155**, 613 (1936). Magnetische Übergangskurven. Zum Zwischenzustand.
217. Pomeranchuk, J.: Journ. ex. theor. Phys. (russ.) **8**, 1096 (1938). Krit. Feld bei Sl. von kleinen Dimensionen (Oberflächenspannung).
218. Pontius, R. B.: Nature **139**, 1065 (1937). Schwellenwert dünner Drähte.
219. Rittenhouse-Inglis, D.: Journ. of the Franklin Inst. **217**, 227 (1934). Krit. Betrachtungen zur Silsbeeschen Regel.
220. Rjabinin, G. N., L. W. Schubnikow: Nature **134**, 286 (1934); Phys. ZS. d. Sowjet-Un. **5**, 641 und 557 (1934). Magn. Induktion von *Pb*.
221. — — Nature **135**, 109 (1935). Magn. Induktion in sl. *Pb*-Einkristallen.
222. — — Nature **135**, 581 (1935); Phys. ZS. d. Sow.-Un. **7**, 122 (1935). Untersuchungen an $Pb\ Tl_2$.
223. Rudnitzkij, V.: Journ. ex. theor. Phys. (russ.) **8**, 1082 (1938). Diamagnetismus von Atomringen, Analogie zur Sl.
224. — Journ. ex. theor. Phys. (russ.) **11**, 107 (1941). Zum Meißner-Ochsenfeld-Effekt.
225. Rutgers, A. J.: Physica **1**, 1055 (1934). Rutgerssche Gl. und Phasenumwandlung 2. Ordnung.
226. — Physica **3**, 999 (1936). Wärmetönung und Thermodynamik.
227. Sänger, R.: Phys. Rev. (2) **44**, 302 (1933). Sl. und Ferromagnetismus in Abhängigkeit von der Frequenz.
228. Schachenmeier, R.: ZS. f. Phys. **89**, 183 (1934). Theorie der Sl.

229. Schachenmeier, R.: ZS. f. Phys. **90**, 680 (1934). Entgegnung auf Einwand von Bethe.
230. — Phys. ZS. **35**, 966 (1934). ZS. f. techn. Phys. **15**, 542 (1934). Elektronentheorie der Sl., Unverschiebbarkeit der Suprastrome.
231. — ZS. f. Phys. **94**, 812 und 815 (1935). Kritik an Papapetrou.
232. Schrödinger, E.: Nature **137**, 824 (1936). Phänomenenologische Theorie.
233. Schubnikow, L.: Nature **138**, 545 (1936). Versuche an einem *Sn*-Ring.
234. — N. E. Alekseyewski: Nature **138**, 804 (1936). Kritische Stromstärke für *Sn*.
235. — W. J. Chotkewich: Phys. ZS. d. Sowj.Union. **6**, 605 (1934). Spez. Wärme von Legierungen.
236. — — Phys. ZS. d. Sowj.Un. **10**, 231 (1936). Kritische Werte des magn Feldes und des Stromes.
237. — — J. D. Schepelew, J. N. Rjabinin: Phys. ZS. d. Sowj.Un., Sondernr. Juni **1936**, S. 39 und **10**, 165 (1936). Magnetische Eigenschaften sl. Metalle und Legierungen.
238. — I. Nachutin: Journ. ex. theor. Phys. (russ.) **7**, 566 (1937). Nature **139**, 589 (1937). Anisotropie des Widerstandes.
239. Scott, R. B., F. B. Silsbee, F. G. Brickwedde: Phys. Rev. (2) **47**, 794 (1935). Sl. und Hochfrequenz, überlagerter Gleichstrom.
239a. K. Seiler: ZS. f. kompr. u. flüss. Gase **36**, 13 (1939/41).
240. Shalnikow, A.: Nature **142**, 74 (1938); Journ. exp. theor. Phys (russ.) **8**, 763 (1938). Sl. dünner Schichten.
241. — Journ. Phys. USSR. **2**, 447 (1940). Messungen an einer sl. Hohlkugel im Magnetfeld.
242. — Journ. ex. theor. Phys. (russ.) **10**, 630 (1940). Sl. dünner Metallschichten bis zu $5{,}19^{-7}$ cm Dicke.
243. Shoenberg, D.: Proc. Roy. Soc. London (A) **152**, 10 (1935). Magnetisierung einer sl. *Pb*-Kugel.
244. — Proc. Roy. Soc. London (A) **155** 712 (1936). Magnetisierung einer Kugel und eines Ringes.
245. — Actes VIIe Cong.intern.Froid **1**, 492 (1937). Magnetisierungskurven für Kugel und Ring.
246. — Proc. Cambr. Phil. Soc. **33**, 559 (1937). Wechselstrommessungen im Zwischenzustand.
247. — Proc. Cambr. Phil. Soc. **33**, 577 (1937). Wechselstrommessungen.
248. — Proc. Cambr. Phil. Soc. **33**, 260 (1937). Hysteresiserscheinungen in kurzen Zylindern.
249. — Journ. ex. theor. Phys. (russ.) **8**, 1284 (1938); Nature **142**, 874 (1938). Magnetisierungskurven von Au_2Bi ähneln denen reiner Sl.
250. — Nature **143**, 434 (1939); Proc. Roy. Soc. London (A) **175**, 49 (1940). Messungen an sl. Kolloiden und Emulsionen.
251. — Proc. Cambr. Phil. Soc. **36**, 84 (1940). Messungen an *Al, Ga, Th, Zn*. „Überkühlungseffekt".
252. — „Superconductivity", Cambridge 1938.
253. Silsbee, F. B. Scott, F. G. Brickwedde: Nature **139**, 325 (1937). Bur of Standard Journ. of Res. **18**, 295 (1937). Abnormale Widerstandszunahme, die dann wieder zurückgeht (overshoot-phenomenon)!
254. — — — Nature **141**, 75 (1938). Trägheitslose Widerstandsänderung bei Hochfrequenz.
255. — F. G. Brickwedde, J. W. Cook: Phys. Rev. (2) **43**, 1051 (1933). Sl. bei Hochfrequenz.
256. Slater, J. G.: Phys. Rev. (2) **51**, 195 (1937; Phys. Rev. (2) **52**, 214 (1937); Phys. Rev. (2) **53**, 208 (1938). Elektronentheorie der Sl.
257. Smith, H. G.: Univ. Toronto Studies Low Temp. Series Nr. **76**, (1935). Kritischer Bericht über Theorien der Sl.

258. Smith, H. G.: Trans. Roy. Soc. Canada (3) **31**, III, 31 (1937). Widerstand im Zwischenzustand, Rolle der Oberflächenspannung.
259. — K. C. Mann, J. O. Wilhelm: Trans. Roy. Canada (3) **30**, III, 13 (1936). Supraleitendes Galvanometer.
260. — J. O. Wilhelm: Rev. of modern Physics **7**, 238 (1935). Bericht.
261. — — Proc. Roy. Soc. London (A) **157**, 132 (1936). Feldverteilung um einfach und mehrfach zusammenhängende Sl. (Ringe).
262. — F. G. A. Tarr: Trans. Roy. Soc. Canada (3) **29**, III, 23 (1935). Supraleitendes Galvanometer.
263. Sommerfeld, A.: ZS. f. Phys. **118**, 467 (1941). Zur Welkerschen Theorie.
264. Somenzi, V.: Cim. (N. S.) **18**, 223 (1941). Elektrodyn. Wechselwirkung der Elektronen und die Welkersche Theorie.
265. Stark, J.: Phys. ZS. **36**, 515 (1935). Zustand der Elektronen im Sl.
266. — Phys. ZS. **38**, 269 (1937). Struktur des Elektrons und Sl.
267. — K. Steiner: Phys. ZS. **38**, 277 und 597 (1937). Magn. Versuche in Sl.
268. — — H. Schoeneck: Phys. ZS. **38**, 887 (1937). Registrierung der magn. Induktion im Übergangsgebiet.
269. Steiner, K.: Phys. ZS. **38**, 880 (1937). Versuche an Hohlzylindern.
270. — W. Gerschlauer: Verh. D. Phys. Ges. (3) **20**, 156 (1939).
271. — — Ann. d. Phys. (5) **42**, 98 (1942). Versuche zur Silsbeeschen Hypothese.
272. — P. Graßmann: Phys. ZS. **36**, 516 (1935). Einfluß der Kristallitgröße.
273. — — Phys. ZS. **36**, 256 und 520 (1935). Versuche mit drehbaren Stromschleifen.
274. — — Phys. ZS. **36**, 524 (1935). Geknickte Drähte.
275. — — Phys. ZS. **36**, 256 und 527 (1935). Obere Grenze d. Ohmschen Widerstandes.
276. — — Phys. ZS. **36**, 256 und 527 (1935). Obere Grenze der Thermokraft zwischen Sl.
277. — — „Supraleitung", Sammlung Vieweg Nr. **112**, Vieweg & Sohn, 1937.
278. — H. Schoeneck: Verh. D. Phys. Ges. (3) **20**, 156 (1939). Stromdurchflossener Leiter im Magnetfeld. Stufenweiser M.-O.-Effekt.
279. — — Phys. ZS. **40**, 43 (1939). Richtigstellg. z. d. s. Zt. beschr. Vers. a. Hohlzyl.
280. Tammann, G.: ZS. f. Metallkunde **26**, 61 (1934). Sl. von Legierungen.
281. Tarr, F. G. A., J. O. Wilhelm: Trans. Roy. Soc. Canada (3) **28**, III, 81, (1934). Zum Meißner-Ochsenfeld-Effekt.
282. — — Canad. Journ. Res. **12**, 265 (1935). Magn. Effekte.
283. Welker, H.: Sitzungsberichte der Bayr. Akad. d. Wiss. **1938**, S. 115. Ein elektronentheoretisches Modell der Sl.
284. — ZS. f. Phys. **114**, 525 (1939). Sl. und magn. Austauschwechselwirkung.
285. — Phys. ZS. **44** (1943). Zur Elektronentheorie der Sl.
286. Westerfield, E. C.: Phyd. Rev. (2) **55**, 319 (1939). Geringfügige Wärmeausdehnung am Sprungpunkt.
287. Wick, G. C.: Phys. Rev. (2) **52**, 526 (1937). Theorie.
288. Zwicky, F.: Proc. Nat. Acad. Amer. **19**, 818 (1933). Sl. und Überstruktur.

Anregungsstufen der leichten Atomkerne.

Von **Helmut Volz**, Erlangen.

Mit 21 Abbildungen.

Inhaltsverzeichnis.

1. Einleitung.

Unsere heutigen Vorstellungen vom Aufbau der Atomhülle beruhen auf der Erkenntnis, daß das von den Atomen ausgestrahlte Licht im Spektrum in einzelne Linien aufspaltet, welche sich in Serien ordnen lassen und mit ihren Frequenzen gewisse Kombinationsbeziehungen erfüllen. Bohr kam auf Grund dieser Tatsachen zu der Erkenntnis, daß erstens die Atome nur in ganz bestimmten, stationären Zuständen mit diskreten, durch das Plancksche Wirkungsquantum festgelegten Energiewerten auftreten, und daß zweitens die Lichtemission in Form von Lichtquanten erfolgt, welche bei Übergängen der Atome aus einem stationären Zustand in einen anderen entstehen und die freiwerdende Energie aufnehmen. Für das Wasserstoffatom konnte schon Bohr die Energiestufen an Hand seines Atommodells berechnen. Später bildeten die Bohrschen Vorstellungen den Ausgangspunkt für die Aufstellung der Quantenmechanik, welche eine Berechnung der Energiestufen sowie der Übergangswahrscheinlichkeiten zwischen den stationären Zuständen auch für höhere Atome ermöglicht. Damit können wir den Aufbau und das Verhalten der Elektronenhülle heute als geklärt ansehen.

Bei der Untersuchung der von natürlich-radioaktiven Stoffen ausgesandten Alpha-, Beta- und Gammastrahlen zeigte sich, daß auch die Atomkerne außer ihrem Grundzustand gewisse Anregungszustände annehmen können, zwischen denen Übergänge unter Emission von Strahlung möglich sind. Solche Anregungsstufen wurden später, im Laufe der Untersuchungen über künstliche Kernumwandlung, auch bei leichten Atomkernen in großer Zahl entdeckt. In der Untersuchung dieser Anregungsstufen tat sich für die Kernphysik ein Forschungsgebiet auf, von dem man, ähnlich wie es für die Atomhülle der Fall gewesen war, den wesentlichen Beitrag zu der Frage nach dem Aufbau der Atomkerne erwarten konnte.

Der Theorie erwuchs damit die Aufgabe, diese Anregungsstufen an Hand von Kernmodellen theoretisch zu deuten und so einen Einblick in den Aufbau der Atomkerne zu gewinnen. Diese Aufgabe erwies sich jedoch bald als sehr viel schwieriger als die entsprechende Aufgabe für die Elektronenhülle. Während sich nämlich der Aufbau der Elektronenhülle unter der überwiegenden Wirkung des vom Atomkern ausgehenden zentralen Kraftfeldes vollzieht, wissen wir von den Atomkernen zunächst nur, daß sie schwingungsfähige Gebilde darstellen, deren etwa gleichschwere Bestandteile, die Protonen und Neutronen, durch Kräfte miteinander verbunden sind, deren Natur uns heute noch weitgehend unbekannt ist.

Über die Struktur solcher Gebilde kann man sich von vornherein zunächst ganz verschiedene Vorstellungen machen. So sind mathematische Methoden entwickelt worden, in denen der Atomkern als ein Flüssigkeitstropfen oder als ein entartetes Gas angesehen wird, andere, in denen ihm eine feste geometrische Struktur nach Art eines Kristalls oder ein schalenartiger Aufbau ähnlich der Elektronenhülle zugeschrieben wird. Bei der Aufgabe, diese verschiedenen Modellvorstellungen in ihrer Anwendung auf die Erfahrung gegeneinander abzugrenzen und so allmählich zu sichereren Vorstellungen über die Struktur der Atomkerne zu gelangen, wird die Untersuchung der Anregungsstufen immer die wichtigste Rolle spielen. Da diese Aufgabe theoretisch aufs engste mit der Frage nach den Kräften verknüpft ist, die in den Kernen wirksam sind, wird eine solche Untersuchung auch weiteren Aufschluß über die Wechselwirkung der Elementarteilchen bringen.

Die Fragen, die dem Experiment dabei heute gestellt werden, sind die nach der Lage und Anordnung insbesondere der tiefsten Zustände, nach den Übergangsmöglichkeiten von und zu diesen Zuständen, nach ihrer Linienbreite, nach einer etwaigen Aufspaltung und schließlich nach der Dichte der Zustände bei hohen Anregungsenergien. Der vorliegende Bericht hat die Aufgabe, das heute zu diesen Fragen vorliegende experimentelle Material für die leichten Atomkerne, wo schon eine gewisse Vollständigkeit erreicht und am ehesten eine theoretische Klärung zu erwarten ist, in einer übersichtlichen Form darzustellen und so den Boden für eine theoretische Diskussion dieser Ergebnisse zu ebnen. Theoretische Betrachtungen sollen dabei nur so weit herangezogen werden, als sie auf Grund der Experimente Aufschluß über die Existenz von Anregungsstufen geben. Eine weitergehende theoretische Diskussion selbst muß dagegen einem besonderen Bericht vorbehalten bleiben.

2. Das Auftreten von Anregungsstufen im Ablauf von Kernreaktionen.

Angeregte Zustände von Atomkernen ergeben sich sowohl bei der spontanen Umwandlung im radioaktiven Zerfall wie auch bei der Beschießung von Atomkernen mit geladenen oder ungeladenen Teilchen, wenn irgendein Kernprozeß, also eine Streuung, eine Anlagerung oder eine Abspaltung weiterer Teilchen aus dem Kernverband stattfindet. Bei einer solchen Kernreaktion haben wir unser Augenmerk auf das beim Zusammentritt des stoßenden Teilchens mit dem getroffenen Atomkern entstehende zusammengesetzte Gebilde, den sogenannten Zwischenkern, zu richten. Die Untersuchung der Streuung und Absorption langsamer Neutronen zeigt nämlich, daß dieser Zwischenkern energetisch sehr scharf definierte Anregungszustände besitzt. Wir müssen daraus schließen, daß er eine verhältnismäßig lange Lebensdauer aufweist, das heißt eine Lebensdauer, die groß ist gegen die Zeit, die das Teilchen zum Durchqueren des Kerns benötigt. Wir können diesem Gebilde deshalb eine gewisse selbständige Existenz zuschreiben und werden den Ablauf einer Kernreaktion dementsprechend in zwei Schritte einteilen, von denen der erste in der Bildung des Zwischenkerns, der zweite in seiner weiteren Umwandlung besteht.

Die erste Voraussetzung für das Eintreten einer Kernreaktion ist also die Bildung des Zwischenkerns. Diese erfolgt mit besonders großer Wahrscheinlichkeit dann, wenn das stoßende Teilchen eine Energie mitbringt, die gerade zur Bildung einer Anregungsstufe des entstehenden Zwischenkerns führt. Aus der Umwandlungswahrscheinlichkeit in Abhängigkeit von der Energie des einfallenden Teilchens, der sogenannten Anregungsfunktion, können wir also Schlüsse auf die Anregungsstufen des Zwischenkerns ziehen.

Der zweite Schritt der Kernreaktion besteht darin, daß der angeregte Zwischenkern entweder ein korpuskulares Teilchen abgibt oder aber unter Emission von Gammastrahlen in einen tieferen Zustand übergeht. In dem ersten Fall bleibt ein Restkern zurück, der sich selbst entweder im Grundzustand oder in einem Anregungszustand befinden kann. Die Energie der ausgesandten Teilchen kann dementsprechend eine Reihe von diskreten Werten annehmen, wir erhalten sogenannte Teilchengruppen, aus deren Energie wir auf die Anregungsstufen des zurückbleibenden Endkerns schließen können. Die angeregten Zustände des Endkerns, oder auch, wenn keine Teilchenemission erfolgt, diejenigen des Zwischenkerns, werden unter Emission von Gammastrahlen in den Grundzustand übergehen. Die Energien der hierbei auftretenden Gammastrahlen werden uns weiteren Aufschluß über die Anregungsstufen dieser Kerne geben. Entsprechend lassen natürlich auch die bei radioaktiven Umwandlungen entstehenden Beta- und Gammastrahlen Schlüsse auf etwaige Anregungsstufen der entstehenden Kerne zu.

In das hier gezeichnete Bild einer Kernreaktion lassen sich ohne weiteres auch die Streuvorgänge einordnen. Das von dem Zwischenkern emittierte Teilchen ist hier von derselben Art wie das einfallende. Anregungszustände des Zwischenkerns machen sich in einer besonders starken, resonanzartigen Streuung bemerkbar, während Anregungsstufen des Endkerns, das heißt in diesem Fall des streuenden Atomkerns, aus dem Energieverlust der gestreuten Teilchen im Falle unelastischer Streuung zu ersehen sind.

3. Experimentelle Methoden zur Bestimmung von Anregungsstufen.

Die Methoden, die für die Untersuchung von Kernreaktionen, also für den Nachweis und die Messung von Masse, Energie und Reichweite der entstehenden Kerntrümmer, für die Beobachtung von Winkelverteilungen usw. bereitstehen, werden uns gegebenenfalls auch Auskunft über die Anregungsstufen der beteiligten Atomkerne geben. Da es nicht die Aufgabe dieses Berichtes sein kann, die Gesamtheit dieser experimentellen Verfahren hier darzustellen, beschränken wir uns im folgenden auf die wichtigsten Gesichtspunkte und einige typische Versuchsanordnungen, wie sie zur Untersuchung von Anregungsstufen Verwendung finden.

A. Messung von Anregungsfunktionen.

Bei der Messung von Anregungsfunktionen wird die Ausbeute einer Kernreaktion in Abhängigkeit von der Energie der einfallenden Teilchen untersucht. Da eine beliebige Variation der Anfangsenergie nur bei geladenen Teilchen möglich ist, sind Anregungsfunktionen im wesentlichen nur für Prozesse untersucht, die durch Protonen, Deuteronen oder Alphateilchen ausgelöst werden. Die Variation der Primärenergie geschieht bei natürlichen Alphastrahlern durch Einschalten von Absorberschichten, bei künstlichen Strahlenquellen auch durch Änderung der beschleunigenden Hochspannung. Für den entstehenden Umwandlungsvorgang genügt dabei der bloße Nachweis. Dieser kann entweder in der Beobachtung von Teilchen oder Gammastrahlen oder aber, wenn ein radioaktiver Endkern gebildet wird, auch in einer Messung der entstehenden Aktivität bestehen. Für die Beobachtung von Kerntrümmern ist Voraussetzung, daß sich diese Produkte experimentell von den primären Teilchen trennen lassen. Eine solche Trennung macht keine Schwierigkeit, wenn es sich um den Nachweis von Neutronen oder Gammastrahlen handelt, sie gelingt aber in vielen Fällen auch bei geladenen Teilchen infolge der größeren Reichweite der Umwandlungsprodukte. Zum Nachweis von Neutronen dient dabei ein mit Bor oder Lithium ausgekleidetes Zählrohr oder eine entsprechende Ionisationskammer, zum Nachweis von Gammastrahlen genügt oft ein einfaches Elektroskop.

Die untersuchte Substanz kann in dünner oder in dicker Schicht vorliegen. Im ersten Fall ergeben sich bei Variation der Primärenergie einzelne Ausbeutemaxima bei den Energien, die den Anregungsstufen des Zwischenkerns entsprechen, im zweiten Fall mit wachsender Energie ein stufenförmiger Anstieg, der jedesmal dann eintritt, wenn die Energie der auf die Oberfläche der Schicht auftreffenden Teilchen gerade wieder eine Anregungsstufe des Zwischenkerns ergibt. Damit dieses Bild scharf hervortritt, ist bei den oft sehr nahe beieinanderliegenden Resonanzstufen auf größtmögliche Homogenität der Energie der auftreffenden Teilchen zu achten.

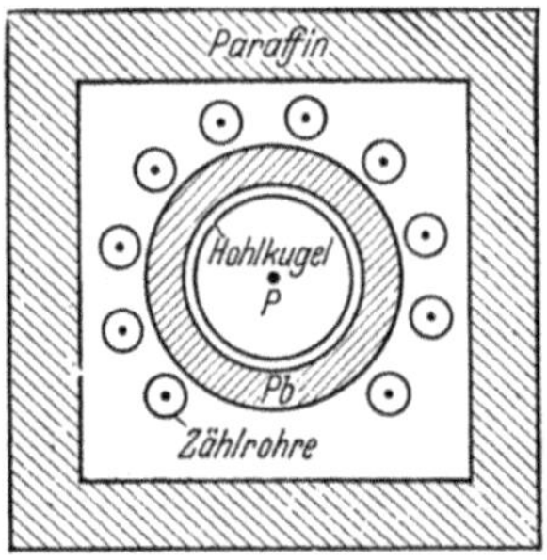

Abb. 1. Versuchsanordnung zur Messung der Anregungsfunktion der Reaktion N^{14}_{7} (αn) F^{17}_{9} nach Fünfer (63).

Als Beispiel für eine Anordnung zur Messung einer Anregungsfunktion für Neutronenemission ist in Abb. 1 die Versuchsanordnung von Fünfer (*63*) dargestellt, mit der die Umwandlung N^{14}_{7} (αn) F^{17}_{9} untersucht wurde. In der Mitte einer Hohlkugel, die mit wachsendem Druck mit Stickstoff gefüllt wird, sitzt das nahezu punktförmige Th—C′ + C″-Präparat. Die Kugel ist außen von einer Paraffinschicht umgeben, die zur Verlangsamung der entstehenden Neutronen dient. Ringsherum sind mit Bor ausgekleidete Zählrohre zum Nachweis der Neutronen angebracht.

Bei niederen Gasdrucken in der Hohlkugel ist nur die Anfangsreichweite der Alphateilchen, also die größte Alphaenergie für die Zertrümmerung wirksam. Mit steigendem Druck wird ein immer größeres Stück der Alphastrahlen-Reichweite im Gasraum erfaßt, die Neutronenausbeute zeigt hierbei den in Abb. 2 dargestellten stufenförmigen Anstieg. Die daraus zu ersehenden Anregungsstufen sind dem Zwischenkern F^{18}_{9} zuzuordnen und gehören, wie aus Tafel III zu ersehen ist, zu Anregungsenergien von 10—15 MV. Bemerkenswert ist die sehr enge Aufeinanderfolge der Anregungsstufen und der nahezu horizontale Verlauf der Kurve zwischen den Resonanzstellen, der zeigt, daß außerhalb der Resonanzenergien praktisch keine Umwandlung stattfindet.

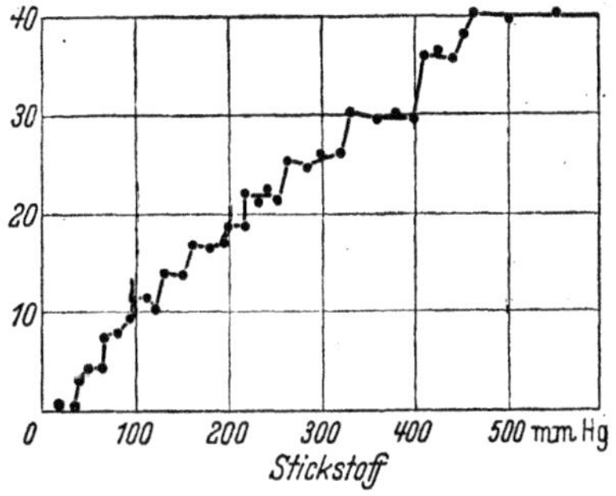

Abb. 2. Anregungsfunktion der Umwandlung N^{14}_{7} (α n) F^{17}_{9} nach Fünfer (*63*).

Die meisten heute vorliegenden Messungen von Anregungsfunktionen sind mit Anordnungen durchgeführt, mit denen sich eine solch enge Aufeinanderfolge von Anregungsstufen nicht mehr auflösen läßt. Diese Messungen geben dann nur den Gesamtverlauf der Anregungsfunktion ohne die feineren Einzelheiten wieder, es ist zu erwarten, daß eine verfeinerte Meßmethode auch in diesen Fällen Ergebnisse ähnlich den in Abb. 2 dargestellten bringen würde.

B. Messung von Teilchengruppen.

Der Nachweis der in einer Umwandlung entstehenden Teilchengruppen kann entweder durch Messung der Ionisationswirkung oder durch Messung der Reichweite der entstehenden Teilchen erfolgen. Die erstere erfolgt mit einem Proportionalzählrohr oder mit einer Ionisationskammer, wo Ausschlagsgrößen registriert werden, Reichweitemessungen durch Einschalten von Absorberschichten oder durch Ausmessung von Bahnspuren in der Wilsonkammer oder in der Fotoplatte. Die Ausmessung von Neutronengruppen kann in derselben Weise auf dem Umweg über die in einem Gasvolumen oder in einer Paraffinschicht ausgelösten Rückstoßprotonen erfolgen. Die Umrechnung auf Energien erfolgt aus den Ausschlaggrößen der Ionisationskammer durch Annahme eines bestimmten Energieverlustes pro Ionenpaar in dem betreffenden Gas, bei den Reichweitemessungen mit Hilfe einer empirischen Energie-Reichweitebeziehung. Genaue Angaben hierüber finden sich bei Bethe (*8*).

Zur Herausarbeitung von Teilchengruppen sind saubere geometrische Bedingungen und homogene Energie der primären Teilchen erforderlich. Da jedoch die Teilchengruppen, soweit sie zu verschiedenen Anregungsstufen des Endkerns führen, meist größere Energiedifferenzen haben als die Anregungsstufen bei den hohen Anregungsenergien im Zwischenkern, sind diese Bedingungen hier leichter in ausreichendem Maße erfüllbar als bei der Messung von Anregungsfunktionen.

Bei Messungen an dicken Schichten ergibt sich eine Verwaschung der Gruppen, die von der Größenordnung des Energieverlustes der Primärteilchen in der Schicht ist und die dazu führen kann, daß in der Absorptionskurve die einzelnen Gruppen nicht mehr als Stufen, sondern nur noch als Knicke zu erkennen sind. Trotzdem können auch bei solchen Messungen schärfer definierte Gruppen auftreten. Das heißt dann, daß offenbar nicht das ganze Energiekontinuum der Primärstrahlen in der Substanzschicht wirksam ist, sondern daß nur ganz bestimmte Primärenergien zur Umwandlung führen, daß also die Anregungsfunktion des Prozesses für bestimmte Energien scharfe Resonanzen zeigt. Wenn die Anregungsstufen des Endkerns genügend weit auseinanderliegen, können sich diese Resonanzen als eine Art Feinstruktur in den beobachteten Gruppen bemerkbar machen. Dabei ist vorausgesetzt, daß die untersuchte Substanzschicht für die sekundär entstehenden Teilchen immer noch „dünn" ist, was sich in vielen Fällen in guter Näherung erreichen läßt.

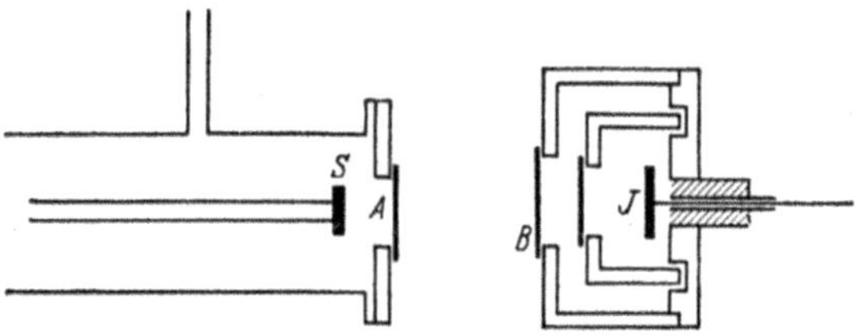

Abb. 3. Versuchsanordnung von Chadwick und Constable (*34*) zur Messung der Protonengruppen aus der Umwandlung Al^{27}_{13} (α p) Si^{30}_{14}.

Zur Entscheidung über das Zustandekommen der einzelnen Gruppen ist eine besondere Untersuchung der Abhängigkeit der Gruppenenergie von der Energie der einfallenden Teilchen erforderlich. Ändert sich über einen gewissen Bereich der Primärenergie hinweg die Energie der betreffenden Gruppe nicht, so geht dieselbe von einer ganz bestimmten Anregungsstufe des Zwischenkerns aus, die in einer jeweils etwas anderen Tiefe in der Substanzschicht gebildet wird. Geht die Gruppe dagegen ohne Resonanz aus den einfallenden Teilchen hervor, so ändert sich ihre Energie proportional mit der Einfallsenergie. Abb. 3 zeigt die Anordnung von Chadwick und Constable (*34*) zur Untersuchung der Protonengruppen aus der Umwandlung Al^{27}_{13} (α p) Si^{30}_{14}. S ist die Alphastrahlenquelle, ein Poloniumpräparat, welches Alphastrahlen von 3,8 cm Reichweite emittiert, A die untersuchte Aluminiumfolie, J die Ionisationskammer zum Nachweis der Protonen. Die Reichweite der auf die Aluminiumfolie auftreffenden Alphateilchen kann durch Einlassen von Kohlendioxyd in das Gehäuse G variiert werden. Die untersuchte Aluminiumfolie hat ein Luftäquivalent von 4,7 cm, ist also dick für die ankommenden Alphastrahlen, aber immer noch dünn für die austretenden energiereichen Protonen. Sie besorgt daher gleichzeitig die meßtechnische Abtrennung der ausgelösten Protonen von den primären Alphateilchen. Bei B können Absorberschichten eingeschaltet und so Absorptionskurven ausgemessen werden. Abb. 4 zeigt das Ergebnis einer solchen Absorptionsmessung. In der Absorptionskurve sind im ganzen acht Gruppen zu erkennen. Die nähere Untersuchung ergab in diesem Fall, daß diese acht Gruppen als Übergänge zwischen vier Anregungsstufen des Zwischenkerns zum Grundzustand und einem Anregungszustand des Endkerns zustandekommen. Die beiden Endzustände ergeben die Einteilung der Absorptionskurve in zwei große Gruppen, die Resonanzstufen des Zwischenkerns liefern die „Feinstruktur", die in beiden Teilen dieselbe ist.

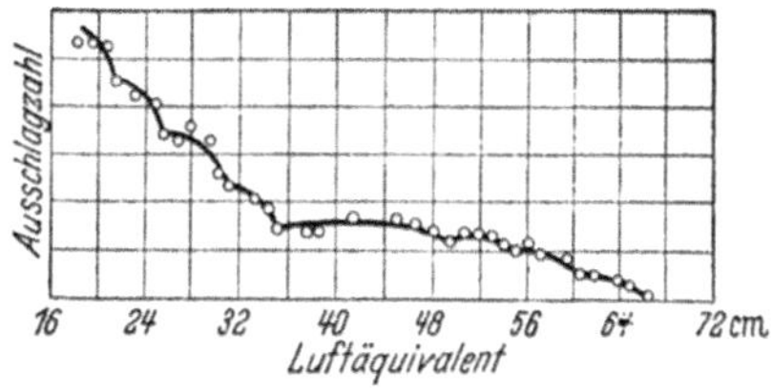

Abb. 4. Absorptionskurve der Aluminiumtrümmer nach Chadwick und Constable (34).

Die Messung von Neutronengruppen erfolgt meist in einer Wilson-Kammer, in der die Rückstoßprotonen in der Vorwärtsrichtung ausgemessen werden. In der Auswahl der geeigneten Protonenspuren und ihrer Zusammenstellung zu Gruppen liegt bei solchen Messungen ein willkürliches Element, das eine gewisse Unsicherheit bedingt. Frei von diesen Einwänden ist das von Bernardini (7) zur Messung des Be_4^9 (α n) C_6^{12} - Neutronenspektrums verwendete Verfahren. Die Anordnung von Bernardini ist in Abb. 5 dargestellt. Die von der Neutronenquelle Q ausgehenden Neutronen lösen in der dünnen Paraffinschicht P Protonen aus, die mittels zweier Zählrohre in Koinzidenzschaltung nachgewiesen werden. Zwischen die Zählrohre werden Absorberfolien A B gebracht und so eine Absorptionskurve dieser Protonen ausgemessen. Das Ergebnis einer solchen Messung ist in Abb. 6 dargestellt. Im Bereiche höherer Energien läßt die Kurve auf drei Gruppen schließen, deren Einzelbeiträge gestrichelt eingezeichnet sind. Die genauere Diskussion dieser Gruppen erfolgt auf Seite 228. — Bei derartigen Mes-

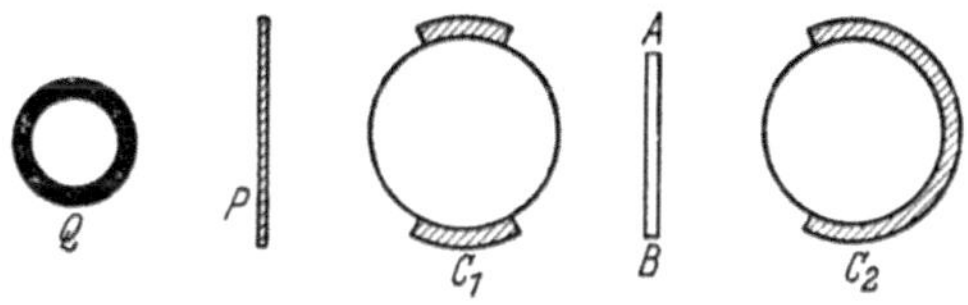

Abb. 5. Anordnung von Bernardini (7) zur Messung des Be^9 (α n) C_6^{12} - Neutronenspektrums.

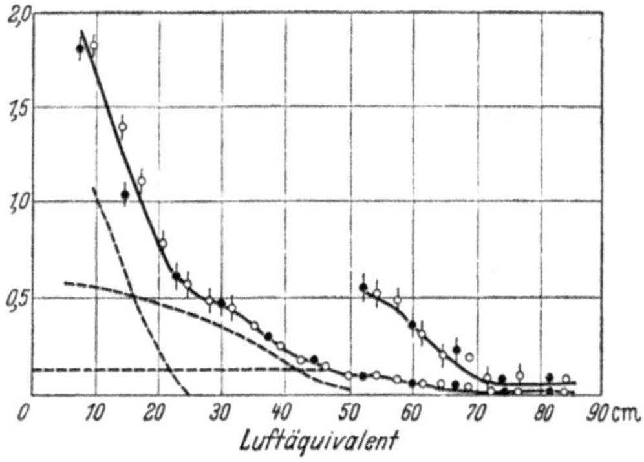

Abb. 6. Neutronenspektrum aus dem Prozeß Be_4^9 + Po - α nach Bernardini (7).

sungen ist zu beachten, daß eine starke Verwaschung der Gruppen schon durch die verschiedene Anfangsrichtung der auslösenden Alphateilchen relativ zur Beobachtungsrichtung stattfindet. Es hat daher keinen Sinn, wie es schon geschehen ist, aus den statistischen Schwankungen des in Wilsonkammer-Messungen gewonnenen Materials auf eine differenzierte Gruppenstruktur der Neutronen zu schließen. Wesentlich günstiger liegen natürlich die Verhältnisse, wenn ein gerichteter Strahl von α-Teilchen (Zyklotron) zur Auslösung der Neutronen dient.

C. Energiemessungen an Gammastrahlen.

Die im Gefolge einer Kernumwandlung auftretenden Gammastrahlen können einen wertvollen Beitrag zu der Aufstellung des Termschemas der beteiligten Atomkerne liefern. Für die Messung der Energie von Gammastrahlen stehen eine ganze Anzahl von Verfahren zur Verfügung, die wir hier kurz zusammenstellen.

a) Absorptionsmessungen an Gammastrahlen. Dieses Verfahren wird wohl immer für den ersten Nachweis von Gammastrahlen Verwendung finden. Für genaue Aussagen über die Energie der Gammastrahlen und die Zusammensetzung des einfallenden Gammastrahlenspektrums ist das Verfahren jedoch nicht geeignet.

b) Absorptionsmessungen an den Sekundärelektronen. In diesem von Becker und Bothe (*2*) entwickelten und später von Fleischmann (*56*) sowie von Curran und Mitarbeitern (*42, 44*) viel verwendeten Verfahren werden die Sekundärelektronen der Gammastrahlung durch zwei hintereinandergestellte Zählrohre in Koinzidenzschaltung nachgewiesen. Ähnlich wie in Abb. 5 können zwischen die Zählrohre Absorberfolien gebracht werden. Die Halbwertsdicke der Absorptionskurve ist bei einigermaßen homogenen Gammastrahlen näherungsweise proportional der Gammaenergie und stellt bei einem komplexen Gammaspektrum ein Maß für die „mittlere" Härte der Strahlung dar. Curran und Mitarbeiter verwenden daneben noch den „Endpunkt" der Absorptionskurve, der sich mit einiger Sicherheit angeben läßt und einen Schluß auf die härteste Komponente der untersuchten Gammastrahlung zuläßt. Der Vergleich des „Halbwerts" mit dem „Endwert" der Gammaenergie gibt einen Anhaltspunkt für die Komplexität des Gammaspektrums.

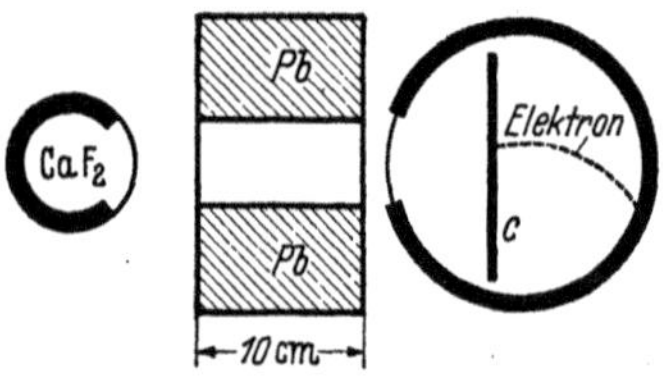

Abb. 7. Anordnung von Halpern und Crane (*74*) zur Ausmessung von Sekundärelektronen.

c) Beobachtung von Sekundärelektronen oder Elektronenpaaren in der Wilson-Kammer. Die Beobachtung der in einer Wilson-Kammer in der Vorwärtsrichtung ausgelösten Compton-Elektronen im Magnetfeld ergibt die Möglichkeit, genauere Aussagen über die Zusammensetzung des einfallenden Gammastrahlen-Spektrums zu machen. Abb. 7 zeigt eine Anordnung von Halpern und Crane (*74*), mit der die bei der Beschießung von Fluor mit Protonen auftretende Gammastrahlung untersucht wurde. Durch den verhältnismäßig großen Abstand zwischen dem Gammastrahler (CaF_2) und der Wilson-Kammer sowie durch die dazwischen eingeschaltete Blende (Pb) wird erstens erreicht, daß die auf die Wilson-Kammer treffenden Gammastrahlen eine definierte Richtung haben und daß sie zweitens nur auf die zur Auslösung der Sekundärelektronen bestimmte Streufolie C, nicht aber auf den Boden oder die Wände der Kammer treffen können. Die Streufolie C besteht aus einer dünnen Kohleschicht, also aus leichtem Material, um die Entstehung von Photoelektronen oder Elektronenpaaren möglichst zu vermeiden. Sie ist im Inneren der Kammer angebracht, so daß zur Kontrolle der Ausgangspunkt der zur Messung kommenden Elektronen festgestellt werden kann, und so dünn, daß keine wesentliche Absorption der Elektronen in der Folie eintritt. In Abb. 8 ist das Ergebnis einer solchen Messung dargestellt. Es ergibt sich eine scharfe Gammalinie, für deren Energie Halpern und Crane den Wert 5,7 MeV fanden, während spätere Messungen den etwas höheren Wert von etwa 6,2 MeV ergeben.

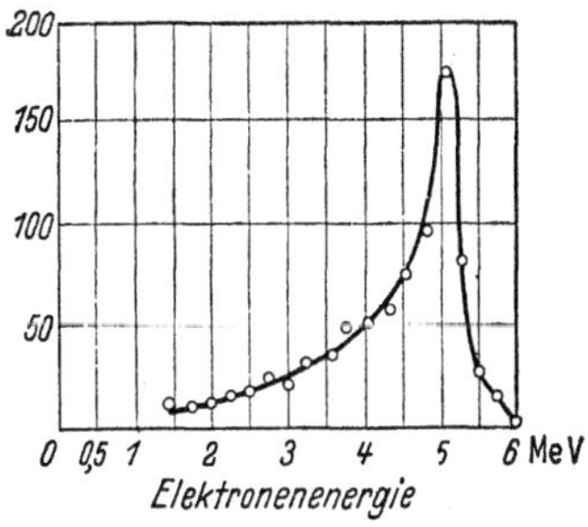

Abb. 8. Spektrum der Sekundärelektronen der F^{19}_{9} + p-Gammastrahlung.

Abb. 9 zeigt das Resultat einer ähnlichen Messung von Richardson und Kurie (*152*) an der Gammastrahlung, die den Betazerfall von Na^{24}_{11} begleitet. Hier ergeben sich Gammalinien mit Energien von 0,95, 1,93 und 3,08 MeV. Spätere Untersuchungen an derselben Gammastrahlung ergaben, daß die 2 MeV-Gammalinie nur sehr schwach vertreten ist, daß dagegen eine Gammalinie von etwa 1,5 MeV mit starker Intensität auftritt, die bei Richardson und Kurie offenbar verlorengegangen ist. Man sieht daraus, daß bei der Deutung derartiger Messungen eine gewisse Vorsicht am Platze ist.

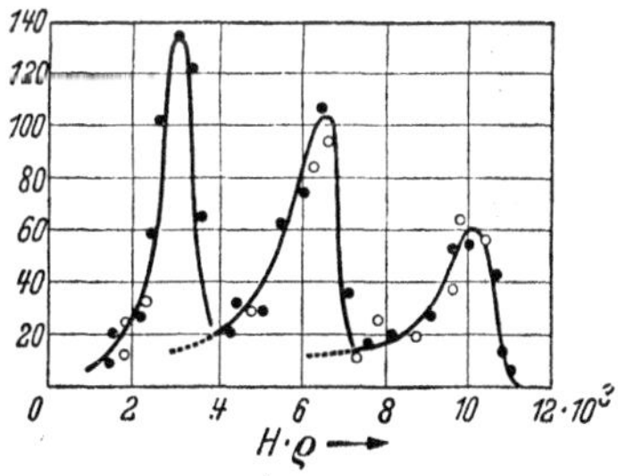

Abb. 9. Spektrum der Sekundärelektronen der $Na^{24}_{11} \rightarrow Mg^{24}_{12}$-Gammastrahlung nach Richardson und Kurie (*152*).

Statt der Compton-Elektronen können für Gammaenergien größer als $2mc^2 = 1{,}1$ MeV auch die in einer Streuschicht aus schwerem Material, etwa einer dünnen Pb-Folie ausgelösten Elektronenpaare zur Ausmessung herangezogen werden. Besonders im Gebiete höherer Energien stellt dieses Verfahren eine wertvolle Ergänzung der Messungen an Compton-Elektronen dar.

d) Spektroskopie an Photoelektronen. Dieses erste Verfahren zur spektroskopischen Untersuchung der bei Kernumwandlungen auftretenden Gammastrahlen wurde von Bothe (*18*) entwickelt. Die Anordnung von Bothe ist in Abb. 10 dargestellt. Die zu untersuchende Substanz S wird von beiden Seiten mit Polonium-Alphastrahlen beschossen, die von der Strahlenquelle Po ausgehen. Die entstehenden Gammastrahlen lösen in der umgebenden Bleischicht Photoelektronen aus, die im Magnetfeld auf eine Kreisbahn abgelenkt und mit dem Zählrohr Z nachgewiesen werden. — Während die Wilsonkammer-Messungen in der Auswahl der zur Auswertung herangezogenen Bahnspuren immer ein Element der Unsicherheit enthalten und die Genauigkeit durch die Streuung der Elektronen im Gasraum der Kammer beeinträchtigt wird, ist das Bothesche Verfahren von diesen Einwänden frei. Seine Anwendung ist jedoch aus Intensitätsgründen auf starke Gammastrahler sowie wegen des natürlichen γ-Untergrundes auf Polonium-α-Strahlenquellen beschränkt.

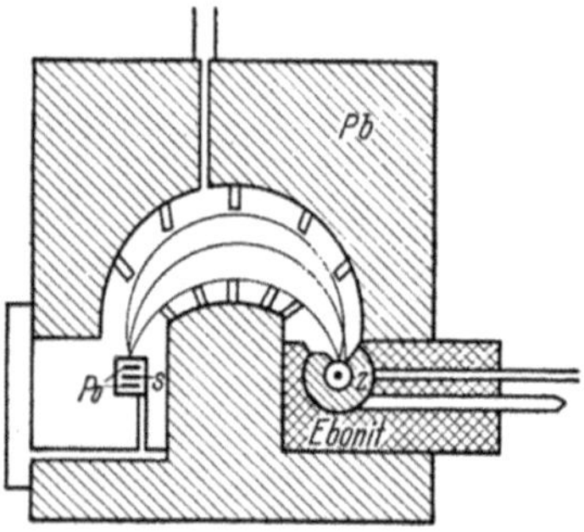

Abb. 10. Gammaspektrometer nach Bothe (*18*).

e) Weitere Methoden. Im Gebiete der natürlich radioaktiven Elemente spielt die Energiemessung an Gammastrahlen auf dem Wege über die inneren Umwandlungselektronen die größte Rolle und liefert hier sehr genaue Resultate. Diese Methode ist neuerdings auch mit Erfolg zur Energiemessung an Gammastrahlen von künstlich radioaktiven Atomkernen von mittlerem Atomgewicht verwendet worden [Valley und Creary (*181*)]. Für Elemente niederer Ordnungszahl spielt die innere Umwandlung der Gammastrahlen nur eine geringe Rolle und wird deshalb für Energiemessungen im allgemeinen nicht herangezogen, doch wurden innere Umwandlungselektronen unter besonderen Versuchsbedingungen auch hier schon beobachtet (*74*).

Das für weiche Gammastrahlen noch anwendbare kristallspektrographische Verfahren hat aus Ausbeutegründen bei künstlichen Kernumwandlungen noch keine Anwendung gefunden. Dagegen sind die bei der photoelektrischen Zerlegung des Deuterons durch Gammastrahlen entstehenden Protonengruppen schon mit Erfolg zur Messung von Gammaenergien herangezogen worden (*151*).

4. Zusammenstellung der experimentellen Ergebnisse.

Die Zusammenfassung der experimentellen Ergebnisse soll im wesentlichen in einer graphischen Darstellung aller der Kernreaktionen bestehen, die zu angeregten Kernzuständen führen. Eine solche Darstellung ist in den Tafeln I—XI durchgeführt. Das Prinzip dieser Darstellung ist folgendes: In der vertikalen Koordinate sind die bei den Kernreaktionen auftretenden Massen + den zugeführten Energien in Tausendstel-Masseneinheiten (TME) aufgetragen. Die Kernmassen sind den „Kernphysikalischen Tabellen" und dem neuesten Isotopenbericht von Mattauch und Flügge entnommen (*110, 111*). Da die bei Kernreaktionen zugeführten, gebundenen oder freiwerdenden Energien immer nur einen kleinen Bruchteil der beteiligten Gesamtmassen ausmachen, ist, um diese kleinen Differenzen in großem Maßstab darstellen zu können, bei allen Kernreaktionen ein Massenbetrag von so vielen Protonenmassen in Abzug gebracht, wie die Gesamtzahl der an der Reaktion beteiligten Protonen und Neutronen insgesamt beträgt. Der verbleibende Rest ist negativ und wird deshalb von oben nach unten gezählt.

Den hier auftretenden Restbetrag können wir als die Bindungsenergie des Kerns im absoluten Sinne bezeichnen. Er stellt nämlich die Energiedifferenz des Kerns gegenüber dem tiefsten Zustand freier Teilchen, der ja nur aus Protonen besteht, also die kleinste Energie dar, mit der sich ein Kern in Einzelteilchen zerlegen läßt.

Die verschiedenen Reaktionen sind nach dem dabei entstehenden Zwischenkern zusammengefaßt, und zwar befinden sich die Ausgangsprodukte einer Reaktion jeweils auf der linken, die Endprodukte auf der rechten Seite des Zwischenkerns. Die vom Grundzustand der Ausgangsprodukte nach oben führende Strecke stellt die zugeführte kinetische Energie (im Schwerpunktsystem), die vom Zwischenzustand nach unten führende Strecke die Energie der Endprodukte dar. Bei denjenigen Energien, wo eine resonanzartige Bildung des Zwischenkerns erfolgt, ist die horizontale Verbindungslinie im Zwischenkern ausgezogen. Ferner sind die bei der Reaktion auftretenden Anregungsstufen des Endkerns als horizontale Strecken eingetragen. Teilchengruppen sind durch Pfeile bezeichnet, die bei den betreffenden Anregungsstufen enden, Gammalinien, soweit ihre Zugehörigkeit zu bestimmten Übergängen wahrscheinlich ist, als Wellenlinien. Die Anregungsstufen sind naturgemäß allgemein dem schwereren der beiden Endprodukte zuzuordnen. Die Differenz zwischen Ausgangs- und Endniveau stellt die bei der betreffenden Reaktion freiwerdende Energie, die sogenannte Energietönung des Prozesses dar. Die Energieangaben der Originalarbeiten sind, soweit erforderlich, nach den neueren Energie-Reichweite-Beziehungen von Bethe (*8*) korrigiert.

In experimentellen Arbeiten werden die Energieangaben meist in MeV gemacht. Für überschlagsmäßige Betrachtungen wird es oft erlaubt sein, 1 MeV = 1 TME zu setzen. Der genauere Zusammenhang der beiden Einheiten ist 1 TME = 0,931 MeV.

Jeder Kern tritt einmal auch isoliert, das heißt nicht mit einem weiteren Reaktionspartner behaftet, an der Stelle auf, wo er den Zwischenkern für die dargestellten Kernreaktionen bildet. An dieser Stelle sind zusammenfassend noch einmal alle aus anderen Prozessen folgenden Anregungsstufen mit Angabe der zu diesen Stufen führenden Teilchen eingetragen, ebenso sind von hier aus die Betaübergänge zu den isobaren Nachbarkernen unmittelbar zu ersehen. Für Positronenstrahler ist, wie üblich, die aus der Abbildung ersichtliche Energiedifferenz um 2 mc^2 zu vermindern.

An den von den Ausgangsprodukten der Reaktion nach oben führenden Strecken bedeuten links angebrachte Symbole die bei der betreffenden Energie überwiegend auftretenden Endprodukte. Für eine genauere Betrachtung der Vorgänge ist natürlich der Gesamtverlauf der Anregungsfunktionen für die verschiedenen Umwandlungsvorgänge heranzuziehen. Als Ergänzung hierzu sei vor allem auf die früher in diesem Rahmen erschienenen Zusammenfassungen, auf den Bericht von Bethe (*8*) sowie auf das Buch von Mattauch und Flügge (*111*) hingewiesen.

Die folgende Diskussion soll die graphische Darstellung in verschiedenen Punkten ergänzen und die wichtigsten Literaturhinweise geben.

Das Deuteron H_1^2.

Das Deuteron ist für die Kernphysik von besonderem Interesse, weil es am ehesten einer exakten theoretischen Behandlung zugänglich ist und seine Anregungsstufen deshalb Aufschluß über die zwischen Neutron und Proton wirkenden Kräfte geben können. Nach allen bisherigen Beobachtungen tritt das Deuteron bei Kernumwandlungen nur im Grundzustand auf. Eine Suche nach Gammastrahlen beim Stoß von Alphateilchen gegen Deuteronen, die von Szalay und Zimonyi (*178*) durchgeführt wurde, blieb ohne Erfolg. Ein Hinweis auf einen Anregungszustand des Deuterons ergibt sich jedoch aus dem Verhalten des Streuquerschnitts von Neutronen an Protonen, der bei kleinen Neutronenenergien einen starken Anstieg zeigt. Nach Fermi (*58*) kann man diese Erscheinung als die Wirkung eines Anregungszustandes des Systems Neutron-Proton deuten, der in der Nähe der Neutronenenergie null liegt und aus dem Grundzustand dadurch hervorgeht, daß die Spins von Proton und Neutron sich nicht parallel, sondern entgegengesetzt einstellen. Aus der Größe des Einfangquerschnitts schlossen Amaldi und Fermi (*1*), daß dieser Zustand eine positive Energie von etwa 10^5 eV aufweist, also in ein Proton und ein Neutron dissoziieren kann. Eine Bestätigung hierfür erbrachten Streuversuche an Ortho- und Parawasserstoff, die nach einem Vorschlag von Teller (*179*) und Schwinger und Teller (*164*) von Libby und Long (*105*) sowie von Brickwedde und Mitarbeitern (*26*) ausgeführt wurden. Wir können demnach schließen, daß ein gebundener Anregungszustand des Deuterons wohl nicht existiert, daß jedoch ein virtueller Zustand mit antiparallelen Spins von Proton und Neutron bei einer positiven Energie von etwa 10^5 eV vorhanden ist. Bei diesem Zustand handelt es sich um den einzigen in der Kernphysik bekannten Zustand mit positiver Gesamtenergie. Eine anschauliche Deutung der endlichen Lebensdauer dieses Zustandes auf Grund einer Verteilung der Anregungsenergie auf viele Partner ist hier nicht möglich.

Wasserstoff und Helium der Masse 3.

Diese beiden Kerne entstehen bei den Reaktionen

$$\text{(a)}\quad D_1^2 + D_1^2 = H_1^3 + H_1^1$$
$$\text{(b)}\quad D_1^2 + D_1^2 = He_2^3 + n_0^1$$

Falls hierbei angeregte Zustände von H_1^3 oder He_2^3 auftreten, sind entsprechend kürzere Reichweiten der entstehenden Teilchen zu erwarten. Reichweitemessungen an den Protonen der Reaktion (a) wurden von Myers und Langer (*125*) und Hudspeth und Bonner (*91*) ausgeführt und ergaben übereinstimmend nur eine einzige Protonengruppe, die zum Grundzustand der beteiligten Kerne gehört. Für die Neutronen aus Reaktion (b) schienen anfängliche Messungen eine kürzere Gruppe zu ergeben, die aber in einer späteren eingehenden Untersuchung von Park und Mouzon (*134*) nicht bestätigt werden konnte. Außerdem ergaben Versuche von Ruhlig (*156*), daß bei der Reaktion (b) keine Gammastrahlen mit einer Ausbeute von mehr als 1% der entstehenden Neutronen auftreten, was ebenfalls gegen das Vorhandensein einer kürzeren Gruppe spricht. Wir müssen daher schließen, daß Anregungszustände dieser Kerne hier nicht auftreten. Virtuelle Zustände, die sich bei Streuversuchen bemerkbar machen können, wurden bisher noch nicht beobachtet.

Helium 4.

Angeregte Zustände sind auch hier nicht bekannt. Da der Heliumkern nach unseren heutigen Vorstellungen die erste abgeschlossene Schale aus Protonen und Neutronen darstellt, sind Anregungsstufen erst bei sehr hohen Anregungsenergien zu erwarten.

Helium 5 und Lithium 5.

Der Kern He_2^5 tritt in der Reaktion

$$Li_3^7 + D_1^2 = He_2^5 + He_2^4$$

auf, die von Williams, Haxby und Shepherd (*190*) beobachtet wurde und für He_2^5 den Massenwert 5,0137 liefert, der mit einer Zerfallsenergie von etwa 0,8 MeV instabil ist gegen Zerfall in ein Neutron und ein α-Teilchen. Streuversuche mit Neutronen an Helium, die von Staub und Stephens (*167*) und Staub und Tatel (*168*) ausgeführt wurden, zeigten, daß dieser virtuelle Grundzustand von He_2^5 zu einer Resonanzstreuung bei einer Neutronenenergie von 1 MeV führt. Bei der genaueren Untersuchung ergab sich eine deutliche Dublettstruktur dieses Zwischenzustandes mit Zerfallsenergien von 0,76 und 1,0 MeV.

Es war damit zu erwarten, daß eine entsprechende Resonanz auch bei der Streuung von Protonen an Helium auftritt und einen Hinweis auf den Grundzustand des Li^5-Kerns ergibt. Die von Heydenburg und Ramsay (*84*) hierzu ausgeführten Messungen bestätigten diese Erwartung, indem sie eine deutliche Resonanzstreuung bei einer Protonenenergie von etwa 2 MeV ergaben. Die Breite dieser Resonanz ist mit etwa 1 MeV allerdings etwa doppelt so groß wie bei Helium 5, so daß eine Dublettstruktur hier nicht beobachtet werden konnte. Für die Lebensdauer von Li_3^5 folgt daraus ein etwa um die Hälfte kleinerer Wert als für den Kern He_2^5, während die Zerfallsenergie mit 1,6 MeV den doppelten Wert aufweist.

Lithium 6.

Der Kern Li_3^6 tritt bei einer Anzahl von Kernreaktionen als Endkern auf. Angeregte Zustände wurden hierbei nicht gefunden.

Er bildet ferner den Zwischenkern bei der Streuung von α-Teilchen an Deuteronen, wo von Pollard und Margenau (*144*) Resonanzeffekte bei einer α-Energie von 2,6 MeV gefunden wurden, was einem Anregungszustand mit etwa 2,5 MeV Anregungsenergie entspricht.

Lithium 7.

Der Li_3^7-Kern besitzt einen Anregungszustand, der etwa 0,45 MeV über dem Grundzustand liegt und bei den verschiedensten Kernreaktionen in Erscheinung tritt. Wir stellen sie hier zusammen:

a) Bei der Beschießung von Lithium mit α-Teilchen findet Schnetzler (*161*) eine Gammastrahlung mit einer Quantenenergie von 0,5 MeV, die einer Anregung des Li_3^7-Kerns zuzuschreiben ist. Die gleiche Gammastrahlung ergibt sich nach Fowler und Lauritsen (*61*) auch bei der Beschießung von Lithium mit Protonen.

b) Die Umwandlung des Be_4^7-Kerns in den Kern Li_3^7, die durch K-Einfang geschieht, ist nach Roberts, Heydenburg und Locher (*155*) von einer Gammastrahlung von 0,425 MeV begleitet, die in etwa 10% aller Umwandlungen auftritt. Bei der Umwandlung entsteht also offenbar mit dieser Häufigkeit ein angeregter Li_3^7-Kern, der anschließend unter Gammastrahlung in den Grundzustand übergeht.

c) Die Reaktion $Li_3^6(dp)Li_3^7$ liefert nach Rumbaugh und Hafstad (*157*) 2 Protonengruppen, die sich in ihrer Energie um 0,45 MeV unterscheiden.

d) In der vielfach untersuchten Reaktion $B_5^{10}(n\alpha)Li_3^7$ entstehen nach Haxel (*81*) 2 α-Teilchengruppen mit einer Energiedifferenz von 0,9 MeV. Während Maurer und Fisk (*113*) in der gleichen Reaktion sogar 4 eng benachbarte Gruppen zu finden glauben, scheinen die übereinstimmenden Messungen von Cealleigh und Davies (*31*), Livingston und Hoffmann (*106*) sowie von Wilson (*191*) zu zeigen, daß auch in dieser Reaktion nur der bekannte Anregungszustand des Li_3^7-Kerns bei 0,45 MeV Anregungsenergie auftritt.

e) Auch die Reaktion Be_4^9 (dα) Li_3^7 ergibt nach Graves (*70*) 2 α-Teilchengruppen mit einer Energiedifferenz von 0,49 MeV.

Das Häufigkeitsverhältnis, mit dem die beiden Reichweitegruppen der Umwandlungsprodukte auftreten, ist je nach der Art der Umwandlung ganz verschieden. So finden Rumbaugh und Hafstad sowie Williams und Mitarbeiter (*190*) für die Reaktion c) bei einer Steigerung der Deuteronenenergie von 0,1 auf 0,9 MeV einen Anstieg des Intensitätsverhältnisses der kurzen zur langen Protonengruppe von 0,24 auf etwa 0,8. In der Reaktion e) ist die kürzere Gruppe etwa 1,7mal, in der Reaktion d) nach Wilson sogar mehr als 10mal so stark wie die langreichweitige Gruppe. Dabei ist in den letzten beiden Fällen der Zwischenkern (B_5^{11}) derselbe.

Beryllium 8.

Der Kern Be_4^8 bildet den Zwischenkern bei der Beschießung von Li_3^6 mit Deuteronen und bei der Beschießung von Li_3^7 mit Protonen.

Der erste Prozeß ergibt die höchste Anregungsenergie des Zwischenkerns und liefert nach Rumbaugh und Hafstad (*157*) von einer Deuteronenenergie von etwa 100 keV ab eine steil ansteigende Ausbeute an α-Teilchen, daneben in geringerer Zahl Protonen. Zur Deutung des steilen Anstiegs der Anregungsfunktion muß man nach Konopinski und Bethe (*98*) eine Resonanzstufe des Zwischenkerns bei einer Deuteronenenergie von 40 keV mit einer Breite von 50 keV annehmen.

Der zweite Prozeß ergibt α-Teilchen von 8,4 cm Reichweite, dazu eine zunächst etwa parallel laufende Ausbeute an Gammastrahlen, deren härteste Komponente eine Energie von etwa 17 MeV aufweist und der Anlagerung des Protons an den Li_3^7-Kern mit anschließendem Übergang des gebildeten Be_4^8-Kerns in den Grundzustand zuzuschreiben ist. Bei einer Protonenenergie von 440 keV zeigt die Ausbeute an Gammastrahlen einen scharfen resonanzartigen Anstieg, der Wirkungsquerschnitt für den Prozeß steigt auf einen Maximalwert von etwa 10^{-27} cm^2 an, um dann sofort wieder abzufallen und nach Hudson und Mitarb. (*90*) bei höheren Energien etwa konstant zu bleiben. Die Breite der Resonanzstelle beträgt nach Hafstad, Heydenburg und Tuve (*71*) 11 keV. Wie die Protonenanlagerung, so zeigt nach Creutz (*40*) auch die Streuung von Protonen an Lithium bei einer Protonenenergie von 440 keV ein Resonanzmaximum. Aus der Schärfe der Resonanzstelle geht hervor, daß bei einer Protonenenergie von 440 keV ein Zustand gebildet wird, für den der Zerfall in zwei Alphateilchen hochgradig verboten ist.

Eine höhere Resonanzstelle für Protonenanlagerung, die nach Hafstad und Tuve (*73*) sowie Herb und Mitarb. (*83*) bei etwa 900 keV liegen soll, konnte in anderen Untersuchungen [Hudson und Mitarb. (*90*)] nicht gefunden werden.

Über die tieferen Zustände des Be_4^8-Kerns gibt zunächst die bei der Protonenanlagerung entstehende Gammastrahlung Auskunft. Nach den Untersuchungen von Delsasso, Fowler und Lauritsen (*48*) und Gaertner und Crane (*66*) enthält diese Gammastrahlung außer einer mit etwa 75% vertretenen Linie von 17 MeV weitere Komponenten mit 14, 11,5 und vermutlich etwa 8 MeV. Die 14-MeV-Linie führt zu einem Anregungszustand des Berylliumkerns mit 3 MeV-Anregungsenergie, der auch in verschiedenen anderen Kernreaktionen beobachtet und untersucht wurde, so vor allem von Cockroft und Walton (*37*), Oliphant, Kempton und Rutherford (*130*) und Dee und Gilbert (*47*) in der Reaktion B_5^{11} (pα) Be_4^8. Nach der Diskussion der Ergebnisse von Dee und Gilbert und von Bethe (*9*) muß man diese so deuten, daß neben den zum Grundzustand des Be_4^8-Kerns führenden α-Teilchen mit weit überwiegender Häufigkeit α-Teilchen mit kürzeren Reichweiten auftreten, die so entstehen, daß der Be_4^8-Kern zunächst in einem Anregungszustand mit etwa 3 MeV Anregungsenergie zurückbleibt, welcher anschließend in 2 α-Teilchen zerfällt. Aus der Reichweiteverteilung der entstehenden α-Teilchen ergibt sich nach Bethe die Breite dieses Zustandes zu 0,77 MeV. Zu einem ähnlichen Ergebnis führt die Reaktion B_5^{10} (dα) Be_4^8 [Cockroft und Lewis (*36*)]. Schließlich liefert die Umwandlung Li_3^7 (dn) Be_4^8 nach Stephens (*170*) Neutronengruppen mit Energien von 15 und 11,8 MeV, von denen die erste zum Grundzustand, die zweite zu dem 3-MeV-Anregungszustand des Be_4^8-Kerns führt.

Die Ergebnisse über die Streuung von α-Teilchen an Helium werden von Wheeler (*184*) diskutiert. Auch hier macht sich der 3-MeV-Anregungszustand bemerkbar, außerdem ergibt sich, daß dieser Zustand den Drehimpuls null aufweist.

Der erste Rotationszustand des Be_4^8-Kerns hat den Drehimpuls $2\hbar$. Er liegt nach Wheeler bei einer Anregungsenergie von 4 bis 6 MeV und soll noch wesentlich breiter sein als der 3-MeV-Anregungszustand. Für die Existenz eines solchen Zustandes sprechen die von Stephens beobachteten kürzeren Neutronengruppen sowie die obenerwähnten Gammalinien. Nach Wheeler soll dieser Rotationszustand auch den Endzustand für den Betazerfall des Li_3^8-Kerns bilden. Tatsächlich schlossen schon Lewis, Burcham und Chang (*104*) aus der Reichweitenverteilung der hierbei entstehenden α-Teilchen auf eine Anregungsstufe von 4,7 MeV mit einer Breite von 1,4 MeV.

Bor 10.

Die höchste Anregungsenergie des Kerns B^{10}_{5} ergibt sich bei der Beschießung von Beryllium mit Protonen. Dabei entstehen nach Oliphant, Kempton und Rutherford (*130*) überwiegend α-Teilchen, daneben in geringerer Zahl Deuteronen und schließlich mit geringer Ausbeute Gammastrahlen, die, wie aus der Gammaenergie hervorgeht, von der Anlagerung des Protons herrühren. Die Gammaausbeute zeigt nach Curran, Dee und Ptrzilka (*42*) einen kontinuierlichen Anstieg, dem bei Protonenenergien von 350 und 670 keV verwaschene Resonanzen überlagert sind. Eine weitere Resonanzstufe liegt nach Herb und Mitarb. (*83*) bei 990 keV. Die Breite der tiefsten Resonanzstelle beträgt nach Hole, Holtsmark und Tangen (*85*) etwa 150 keV, die entstehenden Gammastrahlen haben nach Crane und Mitarb. (*38*) Energien von 2,2, 3,7, 4,8 und 6,0 MeV.

Als Endkern tritt B^{10}_{5} in der Reaktion Be^{9}_{4} (dn) B^{10}_{5} auf, die nach Bonner und Brubaker (*13*) sowie Staub und Stephens (*167*) Neutronengruppen mit Energietönungen von 4,25, 3,7, 2,1 und 0,8 MeV ergibt. Die die Reaktion begleitenden Gammastrahlen wurden von Crane und Mitarb. (*39*) sowie Kruger und Green (*99*) untersucht und fügen sich dem aus den Neutronengruppen folgenden Termschema gut ein.

Aus dem Einsatz langsamer Neutronengruppen in der Reaktion Li^{7}_{3} (αn) B^{10}_{5} erhalten Haxel und Stuhlinger (*82*) in Übereinstimmung mit den obigen Messungen Anregungsstufen mit Energien von 0,77 und 2,09 MeV, dazu noch eine weitere bei 1,3 MeV. Die letztere konnte in einer neueren Untersuchung von Powell und Fertel (*137*) durch Messung von Rückstoßprotonen in der Photoplatte auch in der Reaktion Be^{9}_{4} (dn) B^{10}_{5}, allerdings nur mit sehr geringer Intensität, festgestellt werden. — Nach ihnen liegen die Anregungsstufen bei 0,7, 1,5, 1,9 und 3,2 MeV. Die Einordnung der bei Protonenanlagerung sich ergebenden Gammastrahlen in das hieraus sich ergebende Termschema ist in Tafel II dargestellt.

Bor 11.

Die Anregungsfunktion der Umwandlung Li^{7}_{3} (αn) B^{10}_{5}, für die der Kern B^{11}_{5} den Zwischenkern darstellt, ist von Haxel und Stuhlinger untersucht worden (*82*). Sie finden für α-Energien von 5 bis 8,5 MeV eine ganze Anzahl von Resonanzstellen, die bei den höheren α-Energien Abstände von 0,3 MeV aufweisen.

Der große Wirkungsquerschnitt des B^{10}_{5}-Kerns gegenüber langsamen Neutronen, der zum Zerfall in $Li^{7}_{3} + \alpha$ führt, läßt auf eine weitere Anregungsstufe des Zwischenkerns in der Nähe der Neutronenenergie null schließen, dem nach Bethe (*8*) eine Breite von einigen hundert keV zukommen dürfte.

Als Endkern tritt B^{11}_{5} in der Reaktion B^{10}_{5} (dp) B^{11}_{5} auf, die nach Cockroft und Walton (*37*) Energietönungen von 9,11, 7,0 und 4,6 MeV liefert. Zugehörige Gammastrahlen können aus den Untersuchungen von Crane, Gaerttner, Halpern u. a. (*38*, *67*, *75*) entnommen werden, wobei allerdings die Mehrzahl dieser Linien dem Prozeß B^{11}_{5} (dn) C^{12}_{6} zuzuordnen sein dürfte.

In der Reaktion N^{14}_{7} (nα) B^{11}_{5} findet Wilhelmy (*185*) mehrere Gruppen von α-Teilchen, die er alle als Eindringresonanzen im Zwischenkern mit Übergängen zum Grundzustand des B^{11}_{5}-Kerns deutet. Er begründet dies damit, daß sich die betreffenden Anregungsstufen des Zwischenkerns nach Maurer (*112*) auch bei der umgekehrten Reaktion B^{11}_{5} (α, n) N^{14}_{7} bemerkbar machen. Nach den Beobachtungen von Meitner und Philipp (*118*) in der Wilson-Kammer muß man allerdings damit rechnen, daß bei dieser Reaktion auch eine Anregungsstufe des Borkerns bei etwa 0,9 MeV und vielleicht sogar noch eine weitere bei etwa 5,5 MeV auftritt.

Schließlich findet sich der Kern B^{11}_{5} als Endkern in der Reaktion C^{13}_{6} (dα) B^{11}_{5}, die nach Bennett und Mitarb. (*5*) eine sehr große Ausbeute an α-Teilchen liefert, welche jedoch bis jetzt noch nicht auf eine Gruppenstruktur untersucht sind.

Kohlenstoff 11.

Bei der Beschießung von Bor mit Deuteronen tritt eine Reihe von Neutronengruppen auf, die von Bonner und Brubaker (*13*) untersucht wurden. Zwei von diesen Gruppen werden von ihnen dem Isotop B^{10}_{5} zugeschrieben. Die eine davon kann auf Grund ihrer Energietönung dem Übergang zum Grundzustand des Endkerns C^{11}_{6} zugeordnet werden, die zweite entspricht einem Anregungszustand dieses Kerns mit 2,2 MeV Anregungsenergie. Ihre Zuordnung zu C^{11}_{6} erhält eine gewisse Stütze durch das Vorhandensein einer ähnlichen Anregungsstufe in dem Kern B^{11}_{5}, kann jedoch zur Zeit anderweitig noch nicht gestützt werden.

Kohlenstoff 12.

Wenn man Bor mit Protonen beschießt, treten α-Teilchen auf, die aus den Reaktionen

$$\text{(a)}\quad B^{11}_{5} + H^{1}_{1} = Be^{8}_{4} + He^{4}_{2}$$

$$\text{(b)}\quad B^{11}_{5} + H^{1}_{1} = Be^{8*}_{4} + He^{4}_{2} = 3\,He^{4}_{2}$$

stammen. Die erste liefert eine α-Teilchengruppe von etwa 4,5 cm Reichweite, die zweite ein Kontinuum mit einem Intensitätsmaximum bei einer α-Reichweite von 2,3 cm, welches einem auf 3 MeV angeregten Beryllium-Restkern entspricht. Bothe und Gentner (*21*) fanden nun bei einer Protonenenergie von 180 keV eine sehr scharfe Resonanz für Gammastrahlen. Gentner (*69*) stellte eine weitere derartige Resonanz bei einer Protonenenergie von 820 keV fest und bestimmte die Energie der Gammastrahlung zu etwa 13 MeV. Daraus geht hervor, daß die Gammastrahlung dem Anlagerungsprozeß

$$\text{(c)} \quad B_5^{11} + H_1^1 = C_6^{12*} = C_6^{12} + h\nu$$

zuzuschreiben ist. Nach Gentner erfolgt die Anlagerung in etwa 0,5% aller Fälle, in weiteren 2% erfolgt Reaktion a, der Rest entfällt auf Reaktion b. Die Breite der Resonanz bei 180 keV beträgt nach Hole, Holtsmark und Tangen (*87*) weniger als 5 keV.

Die Anregungsfunktion für die Reaktion a) zeigt nach Williams und Wells (*189*) bei 180 keV ebenfalls einen starken Anstieg, während aus den Messungen von Cockroft und Lewis (*36*) für Reaktion b) ein langsamerer Anstieg zu entnehmen ist. Dagegen zeigt in beiden Reaktionen die Winkelverteilung der entstehenden α-Teilchen nach Messungen von Haxby, Allen und Williams (*76*) sowie von Neuert (*128*) einen starken Anstieg in der Bevorzugung der Einfallsachse. Nach einer Resonanzstreuung von Protonen an Bor bei einer Energie von 180 keV haben Kanne, Taschek und Ragan (*95*) vergebens gesucht.

Über tiefere Anregungszustände des C_6^{12}-Kerns gab zunächst die Untersuchung des (αn)-Prozesses an Beryllium Aufschluß, in dem C_6^{12} als Endkern zurückbleibt. Nach Bothe (*18*) entstehen hierbei Gammalinien mit Energien von 2,7, 4,2 und 6,7 MeV, von denen, wie Maier-Leibnitz (*107*) zeigen konnte, die beiden ersten mindestens teilweise in Koinzidenz auftreten. Man konnte daraus auf eine Anregungsstufe bei 6,7 MeV und auf eine weitere entweder bei 2,7 oder bei 4,2 MeV schließen. Aus zahlreichen weiteren Messungen ergibt sich nun, daß offenbar die zweite Möglichkeit realisiert ist. So finden Lawrence, McMillan und Henderson (*102*), Cockroft und Lewis (*36*) und Holloway und Moore (*89*) bei der Untersuchung der Reaktion N_7^{14} (dα) C_6^{12} Energietönungen von 13,4, 9,0 und 5,8 MeV, von denen die erste zum Grundzustand, die zweite und dritte zu Anregungszuständen des Kohlenstoffkerns bei 4,4 bzw. 7,6 MeV führen. Das dabei auftretende Gammaspektrum enthält nach Gaerttner und Pardue (*65*) sowie Crane und Mitarb. (*39*) Linien mit 2,2, 4,2, 5,0, 6,6 und 8,2 MeV, von denen die 5-MeV-Linie allerdings dem (dp)-Prozeß zuzuordnen ist. Die anderen fügen sich dem Termschema des C_6^{12}-Kerns gut ein und lassen noch auf eine weitere Anregungsstufe bei etwa 8 MeV schließen.

Weitere Auskunft geben die Neutronengruppen der Reaktion B_5^{11} (dn) C_6^{12}, die nach Bonner und Brubaker (*13*) sowie Stephens und Bonner (*171*) Energietönungen von 13,6, 9,2, 6,1 und 4,0 MeV, also Anregungsstufen bei 4,4, 7,5 und 9,6 MeV ergeben. Die dabei auftretenden Gammalinien wurden von Gaerttner, Fowler und Lauritsen (*67*) untersucht und weisen Energien von 1,5, 2,2, 4,4, 6,9 und 9,1 MeV auf.

Schließlich ergibt die Untersuchung der bei der eingangs besprochenen Reaktion B_5^{11} (p, γ) C_6^{12} auftretenden Gammastrahlen nach Fowler, Gaerttner und Lauritsen (*62*) Linien mit 4,3, 11,8 und 16,6 MeV, die beiden ersten in etwa gleicher Intensität, die letzte, die zum Grundzustand des C_6^{12}-Kerns führt, mit etwa $^1/_7$ der Intensität der beiden anderen Linien.

Eine besondere Betrachtung erfordern die Neutronengruppen, die von Bernardini (*7*) bei der Beschießung von Beryllium mit Po-α-Teilchen gefunden wurden (vgl. Abb. 6). Bernardini schließt aus seinen Gruppen auf Anregungsstufen des Endkerns C_6^{12} mit Anregungsenergien von 2,7, 4,3 und 6,3 MeV. Da jedoch der erste dieser Zustände bei allen übrigen Reaktionen niemals gefunden wurde, liegt für die entsprechende Gruppe eine andere, von Szalay und Zimonyi (*178*) vorgeschlagene Deutung näher. Danach handelt es sich bei der betreffenden Gruppe um eine Resonanzgruppe, die in der von Bernardini benützten dicken Berylliumschicht in einer gewissen Tiefe durch α-Strahlen von 2,4 MeV ausgelöst wird und zum Grundzustand des C_6^{12}-Kerns führt. Die betreffende Eindringresonanz konnte von Stuhlinger (*176*) bei der Untersuchung der Anregungsfunktion des Prozesses (s. Kohlenstoff 13) für $E\alpha = 2{,}4$ MeV direkt gefunden werden. Die schon oben erwähnte, den Prozeß begleitende Gammastrahlung setzt nach Szalay genau dann ein, wenn energetisch bei der Neutronenemission die Bildung eines auf 6,7 MeV angeregten Kohlenstoffkerns möglich wird und hat eben diese Energie, rührt also offenbar von dem Übergang dieses Anregungszustandes in den Grundzustand her, während der Grundzustand bei der Neutronenemission selbst nur selten erreicht wird.

Alle diese Beobachtungen sichern die Anregungsstufen des Kohlenstoffkerns bei etwa 4,4 und 6,7 MeV, geben jedoch über höhere Anregungsstufen nur sehr unvollständige Auskunft. Genauere Aussagen über dieses Gebiet geben die Messungen von Stuhlinger (*176*), der aus dem Einsatz langsamer Neutronengruppen in der Reaktion Be_4^9 (αn) C_6^{12} auf Anregungsstufen des Endkerns bei α-Energien von 4,8 (Be_4^{9*}?), 5,6, 6,8 und 7,5 MeV schließt. Diese Messungen geben eine Vorstellung von der Dichte der Anregungsstufen bei höheren Anregungsenergien und ermöglichen eine Einordnung der in anderen Reaktionen gefundenen Gammastrahlen.

Kohlenstoff 13.

Der Kern C_6^{13} bildet den Zwischenkern bei der Beschießung von Be_4^9 mit α-Teilchen, die Neutronen und Gammastrahlen liefert. Die Anregungskurve für Gammaemission ist mehrfach, zuerst von Bothe und Becker (*19*), später unter besonders sauberen Versuchsbedingungen von Szalay und Zimonyi (*178*, s. Kohlenstoff 12) untersucht worden. Resonanzen treten hierbei nicht auf.

Die Anregungskurve für Neutronenemission zeigt dagegen eine Reihe von Resonanzen, die für kleine α-Energien von Rasetti (*148*), Chadwick (*35*) und Bjerge (*11*), für mittlere von Stuhlinger (*176*) und für höhere α-Energien von Fünfer (*64*) untersucht wurden. Die Ergebnisse sind in Tafel II eingetragen.

Als Endkern tritt C_6^{13} in der Reaktion B_5^{10} (α, p) C_6^{13} auf, die historisch insofern von Bedeutung ist, als in ihr von Bothe und Fränz (*20*) zum erstenmal eine Gruppenstruktur der entstehenden Kerntrümmer beobachtet wurde. Die Untersuchung dieser Reaktion in einer Reihe von Arbeiten [Bothe (*17*), Chadwick, Constable und Pollard (*33*), Miller, Duncanson und May (*122*), R. F. Paton (*135*)] ergab Energietönungen von 3,2, 0,5, 0,1, —0,8 und —1,8 MeV. Dabei trat die Schwierigkeit auf, daß die größte gefundene Energietönung nicht mit der aus anderen Kernreaktionen bekannten Massendifferenz C_6^{13}—B_5^{10} übereinstimmt, die eine Energietönung von 4,0 MeV ergibt. Diese Schwierigkeit wurde erst von Maier-Leibnitz und Maurer (*109*) beseitigt, die zeigten, daß mit außerordentlich geringer Intensität noch eine längere Protonengruppe auftritt, die zum Grundzustand des C_6^{13}-Kerns führt. Auf Grund der Beobachtung von v. Baeyer (*3*), daß die Gruppe mit 3,1 MeV Energietönung keine Gammakoinzidenzen zeigt, kommen Bothe und Maier-Leibnitz (*22*) zu dem Schluß, daß der betreffende Anregungszustand des C_6^{13}-Kerns isomer sein muß mit einer Lebensdauer von mehr als 10^{-3} Sekunden.

Als Endkern tritt C_6^{13} weiter auf in den Reaktionen C_6^{12} (dp) C_6^{13}, N_7^{15} (dα) C_6^{12} und O_8^{16} (nα) C_6^{13}.

Die erste liefert nach Bennett und Mitarb. (*5*) zwei Protonengruppen mit Energietönungen von 2,71 und —0,52 MeV. Davon führt die erste zum Grundzustand, die zweite wohl zu dem bereits bekannten Anregungszustand von 3,2 MeV. Eine gleichzeitig auftretende Gammastrahlung von 3 MeV konnte von Bonner und Mitarb. (*16*) beobachtet werden. Die zweite Umwandlung führt nach den Beobachtungen von Holloway und Moore (*89*), und von Schultz, Davidson und Ott (*162*) nur zu Übergängen nach dem Grundzustand des Endkerns. — Bei der dritten Reaktion glaubt Wilhelmy (*185*) dasselbe annehmen zu können, während Meitner und Philipp (*118*) ihre Wilsonkammer-Beobachtungen mit einer Anregungsstufe des Endkerns von etwa 4,5 MeV deuten.

Eine Feinstruktur des Grundzustandes von C_6^{13} ergibt sich aus dem Positronenübergang von N_7^{13}, der nach Richardson (*150*) von einer Gammastrahlung von 0,285 MeV begleitet ist.

Stickstoff 13.

Wenn man Kohlenstoff mit Protonen beschießt, erhält man Resonanzen für Gammastrahlung bei 460 und 550 keV Protonenenergie [Hafstad und Tuve (*72*), Hole, Holtsmark und Tangen (*87*)]. Wie

Curran, Dee und Ptrzilka (*42*) gezeigt haben, betragen die Gammaenergien für die beiden Resonanzstellen 2,6 bzw. 8,5 MeV. Daraus geht hervor, daß der zweite Prozeß der Anlagerung an den C_6^{13}-Kern zuzuordnen ist, während die erste Resonanzstelle, wie Roberts und Heydenburg (*154*) auch durch Messung der entstehenden Aktivität zeigen konnten, von der Anlagerung an den C_6^{12}-Kern herrührt, also einen Anregungszustand des N_7^{13}-Kerns darstellt. — Eine Resonanzstreuung von Protonen bei der Energie von 460 keV konnten Roberts und Heydenburg nicht finden.

Als Endkern tritt N_7^{13} in der Reaktion B_5^{10} (αn) N_7^{13}, also bei der Beschießung von Bor mit α-Teilchen auf. Da die zahlreichen hierbei entstehenden Neutronengruppen nach Mott-Smith und Bonner (*123*) wohl meist dem Isotop B_5^{11} als Ausgangskern zuzuordnen sind, sind Schlüsse auf Anregungsstufen des Kerns B_5^{10} hier nicht angebracht.

Stickstoff 14.

Der Kern N_7^{14} tritt als Zwischenkern bei der Beschießung von B_5^{10} mit α-Teilchen auf. Dabei entstehen Protonen, Neutronen und Gammastrahlen. Die Anregungsfunktion für Protonenemission ist von Miller, Duncanson und May (*122*) und von Pollard (*141*) untersucht worden und zeigt eine Andeutung für Resonanzeindringung bei einer α-Energie von 2,85 MeV. Für Energien oberhalb 4,3 MeV nimmt die Ausbeute wieder ab, um schließlich nach Paton (*135*) bei noch höheren Energien etwa konstant zu bleiben, während die (αn)-Anregungsfunktion nach Fahrenbrach (*54*) in diesem Gebiet noch einen weiteren starken Anstieg aufweist. Der genaue Verlauf dieser Anregungsfunktion ist von Szalay (*177*) durch Messung der N_7^{13}-Aktivität untersucht worden und zeigt Resonanzen bei $E_\alpha = 2{,}72$, 2,98, 3,43, 3,70, 4,05, 4,33, 4,59, 4,94 und 5,22 MeV, während die ($\alpha\gamma$)-Anregungsfunktion Resonanzen bei $E_\alpha = 3{,}1$, 3,7, 4,4, 4,8, 5,1 und 5,3 MeV, demnach offenbar keinen Zusammenhang mit der Neutronenemission zeigt.

Bei der Beschießung von Kohlenstoff mit Deuteronen, die zuerst von Newson (*126*), später von Bennett und Mitarb. (*5*) untersucht wurde, finden die letzteren Autoren für die verschiedenen Umwandlungen folgende Resonanzstellen:

Reaktion	$E_D =$	(in MeV)					
(dγ)	0,92	1,16		1,30	1,43	1,74	
(dp)	0,92	1,16	1,23	—		1,74	
(dn)	0,92	1,16		1,30		1,74	1,82

Diese Resonanzstellen fallen also zum größten Teil, anscheinend aber nicht vollständig, zusammen. Die Ausbeute für die Protonen- bzw. Neutronenemission ist nach Bennett ungefähr gleich groß.

Eine weitere Anregungsstufe ergibt sich aus der unter Stickstoff 13 erwähnten Resonanzanlagerung von Protonen an den Kern C_6^{13} bei einer Protonenenergie von 550 keV. Die hierbei auftretenden Gammastrahlen werden wir weiter unten näher betrachten.

Aus dem Einsatz langsamer Neutronengruppen in der Reaktion B_5^{11} (αn) N_7^{14} schließt Stuhlinger (*176*) auf Anregungsstufen mit Anregungsenergien von 4,0, 4,75, 5,47, 6,1 und 6,55 MeV. Von diesen scheint die 5,5-MeV-Anregungsstufe eine besondere Rolle zu spielen. Sie findet sich nämlich einerseits wieder in einer kürzeren Neutronengruppe, die samt dem zugehörigen Gammastrahl von Bennett und Mitarb. (*5*) in der Reaktion C_6^{13} (dn) N_7^{14} beobachtet wurde. Andererseits zeigt die bei der Protonenanlagerung an C_6^{13} auftretende Gammastrahlung nach Lauritsen, Lauritsen und Fowler (*103*) drei Linien mit 2,8, 5,4 und 8,1 MeV in etwa gleicher Intensität, von denen die beiden ersten vermutlich in Kaskade auftreten und dementsprechend wohl ebenfalls über die 5,5-MeV-Anregungsstufe führen.

Stickstoff 15.

Der Kern N_7^{15} stellt den Zwischenkern für verschiedene eingehend untersuchte Reaktionen dar. So wurde die Reaktion B_5^{11} (αn) N_7^{14} zunächst von Maurer (*112*), dann von Fünfer (*64*) und Stuhlinger (*176*) untersucht. Maurer arbeitet mit α-Energien zwischen 1,76 und 5 MeV, Fünfer und Stuhlinger mit solchen von 3 bis 8,5 MeV. Sie finden einigermaßen übereinstimmend eine große Zahl von Resonanzstufen, die bei α-Energien von 2 MeV Abstände von etwa 0,5 MeV, bei α-Energien von 8 MeV Abstände von etwa 0,2 MeV aufweisen. Die umgekehrte Reaktion N_7^{14} (nα) B_5^{11} wurde zuerst von Wilhelmy (*185*), später von Thibaut und Comparat (*180*) und besonders eingehend von Ortner und Protiwinsky (*132*) sowie von Fischer (*60*) untersucht. Die Gesamtenergie der entstehenden Endprodukte zeigt, wie nach dem vorhergehenden zu erwarten, eine große Zahl von Gruppen. Wilhelmy deutet seine Gruppen als Übergänge zum Grundzustand des Endkerns und findet dann dieselben Anregungsstufen des Zwischenkerns wie Maurer in der Umkehrreaktion, was er als Stütze für seine Annahme ansieht. Da man jedoch schon nach den Wilsonkammer-Beobachtungen von Meitner und Philipp (*118*) damit rechnen muß, daß auch angeregte Zustände des Endkerns B_5^{11} ins Spiel treten, bleibt die Deutung Wilhelmys sowie eine Einordnung der Gruppen höherer Energie, wie sie besonders von Ortner und Protiwinsky gemessen wurden, unsicher. Auf jeden Fall werden die vorhandenen Möglichkeiten durch die beobachteten Gruppen bei weitem noch nicht erschöpft. Schließlich bildet N_7^{15} noch den Zwischenkern der Reaktion $C_6^{13} + D$, die nach Bennett und Mitarb. (*5*) bei $E_D = 1{,}55$ MeV eine Resonanz für die Emission von Protonen und Neutronen zeigt.

Als Endkern tritt N_7^{15} in der Reaktion N_7^{14} (dp) N_7^{15} auf, die nach

Lawrence, McMillan und Henderson (*102*), Cockroft und Lewis (*36*) und Holloway und Moore (*89*) zwei Protonengruppen von 8,52 und 3,2 MeV liefert. Das Gammaspektrum enthält nach Pardue und Gaerttner (*133*) und Crane und Mitarb. (*39*) neben den Linien, die dem (dα)-Prozeß zuzuordnen sind, eine Linie von 5,1 MeV, die der kürzeren Protonengruppe entspricht.

Stickstoff 16.

Scherrer, Huber und Rossel (*160*) finden in der Reaktion F_8^{19} (nα) N_7^{16} zwei Energietönungen von 0,7 MeV und — 0,35 MeV. Die zweite entspricht einem Anregungszustand des Kerns N_7^{16} mit etwa 1 MeV Anregungsenergie.

Sauerstoff 15.

Nach Stephens, Djanab und Bonner (*172*) liefert die Reaktion N_7^{14} (dn) O_8^{15} zwei Neutronengruppen, von denen die kürzere einer Anregung des O_8^{15}-Kerns auf 4 MeV entspricht. Die Anregungsfunktion des Prozesses N_7^{14} (pα) C_5^{11} ist von Barkas (*4*) untersucht worden und zeigt den normalen Anstieg.

Sauerstoff 16.

Von den Umwandlungen, in denen O_8^{16} als Zwischenkern auftritt, zeigt die Reaktion N_7^{14} (Dn) O_8^{15} nach Newson (*126*) ein Ausbeutemaximum der entstehenden O_8^{15}-Aktivität bei einer Deuteronenenergie von 3,7 MeV, die auf eine Resonanzstufe des Kerns O_8^{16} hindeutet. Weiter finden Lauritsen, Lauritsen und Fowler (*103*) für die Reaktion N_7^{15} (pγ) O_8^{16} Resonanzstellen bei $E_p = 0{,}88$, 1,03 und 1,2 MeV. Die Gammaenergie beträgt 4,4 MeV und dürfte dem C_6^{12}-Kern zuzuschreiben sein, der bei der α-Emission angeregt zurückbleibt. Ferner bildet der Kern O_8^{16} den Zwischenkern für die Streuung von α-Strahlen an Kohlenstoff, die nach Messungen von Ferguson und Walker (*57*), Brubaker (*27*), Riezler (*153*) und Devons (*49*) auf zwei bis drei Resonanzstellen zwischen 4,5 und 5,7 MeV α-Energie schließen läßt.

Als Endkern tritt O_8^{16} in der vieluntersuchten Reaktion F_9^{19} (pα) O_8^{16} auf. Diese Reaktion liefert im wesentlichen Gammastrahlen, daneben, allerdings mit viel geringerer Ausbeute, α-Strahlen, die zum Grundzustand von O_8^{16} führen. Die entsprechenden Umwandlungen erfolgen resonanzartig, wie bei Neon 20 noch besprochen wird. Die Gammastrahlung besteht nach den Untersuchungen von Halpern und Crane (*74*) aus einer einzigen Linie, deren Energie nach den neuesten Bestimmungen von Lauritsen, Lauritsen und Fowler (*103*) 6,2 MeV beträgt. McLean, Becker, Fowler und Lauritsen (*115*) zeigten, daß die Gammastrahlung von einer kurzreichweitigen α-Strahlung begleitet, also ebenfalls mit einem Übergang zum O_8^{16}-Kern verbunden ist. Die Frage nach der Reihenfolge der Alpha- und Gammastrahlung wurde von Curran, Dee und Strothers (*43*) geklärt, die zeigten, daß die Gammaenergie von der Energie des einfallenden Protons völlig unabhängig ist, also offenbar im Endkern von einem festen Anregungszustand aus erfolgt. In Übereinstimmung damit konnten Burcham und Devons (*28*) die Abhängigkeit der Energie des kurzreichweitigen α-Strahls von der Protonenenergie zeigen.

Der Kern O_8^{16} besitzt demnach eine Anregungsstufe bei 6,2 MeV, die durch Gammaemission in den Grundzustand übergeht.

Fowler und Lauritsen (*61*) entdeckten bei der Untersuchung der Gammastrahlung noch eine weiche Komponente, von der sie zeigen konnten, daß sie aus Elektronenpaaren besteht. Die Gesamtenergie der Paare beträgt 5,9 MeV. Diese Paare treten bei anderen Resonanzenergien der einfallenden Protonen auf als die Gammastrahlen und lassen sich so getrennt untersuchen. Nach Streib, Fowler und Lauritsen (*175*) sind auch hier zugehörige kurzreichweitige α-Teilchen beobachtet, so daß wahrscheinlich auch die Paarbildung im O_8^{16}-Kern vor sich geht. Aus den verschiedenen Anregungsbedingungen geht hervor, daß es sich bei dem Ausgangszustand für die Paarbildung um eine andere Anregungsstufe des O_8^{16}-Kerns handeln muß als bei der Gammastrahlung.

Wir kommen also zu dem Schluß, daß der O_8^{16}-Kern zwei benachbarte Anregungsstufen aufweist, von denen die eine bei 5,9 MeV unter Paarbildung, die andere bei 6,2 MeV unter Gammastrahlung in den Grundzustand übergeht.

Sauerstoff 17.

Der Kern O_8^{17} tritt als Zwischenkern in der von Wilhelmy (*185*) untersuchten Reaktion O_8^{16} $(n\alpha)$ C_6^{13} auf, von der angenommen wird, daß sie zum Grundzustand des Endkerns führt. Wilhelmy findet Resonanzen für

$$E_{\alpha+C^{13}} = 0{,}46 \text{ und } 0{,}65 \text{ MeV}.$$

Als Endkern tritt der Kern O_8^{17} in folgenden Reaktionen auf:

a) In der Reaktion N_7^{14} (αp) O_8^{17}. Eine ausführliche Diskussion dieser Reaktion auf Grund der Messungen von Steudel (*174*), Haxel (*80*), Stegmann (*169*) und Fischer-Colbrie (*59*) findet sich bei Stetter (*S 15*). Danach weist der Prozeß Energietönungen von —1,3 und —2,8 MeV auf, liefert also eine Anregungsstufe des O_8^{17}-Kerns bei 1,5 MeV. Eine solche Anregungsstufe stimmt gut mit der bei dieser Reaktion von Savel (*159*) beobachteten Gammastrahlung von 1,4 MeV überein.

b) In der Reaktion O_8^{16} (dp) O_8^{17}, die nach Cockroft und Walton (*37*) und Cockroft und Lewis (*36*) Energietönungen von 1,9 und 1,0 MeV, also eine Anregungsstufe bei 0,9 MeV liefert.

c) In der Reaktion F_9^{19} ($d\alpha$) O_8^{17}, die nach Burcham und Smith (*29*) Energietönungen von 9,84, 9,01, 6,89, 6,07 und 5,35 MeV ergibt. Wie unter b) tritt also auch hier eine Anregungsstufe bei 1 MeV und eine weitere mit 2,95 MeV auf.

d) In der Reaktion Ne_{10}^{20} ($n\alpha$) O_8^{17}, für die zuerst von Jäckel (*93*) in der Wilson-Kammer Reichweitegruppen beobachtet wurden, die auf Anregungszustände des Endkerns zwischen 1 und 2 sowie bei etwa 4,5 MeV schließen ließen. In einer weiteren Untersuchung fand Gailer (*68*) bei Messungen mit der Ionisationskammer für die entstehenden Teilchen 5 Gruppen mit den Energien

$$E_{\alpha+O^{17}} = 1{,}7,\ 2{,}4,\ 3{,}8,\ 4{,}8 \text{ und } 5{,}3 \text{ MeV}.$$

Er deutet diese durch die Annahme, daß zwei Resonanzstufen des Zwischenkerns, deren Lage durch die beiden Energiewerte von 4,8 und 5,3 MeV gegeben ist, mit dem Grundzustand und den beiden tiefsten, schon aus Reaktion c) bekannten Anregungszuständen des Kernes O_8^{17} kombinieren (siehe Tafel V). Für die weitere Diskussion vgl. Neon 21.

Sauerstoff 19

entsteht nach Scherrer, Huber und Rossel (*160*) in der Reaktion F_9^{19} (np) O_8^{19}, die eine Energietönung von 0,48 MeV liefert. Anregungszustände des Endkerns konnten hierbei nicht festgestellt werden.

Fluor 18.

Der Kern F_9^{18} stellt den Zwischenkern bei der Beschießung von Stickstoff mit α-Teilchen dar. Dabei tritt nach Devons (*49*) eine Resonanzstreuung bei α-Energien von 4,6 und 5,2 MeV ein. Außerdem tritt ein (αn)-Prozeß auf, dessen Anregungsfunktion von Fahrenbrach (*54*), Haxel (*80*) und besonders eingehend von Fünfer (*63*) untersucht wurde. Fünfer findet für α-Energien (im Schwerpunktssystem) von 5 bis 7 MeV eine ganze Anzahl von Resonanzstellen, deren Abstände im unteren Teil der Anregungsfunktion etwa 0,3 MeV, im oberen etwa 0,1 MeV betragen.

Die Anregungsfunktion für Protonenemission zeigt nach Pollard (*139*) eine Resonanz bei $E_\alpha = 3{,}5$ MeV, fällt jedoch nach Haxel mit dem Einsetzen der Neutronenemission, d. h. für α-Energien von mehr als 6,5 MeV, wieder stark ab.

Die Anregungsfunktion der Reaktion O_8^{16} (dn) F_9^{17} ist von Newson (*126*) untersucht worden, läßt aber keine Schlüsse auf Anregungsstufen zu.

Fluor 19.

Eine Anregungsstufe von F_9^{19} ergibt sich in der Reaktion O_8^{18} (pn) F_8^{18}, wo dieser Kern den Zwischenkern darstellt, bei einer Protonenenergie von 3,55 MeV [DuBridge und Mitarb. (*52*)].

Fluor 20.

Als Zwischenkern tritt F^{20}_{9} bei der Beschießung von Fluor mit Neutronen auf, die zu der Umwandlung F^{19}_{9} (nα) N^{16}_{7} führt. Wilhelmy (*185*) findet zwei Gruppen der Endprodukte mit den Energien $E_{\alpha + N^{16}}$ = 3,1 und 3,6 MeV, die er Eindringresonanzen mit Übergängen zum Grundzustand des Kerns N^{16}_{7} zuschreibt (vergl. dazu jedoch Stickstoff *16*).

Über die tieferen Anregungszustände des Kerns F^{20}_{9} geben die Protonengruppen aus der Reaktion F^{19}_{9} (dp) F^{20}_{9} Auskunft, die nach den Messungen von Bower und Burcham (*23*) Energietönungen von 4,3, 3,6, 3,3, 2,95 und 2,4 MeV ergeben. Wenn man die längste Protonengruppe dem Übergang zum Grundzustand des Kerns F^{20}_{9} zuordnet, so ergibt sich für die Energiedifferenz dieses Kerns gegenüber Ne^{20}_{10} der Wert 7,2 MeV, während die Energie der β-Strahlung nach Bower und Burcham nur 5,1 MeV beträgt. Gleichzeitig tritt nach Bower und Burcham eine Gammastrahlung von 2,2 MeV auf. Wenn es auch wahrscheinlicher erscheint, daß diese Gammastrahlung von einem Übergang im Endkern Ne^{20}_{10} herrührt, so muß man doch auch mit der Möglichkeit rechnen, daß oben bei der Protonenemission nicht der Grundzustand, sondern ein isomerer Anregungszustand des Endkerns F^{20}_{9} gebildet wird, der anschließend unter Gammaemission in den etwa 2 MeV tieferen Grundzustand übergeht. Eine Entscheidung hierüber könnten Koinzidenzmessungen an den β- und Gammastrahlen liefern, die im ersten Falle ein positives Resultat liefern müßten.

Neon 20.

Der Kern Ne^{20}_{10} ist am eingehendsten untersucht als Zwischenkern der Reaktionen, die bei der Beschießung von Fluor mit Protonen auftreten. Dabei entsteht, wie schon bei O^{16}_{8} besprochen, eine starke Gammastrahlung, damit verbunden kurzreichweitige α-Teilchen, ferner langreichweitige α-Teilchen, die zum Grundzustand von O^{16}_{8} führen, und Elektronenpaare. Alle diese Umwandlungen erfolgen resonanzartig, jedoch sind die Resonanzstellen für die verschiedenen Prozesse nicht dieselben. Die Resonanzen für Gammastrahlung sind von Hafstadt und Tuve (*72*), später von Herb und Mitarb. (*83*,*6*) und Bothe und Gentner (*21*), die langreichweitigen α-Teilchen von Burcham und Devons (*28*), die Elektronenpaare von Fowler und Lauritsen (*61*) untersucht worden. Die folgende Zusammenstellung ist der Untersuchung von Streib, Fowler und Lauritsen (*175*) entnommen, die die Anregungsfunktion für alle drei Prozesse untersucht haben. Danach ergeben sich folgende Resonanzstellen:

Resonanzenergie E_p	= 0,334	0,479	0,589	0,660	0,6—0,8
Art der Umwandlung:	γ	γ	γ	γ	π
Breite der Zustde, keV:	—	—	25	—	—

Resonanzenergie E_p =	0,72	0,84	0,85	0,86	0,93	0,9—1,2	1,14	1,22
Art der Umwandlung:	α	α	π	γ	γ	α	π	π
Breite der Zustde, keV:	15	15	15	—	—	—	30	30

Resonanzenergie E_p =	1,1—1,3	1,35	1,335	1,363
Art der Umwandlung:	γ	$\alpha\pi$	γ	γ
Breite der Zustde, keV:	—	25	—	10

Wie man sieht, konnte nur in einem einzigen Fall eine gemeinsame Resonanz für langreichweitige α-Teilchen und Paarbildung festgestellt werden, während alle übrigen Resonanzstellen ihre spezifischen Umwandlungen haben. Die Gesamtausbeute bis zu einer Protonenenergie von 1,5 MeV beträgt für die verschiedenen Prozesse in Verhältniszahlen:

$$\alpha : \pi : \gamma = 1 : 2 : 24.$$

Tiefere Anregungszustände des Kerns Ne_{10}^{20} ergeben sich bei der Streuung von α-Teilchen an Sauerstoff, die nach Ferguson und Walker (*57*) zwei Resonanzen bei 5,5 und 6,5 MeV, nach Devons (*49*) eine solche bei 5,7 MeV zeigt.

Als Endkern tritt Ne_{10}^{20} in der Reaktion F_9^{19} (dn) Ne_{10}^{20} auf, die nach Bonner (*12*) 7 Gruppen mit Energietönungen von 10,8, 9,33, 6,62, 5,39, 3,53, 1,84, 0,74 MeV, also Anregungsstufen von 1,47, 4,2, 5,4, 7,3, 9 und 10 MeV liefert. Die erste dieser Anregungsstufen tritt nach Powell, May, Chadwick und Pickavance (*136*) auch bei der unelastischen Streuung von Protonen an Neon in Form eines Energieverlustes von 1,4 MeV in Erscheinung.

Falls, wie es wahrscheinlich ist, die den β-Zerfall von F_9^{20} begleitende Gammastrahlung von 2,2 MeV (s. F_9^{20}) von einem Übergang im Kern Ne_{10}^{20} herrührt, muß man hieraus auf eine Anregungsstufe dieses Kerns mit 2,2 MeV Anregungsenergie schließen. Die Analyse des β-Spektrums führt nach Bethe, Hoyle und Peierls (*10*) ferner zu dem Schluß, daß dieses Spektrum komplex ist und aus zwei Komponenten besteht, die sich in ihrer Maximalenergie um etwa 2 MeV unterscheiden. Man kommt auf diesem Wege zu einem Anregungszustand von 4,2 MeV, den man mit dem oben aus den Neutronengruppen gefundenen identifizieren kann.

Neon 21.

Der Kern Ne_{10}^{21} stellt den Zwischenkern der zum Teil schon unter Sauerstoff 17 besprochenen Reaktion Ne_{10}^{20} (nα) O_8^{17} dar. Gailer (*68*) nimmt zur Deutung der von ihm gefundenen Teilchengruppen zwei Eindringresonanzen im Zwischenkern (bei E_n = 5,2 und 5,8 MeV) an. Ihre Kombination mit dem Grundzustand und den beiden tiefsten von Burcham und Smith (*29*) gefundenen Anregungszuständen des Endkerns liefert sämtliche Gruppen von Gailer, dazu noch eine weitere, die von ihm zunächst nicht beobachtet werden konnte. In einer späteren Untersuchung finden Ortner und Protiwinsky (*132*) vier weitere Gruppen, von denen sich eine als die bei Gailer fehlende, die drei übrigen als Kombination einer weiteren Eindringresonanz für $E_n = 6{,}6$ MeV mit denselben Endzuständen wie oben deuten lassen. Naturgemäß ist dies nur eine von verschiedenen möglichen Deutungen.

Als Endkern tritt Ne^{21}_{10} bei den beiden folgenden Umwandlungen auf:

a) Ne^{20}_{10} (dp) Ne^{21}_{10}, die nach Pollard und Watson (*145*) sowie Schultz und Watson (*163*) Gruppen mit Energietönungen von 1,02, 2,15, 3,13, 4,44 und 4,88 MeV ergibt, wobei die Möglichkeit besteht, daß weitere, nicht aufgelöste Gruppen vorhanden sind.

b) Na^{23}_{11} (dα) Ne^{21}_{10}, in der Murrell und Smith (*124*) zwei α-Teilchengruppen mit Energietönungen von 6,75 und 5,15 MeV finden. Die zugehörige Anregungsstufe paßt gut zu der Energietönung von 3,13 MeV in Reaktion a).

Neon 22.

Der Kern Ne^{22}_{10} bildet den Endkern der Reaktion F^{19}_{9} (αp) Ne^{22}_{10}, die von Pose (*146*), Chadwick, Constable und Pollard (*33*), Haxel (*77*) und May und Vaidyanathan (*114*) untersucht wurde und einerseits Resonanzen im Zwischenkern, andererseits Anregungsstufen des Endkerns ergibt. Nach einem gewissen Ausgleich der Resultate, die im großen ganzen befriedigend übereinstimmen, erhält man Energietönungen von 1,58, 0,9, —0,1, —1,9 und —3,2 MeV.

Der Positronenzerfall von Na^{22}_{11} ist nach Oppenheimer und Tomlinson (*O 2*) von Gammastrahlen von 1,3 MeV Energie begleitet, die in etwa gleicher Häufigkeit wie die Positronen auftreten. Wir müssen daraus auf eine weitere Anregungsstufe des Kerns Ne^{22}_{10} bei 1,3 MeV schließen. Aus den Untersuchungen von Maier-Leibnitz (*108*) geht hervor, daß die Gammaemission im Anschluß an den Positronenzerfall auftritt. Der in Tafel V. eingetragene Grundzustand von Na^{22}_{11} ist gegenüber dem Isotopenbericht von Mattauch und Flügge (*110*) nach Maier-Leibnitz korrigiert.

Neon 23.

In der Reaktion Ne^{22}_{10} (dp) Ne^{23}_{10} finden Schultz und Watson (*163*) zwei Protonengruppen. Die kürzere ergibt einen Anregungszustand des Endkerns von 2,85 MeV.

Natrium 22.

Von Bonner und Mott-Smith (*15*) wurden in der Reaktion F^{19}_{9} (αn) Na^{22}_{11} Neutronengruppen mit Energien von 2,5, 2,12, 1,58 und 1,13 MeV gefunden. Da diese Neutronengruppen durch die α-Strahlen von Polonium in dicker Fluorschicht ausgelöst wurden, sind sie auf Eindringresonanzen mit Übergängen zum Grundzustand oder zu angeregten Zuständen des Endkerns zurückzuführen. Zusammen mit den beiden tiefsten Resonanzstufen für Neutronenemission (s. Na^{23}_{11}) genügt eine Anregungsstufe von Na^{22}_{11} von etwa 0,9 MeV zur Deutung der beobachteten Gruppen.

Natrium 23.

Als Zwischenkern tritt Na^{23}_{11} in den (αp)- und (αn)-Reaktionen an Fluor auf. Für den (αp)-Prozeß wurden Resonanzen von Pose (*147*) und Chadwick, Constable und Pollard (*33*) gefunden und später zusammen mit den Anregungsresonanzen für die Neutronenemission von Saha (*158*) eingehend untersucht. Danach treten folgende Resonanzen auf:

für Protonenemission für E_α = 3,78, 4,71, 5,09 MeV;
für Neutronenemission für E_α = 3,31, 3,81, 4,29, 4,56, 4,91 und 5,16 MeV;
für Gammastrahlung für E_α = 3,34, 3,85, 4,54 MeV.

Die Gammastrahlung scheint also mit der Neutronenemission verknüpft zu sein. Ihre Energie beträgt nach Bothe (*18*) etwa 1,1 MeV, was mit der oben erwähnten Anregungsstufe des Kerns Na^{22}_{11} einigermaßen übereinstimmt.

Die Streuung von α-Teilchen an Fluor zeigt nach Devons (*49*) Resonanzen für E_α = 3,5 und 4,7 MeV, die ebenfalls dem Zwischenkern Na^{23}_{11} zuzuordnen sind. Die entsprechenden Anregungsstufen liegen in dem gleichen Gebiet wie die von Saha untersuchten Resonanzen für Neutronen- und Protonenemission, doch läßt sich den Messungen ein Zusammenhang nicht entnehmen. Auf Grund einer Fermianalyse des Betaspektrums von Ne^{23}_{10} schließen Watson und Pollard (*183*), daß bei dem Betaübergang zum Teil ein angeregter Zustand des Endkerns Na^{23}_{11} mit einer Anregungsenergie von 1,5 MeV erreicht wird.

Natrium 24.

In der Reaktion Na^{23}_{11} (dp) Na^{24}_{11} wurden von Lawrence (*101*) und später von Murrell und Smith (*124*) Protonengruppen mit den Energietönungen 1,38, 3,50, 4,38 und 4,76 MeV beobachtet, aus denen auf Anregungsstufen von Na^{24}_{11} bei 0,38, 1,26 und 3,38 MeV zu schließen ist.

Magnesium 24.

Der Kern Mg^{24}_{12} entsteht bei der Beschießung von Natrium mit Protonen, die zur Anlagerung unter Emission von Gammastrahlen führt. Resonanzstufen für diesen Prozeß wurden in wachsender Zahl von Gentner (*69*), Herb und Mitarb. (*83*), Curran und Strothers (*41*), und im Gebiet zwischen 1 und 2 MeV insbesondere von Burling gefunden (*30*). Die tiefsten Zustände liegen nach Curran und Strothers bei 305, 425, 525 und 590 keV, ihre Breite beträgt nach Hole, Holtsmark und Tangen (*87*) weniger als 3 keV.

Mg_{12}^{24} stellt ferner den Zwischenkern für die Streuung von α-Strahlen an Neon dar, wo Brubaker (*27*) eine Resonanz für $E_\alpha = 6{,}1$ MeV findet, die allerdings von Devons (*49*) nicht bestätigt werden konnte.

Zu tieferen Zuständen führen die Gammaübergänge, die die Protonenanlagerung begleiten. Hier findet Gentner durch Absorptionsmessungen eine Gammaenergie von 8,3 MeV. Curran und Strothers finden aus dem Endwert der Absorptionskurve den Wert 11,2 MeV, aus dem Halbwert den Wert 6,5 MeV. Daraus geht hervor, daß das Gammaspektrum komplex ist und Komponenten von schätzungsweise 4 bis etwa 11 MeV enthält, wobei die letzte dem Übergang zum Grundzustand entspricht.

Genaueren Aufschluß über die tiefsten Anregungsstufen gibt erstens die unelastische Streuung von Protonen, zweitens die Gammastrahlung, die den Betazerfall von Na_{11}^{24} begleitet. Die unelastische Streuung von Protonen wurde von Wilkins und Wrenshall (*188*), Wilkins (*186*) und Dicke und Marshall (*50*) untersucht und ergibt Energieverluste der Protonen mit Anregung des Kerns Mg_{12}^{24} auf 1,4, 2,8 und 4,1 MeV.

Für den Betaübergang $Na_{11}^{24} \rightarrow Mg_{12}^{24}$ stehen nach den neuesten Massenbestimmungen von Mattauch (*110*) insgesamt 5,3 MeV zur Verfügung. Da die Betaenergie nur 1,37 MeV beträgt, bleibt der Magnesiumkern beim Betazerfall also in einem Anregungszustand von etwa 4 MeV zurück, den man mit dem bei der unelastischen Protonenstreuung gefundenen 4,1-MeV-Zustand identifizieren kann. Das Gammaspektrum wurde zuerst von Richardson und Kurie (*152*) untersucht, die Linien mit 0,95, 1,93 und 3,08 MeV fanden. Neuere Untersuchungen von Kikuchi und Mitarb. (*96*) sowie von Curran, Dee und Strothers (*44*) bestätigten die Linien bei 1 und 3 MeV, ergaben jedoch für die mittlere Linie eine Energie von 1,5 MeV, während eine 2-MeV-Gammalinie nur in sehr schwacher Intensität vorhanden ist. Um die gesamte zur Verfügung stehende Energie von 4 MeV unterzubringen, wird man also annehmen, daß die 1-MeV- und 3-MeV-Linie nacheinander emittiert werden. Der Vergleich mit den Ergebnissen der unelastischen Streuung legt es nahe, hierfür eine Anregungsstufe bei 3 MeV anzunehmen. Die 1,5-MeV-Linie wird durch eine weitere Anregungsstufe bei 1,5 MeV ermöglicht, die ebenfalls mit einer Anregungsstufe der unelastischen Streuung übereinstimmt. Wenn die 2-MeV-Linie vorhanden ist, muß noch eine weitere Anregungsstufe angenommen werden, für deren Lage verschiedene Möglichkeiten, so z. B. bei 2 MeV, bestehen.

Magnesium 25.

Bei der Streuung von Neutronen an Magnesium findet Mc Phail (*117*) eine Resonanz bei einer Neutronenenergie von 2,54 MeV, die einer Anregungsstufe des Kerns Mg^{25}_{12} zuzuschreiben sein dürfte. Als Endzustand ergibt sich Mg^{25}_{12} bei der Reaktion Al^{27}_{13} (dα) Mg^{25}_{12}, die nach McMillan und Lawrence (*116*) zwei α-Teilchengruppen mit den Energietönungen 5,8 und 6,5 MeV, also eine Anregungsstufe bei 0,7 MeV ergibt.

Magnesium 26.

Der Kern Mg^{26}_{12} bildet den Endkern der Umwandlung Na^{23}_{11} (αp) Mg^{26}_{12}, welche Protonengruppen liefert, die in einer Reihe von Arbeiten untersucht wurden [König (*97*), Haxel (*77*), May und Vaidyanathan (*114*), Merhaut (*119*)]. Nach diesen Untersuchungen, die allerdings beträchtliche Differenzen aufweisen, ergeben sich Energietönungen von 1,7, —0,2, —1,9 und —3,1 MeV, dazu nach Haxel wohl noch eine weitere mit 0,85 MeV. Damit ergeben sich Anregungsstufen von 0,85, 1,9, 3,6 und 4,8 MeV.

In weitgehendem Widerspruch zu diesen Messungen stehen neuere Ergebnisse von Humphreys und Pollard (*92*), in denen sich für die gleiche Reaktion Anregungsstufen von 0,23, 0,6, 1,18, 1,92 und 2,75 MeV ergeben. Dieselben Autoren (*143*) finden in der Reaktion Mg^{25}_{12} (dp) Mg^{26}_{12} für den Endkern Anregungsstufen mit 1,85 und 3,00 MeV, von denen die erste mit einer schon oben genannten Anregungsstufe zusammenfällt.

Aluminium 26.

Bei der Beschießung von Magnesium mit Protonen finden Hole, Holtsmark und Tangen (*85*) Resonanzen für Gammastrahlung, welche sie den Ausgangskernen Mg^{25}_{12} und Mg^{26}_{12} zuordnen können. Es entstehen hierbei also Anregungszustände der Kerne Al^{26}_{13} und Al^{27}_{13}. Die Resonanzstellen liegen bei den Protonenenergien E_p = 228, 303, 330, 403, 435, 450, 473 keV.

Aluminium 27.

Der Kern Al^{27}_{13} stellt den Zwischenkern für die schon besprochene Umwandlung Na^{23}_{11} (αp) Mg^{26}_{12} dar. Für diese Reaktion findet König (*97*) eine Resonanz für eine α-Energie von etwa 5 MeV.

Für die Neutronenemission vermutet Brandt (*24*) Resonanzen für α-Energien von 6,2 und 6,8 MeV.

Der Kern Al^{27}_{13} stellt ferner den Endkern der (αp)-Reaktion an Mg^{24}_{12} dar. Die hierbei auftretenden Protonengruppen wurden von Duncanson und Miller (*51*) und von Haxel (*78*) untersucht. In sehr guter Übereinstimmung ergeben sich Energietönungen von —1,15, —1,85 und —2,9 MeV. Davon ist der erste Wert nach Bethe (*8*) dem Isotop Mg^{25}_{12}, und nach den neuesten Massenbestimmungen von Mattauch (*110*) vielleicht zum Teil auch dem Isotop Mg^{26}_{12} zuzuschreiben, während die beiden letzten Werte jedenfalls dem Isotop Mg^{24}_{12} zuzuordnen sind und eine Anregungsstufe mit 1,05 MeV Anregungsenergie ergeben. Eine Gammastrahlung von 0,9 MeV Energie, die hierzu etwa passen würde, wurde von Richardson (*149*) im Gefolge des Betazerfalls von Mg^{27}_{12} festgestellt. Die gleiche Anregungsstufe ergibt sich außerdem nach Wilkins und Kuerti (*187*) bei der unelastischen Streuung von Protonen am Aluminiumkern.

Aluminium 28.

In der Reaktion Al^{27}_{13} (dp) Al^{28}_{13} wurden von McMillan und Lawrence (*116*) Protonengruppen mit Energietönungen von 5,79, 5,11, 3,10, 2,12 und 0,64 MeV festgestellt. Neuere Messungen von Schultz, Davidson und Ott (*162*) ergeben viele Gruppen, die noch nicht endgültig analysiert sind.

Silizium 28.

Der Kern Si^{28}_{14} ergibt sich bei der Protonenanlagerung an Al^{27}_{13}. Nach den Untersuchungen von Gentner (*69*), Herb und Mitarb. (*83*), sowie von Hole, Holtsmark und Tangen (*87*) tritt hierbei eine große Zahl von Resonanzstellen auf, die nach den ausführlichen Messungen von Plain, Herb, Hudson und Warren (*138*) für Protonenenergien von 0,5 bis 2,5 MeV mittlere Abstände von 20 bis 30 keV und Breiten von 1 bis 10 keV aufweisen, von denen mindestens die größeren nicht rein apparativ sein können und entweder die wirkliche Linienbreite oder eine Häufung von Linien darstellen. Die mittlere Gammaenergie wächst bei einer Steigerung der Protonenenergie von 0,55 auf 1,37 MeV von anfänglich 6,1 MeV auf 8,2 MeV an. Man kann daraus schließen, daß von einer oder mehreren tieferen Anregungsstufen aus Übergänge zu tiefen Endzuständen verboten sind, so daß deshalb diese erst bei höheren Protonenenergien einsetzen.

Der Kern Si^{28}_{14} stellt ferner den Zwischenkern bei der Beschießung von Magnesium mit α-Teilchen dar, soweit hierbei die Umwandlungen vom Isotop Mg^{24}_{12} aus erfolgen. Die Anregungskurve für Protonenemission, die überwiegend diesem Isotop zuzuschreiben ist, zeigt nach Duncanson und Miller (*51*) Resonanzen für $E_\alpha = 5{,}7$ und 6,3 MeV.

Silizium 29.

Für die Reaktion Mg^{25}_{12} (αp) Al^{28}_{13} stellen Fahrenbrach (*55*), Meye (*121*) und Chang und Szalay (*32*) durch Aktivitätsmessung Resonanzen bei $E_\alpha = 5{,}5$ und 6,2 MeV fest, die als Anregungsstufen des Zwischenkerns Si^{29}_{14} zu deuten sind.

In der Reaktion S^{32}_{16} (nα) Si^{29}_{14} beobachtet Wilhelmy (*185*) zwei Gruppen von Endprodukten mit Energien von 14,6 und 15,9 MeV. Da die Primärneutronen eine kontinuierliche Energieverteilung aufweisen, müssen diese

Gruppen auf Resonanzstufen des Zwischenkerns zurückgeführt werden und lassen deshalb einen Schluß auf Anregungsstufen des Endkerns nur unter der wenig wahrscheinlichen Annahme zu, daß nur eine Resonanzstufe des Zwischenkerns wirksam ist.

Silizium 30.

Nach Ellis und Henderson (*53*) scheint die Reaktion Mg_{12}^{26} (αp) Al_{13}^{29} Resonanzstufen im Zwischenkern Si_{14}^{30} bei α-Energien von etwa 5,5 und 6,2 MeV aufzuweisen, also bei denselben α-Energien, die auch bei den beiden anderen Magnesiumisotopen zu Resonanzstufen führen.

Als Endkern tritt der Kern Si_{14}^{30} in der vieluntersuchten Umwandlung Al_{13}^{27} (αp) Si_{14}^{30} auf. Die hierbei auftretenden Protonengruppen ergeben nach Chadwick und Constable (*34*), Haxel (*79*), Duncanson und Miller (*51*) und Merhaut (*119*) Energietönungen von 2,25, 0,0, —1,25 und —2,5 MeV, also Anregungsstufen des Kerns Si_{14}^{30} bei 2,25, 3,5 und 4,75 MeV.

In der gleichen Reaktion finden Humphreys und Pollard (*92*) neuerdings viele Gruppen mit Abständen von weniger als 1 MeV. Die Diskrepanzen gegenüber allen früheren Messungen sind schwer zu erklären. Als Strahlenquelle diente in diesem Fall ein Zyklotron.

Dieselben Autoren finden in der Reaktion Si_{14}^{29} (dp) Si_{14}^{30} eine Reihe von Protonengruppen, die Anregungsstufen des Kerns Si_{14}^{30} mit 0,9, 1,9, 2,8 und 3,6 MeV entsprechen. Da hierbei sehr viel höhere Anregungsenergien des Zwischenkerns P_{15}^{31} erreicht werden als in der vorigen Reaktion, ist das Auftreten neuer Anregungsstufen hier nicht ausgeschlossen.

Phosphor 30.

Der Kern P_{15}^{30} entsteht durch eine (αn)-Reaktion aus Aluminium und geht unter Emission von Positronen in den Kern Si_{14}^{30} über. Dabei zeigt sich nach Yu Yen Sha (*192*) die merkwürdige Erscheinung, daß die Positronenenergie mit der Energie der erzeugenden α-Teilchen ansteigt. Eine Erklärungsmöglichkeit für diese Erscheinung wäre die, daß von höheren α-Energien aus ein isomerer Anregungszustand des Kerns P_{15}^{30} gebildet werden kann, der direkt in den Kern Si_{14}^{30} übergeht und dabei energiereichere Positronen liefert.

Phosphor 31.

Der Kern P_{15}^{31} stellt den Zwischenkern bei der Beschießung von Aluminium mit α-Teilchen dar. Dabei entstehen Protonen und, bei höheren α-Energien, Neutronen. Für die Protonenemission wurden Resonanzen zuerst von Pose (*146*) festgestellt. Die Untersuchungen von Chadwick und Constable (*34*) und Duncanson und Miller (*51*) ergaben für die Lage dieser Resonanzstellen die α-Energien 4,0,

4,49, 4,86, 5,25, 5,75 und 6,61 MeV. Die Breiten der Anregungsstufen betragen etwa 0,3 MeV. Spätere Messungen von Kanne (*94*) und Merhaut (*120*) bestätigten diese Ergebnisse.

Die Neutronenemission wurde teils durch Messung der entstehenden P_{15}^{30}-Aktivität [Fahrenbrach (*54*), Meye (*121*), Yu Yen Sha (*192*), Szalay (*177*)], teils durch Nachweis der entstehenden Neutronen [Fünfer (*63*)] untersucht. Die Untersuchungen von Szalay erstrecken sich auf α-Energien von 3,8 bis 5,3 MeV, diejenigen von Fünfer von 5 bis 8,5 MeV. Dabei ergibt sich eine Reihe von Resonanzstufen, die im unteren Teil Abstände von etwa 0,5 MeV, im oberen Teil von etwa 0,2 MeV aufweisen.

Die Emission von Gammastrahlen findet nach Szalay und Zimonyi (*178*) von denselben Resonanzstellen aus statt wie die Emission der Protonen. Dies ist verständlich, da die Protonenemission bei kleineren α-Energien bei weitem der häufigere Prozeß ist.

Der Kern P_{15}^{31} entsteht ferner bei der Protonenanlagerung an Si_{14}^{30}, die nach Hole, Holtsmark und Tangen (*87*) Resonanzen bei Protonenenergien von 413 und 497 keV zeigt. Die Breiten dieser Resonanzstufen betragen weniger als 3 keV. Bemerkenswert ist, daß diese Resonanzen wesentlich kleineren Anregungsenergien entsprechen als die oben besprochenen Al_{13}^{27} - α Resonanzen. Als Endkern tritt P_{15}^{31} in der Reaktion Si_{14}^{28} (αp) P_{15}^{31} auf, die von Haxel (*78*) untersucht wurde und drei Protonengruppen liefert, die Anregungsstufen des Endkerns von 0,8 und 1,7 MeV entsprechen.

Schwefel 32

entsteht bei der Protonenanlagerung an P_{15}^{31}, welche nach Curran und Strothers (*41*) Resonanzen bei 460, 580, 700 und 950 keV Protonenenergie zeigt. Die maximale Gammaenergie beträgt 7,5 MeV, die mittlere 3 MeV. Hole und Mitarb. (*86*) geben Resonanzstellen bei 347, 433 und 530 keV an.

Schwefel 33.

Der Kern S_{16}^{33} bildet den Zwischenkern für die von Wilhelmy (*185*) untersuchten Reaktionen S_{16}^{32} (nα) Si_{14}^{29} und S_{16}^{32} (np) P_{15}^{32}. In beiden Fällen treten bei Verwendung eines kontinuierlichen Neutronenspektrums Gruppen auf, die auf Resonanzstufen des Zwischenkerns zurückzuführen sind, und zwar für die Energien der Endprodukte

$$E_{p + P^{32}} = 1{,}3,\ 1{,}73,\ 2{,}14 \text{ MeV},$$
$$E_{\alpha + Si^{29}} = 2{,}7 \text{ und } 4{,}0 \text{ MeV}.$$

Als Endkern tritt S_{16}^{33} in der Reaktion S_{16}^{32} (dp) S_{16}^{33} auf, die nach Smith und Pollard (*166*) Protonengruppen mit Energietönungen von 6,6, 5,57, 4,45, 3,40, 2,29 und 1,30 MeV liefert.

Schwefel 34.

Der Kern S^{34}_{16} stellt den Endkern der Reaktion P^{31}_{15} (αp) S^{34}_{16} dar, die nach Paton (*135*), May und Vaidyanathan (*114*) und Pollard und Brasefield (*142*) Protonengruppen mit Energietönungen von 0,3, —1,0, —2,5 und — 4,5 MeV liefert. Noch eine längere Gruppe, die mit den Massenbestimmungen von Mattauch (*110*) in Einklang steht, wurde von Merhaut (*119*) mit einer Energietönung von 1,3 MeV bestimmt.

Chlor 35

tritt als Endkern in der Reaktion S^{32}_{16} (αp) auf, die nach Haxel (*78*) und Brasefield und Pollard (*25*) Energietönungen von —2,1, —2,7 und —3,6 MeV liefert.

Chlor 36

tritt als Endkern der Reaktion Cl^{35}_{17} (dp) Cl^{36}_{17} auf, die nach Shrader und Pollard (*165*) die Energietönungen 6,31, 5,35 und 1,50 MeV liefert.

Chlor 38

tritt als Endkern in der entsprechenden Reaktion Cl^{37}_{17} (dp) Cl^{38}_{17} auf, die nach Shrader und Pollard Energietönungen von 4,02, 3,02 und 2,1 MeV liefert.

Argon 38

entsteht bei der Anlagerung von Protonen an Cl^{37}_{17}, die nach Curran und Strothers (*41*) und Hole, Holtsmark und Tangen (*87*) Resonanzen bei etwa 443, 530 und 650 keV mit Breiten von etwa 10 keV zeigt. Aus dem Endpunkt der Absorptionskurve folgt eine Gammaenergie von 14,5 MeV, aus dem Halbwert eine solche von 4,9 MeV.

Als Endkern tritt A^{38}_{18} in der Reaktion Cl^{35}_{17} (αp) A^{38}_{18} auf, die nach Pollard und Brasefield (*142*) Energietönungen von 0,1, — 2,5 und — 4,2 MeV ergibt, wobei die kürzeren Gruppen jedoch vielleicht auch dem Isotop Cl^{37}_{17} zuzuschreiben sind.

Weitere Schlüsse auf Anregungsstufen des Kern A^{38}_{18} ergeben sich aus der Analyse des Betaspektrums von Cl^{38}_{17}. Diese Analyse läßt nach Curran, Dee und Strothers (*44*) darauf schließen, daß das Spektrum aus zwei Komponenten besteht, deren Maximalenergien sich um etwa 3,7 MeV unterscheiden. Danach wäre ein Gammastrahl von dieser Energie zu erwarten. Curran und Mitarb. finden zwei Gammalinien von etwa gleicher Intensität mit Energien von 1,65 und 2,15 MeV, deren Summe etwa den obigen Betrag ergibt. Man kann damit auf eine Anregungsstufe bei etwa 3,8 und eine weitere bei 2,15 oder 1,65 MeV schließen. Da Kurie, Richardson und Paxton (*100*) für die Gammaenergien die höheren Werte von 2,5 und 2,0 MeV geben, kann es sich bei diesen Niveaus möglicherweise um die schon oben gefundenen Anregungsstufen handeln.

Argon 41

entsteht bei dem (dp)-Prozeß aus A^{40}_{18}. Nach Davidson (*45*) ergeben sich Protonengruppen mit Energietönungen von 2,2, 3,01 und 4,37 MeV.

Argon 42

entsteht in der Reaktion K^{39}_{19} (αp) A^{42}_{18}, in der Pollard und Brasefield (*142*) drei Gruppen finden. Die beiden kürzeren ergeben Anregungsstufen von 1,3 und 2,6 MeV.

Kalium 40

entsteht in der Reaktion K^{39}_{19} (dp) K^{40}_{19}, die nach Pollard (*140*) die Energietönungen 5,6, 4,5 und 3,4 MeV liefert. Auch hier sind die kürzeren Gruppen möglicherweise dem Isotop K^{39}_{19} zuzuordnen.

Kalium 41

ist der Endkern des Betazerfalls von A^{41}_{18} und der Umwandlung von Ca^{41}_{20} unter K-Elektroneneinfangung. Im ersten Falle ist von Richardson und Kurie (*152*) eine Gammastrahlung von 1,3 MeV, im zweiten Falle von Walke, Thomson und Holt (*182*) eine solche von 1,1 MeV beobachtet worden. Wir können daraus auf eine Anregungsstufe von K^{14}_{19} zwischen 1,1 und 1,3 MeV schließen.

Kalzium 41

entsteht in der Reaktion Ca^{40}_{20} (dp) Ca^{41}_{20}, die nach Davidson (*46*) zwei Gruppen mit den Energietönungen 4,5 und 6,3 MeV, also eine Anregungsstufe von 1,8 MeV liefert.

5. Zusammenfassung.

In Tafel XI ist das gesamte experimentelle Material über die Anregungsstufen der Kerne bis zum Atomgewicht 40 nochmals zusammengestellt. Die Kerne sind dabei nach ihrer Masse von oben nach unten und von links nach rechts so geordnet, daß die vermutlich ähnlich gebauten Kerne nebeneinander zu stehen kommen. So enthält die oberste Reihe zunächst die Kerne mit ungerader Protonen- und ungerader Neutronenzahl, in der zweiten Hälfte geradzahlige Massen mit dem Neutronenüberschuß zwei. Die zweite und die dritte Horizontalreihe enthalten Kerne, die aus denen der ersten Reihe durch Einbau von einem bzw. zwei weiteren Neutronen entstehen, die nächste Horizontalreihe die Vielfachen des α-Teilchens, die letzte schließlich Kerne mit gerader Protonenzahl und Neutronenüberschuß eins. Nebeneinanderstehende Kerne unterscheiden sich also jeweils um ein α-Teilchen. Isobare Kerne, die durch Vertauschung von Neutronen und Protonen auseinander hervorgehen, sind dicht nebeneinandergestellt.

Eine theoretische Deutung soll hier nicht versucht werden, doch kann

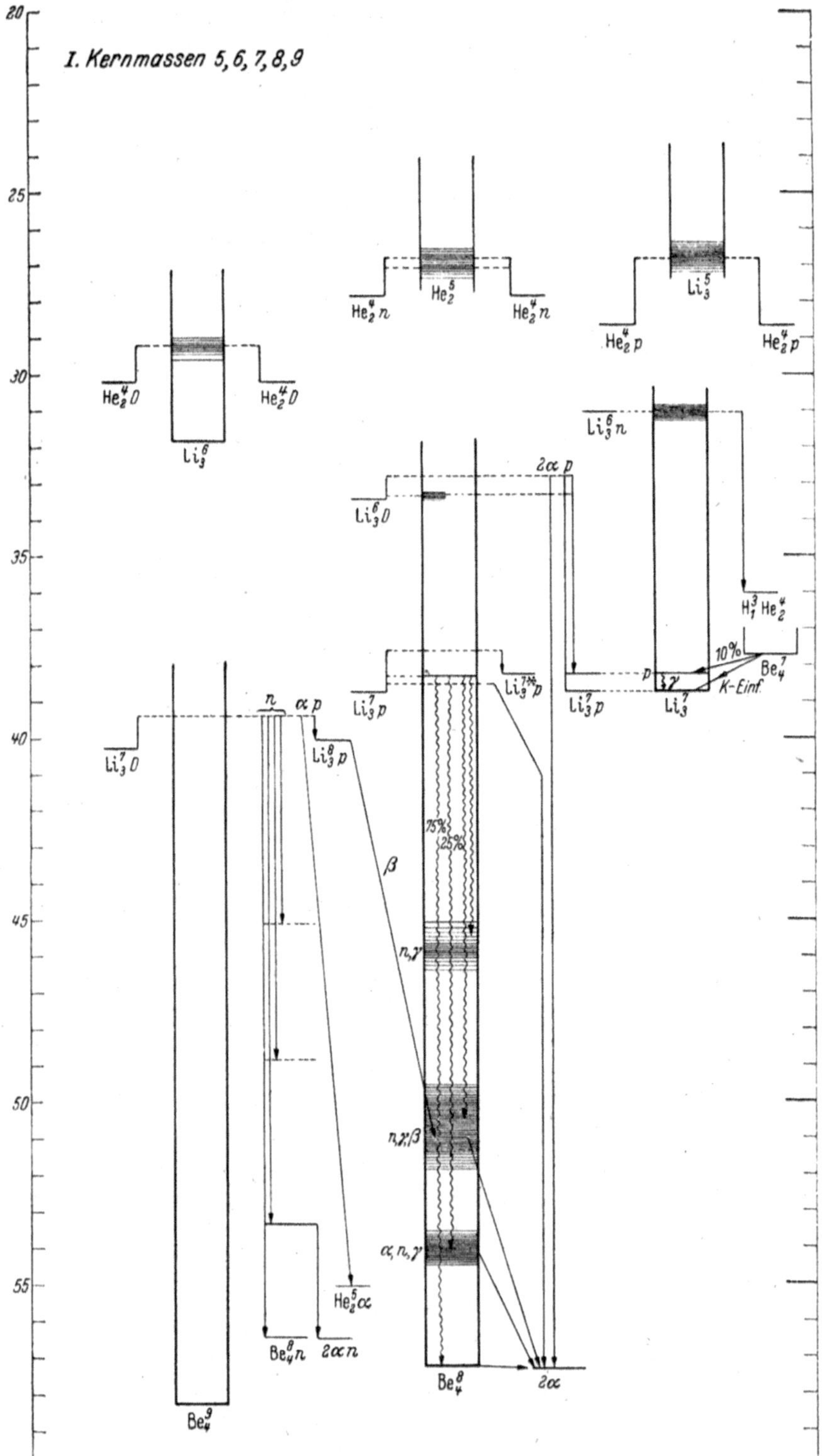
I. Kernmassen 5, 6, 7, 8, 9
20
25
30
35
40
45
50
55
60
He
Li
n
p
D
2α
α
β
75%
25%
n,γ
n,γ,β
α,n,γ
10%
K-Einf.
γ
Be
2αn
2α

Abb. 11.

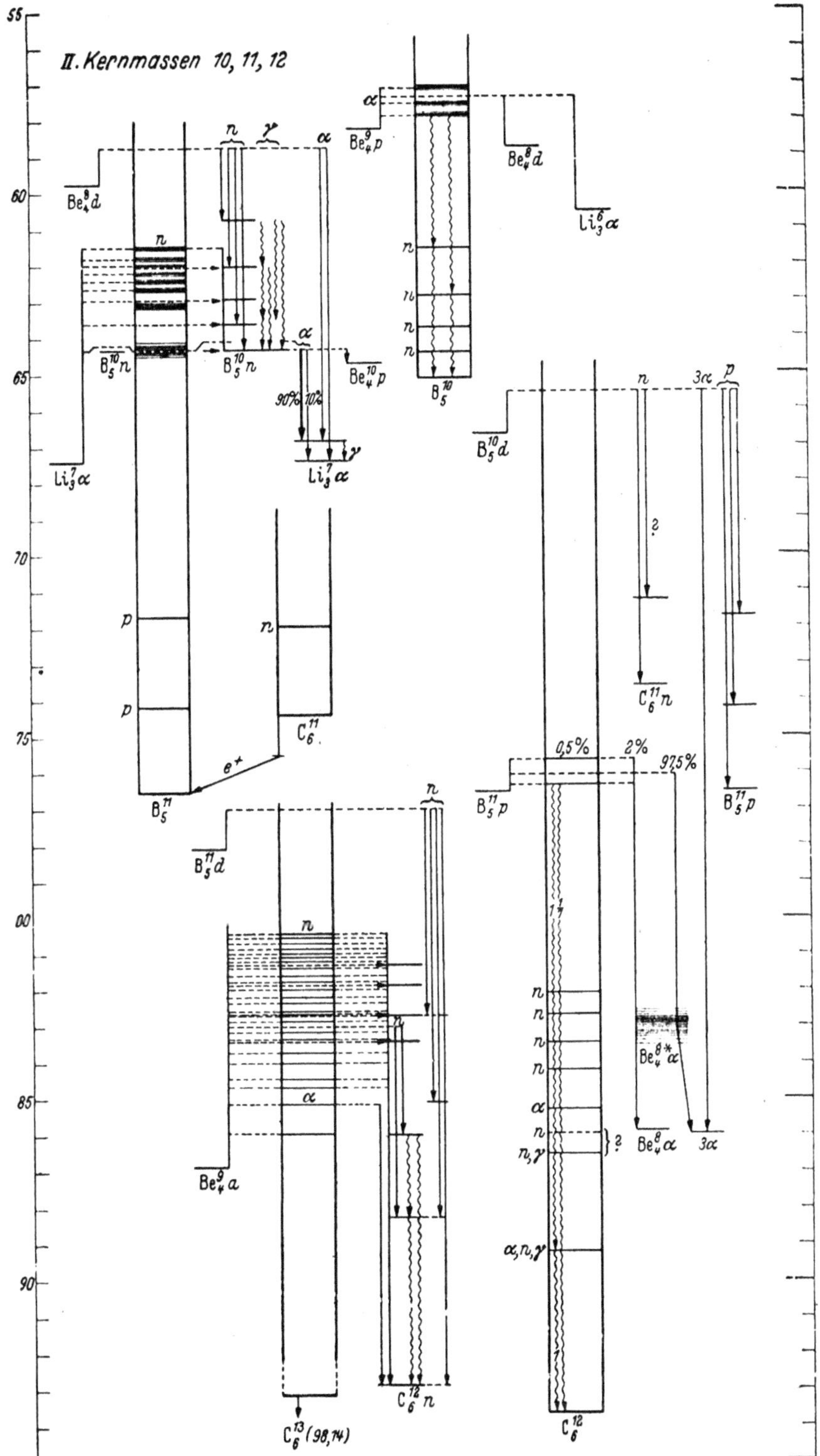
II. Kernmassen 10, 11, 12
55
60
65
70
75
80
85
90
95
Be$_4^9$d
Li$_3^7$α
B$_5^{10}$n
Be$_4^{10}$p
90%
10%
Li$_3^7$α
Be$_4^9$p
Be$_4^8$d
Li$_3^6$α
B$_5^{10}$
B$_5^{10}$d
3α
B$_5^{11}$
C$_6^{11}$
e$^+$
C$_6^{11}$n
0,5%
2%
97,5%
B$_5^{11}$p
B$_5^{11}$d
Be$_4^8$*α
Be$_4^8$α
α,n,γ
n,γ
Be$_4^9$a
C$_6^{12}$n
C$_6^{13}$(98,14)
C$_6^{12}$

Abb. 12.

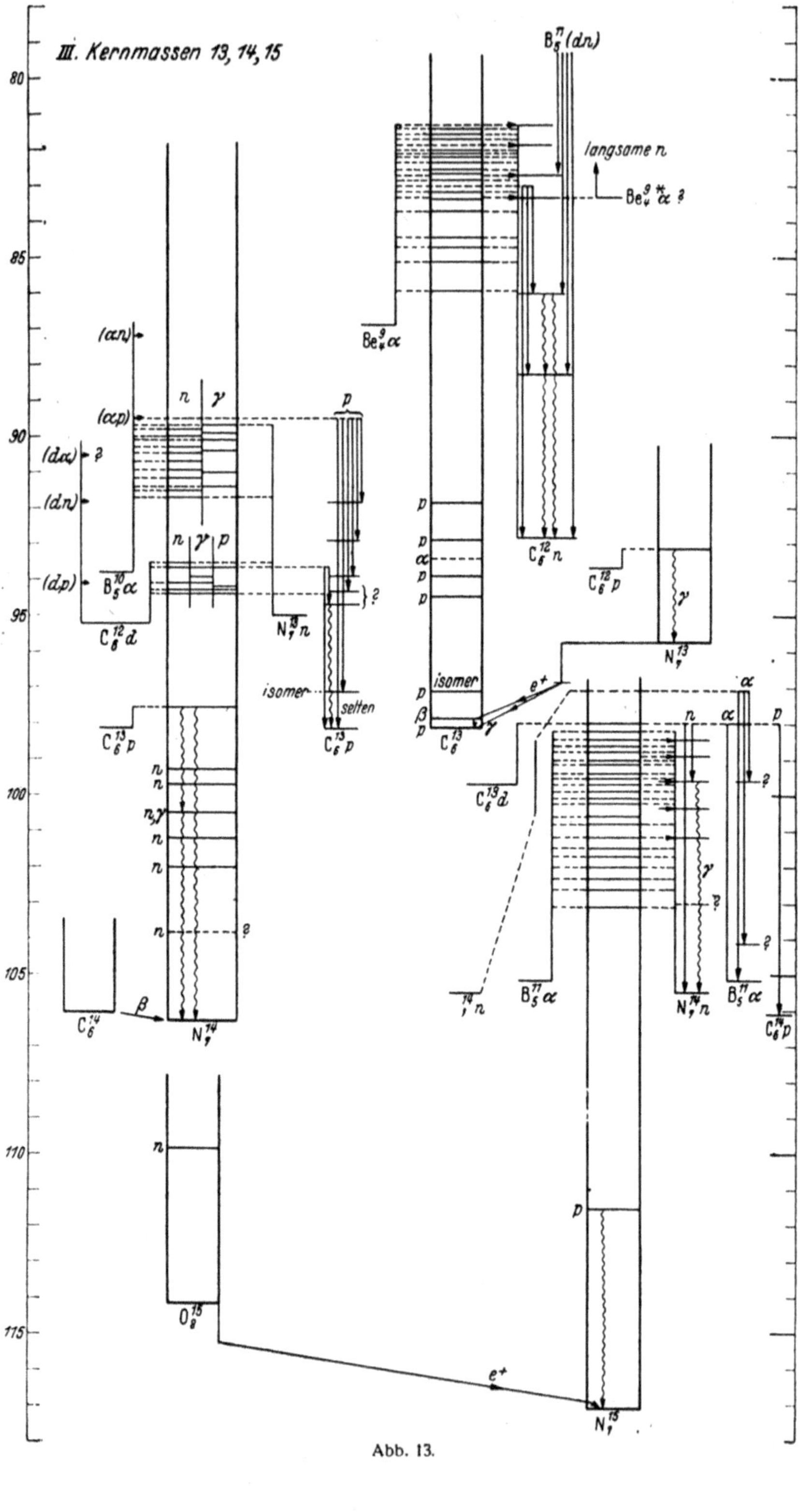

Abb. 13.

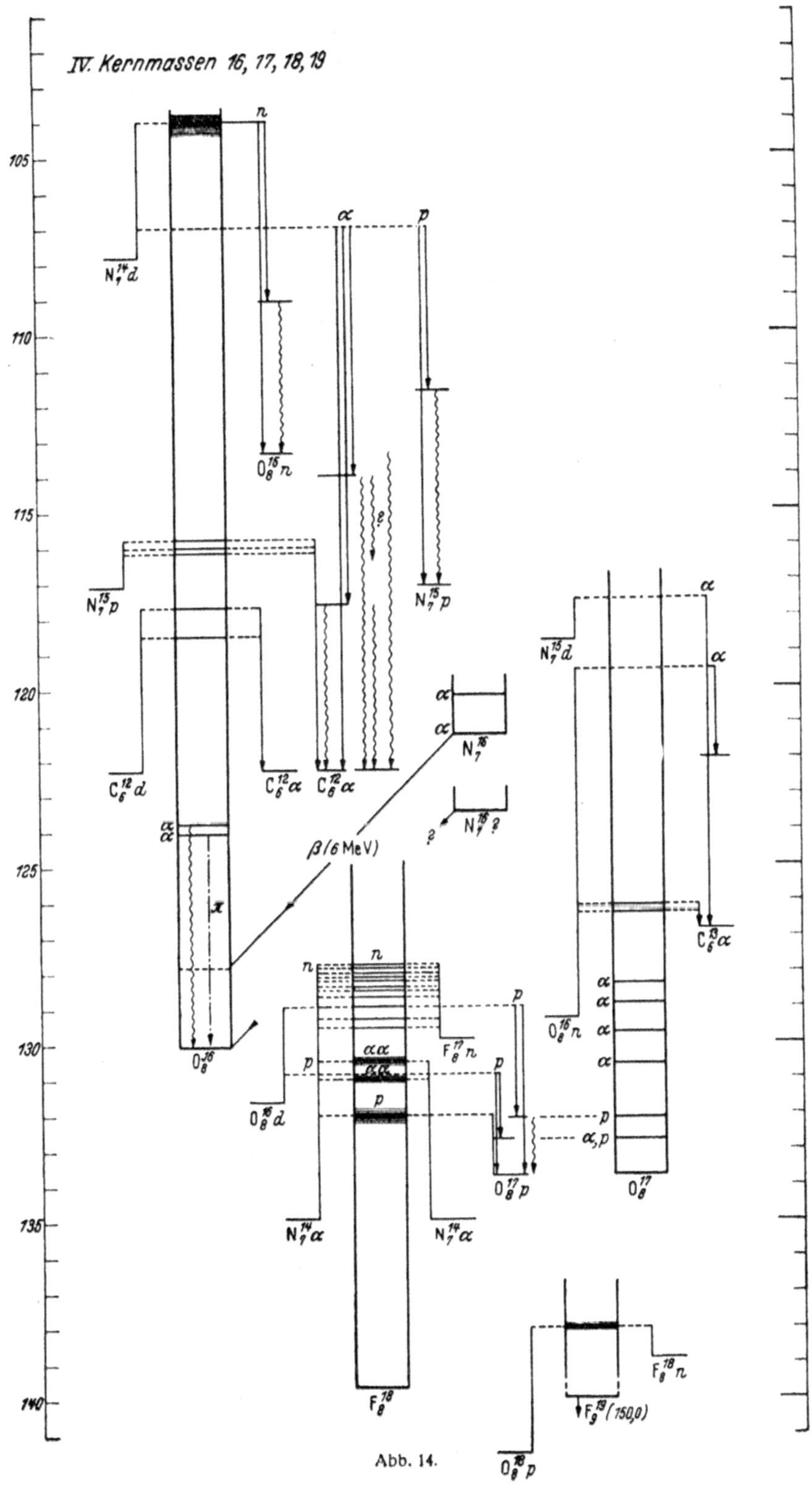

Abb. 14.

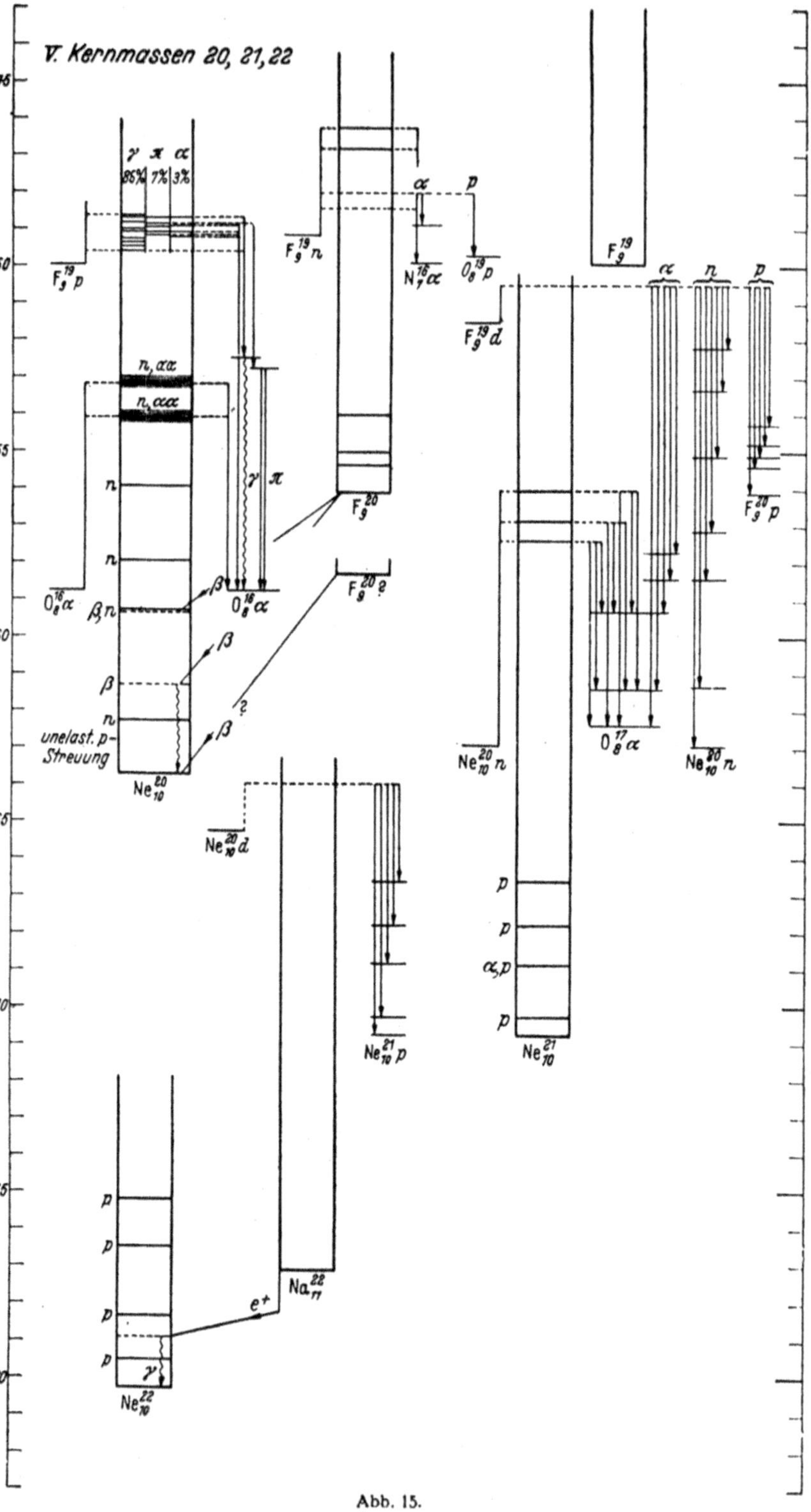
V. Kernmassen 20, 21, 22
145
150
155
160
165
170
175
180
γ π α
85% 7% 3%
n, αα
n, αα
n
n
β, n
β
n
unelast. p-Streuung
Ne$^{20}_{10}$
F$^{19}_{9}$ p
O$^{16}_{8}$ α
O$^{16}_{8}$ α
γ π
β
?
F$^{19}_{9}$ n
N$^{16}_{7}$ α
O$^{19}_{8}$ p
F$^{20}_{9}$
F$^{20}_{9}$?
F$^{19}_{9}$
F$^{19}_{9}$ d
α n p
F$^{20}_{9}$ p
Ne$^{20}_{10}$ n
O$^{17}_{8}$ α
Ne$^{20}_{10}$ n
Ne$^{20}_{10}$ d
Ne$^{21}_{10}$ p
p
p
α, p
p
Ne$^{21}_{10}$
Na$^{22}_{11}$
e+
p
p
p
p
γ
Ne$^{22}_{10}$

Abb. 15.

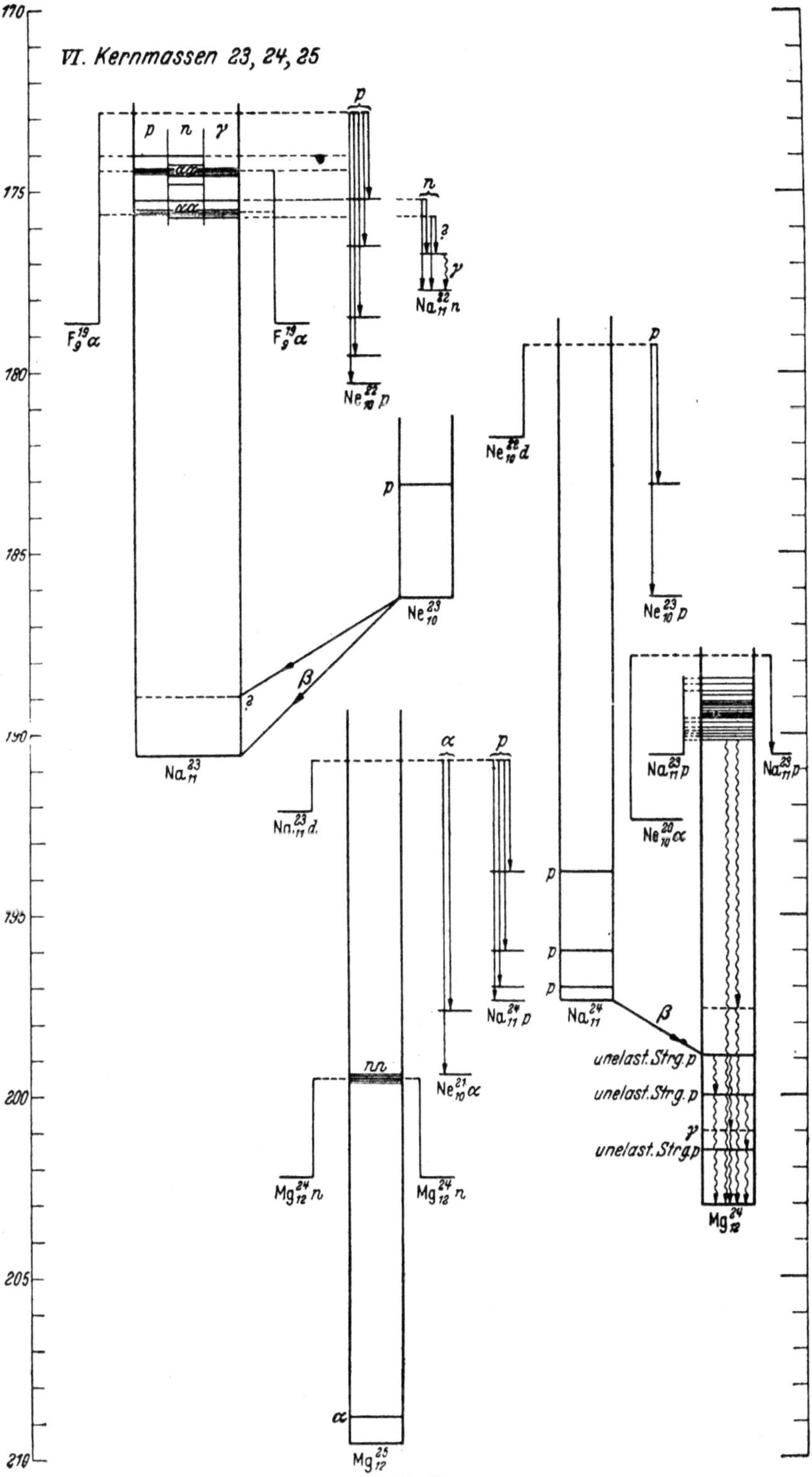

VI. Kernmassen 23, 24, 25
170
175
180
185
190
195
200
205
210
p
n
γ
αα
$F_9^{19}\alpha$
$F_9^{19}\alpha$
$Ne_{10}^{22}p$
$Na_{11}^{22}n$
Ne_{10}^{23}
Na_{11}^{23}
β
$Ne_{10}^{22}d$
$Ne_{10}^{23}p$
$Na_{11}^{23}d$
α
$Na_{11}^{24}p$
$Ne_{10}^{21}\alpha$
Na_{11}^{24}
$Na_{11}^{23}p$
$Ne_{10}^{20}\alpha$
unelast. Strg. p
unelast. Strg. p
unelast. Strg. p
nn
$Mg_{12}^{24}n$
$Mg_{12}^{24}n$
Mg_{12}^{24}
Mg_{12}^{25}

Abb. 16.

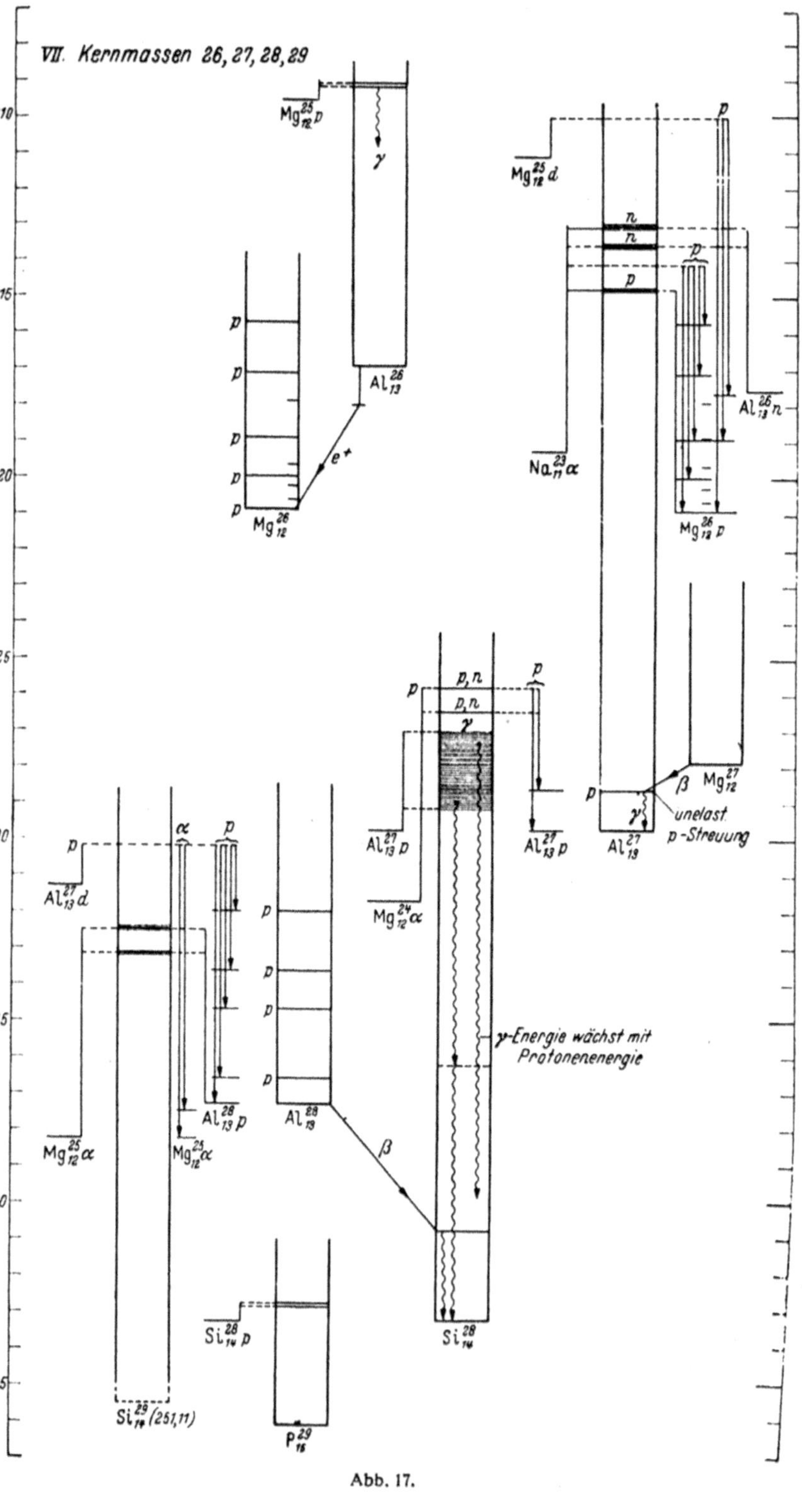
VII. Kernmassen 26, 27, 28, 29
210
215
220
225
230
235
240
245
γ-Energie wächst mit Protonenenergie
unelast. p-Streuung
Si(251,11)

Abb. 17.

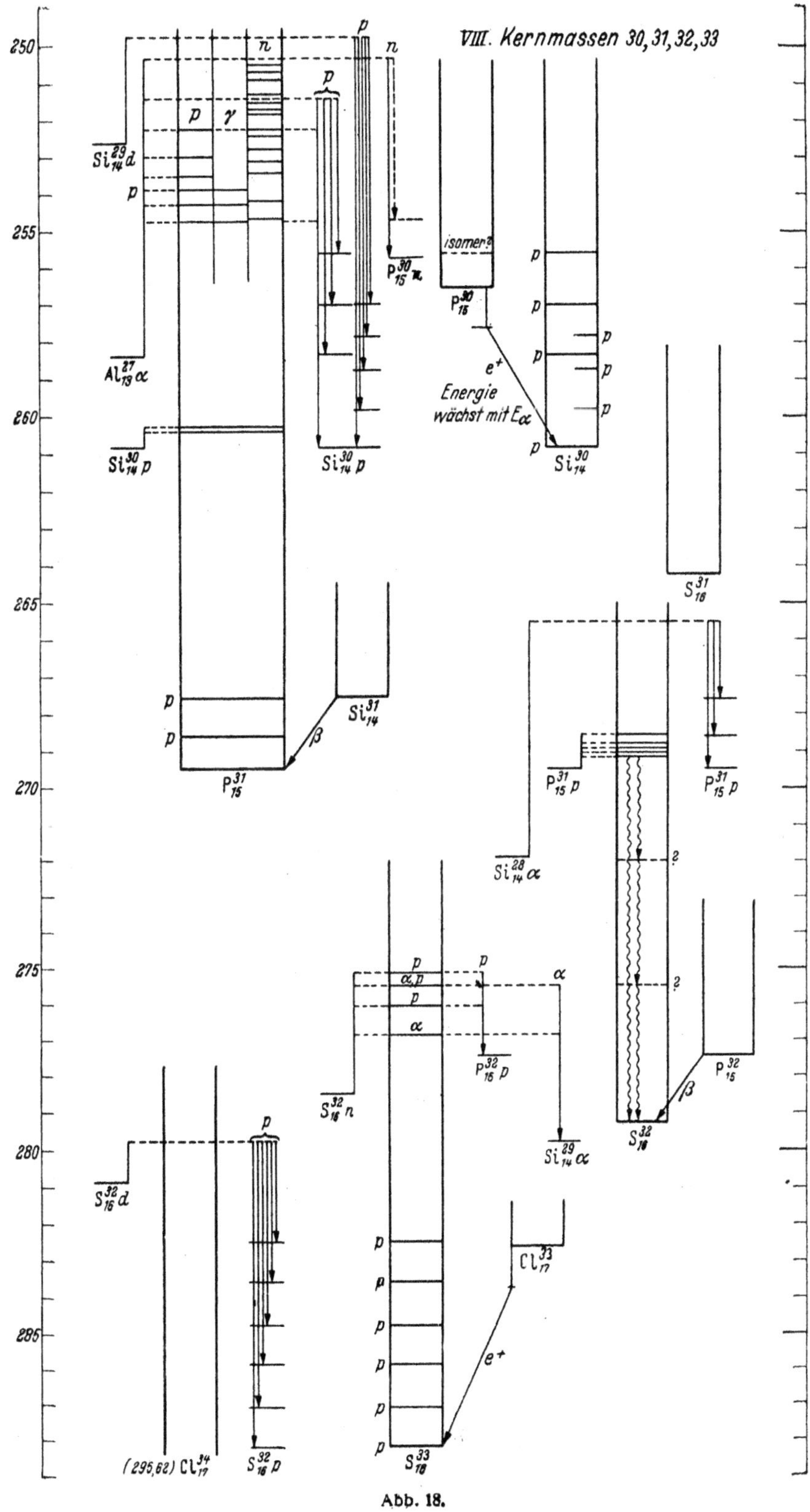
VIII. Kernmassen 30, 31, 32, 33
isomer?
Energie wächst mit Eα
(295,62)

Abb. 18.

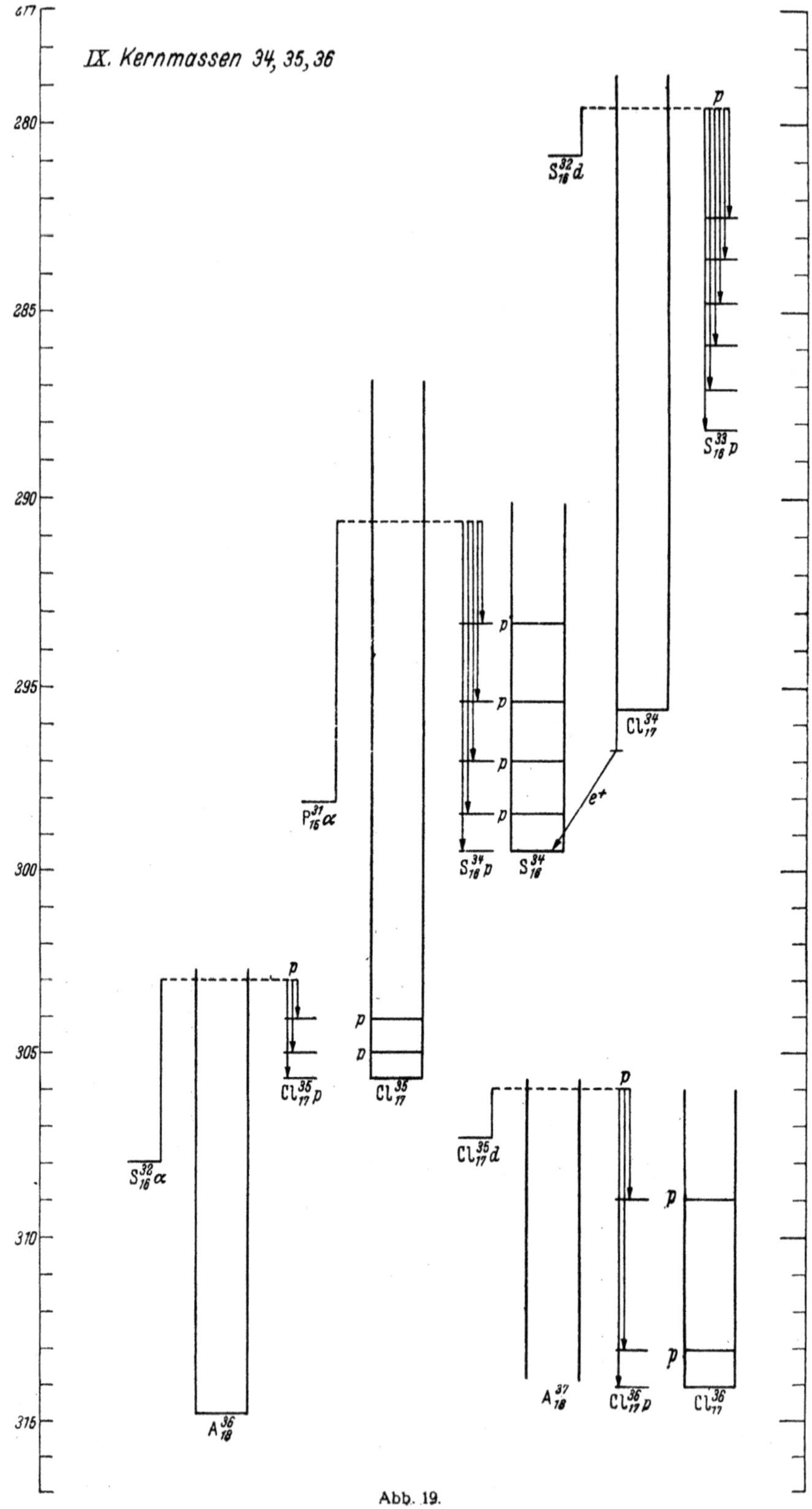

IX. Kernmassen 34, 35, 36
277
280
285
290
295
300
305
310
315
$S^{32}_{16}d$
$S^{33}_{16}p$
$P^{31}_{15}\alpha$
$S^{34}_{16}p$
S^{34}_{16}
Cl^{34}_{17}
e^+
$S^{32}_{16}\alpha$
A^{36}_{18}
$Cl^{35}_{17}p$
Cl^{35}_{17}
$Cl^{35}_{17}d$
A^{37}_{18}
$Cl^{36}_{17}p$
Cl^{36}_{17}
p

Abb. 19.

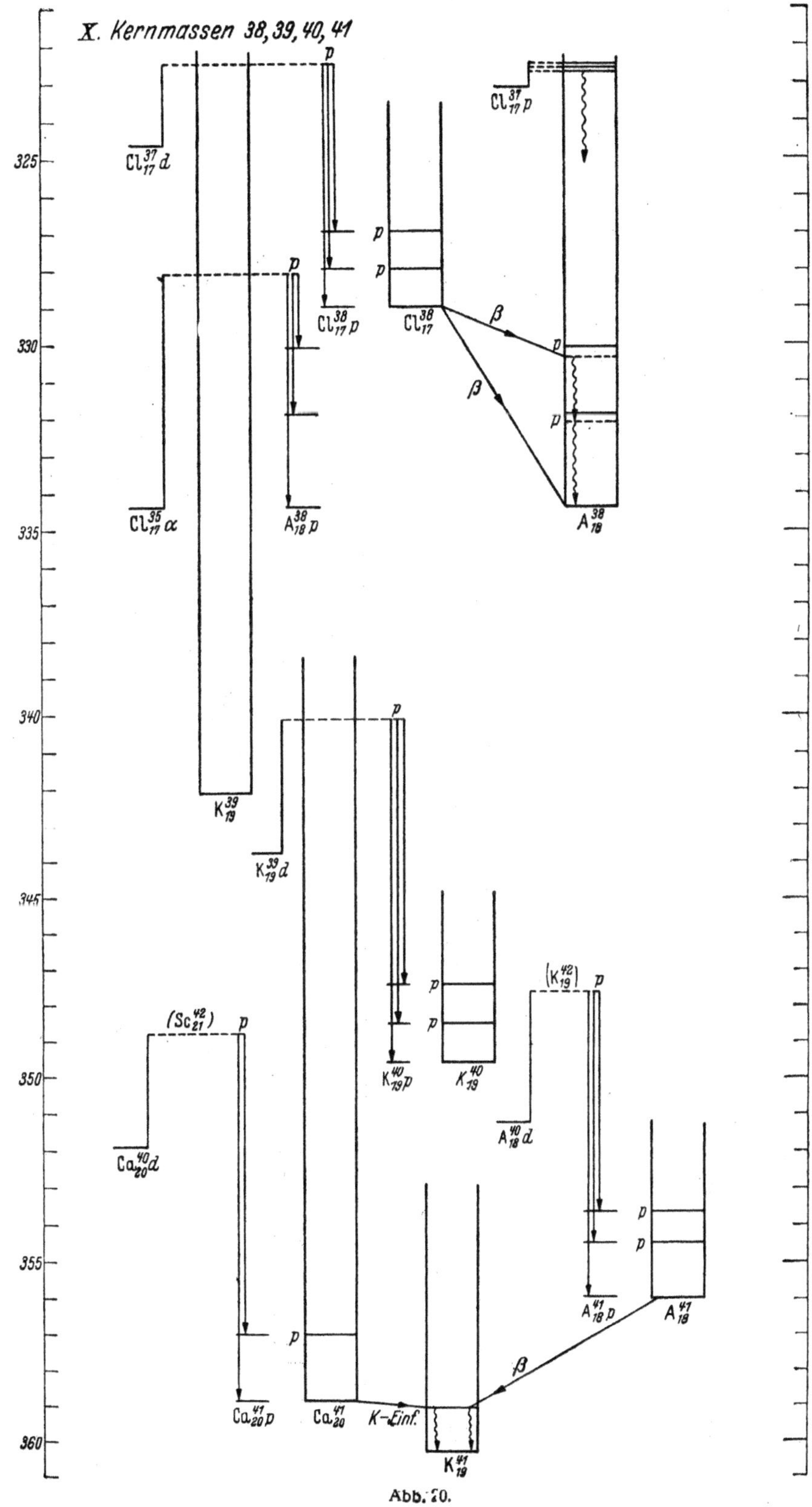
X. Kernmassen 38, 39, 40, 41
325
330
335
340
345
350
355
360
$Cl^{37}_{17}d$
$Cl^{35}_{17}\alpha$
$Cl^{38}_{17}p$
Cl^{38}_{17}
$Cl^{37}_{17}p$
$A^{38}_{18}p$
A^{38}_{18}
β
β
p
K^{39}_{19}
$K^{39}_{19}d$
$K^{40}_{19}p$
K^{40}_{19}
(K^{42}_{19})
$A^{40}_{18}d$
(Sc^{42}_{21})
$Ca^{40}_{20}d$
$A^{41}_{18}p$
A^{41}_{18}
$Ca^{41}_{20}p$
Ca^{41}_{20}
K-Einf.
K^{41}_{19}

Abb. 10.

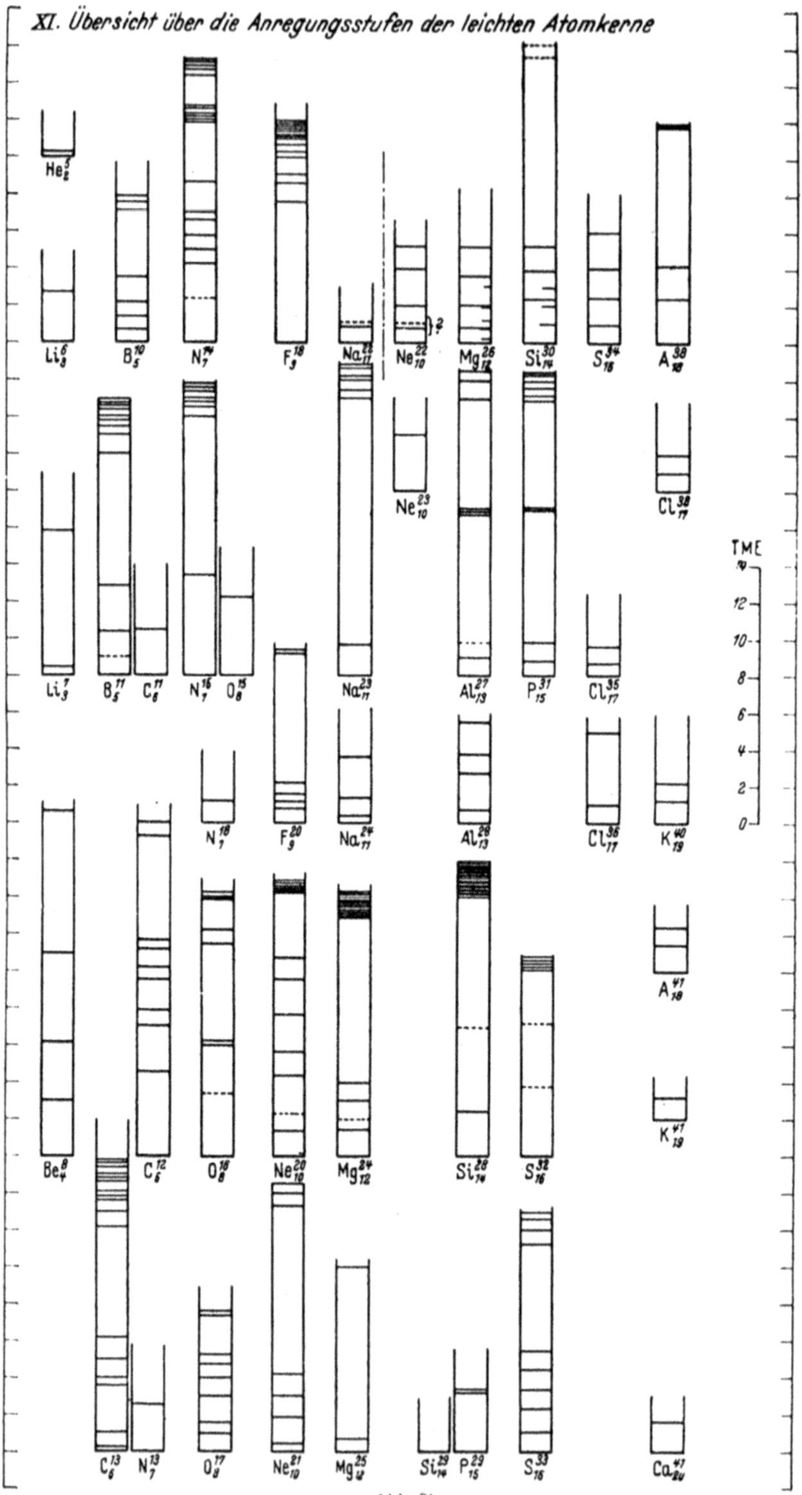
XI. Übersicht über die Anregungsstufen der leichten Atomkerne
TME
0
2
4
6
8
10
12
14
He$_2^5$
Li$_3^6$
B$_5^{10}$
N$_7^{14}$
F$_9^{18}$
Na$_{11}^{22}$
Ne$_{10}^{22}$
Mg$_{12}^{26}$
Si$_{14}^{30}$
S$_{16}^{34}$
A$_{18}^{38}$
Ne$_{10}^{23}$
Cl$_{17}^{38}$
Li$_3^7$
B$_5^{11}$
C$_6^{11}$
N$_7^{15}$
O$_8^{15}$
Na$_{11}^{23}$
Al$_{13}^{27}$
P$_{15}^{31}$
Cl$_{17}^{35}$
N$_7^{16}$
F$_9^{20}$
Na$_{11}^{24}$
Al$_{13}^{28}$
Cl$_{17}^{36}$
K$_{19}^{40}$
A$_{18}^{41}$
K$_{19}^{41}$
Be$_4^8$
C$_6^{12}$
O$_8^{16}$
Ne$_{10}^{20}$
Mg$_{12}^{24}$
Si$_{14}^{28}$
S$_{16}^{32}$
C$_6^{13}$
N$_7^{13}$
O$_8^{17}$
Ne$_{10}^{21}$
Mg$_{12}^{25}$
Si$_{14}^{29}$
P$_{15}^{29}$
S$_{16}^{33}$
Ca$_{20}^{41}$
Abb. 21.

auf einige unmittelbar in die Augen springende Gesetzmäßigkeiten hingewiesen werden. Zunächst erkennt man die mit wachsender Anregungsenergie steigende Dichte der Anregungsstufen. Die große Dichte ist besonders auffallend bei den Vielfachen des α-Teilchens. Dies hat insofern meßtechnische Gründe, als gerade diese Kerne durch Protonenanlagerung aus stabilen Kernen hervorgehen. Demgegenüber zeigen die Resonanzstufen, die bei (αp)- und (αn)-Prozessen gefunden werden, und die sich zumeist in der ersten und zweiten Reihe finden, eine wesentlich geringere Dichte. Daß die Protonenanlagerungsresonanzen auch bei diesen Kernen dichter liegen, ist beispielsweise an dem Kern P_{15}^{31} zu ersehen, für den im oberen Teil eine Reihe von (αn)-Resonanzstufen festgestellt sind, während bei etwa der halben Anregungsenergie zwei Anlagerungsresonanzen für Protonen auftreten, die schon dort einen geringeren Abstand haben als die ersteren. In einigen Fällen (z. B. Na_{11}^{23}, P_{15}^{31}) ist außerdem für (αn)-Prozesse eine größere Zahl von Resonanzstufen gefunden worden als für (αp)-Prozesse bei den gleichen Energien.

Bei der Betrachtung der tiefen Anregungsstufen zeigt sich zunächst eine bemerkenswerte Ähnlichkeit der Anregungsstufen der Isobarenpaare B_5^{11}—C_6^{11} und N_7^{15}—O_8^{15}. Diese Ähnlichkeit fehlt jedoch bei dem Paar N_7^{13}—C_6^{13} gänzlich. Dazu ist allerdings zu sagen, daß einerseits der Kern N_7^{13} bei weitem nicht in dem Maße der Untersuchung zugänglich ist wie C_6^{13} — die eingetragene Anregungsstufe ist bei der Protonenanlagerung an C_6^{12} festgestellt — und daß andererseits die Anregungsstufe des Kerns C_6^{11} in ihrer Zuordnung keine große Sicherheit aufweist.

Eine Dublettaufspaltung des Grundzustandes scheint bei den ungeraden Kernen He_2^5, Li_3^7 und C_6^{13} vorzuliegen.

Eine auffallende Ähnlichkeit zeigen die tiefsten Anregungsstufen einer Reihe von Kernen, die durch Hinzufügen von α-Teilchen auseinander hervorgehen. Dies wurde zuerst von Haxel (*78*) für die Kerne der zweiten Reihe, Al_{13}^{27}, P_{15}^{31} und Cl_{17}^{35}, dann von May und Vaidyanathan (*114*) für die in der ersten Reihe stehenden Kerne Ne_{10}^{22}, Mg_{12}^{26}, Si_{14}^{30} und S_{16}^{34} festgestellt. Gerade für diese Serie wurde das experimentelle Material nachträglich noch wesentlich erweitert, indem eine weitere, etwa 1 MeV über dem Grundzustand liegende Anregungsstufe für Mg_{12}^{26} von Haxel, für den Kern Si_{14}^{30} beim (dp)-Prozeß an Si_{14}^{29} von Pollard beobachtet und für den Kern S_{16}^{34} noch eine längere, zum Grundzustand führende Protonengruppe von Merhaut entdeckt wurde. Nimmt man die schon von Chadwick, Constable und Pollard gefundene tiefste Anregungsstufe von Ne_{10}^{22} mit hinzu, so wird zwar die ursprüngliche Zuordnung der Anregungsstufen von May und Vaidyanathan ziemlich stark verändert, die Ähnlichkeit innerhalb der Serie aber nur noch vertieft.

Betrachtet man in ähnlicher Weise andere Kernserien, so kann man eine gewisse Regelmäßigkeit sehen in dem allmählichen Höherrücken der tiefsten Anregungsstufe in den Serien Ne_{10}^{20}—Mg_{12}^{24}—Si_{14}^{28}—(S_{16}^{32}?), Na_{11}^{24}—Al_{13}^{28}—Cl_{17}^{36}—K_{19}^{40}, Ne_{10}^{21}—Mg_{12}^{25}—S_{16}^{33}—Ca_{20}^{40}, und schließlich besonders stark ausgeprägt bei den leichtesten α-Vielfachen B_4^8—C_6^{12}—O_8^{16}, wo die tiefsten Anregungsstufen als solche besonders gut gesichert scheinen. Weiter fällt auf die Ähnlichkeit der letzten drei Kerne mit der darüberstehenden Serie ($B_5^{11}C_6^{11}$)—($N_7^{15}O_8^{15}$), deren Kerne je ein Teilchen weniger enthalten, und die Unähnlichkeit gegenüber den darunterstehenden Kernen C_6^{13} und O_8^{17}, die ein Teilchen mehr enthalten. Für alle diese Serien scheint eine Begrenzung beim Atomgewicht 20 zu liegen.

Die Antwort auf die Frage, wieweit diese Regelmäßigkeiten tiefere Bedeutung haben oder zufälliger Natur sind, wird im wesentlichen davon abhängen, wieweit die Reihe der heute bekannten Anregungsstufen schon vollständig ist. Wenn man auch immer damit rechnen muß, daß hier noch Überraschungen auftreten, so scheint das vorliegende experimentelle Material immerhin schon einige erfolgversprechende Ansatzpunkte für eine theoretische Bearbeitung darzubieten.

Literaturverzeichnis.

1. Amaldi, E., E. Fermi: Phys. Rev. **50**, 899 (1936).
2. Becker, H., W. Bothe: ZS. Phys. **76**, 421 (1932).
3. v. Baeyer, H. J.: ZS. Phys. **95**, 417 (1935).
4. Barkas, W. A.: Phys. Rev. **56**, 287 (1939).
5. Bennett, W. E., T. W. Bonner, E. Hudspeth, H. T. Richards, B. E. Watt: Phys. Rev. **59**, 781 (1941).
6. Bernett, E. J., R. G. Herb, D. B. Parkinson: Phys. Rev. **54**, 398 (1938).
7. Bernardini, G., in: Bretscher, Kernphysik.
8. Bethe, H. A.: Rev. Mod. Phys. **9**, 71 (1937) / **9**, 245 (1937).
9. — Rev. Mod. Phys. **9**, 215 (1937).
10. — F. Hoyle, R. Peierls: Nature **143**, 200 (1939).
11. Bjerge, T.: Proc. Roy. Soc. (A) **164**, 243 (1938).
12. Bonner, T. W.: Proc. Roy. Soc. (A) **174**, 339 (1940).
13. — W. H. Brubaker: Phys. Rev. **50**, 308 (1936).
14. — L. W. Mott-Smith: Phys. Rev. **46**, 258 (1934).
15. — — Phys. Rev. **45**, 553 (1934).
16. — R. W. Becker, S. Rubin, J. F. Streib: Phys. Rev. **59**, 215 (1941).
17. Bothe, W.: ZS. Phys. **63**, 381 (1930).
18. — ZS. Phys. **100**, 273 (1936).
19. — H. Becker: ZS. Phys. **66**, 289 (1930).
20. — H. Fränz: ZS. Phys. **49**, 1 (1928).
21. — W. Gentner: ZS. Phys. **104**, 685 (1937).
22. — H. Maier-Leibnitz: ZS. Phys. **107**, 513 (1937).
23. Bower, J. C., W. E. Burcham: Proc. Roy. Soc. (A) **174**, 379 (1940).
24. Brandt, M.: ZS. Phys. **108**, 726 (1938).
25. Brasefield, C. J., E. Pollard: Phys. Rev. **50**, 296 (1936).
26. Brickwedde, F. G., J. R. Dunning, H. H. Hoge, J. H. Manley: Phys. Rev. **54**, 267 (1938).
27. Brubaker, G.: Phys. Rev. **54**, 1011 (1938).
28. Burcham, W. E., S. Devons: Proc. Roy. Soc. (A) **173**, 555 (1939).
29. — C. L. Smith: Proc. Roy. Soc. (A) **168**, 176 (1938).
30. Burling, R. L.: Phys. Rev. **60**, 340 (1941).
31. Cealleigh, C. O., W. T. Davies: Proc. Roy. Soc. (A) **167**, 81 (1938).

32. Chang, W. Y., A. Szalay: Proc. Roy. Soc. (A) **159**, 72 (1937)
33. Chadwick, J., J. E. R. Constable, E. C. Pollard: Proc. Roy. Soc. (A) **130**, 463 (1931) **135**, 48 (1932).
34. — — Proc. Roy. Soc. (A) **135**, 48 (1932).
35. — Proc. Roy. Soc. (A) **142**, 1 (1933).
36. Cockroft, J. D., W. B. Lewis: Proc. Roy. Soc. (A) **154**, 246 (1936).
37. — E. T. S. Walton: Proc. Roy. Soc. (A) **144**, 704 (1934).
38. Crane, H. R., L. A. Delsasso, W. A. Fowler, C. C. Lauritsen: Phys. Rev. **47**, 782 (1935).
39. — J. Halpern, N. L. Oleson: Phys. Rev. **57**, 13, (1940).
40. Creutz, E. C.: Phys. Rev. **55**, 819 (1939).
41. Curran, S. C., J. E. Strothers: Proc. Roy. Soc. (A) **172**, 72 (1939).
42. — P. I. Dee, V. Petrzilka: Proc. Roy. Soc. (A) **169**, 269 (1939).
43. — — J. E. Strothers: Nature **143**, 759 (1939).
44. — — — Proc. Roy. Soc. (A) **174**, 546 (1940).
45. Davidson, W. L.: Phys. Rev. **57**, 244 (1940).
46. — Phys. Rev. **56**, 1061 (1939).
47. Dee, P. I., C. W. Gilbert, Proc. Roy. Soc. (A) **154**, 279 (1936).
48. Delsasso, L. A., W. A. Fowler, C. C. Lauritsen: Phys. Rev. **51**, 391 (1937).
49. Devons, S.: Proc. Roy. Soc. (A) **172**, 127 (1939).
50. Dicke, R. H., J. Marshall: Phys. Rev. **59**, 917 (1941).
51. Duncanson, W. E., H. Miller: Proc. Roy. Soc. (A) **146**, 396 (1934).
52. Du Bridge, L. A., S. W. Barnes, I. H. Buck, C. V. Strain: Phys. Rev. **53**, 447 (1938).
53. Ellis, C. D., W. J. Henderson: Proc. Roy. Soc. (A) **156**, 358 (1936).
54. Fahrenbrach, H.: ZS. Phys. **94**, 607 (1935).
55. — ZS. Phys. **96**, 503 (1935).
56. Fleischmann, R., in: Bretscher, Kernphysik.
57. Ferguson, A. J., I. R. Walker: Phys. Rev. **58**, 666 (1940).
58. Fermi, E.: Ric. Sci. **7**, 13 (1936).
59. Fischer-Colbrie, E.: Wien. Berichte Nr. 379 (1936).
60. Fischer, C.: Phys. ZS. **44**, 507 (1942).
61. Fowler, W. A., C. C. Lauritsen: Phys. Rev. **56**, 841 (1939).
62. — E. R. Gaerttner, C. C. Lauritsen: Phys. Rev. **53**, 628 (1938).
63. Fünfer, E.: Annalen d. Phys. **32**, 313 (1938).
64. — Annalen d. Phys. **35**, 147 (1939).
65. Gaerttner, E. R., L. A. Pardue: Phys. Rev. **57**, 386 (1940).
66. — H. R. Crane: Phys. Rev. **52**, 582 (1937).
67. — W. A. Fowler, C. C. Lauritsen: Phys. Rev. **55**, 27 (1939)
68. Gailer, K.: ZS. Phys. **110**, 605 (1938).
69. Gentner, W.: ZS. Phys. **107**, 354 (1937).
70. Graves, E. R.: Phys. Rev. **57**, 855 (1940).
71. Hafstad, L. R., N. P. Heydenburg, M. A. Tuve: Phys. Rev. **50**, 504 (1936).
72. — M. A. Tuve: Phys. Rev. **47**, 506 (1935).
73. — — Phys. Rev. **48**, 306 (1935).
74. Halpern, J., H. R. Crane: Phys. Rev. **55**, 260 (1939).
75. — — Phys. Rev. **55**, 415 (1939).
76. Haxby, R. O., J. S. Allen, J. H. Williams: Phys. Rev. **55**, 140 (1939).
77. Haxel, O.: Die Kernspektren der leichten Elemente, Tübingen 1936.
78. — ZS. techn. Phys. **16**, 410 (1935).
79. — ZS. Phys. **83**, 323 (1933) / **88**, 347 (1934) / **90**, 373 (1934).
80. — ZS. Phys. **93**, 400 (1935).
81. — ZS. Phys. **104**, 540 (1937).
82. — E. Stuhlinger: ZS. Phys. **114**, 178 (1939).
83. Herb, R. G., D. W. Kerst, L. J. McKibben: Phys. Rev. **51**, 691 (1937).
84. Heydenburg, N. P., N. F. Ramsay: Phys. Rev. **60**, 42, (1941).

85. Hole, N., J. Holtsmark, R. Tangen: Naturw. **28**, 335 (1940).
86. — — — Naturw. **28**, 668 (1940).
87. — — — ZS. Phys. **118**, 48 (1941).
88. Holloway, M. G., B. L. Moore: Phys. Rev. **58**, 706 (1939).
89. — — Phys. Rev. **58**, 847 (1940).
90. Hudson, C. M., R. G. Herb, G. J. Plain: Phys. Rev. **57**, 587 (1940).
91. Hudspeth, E., T. W. Bonner: Phys. Rev. **54**, 308 (1938).
92. Humphreys, B. F., E. Pollard: Phys. Rev. **59**, 942 (1941).
93. Jäckel, R.: ZS. Phys. **96**, 151 (1935).
94. Kanne, W. R.: Phys. Rev. **52**, 266 (1937).
95. — R. F. Taschek, G. L. Ragan: Phys. Rev. **58**, 693 (1940).
96. Kikuchi u. Mitarbeiter: Proc. Phys. Math. Soc. Jap. **21**, 321 (1939).
97. König, A.: ZS. Phys. **90**, 197 (1934).
98. Konopinski, E. J., H. A. Bethe: Phys. Rev. **54**, 130 (1938).
99. Krueger, P. G., G. K. Green: Phys. Rev. **52**, 773 (1937).
100. Kurie, F. N. D., I. R. Richardson, H. C. Paxton: Phys. Rev. **49**, 368 (1936).
101. Lawrence, E. O.: Phys. Rev. **47**, 17 (1935).
102. — E. Mc. Millan, M. C. Henderson: Phys. Rev. **47**, 273 (1935).
103. Lauritsen, C. C., T. Lauritsen, W. A. Fowler: Phys. Rev **58**, 241 (1941).
104. Lewis, W. B., W. E. Burcham, W. Y. Chang, Nature **139**, 24 (1937).
105. Libby, W. F., E. A. Long: Phys. Rev. **55**, 339 (1939).
106. Livingston, M. S., J. G. Hoffmann: Phys. Rev. **53**, 227 (1938).
107. Maier-Leibnitz, H.: ZS. Phys. **101**, 478 (1936).
108. — ZS. f. Physik **122**, 233 (1944).
109. — W. Maurer: ZS. Phys. **107**, 509 (1937).
110. Mattauch, I.: Phys. ZS. **44**, 181 (1943).
111. — S. Flügge: Kernphysikalische Tabellen.
112. Maurer, W.: ZS. Phys. **107**, 721 (1937).
113. — J. B. Fisk: ZS. Phys. **112**, 436 (1939).
114. May, A. N., R. Vaidyanathan: Proc. Roy. Soc. (A) **155**, 519 (1936).
115. Mc Lean, W. B., R. A. Becker, W. A. Fowler, C. C. Lauritsen: Phys. Rev. **55**, 796 (1939).
116. McMillan, E., E. O. Lawrence: Phys. Rev. **47**, 343 (1935).
117. McPhail, M. R.: Phys. Rev. **57**, 669 (1940).
118. Meitner, L., K. Philipp: ZS. Phys. **87**, 484 (1934).
119. Merhaut, O.: Phys. ZS. **41**, 528 (1940).
120. — ZS. Phys. **115**, 77 (1940).
121. Meye, A.: ZS. Phys. **105**, 232 (1937).
122. Miller, H., W. E. Duncanson, A. N. May: Proc. Cambr. Phil. Soc. **30**, 549 (1934).
123. Mott-Smith, L. M., T. W. Bonner: Phys. Rev. **45**, 535 (1934).
124. Murell, E. B. M., C. L. Smith: Proc. Roy. Soc. (A) **173**, 410 (1939).
125. Myers, F. E., L. M. Langer: Phys. Rev. **54**, 90 (1938).
126. Newson, H. W.: Phys. Rev. **51**, 620 (1937).
127. Neuert, H.: Annalen d. Phys. **36**, 437 (1939).
128. — Annalen d. Phys. **36**, 987 (1939).
130. Oliphant, M. L., A. R. Kempton, Lord Rutherford: Proc. Roy. Soc. (A) **149**, 406 (1935).
131. Oppenheimer, F., E. P. Tomlinson: Phys. Rev. **56**, 859 (1939).
132. Ortner, G., G. Protiwinsky: Anz. Akad. Wien 1939, **25**, 116.
133. Pardue, L. A., E. R. Gaerttner: Phys. Rev. **56**, 855 (1939).
134. Park, R. D., J. C. Mouzon: Phys. Rev. **58**, 43 (1940).
135. Paton, R. F.: ZS. Phys. **90**, 586 (1934).
136. Powell, C. F., A. N. May, J. Chadwick, T. G. Pickavance: Nature **145**, 894 (1940).
137. — C. E. F. Fertel: Nature **144**, 115 (1939).
138. Plain, G. B., R. G. Herb, C. M. Hudson, R. E. Warren: Phys. Rev. **57**. 187 (1940).

139. Pollard, E. C.: Proc. Roy. Soc. (A) **141**, 375 (1933).
140. — Phys. Rev. **57**, 1086 (1940).
141. — Phys. Rev. **45**, 555 (1934).
142. — C. J. Brasefield: Phys. Rev. **50**, 890 (1936).
143. — R. F. Humphreys: Phys. Rev. **59**, 466 (1941).
144. — H. Margenau: Phys. Rev. **47**, 571 (1935) / **47**, 833 (1935).
145. — W. W. Watson: Phys. Rev. **58**, 12 (1940).
146. Pose, H.: Phys. ZS. **30**, 780 (1929) / ZS. f. Phys. **64**, 1 (1930) / **67**, 194 (1931).
147. — ZS. Phys. **72**, 528 (1931).
148. Rasetti, F.: ZS. Phys. **78**, 165 (1932).
149. Richardson, I. R.: Phys. Rev. **53**, 124 (1938).
150. — Phys. Rev. **53**, 610 (1938).
151. — L. Emo: Phys. Rev. **53**, 234 (1938).
152. — F. N. D. Kurie: Phys. Rev. **50**, 999 (1936).
153. Riezler, W.: Ann. d. Phys. **38**, 304 (1940).
154. Roberts, R. B., N. P. Heydenburg: Phys. Rev. **53**, 374 (1938).
155. — — G. L. Locher: Phys. Rev. **53**, 1016 (1938).
156. Ruhlig, A. J.: Phys. Rev. **54**, 308 (1938).
157. Rumbaugh, L. H., L. R. Hafstad: Phys. Rev. **50**, 681 (1936).
158. Saha, N. K.: ZS. Phys. **110**, 473 (1938).
159. Savel, P.: C. R. **198**, 1404 (1934).
160. Scherrer, P., P. Huber, J. Rossel: Helv. Phys. Acta **14**, 618 (1941).
161. Schnetzler, K.: ZS. f. Phys. **95**, 302 (1935).
162. Schultz, H. L., W. L. Davidson, L. H. Ott: Phys. Rev. **58**, 1043 (1940).
163. — W. W. Watson: Phys. Rev. **58**, 1047 (1940).
164. Schwinger, J., E. Teller: Phys. Rev. **51**, 775 (1937).
165. Shrader, E. E., E. Pollard: Phys. Rev. **59**, 277 (1941).
166. Smith, E. E., Pollard: Phys. Rev. **59**, 942 (1941).
167. Staub, H., W. E. Stephens: Phys. Rev. **55**, 131 (1939).
168. — H. Tatel: Phys. Rev. **57**, 936 (1940) / **58**, 820 (1940).
169. Stegmann, H.: ZS. Phys. **95**, 72 (1935).
170. Stephens, W. E.: Phys. Rev. **53**, 223 (1938).
171. — T. W. Bonner: Phys. Rev. **52**, 527 (1937).
172. — K. Djanab, T. W. Bonner: Phys. Rev. **52**, 1079 (1937).
173. Stetter, G.: ZS. Phys. **100**, 652 (1936).
174. Steudel, E.: ZS. Phys. **77**, 139 (1932).
175. Streib, I. F., W. A. Fowler, C. C. Lauritsen: Phys. Rev. **59**, 253 (1941).
176. Stuhlinger, E.: ZS. Phys. **114**, 185 (1939).
177. Szalay, A.: ZS. Phys. **112**, 29 (1939).
178. — J. Zimonyi: Zt. Phys. **115**, 639 (1940).
179. Teller, E.: Phys. Rev. **49**, 420 (1936).
180. Thibaut, J., P. Comparat: C. R. **207**, 226 (1938).
181. Valley, Creary: Phys. Rev. **56**, 863, 1939.
182. Walke, H., F. C. Thomson, J. Holt: Phys. Rev. **57**, 177 (1940).
183. Watson, W. W., E. Pollard: Phys. Rev. **57**, 1082 (1940).
184. Wheeler, J. A.: Phys. Rev. **59**, 16 (1941) / **59**, 27 (1941).
185. Wilhelmy, E.: ZS. Phys. **107**, 769 (1937).
186. Wilkins, T. R.: Phys. Rev. **60**, 365 (1941).
187. — G. Kuerti: Phys. Rev. **57**, 1082 (1940).
188. — G. Wrenshall: Phys. Rev. **58**, 758 (1940).
189. Williams, J. H., W. H. Wells: Phys. Rev. **50**, 187 (1936).
190. — W. G. Shepherd, R. O. Haxby: Phys. Rev. **51**, 888 (1937).
191. Wilson, R. S.: Proc. Roy. Soc. (A) **177**, 382 (1940).
192. Yu Yen Sha: ZS. Phys. **107**, 111 (1937).

Die elektronenmikroskopische Untersuchung von Oberflächen[1].

Von **H. Mahl**, Berlin-Reinickendorf.

Mit 52 Abbildungen.

Inhaltsverzeichnis.

Einleitung.

Die Elektronenmikroskopie hat ihre ersten Erfolge bei der Abbildung von Oberflächen nach dem Emissionsverfahren erzielt (*III, IV*)[2]. Später ist dann die Durchstrahlungsmikroskopie stärker in den Vordergrund getreten. Heute sind Durchstrahlungsmikroskope sowohl mit elektrostatischen als auch mit magnetischen Linsen gut durchgebildet und in mehreren Sonderformen verwirklicht (*I, II, V, VIII*). Damit ist die Übermikroskopie durchstrahlbarer Objekte zu einem gewissen Abschluß gekommen.

Das zweite große Problem der Mikroskopie, *das Gebiet der Oberflächenabbildung*, ist besonders in den letzten Jahren erneut in Angriff genommen worden und hauptsächlichst durch Arbeiten des AEG Forschungs-Instituts soweit entwickelt worden, daß heute sehr viele Oberflächen einer übermikroskopischen Untersuchung zugänglich sind.

Der vorliegende Bericht über Oberflächen-Elektronenmikroskopie schließt sich an den Bericht „Geometrische Elektronenoptik" von

---

[1] Als Habilitationsschrift bei der Mathematisch-Naturwissenschaftlichen Fakultät der Friedrich-Wilhelm-Universität Berlin eingereicht.

[2] Die Zitate für die römischen Zahlen sind unter „Zusammenfassende Darstellungen" zu finden, die arabischen dagegen unter „Einzelveröffentlichungen".

Brüche und Henneberg (*IV*) an, der 1936 in dieser Jahreszeitschrift gegeben wurde. Es werden die bekanntgewordenen vier Verfahren behandelt, wobei das Schwergewicht auf das Abdruckverfahren, dem heute die weitaus größte Bedeutung zukommt, gelegt wird. Bei den Ausführungen über das Emissionsverfahren, das gerade in letzter Zeit wieder stärker an Interesse gewonnen hat, konnte unmittelbar an unseren früheren Bericht (*IV*) angeschlossen werden. Das Abtastverfahren und das Reflexionsverfahren werden nur gestreift, da mit ersterem, das zwar in methodischer Beziehung Interesse verdient, noch keine übermiskroskopischen Ergebnisse vorliegen, während das letztere in dem 1941 in dieser Jahreszeitschrift erschienenen Bericht „Mikroskopie

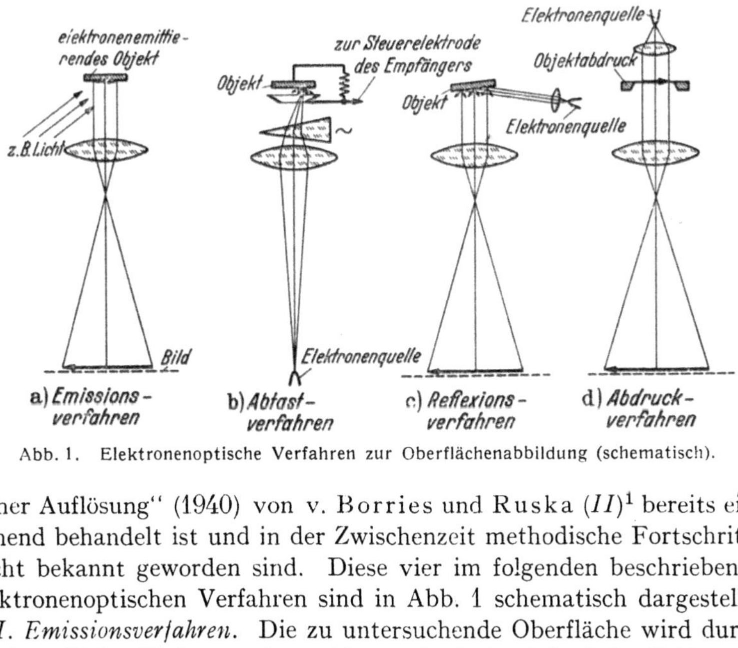

Abb. 1. Elektronenoptische Verfahren zur Oberflächenabbildung (schematisch).

hoher Auflösung" (1940) von v. Borries und Ruska (*II*)[1] bereits eingehend behandelt ist und in der Zwischenzeit methodische Fortschritte nicht bekannt geworden sind. Diese vier im folgenden beschriebenen elektronenoptischen Verfahren sind in Abb. 1 schematisch dargestellt:

I. Emissionsverfahren. Die zu untersuchende Oberfläche wird durch Glühen, Licht, Elektronenbestrahlung oder hohe elektrische Feldstärke zur Elektronenemission angeregt und dann im „Eigenlicht" durch Elektronenlinsen zur Abbildung gebracht.

II. Abtastverfahren. Die Oberfläche wird mit einem feinen Elektronenstrahl abgetastet und die reflektierten Primärelektronen oder die emittierten Sekundärelektronen zur Steuerung einer synchron zur Abtastung laufenden Registriereinrichtung benutzt.

III. Reflexionsverfahren. Die von einer Oberfläche reflektierten Elektronen werden zur elektronenoptischen Abbildung der Oberfläche benutzt.

---

[1] Wir werden auf diesen Bericht nicht weiter eingehen. Der Leser vgl. E. Brüche im Anhang des Buches Brüche-Recknagel: Elektronengeräte. Berlin: Springer 1941 und Physik Z. **44**, 176 (1943).

IV. Abdruckverfahren. Von der Oberfläche wird ein plastischer Oberflächenabdruck mit Hilfe eines dünnen Abdruckfilms hergestellt, der nach dem Ablösen im Durchstrahlungs-Elektronenmikroskop das Oberflächenrelief wiedergibt.

1. Das Emissionsverfahren.

Das Emissionsverfahren, bei dem eine elektronenemittierende Oberfläche im „Eigenlicht" abgebildet wird, liefert primär Aussagen über die Emissionsverteilung einer Kathodenoberfläche. Da diese aber unter bestimmten Bedingungen weitgehend von der Struktur der Oberfläche abhängt, lassen sich mit dem Emissionsverfahren auch Oberflächenaufnahmen erzielen, die unter Umständen auf ähnliche Weise zu deuten sind, wie die nach anderen Verfahren gewonnenen Bilder. Da die Elektronenemission gerade von der Art der äußersten Atom- bzw. Ionenschicht der Oberfläche in besonders starkem Maße beeinflußt wird, erlaubt die Methode außerdem Untersuchungen von solchen Oberflächenvorgängen, die wie die Adsorption oder die Oberflächendiffusion von monoatomaren Schichten mit dem Lichtmikroskop i. a. überhaupt nicht erfaßt sind[1]. Das Emissionsmikroskop wird in der Oberflächenmikroskopie darum in zweifacher Hinsicht einzusetzen sein: 1. für Gefügeuntersuchungen in der Art, wie sie beispielsweise den Metallurgen interessieren; 2. zum Studium dünnster Adsorptionsschichten auf Kathodenoberflächen.

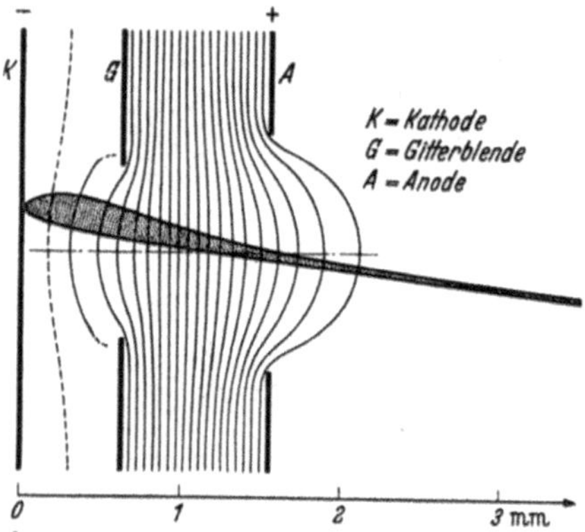

Abb. 2. Immersionsobjektiv nach Brüche und Johannson.

1. **Theorie des Emissionsmikroskops**[2]. Zur elektronenoptischen Abbildung selbstemittierender Körper benutzt man Abbildungssysteme, deren Wirkungsweise an einem speziellen Typ, dem Immersionsobjektiv, nach Brüche und Johannson (III, S. 102) erläutert sei (Abb. 2). An der Kathode K, dem Objekt der Abbildung, wird durch die Anode A ein Feld zum Absaugen der emittierten Elektronen erzeugt. Durch

[1] Im weiteren Sinne könnten wir darum auch bei einem Emissionsmikroskop, dessen Auflösungsvermögen geringer ist als das des Lichtmikroskops, von einem *Über*mikroskop sprechen, denn es liefert in diesem Falle mehr als das Lichtmikroskop. In diesem Bericht sei aber der übliche Sprachgebrauch beibehalten, der unter Übermikroskop ein Mikroskop mit höherem Auflösungsvermögen gegenüber dem Lichtmikroskop versteht.

[2] Für freundliche Hilfeleistung bei der Abfassung dieses Kapitels schulde ich Herrn Recknagel besonderen Dank.

geeignete Aufladung der Gitterblende *G* erhält dieses Feld Linseneigenschaften. Die Elektronen, die durch die Kreislochblende *G* und *A* hindurchgetreten sind, erzeugen daher auf dem Leuchtschirm ein Bild der Kathode. Ein solches Abbildungssystem zeigt besondere Eigenschaften, wie sie ein Mikroskop zur Abbildung durchstrahlbarer Objekte nicht hat: Einmal haben die Elektronen im abbildenden Feld sehr kleine Geschwindigkeit, nämlich direkt an der Kathode nur ihre vom Auslösungsprozeß herrührende Eigengeschwindigkeit; ferner tragen wegen des starken Saugfeldes auch die unter großem Winkel gegen die optische Achse emittierten Elektronen zum Bild bei. Diese beiden Eigenschaften erfordern bei der theoretischen Behandlung des Emissionsmikroskops eine vom üblichen Verfahren abweichende Rechnung. Die große Anfangsneigung der Elektronenstrahlen gegen die optische Achse und die kleine Elektronengeschwindigkeit im Linsenfeld haben zur Folge, daß starke Abbildungsfehler auftreten werden. Außerdem folgt daraus eine große Anfälligkeit gegen zufällige Störfelder.

Recknagel (*69*) benutzt zur geometrisch-optischen Berechnung der Elektronenbahnen ein Verfahren, das als Reihenentwicklung nach $\sqrt{\frac{\varepsilon}{U}}$ betrachtet werden kann (ε = Elektronenaustrittsenergie, U = Beschleunigungsspannung). Die Rechnung ergibt, daß das Auflösungsvermögen in erster Linie durch die grundsätzlich unvermeidbare sphärische und chromatische Aberration bestimmt ist. Diese Fehler ergeben geometrisch-optisch einen auf das Objekt bezogenen Zerstreuungskreis, dessen Radius sich in Form der obenerwähnten Reihenentwicklung berechnet:

$$r = n\frac{\varepsilon}{U}l + C\left(\frac{\varepsilon}{U}\right)^{3/2} + \cdots. \tag{1}$$

In dieser Rechnung bedeutet das erste Glied die sphärische Aberration des homogenen Feldes E $\left(E = \frac{U}{l}\right)$, das zweite Glied enthält die sphärische Aberration der Linse und höhere Näherungsglieder des homogenen Feldes, wobei C in komplizierter Weise vom Feldverlauf abhängt. Dieses Ergebnis führt bei Vernachlässigung des zweiten Gliedes zwangsläufig zu einem einfacheren Näherungsschema zur Berechnung der Abbildungsfehler, das bereits früher von Henneberg und Recknagel (*77* in *IV*)[1] zur Abschätzung des Auflösungsvermögens von Selbststrahlern benutzt worden ist:

$$r = n\frac{\varepsilon}{E}. \tag{2}$$

Dabei wird das Immersionsobjektiv in ein homogenes Feld zerlegt, das so groß ist, wie das in Wirklichkeit an der Kathode herrschende Feld

[1] Das ist Zit. 77 in dem zusammenfassenden Bericht *IV* (Brüche-Henneberg).

und in eine dahintersitzende Elektronenlinse, die man als fehlerfrei betrachtet. Das Beschleunigungsfeld erzeugt dabei nur eine „Rückverlegung“ der Kathode solcher Art, daß Paraxialstrahlen nach Durchlaufen des Feldes von einem Punkt auf einer zurückverlegten Kathode zu kommen scheinen. Der Zahlenfaktor in Formel (2) hängt dabei von der Bezugsebene ab (Abb. 3). Für die Gaußsche Bildebene (z_3) wird $n = 2$, für den geometrisch-optisch berechneten engsten Querschnitt (z_2) wird $n = 0{,}6$ und für die Schnittebene der streifend austretenden Elektronen (z_1) wird $n = 1$. Es ist aus der Optik bekannt, daß die günstigste Einstellebene mit keiner der drei Ebenen zusammenfällt. Man wird aber sicher nicht zu günstig rechnen, wenn man mit $n = 1$ den Radius des Zerstreuungskreises berechnet nach:

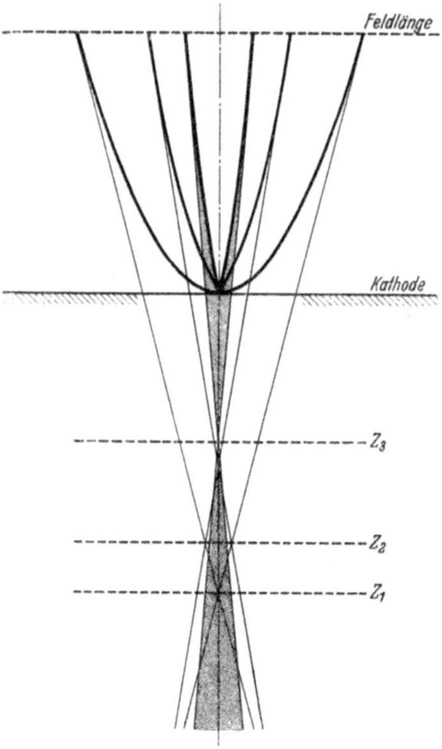

Abb. 3. Schematische Darstellung des geometrisch-optischen Strahlenverlaufs bei punktförmiger Elektronenquelle unter Einfluß eines homogenen Beschleunigungsfeldes (Z_2 = engster Strahlquerschnitt, Z_3 = Gaußsche Bildebene) (nach Recknagel).

$$r = \frac{\varepsilon}{E}. \tag{3}$$

Da nicht nur eine einzige Elektronenenergie auftritt, sondern ein oft größeres Energiespektrum, das einen chromatischen Fehler verursacht, so muß auch die Abschattung der Intensität im Zerstreuungskreis berücksichtigt werden. Man führt dazu zweckmäßig einen effektiven Zerstreuungskreis ein, auf dessen Rand die Intensität auf einen Bruchteil abgeklungen ist. Eine vorsichtige Abschätzung Recknagels (*69*) ergab, daß für die am meisten interessierende glühelektrische Elektronenemission für die Berechnung des Zerstreuungsdurchmessers die wahrscheinlichste Elektronenaustrittsenergie eingesetzt werden kann. Mit einem ε von 0,1 Volt ergibt sich nach (3), daß zur Überschreitung der lichtoptischen Auflösungsgrenze ($r = 0{,}1\ \mu$) sicher eine Feldstärke vor der Kathode von 10000 Volt/cm ausreichen müßte. Bei dieser Feldstärke werden zwei Punkte im Abstand von 0,2 μ so abgebildet, daß sich die beiden Zerstreuungskreise gerade berühren. Da eine Punkttrennung aber noch bei einer kleinen Überschneidung der Zerstreuungskreise möglich sein wird, wird man in der Praxis mit günstigeren Werten rechnen können.

Es ist selbstverständlich, daß diese bisherige Betrachtungsweise nur einen rohen Überblick geben kann. Insbesondere könnte es vorkommen, daß nicht nur das Feld an der Kathode, sondern auch die übrigen Feldteile mitberücksichtigt werden müssen. Es zeigt sich jedoch, daß bei den vorhandenen Experimenten (vgl. S. 273) das Auflösungsvermögen in einem weiten Feldbereich größenordnungsmäßig wiedergegeben wird. So fanden Brüche und Knecht (*31* in *IV*) bei einer Feldstärke von $E = 1500$ V/cm sicher getrennt abgebildete Punkte im Abstand von 3 μ. Nach der Rechnung ergibt sich hierfür 1,3 μ. Boersch (*8*) erreichte bei einer Feldstärke von 30 kV/cm 0,07 μ, während die Rechnung nach (3) 0,066 μ ergibt.

Wenn wir aus geometrisch-optischen Überlegungen als wesentlichstes Ergebnis gefunden hatten, daß die auflösbare Strecke mit steigender Feldstärke linear abnimmt, so hat diese Überlegung nur so weit Gültigkeit, als durch die Feldstärke keine Änderung der Austrittsenergie der Elektronen auftritt. Sehr hohe Feldstärken, in der Größenordnung 10^7 V/cm, führen aber ihrerseits zu einer Elektronenemission mit einer mit steigender Feldstärke zunehmenden Energiebreite. Dosse und Müller (*22*), die die geometrisch-optischen Betrachtungen für dieses Gebiet ausdehnen[1], finden, daß bei einer ebenen Kathode etwa von der Feldstärke 10^7 V/cm ab eine Steigerung der Feldstärke keinen Gewinn im Auflösungsvermögen mehr bringt. Dieses bleibt vielmehr konstant.

Bei der Untersuchung über den Einfluß von Störfeldern auf das Auflösungsvermögen ergibt sich nach Recknagel (*70*): Ist die räumliche Ausdehnung der Potentialstörung (die durch Kontaktpotentialunterschiede oder durch Kathodenrauhigkeit entstehen können) von derselben Größe wie das ohne Störung vorhandene Auflösungsvermögen, so kann je nach Art der Störung sowohl eine Verbesserung als auch eine Verschlechterung des Auflösungsvermögens auftreten. So ergeben beispielsweise einzelne (nicht periodisch angeordnete) kleine Mulden oder Kugeln, die potential-theoretisch als Dipole ausgesetzt werden, im ungünstigsten Falle eine Verschlechterung der Auflösung um den Faktor 3. Bei räumlich stark ausgedehnten Kontaktpotentialstörungen ist ihr Einfluß i. a. nur unwesentlich. Dagegen sind grobe Kathodenrauhigkeiten, wie ja schon aus älteren Experimenten (*99* und *152* in *IV*) hervorgeht, immer zu vermeiden.

Bei der Erweiterung der Theorie des Selbststrahlers durch eine

[1] Aus den weiter unten behandelten wellenmechanischen Überlegungen Recknagels (*71*) geht allerdings hervor, daß für so hohe Feldstärken eine geometrisch-optische Betrachtungsweise nicht mehr berechtigt ist.

wellenmechanische Betrachtungsweise (Schrödingersche Wellengleichung) kommt Recknagel (*71*) zu einer Wellentheorie der sphärischen Aberration für das Beschleunigungsfeld, mit deren Hilfe das Ablösungsvermögen berechnet werden kann. Die Wellenmechanik liefert dabei das anschauliche Ergebnis, daß die auflösbare Strecke etwa in der Größenordnung der Elektronenwellenlänge liegt, die an der Kathode auftritt. Sie nimmt mit steigender Feldstärke ab, aber schwächer als nach der geometrisch-optischen Theorie. Dabei geht der Elektronenstrom mit steigender Feldstärke immer mehr *über* die Grenze des geometrisch-optischen Strahlungskegels hinaus. Dadurch muß schließlich eine mechanische Ausblendung eintreten, auch wenn das geometrisch-optisch gar nicht möglich wäre. Auf diese Weise wird eine grundsätzliche Auflösungsgrenze festgelegt, die der lichtoptischen Auflösungsgrenze entspricht.

Eine Verbesserung des Auflösungsvermögens ist nach Boersch (*7*) noch durch eine geeignete Ausblendung (in Analogie zum Durchstrahlungsverfahren) zu erwarten, und zwar müßte die Aperturblende gerade so klein gewählt werden, daß der Gewinn, den die Verkleinerung der Öffnungsfehlerscheibchen bringt, den Verlust durch die Vergrößerung des Beugungsscheibchens (das mit kleiner werdender Aperturblende größer wird) überwiegt.

2. Praktische Auswirkung einer Steigerung der Absaugefeldstärke. Bevor wir auf das Emissions-Übermikroskop eingehen, sei über einen Versuch berichtet, der unter ungünstigsten Emissionsbedingungen den Einfluß der Feldstärke auf die Abbildungsgüte besonders eindringlich veranschaulicht.

In Abb. 4a ist ein langbrennweitiges Immersionssystem schematisch wiedergegeben, das bei Anodenspannungen von wenigen tausend Volt sowohl von Glüh- als auch von Photokathoden scharfe Bilder erzeugt. Dieses System liefert aber vollkommen unbrauchbare Bilder, wenn mit „sekundären Feldelektronen" [Malter[1]] abgebildet wird, deren Energieverteilung mehrere Volt beträgt [Mahl (*35*)]. Abb. 5a gibt ein solches Bild einer sog. „Malter-Kathode" (Al-Al-Oxyd-Cs-Oxyd-Schichtkathoden) wieder, die eine punktförmige Feldelektronenemission mit breiter Energieverteilung (5 bis 20 V) bei Elektronenbestrahlung liefert. Die einzelnen Emissionspunkte werden als millimetergroße Flecke wiedergegeben.

Die Erklärung für diese Abbildungsfehler liefert sofort das Potentialfeldbild der Linse, das mit in die Systemzeichnung eingetragen ist (Abb. 4a). Die Feldstärke beträgt vor der Kathode nur etwa 100 V/cm. Für Glühelektronen mit einer Energiebreite von $^1/_{10}$ V reicht diese Feldstärke [nach (*3*) S. 266] aus, um beispielsweise bei 5facher Ver-

[1] Malter, L.: Physic. Rev. **50**, 48 (1936).

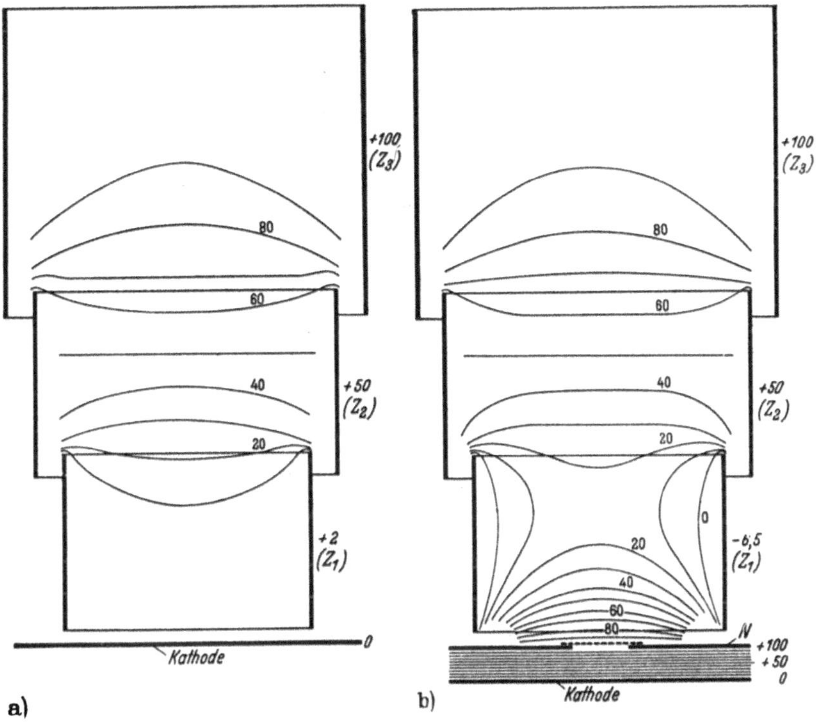

Abb. 4. Auswirkung einer Netzbeschleunigungselektrode (*N*) auf das Beschleunigungsfeld eines Rohr-Immersionssystems a) ohne, b) mit Netz (Mahl).

größerung eine Bildpunktschärfe von mindestens $^1/_{10}$ mm zu ermöglichen. Für die „sekundären Feldelektronen“ (z. B. $\varepsilon = 5$ V) ergibt die Rechnung aber in befriedigender Übereinstimmung mit dem Experiment einer Bildpunktgröße von mehreren Millimetern.

Eine Anordnung [Mahl (*34, 35*)], die auch mit den sekundären Feldelektronen scharfe Kathodenbilder liefert, ist in Abb. 4b wiedergegeben. Zur Erhöhung der Feldstärke vor der Kathode ist ein feinstmaschiges Absaugenetz angebracht, mit dessen Hilfe sich bei sonst

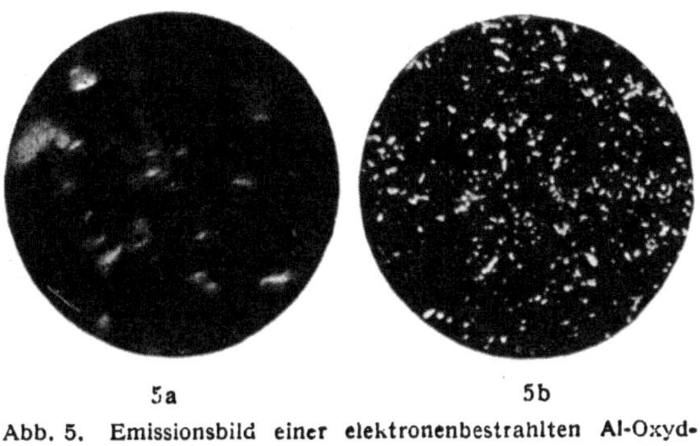

5a 5b

Abb. 5. Emissionsbild einer elektronenbestrahlten Al-Oxyd-Cs-Oxyd-Schichtkathode (Malterkathode). (Vergr.: etwa 6 : 1.) a) Aufgenommen mit System Abb. 4a, b) aufgenommen mit System Abb. 4b.

gleicher Endbeschleunigung ohne Schwierigkeiten Absaugefeldstärken von mehreren 1000 V/cm erzielen lassen (vgl. eingezeichnetes Potentialfeld). Durch die Netzelektrode selbst treten keine merklichen zusätzlichen Störungen auf, wohl aber eine sehr beträchtliche Steigerung der Abbildungsgüte (Abb. 5b). Das Immersionsobjektiv wird dadurch zur Einzellinse.

Wenn das hier betrachtete Rohrsystem wegen seiner großen Brennweite für eine hochvergrößerte Abbildung auch nicht in Frage kommt, so ist es doch, wie weiter unten gezeigt wird, richtungsweisend für weitere Entwicklungen am elektrostatischen Emissions-Übermikroskop, besonders wenn Elektronen benutzt werden sollen, die eine breitere Energieverteilung besitzen als die Glühelektronen.

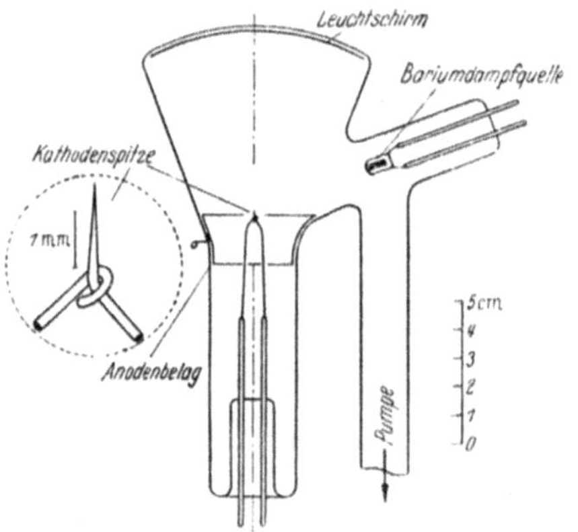

Abb. 6. Feld-Emissionsmikroskop mit Aufdampfofen nach Müller (*66*).

Nachdem jetzt auch auf experimentellem Wege der Einfluß der Absaugfeldstärke auf das Auflösungsvermögen im Emissionsmikroskop aufgezeigt ist, sei im folgenden auf die Verwirklichung der Emissions-Übermikroskopie eingegangen.

3. **Das linsenlose Feldelektronenmikroskop.** Einige Jahre, bevor das Emissions-*Über*mikroskop als Abbildungsmikroskop verwirklicht werden konnte, war es E. W. Müller (*64/66*) mit einer ebenso einfachen wie leistungsfähigen Anordnung gelungen, übermikroskopische Emissionsbilder von feinen Drahtspitzen zu erzielen, deren Auflösungsvermögen durch die moderne Durchstrahlungs-Übermikroskopie auch heute noch nicht überboten ist. Das linsenlose Feldemissionsmikroskop ist in Abb. 6 wiedergegeben: Eine feine Wolframdrahtspitze ist in einem hochevakuierten Rohr ($p < 10^{-7}$ Torr) einem Leuchtschirm gegenübergestellt. Durch geeignete Ätz- und Glühverfahren gelingt besonders bei Wolfram und Molybdän die Herstellung mikroskopisch glatter Spitzen bis herab zu einigen $^1/_{10}$ μ Spitzenradius.

In Abb. 7 ist ein übermikroskopisches Schattenbild einer derartigen Wolframspitze wiedergegeben [Häfer (*27*)]. Wird an den Anodenbelag eine Spannung von mehreren tausend Volt gelegt, so tritt vor der Spitze eine außerordentlich hohe Feldstärke auf und führt, wenn diese etwa die Größenordnung von 10^7 V/cm erreicht, zu einer merklichen Feldelektronenemission aus der Drahtspitze. Infolge der starken Richtwirkung des großen Feldes verlassen die Elektronen die Oberfläche praktisch senkrecht und erzeugen auf dem Leuchtschirm ein ruhiges Emissionsbild der Spitze in einer Vergrößerung, die gleich dem Verhältnis von Schirmabstand zum Krümmungsradius der Spitze ist[1]. Bei einem Schirmabstand von 10 cm und einem Krümmungsradius von 1 μ ergibt sich so eine Vergrößerung von 100 000 : 1. Die höchste, auf diese Weise von Müller (*66*) erreichte Vergrößerung ist $10^6 : 1$ bei einem Spitzenradius von $1 \cdot 10^{-5}$ cm. Als Anodenspannung war für die reine Wolframoberfläche hierbei 1000 V notwendig. Aus dem Durchmesser von 1 mm großen Bildpunkten kann auf ein Auflösungsvermögen von etwa 10 Å geschlossen werden. Dabei ist bemerkenswert, daß die Bildschärfe für verschiedene Spitzenradien gleich ist, also unabhängig von der Vergrößerung ist. Das Auflösungsvermögen wird daher um so besser, je kleiner der Spitzenradius ist.

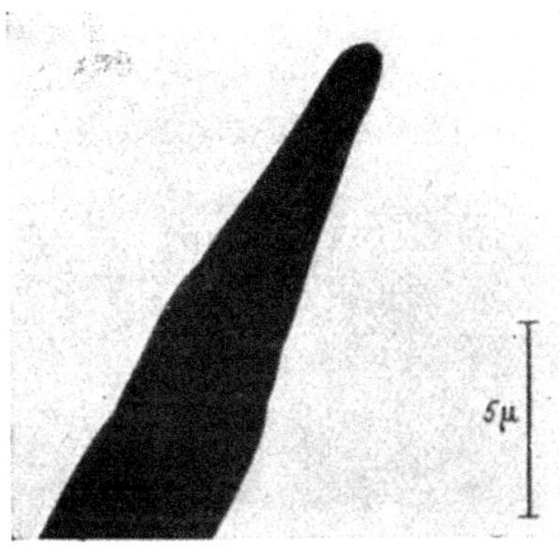

Abb. 7. Elektronen-Schattenbild einer Wolframspitzen-Kathode (Vergr. 3500 : 1.) [Haefer (*27*)].

Das Feldemissionsmikroskop eignet sich vorzüglich für Untersuchungen über die Abhängigkeit der Feldemission von der Kristallstruktur, da die feinen Kathodenspitzen fast durchweg aus einem Einkristall bestehen. Wie Abb. 8a, die ein Feldemissionsbild einer Wolframspitze wiedergibt, zeigt, treten die Unterschiede in der Austrittsarbeit der verschiedenen Kristallrichtungen (die in Abb. 8b indiziert sind), sehr deutlich hervor[2]. Ebenso lassen sich Untersuchungen über die Adsorption und Diffusion von Fremdatomen in Abhängigkeit von der Kristallrichtung durchführen. Zum Studium von Ba-Atomen

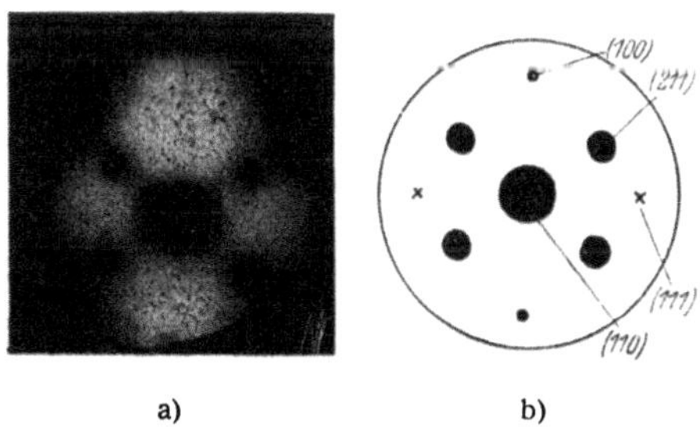

Abb. 8. Feldemissionsbild einer Wolframdrahtspitze (a) und Indizierung der Emissionsrichtungen (b) [Müller (*66*)].

[1] Ein ähnliches Prinzip benutzen auch Johnson und Shockley [R. P. Johnson u. W. Shockley (*97* in *IV*)] zur Abbildung eines dünnen Drahtes, von dem die hinreichend genau radial fliegenden Elektronen auf einem koaxial zylindrischen Leuchtschirm als Anode eine Abbildung des Drahtes erzeugen. Dabei ist allerdings die Vergrößerung in Richtung der Zylinderachse nur gleich eins, senkrecht dazu aber gleich dem Radienverhältnis von Kathodendraht und Leuchtschirmzylinder. Über weitere linsenlose Systeme vgl. Johnson (*30*).

[2] Über eine wellenmechanische Deutung vgl. E. W. Müller (*67*).

bzw. -Ionen bedampft Müller die Wolframspitzen von einem seitlich angebrachten Bariumofen (Abb. 6). Abb. 9 gibt eine mit sehr wenig Ba bedeckte Wolframspitze in etwa 500000facher Vergrößerung wieder. Die kleinen hellen Flecke sind auf Grund der neueren Untersuchungen von Häfer (*26*) als kleinste Ba-Kriställchen zu deuten[1].

Durch gleichzeitiges Glühen der Wolframspitzen lassen sich auch temperaturabhängige Vorgänge wie Oberflächendiffusion von Ad-Ionen oder das Verhalten von Schwermetall-Aufdampfschichten auf dem Wolframeinkristall u.dgl. untersuchen [Müller (*65, 66*); Häfer (*27*); Benjamin (*6*)].

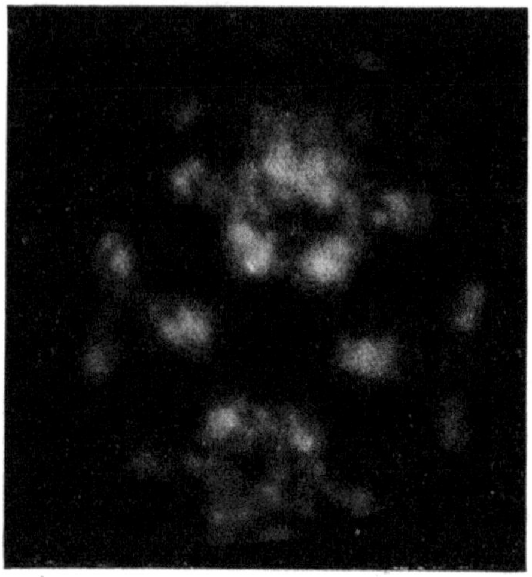

Abb. 9. Feldemissionsbild einer mit Barium bedampften Wolframspitze [Müller (*66*)].

So vielseitig die Anwendung des Feldemissionsmikroskops auch auf dem Gebiet der Emissionsforschung und den damit zusammenhängenden oben angedeuteten Fragen ist, so kann es wegen der experimentellen Voraussetzungen, an die es gebunden ist, für den größten Teil der üblichen Oberflächenuntersuchungen (wie sie beispielsweise den Metallurgen interessieren) nicht eingesetzt werden. Diese Untersuchungen sind nach wie vor den anderen, mit Linsen arbeitenden elektronenoptischen Einrichtungen vorbehalten.

4. **Das normale Abbildungs-Emissionsmikroskop.** Ein hochvergrößerndes Emissionsmikroskop läßt sich sowohl mit elektrostatischen als auch mit magnetischen Linsen verwirklichen, am zweckmäßigsten in zweistufiger Vergrößerung. Bei der Durchbildung des Emissions-Übermikroskops standen bereits die Erfahrungen über das Durchstrahlungs-Elektronenmikroskop zur Verfügung, so daß in relativ kurzer Zeit beachtliche Leistungen erzielt werden konnten. Schon allein die Anwendung der Innenphotographie, der magnetischen Strahlabschirmung und als Wesentlichstes die Verwendung ähnlich hoher Beschleunigungsspannungen wie beim Durchstrahlungsmikroskop brachten sogleich eine

[1] Müller (*66*) deutete die hellen Flecke als Wirkungszentren einzelner Ionen auf Grund von Überlegungen über den aus der Austrittsarbeitserniedrigung sich ergebenden Bedeckungsgrad. Wie aber Häfer (*27*) nachweist, ist die dabei von Müller (*64*) angenommene Abhängigkeit der Feldemission von der 3. Potenz der Austrittsarbeit auf Grund neuerer Versuche nicht mehr vertretbar, sondern durch die bekannte wellenmechanisch abgeleitete Abhängigkeit von der 3/2. Potenz zu ersetzen.

Verbesserung des Auflösungsvermögens um über ein Zehnerpotenz gegenüber den Versuchen von Brüche und Knecht (*31* in *IV*), die mit einer Strahlspannung von etwa 1 kV, Außenphotographie und ohne magnetische Abschirmung etwa 3 μ Auflösungsvermögen erzielten. Boersch (*8*) erzielte mit einem Immersionssystem, das aus einem üblichen, beim Durchstrahlungsmikroskop benutzten Elektronenerzeugungssystem besteht, bei dem an Stelle der Glühdrahtspitze ein thoriertes Molybdänband angebracht ist (Abb. 10), ein Auflösungsvermögen von 70 mμ. Die Feldstärke vor der Kathode betrug nach Boersch etwa 30 kV/cm (Anodenabstand 2 mm, Anodenspannung 30 kV). Unabhängig davon erzielte Mahl (*50*) mit einer ganz ähnlichen Anordnung (ebenfalls mit dem Elektronenerzeugungssystem seines elektrostatischen Übermikroskops) etwa 200 mμ. Die Feldstärke vor der Kathode dürfte hierbei bei 15 kV/cm gelegen sein (Anodenspannung 50 kV, Anodenabstand 10 mm).

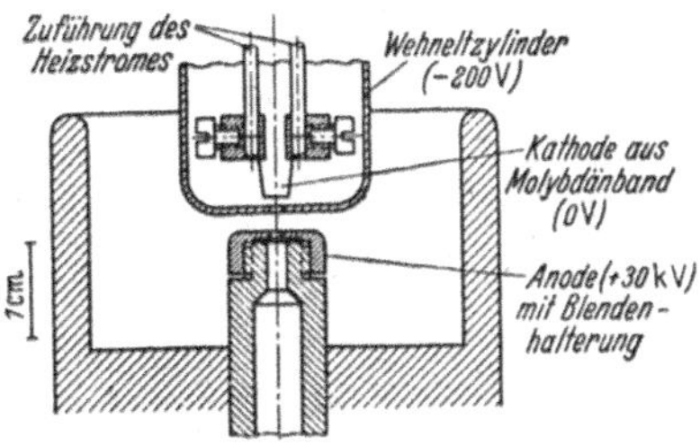

Abb. 10. Immersionsobjektiv für hohe Spannung und Auflösung, Brennweite f = 3,06 mm; Abstand Wehnelt-Zylinder — Anode = 2 mm; Durchmesser des Wehnelt-Zylinders 1,3 mm [Boersch (*8*)].

Sowohl die Anordnung von Boersch, als auch die von Mahl stellen behelfsmäßig aufgebaute Anordnungen dar, die noch nicht die zur Erreichung optimaler Verhältnisse notwendige Justiergenauigkeit aufweisen. Das gleiche gilt auch für den von Kinder (*32*) durchgeführten Versuch mit magnetischem Objektiv, der damit ein Auflösungsvermögen von 90 mμ erzielte. Kinder benutzt ebenfalls als Befestigungssystem für die Glühkathode die Glühdrahthalterung seines Jochlinsenmikroskops (*31*), bei dem er an Stelle des Glühdrahtes lediglich ein Molybdänband einsetzt. Die Polschuhe der Linse sind so ausgebildet, daß eine Näherung des Glühkopfes bis auf etwa 10 mm an die Anode möglich ist.

Einen Fortschritt in dieser Richtung stellt das gleichzeitig mit der Untersuchung von Boersch bekanntgegebene, von Mecklenburg [(*VIII a*), S. 30 und (*61*)] gebaute elektrostatische Emissionsmikroskop dar (Abb. 11). Bei dem Objektiv — ebenfalls einem Immersionsobjektiv — wurden die bewährten Konstruktionselemente der elektrischen Hochspannungslinse [vgl. z. B. Mahl (*38*, *49*), Brüche (*13*)] wie die mit einem Keramikkörper verschraubte hochspannungsführende Linsenelektrode aus V 2 A-Stahl, die untere Außenelektrode und das Linsengehäuse übernommen (Abb. 12). Bei der Kathodenkonstruktion ist besonderer Wert auf Stabilität (geringe Erschütterungsempfindlichkeit) durch Anwendung sehr kurzer Haltestäbe gelegt. Die exakt justierte Plankathode (*K* in der Abb. 12) wird indirekt geheizt und ist zur Herabsetzung des Heizstromes von einem Strahlenschutzzylinder umgeben. Die umschaltbare Doppelprojektionsoptik und die Plattenschleuse sind vom elektrostatischen Übermikroskop übernommen (Abb. 11). Die Scharfeinstellung erfolgt aber durch Änderung der Linsenspannung und nicht wie bei diesem durch Abstandsänderung des Objekts. Dabei liefert die erste Stufe eine Vergrößerung von 115 : 1 (Objektivbrennweite 3,5 mm), der Abbildungsmaßstab des Endbildes ist mit der langbrennweitigen Projektionslinse 1800 : 1 bzw. 18000 : 1 mit der kurzbrennweitigen. Im allgemeinen wird die kleine Vergrößerung benutzt.

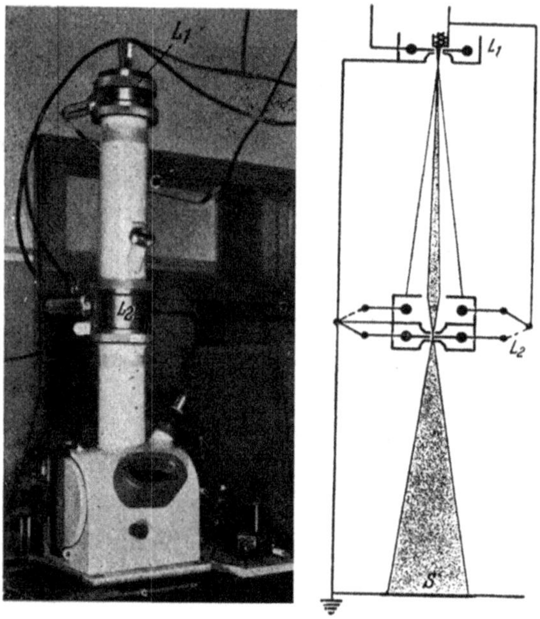

a) b)

Abb. 11. a) Aufbau des Emissions-Übermikroskops, b) Strahlengang im Emissions-Übermikroskop (L_1, = Immersionsoptik, L_2 = umschaltbare Projektionsdoppellinse, S = Leuchtschirm bzw. Photoplatte) [Mecklenburg (*61*)].

Mecklenburg (*61*) erzielte bei der Abbildung von Oxydkathoden ein Auflösungsvermögen von mindestens 55 mμ (Abb. 13). (Die Feldstärke an der Kathode wird bei einer Beschleunigungsspannung von 20—30 kV auf etwa 40 kV/cm geschätzt.)

5. **Der praktische Einsatz des Emissions-Übermikroskops.** Das Emissions-Übermikroskop kann, wie eingangs schon erwähnt worden ist, für zwei verschiedene Untersuchungsrichtungen eingesetzt werden, und zwar für Emissionsuntersuchungen und den damit zusammenhängenden Fragen über das Verhalten von Ad-Atomen auf Oberflächen und für metallurgische Gefügeuntersuchungen. Über beide Problemgruppen liegen eine

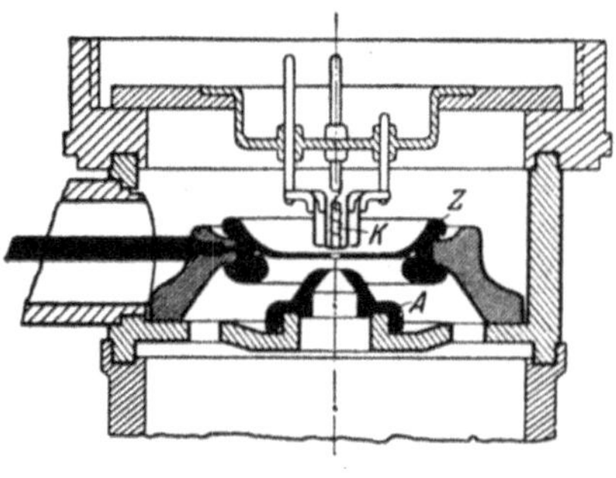

Abb. 12. Immersionsoptik des elektrostatischen Emissionsübermikroskops [Mecklenburg (*61*)].

Reihe älterer Untersuchungen bei kleinen Vergrößerungen vor (*III*, *IV*). Sicherlich wird die Wiederholung dieser Versuche mit dem Emissions-Übermikroskop manches Neue bringen. Vorerst können allerdings erst Einzelaufnahmen die Eignung des Emissionsmikroskops für derartige Untersuchungen unter Beweis stellen[1].

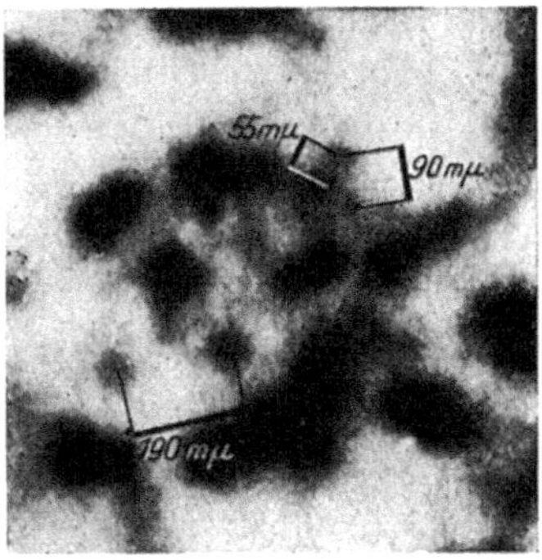

Abb. 13. Emissionsbilder von Ba—Sr-Pastekathoden zur Auflösungsbestimmung [Mecklenburg (*61*)].

In Abb. 14 ist eine Bildreihe wiedergegeben, die eine dünne pastierte Oxydkathode in verschiedenen Brennstadien zeigt. Nach ½stündigem Formieren bei schwacher Heizung zeigen sich, wie auch schon aus früheren Untersuchungen bekannt ist, größere und kleinere Emissionszentren (Abb. 14a). Nach weiterem Glühen bei angelegter

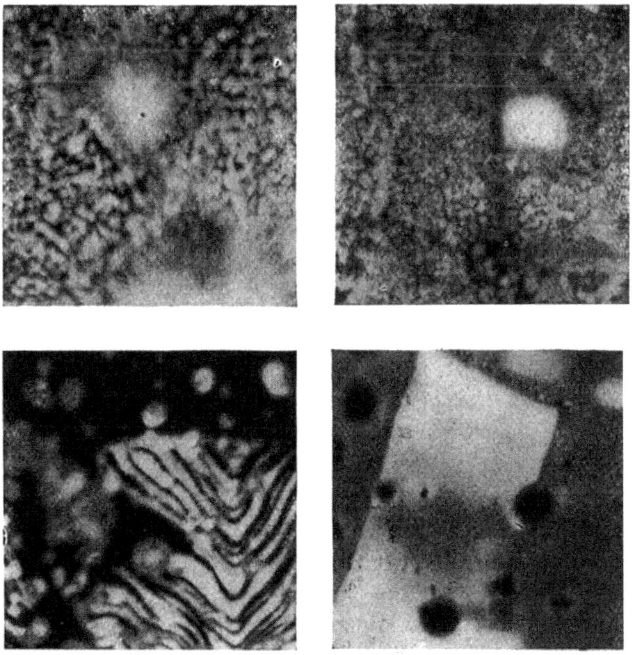

Abb. 14. Verschiedene Brennstadien einer dünn belegten Pastekathode. a) Oben links: nach halbstündigem Heizen ohne angelegte Anodenspannung; b) oben rechts: nach halbstündigem Brennen mit angelegter Anodenspannung; c) unten links: bei erhöhter Heizung; d) unten rechts: nach Abdampfen der Hauptmasse der aktiven Schicht [Mecklenburg (*61*)].

[1] Außer den hier behandelten Elektronen-Emissionsuntersuchungen sind auch übermikroskopische Ionen-Emissionsuntersuchungen möglich, wie Boersch (*9*) kürzlich zeigen konnte.

Anodenspannung werden die Emissionszentren kleiner und zahlreicher (Abb. 14b), wobei bereits einige Einzelheiten der Nickelunterlage im Emissionsbild ausgeprägt erscheinen. Nach erhöhter Heizung tritt gelegentlich eine eigenartige Schlierenstruktur auf (Abb. 14c), die manchmal unverändert, manchmal aber auch dauernd ihre Lage ändert. Das Zustandekommen dieser Erscheinung ist noch nicht geklärt[1]. Nach sehr langem Glühen bildet sich schließlich das bekannte Strukturbild der Kathodenunterlage (kristallines Nickel) aus (Abb. 14d). Die von Kinder [vgl. Brüche (*14*)] aufgenommene thorierte Molybdänkathode (Abb. 15), die neben der kristallinen Struktur des Molybdänbandes die Austrittsstelle des bei der „Aktivierung" an die Oberfläche tretenden Thoriums als weiße Flecke erkennen läßt, zeigt, daß diese Austrittsstellen ebenso an Korngrenzen als auch inmitten von Kristalliten liegen können. Dieser Befund bestätigt demnach die Richtigkeit der von Brüche und Mahl (*32*, *33*, *34* in *IV*) aus schwach vergrößerten (30fach) Elektronenbildern gewonnene Vorstellung über den Thoraustritt bei thorierten Kathoden.

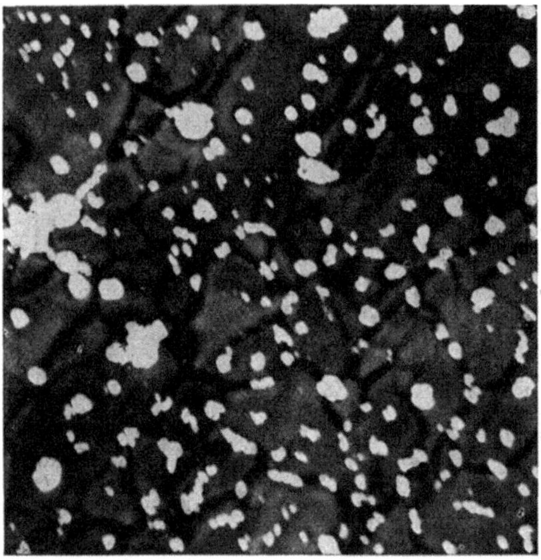

Abb. 15. Thoriertes Molybdän mit Emissionspunkten und Molybdänstruktur (nach Kinder). (Vergr.: 3000 : 1) [Brüche (*14*)].

Ein reines Metallgefüge von glühendem Molybdän ist in Abb. 16 wiedergegeben. Es zeigt, daß auch bei verhältnismäßig hoher Vergrößerung Korngrenzen und sonstige feinere charakteristische Oberflächenunebenheiten (z. B. Gleitlinien) im Emissionsbild sehr kontrastreich und scharf zur Darstellung kommen. Übermikroskopische Gefügeuntersuchungen nach dem Emissionsverfahren sind also durchaus möglich. Dabei ist das Emissionsmikroskop, wie durch Untersuchung bei kleiner Vergrößerung schon mehrfach [vgl. z. B. S. 406 in *IV*, S. 73 in *VI* und Burgers (*16*—*19*)] gezeigt wurde, gerade für solche Unter-

[1] Mecklenburg (*61*) nimmt an, daß es sich hierbei um das Hervortreten von Gleitlinien handelt. Der Verfasser neigt aber eher dazu, daß hier eine Schlierenbildung durch Adsorptionsschichten (vielleicht durch zusätzliche teilweise Sauerstoffbelegung) vorliegt.

suchungen prädestiniert, wo es um die direkte Beobachtung von Gefügeänderungen — seien es Kristallisations- oder Ausscheidungserscheinungen — bei hoher Temperatur geht.

6. **Weiterentwicklung.** Bei der Weiterentwicklung des Emissionsmikroskops ist neben der Steigerung des Auflösungsvermögens die Erweiterung seines Anwendungsbereiches die vordringlichste Aufgabe. Der Weg für beide Entwicklungsrichtungen ist klar vorgezeichnet. Zur Steigerung des Auflösungsvermögens sind möglichst hohe Feldstärken vor der Kathode anzuwenden, was bei Verwendung einer elektrostatischen Einzellinse oder einer magnetischen Linse ohne Schwierigkeit bis nahe vor dem Einsetzen der Feldemission getrieben werden kann[1] (vgl. Abb. 4b).

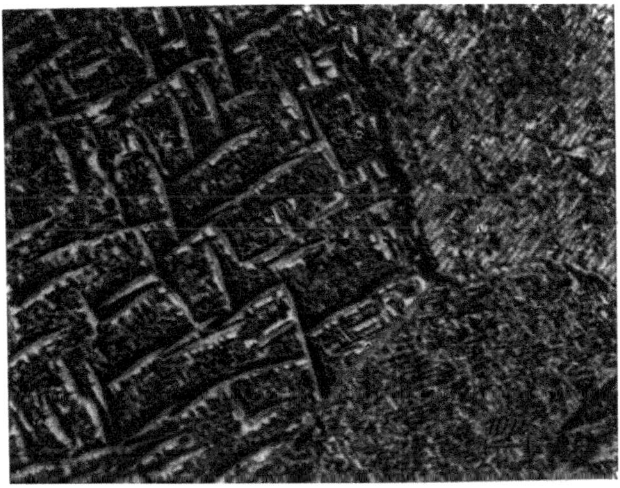

Abb. 16. Emissionsbild eines thorierten Molybdänbandes (Gefügebild). (Vergr.: 600 : 1.)

Für die Abbildung von Glühkathoden müßte wegen der sehr kleinen Energieverteilung der Glühelektronen zur Erreichung eines Auflösungsvermögens in der Größenordnung 10 mμ eine Absaugefeldstärke von 50 bis 100 000 V/cm bereits ausreichen. Bei Photoelektronen mit ihrer rund 10 mal so breiten Energieverteilung sind dagegen zu einer merklichen Überschreitung des lichtmikroskopischen Auflösungsvermögens höchstmögliche Feldstärken anzuwenden. Ob das auch noch für Sekundärelektronen[2] gilt und damit eine übermikroskopische Abbildung möglich sein wird, muß dahingestellt bleiben.

Für die Erweiterung des Anwendungsbereiches des Emissionsmikro-

---

[1] Bei Verwendung einer elektrischen Immersionslinse ist dies nicht so ohne weiteres möglich, da durch die objektnächste Linsenelektrode mit dem zur Bilderzeugung vorgegebenen Potential eine starke Schwächung des Feldes vor der Kathode eintritt (vgl. Abb. 2).

[2] Oberflächenabbildungen mit Sekundärelektronen bei kleiner Vergrößerung liegen sowohl bei Elektronenauslösung mit Elektronen [Mechter (*63*)] als auch bei Auslösung mit Gasentladungsionen und Glühionen [Mahl (*36*, *37*)] vor.

skops, insbesondere zur vollen Ausschöpfung der Einsatzmöglichkeit für direkte Untersuchungen bei hohen Temperaturen, ist die Erzwingung einer genügend starken Elektronenemission bei den in Frage kommenden Temperaturen die wichtigste Aufgabe[1]. Da die Austrittsarbeit fast aller technisch interessierenden Metalle und Legierungen zwischen 4 und 5 eV liegt, ist, abgesehen von den Untersuchungen der wenigen hochschmelzenden Metalle (W, Mo und Ta) bei Temperaturen über 1500° C, eine glühelektrische Abbildung aller anderen Metalle und Legierungen im oberflächenreinen Zustand unterhalb des Schmelzpunktes nicht möglich. Erst nach „Aktivierung" durch geeignete elektropositive monoatomare Adsorptionsschichten gelingt die Erzwingung einer genügend starken Elektronenemission bei Temperaturen unter 1500° C. Bei Eisen, das mit Barium oder Strontium aktiviert ist, kann so die Umwandlung des α-Eisens in γ-Eisen bei 900° C direkt beobachtet werden (*IV*, S. 406). Um außer den Kristallisationsvorgängen, die meist noch bei verhältnismäßig hohen Temperaturen vor sich gehen, mit dem Emissionsmikroskop auch noch die metallographisch viel wichtigeren Ausscheidungsvorgänge bei Legierungen zu erfassen, ist eine Erweiterung der Beobachtungstemperatur bis herab zu wenigen hundert Grad anzustreben. Möglichkeiten hierzu ergeben für Glühkathoden die Alkaliadsorptionsschichten — so läßt sich Nickel, das mit Cs bedeckt ist, bei 450° C beobachten [Schenk (*148*) in *IV*] — oder der Übergang zur Photoelektronenauslösung, die bei niedrigen Vergrößerungen schon mehrfach angewendet worden ist (*IV*, S. 409). Wenn bei dieser aufgezeigten Entwicklungsrichtung auch keine grundsätzlichen Hindernisse entgegenstehen, so sind für die weitere Erschließung der Emissionsmikroskopie für hohe Vergrößerungen doch große Schwierigkeiten zu überwinden. Sie bestehen einerseits in der Erzeugung eines ausreichenden Vakuums, an das bei aktivierten Kathoden besonders hohe Anforderungen zu stellen sind. Ob der heute in Anlehnung an die Durchstrahlungsmikroskope eingeschlagene Weg (Metallapparatur mit Gummidichtung und Schleusen) die Erfüllung dieser Forderung, die besonders bei den mit Alkali aktivierten Kathoden sehr hoch sind, erlaubt, muß erst abgewartet werden. Andererseits ergeben sich durch die zur Aktivierung des Objekts im Vakuum aufzudampfenden Alkali- oder Erdalkalimetalle hochspannungstechnische Schwierigkeiten, da Kondensation an hochspannungsführenden Teilen leicht zu unerwünschten Feldelektronenausbrüchen führen kann.

Für die photoelektrische Elektronenauslösung, der für die Abbildung bei Zimmertemperatur oder mäßig hohen Temperaturen besondere Bedeutung zukommt, ist erst noch eine an die kurzbrennweitigen Elektronenlinsen angepaßte intensive Ultraviolettlichtbeleuchtung zu entwickeln. Vielleicht läßt sich bei Verwendung einer modernen Hochdruck-

[1] Vgl. auch den Beitrag „Das elektronenoptische Strukturbild und seine Anwendung" [Mahl (*VI*, S. *73*)].

Quecksilberpunktlampe durch Benutzung von geeignet geformten Linsenelektroden zur Strahlenfokussierung auf die Kathode, der für hohe Vergrößerungen notwendige große Photoelektronenstrom erzielen.

Von der Lösung der angeführten Entwicklungsprobleme wird es hauptsächlich abhängen, ob sich das Emissionsmikroskop auf breiterer Basis in der Oberflächen-Übermikroskopie Eingang verschaffen wird, oder ob es nur zur Lösung einiger weniger spezieller Fragen einzusetzen sein wird. Wegen der kriegsbedingten Beschränkung auf notwendigste Entwicklungsarbeiten müssen diese Arbeiten, die wie die gesamte Emissionsmikroskopie in unserem Institut[1] praktisch allein gepflegt werden, zurückgestellt werden.

II. Das Abtastverfahren.

Die Idee des Abtastverfahrens (Abb. 1b) tauchte bereits im Jahre 1929 in einer 1927 angemeldeten Patentschrift von Stintzing (*79*) auf. Stintzing schlägt vor, das Objekt unter einem sehr feinen Korpuskel- oder Röntgenstrahl zeilenweise vorbeizuführen und die Schwächung des reflektierten Strahls synchron zu registrieren. Wegen der sehr kurzen Wellenlänge dieser Strahlen besteht auf diese Weise die prinzipielle Möglichkeit zur Herstellung feinster Teststrahlen und damit die Nachweismöglichkeit für sublicht-mikroskopische Teilchen.

Die erste (1935) praktische Verwirklichung des Rastermikroskops, allerdings mit relativ groben Teststrahlen, stammt von Knoll [(*108*) in *IV*]. Die Versuchsanordnung ist in Abb. 17 schematisch dargestellt. Das Objekt wird mit einem durch ein Braunsches Röhrensystem erzeugten Elektronenstrahl abgetastet. Die Spannungsimpulse, die an dem über einen Widerstand mit der Anode der Kathodenstrahlröhre verbundenen Objekt auftreten, werden über einen Verstärker dem Gitter einer synchron gesteuerten Braunschen Röhre (Fernsehröhre) zugeführt. Auf diese Weise erhält man auf dem Leuchtschirm der Braunschen Röhre ein Bild der Plattenoberfläche, dessen Hell-Dunkel-Verteilung der Sekundärelektronen-Emissionsverteilung der Platte entspricht, oder, wenn diese durch eine hohe positive Plattenspannung unterdrückt wird, durch reflektierte Primärelektronen erzeugt

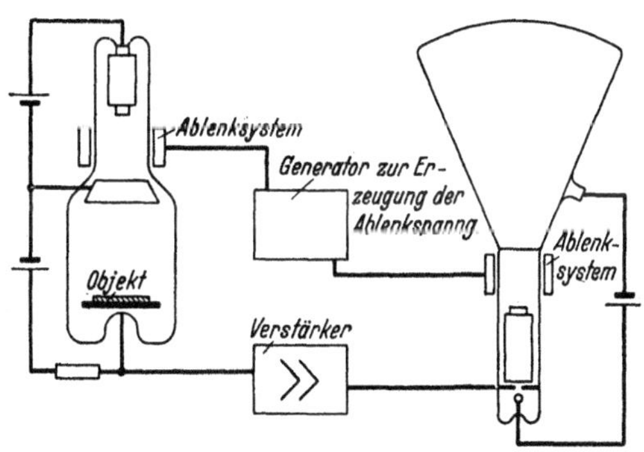

Abb. 17. Rastermikroskop nach Knoll (stark schematisiert).

[1] AEG.-Forschungsinstitut.

wird (vgl. hierzu *IV*, S. 412). Das maximale Auflösungsvermögen eines solchen Rasterbildes ist durch die Feinheit des Abtaststrahls gegeben, der bei dem Versuch von Knoll in der Größenordnung $^1/_{10}$ mm war.

Da mit modernen elektronenoptischen Hilfsmitteln die Herstellung von sehr viel feineren Elektronenstrahlen gelingt, liegt die Verwirklichung eines Oberflächen-Raster-Übermikroskops heute durchaus im Bereich des Möglichen, wenn auch die Schwierigkeiten, die für eine übermikroskopische Oberflächenbildung zu überwinden sind, sehr beträchtlich sind. Versuche in dieser Richtung liegen bis jetzt allerdings erst für die einfachere Durchstrahlungsabbildung mit direkter photographischer Bildregistrierung durch v. Ardenne (*1*, *2*) vor. Der Sondenquerschnitt, den v. Ardenne durch zweimalige elektronenoptische Verkleinerung einer elektronenbestrahlten Blende erreicht, ist 10^{-5} mm, also etwa um den Faktor 10 kleiner als ein mit Lichtstrahlen erfaßbares Oberflächenelement. Bei den mit dieser Sonde geschriebenen Durchstrahlungsbildern (Registrierzeit etwa 20 Minuten) kann in Zeilenrichtung aus dem Schwärzungsabfall an einer Objektkante auf ein übermikroskopisches Auflösungsvermögen das Rasterbild geschlossen werden. (Der entsprechende Nachweis nach dem allgemein benutzten einwandfreieren Punkttrennungsverfahren fehlt heute noch.)

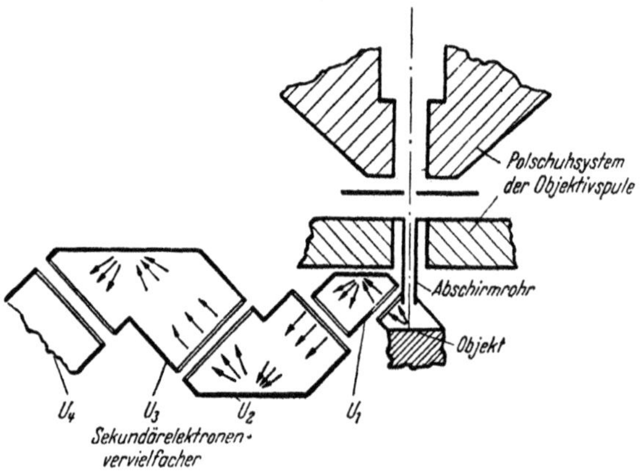

Abb. 18. Vorschlag eines Polschuhsystems mit Sekundärelektronen-Vervielfacher für Aufsichtsbeobachtung nach dem Rasterprinzip (v. Ardenne I S. 92).

Für die uns interessierenden Oberflächenaufnahmen liegen noch keine Ergebnisse vor[1]. Es ist nur ein Vorschlag durch v. Ardenne (*I*, S. 92) für die Ausbildung eines Oberflächen-Rastermikroskops bekannt geworden, in dem zur Verstärkung der von der Elektronensonde ausgelösten Sekundärelektronen ein Elektronenvervielfacher vorgesehen ist (Abb. 18). Die hohen Ansprüche, die an eine solche Verstärkung gestellt werden müssen, ergeben sich allein schon aus der Kleinheit des Primärstrahlstromes, der bei dem Versuch von v. Ardenne bei etwa $5 \cdot 10^{-13}$ Amp lag. Die zu verstärkenden Wechselstromkomponenten dürften darum größenordnungsmäßig bei 10^{-14} Amp liegen. Das Raster-

[1] In einer Arbeit von Zworykin und Ramberg (*82*) findet sich lediglich der Hinweis, daß in dieser Richtung erfolgreich gearbeitet wird.

mikroskop stellt also, selbst wenn sich der Sondenstrom noch wesentlich steigern läßt, nicht nur ein schwieriges elektronenoptisches Problem, sondern mehr noch ein Problem der Schwachstromtechnik dar.

Die Frage, ob die Vorteile des Rasterverfahrens, die besonders in der direkten Übertragungsmöglichkeit durch eine Fernsehröhre (auch Bildprojektion) und der Möglichkeit einer elektrischen Kontrastverstärkung liegen, zu den großen Schwierigkeiten, die die Entwicklung des Rastermikroskops bietet, in einem tragbaren Verhältnis liegen, muß heute noch offen bleiben.

III. Das Reflexionsverfahren.

Das Reflexionsverfahren [Ruska (*73*)] ist ein Analogon zum lichtmikroskopischen Aufsichtsverfahren (Abb. 1c). Dieses Verfahren scheint auf den ersten Blick am einfachsten zu sein. Bei der praktischen Ausführung dieses Prinzips treten aber große Schwierigkeiten auf, wenigstens dann, wenn eine übermikroskopische Abbildung angestrebt wird.

Die Schwierigkeiten liegen einerseits in der sehr geringen Intensität der Elektronen, die zur Bilderzeugung verwendet werden können, da wegen der unvermeidlichen Linsenfehler eine sehr starke Aperturbegrenzung vorgenommen werden muß. Die Primärstrahldichte läßt sich wegen der starken Erwärmung des Objekts nicht allzu weit steigern. Als weitere wesentlichste Erschwerung kommt hinzu, daß die reflektierten Elektronen bei der Reflexion einen Teil ihrer Energie einbüßen und darum einen starken chromatischen Fehler ergeben.

Trotz dieser großen Schwierigkeiten ist es in der letzten Zeit gelungen, beachtenswerte Ergebnisse mit diesem Verfahren zu erzielen. Ruska und Müller (*74*) erreichten mit einer Anordnung des Objekts, die der Abb. 1c entspricht, ein Auflösungsvermögen von 0,5 μ, also etwa das halbe Auflösungsvermögen des Lichtmikroskops.

Günstigere Verhältnisse liegen dann vor, wenn das Objekt nicht mehr senkrecht zur Strahlenrichtung angeordnet wird, sondern unter einem sehr kleinen Winkel dazu geneigt ist. In diesem Falle kommt nämlich ein größerer Bruchteil direkt ohne Energieverlust reflektierter Elektronen in die Linse, so daß die Erzielung lichtstarker Bilder ohne chromatischere Fehler möglich ist. Allerdings muß bei dieser Abbildungsart, die v. Borries (*10*) durchgeführt hat, auf die gewohnte senkrechte Projektion des Objekts verzichtet werden. Das Objekt erscheint im Bild vielmehr nach einer Richtung sehr stark verkürzt (etwa 1 : 14). Unmittelbare Rückschlüsse auf das wahre Aussehen der Oberfläche können darum aus den Bildern nicht so ohne weiteres direkt gezogen werden. Ein weiteres Eingehen auf die Reflexionsmethode erübrigt sich, da eine eingehende Behandlung des Problems in den Ergebnissen der exakten Naturwissenschaften bereits gegeben wurde[1] (*11*, S. 272 bis 276).

[1] Über praktische Anwendungen vgl. die Zitate *11, 12, 33, 68, 75*.

IV. Das Abdruckverfahren.

Der Gang des Abdruckverfahrens [Mahl (*38*, *40* bis *48*)] ist in Abb. 19 erläutert. Auf die zu untersuchende Oberfläche wird zunächst eine hauchdünne Oberflächenschicht — der Abdruckfilm — aufgebracht. Daraufhin wird der Abdruckfilm vorsichtig abgelöst, gewaschen und mit einem üblichen Objektträgerplättchen aufgefischt (Abb. 20). Betrachtet man nun einen so präparierten Abdruckfilm, der die Form der Oberfläche beibehalten hat, im gewöhnlichen Durchstrahlungs-Übermikroskop, so erhält man ein überraschend kontrastreiches übermikroskopisches Bild der Oberfläche bis in feinste Einzelheiten. Voraussetzung ist natürlich, daß der Film extrem dünn ist, damit er von Elektronen, die nur eine sehr geringe Durchdringungsfähigkeit haben, durchstrahlt werden kann. Seine Dicke soll nur etwa 10 bis 50 mμ betragen. Außerdem muß der Abdruckfilm für sich so „strukturlos“ sein, daß bei der benutzten Vergrößerung keine zusätzlichen fälschenden Strukturen sichtbar werden.

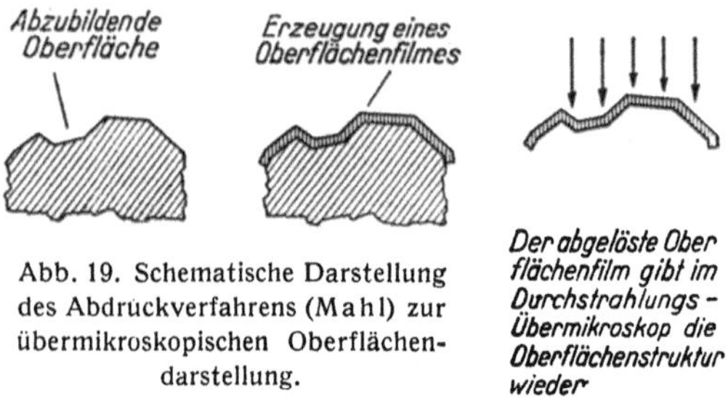

Abb. 19. Schematische Darstellung des Abdruckverfahrens (Mahl) zur übermikroskopischen Oberflächendarstellung.

1. Herstellung und Eigenschaften der Abdruckfilme (*53*).

Bei den Abdruckfilmen haben wir zwei Gruppen von Oberflächenschichten zu unterscheiden: aufgewachsene Filme und Fremdschichten.

Abb. 20. Auffischen eines Abdruckfilmes. (Das Objektträgerplättchen liegt auf einer pfeifenförmigen Halteeinrichtung.)

Aufgewachsene Filme können auf mannigfache Art durch verschiedene chemische Reaktionen erhalten werden. Für das Abdruckverfahren spielen heute die Oxydfilme die wichtigste Rolle. Am einfachsten lassen sich dünne Oxydfilme durch *Erhitzen des Metalls an Luft* herstellen, wobei ihre zunehmende Dicke am Auftreten von Anlauffarben zu verfolgen ist. Auf diese Weise können geeignete feinkörnige Oxydfilme besonders auf Nickel (*44*) erzeugt werden. Die Probe wird dazu über einer Flamme oder in einem Ofen so weit erhitzt, daß eben erst die erste gelbe Anlauffarbe erscheint. Die Oxydschicht hat dann die für das Abdruckverfahren geeignete Dicke. Sie ist entsprechend der Interferenzfarbe auf etwa 40 bis 50 mμ zu schätzen (*VII*, S. 53 u. 57). Eine

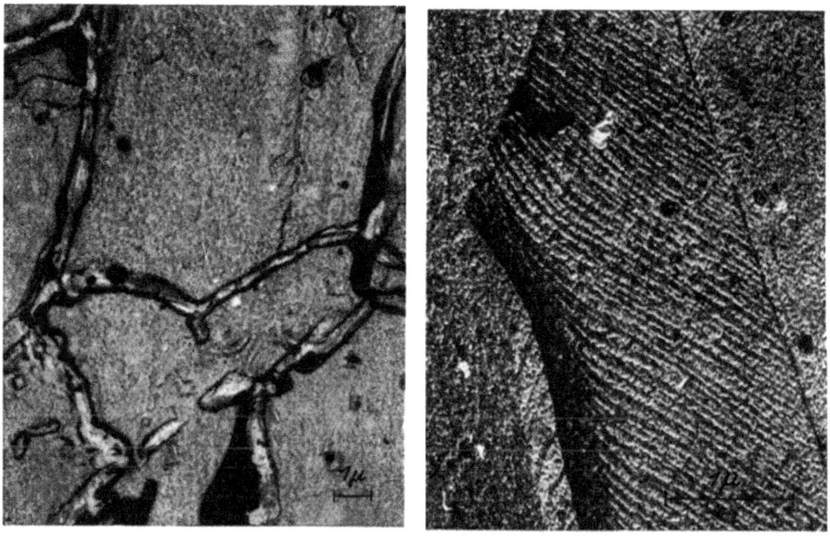

Abb. 21. Thermisch erzeugte Oxydabdrücke von Nickel: a) Korngrenzenätzung (Vergr. 5000 : 1); b) Nickelkristallit mit Gleitlinien (Vergr.: 18000 : 1). Während der Oxydabdruck a keine Eigenstruktur erkennen läßt, ist bei dem zu hoch vergrößerten Oxydabdruck b die Eigenstruktur bereits sehr störend.

andere Möglichkeit zur Erzeugung von Oxydfilmen besteht in einer Oberflächenoxydation in einer Gasentladung bei vermindertem Sauerstoffdruck (*48*).

Die thermisch erzeugten Oxydfilme — dasselbe gilt auch für Oxydfilme, die in einer Gasentladung erzeugt werden — weisen alle eine mehr oder weniger im Übermikroskop deutlich erkennbare Körnigkeit auf, die auf einen feinkristallinen Aufbau zurückzuführen ist. Bei Nickeloxydfilmen, die verhältnismäßig stabil sind, ist aber erst bei höherer Vergrößerung (> 10 000 : 1) die Körnigkeit störend, wie die beiden Nickelaufnahmen (Abb. 21 a, b) erkennen lassen[1].

Eisenoxydfilme sind in dünnster Schicht, bei der sie auf dem Metall eben noch unsichtbar sind, ebenfalls sehr gleichmäßig feinkörnig. Im Anlauffarbengebiet sind sie dagegen sehr ungleichmäßig dick und porös (*46*). Wegen ihrer großen Brüchigkeit sind sie nur wenig als Abdruckfilme geeignet, wenngleich mit dünnsten Oxydfilmen ebenfalls eine über-

[1] Sämtliche der hier wiedergegebenen Abdruckbilder sind mit elektrostatischen Übermikroskopen [Mahl (*38, 39*), Brüche (*13*)] mit Strahlspannungen bei 50 kV aufgenommen.

mikroskopische Abbildung (allerdings nur von Elektrolyteisen) gelingt (Abb. 22).

Die auf *Aluminium* durch längeres Tempern erzielten Oxydfilme sind zwar sehr robust, aber relativ grobkörnig (vgl. Abb. 48), so daß sie für erhöhte Anforderungen beim Abdruckverfahren weniger in Frage kommen (*49*).

Wohl das wichtigste Verfahren, wenigstens soweit es Aluminium und Al-Legierungen betrifft, ist eine Oxydfilmbildung durch *elektrolytische* (*anodische*) *Oxydation* (*41*, *44*). Auf diesem Wege lassen sich unter geeigneten Oxydationsbedingungen auf Aluminium und Al-Legierungen strukturlose Oxydfilme erzeugen (Abb. 23). Diese sind bereits bei sehr geringen Dicken, bei denen sie auf dem Metall noch völlig unsichtbar sind, außerordentlich stabil und formbeständig. Erst bei extrem kleiner Dicke (Oxydationsspannung < 20 V) neigen sie zu Faltenbildung. Als Elektrolyt erweist sich für Reinaluminium und Al-Mg-Legierungen eine alkalische ammoniumborathaltige Lösung als besonders günstig [Mahl (*44*), Semmler (*78*)]. Für zinkhaltige Al-Legierungen eignet sich dagegen ein Borax-Borsäure-Elektrolyt besser (*53*). Bei den meisten anderen bekannten elektrolytischen Oxydationsverfahren entstehen poröse Filme [(*46*) und Fischer (*23*)], die weniger gute Ergebnisse liefern (Abb. 24). Neuerdings finden die strukturlosen Al-Oxydfilme wegen ihrer großen Temperaturbeständigkeit auch als Objektträgerfolien für besondere übermikroskopische Untersuchungen Verwendung [Haß und Kehler (*29*)].

Abb. 22. Oxydabdruck von geätztem Elektrolyteisen. (Vergr.: 18000 : 1.)

Dünne Fremdschichten lassen sich auf verschiedene Art und Weise erzeugen. Besonders günstige Ergebnisse konnten in letzter Zeit mit dünnen Lackfilmen (*21*) erzielt werden, und zwar wird zu diesem Zweck die Oberfläche mit einer stark verdünnten Zaponlack- bzw. Kollodiumlösung überzogen. Die Oberfläche ist nach dem Trocknen mit einer Lackschicht genügender Feinheit überzogen, wenn eben erst die ersten Interferenzfarben auftauchen, und zwar muß die Lackdicke um so

Abb. 23. Elektrolytisch erzeugter Oxydfilm von geätztem Hydronalium. (Vergr.: 31000 : 1.)

dünner gemacht werden, je feinere oder je geringere Oberflächenunebenheiten zur Darstellung gebracht werden sollen.

Kollodiumfilme sind praktisch ohne Eigenstruktur, wie ja schon aus der frühzeitigen Anwendung als Objektträger für andere übermikroskopische und Elektronenbeugungsuntersuchungen bekannt ist. Sie stellen darum ein sehr günstiges Material für Abdruckfilme dar (vgl. z. B. Abb. 26 u. 27), erfordern allerdings wegen ihrer großen Empfindlichkeit gegen Elektronenbestrahlung ein sehr vorsichtiges Arbeiten (vgl. S. 305).

Andere Fremdschichten, die sich ebenfalls zum Abdruckverfahren eignen, sind dünne Filme von Metallen, Metallverbindungen und Nichtmetallen. Dünne Metallfilme geeigneter Dicke lassen sich am einfachsten durch *Aufdampfen im Vakuum* oder durch *Kathodenzerstäubung* erzeugen. Auch galvanische Niederschläge können unter Umständen durchaus als Abdruckfilm in Frage kommen (*48*). Ebenso wie von Metallen können auch von einer Reihe von Nichtmetallen dünne Aufdampfschichten erzeugt werden, wobei den quarzähnlichen Stoffen für das Abdruckverfahren die größere Bedeutung zukommt.

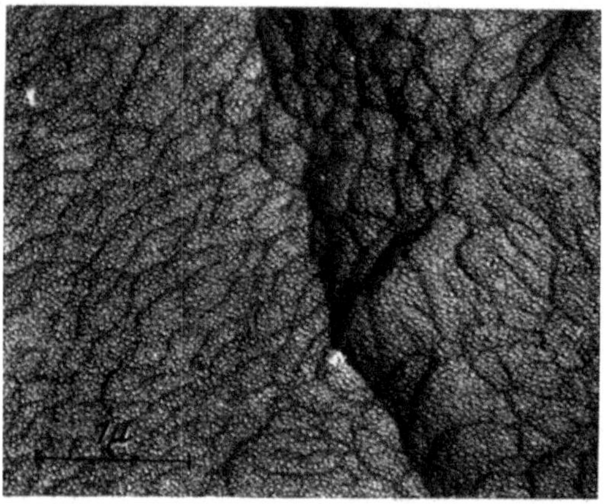

Abb. 24. Poröser elektrolytisch (Elektrolyt: Borax-Borsäure-Lösung) erzeugter Oxydfilm von geätztem Aluminium. (Vergr.: 18000 : 1.)

Die metallischen Aufdampfschichten (ebenso die aus Glanzbändern hergestellten galvanischen Schichten) weisen eine sehr feinkristalline Struktur auf. Die Korngröße hängt dabei von den Aufdampfbedingungen wie Güte des Vakuums, Aufdampfgeschwindigkeit und Entfernung von der Aufdampfquelle und nicht zuletzt von der Dicke der Schicht ab [Haß (*28*)].

Unter günstigsten Bedingungen sind Al-Aufdampfschichten, die wegen ihrer großen mechanischen Festigkeit und guten Durchsichtigkeit für Elektronen als Abdruckfilme besonders gut geeignet sind, aber auch Chrom-Aufdampfschichten, sehr feinstrukturiert, wie aus dem in Abb. 25 wiedergegebenen hochvergrößerten Abdruck von einer Kochsalzspaltfläche zu ersehen ist.

Wenn für die Aufbringung von dünnen Oberflächenschichten verhältnismäßig viele einfache Möglichkeiten bestehen, so trifft das für die *Ablösung der Schichten* nicht zu. Wohl sind eine Reihe von Verfahren bekannt, die eine Ablösung von dünnen Schichten gestatten, ihr Anwendungsbereich ist aber meist jeweils auf bestimmte Schichtarten und oft auch noch auf bestimmte Stoffe beschränkt, so daß für verschiedene Materialien meistens verschiedene Verfahren zur Anwendung gelangen müssen. Das universellste Verfahren, das wir bis jetzt kennen, ist das erst kürzlich entwickelte *kathodische Lackablöseverfahren* [Duffek und Mahl (*21*)], das außerdem den Vorteil hat, daß es die Probenoberfläche nicht merklich beschädigt. Das Verfahren, das auf die meisten Metalle — Abb. 27, 30, 41, 42, 46 und 49 geben Beispiele — anwendbar ist, besteht darin, daß die lackierte Probe in einem geeigneten Elektrolyten, der das betreffende Metall kathodisch nicht angreift, als Kathode geschaltet wird. Bei Stromschluß hebt sich dann meistens sofort nach der einsetzenden Wasserstoffentwicklung der dünne Lackfilm in großen Stücken ab. Das ganze Verfahren nimmt einschließlich Lackierung, Ablösung und Einschleusung in das Mikroskop nur wenige Minuten Zeit in Anspruch.

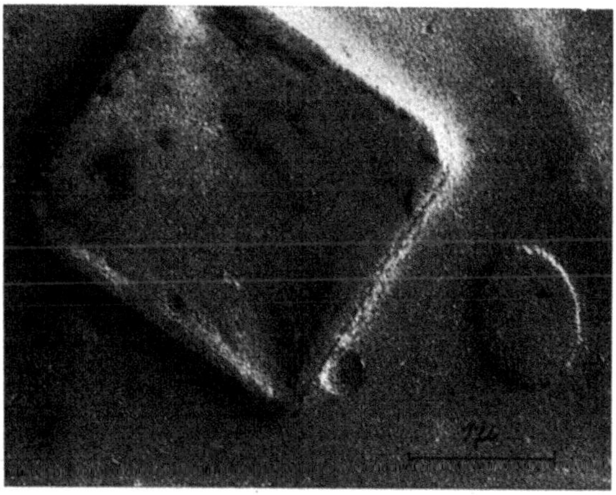

Abb. 25. Steinsalzspaltfläche, aufgenommen mit einer Chrom-Aufdampfschicht bei seitlicher Bedampfung. (Vergr.: 18000 : 1.)

Da die Durchführung des Verfahrens durchaus nicht laboratoriumsgebunden ist, lassen sich auch von ortsunbeweglichen beliebig großen Objekten Abdruckfilme ablösen. Hierzu ist es nur notwendig, um die zu untersuchende lackierte Oberflächenstelle einen kleinen Kästchenrahmen flüssigkeitsdicht aufzusetzen und diesen mit dem Elektrolyten zu füllen. Die Kathode der Stromquelle (z. B. einige Taschenlampenbatterien) wird mit dem Untersuchungsstück, die Anode mit einem in den Elektrolyten ragenden Metallstück verbunden. Das Verfahren ist selbstverständlich nicht auf Lackfilme beschränkt, sondern kann auch auf solche Filme angewendet werden, die einerseits als Isolator wirken, andererseits durch den entwickelten Wasserstoff chemisch nicht reduziert werden.

Die anderen bekannten Verfahren zur Ablösung dünner Oberflächenfilme beruhen darauf, daß entweder die ganze Unterlage aufgelöst wird oder eine dünne Materialschicht zwischen dem Oberflächenfilm und der Metallunterlage herausgelöst wird[1]. Die chemische *Auflösung der Unterlage* führt nur unter bestimmten Voraussetzungen zum Erfolg, da eine

[1] Vgl. besonders in Evans (*VII*), S. 57 usw.

Gasentwicklung, die besonders beim Auflösen von Metallen in den meisten flüssigen Lösungsmitteln (Säuren), die selbstverständlich den Oberflächenfilm nicht angreifen dürfen, auftritt, sehr leicht zu einer mechanischen Zerstörung des Films führt. Steht ein Lösungsmittel zur Verfügung, das das Metall ohne Gasentwicklung angreift, und das gegen den Oberflächenfilm inaktiv ist, so gelingt eine Isolierung des Films aber ohne weiteres. Der in Abb. 51 wiedergegebene Lackabdruck von einer Selen-Aufdampfschicht wurde durch Weglösen des Selens in Kaliumsulfidlösung hergestellt (Koch und Seeliger).

Läßt sich eine Gasentwicklung nicht vermeiden, so kann ein einseitiges Einbetten der Probe in Paraffin zum Erfolg führen solcher Art, daß diese vom Lösungsmittel von der Rückseite her abgebaut wird.

Eine größere Bedeutung als die Auflösung der gangen Unterlage, die nur bei dünnen Blechen zu zeitlich tragbaren Verhältnissen führt, kommt den Verfahren zu, bei denen nur eine dünne Zwischenschicht unter dem Oberflächenfilm herausgelöst wird. Sie beruhen auf einer bevorzugten Lösungsreaktion entlang der Unterseite des Films. Das bei Aluminium und Al-Legierungen heute am meisten angewandte Verfahren ist die *Quecksilbermethode* [Wernicke (*81*)], bei der das oxydierte (oder auch das lackierte) Aluminium mit einer Quecksilberchloridlösung behandelt wird. An vorher angebrachten Ritzstellen schlägt sich metallisches Quecksilber nieder und breitet sich unter der Oxydhaut aus, wodurch diese abgehoben wird. Aluminiumreste, die an der Oxydfolie hängen bleiben, werden durch Waschen in verdünnter Salzsäure weggelöst.

Auf ganz ähnliche Weise, wenn auch wesentlich langsamer, gelingt es, in einer Jod-Jodkalilösung Oxydfilme von Eisen abzulösen [Evans *VII*, S. 55). (Bei Stahl oder anderen Eisenlegierungen versagt aber diese Jodmethode, so daß ihr für unsere Fragestellung nur geringere Bedeutung zukommt.)

Eine bevorzugte Lösung unter einer Oberflächenhaut längs der Oberfläche tritt auch noch bei mehreren anderen Lösungsreaktionen ein. So heben sich bekanntlich metallische Aufdampfschichten von wasserlöslichen Stoffen wie Steinsalz bereits durch vorsichtiges kurzes Eintauchen der Probe in Wasser ab, Lackfilme lösen sich von Glas und ähnlichen Oberflächen in Wasser, das mit wenig Flußsäure angesäuert ist [Gölz (*25*)], von Stahloberflächen lösen sie sich in verdünnten Säuren. Al-Aufdampfschichten lassen sich wiederum von Stahloberflächen durch Salpetersäure [Benneck u. a. (*5*)] abheben, Berylliumschichten durch verdünnte Schwefelsäure [Rüdiger (*72*)].

Auf ähnliche Weise wirken auch die *anodischen Verfahren*, durch die nichtleitende Oberflächenfilme von einigen Metallen abgelöst werden können. Bei dieser Methode [Evans (*VII*, S. 57)] wird die Probe in ein Gefäß mit getrennten Elektrodenräumen (U-Rohr mit Glaskugeln in der Biegung) als Anode angeordnet. Die anodische Korrosion beginnt dann an vorher angebrachten Ritzstellen und dringt von dort aus unter der Oberflächenhaut (Oxyd- oder Lackfilm) weiter fort. Abb. 26 gibt einen von einer geätzten Messingoberfläche anodisch abgelösten Lackabdruck wieder. Mit der anodischen Methode lassen sich unter Umständen auch elektrochemisch schwerer lösliche dünne Metallschichten von leichter löslichen abheben, wenn die Schichtoberfläche zur Vermeidung der direkten Oberflächenauflösung sehr dünn lackiert wird. Auf diese Weise gelang es, galvanisch erzeugte Chromschichten von einer Nickelunterlage zusammen mit der dünnen Lackschicht abzuheben (*48*).

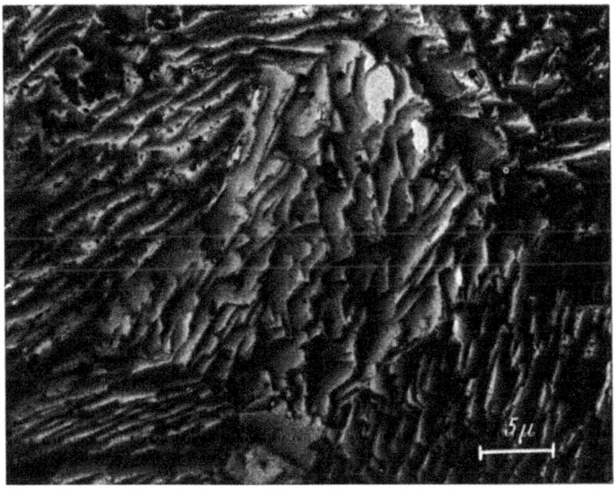

Abb. 26. Lackabdruck von geätztem Messing (anodisch abgelöst). (Vergr.: 2000 : 1.)

Ergänzend sei nun noch auf die Frage über die jeweils günstigste Anwendung der einen oder anderen Abdruckfilmart kurz eingegangen. Die universellste Bedeutung kommt dem Lackabdruckfilm zu. Mit ihm lassen sich die meisten Metalle und viele andere feste Stoffe wie Glas u. dgl. gut abbilden. Allerdings setzt die Oberflächenrauhigkeit der Ablösung eine gewisse Grenze. Die normal angeätzten Metallschliffe und fein bearbeiteten Oberflächen bieten aber noch keine Schwierigkeiten, wohl aber sehr tiefgeätzte Metalle. Derartige Oberflächen lassen sich darum unter Umständen besser mit Oxydfilmen abbilden, besonders wenn es sich um Aluminium oder Al-Legierungen handelt. Solche Oxydfilme bieten dabei noch den Vorteil, daß damit Ausscheidungen (z. B. bei Al-Legierungen) sehr empfindlich nachzuweisen sind (vgl. Abschnitt 2 S. 292).

Aufdampfschichten eignen sich besonders zur Darstellung von wasserlöslichen Stoffen oder auch von solchen Stoffen, die durch das Lösungsmittel des Lackes selbst angegriffen werden. Außerdem läßt sich, was besonders bei der Darstellung sehr geringer Oberflächenunebenheiten wichtig ist, durch Schrägbedampfung (auch zusätzlich auf einen Lackfilm) eine beträchtliche Kontraststeigerung erzielen (vgl. Abb. 25 und S. 301).

2. Nachweis von Ausscheidungen in den Oberflächenverunreinigungen (*43*). In der Lichtmikroskopie bestehen für den Nachweis ausgeschiedener Gefügebestandteile bekanntlich folgende zwei Möglichkeiten:

a) Der ausgeschiedene Gefügebestandteil wird durch das angewandte Ätzmittel stärker angegriffen; er hebt sich also im Mikrobild durch seine Aufrauhung oder durch seinen geringeren bzw. stärkeren Abbau vom Grundgefüge ab. Hinzu kommt noch, daß besonders bei ausgeschiedenen Metallverbindungen, bei Gegenwart eines Ätzmittels, Lokal-

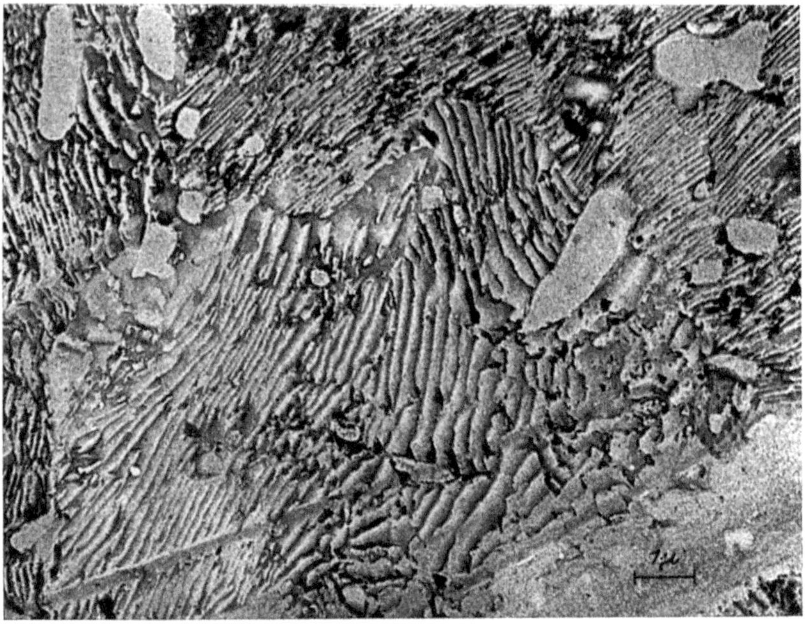

Abb. 27. Lackabdruck von feinstreifigem Perlit (kathodisch abgelöst). (Vergr.: 8000 : 1.)

elemente entstehen können, so daß in deren Umgebung ein verstärkter Ätzangriff erfolgt, der bei kleinen ausgeschiedenen Partikeln zu einer charakteristischen Aufrauhung der Oberfläche führt oder bei größeren Teilchen Ätzgrübchen entstehen läßt.

b) Der ausgeschiedene Bestandteil hat ein anderes Reflexionsvermögen bzw. eine andere Farbe oder erhält ohne tiefergehenden Angriff des Gesamtgefüges durch das Ätzmittel oder durch Oxydation in der Luft eine andere Färbung und kann so von dem Gefügeuntergrund unterschieden werden.

Es ist ohne weiteres einzusehen, daß sich die erste lichtmikroskopische Methode ohne Schwierigkeiten auf das Abdruckverfahren übertragen läßt und so der Nachweis von heterogenen Bestandteilen auch im sublichtmikroskopischen Gebiet gelingen muß. Hierbei ist es selbstverständlich gleichgültig, ob der Abdruckfilm durch einen natürlich aufgewachsenen Film oder einen künstlich aufgebrachten Film erzeugt wird.

Als Beispiel für einen derartigen Nachweis von Ausscheidungen aus dem Ätzrelief ist in Abb. 27 Stahl (Perlit) wiedergegeben, bei dem eine Glühbehandlung zu einer Ausscheidung von zum Teil sublichtmikroskopischem, lamellarem Zementit geführt hat. Die Zementitteilchen wurden vom Ätzmittel viel schwerer angegriffen als das ferritische Grundgefüge. Sie erscheinen im Ätzrelief als erhabene (helle) Lamellen.

Ein übermikroskopischer Nachweis von metallischen Ausscheidungen ist mit dem Abdruckverfahren, aber auch noch auf einem anderen Wege möglich, und zwar aus der geänderten Eigenstruktur der Oxyd-Abdruckfilme durch ausgeschiedene Gefügebestandteile. Am Beispiel Aluminium sei das Prinzip der Methode kurz erläutert: Bei Reinaluminium gelingt, wie erwähnt, eine übermikroskopische Oberflächenabbildung nach dem Abdruckverfahren am besten, wenn als Abdruckfilm ein durch elektrolytische Oxydation erzeugter dünner Oxydfilm benutzt wird. Dabei bildet sich unter geeigneten Oxydationsbedingungen ein praktisch strukturloser, weitgehend gleichmäßig dicker Oxydfilm aus (vgl. Abb. 23), der bei Reinstaluminium aus reinem Aluminiumoxyd besteht. Das Elektronen-Durchstrahlungsbild des abgelösten und von Metallresten gereinigten Oxydfilms muß also, wenn er von einer ebenen Fläche stammt, gleichmäßig hell erscheinen.

Anders ist es, wenn in der Aluminiumoberfläche irgendwelche heterogenen Ausscheidungen eingebettet sind. Sind die Teilchen kleiner als die Filmdicke, die etwa 20 bis 50 mμ ist, so werden sie mit in die Oxydschicht (falls sie oxydierbar sind, in oxydierter Form) einwachsen. Gröbere Teilchen werden je nach der Festigkeit, mit der sie im Grundmaterial haften, entweder am Abdruckfilm klebenbleiben oder in der Grundmasse hängenbleiben, wobei der Abdruckfilm unter Umständen durchlöchert erscheint.

Da nun die Ausscheidung, sei es nun in ihrer metallischen oder oxydierten Form, im allgemeinen eine andere Dichte besitzt und außerdem die Dicke des Abdruckfilms an der Stelle mit Einlagerungen eine andere sein wird, werden diese sich im Durchstrahlungsbild gegen die Umgebung abheben, so daß ein übermikroskopischer Nachweis und Formbestimmung möglich ist[1]. (Das Ätzstrukturbild selbst spielt hierbei

[1] Dabei ist selbstverständlich Voraussetzung, daß der Abdruckfilm keine sonstige Verunreinigung aufweist, wie sie entweder haftengebliebene Metallreste oder Eintrocknungsreste aus verunreinigter Waschflüssigkeit darstellen können (Abb. 29). Durch sorgfältiges mehrfaches Waschen der Abdruckfilme in Säure und destilliertem Wasser lassen sich solche Fehlermöglichkeiten aber meistens vermeiden. Da man außerdem von einer Probe immer mehrere Abdruckfilme anfertigen wird, kann aus der Übereinstimmung charakteristischer Einzelheiten verhältnismäßig leicht entschieden werden, ob Verunreinigungen vorliegen oder nicht.

eine untergeordnete Rolle.) Derartige Ausscheidungen spielen bekanntlich oft bei solchen Legierungen eine große Rolle, die vergütbar sind. Eins der bekanntesten Beispiele ist die Legierung der Gattung Al-Cu-Mg (Typ Duralumin). Die $CuAl_2$-Ausscheidungen, die bei dieser Legierung, wie aus lichtmikroskopischen Untersuchungen bekannt ist, bei der

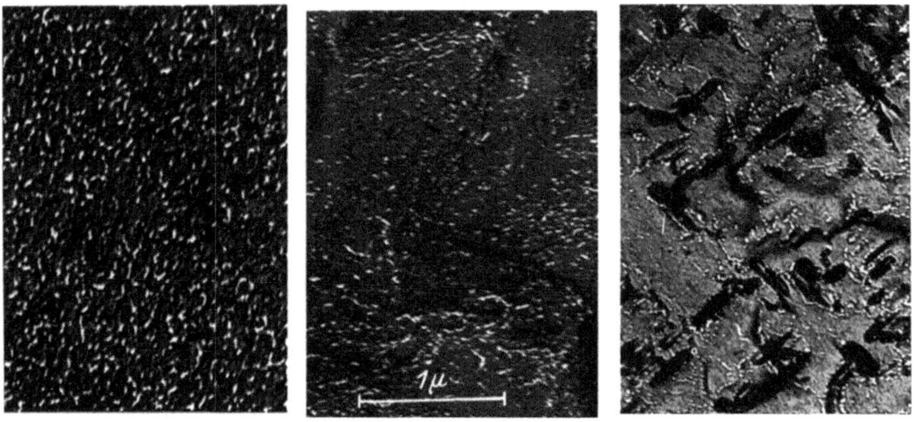

a) b) c)

Abb. 28. Elektrolytisch erzeugte Oxydfilme von verschieden getempertem Duralumin. (Vergr.: 20000 : 1.) a) Homogenisiertes Material: gleichmäßige Porenverteilung; b) 30 Min. bei 220° geglüht: zeilenförmige Porenverteilung; c) 1 Stunde bei 220° geglüht: eingelagerte Stäbchen von ausgeschiedenem $AlCu_2$.

Wärmeaushärtung (Härtung durch Glühbehandlung) auftreten, heben sich wegen ihrer größeren Dichte und Dicke gegenüber dem homogenen hellen Aluminiumoxyduntergrund als dunkle Teilchen ab (Abb. 28c). Bei Oxydfilmen von kalt ausgehärtetem oder homogenisiertem Material fehlen diese schwarzen Einlagerungen (Abb. 28a). In ähnlicher Weise lassen sich auch Ausscheidungen bei anderen Legierungen darstellen.

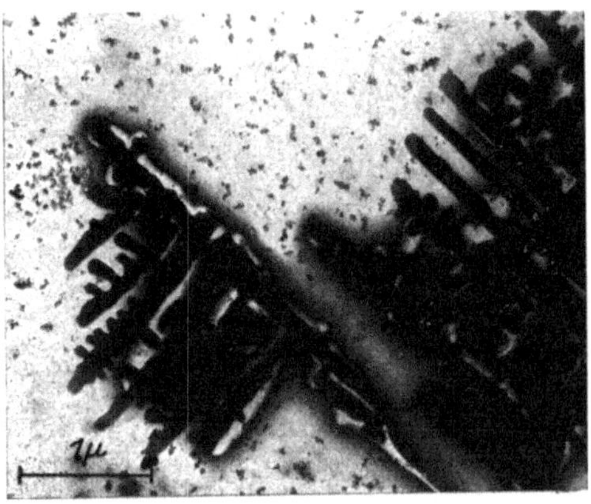

Abb. 29. Ungenügend gereinigter Oxydabdruck (von Duralumin) mit Eintrocknungsrückständen. (Vergr.: 15000 : 1.)

Es bedarf wohl keines besonderen Hinweises, daß die Empfindlichkeit der hier beschriebenen übermikroskopischen Methode sehr groß ist, und zwar liegt dies nicht allein in dem hohen Auflösungsvermögen des Elektronenmikroskops, sondern auch an der außerordentlich starken Kontrastempfindlichkeit der Elektronenbilder gegen geringste Inhomogenitäten im Abdruckfilm.

Bei Aluminium-Kupfer-Legierungen besteht nun noch eine besonders empfindliche Nachweismöglichkeit für Erstausscheidungsstadien. Sie beruht nicht auf dem direkten Nachweis von Ausscheidungen, sondern auf der Beobachtung der Porenverteilung der elektrolytisch erzeugten Oxydfilme (*48*, *54*). Während sich auf Reinaluminium ohne weiteres völlig porenfreie Oxydfilme erzeugen lassen, zeigen Oxydfilme von Duraluminium immer eine mehr oder weniger starke Porigkeit[1], was auf die durch den Kupfergehalt hervorgerufene geringe Durchschlagsfestigkeit zurückzuführen ist. Ungleichheiten der Porenverteilung weisen darum auf Unterschiede in der Kupferverteilung hin. So zeigt sich die beginnende Heterogenisierung des Duralumins beim Tempern schon nach sehr kurzen Glühzeiten an einer deutlichen Änderung der beim homogenisierten Material (Abb. 28a) gleichmäßigen Porenverteilung in einer mehr zeilenförmigen Anordnung der Poren (Abb. 28b). Die Stellen stärkerer Porenansammlung entsprechen dabei den Stellen der Kupferanreicherung, die in weiter fortgeschrittenen Stadien zu den direkt beobachteten Ausscheidungen des $CuAl_2$ führen (Abb. 28c). Im Lichtmikroskop ist in den in Abb. 28b wiedergegebenen Stadien noch keinerlei Ausscheidung zu erkennen. Erst bei dem in Abb. 28c gezeigten Stadium treten die ersten schwarzen Punkte auf.

Ergänzend sei noch erwähnt, daß sich mit einem Lackabdruck nicht nur das Relief einer Metalloberfläche abbilden läßt, sondern es gelingt damit auch der *Nachweis von Verunreinigungen* etwa von Ölspuren an Oberflächen (*51*). Ein Lackfilm benetzt eine Oberfläche nämlich nur dann gleichmäßig, wenn die Oberfläche metallisch sauber ist. Ist das nicht der Fall, dann treten Störungen auf, die im Abdruckbild deutlich zu erkennen sind. Aus dem Lackabdruckbild kann darum unmittelbar abgelesen werden, ob eine Oberfläche metallisch sauber ist oder, was für manche Untersuchungen wichtiger ist, an welchen Stellen beispielsweise Ölreste besonders gut haften. Die Metallprobe braucht zu diesem Zweck nur in immer stärkerem Maße entfettet zu werden, wobei der Reinigungsgrad mit dem Lackabdruckverfahren fortlaufend kontrolliert werden kann. Zwei Beispiele dieser Art sind in Abb. 30 wiedergegeben. Die Ölreste der unvollständig entfetteten geschliffenen Stahloberfläche heben sich dabei deutlich auf der Schleifstruktur ab (Abb. 30a), die in Abb. 30b in vollständig entfettetem Zustand wiedergegeben ist (andere Stelle).

3. **Die Abbildung mikroskopisch kleiner Objekte**[2]. Eine Durchstrahlungsabbildung von mikroskopisch kleinen Objekten ist bekanntlich erst bei Objektdicken unter etwa $^1/_{10}$ μ möglich. Von dickeren Objekt-

[1] Vgl. auch Fischer u. Kurz (*23*).
[2] Bisher noch unveröffentlicht.

stellen können im Elektronenmikroskop nur die Umrisse festgestellt werden. Das Abdruckverfahren ließ sich nun ebenfalls auf so kleine Objekte, wie sie beispielsweise Diatomeen darstellen, anwenden. Die Objekte werden hierzu auf eine Glasplatte gestreut, die vorher mit einer dünnen Lackschicht überzogen worden ist. Nach dem Trocknen des Lackes wird der Lackfilm durch vorsichtiges Eintauchen in Wasser, das mit Flußsäure schwach angesäuert ist, abgelöst. Sodann wird die Untersuchungssubstanz chemisch herausgelöst und der Lackfilm, der dann die Abdrücke der kleinen Objekte enthält, im Übermikroskop zur Untersuchung gebracht. Da bei dieser Methode der Lack auch in feine Kapillarsysteme eindringt, enthält das Abdruckbild nicht nur die

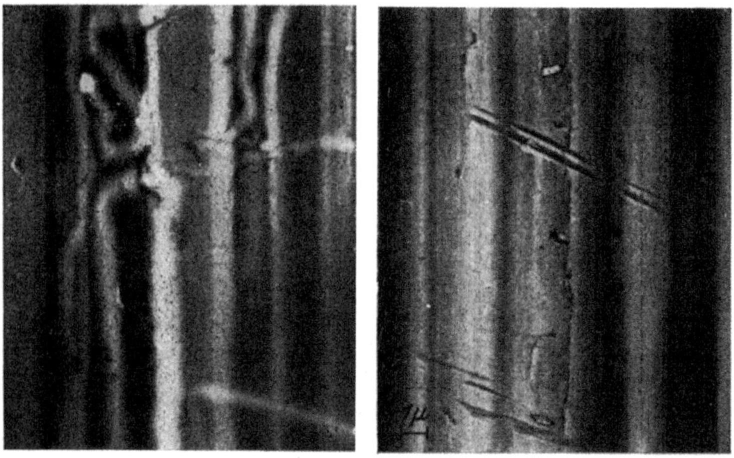

Abb. 30. Lackabdruck von einer geschliffenen Stahloberfläche. (Vergr.: 3000 : 1.)
a) Mit Ölspuren, b) metallisch sauber.

äußere Oberflächenform, sondern auch das Negativ solcher Kapillarsysteme. In Abb. 31 ist ein derartiges Abdruckbild von einer Diatomee (Navicula pinularia) als Stereobild wiedergegeben. Die Herauslösung des Kieselsäurepanzers aus dem Lackfilm war hier durch Flußsäure erfolgt.

Wie groß unter Umständen die Überlegenheit eines Abdruckbildes gegenüber einer gewöhnlichen Durchstrahlungsaufnahme der Diatomee sein kann, läßt der Vergleich mit dem Schattenrißbild der Diatomee (Abb. 32) erkennen. Dieses zeigt von der verhältnismäßig dicken Diatomeenschale nur die Umrißformen und einen Teil des Porensystems als Lochsystem. Das stereoskopisch betrachtete Abdruckbild (Abb. 31) läßt dagegen deutlich die Oberflächenform erkennen und zeigt außerdem, daß die Poren (schwarze Stäbchen) von nach innen offenen schlauchartigen Kammern ausgehen.

Es besteht kein Zweifel, daß sich diese Abdruckmethode auch auf organische Objekte wie Muskelfasern oder Gewebezellen anwenden läßt.

Voraussetzung ist nur, daß ein Lösungsmittel vorhanden ist, das den Lack nicht angreift. Möglichkeiten hierzu ergeben sich durch Auflösung des organischen Objekts durch geeignete Verdauungsfermente[1].

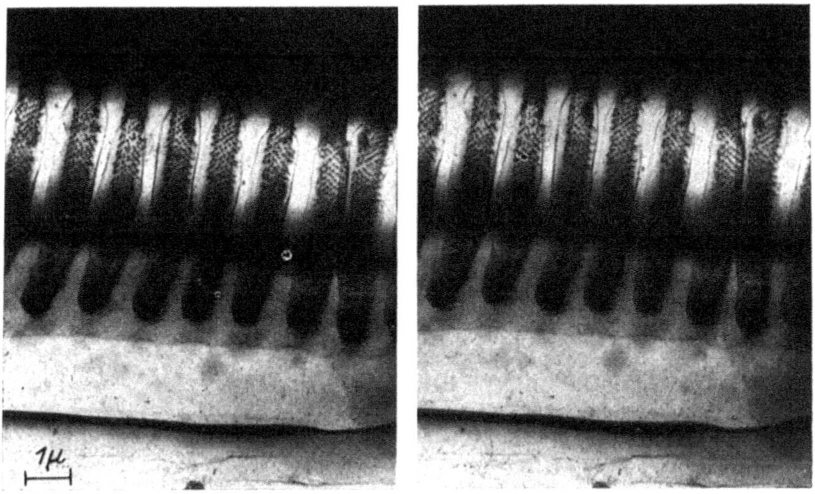

Abb. 31. Lackabdruck von einer Diatomee (Navicula pinularia). (Vergr.: 6000 : 1.) (Stereoaufnahme.)

4. **Das Negativverfahren.** Das Abdruckverfahren läßt sich noch so abwandeln, daß nicht der primäre Abdruck eines Objekts im Elektronenmikroskop untersucht wird, sondern erst ein zweiter Abdruck zur Untersuchung gebracht wird, der von der ersten Matrize angefertigt worden ist. Die Matrize, die ja nicht durchstrahlt werden muß, kann relativ dick gemacht werden, was im Hinblick auf die Ablösung eine Erleichterung darstellt. Zworykin und Ramberg (*82*), die dieses Verfahren durchgebildet haben, gehen dabei so vor, daß die zu untersuchende Oberfläche sehr dick mit Silber bedampft (und galvanisch verstärkt) wird. Die Silberschicht

Abb. 32. Durchstrahlungsaufnahme einer Diatomee entsprechend Abb. 31.

[1] Nach diesem Vorschlag wurden inzwischen eine Reihe von biologisch-medizinischen Präparaten, wie Knochen- und Hautoberflächen (vgl. Abb. 52) und Oberflächen von einigen Ausstrichpräparaten (z. B. Blutausstrich) mit gutem Erfolg abgebildet [Krause und Mahl (*33a*)].

wird dann mit einer Rasierklinge abgeblättert und dann mit Kollodiumlack überzogen, der nach Auflösung der Silbermatrize im Mikroskop abgebildet wird. An Stelle von Silber können auch organische Substanzen wie Gelatine Verwendung finden.

Eine Variante des Negativverfahrens, das allerdings nur auf harte Objekte anwendbar ist, besteht darin, daß das darzustellende Relief in weiches poliertes Reinstaluminium eingeprägt wird (Hunger und Seeliger [29a]), Von der so gewonnenen Matrize wird durch elektrolytische Oxydation ein Oxydabdruckfilm erzeugt, der in der üblichen Weise im Durchstrahlungs-Übermikroskop betrachtet wird. Dieses Prägeabdruckverfahren liefert eine ebenso gute übermikroskopische Reliefabbildung wie das normale Abdruckverfahren (Abb. 33). Sein Hauptvorteil liegt darin, daß dadurch auch bei Nicht-Aluminiummetallen die Erzeugung von Al-Oxyd-Abdruckfilmen möglich wird, die durch ihre günstigen Eigenschaften das beste bis jetzt bekannte Material für Abdruckfilme darstellen. Durch zusätzliche Lackierungen des Oxyd-Abdruckfilmes lassen sich außerdem noch charakteristische Bildkontraste erzielen, die die Deutung der Bilder wesentlich erleichtern. So wird bei lackierter Rückseite des Abdruckfilmes ein Bildeindruck gewonnen, der dem Positiv der Originaloberfläche entspricht. Bei lackierter Vorderseite erscheint dagegen das Negativ der Oberfläche. Je nachdem in dem zu untersuchenden Gefüge die Feinstruktur der Erhebungen oder der Vertiefungen mehr interessieren, wird die eine oder andere Lackierungsart eine Empfindlichkeitssteigerung gegenüber dem unlackierten Oxydfilm bringen.

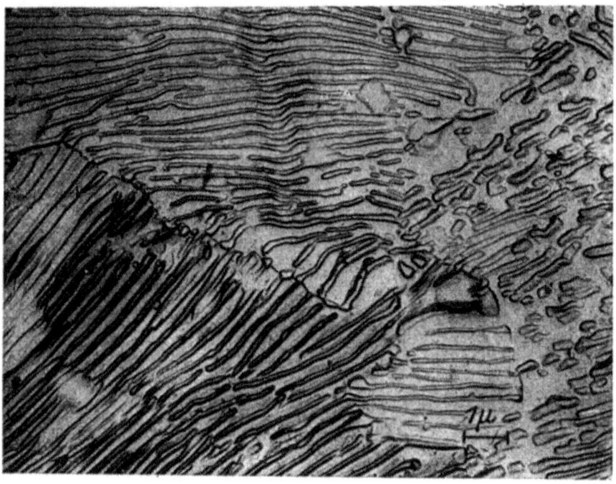

Abb. 33. Prägeabdruck von feinstreifigem Perlit (Hunger und Seeliger). (Vergr. 6000 : 1.)

5. **Entstehung der Bildkontraste.** Wie die bereits gezeigten Abdruck-Aufnahmen erkennen lassen, ist der bildmäßige Eindruck in allen Fällen überraschend plastisch und erinnert an lichtmikroskopische Reflexionsaufnahmen. Diese Ähnlichkeit ist eine zufällige Erscheinung, denn die

Bildkontraste kommen entsprechend der zur Bilderzeugung benutzten Durchstrahlungsmethode auf prinzipiell andere Weise zustande. Die verschiedenen Bildhelligkeiten werden durch Unterschiede der zu durchstrahlenden Dicke der als homogen angenommenen Abdruckfolie erzeugt[1] und nicht durch Unterschiede in der Reflexion bzw. durch Schattenwirkung verschiedener Objektstellen wie bei Reflexionsaufnahmen. Wegen dieser Verhältnisse läßt sich die Entstehung der Bildkontraste bei den übermikroskopischen Abdruckbildern unter Umständen verhältnismäßig gut übersehen, so daß in manchen Fällen, abgesehen von dem hohen Auflösungsvermögen, aus der Bildhelligkeit weitergehende Folgerungen auf die wahre Lage der Oberflächenelemente zu ziehen sind, als es bei einer Reflexionsaufnahme möglich wäre (*48*).

Besonders einfach liegen die Verhältnisse bei einem *gleichmäßig dicken Abdruckfilm*, wie ihn der elektrolytisch erzeugte Aluminiumoxydfilm darzustellen scheint. Hier erscheint die Fläche um so dunkler, je steiler sie gegen die zur Strahlenachse senkrecht stehende Oberflächenebene geneigt ist, wie an Abb. 34a, die einen Abdruckfilm für eine Oberfläche mit einer trapezförmigen Erhöhung und Vertiefung wiedergibt, sofort zu ersehen ist. Die Zunahme der Durchstrahlungsdicke erfolgt dabei proportional zum reziproken Wert des Kosinus gegen die Horizontale nach der Beziehung:

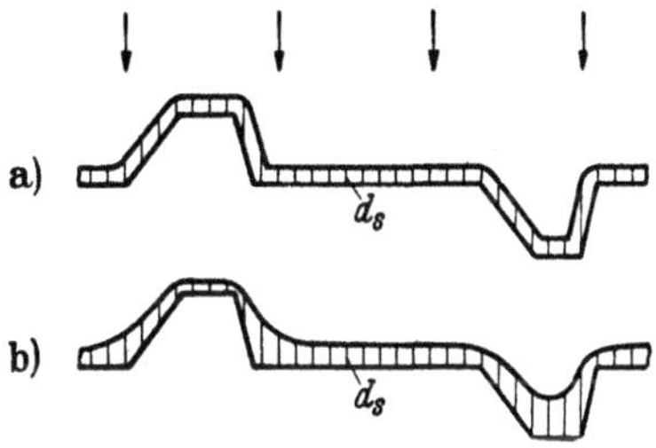

Abb. 34. Schematische Darstellung der Abhängigkeit der tatsächlichen Durchstrahlungsdicken (d_S) für einen gleichmäßig dicken Abdruckfilm (*a*) und einen Lackabdruck (*b*) für eine Oberfläche mit einer trapezförmigen Erhebung und Vertiefung. Beim gleichmäßig dicken Abdruckfilm unterscheidet sich die Erhebung nicht von der Vertiefung. Beim Lackabdruckfilm ist die Erhebung heller.

$$\frac{d_s}{d} \sim \frac{1}{\cos \alpha}, \qquad (4)$$

wobei d_s = Durchstrahlungsdicke, d = Oxydfilmdicke, α = Neigungswinkel ist[2].

[1] Gegen die von der Lichtoptik her bekannten Lackfilmverfahren [vgl. z. B. H. Wolf, Z. wiss. Mikroskop. mikroskop. Techn. **56**, 181 (1939)], bei denen ein von der Oberfläche abgezogener Lackfilm auch im durchstrahlenden Licht beobachtet werden kann, besteht demnach ein grundsätzlicher Unterschied. Die Bildkontraste entstehen bei diesem Verfahren an der Grenze von Luft und Lackfilmunterseite durch unterschiedliche Brechung an den verschieden geneigten Übergangsstellen. Dieser Unterschied zeigt sich allein schon darin, daß die Lackfilmdicke wegen der großen Lichtdurchlässigkeit beim lichtoptischen Verfahren eine völlig untergeordnete Rolle spielt, während beim elektronenmikroskopischen Abdruckverfahren nur in einem sehr engen Dickenbereich befriedigende Ergebnisse zu erhalten sind und durch Erhöhung der Strahlspannung nur wenig — auf Kosten der Bildkontraste — erweitert werden kann.

[2] Prinzipiell ließe sich demnach aus der Schwärzung der Photoplatte,

Da die gleiche durchstrahlte Dicke d_s bei einem gleichmäßigen dicken Abdruckfilm sowohl bei einem positiven als auch bei einem gleichen negativen Winkel gegen die Horizontalfläche auftritt, ergeben zwei verschiedene Flächen, die so gelagert sind, daß die eine das Spiegelbild der anderen darstellt, die gleiche Bildintensität. Die in Abb. 34a gezeichnete Erhebung gibt demnach dieselbe Hell-Dunkel-Verteilung wie die spiegelbildliche Vertiefung. Es ist somit eine Entscheidung darüber, ob eine Ecke ein- oder ausspringend ist, aus Abdruckbildern vom Aluminiumoxydtypus im allgemeinen nicht so ohne weiteres möglich. Jedoch läßt sich auf Grund von anderen Erfahrungstatsachen oft entscheiden, ob die dargestellte Oberfläche dem Negativ oder dem Positiv des jeweils räumlichen Bildeindruckes, den die Abdruckbilder vermitteln, entspricht [vgl. in (*48*)].

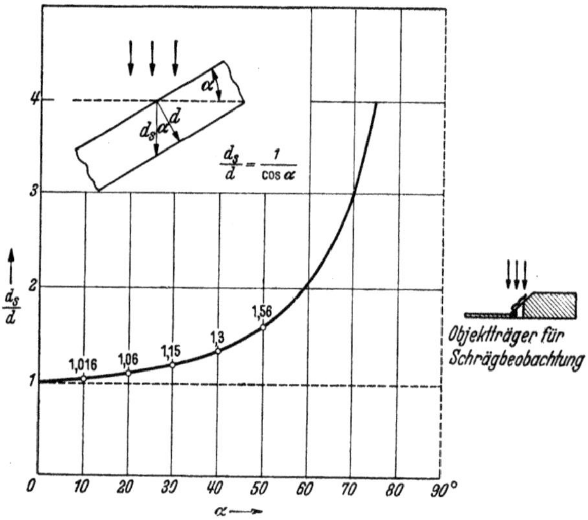

Abb. 35. Abhängigkeit der Durchstrahlungsdicke (*d*) von der Neigung gegen die Oberflächenebene (α) beim Al-Oxyd-Abdruckfilm.

Die Kontrastempfindlichkeit der Oxydfilmmethode ist, wie die kurvenmäßige Darstellung der Beziehung (*4*) in Abb. 35 zeigt, bei kleinen Neigungsabweichungen von der Horizontalen relativ gering und wird mit stärkerer Oberflächenneigung immer größer. So unterscheidet sich die Durchstrahlungsdicke des Abdruckfilms von einer um 10° gegen die Horizontalfläche geneigten Ebene gegen diese nur um 1,6%, während sich die Durchstrahlungsdicke bei einer um 40° geneigten gegen eine um 50° geneigte Fläche bereits um 20% unterscheidet. Aus diesen Verhältnissen können wir die Lehre ziehen, daß „glatte" Oberflächen, die nur geringe Neigungsabweichungen der verschiedenen Bereiche aufweisen, mit einem Abdruckfilm vom Al-Oxydtypus um so kontrastreicher abgebildet werden, in je schrägerer Lage sie im Durchstrahlungs-Übermikroskop abgebildet werden. Bei der praktischen Durchführung dieser

die ein Flächenstück des Films ergibt, seine Neigung berechnen. Die praktische Ausführung dieser Bestimmung stößt aber heute noch auf Schwierigkeiten, da über die Dickenabhängigkeit der Elektronenstrahlintensität bei so dünnen Aluminiumoxydfilmen, wie sie hier benützt werden, noch keine Messungen vorliegen.

Schrägbeobachtung wird man die Schrägstellung des Abdruckfilms natürlich nur bis zu einem gewissen Maße treiben, um zu starke Bildverkürzung zu vermeiden. Diese ist bei dem von uns gewählten Beobachtungswinkel von 45^0 etwa 1,4 : 1 und kann als durchaus erträglich angesehen werden. Der für diesen Zweck benutzte Objektträger, der

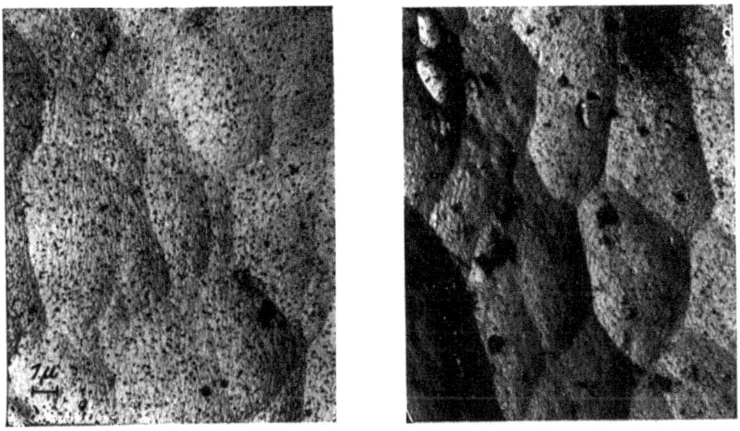

Abb. 36. Oxydabdruck von „blank"geätztem (KOH-Ätzung) Aluminium: a) bei normaler Senkrechtbeobachtung (Vergr.: 3000 : 1); b) bei Schrägbeobachtung (unter 45^0). (Vergr. horizontal 2100 : 1; vertikal 3000 : 1.)

diese Schrägstellung des Abdruckfilms um 45^0 gewährleistet, ist in Abb. 35 rechts eingezeichnet. Als Bildbeispiele sind in Abb. 36 zwei Aufnahmen von „blank" geätztem Aluminium wiedergegeben, dessen sanft gewellte Ätzstrukturen bei der normalen senkrechten Beobachtung (Abb. 36a) kaum zu erkennen sind, während sie bei Schrägbeobachtung (Abb. 36b) sehr deutlich und kontrastreich hervortreten.

Die geringe Dicke des Oxydabdruckfilms gestattet auch die Darstellung von Hohlräumen unter der eigentlichen Metalloberfläche, wenn diese nach außen offen sind. Solche Stellen markieren sich im Elektronenbild als dunkle Bereiche, da der Elektronenstrahl den Abdruckfilm 3mal durchdringen muß, wie aus der schematischen Zeichnung Abb. 37b hervorgeht. Das gleiche gilt auch für überhängende Objektpartien entspre-

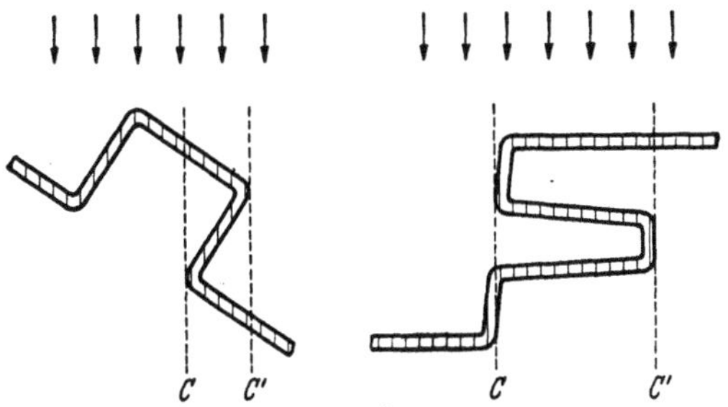

Abb. 37. Die Durchstrahlungsverhältnisse beim Al-Oxydabdruck: a) bei überhängender Kante; b) bei einer seitlichen Unterhöhlung (zwischen C und C' muß der dreifache Abdruckfilm durchstrahlt werden).

chend Abb. 37a. Ein entsprechendes Bildbeispiel ist als Stereoaufnahme in Abb. 38 wiedergegeben. Die überhängenden Bereiche und die unter der Oberfläche verlaufenden Aushöhlungen sind bei stereoskopischer Betrachtung der Bilder ohne weiteres zu erkennen.

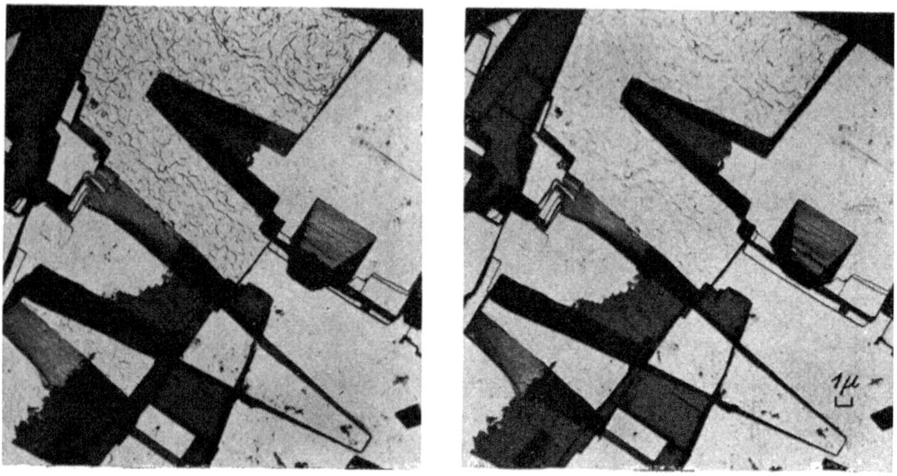

Abb. 38. Ätzstruktur von Reinstaluminium mit überhängenden Kanten und Unterhöhlungen. (Vergr.: 2500 : 1.) (Stereoaufnahme.)

Bei andersartigen Abdruckfilmen, die für sich nicht mehr gleichmäßig dick sind, liegen die Kontrastverhältnisse nicht so einfach wie beim Al-Oxydabdruckfilm, da hier die zu durchstrahlenden Dicken außer von der Neigung der verschiedenen Filmelemente auch noch von örtlichen Dickenunterschieden des Abdruckfilms mitbestimmt werden. Verhältnismäßig übersichtlich liegen diese Verhältnisse beim *Lackfilm.* Hier treten Dickenunterschiede besonders durch Wirkung von Kapillarkräften beim Aufbringen des Lackes auf. In einspringenden Ecken wird der Lackfilm dicker sein als an hervortretenden Kanten (Abb. 34b). Die einspringenden Ecken erscheinen darum im Bild dunkel (Abb. 43a). Der Lackabdruck ist demnach in bezug auf die Höhen- und Tiefenwiedergabe eindeutig. Allerdings sind Rückschlüsse auf die Neigung von Flächen aus der Bildhelligkeit nicht mehr möglich. Diese Eigentümlichkeiten der Kontrastverhältnisse beim Lackabdruck und Al-Oxydabdruck sind beim Vergleich entsprechender Abdruckbilder von gleichartigen Ätzreliefs deutlich zu erkennen (vgl. Abb. 43a mit Abb. 45c oder Abb. 24).

Verwickelter sind die Kontrastverhältnisse bei den Abdruckfilmen, die durch Aufdampfen oder thermische Oxydation erzeugt werden. Bei den Aufdampfschichten treten zusätzliche Dickenunterschiede besonders durch Abschattungen beim Aufdampfen auf, die wiederum von der Ausdehnung der Aufdampfquelle und besonders von der Neigung der

Probe zum Dampfstrahl abhängen. Bei senkrechter Bedampfung treten die geringsten Kontraste auf, da hier die Durchstrahlungsdicke praktisch unabhängig von der Oberflächenneigung ist. Die Kontraste werden

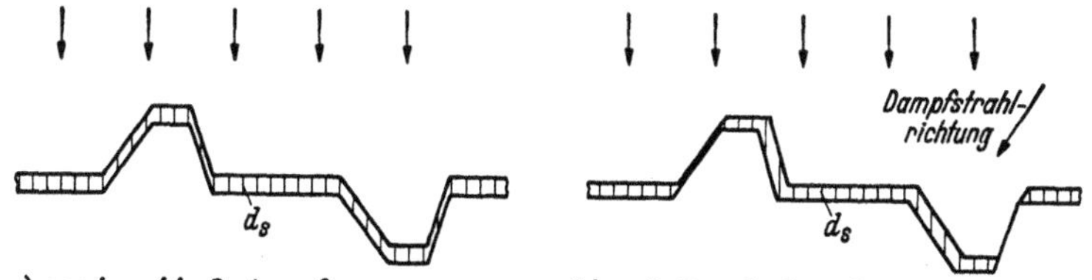

a) *senkrechte Bedampfung* b) *schräge Bedampfung*

Abb. 39. Dickenverhältnisse bei einer Aufdampfschicht (punktförmige Dampfstrahlquelle). Die Durchstrahlungsdicken d_S weisen eine um so größere Abhängigkeit von der Neigung der Oberflächenelemente auf, je größer der Winkel zwischen der Durchstrahlungs- und Bedampfungsrichtung ist.

um so größer, je größer der Winkel zwischen Aufdampfrichtung und Durchstrahlungsrichtung im Übermikroskop gewählt wird (Abb. 39a, b). In der Praxis wird man daher die Objektoberfläche schräg, etwa unter 45°, bedampfen und dann den abgelösten Abdruckfilm senkrecht beobachten. Wie beträchtlich die Kontraststeigerung bei Schrägbedampfung gegenüber einer Senkrechtbedampfung ist, zeigt Abb. 40 an Aufdampffilmen von einer geätzten Steinsalzoberfläche. Während in Abb. 40a die Oberflächenunebenheiten nur schwach angedeutet sind, treten sie in Abb. 40b, die denselben Oberflächentyp wiedergibt, sehr kontrastreich hervor.

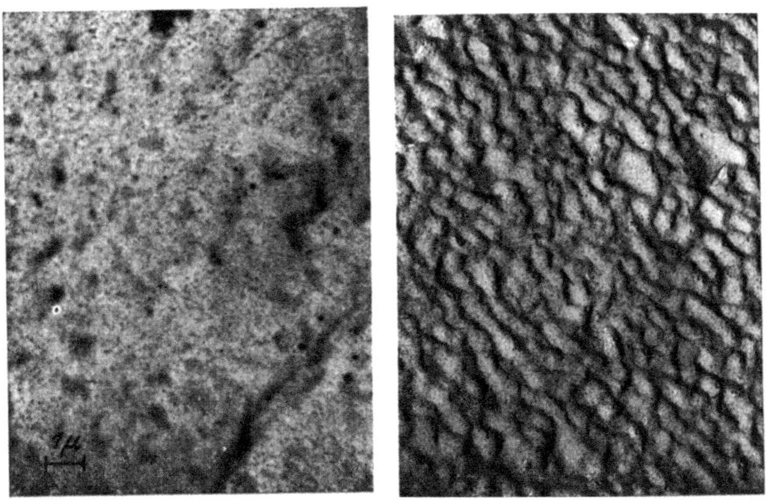

a) b)

Abb. 40. Geätzte Steinsalzoberfläche, aufgenommen mit einer Chromaufdampfschicht. (Vergr.: 5000 : 1.) a) Bei senkrechter Bedampfung; b) bei schräger Bedampfung.

Bei *thermisch erzeugten Oxydfilmen*, wie sie bisher besonders für die Abbildung vom Nickel (Abb. 21) mit Erfolg benutzt wurden, können zusätzliche Dickenunterschiede noch dadurch auftreten, als Kristallflächen verschiedener Orientierung bekanntlich oft verschieden stark oxydieren und darum der Abdruckfilm unter Umständen eine von der Orientierung der Unterlage abhängige Dicke aufweist. Da sich durch Stereoaufnahmen die räumliche Oberflächengestalt leicht feststellen läßt, besteht immer die Möglichkeit, die Kontraste, die durch Dickenunterschiede im Abdruckfilm erzeugt wurden, von denen zu unterscheiden, die im Zusammenhang mit dem räumlichen Aussehen der Oberfläche stehen.

6. **Vergleich zwischen Mikrobild und Lackabdruckbild.** Die bestechende Regelmäßigkeit der Ätzstrukturen, wie sie mit Hilfe eines Oxydfilms bei geätztem Aluminium wiedergegeben werden (vgl. z. B. Abb. 23), kann beim Al-Oxydabdruckfilm bereits als Beweis für eine oberflächengetreue Darstellung durch Oberflächenabdruck gewertet werden. Würde hier ein Verziehen oder Schrumpfen des Abdruckfilms bei der Präparation eingetreten sein, so könnte unmöglich die streng kubische Form des Ätzreliefs über größere Bildbereiche erhalten bleiben, wie es tatsächlich der Fall ist. Gewiß stellt der Al-Oxydfilm wegen seiner bekannt großen Festigkeit ein besonders gutes Material für Abdruckfilme dar. Die Annahme einer ebenso guten Formbeständigkeit bei wesentlich ungünstigeren Stoffen, wie Kollodiumlack, ist darum nicht so ohne weiteres berechtigt. Da uns das kathodische Ablöseverfahren ein Mittel zur Hand gibt, Lackabdruckfilme in vorher bestimmter Größe und Form ohne Beschädigung der Metalloberfläche abzulösen, ist ein unmittelbarer Vergleich eines Lackabdruckbildes mit dem Mikrobild derselben Stellen nicht allzu schwierig. In Abb. 41 ist so ein und dieselbe Gefügestelle eines Stahls in gleicher Vergrößerung einander gegenübergestellt. Beim Vergleich der beiden Bilder (Abb. 41 a, b) ist sofort zu erkennen, daß die durch die beiden Aufnahmen wiedergegebene gleiche Oberflächenstruktur in guter Übereinstimmung ist. Daraus folgt, daß mit einem einwandfreien Lackabdruck ein Oberflächenrelief oberflächengetreu wiedergegeben wird[1]).

Die Vergleichsaufnahmen zeigen aber noch einen zweiten wesentlichen Befund. Alle Stellen, die im Mikrobild hell erscheinen, werden auch durch das Abdruckbild hell wiedergegeben. Daraus ist zu entnehmen, daß die Hell-Dunkel-Verteilung im übermikroskopischen Lackabdruckbild ganz ähnlich ist wie bei einem gewöhnlichen Mikrobild (Hellfeld). Die Lackabdruckbilder sind demzufolge ebenso wie die Mikrobilder zu deuten, d. h. Erhöhungen (die im Ätzstrukturbild den härteren Bestandteilen entsprechen) erscheinen hell, Vertiefungen dunkel

[1] v. Ardenne u. Kircher (*3*) weisen die entsprechende Übereinstimmung auch für einen Oxydabdruck bei geätztem Hydronalium nach.

(vgl. Kapitel 5). Da bei den beiden Aufnahmen Abb. 41 der Lackabdruck (Abb. 41 b) *vor* der Mikroaufnahme (Abb. 41 a) hergestellt wurde, ist gleichzeitig der Nachweis erbracht, daß durch das kathodische Ablöseverfahren keine merkliche Beschädigung der Oberfläche auftritt.

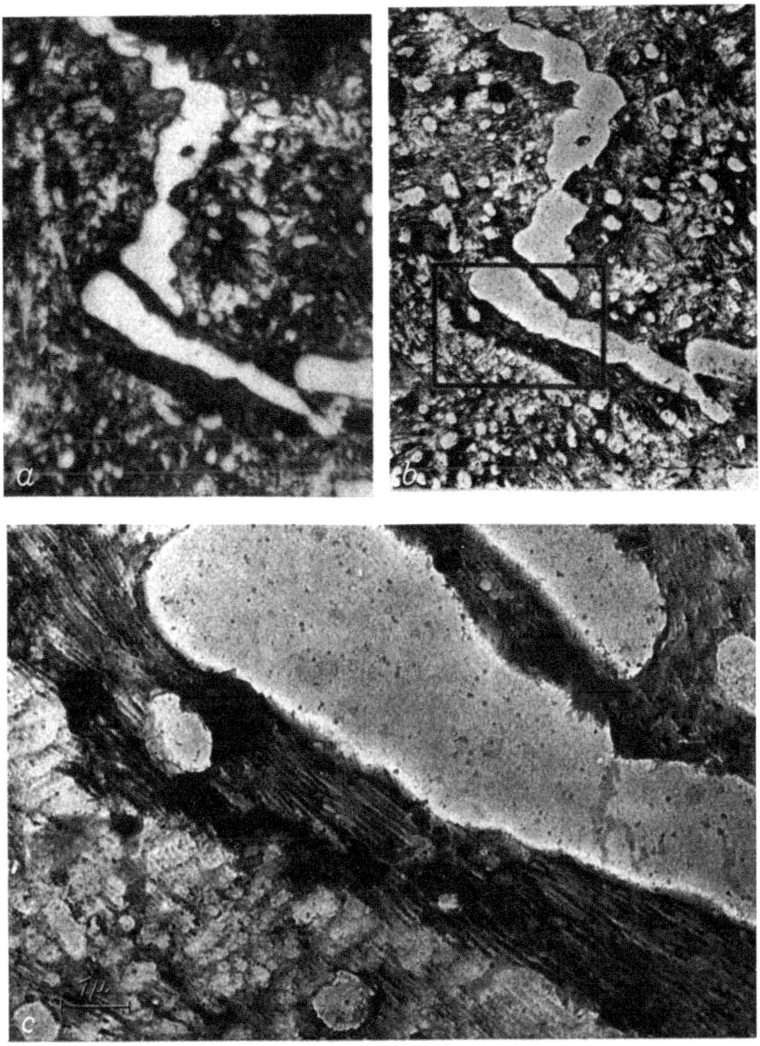

Abb. 41. Vergleich einer Lichtmikroaufnahme (a) mit einem Lackabdruckbild (b) ein und derselben Gefügestelle eines getemperten Stahls (Vergr.: 2000 : 1), c) hochvergrößerter Ausschnitt des in b umrandeten Bezirks. (Vergr.: 9000 : 1.)

Schließlich geht aus den Aufnahmen noch das weit überlegene Auflösungsvermögen des Abdruckbildes hervor, das bei dem hochvergrößerten Ausschnitt Abb. 41 c feinstlamellare Strukturen deutlich erkennen läßt, die im Mikrobild nicht einmal andeutungsweise zu sehen sind.

Wenn auch durch die Präparation eines Abdruckfilms im allgemeinen keine Veränderung des Abdruckreliefs auftritt, so sind doch häufig während der elektronenmikroskopischen Untersuchung Formänderungen als Folge der Elektronenbestrahlung zu beobachten. Besonders leicht treten diese bei Lackabdrucken auf, die von rauhen Oberflächen stammen und darum größere Dickenunterschiede aufweisen. Der Lackfilm reißt dabei oft an dünnen Stellen auf und schiebt sich einseitig zusammen, wie es die beiden nacheinander aufgenommenen Bilder Abb. 42 erkennen lassen. Gelegentlich treten bei sehr starker Elektronenbestrahlung auch Schrumpfungen auf (Abb. 43b). Alle diese nach-

Abb. 42. Durch Elektronenbestrahlung beschädigter Lackabdruck von geschliffenem Stahl. (Vergr.: 2000 : 1.) a) Lackabdruck kurz nach dem ersten Einreißen; b) stark zusammengeschobenes Bereich nach längerer Elektronenbestrahlung (gleiche Stelle).

träglichen Veränderungen an Lackabdruckfilmen sind aber bei achtsamem Mikroskopieren leicht zu erkennen und stellen keine Einschränkung des Verfahrens dar.

7. Der Einsatz des Abdruckverfahrens und erzielte Ergebnisse. Das Abdruckverfahren ist heute bereits so weit entwickelt, daß damit die übermikroskopische Bearbeitung zahlreicher Oberflächenprobleme in den verschiedensten Wissensgebieten möglich geworden ist. An Hand bereits vorliegender Untersuchungsergebnisse sei im folgenden die Mannigfaltigkeit des Einsatzes aufgezeigt[1]. Die neuen Erkenntnisse, die uns eine elektronenmikroskopische Oberflächenabbildung zu vermitteln vermögen, beruhen dabei nicht allein in der Sichtbarmachung sublichtmikroskopischer Strukturen, sondern auch in der großen Kontrastempfindlichkeit der elektronenmikroskopischen Methode und nicht zu-

[1] Zahlreiche weitere Bildbeispiele finden sich in dem unter (*VIII*) zitierten Büchlein.

Abb. 43. Elektronenschäden an einem Lackabdruck von geätztem Aluminium. (Vergr.: 18000 : 1.) a) Unbeschädigter Lackabdruck; b) durch starke Elektronenbestrahlung geschrumpfter Lackabdruck.

letzt in der außerordentlich großen Tiefenschärfe des Elektronenmikroskops, wodurch auch von extrem rauhen oder stark gekrümmten Oberflächen scharf durchgezeichnete Bilder zu erhalten sind.

Besonders wichtig sind Oberflächenuntersuchungen in der *Metallurgie*. Es ist daher verständlich, daß gerade hier das Abdruckverfahren großes Interesse findet. Sein Einsatz erstreckt sich dabei ebenso wie der des gewöhnlichen Lichtmikroskops auf die zwei dem Metallurgen besonders interessierenden Problemgruppen, den Gefügeuntersuchungen und den Untersuchungen bearbeiteter Oberfläche. Bei den Gefügeuntersuchungen ist es vor allem das Studium von Ausscheidungen (vgl. S. 290), die bei einigen Leicht-

Abb. 44. Geätztes (HCl-Ätzung) Aluminiumkristallgefüge. Die Lagerung der einzelnen Kristallite kann aus der Lagerung der Ätzwürfel ohne weiteres erkannt werden. (Vergr. 2000 : 1.)

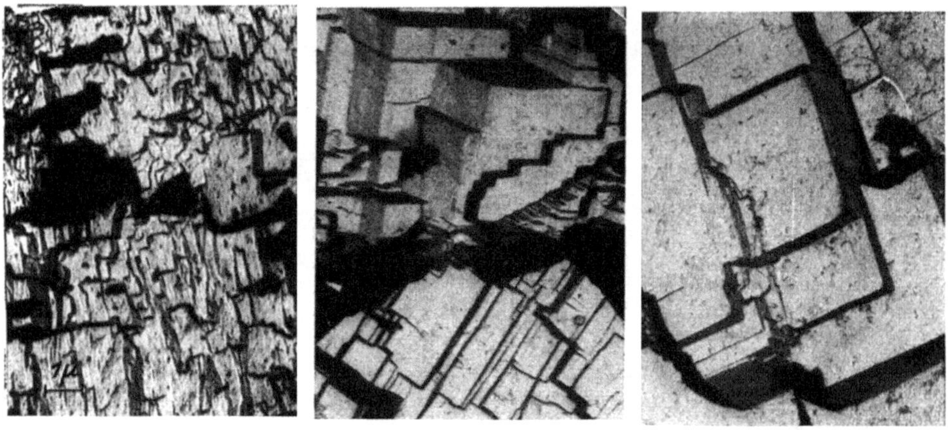

Abb. 45. Einfluß einer Glühbehandlung auf das Ätzstrukturbild bei gewalztem Aluminium. (Vergr.: 5000 : 1.) a) 1 Stunde 100° geglüht, b) 1 Stunde 400° geglüht, c) 1 Stunde 600° geglüht.

metallegierungen [Mahl und Pawlek (*54*)] und bei Stahl [Benneck, Rüdiger, Stäblein und Volk (*5*), Mahl und Pawlek (*55*), Semmler (*77*), Mehl (*62*)] bereits neue Erkenntnisse geliefert haben. Neben diesen den Physiker weniger interessierenden Problemen gibt es in der Metallurgie aber noch viele andere, z. B. rein kristallographische Probleme. So lassen sich bei Aluminium angenäherte Orientierungsbestimmungen allein aus dem Ätzstrukturbild durchführen [Mahl (*42*)]. Durch die außerordentlich plastische Wirkung der Abdruckbilder kann die Lage der kleinen Ätzwürfel und damit die Lagerung der angeätzten Einzelkristalle ohne weiteres erkannt werden (Abb. 44). Da sich gut ausgebildete Ätzwürfel nur bei kristallographisch ungestörten Al-Kristalliten ausbilden, können aus Störungen in den Ätzfiguren unter Umständen auf Störungen (Deformationen oder Verunreinigungen) der Al-Einzelkristalle selbst geschlossen werden. Ein Beispiel für eine solche Deformationsstörung ist in Abb. 45 wiedergegeben. Die Bildreihe gibt Proben

Abb. 46. Mosaikstruktur eines aus der Schmelze gezüchteten und in Cd-Dampf weiter gewachsenen Kadmiumkristalls. (Vergr.: 5000 : 1.) [Mahl und Stranski (*59*).]

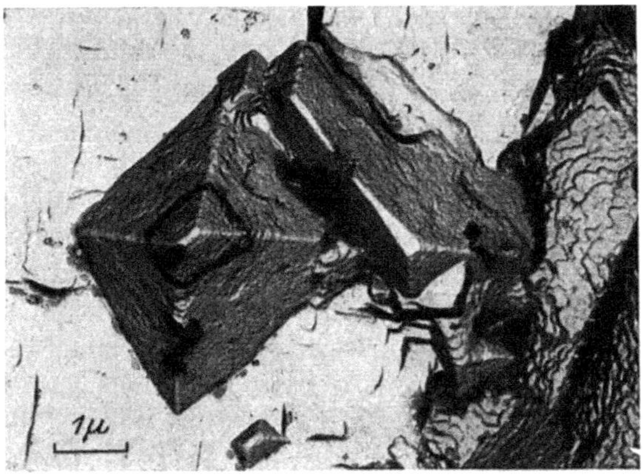

Abb. 47. Oktaederförmige Ätzfigur bei Ätzung von Reinstahlaluminium in trockenem Salzsäuregas. (Vergr.: 9000 : 1.) [Mahl und Stranski (*57, 58*)].

von einer geätzten Al-Folie wieder, die nach dem Walzen zur Rekristallisation verschieden hoch geglüht worden waren. Aus der zunehmend regelmäßigeren Ausbildung und wachsenden Größe der Ätzfiguren bei den hochgeglühten Proben ist das allmähliche Ausheilen des durch den Walzvorgang zertrümmerten und deformierten Al-Kristallgefüges ohne Zwang zu verfolgen [Mahl (*52*)]. Auf ähnliche Weise drücken sich auch Spannungen im Gußgefüge u. dgl. im Ätzrelief aus [Semmler (*76*)].

Untersuchungen über die Mosaikstruktur bei Kadmiumkristallen, die aus der Schmelze gezüchtet und in der Dampfphase weitergewachsen sind (Abb. 46), bestätigten die Vorstellungen, daß die bei Züchtung aus der Schmelze erscheinende Blockstruktur als Folge von Wachstumsfehlern aufzufassen ist, die durch Ausscheidungen in der Schmelze vorhandene spurenhafte Beimengungen hervorgerufen sind [Mahl und Stranski (*59*)].

Eingehende Untersuchungen liegen über den Auflösungsvorgang bei Aluminium, bei der Kristallfigurenätzung vor [Mahl und Stranski (*45, 48, 56, 57, 58, 80*)]. Danach ist das bei normaler Ätzung in wäßriger Salzsäure erhaltene reine Würfelrelief (vgl. z. B. Abb. 44) nicht als die dem Metall zukommende Auflösungsform (entsprechend der Kossel-Stranskischen Kristallwachstumstheorie) aufzufassen. Sie entspricht vielmehr der Gleichgewichtsform einer auf der Metalloberfläche sich bildenden Oberflächenoxydschicht mit Ionengitter vom NaCl-Typ. Bei Ausschluß von Sauerstoff, wie es durch Ätzen mit trockenem Salzsäuregas bei 250 bis 300° C zu realisieren ist, entstehen dagegen die Auflösungsformen des kubisch-flächenzentrierten Aluminiums: das Oktaeder in Kombination mit dem Würfel (Abb. 47).

Das Abdruckverfahren läßt sich bei Aluminium besonders einfach zum Studium der Lagerung von thermisch erzeugten Oxydkristallen in bezug auf die Kristallstruktur des Aluminiums einsetzen. So läßt ein auf geätztem Aluminium thermisch erzeugter Oxydfilm, der neben der Würfelstruktur des Aluminiums seine Eigenstruktur, die einzelnen

Oxydkriställchen zeigt, erkennen, daß die Oxydkriställchen an den Würfelkanten (110-Ebene) und Ecken (111-Ebene) orientiert gewachsen sind (Abb. 48), während sie auf den Würfelebenen (100-Ebene) unorientiert liegen [Mahl (*49*)].

In der Metallurgie beanspruchen übermikroskopische Untersuchungen *bearbeiteter Oberflächen* noch besonderes Interesse[1]. Verspricht doch gerade die übermikroskopische Verfolgung von Bearbeitungs- oder auch von Abnutzungsvorgängen Einblicksmöglichkeiten in den Mechanismus derartiger noch wenig geklärter Materialabtragungen. Die Voraussetzungen für derartige Reihenuntersuchungen liegen heute bereits vor.

Abb. 48. Thermisch erzeugter Oxydfilm von geätztem Aluminium. (Man beachte die gleichgelagerten Al-Oxydkriställchen an den Würfelkanten und -ecken.) (Vergr.: 20000 : 1.) [Mahl (*49*).]

Sie sind: Herstellung eines Oberflächenabdrucks ohne Beschädigung der Probenoberfläche (kathodisches Lackablöseverfahren vgl. S. 287 und Prägeabdruckverfahren vgl. S. 296) und wiederholtes Auffinden einer bestimmten Oberflächenstelle, an der die Materialabtragung studiert werden soll (vgl. Kapitel 6, S. 302).

Der große Leistungsumfang des Abdruckverfahrens hinsichtlich des Rauhigkeitsgrades der Oberfläche läßt auch die qualitative Prüfung[2]

[1] Über entsprechende Untersuchungen nach der Reflexionsmethode vgl. *11*, *12*, *33* u. *75*.

[2] Durch stereogrammatrisch ausgewertete Raumbilder ist prinzipiell auch eine quantitative Kennzeichnung der Rauhigkeit möglich. Jedoch muß dahingestellt bleiben, ob die Umständlichkeit und der Zeitaufwand, der für eine einigermaßen sichere Kennzeichnung einer Oberfläche notwendig ist, in einem tragbaren Verhältnis zu einer möglichen Steigerung der Meßgenauigkeit gegenüber den bekannten mechanischen oder lichtoptischen Methoden steht.

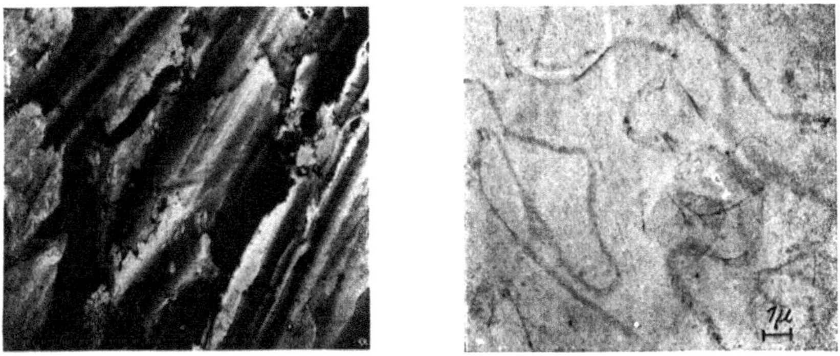

Abb. 49. Oberflächenbearbeitete Stähle. (Vergr.: 5000 : 1.) a) Geschmirgelt, b) mit Diamantstaub poliert (Zeiß-Endmaß).

von Oberflächenrauhigkeiten in großen Grenzen zu [Brüche (*15*), Mahl (*51*, *52*)]. Abb. 49 gibt eine geschmirgelte und eine polierte Oberfläche als Beispiele dafür.

Von anderen mehr auf physikalischem Gebiet liegenden Untersuchungen seien noch angeführt: Abbildungsversuche an Glas, die das Studium von Bruchflächen [Gölz (*24*)], von Polierspuren und den Ätzangriff [Gölz (*25*); Marx, Klemm- u. Smekal (*60*)] zum Gegenstand hatten (Abb. 50).

Erwähnt seien schließlich noch Untersuchungen an Aufdampfschichten, von denen als Beispiel in Abb. 51 eine Selenschicht mit und ohne Wärmebehandlung wiedergegeben ist (Koch und Seeliger, unveröffentlicht). Da bei solchen Schichten, wie sie in Trockengleichrichtern und Photozellen in großem Umfange verwendet werden, die Nachbehandlung eine ausschlaggebende Rolle zu spielen scheint, ist gerade hier das

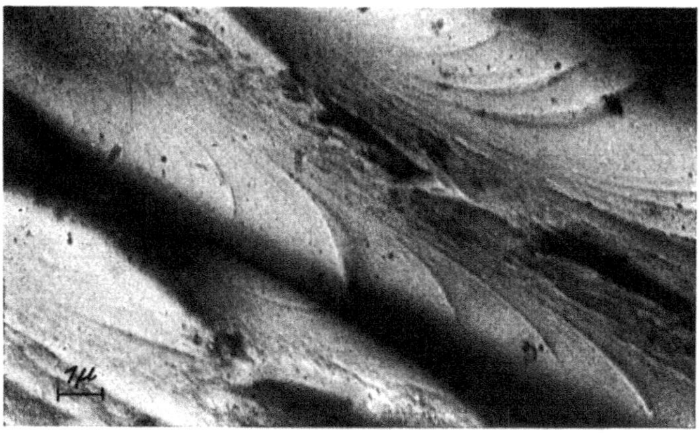

Abb. 50. Bruchfläche eines Glasstabes. (Vergr.: 6000 : 1.) [Gölz (*25*).]

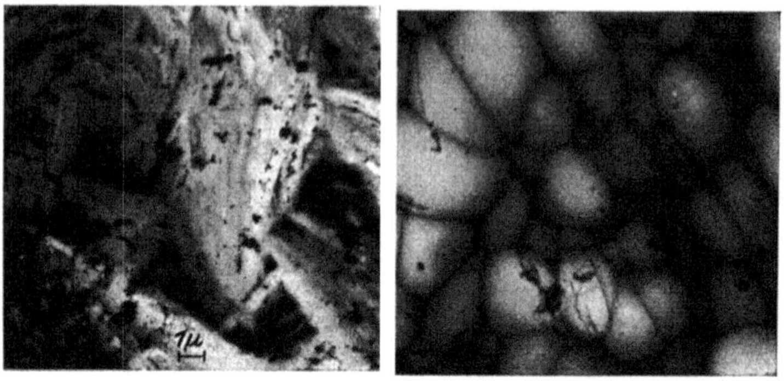

Abb. 51. Selenaufdampfschicht (Koch und Seeliger). (Vergr.: 3000 : 1.) a) Ungetempert, b) getempert.

übermikroskopische Studium der dabei auftretenden Strukturänderungen für die sichere Beherrschung einer Formierung sehr aussichtsreich.

Es braucht wohl kaum erwähnt werden, daß das Abdruckverfahren nicht nur auf die wenigen hier behandelten Gebiete beschränkt ist, sondern in vielen anderen Gebieten, in denen Oberflächenabbildungen interessieren, wie in der Botanik[1], Zoologie (vgl. *VIII*, S. 144 [Helmcke)], Histologie (Abb. 52) u. dgl. Wesentliches zur Klärung wissenschaftlicher Probleme wird beitragen können.

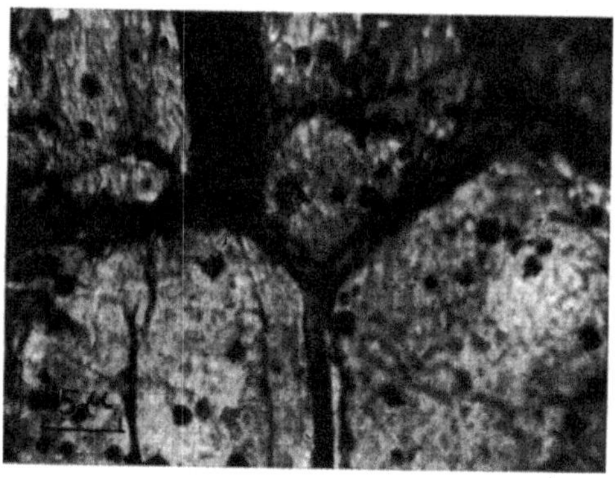

Abb. 52. Bauchhaut eines Kindes (Lackabdruck, Vergr.: 1500 : 1).

Literaturverzeichnis.

A. Zusammenfassende Darstellungen und Bücher.

I. Ardenne, M. v.: Elektronen-Übermikroskopie. Berlin: Springer 1940.
II. Borries, B. v., u. E. Ruska: Erg. exakt. Naturwiss. **19**, 237 (1940).
III. Brüche, E., u. O. Scherzer: Geometrische Elektronenoptik. Berlin: Springer 1934.
IV. Brüche, E., u. W. Henneberg: Ergebn. exakt. Naturwiss. **15**, 365 (1936).
V. Brüche, E., u. A. Recknagel: Elektronengeräte. Berlin: Springer 1941.
VI. Busch, H., u. E. Brüche: Beiträge zur Elektronenoptik. Leipzig: Joh. Ambr. Barth 1937.
VII. Evans, U. R., u. A. E. Pietsch: Korrosion, Passivität und Oberflächenschutz von Metallen. Berlin: Springer 1939.

[1] Ein Beispiel hierfür gibt der Diatomeenabdruck Abb. 31 wieder.

VIII. Ramsauer, C.: Elektronenmikroskopie (Bericht über Arbeiten des AEG-Forschungs-Institutes 1930—1942). Berlin: Springer 1942, 2. Auflage; 1943, 3. Auflage.

B. Einzelveröffentlichungen.

1. Ardenne, v. M.: Z. Physik **109**, 553 (1938).
2. — Z. techn. Physik **19**, 407 (1938).
3. Ardenne, M. v., u. H. Kircher: Z. Metallkunde **34**, 236 (1942).
4. Bennek, H., O. Rüdiger, F. Stäblein u. K. E. Volk: Krupp-(Forsch.)Ber. **5**, 59 (1942).
5. — — — — Arch. Eisenhüttenwes. **15**, 431 (1941/42).
6. Benjamin, M.: J. Soc. Glass Technol. **24**, 93 (1940).
7. Boersch, H.: Z. techn. Physik **23**, 129 (1942).
8. — Naturwiss. **30**, 120 (1942).
9. — Naturwiss. **30**, 711 (1942).
10. Borries, B. v.: Z. Physik **116**, 370 (1940).
11. —, u. S. Jansen: Z. VDI **85**, 207 (1941).
12. —, u. W. Ruttmann: Wiss. Veröff. Siemens-Werken 342 (1940).
13. Brüche, E.: Z. VDI **85**, 221 (1941).
14. — Kolloid-Z. **100**, 192 (1942).
15. — Maschinenbau, Betrieb **22**, 61 (1943).
16. Burgers, W. G.: Z. Metallkunde **29**, 250 (1937).
17. — Metallwirtsch., Metallwiss., Metalltechn. **17**, 648 (1938).
18. —, u. J. J. A. Ploos van Amstel, Physica **4**, 15 (1937).
19. — — — — Physica **5**, 305 u. 313 (1938).
20. — — Nature **141**, 330 (1938).
21. Duffek, V., u. H. Mahl: Arch. Eisenhüttenwes. **16**, 73 (1942/43).
22. Dosse, J., u. H. O. Müller: Z. Physik **119**, 415 (1942).
23. Fischer, H., u. F. Kurz: Korros. u. Metallschutz **18**, 42 (1942).
24. Gölz, E.: Z. Physik **120**, 773 (1943).
25. — Z. techn. Physik **24**, 8 (1943).
26. Haefer, R.: Naturwiss. **27**, 32 (1939).
27. — Z. Physik **116**, 604 (1940).
28. Haß, G.: Kolloid-Z. **100**, 230 (1942).
29. —, u. H. Kehler: Kolloid-Z. **95**, 26 (1941).
29a. J. Hunger u. Seeliger, Z. techn. Physik i. D.
30. Johnson, R. P.: J. Physics **9**, 508 (1938).
31. Kinder, E.: Kolloid-Z. **95**, 326 (1941).
32. — Naturwiss. **30**, 591 (1942).
33. Koch, L., u. A. Lehmann: Wiss. Veröff. Siemens-Werken 363 (1940) bzw. Aluminium **23**, 304 (1941).
33a. Krause, F., u. Mahl, H.: Kolloid-Z. **105**, 53 (1943).
34. Mahl, H.: Naturwiss. **25**, 459 (1937).
35. — Z. techn. Physik **18**, 559 (1937).
36. — Ann. Physik **31**, 425 (1938).
37. — Z. Physik **108**, 771 (1938).
38. — Jb. AEG-Forschg. **7**, 67 (1940).
39. — Kolloid-Z. **91**, 105 (1940).
40. — Z. techn. Physik **21**, 17 (1940).
41. — Metallwirtsch., Metallwiss., Metalltechn. **19**, 488 (1940).
42. — Metallwirtsch., Metallwiss., Metalltechn. **19**, 1082 (1940).
43. — Metallwirtsch., Metallwiss., Metalltechn. **20**, 983 (1941).
44. — Z. techn. Physik **22**, 33 (1941).
45. — Zbl. Mineral., Geol., Paläont., Abt. A **9**, 182 (1941).
46. — Korros. u. Metallschutz **17**, 1 (1941).
47. — Z. Metallkunde **33**, 68 (1941).
48. — Naturwiss. **30**, 207 (1942).
49. — Kolloid-Z. **100**, 219 (1942).
50. — Z. techn. Physik **23**, 117 (1942).
51. — Metallwirtsch., Metallwiss., Metalltechn. **22**, 9 (1943).

52. Mahl, H.: Aluminium **25**, 113 (1943).
53. — Korros. u. Metallschutz **20**, 225 (1944).
54. —, u. F. Pawlek: Z. Metallkunde **34**, 232 (1942).
55. — — Arch. Eisenhüttenwes. **6**, 219 (1942).
56. —, u. I. N. Stranski: Z. physik. Chem. **51**, 319 (1942).
57. — — Z. physik. Chem. **52**, 257 (1942).
58. — — Naturwiss. **31**, 12 (1943).
59. — — Z. Metallkunde **35**, 177 (1943).
60. Malter, L.: Physic. Rev. **50**, 48 (1936).
61. Mecklenburg, W.: Z. Physik **120**, 21 (1942).
62. Mehl, R. F.: Metal Progr. **40**, 759 (1941).
63. Mechter, E.: Rev. sci. instr. **9**, 12 (1938).
64. Müller, E. W.: Z. Physik **102**, 734 (1936).
65. — Z. Physik **106**, 541 (1937).
66. — Z. Physik **108**, 668 (1938).
67. — Naturwiss. **27**, 820 (1939).
68. Müller, H. O.: Z. wiss. Mikroskop. mikroskop. Techn. **58**, 122 (1942).
69. Recknagel, A.: Z. Physik **117**, 689 (1941).
70. — Jb. AEG-Forschg. **9**, 1 (1942).
71. — Z. Physik **120**, 331 (1943).
72. Rüdiger, O.: Naturwiss. **30**, 279 (1942).
73. Ruska, A.: Z. Physik **83**, 492 (1933).
74. —, u. H. O. Müller: Z. Physik **116**, 366 (1940).
75. Ruthmann, W., H. Ziesecke u. V. Wolff: Arch. Eisenhüttenwes. **16**, 469 (1943).
76. Semmler, E.: Aluminium **24**, 302 (1942).
77. — Arch. Eisenhüttenwes. **16**, 223 (1942).
78. — Z. Metallkunde **34**, 229 (1942).
79. Stinzing, H.: DRP. 485155 (1927).
80. Stranski, I. N.: Ber. dtsch. chem. Ges., Abt. A **75**, 105 (1942).
81. Wernicke, S.: Elektrodepositers Soc. **9**, 163 (1933/34).
82. Zworykin, V. K., u. E. G. Ramberg: J. appl. Physics **12**, 692 (1941).

Veröffentlichungen zur Abdruckmethode.

83. Baker, R. F., u. F. H. Nicoll: J. Appl. Phys. **15**, 803 (1944).
84. Heidenreich, R. D.: J. Appl. Phys. **14**, 312 (1943).
85. —, u. L. A. Matheson: J. Appl. Phys. **15**, 423 (1944).
86. —, u. V. G. Peck: Phys. Rev. **62**, 291 (1942).
87. — — J. Appl. Phys. **14**, 23 (1943).
88. Hunger, J., u. R. Seeliger: Neue Physik. Blätter **2**, 15 (1946).
89. König, H.: Nachr. Akad. Wiss. Göttingen, math. Phs. Kl. S. 68 (1946).
90. Mahl, H., u. Krause: Koll. Zs. **105**, 53 (1943).
91. Schäfer, V. J.: Phys. Rev. **62**, 495 (1942).
92. —, u. D. Harker: J. Appl. Phys. **13**, 427 (1942).
93. Semmler-Aler, E.: Metallwirtschaft **22**, 303 (1943).
94. —, u. J. Ziesecke: Z. Metallk. **36**, 115 (1944).

Anwendungen der Abdruckmethode.

95. Barrett, C. S.: Metals Technology **10**, 1 (1943).
96. Gölz, E.: Glastechn. Ber. **21**, 128 (1943).
97. Harker, D., u. V. J. Schäfer: Metal Progr. **43**, 68 (1943).
98. Hunger, J., F. Pawlek u. R. Seeliger: Metallforsch. **1**, 168 (1946).
99. Keller, F., u. A. H. Geisler: Metals Technology **11**, Tech. Pub. 1700, 1 (1944).
100. Picard, R. G., u. P. C. Smith: Metals and Alloys **20**, 636 (1944).
101. Raether, H.: Optik **1**, 296 (1946).
102. Richards, A. G., u. L. Thomassen: Amer. Dental Assoc. **31**, 772 (1944).
103. Sjörstrand, F.: Nature **151**, 725 (1943).
104. Zworykin, V. K.: Trans. Am. Inst. Mining Met. Eng. Inst. Metals Div. Tech. Pub. Nr. 1594, 1 (1943).

Die Messung mechanischer und akustischer Widerstände.

Von **K. Schuster**, Breslau.

Mit 45 Abbildungen.

Inhaltsverzeichnis.

I. Der Begriff des Widerstandes in der Akustik.

Im Gebiet der Mechanik versteht man unter einem Widerstand eine Kraft, die einer Bewegung entgegenwirkt: Wird beispielsweise ein Wagen angeschoben und damit beschleunigt, so ist der Trägheitswiderstand des Wagens zu überwinden. Ein fallender Tropfen, ein Flugzeug erfahren bei ihrer Bewegung einen Bremswiderstand, der entweder durch Reibung oder durch Wirbelbildung bedingt ist und in bestimmter Weise von der Geschwindigkeit abhängt. Drückt man auf ein Luftkissen oder einen Fahrradschlauch, so spürt man deutlich eine dem Druck entgegenwirkende Kraft, die als elastischer Widerstand bezeichnet wird.

Solche Widerstandskräfte treten selbstverständlich auch bei Schwingungsbewegungen auf: Lassen wir im einfachsten Fall auf einen schwingungsfähigen Massenpunkt eine sinusförmige Kraft einwirken, so bildet sich ein stationärer Zustand aus, der ein Gleichgewicht darstellt zwischen der erregenden Kraft und dem Gesamtwiderstand, den der Massenpunkt dieser Kraft entgegensetzt. Der Gesamtwiderstand setzt sich hierbei aus Trägheitswiderstand, Bremswiderstand und elastischem Widerstand zusammen. Da der Trägheitswiderstand der Beschleunigung proportional ist und da bei kleinen Schwingungen der Bremswiderstand proportional der Geschwindigkeit (Schnelle), der elastische Widerstand proportional dem Ausschlag angenommen werden kann, so erscheint, wenn man von der komplexen Rechnungsweise Gebrauch macht, der

Gesamtwiderstand proportional der Schnelle. Bezeichnen wir die komplexen Amplituden der erregenden Kraft und der Schnelle mit $\mathfrak{K}$ und $\mathfrak{U}$, so können wir demnach das dynamische Gleichgewicht durch die Gleichung

$$\mathfrak{K} = \mathfrak{W} \cdot \mathfrak{U} \tag{1}$$

ausdrücken. Dabei ist der Faktor $\mathfrak{W}$ eine komplexe Konstante, die das Verhalten des Massenpunktes gegenüber der äußeren Kraft charakterisiert. Ihr Wert ist durch die Daten des Massenpunktes (Masse, Steife, Bremswiderstand) und die Frequenz ω gegeben. Innerhalb der Akustik ist man nun übereingekommen, nicht die Kraft $\mathfrak{W} \cdot \mathfrak{U}$, sondern den Faktor $\mathfrak{W}$, der also das komplexe Verhältnis $\mathfrak{K}/\mathfrak{U}$ darstellt, als „Widerstand", und zwar als den *„mechanischen Widerstand"* zu definieren. Er wird in CGS-Einheiten, also in dyn sec/cm angegeben, wofür vielfach auch die Bezeichnung „mechanisches Ohm" gebraucht wird.

Der Begriff des „mechanischen Widerstandes" gewinnt dadurch so große Bedeutung, daß er nicht nur auf einen schwingenden Massenpunkt, sondern auch auf jedes beliebig gestaltete Schwingungsgebilde angewendet werden kann, sei es ein gekoppeltes System mit einer Anzahl von Freiheitsgraden oder auch ein schwingendes Kontinuum. Handelt es sich beispielsweise um ein Gebilde von drei gekoppelten Massenpunkten, so wird sein Verhalten durch drei lineare Schwingungsgleichungen für die drei Schallschnellen $\mathfrak{U}_1$, $\mathfrak{U}_2$, $\mathfrak{U}_3$ beschrieben. Die äußere Kraft $\mathfrak{K}$ möge etwa am Punkt 1 angreifen. Wir können dann aus den Gleichungen die Größen $\mathfrak{U}_2$ und $\mathfrak{U}_3$ eliminieren und erhalten das Schwingungsgesetz für das gekoppelte Gebilde wieder in der Form $\mathfrak{K} = \mathfrak{W} \cdot \mathfrak{U}_1$. In $\mathfrak{W}$ sind jetzt außer den Daten der drei Massenpunkte selbst noch die Kopplungswiderstände zwischen ihnen enthalten. Wir sehen an diesem Beispiel, daß die Definition des mechanischen Widerstandes einen bestimmten Bezugspunkt voraussetzt. Seine Schnelle wird der Betrachtung zugrunde gelegt, und in ihm hat man sich die erregende Kraft angreifend zu denken. Am übersichtlichsten liegen die Verhältnisse, wenn die erregende Kraft wirklich in einem Punkt, dem Antriebspunkt des Schwingungsgebildes, angreift: Die Nadelspitze eines Tonabnehmers bildet den Bezugspunkt für den mechanischen Eingangswiderstand des Tonabnehmers, die Spitze des Konus eines magnetischen Lautsprechers den Bezugspunkt für den mechanischen Widerstand des Lautsprechers.

In den meisten Fällen ist aber die erregende Kraft räumlich verteilt, z. B. wenn die Membran eines Mikrophons durch die Wirkung einer auftreffenden Schallwelle zum Schwingen gebracht wird. Hier sind vor allem auch die Luftschallschwingungen in Rohren zu nennen: Durch den „Hals" eines Helmholtzschen Resonators, durch die Eingangsöffnung eines Schalltrichters, durch einen beliebigen Querschnitt einer Rohrleitung hindurch findet eine Wechselströmung der Luft statt, wenn vor der betrachteten Querschnittsfläche ein Schalldruck wirksam ist. Hier handelt es sich also nicht mehr um einen „Bezugspunkt“, sondern um eine „Bezugsfläche“. Die Schnelle der Luftteilchen ist dann im allgemeinen längs der Bezugsfläche nicht konstant, sondern nach Größe und Phase verschieden. Deshalb ist es zweckmäßig, hier eine etwas andere Widerstandsdefinition zu benutzen; wir definieren als „akustischen Widerstand“ $\mathfrak{Z}$ das komplexe Verhältnis des Schalldrucks $\mathfrak{P}$ zum Schallfluß $\mathfrak{J}$:

$$\mathfrak{P} = \mathfrak{Z} \cdot \mathfrak{J}. \tag{2}$$

Unter dem Schallfluß verstehen wir dabei das durch die Bezugsfläche in der Zeiteinheit fließende Luftvolumen. Die Definition ist nur dann sinnvoll, wenn die Ausdehnung der Bezugsfläche klein gegenüber der Luftschallwellenlänge ist; denn im allgemeinen wird der Schalldruck nur dann längs der Bezugsfläche konstant sein, wenn diese Bedingung erfüllt ist.

Oft ist die Schallschnelle über den allergrößten Teil der Bezugsfläche hin konstant, so daß man mit großer Annäherung von einer ebenen Schallwelle sprechen kann. Das ist z. B. bei Luftschall in nicht zu engen Rohren im Gebiet der mittleren und hohen Frequenzen der Fall. Die Schallschnelle ist hier fast über den ganzen Rohrquerschnitt hin konstant und sinkt erst in unmittelbarer Nähe der Rohrwand innerhalb einer schmalen Reibungszone auf den Wert Null ab. Der Schallfluß $\mathfrak{J}$ ist dann mit großer Annäherung gleich dem Produkt $F \cdot \mathfrak{U}$, wenn F den Rohrquerschnitt und $\mathfrak{U}$ die Schallschnelle im mittleren Teil des Rohres bezeichnet. In diesem Fall ist es vielfach üblich, den Widerstand der Anordnung durch das komplexe Verhältnis des Schalldrucks $\mathfrak{P}$ zur Schallschnelle $\mathfrak{U}$ zu definieren. Handelt es sich um eine unendlich lange Rohrleitung, so nennen wir das Verhältnis $\mathfrak{P}/\mathfrak{U}$ den „Schallwellenwiderstand“.

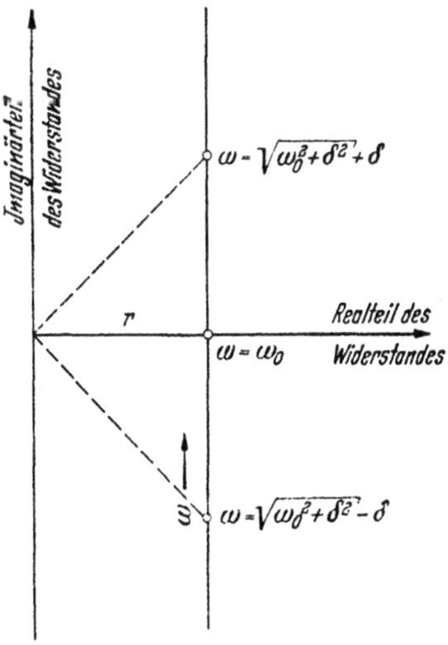

Abb. 1. Mechanischer Widerstand eines schwingenden Massenpunktes; Verlauf der Widerstandskurve in der komplexen Ebene bei Änderung der Frequenz.

Ist der mechanische oder akustische Widerstand eines Systems in Abhängigkeit von der Kreisfrequenz ω durch Messungen festgestellt, so kann man auf den Aufbau des Systems, d. h. auf die physikalischen Vorgänge „hinter“ dem Bezugspunkt oder der Bezugsfläche schließen. Der Verlauf des Widerstandes mit der Frequenz wird dann am besten in der komplexen Ebene dargestellt. Die Abb. 1—3

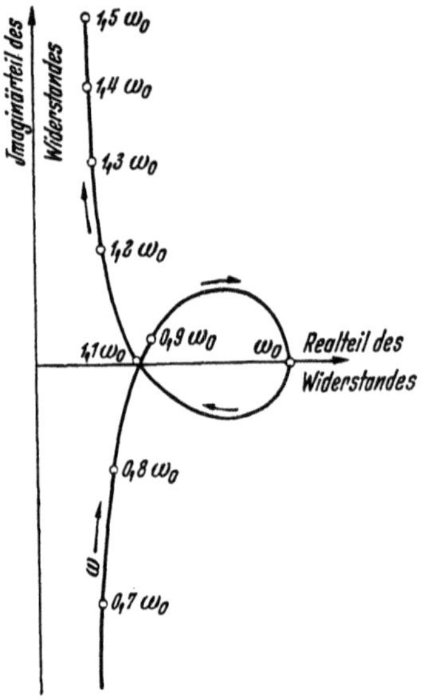

Abb. 2. Mechanischer Widerstand eines Systems von zwei miteinander gekoppelten Massenpunkten; Verlauf der Widerstandskurve in der komplexen Ebene bei Änderung der Frequenz.

geben hierfür einige berechnete Beispiele. In Abb. 1 ist der Verlauf des mechanischen Widerstandes eines schwingenden Massenpunktes wiedergegeben. Er ist durch die Formel $\mathfrak{W} = j\omega m + r + \frac{1}{j\omega} s$ gegeben, wenn m die Masse, r den Bremswiderstand und s die Steife bedeuten. Die Eigenfrequenz hat dann den Wert $\omega_0 = \sqrt{\frac{s}{m}}$, die Dämpfung den Wert $\delta = \frac{r}{2m}$. Die Widerstandskurve bildet eine Gerade, die parallel zur imaginären Achse im Abstand r verläuft und für die Eigenfrequenz ω_0 die reelle Achse schneidet. Abb. 2 zeigt die Widerstandskurve eines gekoppelten Systems von zwei Massenpunkten, wenn die Primärsysteme die gemeinsame Eigenfrequenz ω_0 und die gemeinsame Dämpfung $\delta = \frac{1}{16}\,\omega_0$ besitzen, und wenn der Kopplungsfaktor $\frac{1}{4}$ beträgt. Typisch an dieser Kurve ist das Auftreten einer Schleife. Das Vorhandensein mehrerer Schleifen würde auf ein gekoppeltes System von mehreren Freiheitsgraden hinweisen. In Abb. 3 ist der Verlauf des akustischen Eingangswiderstandes einer Dämmstoffprobe wiedergegeben, die auf der Rückseite schallhart abgeschlossen ist; die für die innere Dämpfung maßgebende „Verlustzahl" η der Probe ist dabei als frequenzunabhängig zu 0,22 angenommen. Die Widerstands-

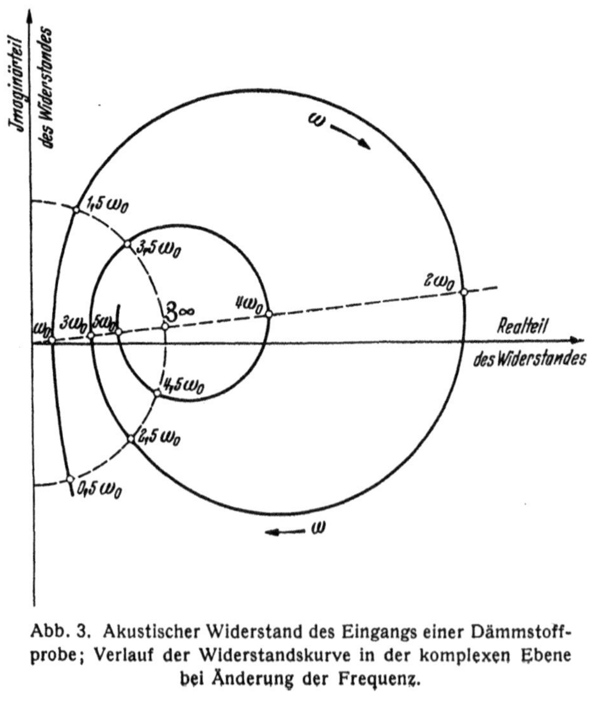

Abb. 3. Akustischer Widerstand des Eingangs einer Dämmstoffprobe; Verlauf der Widerstandskurve in der komplexen Ebene bei Änderung der Frequenz.

kurve bildet hier eine Spirale und zeigt damit an, daß es sich bei der Dämmstoffprobe um ein kontinuierliches Schwingungsgebilde handelt.

Aus der in der komplexen Ebene eingezeichneten Widerstandskurve kann man leicht die Resonanzkurve der Schnelle des betreffenden Systems erhalten, wenn man vom Koordinaten-Nullpunkt aus die Fahrstrahlen an die Widerstandskurve zieht und die reziproken Werte dieser Fahrstrahlen in Abhängigkeit von der Frequenz aufträgt. Denn aus $\mathfrak{K} = \mathfrak{W} \cdot \mathfrak{U}$ folgt sofort

$$|\mathfrak{U}| = \frac{|\mathfrak{K}|}{|\mathfrak{W}|},$$

d. h. bei frequenzunabhängig gewählter Kraftamplitude $|\mathfrak{K}|$ ist die Schnellenamplitude $|\mathfrak{U}|$ dem absoluten Betrag $|\mathfrak{W}|$ des Widerstandes umgekehrt proportional.

Bei den Untersuchungen über mechanische und akustische Widerstände ist es von großer Bedeutung gewesen, daß zwischen den Schallvorgängen längs einer mechanischen oder akustischen „Leitung" und den Wechselstromvorgängen auf einer elektrischen Doppelleitung eine vollkommene formale Analogie besteht. Diese Analogie wird auch anschaulich deutlich durch die Tatsache, daß vielfach (wie z. B. beim Trichterlautsprecher) eine akustische Rohrleitung die unmittelbare Fortsetzung einer elektrischen Doppelleitung bildet. Die Vorgänge in Wechselstromkreisen, die nach allen Seiten hin seit langem erforscht sind, haben oft als Vorbild für entsprechende akustische Problemstellungen dienen können. Es sei hier etwa nur an den Bau akustischer Siebketten erinnert. Die Methode der elektrischen Ersatzschaltungen für akustische Anordnungen hat das Verständnis der Schallvorgänge oft gefördert. So ist es kein Wunder, daß auch manche Bezeichnungen aus der elektrischen Leitungstheorie übernommen wurden: Eine Anordnung, die als Abschluß einer mechanischen oder akustischen Leitung dienen kann und dementsprechend einen bestimmten Eingangsbezugspunkt oder eine bestimmte Eingangsbezugsfläche besitzt, wird als akustischer „Zweipol" bezeichnet. Ein akustisches Leitungselement, etwa ein Rohrstück oder eine Schluckstoffprobe, dem eine Eingangsfläche und eine Ausgangsfläche zukommt, heißt akustischer „Vierpol". Je nachdem, ob der akustische Vierpol an der Rückseite extrem schallhart (Schallschnelle $= 0$) oder extrem schallweich (Schalldruck $= 0$) abgeschlossen wird, sprechen wir von Messungen des Eingangswiderstandes des akustischen Vierpols bei Leerlauf oder bei Kurzschluß. Die elektroakustischen Wandler, die Mikrophone, Telephone, Lautsprecher, werden als elektroakustische Vierpole bezeichnet.

II. Die Grundgesetze der akustischen Leitungstheorie.

Da bei zahlreichen Widerstandsmessungen der Abschnitt einer akustischen Leitung entweder als Meßobjekt oder als Hilfsmittel bei der Messung dient, sollen die Gesetze der akustischen Leitung wenigstens für den besonders wichtigen Fall der homogenen Leitung kurz dargelegt werden (*3*, *56*, *57*). Eine homogene akustische Leitung bildet z. B. ein luftgefülltes Rohr mit konstantem Querschnitt und mit glatten, starren Wänden. Das Rohrinnere kann auch von einem porösen Stoff (Schallschluckstoff) ausgefüllt sein. Auch Rohre mit schallabsorbierenden oder mit nachgiebigen Wänden und stabförmige Proben von festen Stoffen (z. B. Schalldämmstoffen) stellen akustische bzw. mechanische Leitungen dar. Ist die Leitung am Ende reflexionsfrei abgeschlossen, so läuft längs der Leitung eine fortschreitende Welle ab. Die Schwingungsgrößen, Schalldruck und Schallfluß, bleiben dann um so mehr in ihrer Phase zurück, je weiter der als Bezugsfläche dienende Rohrquerschnitt vom Rohranfang entfernt ist; ihre Amplituden nehmen auf Grund der vorhandenen Absorption längs der Leitung exponentiell ab. Formelmäßig gilt also für die komplexen Amplituden $\mathfrak{P}$ und $\mathfrak{J}$:

$$(3) \qquad \begin{cases} \mathfrak{P} = \mathfrak{P}_0 \cdot e^{-\beta x} \cdot e^{-j\alpha x} = \mathfrak{P}_0 \cdot e^{-j\gamma x}, \\ \mathfrak{J} = \mathfrak{J}_0 \cdot e^{-\beta x} \cdot e^{-j\alpha x} = \mathfrak{J}_0 \cdot e^{-j\gamma x}. \end{cases}$$

Dabei ist x die Entfernung der Bezugsfläche vom Leitungsanfang, $\mathfrak{P}_0$ und $\mathfrak{J}_0$ sind die Amplituden am Leitungsanfang ($x = 0$). Die Größe β stellt die Konstante der Leitungsdämpfung je Längeneinheit dar, das ist der reziproke Wert der Strecke, längs der die Amplituden auf den e-ten Teil absinken; der Zahlenwert von β liefert die Leitungsdämpfung in Neper/cm. Multiplizieren wir diesen Wert mit dem Faktor 8,686, so erhalten wir die Leitungsdämpfung in db/cm. Die Größe α ist die reelle Wellenzahl, das ist die Anzahl Wellenlängen λ, die auf 2π cm entfallen; es ist also $\alpha = \frac{2\pi}{\lambda} = \frac{\omega}{c}$, wenn c die Phasengeschwindigkeit der Wellenausbreitung bedeutet. Die Größe $\gamma = \alpha - j\beta$ wird als komplexe Wellenzahl, die Größe $j\gamma$ als das Fortpflanzungsmaß bezeichnet. Als „Leitungswellenwiderstand" $\mathfrak{Z}_\infty$ sei das Verhältnis $\frac{\mathfrak{P}}{\mathfrak{J}} = \frac{\mathfrak{P}_0}{\mathfrak{J}_0}$ definiert.

Im folgenden sollen für drei besonders wichtige akustische Leitungen die Werte der Leitungsgrößen α, β, $\mathfrak{Z}_\infty$ formelmäßig angegeben werden. Für ein luftgefülltes Rohr mit glatten, starren Wänden liefert die Theorie für nicht zu enge Rohre und nicht zu tiefe Frequenzen (Reibungswellenlänge $2\sqrt{\frac{\pi\mu}{f\varrho_0}}$ klein gegenüber den linearen Dimensionen des Rohrquerschnitts):

$$
(4)\qquad \left|\begin{aligned}
\alpha &= \frac{\omega}{c_0},\\
\beta &= \frac{S}{2c_0F}\sqrt{\frac{\pi f\mu}{\varrho_0}}\left\{1+\sqrt{\varepsilon}\left(\sqrt{\varkappa}-\frac{1}{\sqrt{\varkappa}}\right)\right\},\\
\mathfrak{Z}_\infty &= \frac{c_0\varrho_0}{F}.
\end{aligned}\right.
$$

Dabei bedeutet c_0 die Schallgeschwindigkeit im unbegrenzten Luftraum, ϱ_0 die Dichte, μ den Reibungskoeffizienten, $\varkappa$ das Verhältnis der spezifischen Wärmen von Luft. Die Größe ε ist durch die Gl. $\varepsilon = \frac{\sigma}{\mu c_v}$ definiert, wobei σ das Wärmeleitvermögen und c_v die spezifische Wärme bei konstantem Volumen von Luft darstellen. f ist die Frequenz, F der Rohrquerschnitt und S sein Umfang. Die Messungen ergaben, daß die Rohrdämpfung β in Wirklichkeit 14% höher ist als die Theorie angibt.

Wird die Rohrleitung von einem Schluckstoff (Watte, Filz usw.) ausgefüllt, so erhalten wir in erster Annäherung:

$$
(5)\qquad \left\{\begin{aligned}
&\left.\begin{aligned}
\alpha &= \frac{\omega}{c_0}\sqrt{\frac{1}{2}\sqrt{1+\eta^2}+\frac{1}{2}} = \frac{\omega}{c}\\
\beta &= \frac{\omega}{c_0}\sqrt{\frac{1}{2}\sqrt{1+\eta^2}-\frac{1}{2}}
\end{aligned}\right\}\quad \gamma = \frac{\omega}{c_0}\sqrt{1-j\eta},\\
&\mathfrak{Z}_\infty = \frac{c_0\varrho_0}{\tau F}\sqrt{1-j\eta} = \frac{c_0\varrho_0}{\tau F}\sqrt{\frac{1}{2}\sqrt{1+\eta^2}+\frac{1}{2}} - j\,\frac{c_0\varrho_0}{\tau F}\sqrt{\frac{1}{2}\sqrt{1+\eta^2}-\frac{1}{2}}.
\end{aligned}\right.
$$

Dabei ist $\eta = \frac{r}{\omega\varrho_0}$, wobei r den spezifischen Strömungswiderstand und ϱ_0 die Luftdichte bedeuten. τ ist die sog. Flächenporosität, das ist der Bruchteil des gesamten Querschnitts F, der der Luftströmung zur Verfügung steht.

Läuft eine ebene Welle längs einer Leitung ab, die aus einem Dämmstoff besteht, so ist

$$
(6)\qquad \left\{\begin{aligned}
&\left.\begin{aligned}
\alpha &= \omega\sqrt{\frac{\varrho}{G(1+\eta^2)}}\sqrt{\frac{1}{2}\sqrt{1+\eta^2}+\frac{1}{2}}\\
\beta &= \omega\sqrt{\frac{\varrho}{G(1+\eta^2)}}\sqrt{\frac{1}{2}\sqrt{1+\eta^2}-\frac{1}{2}}
\end{aligned}\right\}\quad \gamma = \omega\sqrt{\frac{\varrho}{G(1+\eta^2)}}\sqrt{1-j\eta},\\
&\mathfrak{Z}_\infty = \frac{\gamma G}{F\omega}(1+j\eta) = \frac{G}{F\omega}(\alpha+\eta\beta) + j\,\frac{G}{F\omega}(\eta\alpha-\beta).
\end{aligned}\right.
$$

Dabei ist $G = E + \frac{4}{3}\Phi$ der lineare Kompressionsmodul (E = Elastizitätsmodul; Φ = Torsionsmodul). η ist hier die Verlustzahl; sie ist gleich dem durch π dividierten Materialdekrement und somit ein Maß für die innere Dämpfung des Stoffes.

Die akustische Leitung ist reflexionsfrei abgeschlossen, wenn der Abschlußwiderstand $\mathfrak{Z}_2 = \mathfrak{P}_2/\mathfrak{J}_2$ gleich dem Wellenwiderstand $\mathfrak{Z}_\infty$ ist. Im allgemeinen ist das nicht der Fall. Dann erfolgt am Leitungsabschluß ($x = x_2$) eine Reflexion, so daß der Wellenvorgang auf der

Leitung aus einer hingehenden und einer zurückkommenden Welle besteht. Bezeichnen wir die komplexen Schalldruckamplituden der hingehenden und der reflektierten Welle mit $\mathfrak{P}^{\mathrm{I}}$ und $\mathfrak{P}^{\mathrm{II}}$, so stellt

$$\left(\frac{\mathfrak{P}^{\mathrm{II}}}{\mathfrak{P}^{\mathrm{I}}}\right)_{x=x_2} = \mathfrak{R}_2 \tag{7}$$

das komplexe Reflexionsvermögen für die Schalldruckamplituden an der Stelle $x = x_2$ dar. Es ist $\mathfrak{R}_2 = \sqrt{R_2} \cdot e^{j\vartheta_2}$, wenn R_2 das Reflexionsvermögen für die Energie und ϑ_2 den bei der Reflexion auftretenden Phasensprung bedeuten. Die Größe $1 - R_2 = A_2$ wird, vor allem wenn der Leitungsabschluß aus einer Schluckstoffprobe besteht, als der Schluckgrad bezeichnet. Für das Amplitudenreflexionsvermögen $\mathfrak{R}_2$ gilt die grundlegende Beziehung:

$$\mathfrak{R}_2 = \frac{\mathfrak{Z}_2 - \mathfrak{Z}_\infty}{\mathfrak{Z}_2 + \mathfrak{Z}_\infty}. \tag{8}$$

Setzen wir $\mathfrak{Z}_2 = W_2 + jQ_2$, so können wir schreiben

$$\sqrt{R_2}\,e^{j\vartheta_2} = \frac{W_2 + jQ_2 - \mathfrak{Z}_\infty}{W_2 + jQ_2 + \mathfrak{Z}_\infty}. \tag{9}$$

Der Wert des akustischen Widerstandes kann demnach anstatt durch Realteil und Imaginärteil auch durch das Reflexionsvermögen (bzw. den Schluckgrad) und den Phasensprung ausgedrückt werden. Es ist oft sehr nützlich, den Zusammenhang zwischen Realteil W_2 und Imaginärteil Q_2 des Abschlußwiderstandes einerseits und Reflexionsvermögen R_2 und Phasensprung ϑ_2 andererseits graphisch darzustellen. Trägt man den Realteil W_2 als Abszisse, den Imaginärteil Q_2 als Ordinate auf, so bilden die Kurven $R_2 =$ konst. und $\vartheta_2 =$ konst. zwei Scharen von Kreisen, die sich rechtwinklig schneiden. Im Fall einer Leitung mit geringer Dämp-

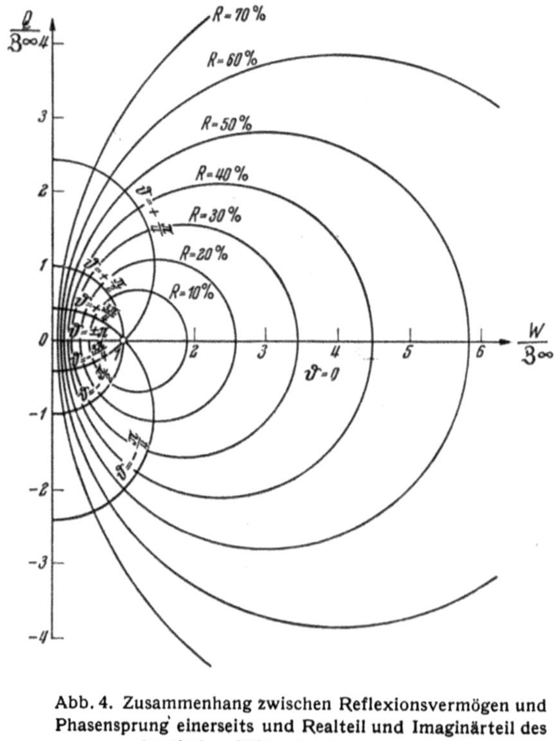

Abb. 4. Zusammenhang zwischen Reflexionsvermögen und Phasensprung einerseits und Realteil und Imaginärteil des akustischen Widerstandes andererseits.

fung ($\mathfrak{Z}_\infty$ nahezu reell) liegen die Mittelpunkte der Kreise $R_2 =$ konst. auf der reellen, die Mittelpunkte der Kreise $\vartheta_2 =$ konst. auf der imaginären Achse. In Abb. 4 ist dieser Fall wiedergegeben.

Bei der Messung akustischer Widerstände ist es oft notwendig, den Zusammenhang zwischen den Schwingungszuständen zu kennen, die an der Bezugsfläche 2 und einer davorliegenden Bezugsfläche 1 herrschen. Der Abstand der beiden Bezugsflächen, d. h. die Länge des betrachteten Leitungsabschnittes, sei h. Berücksichtigt man, daß der Wellenvorgang aus einer hingehenden und einer reflektierten Welle besteht, so erhält man:

$$(10)\qquad \begin{cases} \mathfrak{P}_1 = \cos\gamma h \cdot \mathfrak{P}_2 + i\mathfrak{Z}_\infty \sin\gamma h \cdot \mathfrak{J}_2 \\ \mathfrak{J}_1 = \dfrac{i}{\mathfrak{Z}_\infty} \sin\gamma h \cdot \mathfrak{P}_2 + \cos\gamma h \cdot \mathfrak{J}_2 \end{cases}$$

Diese Gleichungen, die den Zusammenhang zwischen den Ausgangsschwingungsgrößen und den Eingangsschwingungsgrößen des Leitungsabschnittes angeben, werden als Vierpolgleichungen bezeichnet. Durch Division erhalten wir den Zusammenhang zwischen dem Eingangswiderstand $\mathfrak{Z}_1$, und dem Abschlußwiderstand $\mathfrak{Z}_2$:

$$(11)\qquad \mathfrak{Z}_1 = \frac{\mathfrak{Z}_2 \cos\gamma h + i\mathfrak{Z}_\infty \sin\gamma h}{i\dfrac{\mathfrak{Z}_2}{\mathfrak{Z}_\infty} \sin\gamma h + \cos\gamma h}$$

Durch Vorschalten des betrachteten Leitungsabschnittes, der den akustischen Vierpol darstellt, wird also der Widerstand $\mathfrak{Z}_2$ in den Widerstand $\mathfrak{Z}_1$ umgewandelt. Handelt es sich um die Messung eines unbekannten Widerstandes $\mathfrak{Z}_2$, so kann durch Vorschalten eines bekannten Vierpols der Widerstandswert in einen günstigen Meßbereich verlegt werden. Bildet der Vierpol selbst (etwa eine Schluckstoffprobe oder eine Dämmstoffprobe) das Meßobjekt, so ist es für die Auswertung der Messung zweckmäßig, den Eingangswiderstand bei Leerlauf ($\mathfrak{Z}_2 = \infty$) und bei Kurzschluß ($\mathfrak{Z}_2 = 0$) zu messen. Wir erhalten in diesen beiden Fällen:

$$(12)\qquad \begin{cases} \mathfrak{Z}_1^{(L)} = -i\mathfrak{Z}_\infty \operatorname{cotg}\gamma h \\ \mathfrak{Z}_1^{(K)} = +i\mathfrak{Z}_\infty \operatorname{tg}\gamma h. \end{cases}$$

Durch Multiplikation folgt daraus:

$$(13)\qquad \mathfrak{Z}_\infty = \sqrt{\mathfrak{Z}_1^{(L)}\mathfrak{Z}_1^{(K)}}.$$

Der Wellenwiderstand unseres Vierpols ergibt sich also als der geometrische Mittelwert der beiden Werte des Eingangswiderstandes, die wir bei Leerlauf und bei Kurzschluß erhalten.

Die Messungen an akustischen Vierpolen, die aus einem Abschnitt einer homogenen Leitung bestehen, können bei vorgegebener Frequenz für verschiedene Schichtdicken h oder auch bei vorgegebener Schichtdicke für verschiedene Frequenzen ausgeführt werden. Im ersten Fall beschreibt die Widerstandskurve in der komplexen Ebene eine regelmäßige Spirale, im zweiten Fall ist die Spirale im allgemeinen etwas deformiert, da die Leitungsdaten frequenzabhängig sind. Wir erhalten besonders einfache, für die Auswertung geeignete Formeln, wenn die Schichtdicke entweder ein ungerades Vielfaches der Viertelwellenlänge im Stoff ($\cos \alpha h = 0$), oder wenn sie ein ganzes Vielfaches der halben Wellenlänge im Stoff ($\sin \alpha h = 0$) ist. Beispielsweise ergibt sich bei Leerlaufmessungen

$$(14) \qquad \begin{cases} \text{für} \quad \cos \alpha h = 0: & \mathfrak{Z}_1^{(L)} = \mathfrak{Z}_\infty \,\mathfrak{Tg}\, \beta h, \\ \text{für} \quad \sin \alpha h = 0: & \mathfrak{Z}_1^{(L)} = \mathfrak{Z}_\infty \,\mathfrak{Kotg}\, \beta h. \end{cases}$$

Diese Formeln können dazu dienen, aus den gemessenen Eingangswiderständen und dem Wellenwiderstand auf die Dämpfung β und auf die Wellenzahl α (und damit auf die Schallgeschwindigkeit c) in der Probe zu schließen. Für die betreffenden Frequenzen bzw. Schichtdicken liegt in der komplexen Ebene der Widerstandswert $\mathfrak{Z}_1^{(L)}$ auf der Verbindungslinie des Wellenwiderstands mit dem Koordinatennullpunkt.

Nach Gl. (8) besteht eine eindeutige Beziehung zwischen dem akustischen Widerstand $\mathfrak{Z}$ und dem Amplitudenreflexionsvermögen $\mathfrak{R}$. An Stelle des durch (11) gegebenen Zusammenhanges zwischen den Widerständen $\mathfrak{Z}_1$ und $\mathfrak{Z}_2$ benutzt man daher oft auch den entsprechenden Zusammenhang zwischen den Reflexionsvermögen $\mathfrak{R}_1$ und $\mathfrak{R}_2$. Er ist durch die einfache Formel gegeben:

$$(15) \qquad \mathfrak{R}_1 = \mathfrak{R}_2 \cdot e^{-2i\gamma h}.$$

Führen wir statt des komplexen Amplitudenreflexionsvermögens das Energiereflexionsvermögen R und den Phasensprung ϑ ein, so erhalten wir:

$$(16) \qquad \begin{cases} R_1 = R_2 e^{-4\beta h}. \\ \vartheta_1 = \vartheta_2 - 2\alpha h \pm 2n\pi, \end{cases}$$

wobei n eine ganze Zahl bedeutet.

Als Beispiel betrachten wir den Fall eines luftgefüllten Rohres mit starren Wänden, das am Ende hart abgeschlossen ist ($R_2 = 100\%$). Eine 100 cm vor dem harten Abschluß gewählte Bezugsfläche ($h = 100$ cm) reflektiert dann bei 960 Hz bei einem Rohrdurchmesser von 3 cm 76%, bei einem Rohrdurchmesser von 2 cm 66% und bei einem Rohrdurchmesser von 1 cm nur noch 43% der auftreffenden Schallenergie.

Ist die Rohrdämpfung β zu vernachlässigen, so ist $R_1 = R_2$. Ändern wir die Länge h des Rohrstückes, das durch den festen Widerstand $\mathfrak{Z}_2$ abgeschlossen ist, so muß für den Fall $\beta = 0$ der Rohreingangswiderstand $\mathfrak{Z}_1$ in der komplexen Ebene eine Kurve $R =$ konst. beschreiben, d. h. er muß einem der in Abb. 4 dargestellten Kreise folgen.

III. Übersicht über die Meßverfahren.

Bei den Verfahren zur Messung akustischer Widerstände können wir drei große Gruppen unterscheiden: Bei der ersten Gruppe wird die Widerstandsmessung auf die Messung von Schalldrucken zurückgeführt, bei der zweiten Gruppe beobachtet man die Rückwirkung des unbekannten Widerstandes auf einen Schallsender; bei der dritten Gruppe endlich benutzt man die Schallauslöschung durch Interferenz. Im einzelnen gibt es innerhalb der genannten Gruppen wieder eine große Anzahl von besonderen Verfahren. Dabei handelt es sich teils um einen Vergleich des unbekannten Widerstandes mit einem festen oder mit einem veränderbaren bekannten Widerstand, teils um absolute Messungen [vgl. hierzu den Handbuchartikel von E. Meyer (*35*)].

1. **Schalldruckmessung mit einem Mikrophon.** Auf Grund der Definition des akustischen Widerstandes liegt es nahe, zu seiner Messung den Schalldruck vor dem Widerstand und den Schallfluß in den Widerstand hinein zu bestimmen und dann das komplexe Verhältnis der beiden Schwingungsgrößen zu bilden. In ähnlicher Weise wird ja auch der elektrische Widerstand durch Spannungs- und Strommessung ermittelt. Ein entsprechendes Verfahren zur Bestimmung akustischer Widerstände wurde von Wisotzky (*76*) angegeben. In gewisser Beziehung gehören auch die in Abschnitt III, 2 behandelten Vibrometer hierher. Der grundsätzliche Aufbau der Meßanordnung von Wisotzky ist in Abb. 5 wiedergegeben. Die Schallflußmessung wird bei Wisotzky allerdings an der Membran des Schallsenders selbst vorgenommen. Der unbekannte Widerstand $\mathfrak{Z}$ bildet den Abschluß eines kurzen Rohrstückes, an dessen Eingang sich das als Schallsender dienende Telephon T befindet. Das Telephon wird durch den Summer S erregt. Unmittelbar vor $\mathfrak{Z}$ ist seitlich am Rohr das Druckempfängermikrophon M angebracht. Quer zum Rohr ist die Membran des Gradientenempfänger-Mikrophons N angeordnet, das eine durchlochte Gegenelektrode besitzt. Die von dem Rohrstück zwischen N und $\mathfrak{Z}$ gebildete Meßkammer muß klein gegenüber der Wellenlänge sein; dadurch wird allerdings der Meßbereich des Verfahrens nach hohen Frequenzen hin eingeschränkt. Aber nur wenn diese Bedingung erfüllt ist, hat der Schalldruck vor dem Mikrophon M und vor dem unbekannten Widerstand $\mathfrak{Z}$ den gleichen Wert. Ist der parallel zu $\mathfrak{Z}$ liegende akustische Eingangswiderstand von M sehr groß gegenüber $\mathfrak{Z}$, was bei einem gewöhnlichen hoch abge-

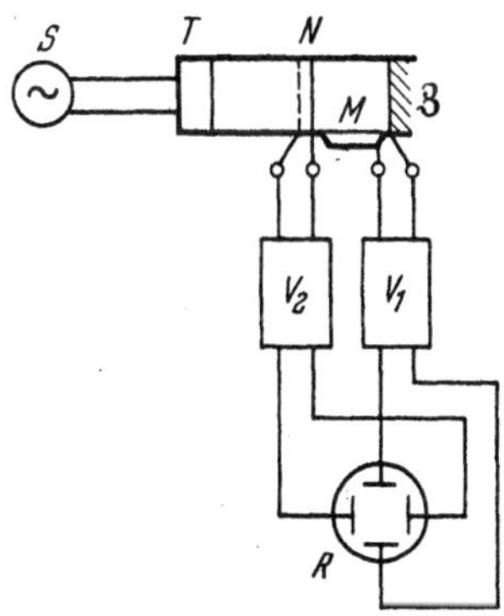

Abb. 5. Bestimmung des akustischen Widerstandes aus Schalldruck und Schallfluß.

stimmten Kondensatormikrophon bei Luftschallmessungen immer der Fall ist, so ist der durch N gehende Schallfluß der gleiche wie der in den Widerstand $\mathfrak{Z}$ fließende. Die Anordnung entspricht dann vollkommen der in Abb. 6 dargestellten elektrischen Schaltung, bei der der Spannungsmesser V parallel zum unbekannten Widerstand R und der Strommesser A in Reihe mit dieser Parallelschaltung liegt. Hier muß der innere Widerstand des Spannungsmessers groß gegenüber dem unbekannten Widerstand sein, damit der Strommesser den in den unbekannten Widerstand fließenden Strom anzeigt.

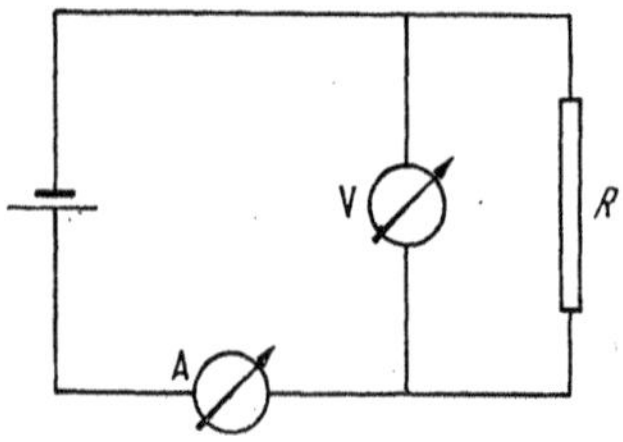

Abb. 6. Bestimmung des elektrischen Widerstandes aus Spannung und Stromstärke.

Die von M erzeugte Wechselspannung ist dem Schalldruck $\mathfrak{P}$, die von N erzeugte Wechselspannung dem Schallfluß $\mathfrak{J}$ proportional. Die beiden Wechselspannungen werden über die Verstärker V_1 bzw. V_2 den beiden Ablenkplattenpaaren einer Braunschen Röhre R zugeführt. Bezeichnen wir die an den Plattenpaaren liegenden Wechselspannungen mit $\mathfrak{E}_1$ und $\mathfrak{E}_2$, so ist

$$\frac{\mathfrak{E}_1}{\mathfrak{E}_2} = \mathfrak{A}\frac{\mathfrak{P}}{\mathfrak{J}} = \mathfrak{A}\,\mathfrak{Z}. \tag{17}$$

Größenverhältnis und Phasenlage der beiden Spannungen ist aus der auf dem Leuchtschirm der Braunschen Röhre sichtbaren Ellipse zu entnehmen. Der Faktor $\mathfrak{A}$ wird infolge des Aufbaues der beiden Mikrophone und der beiden Verstärker im allgemeinen komplex und frequenzabhängig sein. Da eine absolute Eichung der Mikrophone mit ihren Verstärkern zu umständlich wäre, muß man für jede Frequenz eine Eichung der Apparatur mit einem festen bekannten Widerstand vornehmen, d. h. die Konstante $\mathfrak{A}$ bestimmen.

Man kann die Messung des Schallflusses umgehen, wenn man dafür eine zweite Schalldruckmessung unter veränderten Bedingungen vornimmt. An die Stelle der gleichzeitigen Bestimmung von Schalldruck und Schallfluß tritt dann also die nacheinanderfolgende Bestimmung zweier Schalldruckwerte $\mathfrak{P}_1$ und $\mathfrak{P}_2$, und zwar ist im allgemeinen bei konstanter Frequenz das Verhältnis von $\mathfrak{P}_1$ und $\mathfrak{P}_2$ nach Größe und Phase zu bilden. Bei einigen besonders wichtigen Verfahren ist allerdings die Bestimmung der Phasendifferenz der beiden Druckwerte nicht nötig. Es genügt dann also, zur Schalldruckmessung die Mikrophonspannung über einen Verstärker einem einfachen Anzeigeinstrument (z. B. Drehspulinstrument mit vorgeschaltetem Gleichrichter) zuzuführen. Bei anderen Verfahren, z. B. den unten besprochenen Substitutionsmethoden, ist aber die Phasenmessung nicht zu umgehen. Sie erfolgt mit Hilfe einer Braunschen Röhre oder eines Wechselstrom-Kompensationsapparates. Im einzelnen können wir dabei drei verschiedene Möglichkeiten unterscheiden:

1. Wenn die Mikrophonmembran so schallhart ist, daß ihr Mitschwingen den Schallvorgang in der Meßkammer bzw. im Meßrohr nicht beeinflußt (das ist bei hochabgestimmten Kondensatormikrophonen und bei Kristallmikrophonen der Fall), kann die vom Mikrophon M (Abb. 7) erzeugte Wechselspannung über einen Verstärker V dem einen Plattenpaar einer Braunschen Röhre R zugeführt und auf diese Weise mit einer unmittelbar von dem Summer S, der den Schallsender T betreibt, abgegriffenen Spannung verglichen werden, die an das zweite Plattenpaar gelegt wird. Aus der auf dem Leuchtschirm der Röhre sichtbaren Ellipse läßt sich Größe und Phase der vom Mikrophon herrührenden Spannung in bezug auf die Vergleichsspannung feststellen. Bei der zweiten Schalldruckmessung wird genau so verfahren. Das Schalldruckverhältnis ergibt sich also aus der Gestalt der beiden Lissajous-Ellipsen.

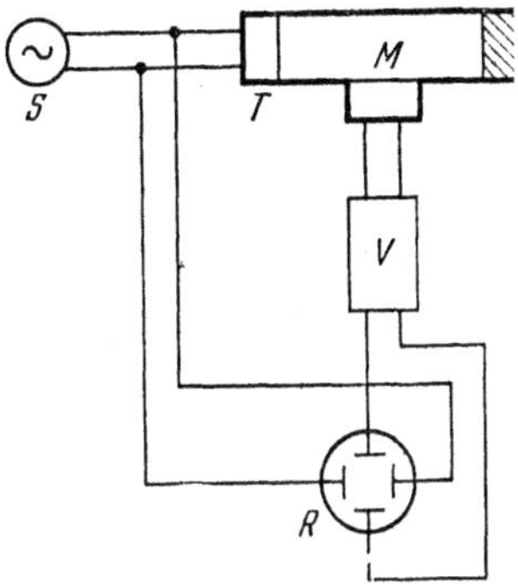

Abb. 7. Phasenmessung mit der Braunschen Röhre.

2. Bei schallharter Mikrophonmembran kann der Vergleich der vom Mikrophon M (Abb. 8) erzeugten Spannung mit einer Hilfsspannung auch mit einem Wechselstrom-Kompensationsapparat K in folgender Weise durchgeführt werden: Von dem Summer S, der den Schallsender T betreibt, wird die Hilfsspannung abgegriffen und über den Kompensationsapparat K und den zugehörigen Verstärker V_1 dem als Nullinstrument dienenden Kopfhörer L zugeführt. Gleichzeitig liegt am Kopfhörer die von dem Verstärker V_2 verstärkte Mikrophonspannung. Mit dem Kompensationsapparat wird die Hilfsspannung nach Größe und Phase so lange geändert, bis der Ton im Kopfhörer verschwindet. Das gleiche geschieht bei der zweiten Schalldruckmessung. Aus den in beiden Fällen abgelesenen Einstellungswerten des Kompensationsapparates ergibt sich das gesuchte Schalldruckverhältnis.

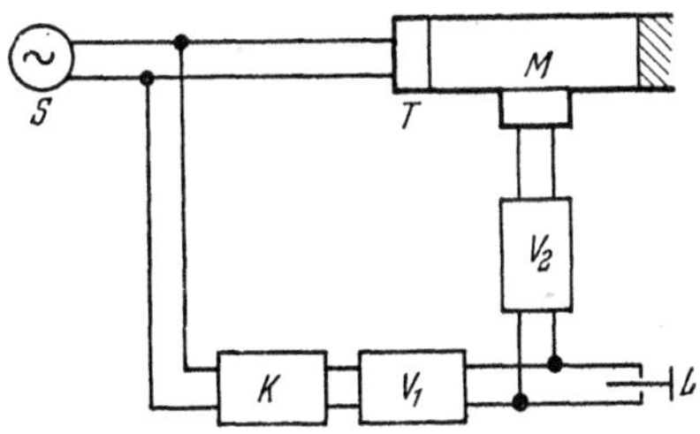

Abb. 8. Phasenmessung mit dem Kompensationsapparat.

3. Ist die Mikrophonmembran nicht genügend schallhart, so müssen die Messungen mit einem Kompensationsmikrophon ausgeführt werden. Bei einem solchen Mikrophon kann die Membran durch eine besondere Vorrichtung elektrisch zu Schwingungen erregt worden. Tischner (*56*) und Tröger (*57*) benutzten ein Telephon, bei dem das Schwingen der Membran mittels eines Kohlekontaktes abgehört werden konnte. Das

von Geffcken (*14*) angegebene Kompensationsmikrophon besteht aus einem kleinen Telephon, bei dem die Membranschwingungen nach dem Kondensatorprinzip abgehört werden. Die Kompensationsmikrophone vereinigen also genau wie die Vibrometer (Abschnitt III, 2) in sich ein Mikrophonsystem und ein Telephonsystem. Abb. 9 zeigt ein Schaltschema zur Schalldruckmessung mit Kompensationsmikrophon. Der Summer S, der den Schallsender T betreibt, liefert gleichzeitig den Eingangsstrom für den Kompensationsapparat K. Die Ausgangsspannung von K wird über einen Verstärker V_1 dem Senderteil des Kompensationsmikrophons M zugeführt. Die vom Mikrophon erzeugte Wechselspannung wirkt über den Verstärker V_2 auf den als Nullinstrument dienenden Kopfhörer L. Der Kompensationsapparat wird so eingestellt, daß im Kopfhörer nichts zu hören ist. Die auf die Mikrophonmembran wirkenden Schalldruckeffekte werden dann gerade durch die Kräfte aufgehoben, die an der Membran vom Telephonsystem her angreifen, so daß die Membran in Ruhe bleibt. Auch hier sind also die zu messenden Schalldruckwerte den Einstellungswerten des Kompensationsapparates proportional.

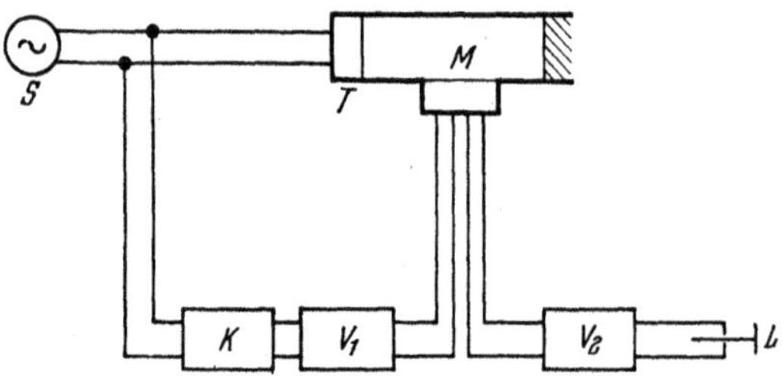

Abb. 9. Phasenmessung mit Kompensationsmikrophon.

Bei den zahlreichen auf Schalldruckmessungen beruhenden Verfahren zur Bestimmung akustischer Widerstände unterscheiden wir im besonderen die Methode der stehenden Wellen, die Rohrresonanzmethode und die Substitutionsmethode. Die *Methode der stehenden Wellen* wurde schon von Tuma (*58*) beschrieben. Sie ist eine der bekanntesten und brauchbarsten Methoden zur Messung akustischer Widerstände (*5, 8, 9, 18, 20, 36, 43, 55, 67, 71*). Das Meßrohr, an dessen Eingang sich der Schallsender befindet, ist durch den unbekannten Widerstand $\mathfrak{Z}$ abgeschlossen. Absorbiert der Abschlußwiderstand die auftreffende Schallwelle vollkommen, so ist im Rohr nur eine fortschreitende Welle vorhanden; reflektiert er vollkommen, so bildet sich eine reine stehende Welle aus. Im allgemeinen wird nur ein bestimmter Bruchteil der Schallenergie reflektiert; dann ist der Schallvorgang im Rohr als die Überlagerung einer stehenden und einer fortschreitenden Welle aufzufassen. Man kann daher aus dem räumlichen Schalldruckverlauf im Rohr auf die Größe des Abschlußwiderstandes schließen. Nach der akustischen Leitungstheorie (vgl. Abschnitt II) ergibt sich für die komplexe Schalldruckamplitude $\mathfrak{P}_i$ in der Entfernung x vom Rohrabschluß:

$$(18)\quad \mathfrak{P}_1(x) = \left(\mathfrak{Z}\cos\gamma x + j\frac{c_0\varrho_0}{F}\sin\gamma x\right)\mathfrak{J}_2 = \frac{e^{+j\gamma x} + \mathfrak{R}\,e^{-j\gamma x}}{1+\mathfrak{R}}\,\mathfrak{P}_2.$$

Dabei bedeutet $\gamma = \alpha - j\beta$ die komplexe Wellenzahl der Rohrleitung, $\mathfrak{R}$ das komplexe Amplitudenreflexionsvermögen des unbekannten Widerstandes, $\mathfrak{J}_2$ die Schallflußamplitude und $\mathfrak{P}_2$ die Schalldruckamplitude am Rohrabschluß. Ist die Rohrdämpfung zu vernachlässigen, so beschreibt der Vektor $\mathfrak{P}_1$, wenn man die Gesamtrohrlänge und die Frequenz konstant hält und nur die Lage x des Aufpunktes ändert, in der komplexen Ebene eine Ellipse mit dem Koordinatennullpunkt als Mittelpunkt. Schalldruckvektoren, deren Aufpunkte eine Viertelwellenlänge voneinander entfernt liegen, bilden konjugierte Durchmesser. Wenn der Abschlußwiderstand vollkommen absorbiert, erhalten wir einen Kreis, wenn er vollkommen reflektiert, eine gerade Linie.

Zur Widerstandsbestimmung mißt man den Schalldruck entweder unmittelbar vor dem Abschlußwiderstand ($\mathfrak{P}_2$) und eine Viertelwellenlänge davor ($\mathfrak{P}_1$); oder man bestimmt den Maximalwert $\mathfrak{P}_{max}$ und den Minimalwert $\mathfrak{P}_{min}$ des Schalldruckes. Im ersten Falle ergibt sich:

$$(19)\qquad \frac{\mathfrak{P}_2}{\mathfrak{P}_1} = (-j)\frac{1+\mathfrak{R}}{e^{+\beta\frac{\lambda}{4}} - \mathfrak{R}\,e^{-\beta\frac{\lambda}{4}}}$$

bzw. bei vernachlässigbar kleiner Dämpfung ($\beta = 0$):

$$(20)\qquad \frac{\mathfrak{P}_2}{\mathfrak{P}_1} = (-j)\frac{1+\mathfrak{R}}{1-\mathfrak{R}} = (-j)\frac{F}{c_0\varrho_0}\mathfrak{Z}.$$

F bedeutet den Rohrquerschnitt. Die Messung von $\mathfrak{P}_1$ ersetzt uns dabei die Schallflußmessung unmittelbar am Widerstand; denn für $\beta = 0$ ist $\mathfrak{P}_1 = j\frac{c_0\varrho_0}{F}\mathfrak{J}_2$, wenn wir unter $\mathfrak{J}_2$ den Schallfluß in den Abschlußwiderstand hinein verstehen.

Im zweiten Fall (Bestimmung von $\mathfrak{P}_{max}$ und $\mathfrak{P}_{min}$) erhalten wir:

$$(21)\qquad \frac{\mathfrak{P}_{max}}{\mathfrak{P}_{min}} = (\pm j)\frac{e^{+\beta x_2} + \sqrt{R}\,e^{-\beta x_2}}{e^{+\beta x_1} - \sqrt{R}\,e^{-\beta x_1}}$$

bzw. bei vernachlässigbar kleiner Dämpfung:

$$(22)\qquad \frac{\mathfrak{P}_{max}}{\mathfrak{P}_{min}} = (\pm j)\frac{1+\sqrt{R}}{1-\sqrt{R}},$$

wenn wir unter R wieder das Energiereflexionsvermögen des Abschlußwiderstandes verstehen und x_1 die Entfernung des Druckminimums, x_2 die Entfernung des Druckmaximums vom Abschlußwiderstand bedeuten. In Abb. 10 ist der durch Gl. (22) gegebene Zusammenhang zwischen dem Druckverhältnis $\mathfrak{P}_{min}/\mathfrak{P}_{max}$ und dem Reflexionsvermögen R dargestellt. Die Größe des Phasensprungs ϑ des unbekannten Widerstandes erkennt man an der Orientierung der räumlichen Druckverteilung im Rohr in bezug auf den Rohrabschluß. Sein Wert ergibt sich aus der auch bei vorhandener Rohrdämpfung gültigen Formel: $\vartheta = \frac{x_2}{\lambda/4} \cdot \pi$. Durch R und ϑ ist sofort auch das komplexe Amplitudenreflexionsvermögen $\mathfrak{R} = \sqrt{R} \cdot e^{i\vartheta}$ und damit auch der unbekannte Widerstand $\mathfrak{Z}$ gegeben (vgl. Abschnitt II). Da der Phasenwinkel zwischen $\mathfrak{P}_{max}$ und $\mathfrak{P}_{min}$ immer 90° beträgt, braucht speziell bei diesem Verfahren das Schalldruckverhältnis nur dem Betrage nach bestimmt zu werden. Das bedeutet eine starke Vereinfachung der Apparatur: es wird weder eine Braunsche Röhre noch ein Kompensationsapparat benötigt.

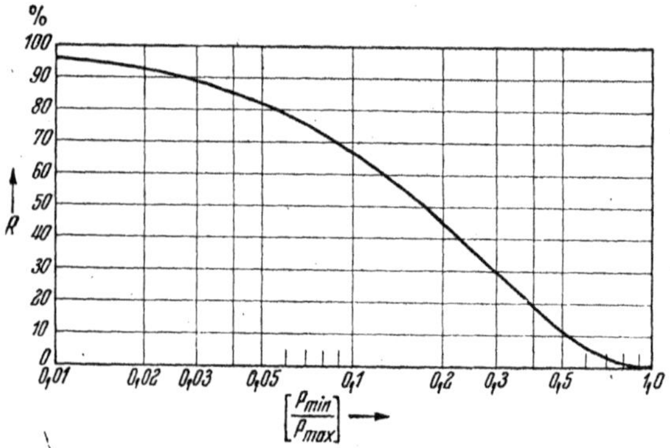

Abb. 10. Zusammenhang zwischen Reflexionsvermögen und Schalldruckverhältnis $\mathfrak{P}_{min}/\mathfrak{P}_{max}$ bei der Methode der stehenden Wellen.

Die angegebenen Formeln der Leitungstheorie haben nur Gültigkeit, wenn der Schallvorgang im Meßrohr eine ebene Schallwelle darstellt. Wird als Schallsender eine nicht kolbenförmig schwingende eingespannte Membran benutzt, so kommt eine ebene Welle nur dann zustande, wenn der Rohrdurchmesser klein gegenüber der Wellenlänge ist. In diesem Fall ist im allgemeinen die Rohrdämpfung nicht mehr zu vernachlässigen. Wird als Schallsender eine Kolbenmembran benutzt, so ist nur die Bedingung einzuhalten, daß die Meßfrequenz f unterhalb der tiefsten Querschwingungsresonanz liegt, d. h. es muß bei einem Rohr mit kreisförmigem Querschnitt $f < \frac{3{,}83\, c_0}{2\pi a}$ sein, wenn c_0 die Schallgeschwindigkeit und a den Rohrradius bedeuten.

Die Wandstärke des Rohres muß in jedem Fall so gewählt werden, daß Schwingungen der Rohrwand vermieden werden. Bei Rohren mit kreisförmigem Querschnitt werden Störungen leicht durch die tiefste Biegeschwingung hervorgerufen, bei der das Rohr glockenartig mit 4 Mantellinien als Knotenlinien schwingt; ihre Lage ist durch die Formel gegeben:

$$(23)\qquad f_B = \frac{3}{2\pi\sqrt{15}} \cdot \frac{d}{(a+\frac{1}{2}d)^2} \cdot \sqrt{\frac{E}{s(1-\mu^2)}}.$$

Dabei bedeutet d die Wandstärke des Rohres, a seinen Innenradius, E den Elastizitätsmodul, s die Dichte und μ den Querkontraktionskoeffizienten des Rohrmaterials. Weiterhin zu beachten ist die tiefste Dehnungsschwingung, bei der das Rohr pulsiert; sie liegt bei

$$f_D = \frac{1}{2\pi}\cdot\frac{1}{a+\frac{1}{2}d}\cdot\sqrt{\frac{E}{s(1-\mu^2)}} \tag{24}$$

Man benutzt vielfach Messingrohre von 5 mm Wandstärke; bei einem Innendurchmesser von 4 cm liegt dann die tiefste Biegeschwingung bei 4400 Hz, die tiefste Dehnungsschwingung bei 25000 Hz. Zur Messung großer Schluckstoffproben bei tiefen Frequenzen unterhalb 400 Hz benutzten Meyer, Buchmann und Schoch (*36*) ein 15 m langes Rohr mit quadratischem Querschnitt 40 × 40 cm². Das Rohr wurde von 25 cm starken Ziegelsteinwänden mit Betondecke und Betonsohle gebildet; der Innenverputz war besonders sorgfältig ausgeführt und möglichst unporös gemacht.

Die Anbringung des Meßmikrophons kann in verschiedener Weise erfolgen. Ist der Rohrdurchmesser klein gegenüber der Wellenlänge, so würde auch durch ein sehr kleines Meßmikrophon eine Schallfeldverzerrung hervorgerufen werden. In diesem Fall ist es am besten, das Meßmikrophon in die Rohrwand einzubauen, so daß die Membran möglichst gut mit der Wand abschließt. Der Schallsender und der unbekannte Widerstand werden dann an zwei im Meßrohr verschiebbaren Rohren angebracht, die durch ein starres Gestänge miteinander verbunden sind. Durch Verschieben des Gestänges wird dann gewissermaßen das Schallfeld an dem fest angeordneten Mikrophon vorübergeführt. Man kann auch als „Schallsonde" ein dünnes, hinten durch das Meßmikrophon abgeschlossenes Röhrchen benutzen, das von außen in das Meßrohr eingeführt wird. Hierbei ist besonders darauf zu achten, daß der Sondeneingang genügend schallhart wirkt. — Ist der Durchmesser des Meßrohres nicht klein gegenüber der Wellenlänge, so kann man ohne weiteres ein kleines Meßmikrophon an einem Gestell innerhalb des Meßrohres verschieben.

Bei der Methode der stehenden Wellen wird der Schalldruck an verschiedenen Stellen des Meßrohres bestimmt, während Rohrlänge und Frequenz konstant gehalten werden. Das typische Merkmal der *Rohrresonanzmethoden* besteht gerade darin, daß entweder die Rohrlänge l oder die Frequenz ω geändert werden (*2, 56, 57, 68, 69, 70*). Auch hier schließt der unbekannte Widerstand $\mathfrak{Z}$ (Abb. 11) das Meßrohr ab, an dessen Eingang sich der Schallsender T befindet. Die Entfernung des Mikrophons M vom Widerstand sei x, die Rohrlänge l, so daß $y = l - x$ die Entfernung des Mikrophons vom Schallsender darstellt. Die Schnelle des Schallsenders muß während der Messung konstant bleiben. Da bei den Rohrresonanzmethoden der den Schallsender belastende Rohreingangswiderstand während der Messung ge-

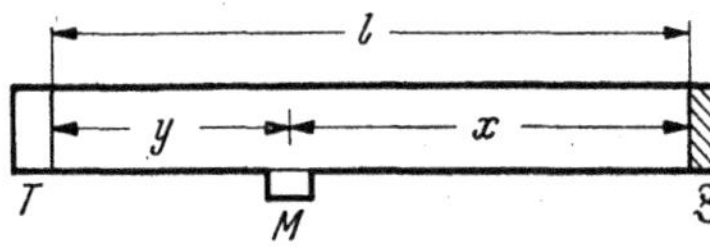

Abb. 11. Zur Rohrresonanzmethode.

ändert wird, bleibt die Schnelle des Schallsenders bei konstanter Erregung nur dann unverändert, wenn der mechanische Eigenwiderstand der Membran groß gegenüber dem Rohreingangswiderstand ist, so daß jede Rückwirkung des Rohres auf die Membran vermieden wird. Abb. 12 zeigt den Aufbau eines von Oberst (*41*) und Knötzel (*27*) benutzten Schallsenders, der eine Kolbenmembran mit hohem Eigenwiderstand enthält. Als Kolbenmembran dient eine 18 mm dicke Messing-Kreisscheibe (Masse 420 g). Sie wird durch zwei 0,5 mm starke Bronzebleche gehalten, die in der aus der Abbildung zu ersehenden Weise eingespannt sind. Das Resonanzrohr ist gegen den Schallsender durch einen 3 mm starken Gummiring abgefedert. Fugen an der Gummidichtung wurden mit Apiezonwachs ausgefüllt. Die Kolbenmembran wird durch eine Schwingspule, die in den Ringspalt eines permanenten Topfmagneten eintaucht, elektrodynamisch erregt.

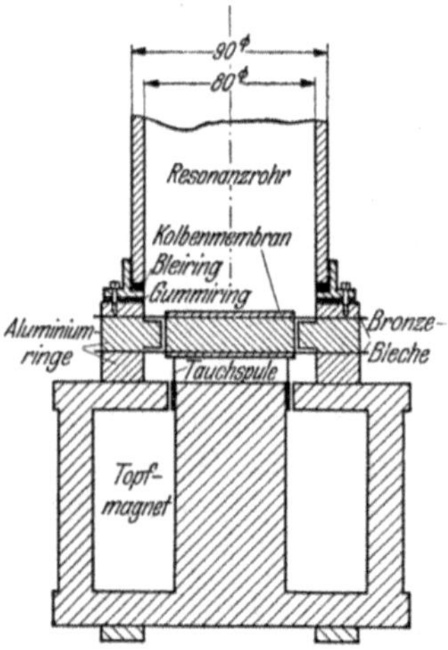

Abb. 12. Kolbenmembran mit hohem Eigenwiderstand nach Oberst und Knötzel.

Tabelle 1.

Var.	Konst.	Bezeichnung des Verfahrens		Kurvenform von $\mathfrak{P}$ in der kompl. Ebene	$\mathfrak{P}_{max}/\mathfrak{P}_{min}$
x	l, ω	Methode der stehenden Wellen		Ellipsen (Koordin.-Nullpunkt = Mittelpunkt)	$(\pm j)\frac{1+\sqrt{R}}{1-\sqrt{R}}$
x (l)	y, ω	Rohrlängenänderung hinter der Meßstelle	Rohrresonanzmethoden	Kreise (Koordin.-Nullpunkt außerhalb des Kreises)	$\left(\frac{1+\sqrt{R}}{1-\sqrt{R}}\right)^2$
y (l)	x, ω	Rohrlängenänderung vor der Meßstelle		Boothsche Lemniskaten (Koordin.-Nullpunkt = Mittelpunkt)	$(\pm j)\frac{1+\sqrt{R}}{1-\sqrt{R}}$
ω	x, y (l)	Frequenzänderung			

Auf die verschiedenen Möglichkeiten, die bei den Rohrmethoden im einzelnen bestehen, haben u. a. Wente und Bedell (*68*) hingewiesen. Tabelle 1 gibt eine schematische Übersicht. Für den Schalldruck $\mathfrak{P}$ vor dem Mikrophon ergibt sich in einfacher Weise aus den Gesetzen der Leitungstheorie (Abschnitt II) ganz allgemein die Beziehung:

$$(25)\quad \mathfrak{P}(x,l,\omega) = \frac{\mathfrak{Z}\cos\gamma x + j\frac{c\varrho}{F}\sin\gamma x}{\frac{c\varrho}{F}\cos\gamma l + j\mathfrak{Z}\sin\gamma l}\cdot\frac{c\varrho}{F}\mathfrak{J}_1 = \frac{e^{+j\gamma x} + \mathfrak{R}e^{-j\gamma x}}{e^{+j\gamma l} - \mathfrak{R}e^{-j\gamma l}}\cdot\frac{c\varrho}{F}\mathfrak{J}_1.$$

Dabei stellt $\mathfrak{J}_1$ den Schallfluß am Sender dar.

An Hand der Gl. (25) gewinnt man einen guten Überblick über die verschiedenen Rohrmethoden. Läßt man Frequenz und Rohrlänge und damit die Größe γl konstant und verändert x, so erhält man die Methode der stehenden Wellen. Von den Rohrresonanzmethoden hat das Verfahren der Frequenzänderung geringere Bedeutung, da es nicht angewandt werden kann, wenn der unbekannte Widerstand oder der Schallsender in dem betreffenden Frequenzbereich eine merkliche Frequenzabhängigkeit besitzen. Am wichtigsten ist das Verfahren, bei dem die *Rohrlänge x hinter der Meßstelle* geändert wird. Verlegen wir dann zur Vereinfachung die Meßstelle an den Rohranfang ($y = 0$; $x = l$), so wird, wenn $\mathfrak{Z}_1$ den Rohreingangswiderstand bedeutet:

$$(26)\qquad \mathfrak{P}(l) = \mathfrak{Z}_1 \mathfrak{J}_1 = \frac{\mathfrak{Z}\cos\gamma l + j\frac{c\varrho}{F}\sin\gamma l}{\frac{c\varrho}{F}\cos\gamma l + j\,\mathfrak{Z}\sin\gamma l}\cdot\frac{c\varrho}{F}\mathfrak{J}_1 = \frac{e^{+j\gamma l}+\Re\, e^{-j\gamma l}}{e^{+j\gamma l}-\Re\, e^{-j\gamma l}}\cdot\frac{c\varrho}{F}\mathfrak{J}_1 .$$

Bei verschwindender Rohrdämpfung beschreibt dann der Schalldruckvektor in der komplexen Ebene einen Kreis, so daß der Koordinatennullpunkt sich außerhalb des Kreises befindet. Es handelt sich hier um die gleichen Kreise, die in Abb. 4 dargestellt sind. Wenn der Widerstand vollkommen absorbiert, erhalten wir nur einen Punkt, wenn er vollkommen reflektiert, eine Gerade durch den Koordinatennullpunkt. Die Auswertung der Messung erfolgt wieder durch die Bildung des Verhältnisses $\mathfrak{P}_{max}/\mathfrak{P}_{min}$. Abweichend von dem bei der Methode der stehenden Wellen geltenden Gesetz (22) ergibt sich hier:

$$(27)\qquad \frac{\mathfrak{P}_{max}}{\mathfrak{P}_{min}} = \left(\frac{1+\sqrt{R}}{1-\sqrt{R}}\right)^2 .$$

In Abb. 13 ist dieser Zusammenhang zwischen dem Schalldruckverhältnis und dem Reflexionsvermögen graphisch dargestellt. Der Phasensprung ϑ des unbekannten Widerstandes ergibt sich aus der Rohrlänge l_{max}, für die das Druckmaximum eintritt, durch die Beziehung: $\vartheta = \frac{l_{max}}{\lambda/4}\pi$.

Bei Widerständen mit hohem Reflexionsvermögen R werden die Minimalwerte des Schalldrucks nach (27) sehr klein im Verhältnis zu den Maximalwerten. Wegen der Störanfälligkeit der

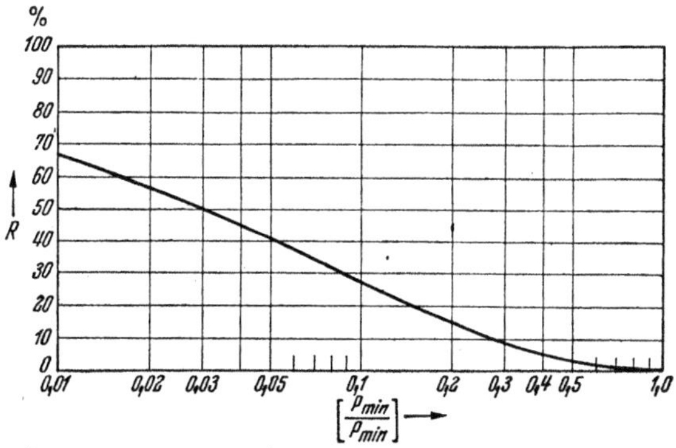

Abb. 13. Zusammenhang zwischen Reflexionsvermögen und Schalldruckverhältnis $\mathfrak{P}_{min}/\mathfrak{P}_{max}$ bei Änderung der Rohrlänge hinter der Meßstelle.

Druckminima ist dann die angegebene Auswertung der Messung unzweckmäßig. Es empfiehlt sich in diesem Fall vielmehr, die Halbwertsbreite der Druckkurven $P(l)$ zur Auswertung heranzuziehen (2). Die beiden Schalldruckamplituden P_1 und P_2 zu beiden Seiten eines Maximums, deren Wert $\frac{1}{\sqrt{2}}$ des Maximalwertes P_{max} beträgt, mögen zwei Rohrlängen zugeordnet sein, die sich um Δl unterscheiden. Dann wird bei Vernachlässigung der Rohrdämpfung:

$$\cos(\alpha \Delta l) = \cos\left(2\pi \frac{\Delta l}{\lambda}\right) = \frac{(1+R)(6\sqrt{R}-1-R)}{2\sqrt{R}(3+3R-2\sqrt{R})}. \tag{28}$$

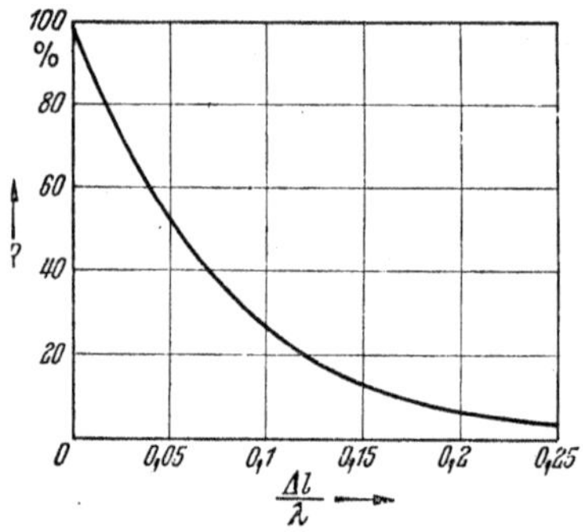

Abb. 14. Zusammenhang zwischen Reflexionsvermögen und Halbwertsbreite der Schalldruck-Rohrlängen-Kurve bei Änderung der Rohrlänge hinter der Meßstelle.

Dieser Zusammenhang ist in Abb. 14 graphisch dargestellt. Die Kurve bricht beim Wert $R = 0{,}7\%$ ab; dann wird $\Delta l = \lambda/2$, d. h. die Halbwertstellen fallen mit den Druckminimis zusammen. Wenn R kleiner als $0{,}7\%$ ist, weist die Druckkurve $P(l)$ keine Punkte mehr auf, deren Wert $\frac{1}{\sqrt{2}} P_{max}$ beträgt. Würde man, statt die Rohrlänge bei konstanter Frequenz zu ändern, bei konstanter Rohrlänge die Frequenz ändern, so würde man für die Frequenz-Halbwertsbreite Δf die entsprechende Gleichung erhalten:

$$\cos\left(2\pi \frac{l}{c} \Delta f\right) = \frac{(1+R)(6\sqrt{R}-1-R)}{2\sqrt{R}(3+3R-2\sqrt{R})}. \tag{29}$$

Wird die *Rohrlänge y vor der Meßstelle* geändert, so erhalten wir speziell für den Fall, daß die Druckmessung unmittelbar vor dem unbekannten Widerstand erfolgt ($x = 0$, $y = l$) für den Schalldruck:

$$\mathfrak{P}(l) = \frac{\mathfrak{Z}}{\frac{c\varrho}{F}\cos\gamma l + j\,\mathfrak{Z}\sin\gamma l} \cdot \frac{c\varrho}{F}\mathfrak{J}_1 = \frac{1+\mathfrak{R}}{e^{+j\gamma l} - \mathfrak{R}\,e^{-j\gamma l}} \cdot \frac{c\varrho}{F}\mathfrak{J}_1. \tag{30}$$

Bei verschwindender Rohrdämpfung beschreibt der Schalldruckvektor in der komplexen Ebene in diesem Fall eine doppelt symmetrische Kurve vierten Grades, die einen Spezialtyp einer Boothschen Lemniskate darstellt. Auf die Hauptachsen bezogen lautet ihre Gleichung in kartesischen Koordinaten $(X^2 + Y^2)^2 = X^2 + A\,Y^2$, wobei der Parameter A von der Größe des Reflexionsvermögens abhängt. Der reziproke Wert von $\mathfrak{P}$ würde als Fahrstrahl in der komplexen Ebene eine Ellipse beschreiben. Zur Auswertung dient wieder am einfachsten das Verhältnis $\mathfrak{P}_{max}/\mathfrak{P}_{min}$. Bei vernachlässigbar kleiner Rohrdämpfung ergibt sich wie bei der Methode der stehenden Wellen (vgl. Abb. 10):

$$(31) \qquad \frac{\mathfrak{P}_{max}}{\mathfrak{P}_{min}} = (\pm j) \cdot \frac{1+\sqrt{R}}{1-\sqrt{R}}.$$

Auch hier kann wie bei der Rohrlängenänderung hinter der Meßstelle die Auswertung der Druckkurven $P(l)$ auch mit Hilfe der Halbwertsbreite Δl erfolgen. Es gilt dann die Gleichung:

$$(32) \qquad \cos(\alpha \Delta l) = \cos\left(2\pi \frac{\Delta l}{\lambda}\right) = 2 - \frac{1+R}{2\sqrt{R}}.$$

Abb. 15 zeigt den Zusammenhang zwischen R und $\frac{\Delta l}{\lambda}$ nach (32). Für kleine Werte von $\frac{\Delta l}{\lambda}$ stimmen die Kurven Abb. 14 und Abb. 15 überein.

In der letzten Spalte der Tabelle 1 sind auch die Schalldruckverhältnisse $\mathfrak{P}_{max}/\mathfrak{P}_{min}$ der drei wichtigsten Rohrmethoden, wie sie in den Gl. (22), (27), (31) angegeben sind, zusammengestellt. Daß sich bei der Rohrlängenänderung hinter der Meßstelle ein größerer Wert ergibt, läßt sich folgendermaßen erklären: Bei der Methode der *stehenden Wellen* wird das Druckmaximum und das Druckminimum in der stehenden Welle bestimmt, ohne daß die Länge bzw. die „Abstimmung" des Rohres und damit die Intensität der stehenden Welle geändert wird. Bei der *Rohrlängenänderung vor der Meßstelle* bleibt das Mikrophon relativ zum Abschlußwiderstand und damit relativ zum System der Druckbäuche und Druckknoten in Ruhe; durch die Rohrlängenänderung wird das Rohr einmal auf Resonanz abgestimmt, so daß die Intensität der stehenden Welle und damit der Druck vor dem Mikrophon einen Höchstwert erreicht; nach einer Rohrlängenänderung um $\lambda/4$ („Gegenresonanz") nehmen dann die Intensität der stehenden Welle und damit auch der Druck vor dem Mikrophon ihren kleinsten Wert an. Bei der *Rohrlängenänderung hinter der Meßstelle* multiplizieren sich nun die bei den beiden anderen Verfahren auftretenden Effekte: denn einerseits wird die Lage des Mikrophons relativ zum System der Druckbäuche und Druckknoten, andererseits die Abstimmung des Rohres geändert. Wir erhalten dabei das „absolute" Druckmaximum, das im Druckbauch während der Rohrabstimmung auf Resonanz zustande kommt, und das „absolute" Druckminimum, das sich im Druckknoten im Fall der Gegenresonanz ergibt.

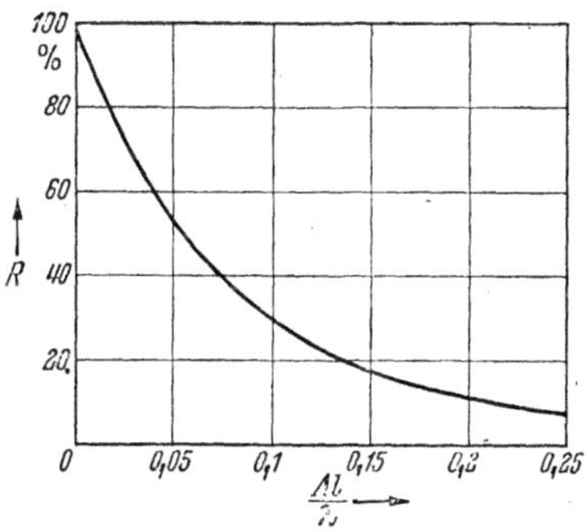

Abb. 15. Zusammenhang zwischen Reflexionsvermögen und Halbwertsbreite der Schalldruck-Rohrlängen-Kurve bei Änderung der Rohrlänge vor der Meßstelle.

Bei den Rohrresonanzmethoden braucht ebenso wie bei der Methode der stehenden Wellen das Druckverhältnis nur dem Betrage, nicht der Phase nach gemessen zu werden, wenn wie üblich der Maximalwert und der Minimalwert des Druckes oder die Halbwertsbreite des Druckmaximums bestimmt werden. Dem steht als Nachteil gegenüber, daß zur genauen Festlegung des Maximums und des Minimums die Bestimmung eines einzigen Widerstandswertes eine größere Anzahl von Druckmessungen erfordert.

Die Abänderung der Meßanordnung zwischen den beiden zur Widerstandsbestimmung grundsätzlich notwendigen Schalldruckmessungen bestand bei den bisher beschriebenen Rohrmethoden in einem Verschieben der Meßstelle oder in einer Änderung der Rohrlänge bzw. der Frequenz. Bei der *Substitutionsmethode* wird statt dessen der unbekannte Widerstand durch einen bekannten Widerstand ersetzt. Im allgemeinen benutzt man dazu einen harten Abschluß, der einen unendlich hohen Widerstand darstellt. Die Membran des Schallsenders und der unbekannte Widerstand schließen die Meßkammer oder das Meßrohr an beiden Seiten ab. Die Meßkammer bzw. das Meßrohr bildet einen akustischen Vierpol, so daß der Ansatz gilt:

(33) $$\mathfrak{J}_1 = \mathfrak{A}\,\mathfrak{P}_2 + \mathfrak{B}\,\mathfrak{J}_2 = \left(\mathfrak{A} + \frac{\mathfrak{B}}{\mathfrak{Z}}\right)\cdot \mathfrak{P}_2 .$$

Hierbei bedeutet $\mathfrak{J}_1$ den Schallfluß an der Sendermembran, $\mathfrak{P}_2$ und $\mathfrak{J}_2$ Schalldruck und Schallfluß am unbekannten Widerstand $\mathfrak{Z}$; $\mathfrak{A}$ und $\mathfrak{B}$ sind Vierpolkonstanten, die von den Abmessungen der Kammer oder des Rohres abhängen. Bei der Vergleichsmessung wird der unbekannte Widerstand durch einen starren Abschluß ($\mathfrak{Z} = \infty$) ersetzt, so daß wir in diesem Fall erhalten:

$$\mathfrak{J}_1 = \mathfrak{A}\,\mathfrak{P}_2' .$$

Dabei muß wieder vorausgesetzt werden, daß die Sendermembran einen hohen mechanischen Eigenwiderstand besitzt, so daß der Schallfluß $\mathfrak{J}_1$ ungeändert bleibt. Dann ergibt sich durch Kombination der beiden Messungen:

(34) $$\frac{\mathfrak{P}_2'}{\mathfrak{P}_2} = 1 + \frac{\mathfrak{B}}{\mathfrak{A}\,\mathfrak{Z}} .$$

Das Verhältnis $\mathfrak{B}/\mathfrak{A}$ stellt den akustischen Widerstand dar, den die Meßanordnung bei fest gebremster Sendermembran vom unbekannten Widerstand aus gesehen besitzt. Benutzt man nach Flanders (*11, 12*) das Stück einer homogenen Rohrleitung vom Querschnitt F und der Länge l, so erhält man:

(35) $$\frac{\mathfrak{B}}{\mathfrak{A}} = -j\,\frac{c_0\varrho_0}{F}\,\mathrm{cotg}\,\gamma l .$$

Von Békésy (*1*) schlug zur Messung eine Kammer vor, deren Abmessungen klein gegenüber der Wellenlänge sind; in diesem Fall gilt:

(36) $$\frac{\mathfrak{B}}{\mathfrak{A}} = \frac{c_0^2\varrho_0}{j\omega V},$$

wobei V das Volumen der Kammer bedeutet. Keibs (*21*) benutzt ein sehr langes Rohr mit geringem Querschnitt, dessen Dämpfung durch Einbringen von Flachsfasern noch erhöht ist, so daß keine stehenden Wellen zustande kommen. Dann wird

$$\frac{\mathfrak{P}}{\mathfrak{A}} = \frac{c_0 \varrho_0}{F}. \tag{37}$$

Bei allen Substitutionsmethoden ist das Verhältnis der beiden Schalldruckwerte nach Betrag und Phase zu messen. Daher muß, wie oben erörtert wurde, entweder eine Braunsche Röhre oder ein Wechselstromkompensationsapparat verwendet werden.

2. **Rückwirkung auf einen Schallsender.** Wird ein als Schallquelle dienendes Schwingungsgebilde vom mechanischen Eigenwiderstand $\mathfrak{W}_0$ im Bezugspunkt von $\mathfrak{W}_0$ mit einem äußeren mechanischen Widerstand $\mathfrak{W}$ belastet, so tritt zu der äußeren, das Schwingungsgebilde erregenden Kraft $\mathfrak{K}$ noch die Kraft $(-\mathfrak{W}\mathfrak{U})$, die vom Widerstand $\mathfrak{W}$ her wirkt und als die „Rückwirkung" des Widerstandes $\mathfrak{W}$ auf das Schwingungsgebilde bezeichnet wird. $\mathfrak{U}$ bedeutet dabei die Schnelle des Bezugspunktes von $\mathfrak{W}_0$ und $\mathfrak{W}$. Die Schwingungsgleichung lautet daher:

$$(\mathfrak{W}_0 + \mathfrak{W})\mathfrak{U} = \mathfrak{K}, \tag{38}$$

d. h. der äußere Widerstand $\mathfrak{W}$ tritt additiv zum Eigenwiderstand $\mathfrak{W}_0$ hinzu.

Die Rückwirkung kann in sehr verschiedener Weise zur Bestimmung des Widerstandes $\mathfrak{W}$ benutzt werden. Das einfachste Verfahren besteht darin, den unbekannten Widerstand auf ein Schwingungsgebilde mit ausgeprägter Eigenfrequenz einwirken zu lassen und die eintretende Änderung der Eigenfrequenz und der Dämpfung festzustellen. In der Umgebung der Resonanz verhält sich ein solches Schwingungsgebilde wie ein elastisch an die Ruhelage gebundener Massenpunkt mit dem Eigenwiderstand $\mathfrak{W}_0 = j\omega m + r + \frac{1}{j\omega} s$ (m = Masse, r = Bremswiderstand, s = Steife); seine Eigenfrequenz beträgt $\omega_0 = \sqrt{\frac{s}{m}}$, seine Dämpfung $\delta = \frac{r}{2m}$. Nach der Belastung mit dem unbekannten Widerstand $\mathfrak{W} = R + jQ$ wird der mechanische Gesamtwiderstand $\mathfrak{W}_0 + \mathfrak{W} = (r + R) + j\left(\omega m - \frac{s}{\omega} + Q\right)$. Aus der neuen Eigenfrequenz ω_1 und der neuen Dämpfung δ_1 ergeben sich für den Realteil R und den Imaginärteil Q des unbekannten Widerstandes die Gleichungen:

$$R = 2m(\delta_1 - \delta_0), \tag{39}$$

$$Q = m\,\frac{\omega_0^2 - \omega_1^2}{\omega_1}. \tag{40}$$

Strutt (*52*, *53*) benutzt zur Messung der Blindwiderstände von Lautsprecher-Konusmembranen ein Stahlband, das an seinen beiden Enden festgehalten wird und auf verschiedene Eigenperioden abgestimmt werden kann. In der Mitte des Stahlbandes wird der zu untersuchende Konus befestigt. Die Eichung der Meßanordnung, d. h. die Bestimmung der Schwingungsmasse m erfolgt durch Gewichte. Es ist darauf zu achten, daß die Schwingungsform des Gebildes durch das Anbringen des Zusatzwiderstandes nicht geändert wird; denn von der Schwingungsform hängt auch der Wert der Schwingungsmasse ab. Strutt umgeht diese Schwierigkeit, indem er bei der Vergleichsmessung die Größe der Gewichte so lange variiert, bis die Eigentonänderung die gleiche ist, wie beim unbekannten Widerstand (Substitutionsmethode).

Schuster und Hohberg (*46*) belasteten ein Telephon mit dem unbekannten akustischen Widerstand und nahmen die Resonanzkurve des Telephons mit und ohne den akustischen Widerstand nach der Methode von Hahnemann und Hecht (*16*, *17*) auf. Aus den beiden Resonanzkurven ist die Änderung des Eigentons und der Dämpfung abzulesen.

Bei Benutzung eines *elektrischen Schallsenders* kann die Rückwirkung eines mechanischen Widerstandes auf das Schwingungsgebilde durch elektrische Messungen erfaßt werden (*16*, *17*, *23*, *24*, *25*, *30*, *59*). Denn beim elektrischen Schallsender wirken ja die mechanischen Schwingungen ihrerseits auf den Stromkreis ein. Bezeichnen wir die komplexen Amplituden der Klemmenspannung und der Stromstärke des Schallsenders mit $\mathfrak{E}$ und $\mathfrak{J}$, den bei fest gebremster Membran gemessenen elektrischen Widerstand („Ruhewiderstand") mit $\mathfrak{R}$, die Schnelle des Membranpunktes, auf den die mechanischen Widerstände $\mathfrak{W}_0$ und $\mathfrak{W}$ bezogen sind, wieder mit $\mathfrak{U}$, so lauten die elektrische und die mechanische Gleichung des Schallsenders:

$$(41) \qquad \left\{ \begin{aligned} \mathfrak{R}\,\mathfrak{J} + \mathfrak{M}\,\mathfrak{U} &= \mathfrak{E}, \\ (\mathfrak{W}_0 + \mathfrak{W}) \cdot \mathfrak{U} - \mathfrak{M}\,\mathfrak{J} &= 0. \end{aligned} \right.$$

Der Ausdruck $\mathfrak{M} \cdot \mathfrak{U}$ stellt die durch die Membranbewegung im Stromkreis induzierte Spannung, der Ausdruck $\mathfrak{M} \cdot \mathfrak{J}$ die durch den Strom hervorgerufene mechanische Kraft auf das Schwingungsgebilde dar. $\mathfrak{M}$ wird als der elektromechanische Kopplungswiderstand bezeichnet. Sein Wert beträgt für das elektrodynamische Antriebsprinzip:

$$\mathfrak{M} = B\,l$$

(B = Kraftflußdichte in Voltsec/cm²; l = Drahtlänge der Spulenwicklung),

für das elektromagnetische Antriebsprinzip ohne Berücksichtigung der Eisenverluste:

$$\mathfrak{M} = \frac{2\,n\,\Phi_0}{2\,d + d_e}$$

(Φ_0 = magnetischer Gleichfluß in Voltsec; n = Windungszahl der Wechselstromwicklung; d = Länge des einfachen Luftspaltes; d_e = äquivalente Luftlänge des Eisenweges), für das elektrostatische Antriebsprinzip:

$$\mathfrak{M} = \frac{1}{j\omega} \cdot \frac{V_0}{d}$$

(V_0 = Gleichspannung; d = Plattenabstand).

In der angegebenen Form (41) gelten die Gleichungen des elektrischen Schallsenders, wenn die elektrischen Größen im praktischen Maßsystem, die mechanischen Kräfte in Joule/cm = 10^7 dyn, die Geschwindigkeit in cm/sec gemessen werden. Durch Elimination von $\mathfrak{U}$ erhält man für den elektrischen Eingangswiderstand $\mathfrak{B}$:

$$\mathfrak{B} = \frac{\mathfrak{E}}{\mathfrak{J}} = \mathfrak{R} + \frac{\mathfrak{M}^2}{\mathfrak{W}_0 + \mathfrak{W}}. \tag{42}$$

Es ist daher grundsätzlich möglich, durch die Messung des elektrischen Eingangswiderstandes den mechanischen Widerstand $\mathfrak{W}$ zu ermitteln. Bei festgebremster Membran ($\mathfrak{W} = \infty$) wird der Eingangswiderstand $\mathfrak{B}_L = \mathfrak{R}$; wird die Membran überhaupt nicht belastet ($\mathfrak{W} = 0$), so erhält man für den Eingangswiderstand den Wert $\mathfrak{B}_k = \mathfrak{R} + \frac{\mathfrak{M}^2}{\mathfrak{W}_0}$. Zur Auswertung von $\mathfrak{W}$ ergibt sich dann:

$$\frac{\mathfrak{B}_K - \mathfrak{B}_L}{\mathfrak{B} - \mathfrak{B}_L} = 1 + \frac{\mathfrak{W}}{\mathfrak{W}_0}. \tag{43}$$

Der Eigenwiderstand $\mathfrak{W}_0$ der Membran kann dadurch gefunden werden, daß man die Membran mit einem bekannten Widerstand, z. B. einer Masse belastet. Im Gegensatz zu den in Abschnitt III, 1 erwähnten Fällen ist bei den Rückwirkungsmethoden eine Membran mit geringem Eigenwiderstand gerade vorteilhaft. Denn während bei den oben beschriebenen Methoden die Rückwirkung vermieden werden mußte, soll sie ja hier möglichst groß sein. Man benutzt daher entweder leichte, dünne Membranen oder man wählt eine beliebige Membran mit geringer Dämpfung und führt die Messung nur für die Resonanzfrequenz der Membran durch. Soll wie üblich der unbekannte Widerstand bei verschiedenen Frequenzen gemessen werden, so benötigt man in diesem Fall einen Satz von Resonanzmembranen.

Oft handelt es sich darum, den akustischen Eingangswiderstand $\mathfrak{Z}$ eines Rohres durch die Rückwirkung auf einen elektrischen Schallsender zu messen. Der Rohreingang wird dann durch die am Rande eingespannte Membran des Schallsenders abgeschlossen. Ihre Fläche F wird gleich der Fläche des Rohrquerschnitts gewählt. Der akustische Widerstand $\mathfrak{Z}$ wirkt dann als ein auf den Membranmittelpunkt bezogener mechanischer Widerstand von der Größe $\mathfrak{W} = (\tau F)^2 \mathfrak{Z}$. Dabei ist τ der sog. Flächenfaktor, τF die wirksame Fläche der Membran. Bei einer solchen Rohranordnung lassen sich die Werte $\mathfrak{W} = \infty$ und $\mathfrak{W} = 0$, die zur Messung von $\mathfrak{B}_L$ und $\mathfrak{B}_K$ benötigt werden, in besonders einfacher Weise darstellen: In dem Rohr wird ein verschiebbarer harter

Stempel angebracht und die Länge der Luftsäule zwischen Membran und Stempel einmal gleich $\lambda/2$ und dann gleich $\lambda/4$ gewählt. Da bei einem nicht zu engen Rohr mit schallharten Wänden die Dämpfung sehr gering ist, wird dann im ersten Fall $\mathfrak{W} \approx \infty$, im zweiten Fall $\mathfrak{W} \approx 0$.

Kosten und Zwikker (*28*) haben das Prinzip der Rückwirkung mit dem Grundgedanken der *Rohrresonanzmethode* (vgl. Abschnitt III, 1) verknüpft [siehe auch (*10*)]. Der elektrische Schallsender, der durch die Luftsäule beeinflußt wird, z. B. ein gewöhnliches elektromagnetisches Telephon, vertritt jetzt die Stelle des Mikrophons. Es kann sich daher jetzt nur um den Fall der Rohrlängenänderung hinter der Meßstelle handeln (vgl. Tabelle 1). Das Rohr, dessen Länge l während der Messung geändert wird, ist durch den unbekannten akustischen Widerstand abgeschlossen. Ist die Rohrdämpfung zu vernachlässigen, so beschreibt während der Rohrlängenänderung der elektrische Eingangswiderstand $\mathfrak{B}$ des Schallsenders in der komplexen Ebene einen Kreis: Der mechanische Widerstand $\mathfrak{W}$ beschreibt ja während der Rohrlängenänderung einen Kreis nach Abb. 4. Nach Gl. (42) erhält man den elektrischen Widerstand $\mathfrak{B}$, in dem man zunächst zu $\mathfrak{W}$ den konstanten Widerstand $\mathfrak{W}_0$ addiert, dann die Inversion (Bildung des reziproken Wertes) vornimmt, mit dem konstanten Faktor $\mathfrak{M}^2$ multipliziert und schließlich den elektrischen Ruhewiderstand $\mathfrak{R}$ addiert. Da bei allen diesen Operationen, auch bei der Inversion, aus einem Kreis immer wieder ein Kreis entsteht, muß auch der elektrische Widerstand $\mathfrak{B}$ einen Kreis beschreiben. Zur Eichung der Anordnung nimmt man den $\mathfrak{B}$-Kreis für schallharten Rohrabschluß, der vollkommener Reflexion entspricht, auf und bestimmt außerdem den $\mathfrak{B}$-Wert, den man bei vollkommener Absorption erhält. Die Kreise, die beliebigen Reflexionswerten des mechanischen Widerstandes entsprechen, können dann leicht zeichnerisch ermittelt werden, so daß man ein vollständiges Eichdiagramm erhält. Die Messungen werden am besten bei der Resonanzfrequenz des Telephons vorgenommen. Zur elektrischen Widerstandsmessung dient eine Wheatstonesche Brücke.

Die Rückwirkung auf den elektrischen Schallsender kann nicht nur am elektrischen Eingangswiderstand $\mathfrak{B}$, sondern auch an der Schnelle $\mathfrak{U}$ der Sendermembran festgestellt werden. Je nach der Stärke der Belastung durch den äußeren mechanischen Widerstand $\mathfrak{W}$ wird $\mathfrak{U}$ größere oder kleinere Werte annehmen. Die Schnelle $\mathfrak{U}$ läßt sich am besten durch eine elektrische Abtastvorrichtung, d. h. durch ein Mikrophonsystem messen; die vom Mikrophon erzeugte Wechsel-EMK hat den Wert $\mathfrak{E}_E = \mathfrak{M}_E \mathfrak{U}$, wobei $\mathfrak{M}_E$ den elektromechanischen Kopplungswiderstand des Mikrophons bedeutet. Die Schallsender mit eingebautem Mikrophonsystem werden auch *Vibrometer* (= Schwingungsmesser) genannt. Sie vereinigen in sich ebenso wie die Kompensationsmikrophone (siehe Abschnitt III, 1) ein Telephonsystem und ein Mikrophonsystem mit einer gemeinsamen Membran. Es wird dann

$$\mathfrak{E}_E = \mathfrak{M}_E \mathfrak{U} = \frac{\mathfrak{M}_E \mathfrak{M}_S \mathfrak{J}_S}{\mathfrak{W}_0 + \mathfrak{W}}, \tag{44}$$

wobei $\mathfrak{M}_S$ den elektromechanischen Kopplungswiderstand und $\mathfrak{J}_S$ den Betriebsstrom des Telephonsystems bedeuten. Bisher sind in der Literatur drei Vibrometertypen angegeben worden, die sich durch die für das Telephon- und das Mikrophonsystem gewählten Antriebsprinzipe unterscheiden. Nukiyama und Matsudeira (*39, 40*) benutzten ein Vibrometer, bei dem das Telephon- und das Mikrophonsystem nach dem elektrodynamischen Prinzip arbeiten [siehe auch (*42*)], Meyer und v. Radinger (*35*) gaben ein rein elektrostatisches Vibrometer an; Böhme (*3*) wählte für das Telephonsystem das elektrodynamische, für das Mikrophonsystem das elektrostatische Prinzip.

In Abb. 16 ist der Aufbau des rein elektrodynamischen Vibrometers schematisch dargestellt. In dem Ringspalt eines Topf-Elektromagneten NSN (Gleichstromerregung *e*) schwingt ein Aluminiumkörper *c*, der zwei Spulen *1* und *2* trägt und durch eine Feder *b* gehaltert ist; im Punkte *a* werden die zu messenden mechanischen Widerstände angebracht. Spule *1* ist die Antriebsspule, Spule *2* die Meßspule; um eine unmittelbare elektrische Kopplung zwischen den Spulen zu vermeiden, werden mit ihnen zwei feste, in den Abmessungen genau gleiche Spulen *1'* und *2'* mit entgegengesetztem Wicklungssinn kombiniert.

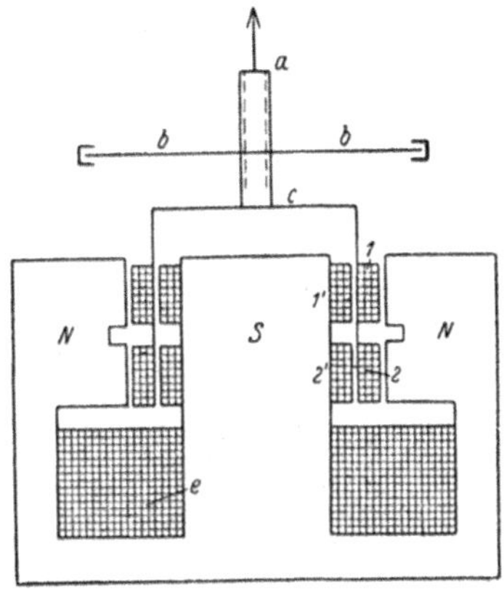

Abb. 16. Rein elektrodynamisches Vibrometer nach Nukiyama und Matsudeira.

Das von Meyer und v. Radinger angegebene rein elektrostatische Vibrometer hat gegenüber dem von Nukiyama und Matsudeira angegebenen Vibrometer den Vorteil eines geringeren mechanischen Eigenwiderstandes $\mathfrak{W}_0$. Mit ihm können infolgedessen auch kleinere akustische Widerstände gemessen werden. Das mechanische System besteht hier aus einer sehr dünnen Duraluminiummembran mit rückwärtigem Luftpolster und besitzt eine Eigenfrequenz von 2200 Hz. Mit der das Luftpolster abschließenden Gegenelektrode bildet die Aluminiummembran den Meßkondensator. Die Anregung erfolgt in der Niederfrequenzschaltung, die Abnahme in der Hochfrequenzschaltung (vgl. Abb. 20).

Abb. 17 zeigt das Vibrometer von Böhme. Die Schwingspule, die in den Ringspalt des Topfmagneten eintaucht, ist in zwei gekreuzten, stark gespannten Stahlseiten von 0,26 mm Dmr. aufgehängt, wodurch eine Eigenfrequenz des Systems von 196 Hz erreicht wird. Der Spulenkörper besteht aus Elektron und ist außen mit einem Flansch bzw. einem Teller (ebenfalls aus Elektron) abgeschlossen, an dem der unbekannte Widerstand befestigt wird. Der Kondensator, der von der Rückseite des Tellers und einer innerhalb des Spulenkörpers angebrachten Gegenelektrode gebildet wird, stellt das Mikrophonsystem zur Aufnahme der Schwingungen dar. Durch eine Bohrung, die mitten durch den Topfmagneten führt, erhält die Gegenelektrode ihre Zuführung.

Abb. 17. Elektrodynamisch-elektrostatisches Vibrometer nach Böhme.

Auch das Vibrometerprinzip kann auf die Rohrresonanzmethode angewendet werden. Wir nehmen dazu an, daß die Messung in der Eigenfrequenz des Schallsenders ausgeführt wird. Der Eigenwiderstand besteht dann nur aus dem reellen Bremswiderstand r_0. Die vom Mikrophonsystem erzeugte Wechsel-EMK wird verstärkt und gleichgerichtet und bewirkt am Anzeigeinstrument einen Ausschlag E. Wird die Vibrometermembran mit einer hart abgeschlossenen Luftsäule von der Länge $\frac{\lambda}{4}$ belastet ($\mathfrak{W} = 0$), so erhält man einen Ausschlag E_0. Werden bei der Messung mit dem unbekannten Widerstand durch Änderung der Rohrlänge der Maximalwert E_{max} und der Minimalwert E_{min} gefunden, so ergibt sich das Reflexionsvermögen R des unbekannten Widerstandes aus der Gleichung

$$\frac{E_{max}}{E_{min}} \cdot \left(\frac{1 - \frac{E_{min}}{E_0}}{1 - \frac{E_{max}}{E_0}} \right) = \left(\frac{1 + \sqrt{R}}{1 - \sqrt{R}} \right)^2 . \tag{45}$$

Gewöhnlich werden aber die Vibrometer in Verbindung mit einem Wechselstrom-Kompensationsapparat benutzt. Abb. 18 zeigt das grundsätzliche Schaltschema. M bedeutet den Antriebspunkt des Schwingungsgebildes, der zugleich der Bezugspunkt für den zu messenden Widerstand $\mathfrak{W}$ ist. Das Telephonsystem (Sendersystem) des Vibrometers ist mit S, das Mikrophonsystem (Empfängersystem) unter Einschluß des Verstärkers mit E bezeichnet. Der vom Generator N gelieferte Wechselstrom $\mathfrak{J}_S$ betreibt das Telephonsystem und fließt auch durch den Kompensationsapparat K. Die von K gelieferte Ausgangsspannung ist dann $\mathfrak{K} \cdot \mathfrak{J}_S$, wo $\mathfrak{K}$ den Kompensationswiderstand bedeutet. Diese Ausgangsspannung und die vom Mikrophon gelieferte Spannung $\mathfrak{M}_E \cdot \mathfrak{U}$ werden gegeneinander geschaltet. Die Einstellung des Kompensationsapparates wird solange geändert, bis der Ton im Kopfhörer L verschwindet. Dann ist also $\frac{\mathfrak{U}}{\mathfrak{J}_S} = \frac{\mathfrak{K}}{\mathfrak{M}_E}$. Andererseits folgt aus der Schallsendergleichung $\frac{\mathfrak{U}}{\mathfrak{J}_S} = \frac{\mathfrak{M}_S}{\mathfrak{W}_0 + \mathfrak{W}}$, so daß sich ergibt:

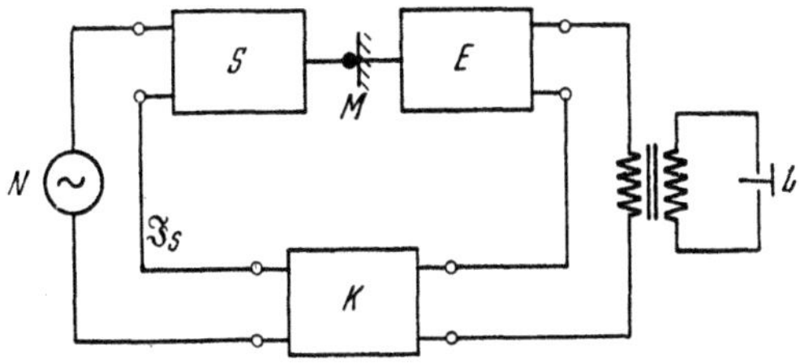

Abb. 18. Kompensationsschaltung zur Vibrometermethode.

$$\frac{\mathfrak{K}}{\mathfrak{M}_E} = \frac{\mathfrak{M}_S}{\mathfrak{W}_0 + \mathfrak{W}}. \tag{46}$$

Der Widerstand $\mathfrak{W}_0 + \mathfrak{W}$ ist also dem eingestellten Kompensationswiderstand $\mathfrak{K}$ umgekehrt proportional.

Abb. 19 zeigt schematisch die Schaltung des rein elektrodynamischen Vibrometers. Die Bezeichnung der Spulen ist die gleiche wie in Abb. 16. Die Gegeninduktivität M und der Widerstand R bilden den Larsenschen Kompensator. Der vom Generator A gelieferte Wechselstrom speist die auf den Schwingspulenkörper gewickelte Antriebsspule *1* und die im entgegengesetzten Sinn gewickelte fest montierte Spule *1'*. Die von der Meßspule *2* gelieferte Spannung wird gegen die vom Kompensationsapparat abgegriffene Spannung kompensiert.

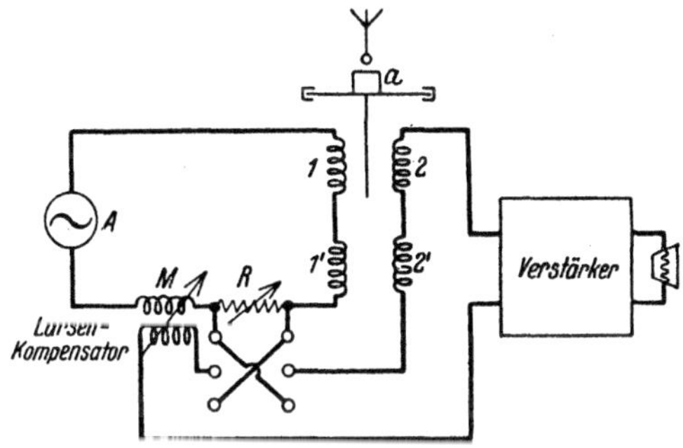

Abb. 19. Schaltschema zum Vibrometer nach Nukiyama und Matsudeira.

In Abb. 20 ist die Schaltung für das rein elektrostatische Vibrometer dargestellt. Zur elektrostatischen Erregung der Aluminiummembran, die die eine Belegung des Meßkondensators K bildet, liegt an K die Gleichstromquelle G in Reihe mit dem Niederfrequenzgenerator N. Gleichzeitig ist über eine Kapazität der Hochfrequenzgenerator

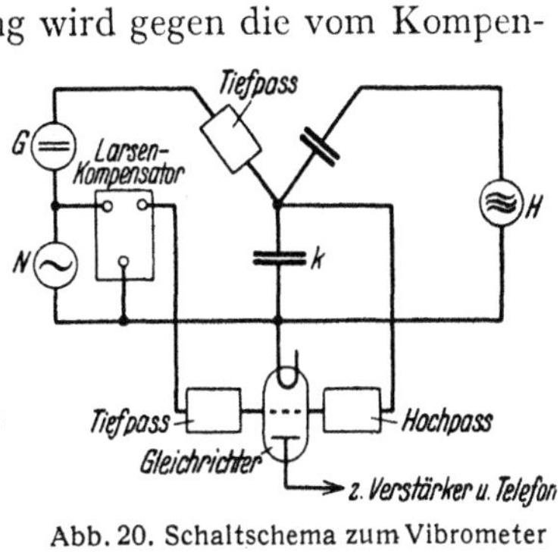

Abb. 20. Schaltschema zum Vibrometer nach Meyer und v. Radinger.

H an den Meßkondensator angeschaltet. Die durch die Membranbewegung an K entstehende Hochfrequenzspannung und die vom Larsenschen Kompensator abgegriffene Niederfrequenzspannung werden dem Gitter der gleichen Gleichrichterröhre zugeführt und auf diese Weise gegeneinander kompensiert.

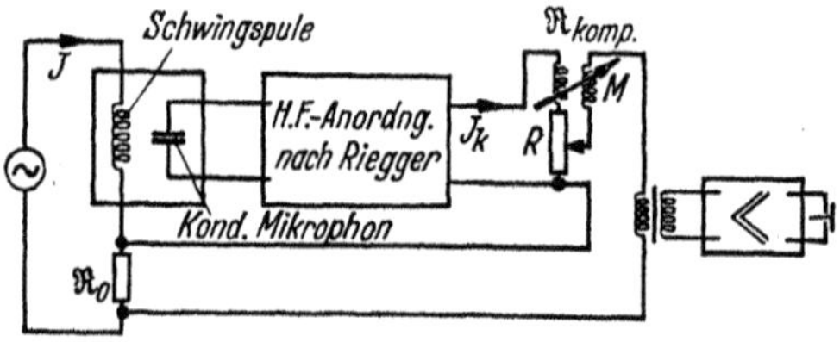

Abb. 21. Schaltschema zum Vibrometer nach Böhme.

Beim Vibrometer von Böhme wäre an sich die einfache Schaltung nach Abb. 18 durchaus anwendbar. Zur bequemeren Auswertung hat aber Böhme durch einen Kunstgriff die Schaltung so abgeändert, daß der Kompensationswiderstand $\mathfrak{K}$ dem Widerstand $\mathfrak{W}_0 + \mathfrak{W}$ nicht mehr umgekehrt proportional, sondern direkt proportional wird. Die zur Vermeidung der Inversion von Böhme benutzte Schaltung zeigt Abb. 21. Das im Vibrometer enthaltene Kondensatormikrophon liegt an einer Hochfrequenzanordnung nach Riegger. Der aus der Gegeninduktivität M und dem Widerstand R bestehende Larsen-Kompensator wird nicht — wie nach Abb. 18 — von dem das Vibrometer erregenden Wechselstrom $\mathfrak{J}$ gespeist, sondern von dem Kurzschlußstrom $\mathfrak{J}_K$ der Gleichrichterröhre, die den Ausgang der Hochfrequenzschaltung nach Riegger bildet. In Reihe mit der Schwingspule des Vibrometers liegt ein Widerstand $\mathfrak{R}_0$. Die von $\mathfrak{R}_0$ abgegriffene Spannung wird gegen die vom Kompensationsapparat gelieferte Spannung kompensiert.

3. **Schallauslöschung durch Interferenz.** Zur Bestimmung akustischer Widerstände können auch Interferenzanordnungen dienen. Hierbei läßt man zwei Schallwellenzüge, von denen der eine durch den unbekannten Widerstand beeinflußt wird, zusammentreffen und sich auslöschen. Im einzelnen kann eine Auslöschung des Schalldrucks oder der Schallschnelle benutzt werden. Im ersten Fall wird die Auslöschung am einfachsten mit dem Ohr festgestellt; im zweiten Fall benötigt man eine nach beiden Seiten freiliegende Mikrophonmembran als Nullinstrument. Um das Wesen der Interferenzmethoden verständlich zu machen, sei zunächst die in Abb. 22 wiedergegebene Anordnung besprochen. Das Hauptrohr H, an dessen Eingang sich das Telephon T_1 befindet, ist durch den

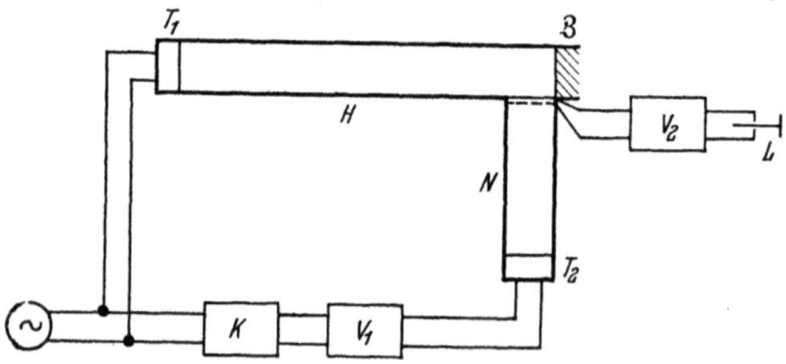

Abb. 22. Widerstandsmessung durch Auslöschung der Schallschnelle.

unbekannten Widerstand $\mathfrak{Z}$ abgeschlossen. Unmittelbar vor $\mathfrak{Z}$ ist seitlich am Hauptrohr das Nebenrohr N angebracht. An seinem Eingang befindet sich das Telephon T_2, am anderen Ende ist es gegen das Hauptrohr durch das Kondensatormikrophon M abgeschlossen. Die Mikrophonmembran liegt unmittelbar in der Wand des Hauptrohres; vom Nebenrohr her können die Schallwellen durch die durchlochte Gegenelektrode auf die Membran einwirken. Die vom Mikrophon erzeugte Wechselspannung wird über einen Verstärker V_2 dem Kopfhörer L zugeführt. Wirken die beiden von T_1 und T_2 kommenden Schallwellenzüge mit gleich großen und gleichphasigen Schalldrücken auf die Membran ein, so bleibt sie in Ruhe. Es handelt sich also hier um eine Auslöschung der Schallschnelle. Der das Telephon T_2 erregende Wechselstrom kann durch den Kompensationsapparat K, hinter den ein Verstärker V_1 geschaltet ist, nach Größe und Phase in meßbarer Weise geändert werden. Der Kompensationsapparat wird nun so eingestellt, daß die Mikrophonmembran in Ruhe bleibt und damit der Ton im Kopfhörer L verschwindet. Dann wird der unbekannte Widerstand $\mathfrak{Z}$ durch einen schallharten Stempel ersetzt (Substitutionsmethode) und wieder der Abgleich erzielt. Den beiden Einstellungswerten des Kompensationsapparates sind die Schnellenwerte $\mathfrak{U}_2$ und $\mathfrak{U}_2'$ des Telephons T_2 bei den beiden Messungen proportional. Die Bestimmung von $\mathfrak{Z}$ erfolgt aus der Beziehung:

$$(47)\qquad \frac{\mathfrak{U}_2'}{\mathfrak{U}_2} = 1 + \frac{\mathfrak{A}}{\mathfrak{Z}},$$

die sich leicht aus den Vierpolgleichungen für die beiden Rohrabschnitte herleiten läßt. Die Konstante $\mathfrak{A}$ ist durch die Daten des vom Hauptrohr gebildeten akustischen Vierpols gegeben; sie wird am besten durch Eichung mit einem festen bekannten Widerstand ermittelt. Die beiden Telephonmembranen müssen einen hohen mechanischen Eigenwiderstand besitzen, weil sie keine akustische Rückwirkung erfahren dürfen. Während der beiden Messungen bleibt die Erregung des Telephons T_1 und damit der Schnellenwert seiner Membran konstant. Es ist vorteilhaft, die Resonanzen in den beiden Rohren durch Einbringen von Filzscheiben zu dämpfen.

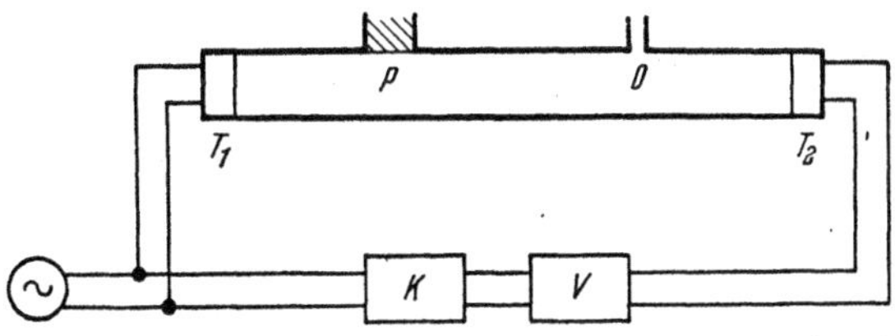

Abb. 23. Widerstandsmessung durch Auslöschung des Schalldrucks.

Eine ähnliche Anordnung, bei der aber von der Auslöschung des Schalldrucks Gebrauch gemacht wird, ist in Abb. 23 dargestellt. Der unbekannte Widerstand $\mathfrak{Z}$ ist hier bei P seitlich am Hauptrohr T_1O angeordnet. An der Stelle O, an der das Nebenrohr T_2O in das Hauptrohr übergeht, ist seitlich ein Rohrstutzen angebracht, von dem aus der Schall durch einen Hörschlauch dem Ohr zugeführt wird. Zunächst wird wieder durch Einstellen des Kompensationsapparates so abgeglichen, daß bei O nichts zu hören ist. Dann wird der unbekannte Widerstand durch einen harten Abschluß ersetzt und wieder abgeglichen, während der Strom durch das Telephon T_1 ungeändert bleibt. Den Einstellungswerten des Kompensationsapparates sind wieder die Schnellenwerte $\mathfrak{U}_2$ und $\mathfrak{U}_2'$ des Telephons T_2 proportional. Die zur Bestimmung von $\mathfrak{Z}$ dienende Gleichung hat auch hier die Form:

$$\frac{\mathfrak{U}_2'}{\mathfrak{U}_2} = 1 + \frac{\mathfrak{A}}{\mathfrak{Z}}. \tag{48}$$

Mit dem Verhältnis $\mathfrak{U}_2'/\mathfrak{U}_2$ stimmt auch das Verhältnis der beiden Schalldruckwerte überein, die sich an der Stelle P vor dem harten Stopfen bzw. vor dem unbekannten Widerstand einstellen. Die Konstante $\mathfrak{A}$ hängt von den Daten der Rohrabschnitte T_1P und PO ab und kann durch Eichung mit einem festen bekannten Widerstand gefunden werden. Der mechanische Eigenwiderstand der Telephonmembranen muß auch hier groß gegenüber den akustischen Widerständen sein, mit dem sie belastet werden. Bei den beiden angegebenen Interferenzverfahren kann man auch so vorgehen, daß man die Erregung des Telephons T_2 konstant hält und den Strom von T_1 mit dem Kompensationsapparat entsprechend ändert. In diesem Fall wird $\frac{\mathfrak{U}_1}{\mathfrak{U}_1'} = 1 + \frac{\mathfrak{A}}{\mathfrak{Z}}$, wobei $\mathfrak{U}_1$ und $\mathfrak{U}_1'$ die Schnellenwerte des Telephons T_1 bei der Messung mit dem unbekannten Widerstand bzw. mit dem harten Stopfen bedeuten.

Abb. 24. Messung akustischer Widerstände nach Stewart.

Das zuletzt beschriebene Verfahren ist im wesentlichen identisch mit dem bekannten von Stewart (*51*) angegebenen Verfahren (Abb. 24). Es bedeuten T_1 und T_2 wieder die beiden Telephone, A die Abhörstelle; R_1, R_2, R_3, R_4, R_5 sind Regulierwiderstände. Stewart wählt die einzelnen Rohrabschnitte sehr lang und dämpft sie durch Einbringen von Filz so stark, daß die Bildung von stehenden Wellen vermieden wird. In diesem Fall berechnet sich die Apparatekonstante $\mathfrak{A}$ zu $\mathfrak{A} = \frac{c_0 \varrho_0}{2S}$, wobei c_0 die Schallgeschwindigkeit, ϱ_0 die Dichte von Luft und S die Querschnittsfläche des Hauptrohres bedeuten. Weiterhin kann Stewart bei seiner Anordnung den Kompensationsapparat entbehren: er ändert den Betrag des Stromes von T_2 durch den Regulierwiderstand R_5 und bewirkt die notwendige Phasendrehung der Schallwelle, indem er die Rohrlänge zwischen dem Widerstandsansatz und der Abhörstelle mit Hilfe eines posaunenartigen Auszuges ändert.

Besonders für die Durchführung von sehr genauen Reihenmessungen geeignet ist eine von Schuster (*47*, *48*) angegebene Interferenzanordnung, die in gewisser Hinsicht die akustische Analogie zur Wheatstoneschen Brücke bildet (Abb. 25). Hierbei wird der unbekannte Widerstand $\mathfrak{Z}_1$ mit einem geeichten veränderbaren Widerstand $\mathfrak{Z}_2$ verglichen. In der Mitte des Hauptrohres *AMB* bei *M* ist quer zum Rohr die als Schallquelle dienende Telephonmembran so angebracht, daß sich von ihr aus der Schall nach beiden Seiten ausbreiten kann. Das bügelartige Nebenrohr *CND* verbindet die beiden Hauptrohrteile so,

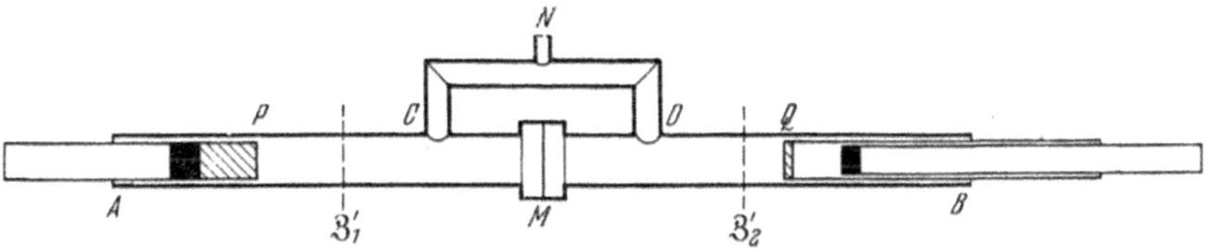

Abb. 25. Vergleich akustischer Widerstände nach Schuster.

daß die Einmündungsstellen *C* und *D* symmetrisch zu *M* liegen; in der Mitte des Nebenrohres bei *N* befindet sich die Abhörstelle. Sind die auf zwei symmetrisch zu *M* liegende Querschnittflächen $\mathfrak{Z}'_1$ und $\mathfrak{Z}'_2$ bezogenen Abschlußwiderstände einander gleich, so sind es auch die beiden Schallwege *MCN* und *MDN*. Da die von der Membran *M* nach beiden Seiten des Hauptrohres ausgehenden Schallwellen die Membran mit entgegengesetzter Phase verlassen, kommen sie dann auch mit entgegengesetzter Phase bei *N* an und löschen sich dort aus. Der sich bei *N* ausbildende Druckknoten kann wieder durch Abhören mit einem Hörschlauch festgestellt werden. Wird umgekehrt bei *N* ein Druckknoten beobachtet, so muß auf die Gleichheit der Widerstände $\mathfrak{Z}'_1$ und $\mathfrak{Z}'_2$ geschlossen werden. Die wirklichen, zu vergleichenden Widerstände $\mathfrak{Z}_1$ und $\mathfrak{Z}_2$ befinden sich bei *P* und *Q*. Ihre Werte sind leicht rechnerisch auf die Bezugsflächen $\mathfrak{Z}'_1$ und $\mathfrak{Z}'_2$ zu beziehen.

Der Vergleichswiderstand $\mathfrak{Z}_2$ besteht aus einer dünnen Schluckstoffscheibe, hinter der sich eine Luftsäule von veränderbarer Länge befindet. Die Schluckstoffprobe ist am einen Ende des „Widerstandsrohres“ angebracht, das in das Hauptrohr genau eingepaßt ist. In dem Widerstandsrohr läßt sich ein weiteres Rohr, das „Stempelrohr“, verschieben, das an dem der Schluckstoffprobe zugewandeten Ende mit einer dicken, als starr anzusehenden Metallscheibe abgeschlossen ist; die Länge der Luftsäule zwischen der Metallscheibe und der Rückseite der Schluckstoffprobe kann daher willkürlich geändert werden. Zum Abgleich wird einerseits das Widerstandsrohr zusammen mit dem Stempelrohr im Hauptrohrstück *BD*, andererseits das Stempelrohr bei festgehaltenem Widerstandsrohr in diesem verschoben. Im ersten Fall ändert sich in der im Hauptrohr festliegenden Bezugsfläche $\mathfrak{Z}_2'$ im wesentlichen (soweit die Wanddämpfung des Hauptrohres keine Rolle spielt) nur der Phasensprung ϑ, während das Reflexionsvermögen R konstant bleibt. Im zweiten Fall ändern sich in der Ebene $\mathfrak{Z}_2'$ das Reflexionsvermögen und der Phasensprung. Auf diese Weise kann der auf die Fläche $\mathfrak{Z}_1$ bezogene Widerstand in sehr weiten Grenzen geändert werden. Die Schluckstoffprobe muß nach bestimmten Gesichtspunkten ausgesucht werden. Ihre Dicke h soll so gewählt werden, daß die Bedingung $hr = \tau c_0 \varrho_0$ erfüllt ist (*49*). Dabei bedeutet r den spezifischen Strömungswiderstand, τ die Porosität der Schluckstoffprobe, c_0 die

Abb. 26. Ausführungsform einer akustischen Meßbrücke.

Schallgeschwindigkeit und ϱ_0 die Dichte von Luft. Die Eichung des Vergleichswiderstandes, die für verschiedene Luftsäulenlängen und verschiedene Frequenzen durchzuführen ist, wird am einfachsten durch Vergleich mit dem Eingangswiderstand hart abgeschlossener Rohre vorgenommen. Diese Rohre müssen den gleichen Innendurchmesser wie das Hauptrohr besitzen und an dieses unmittlebar angeschlossen werden.

Abb. 26 zeigt eine von Stöhr gebaute Meßbrücke, mit der akustische Widerstände in einem Frequenzbereich von 100 bis 6000 Hz gemessen werden konnten. Die Länge des Hauptrohres beträgt hier 98 cm, sein Durchmesser 4 cm.

Ordnet man die Schallquelle seitlich an der Mitte M des Hauptrohres an, so gehen die Schallwellen von M aus mit gleicher Phase nach beiden Seiten und kommen, wenn die Schallwege MCN und MDN einander gleich sind, auch mit gleicher Phase bei N an. Dort bildet sich daher ein Druckbauch bzw. ein Bewegungsknoten aus, d. h. es kommt zu einer Auslöschung der Schallschnelle. Der Bewegungsknoten kann mit Hilfe eines symmetrisch gebauten Kondensationsmikrophons nachgewiesen werden, bei dem sich zu beiden Seiten der Membran durchlochte Gegenelektroden befinden. Eine derartige Anordnung wurde von Robinson (*45*) benutzt.

Um einen auf Schallinterferenz beruhenden Widerstandsvergleich handelt es sich auch bei der von Mallet und Williams (*33*) angegebenen Stimmgabelmethode, die zur Messung mechanischer Widerstände dient und besonders zur Untersuchung von Tonabnehmern benutzt wurde (Abb. 27). Zwei Stahlstäbe *a* und *b* von rechteckigem Querschnitt sind in der Halterung *c* festgeklemmt und bilden so die Zinken einer Stimmgabel. Zwischen ihren oberen Enden ist die Eisenspule *d* angeordnet, mit deren Hilfe die Stäbe elektromagnetisch zu Schwingungen erregt werden. Durch die unteren Enden der Stäbe wird eine Reihe von Dichtungsscheiben *e* zusammengepreßt; zwischen den mittleren Dichtungsscheiben ist eine schwingungsfähige Zunge *I* eingeklemmt,

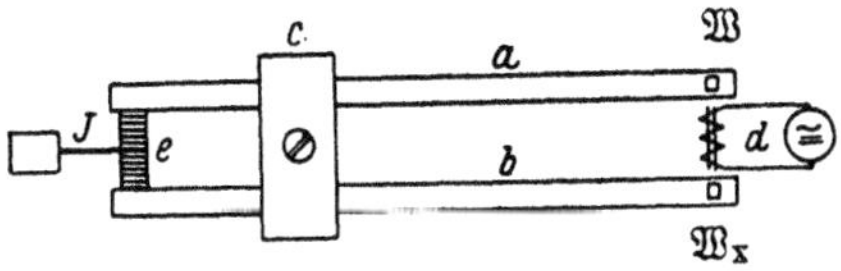

Abb. 27. Stimmgabelmethode nach Mallet und Williams.

die mit einem Mikroskop beobachtet wird. Sind die beiden freien Stabenden unbelastet, so ist die gesamte Anordnung völlig symmetrisch. Bei Erregung schwingen die Stimmgabelzinken mit gleicher Amplitude gegeneinander, und die Zunge *I* bleibt in Ruhe. Wird die eine Zinke mit dem unbekannten Widerstand $\mathfrak{W}_x$ belastet, so ist die Symmetrie gestört, und die Zunge schwingt. Zum Abgleich muß die andere Zinke mit einem gleich großen Widerstand $\mathfrak{W}$ belastet werden. Die Methode ist allerdings nur auf die Messung von Blindwiderständen anwendbar, da es an geeigneten Vergleichs-Wirkwiderständen fehlt. Als Vergleichs-Blindwiderstände werden Zusatzmassen benutzt. Ist der unbekannte Widerstand ein Trägheitswiderstand, so wird die Vergleichsmasse an der einen, der unbekannte Widerstand an der anderen Zinke angebracht; handelt es sich dagegen um eine Federung, so wird die Vergleichsmasse an der gleichen Zinke befestigt wie der unbekannte Widerstand.

IV. Übersicht über die Meßergebnisse.

Die Mannigfaltigkeit der physikalischen Vorgänge, die durch die Begriffe des mechanischen und des akustischen Widerstandes erfaßt werden, spiegelt sich in den Meßergebnissen wider. Die Schallaufnahme durch das menschliche Ohr, die Schallübertragung durch Rohrleitungen, Trichter und Filter, die in den porösen Stoffen und in den Schalldämmstoffen eintretende Umwandlung der Schallenergie in Wärme, die mechanischen und akustischen Eigenschaften der Telephone, Lautsprecher, Mikrophone, Tonabnehmer: alle diese Erscheinungen lassen sich durch die Messung mechanisch-akustischer Widerstände untersuchen. Besonders zu beachten ist dabei, daß für die Messungen in den meisten Fällen ein Frequenzumfang von 40 bis 10000 Hz angestrebt werden muß. Weiterhin unterscheiden sich bei den verschiedenen Problemen die Beträge der auftretenden Widerstände um Größenordnungen. Die Tabelle 2 gibt eine Übersicht über die Größenordnungen der Widerstandsbeträge für mittlere Hörfrequenzen. In der zweiten Spalte ist der mechanische Widerstand $\mathfrak{K}/\mathfrak{U}$, in der dritten der Schallwellenwiderstand $\mathfrak{P}/\mathfrak{U}$, in der vierten der akustische Widerstand $\mathfrak{P}/\mathfrak{J}$ eingetragen.

Tabelle 2.

Bezeichnung des Widerstandes	$\left\lvert\frac{\mathfrak{K}}{\mathfrak{U}}\right\rvert$ $\frac{\text{dyn sec}}{\text{cm}}$	$\left\lvert\frac{\mathfrak{P}}{\mathfrak{U}}\right\rvert$ $\frac{\text{dyn sec}}{\text{cm}^3}$	$\left\lvert\frac{\mathfrak{P}}{\mathfrak{J}}\right\rvert$ $\frac{\text{dyn sec}}{\text{cm}^5}$
Schallwellenwiderstand von Luft	—	41	—
Trommelfell ($F = 0{,}3$ cm²)	30	100	300
Schluckstoffproben ($F = 5$ cm²)..........	(500)	100	(20)
Elektromagnetischer Tonabnehmer	1000	—	—
Mechanischer Tonabnehmer	3000	—	—
Konuslautsprecher	100000	—	—
Dämmstoffproben ($F = 5$ cm²)...........	(100000)	20000	(4000)
Schallwellenwiderstand von Wasser.......	—	150000	—

Der große Umfang der zu messenden Widerstandsbeträge sowie der große Frequenzbereich bedingen zum großen Teil die technischen Schwierigkeiten der akustischen Widerstandsmessungen. Im folgenden soll eine kurze Übersicht über die Meßergebnisse gegeben werden; es soll sich dabei weniger um eine systematische Erfassung aller vorliegenden Arbeiten, als um eine willkürliche Auswahl von Meßbeispielen handeln.

1. **Der Widerstand des Ohreingangs.** Der akustische Widerstand des Ohreingangs ist nach zahlreichen Methoden bestimmt worden. Da es üblich ist, als Bezugsfläche das Trommelfell zu wählen, spricht man auch kurz vom „Trommelfellwiderstand". Er wird durch die Eigenschaften des Trommelfells und der dahinterliegenden Teile des Mittelohrs bestimmt. Die Kenntnis des Trommelfellwiderstands ist wichtig für das Verständnis der physikalischen Vorgänge beim Hören. Sein Wert wird auch benötigt, wenn man Reizschwellendrucke und Reizschwellenenergien ineinander umrechen will (*60*). Die Technik ist daran interessiert, die Prüfung von Kopfhörern an einem künstlichen Ohreingang vorzunehmen, der den gleichen akustischen Eingangswiderstand aufweist wie der natürliche Ohreingang.

Den typischen Frequenzgang des Trommelfellwiderstandes in der komplexen Ebene zeigt Abb. 28 nach einer Messung von Tröger (*57*), die nach der Rohrresonanzmethode ausgeführt wurde. Bei tiefen Frequenzen wirkt das Trommelfell als elastischer Widerstand. Im mittleren Frequenzbereich machen sich die verschiedenen Eigenfrequenzen des Mittelohres bemerkbar; in diesem Bereich ist die Anpassung an den Luftwellenwiderstand verhältnismäßig gut. Ausführliche Messungen nach verschiedenen Methoden sind von Waetzmann und seinen Schülern (*15, 21, 31, 34, 61, 62, 63, 64, 65*) ausgeführt worden. Es zeigte sich, daß die Trommelfellwiderstände bei verschiedenen Versuchspersonen im allgemeinen durchaus verschiedene Werte besitzen, daß dagegen die Widerstandskurven des rechten und linken Ohres derselben Versuchsperson einen sehr ähnlichen Verlauf haben. Abb. 29 zeigt nach Waetzmann und Keibs die Frequenzabhängigkeit des Schluckgrades und des Phasensprungs für das linke und das rechte Ohr der gleichen Versuchsperson. Durch weitere Messungen hat Waetzmann auch eine Ähnlichkeit der Trommelfellwiderstandskurven für Personen der gleichen Familie nachgewiesen.

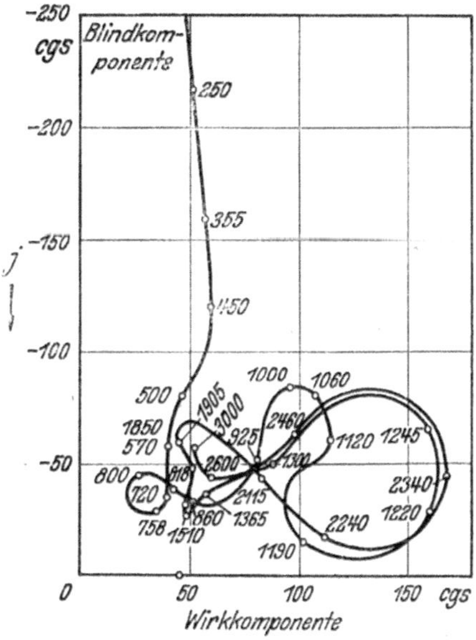

Abb. 28. Trommelfellwiderstand nach Tröger.

Besondere Aufmerksamkeit ist bei allen Messungen des Trommelfellwiderstandes einer einwandfreien Verbindung zwischen Gehörgang und Meßrohr zu widmen. Das Meßrohr muß den gleichen Querschnitt wie der Gehörgang besitzen.

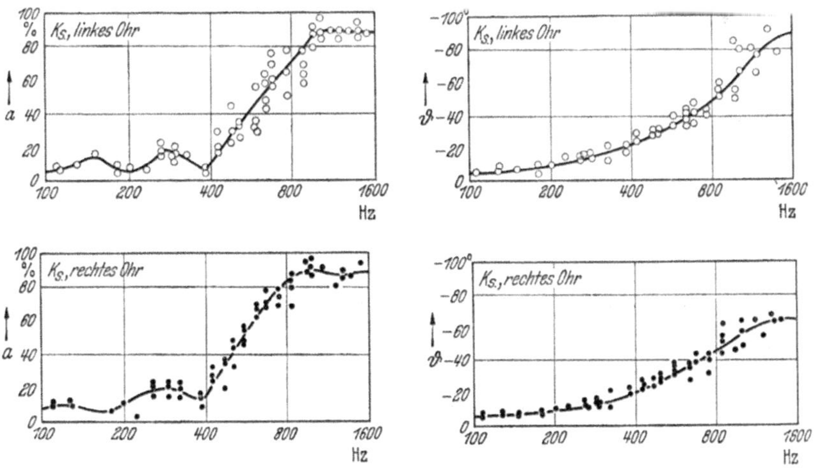

Abb. 29. Absorption und Phasensprung für das linke und rechte Ohr der gleichen Versuchsperson nach Waetzmann und Keibs.

Daß aber mit einer tadellos passenden Olive die Meßresultate gut reproduzierbar sind, zeigt die in Abb. 30 dargestellte Absorptionskurve nach Messungen von Menzel (*34*). Die Messungen erstreckten sich über den Zeitraum eines ganzen Jahres und wurden nach der Brückenmethode durchgeführt.

2. **Eingangswiderstände von Rohrleitungen.** Die Schallvorgänge in Rohrleitungen sind nicht nur für die akustische Meßtechnik, sondern auch für zahlreiche Aufgaben der Praxis von großer Bedeutung. Als wichtigste Typen sind zu nennen: Rohre mit schallharten unporösen Wänden, Rohre mit nachgiebigen unporösen Wänden, Rohre mit porösen Wänden, Rohre mit zunehmendem Querschnitt (Trichter) und Rohre mit seitlichen Abzweigungen (Filter). Im Mittelpunkt der Rohruntersuchungen steht die Frage nach der Schallübertragung. Ein Lautsprechertrichter z. B. soll den von der Membran ausgehenden Schall möglichst gut auf den freien Luftraum übertragen; ein akustisches Filter soll im Durchlaßbereich gut, im Sperrbereich schlecht übertragen. Die Bestimmung der Übertragungseigenschaften, insbesondere der Rohrdämpfung, kann durch Messung des akustischen Widerstandes des Rohreingangs erfolgen. In Abschnitt II war für den Fall der homogenen Leitung schon auf diese Möglichkeit hingewiesen worden.

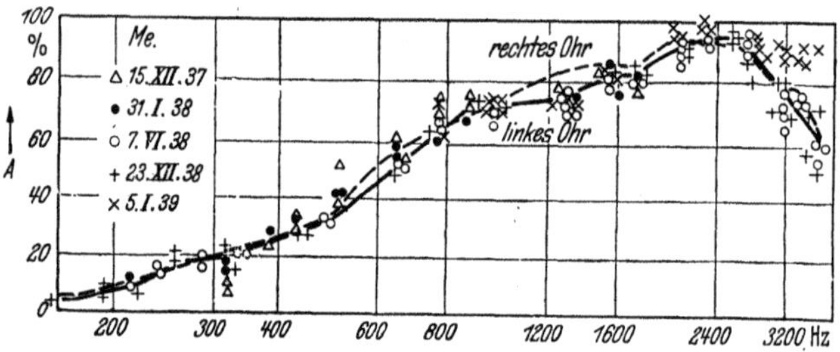

Abb. 30. Absorption des Trommelfells nach Menzel.

In den meisten Arbeiten wurde allerdings der Dämpfungswert von Rohren nicht durch Widerstandsmessungen ermittelt. Tischner (*56*) benutzte das Rohrresonanzverfahren zur Bestimmung der Dämpfung von Rohren mit schallharten unporösen Wänden. Mit einem Kompensationsmikrophon, das das Rohr hart abschließt, mißt er den Schalldruck bei verschiedenen Rohrlängen; er nimmt also die Rohrlängenänderung vor der Meßstelle vor (vgl. III, 1). Weiter haben in neuerer Zeit Tröger (*57*), Waetzmann und Keibs (*61*), Waetzmann und Wenke (*66*), Oberst (*41*), Knötzel (*27*) und Beranek (*2*) die Dämpfung von Rohren mit schallharten unporösen Wänden gemessen. Alle Autoren kommen zu dem Resultat, daß die Abhängigkeit der Dämpfung von der Frequenz und vom Rohrradius der Kirchhoffschen Theorie entspricht, daß aber die Dämpfungswerte etwa 14% höher liegen als die theoretischen Werte (vgl. II).

Die Schalldämpfung in Gummischläuchen, also in Rohren mit nachgiebigen unporösen Wänden, haben Waetzmann und Wenke (*66*) untersucht. Die Dämpfung ist hier zum Teil erheblich größer als in harten Rohren. Vor allem machen sich die Eigenschwingungen der Rohrwand, bei denen die Biegungsschwingungen und die Dehnungsschwingungen zu unterscheiden sind, bemerkbar.

Die Schalldämpfung in Rohren mit porösen Wänden ist von großer Bedeutung für die Geräuschminderung in Entlüftungsanlagen, Ventilatorschächten, Auspuff-Schalldämpfern. Ausführliche Messungen an solchen Rohren sind von Harmans (*19*), Lippert (*32*) und Willms (*72*) durchgeführt worden. Abb. 31 zeigt nach Harmans den gemessenen Frequenzgang des Eingangswiderstandes eines Glaswatterohres in der komplexen Ebene. Das Rohr besaß eine Wandstärke von 12 cm und einen Innendurchmesser von 7 cm. Zum Vergleich ist auch der Verlauf des aus den Meßwerten berechneten Wellenwiderstandes und des Scheinwiderstandes einer Kolbenmembran eingetragen. Der Eingangswiderstand des Rohres stimmt bei tiefen Frequenzen mit dem Wellenwiderstand, bei hohen mit dem Widerstand der Kolbenmembran überein. In Abb. 32 ist nach Messungen von Lippert die Frequenzkurve der Dämpfung eines mit brauner Schlackenwolle ausgekleideten Rohres wiedergegeben. Das Rohr hat den quadratischen Querschnitt 20×20 cm², die Schichtdicke beträgt 10 cm. Das Dämpfungsmaß ist in db/m aufgetragen. Zum Vergleich ist die nach der Theorie von Cremer und Morse berechnete Kurve eingezeichnet.

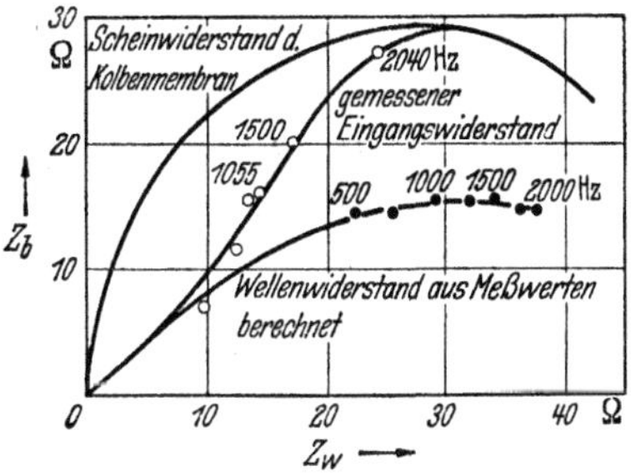

Abb. 31. Eingangswiderstand eines Absorptionsrohres nach Harmans.

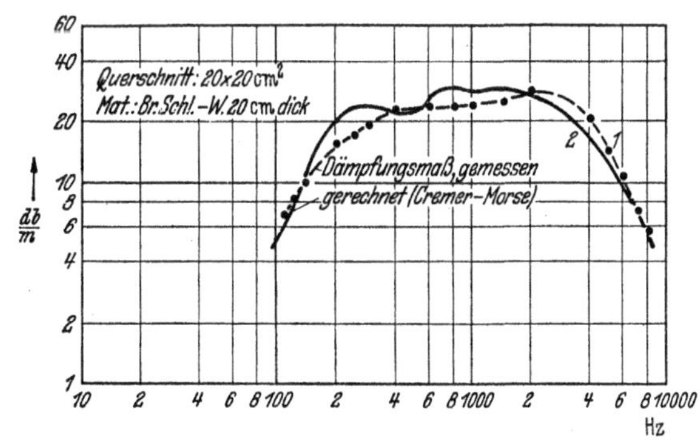

Abb. 32. Dämpfung eines Absorptionsrohres nach Lippert.

Ein idealer Lautsprechertrichter soll bis zu möglichst tiefen Frequenzen den Schall von der Membran in Form einer ebenen Welle abführen, d. h. der auf die Flächeneinheit bezogene Eingangswiderstand soll dem Wert 41,5 CGS des Luftschallwiderstandes möglichst nahekommen. Ein unendlich langer Exponentialtrichter besitzt aber nach der Theorie eine Grenzfrequenz, unterhalb deren überhaupt keine Schallübertragung stattfindet. Der Wert der Grenzfrequenz liegt um so tiefer, je geringer die Steigung des Trichters ist. Abb. 33 zeigt als Beispiel die Messung des Eingangswiderstandes eines Exponentialtrichters von 6 Fuß Länge mit Enddurchmessern von 0,7 Zoll und 30 Zoll nach

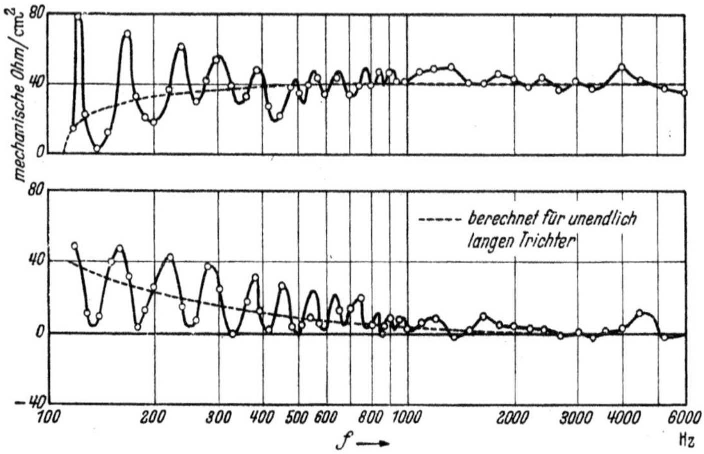

Abb. 33. Eingangswiderstand eines Exponentialtrichters nach Flanders.

Flanders (*12*). Dabei sind Realteil und Imaginärteil in Abhängigkeit von der Frequenz aufgetragen. Die gestrichelte Kurve ist für einen unendlich langen Exponentialtrichter der gleichen Steigung berechnet. In der Messung machen sich die durch die endliche Trichterlänge bedingten Reflexionen stark bemerkbar. Der gleiche Effekt ist auch an der in Abb. 34 wiedergegebenen Frequenzkurve eines Trichters nach einer Messung von Schuster und Stöhr (*49*) zu beobachten. Es handelt sich hier um einen konischen Trichter von der Länge 60 cm und der Steigung 18°; der Eingangsdurchmesser betrug 3,4 cm. Aufgetragen ist der nach der Brückenmethode bestimmte Schluckgrad als Funktion der Frequenz.

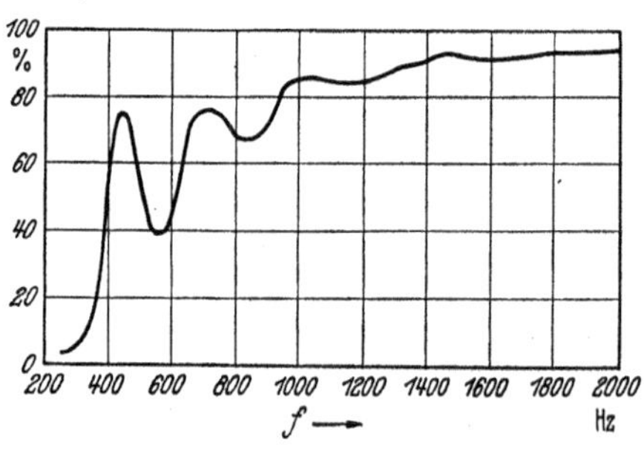

Abb. 34. Eingangsabsorption eines konischen Trichters nach Schuster und Stöhr.

Auch akustische Filter lassen sich durch Widerstandsmessungen in einfacher Wiese untersuchen. Abb. 35 zeigt als Beispiel den auf den Eingang eines akustischen Tiefpasses bezogenen Schluckgrad nach einer Messung von Schuster und Stöhr (*49*). Der Tiefpaß bestand aus zehn zylindrischen 2 cm langen Kammern vom Innendurchmesser 4 cm, die durch 2 cm lange Rohrstücke vom Innendurchmesser 1,2 cm miteinander verbunden waren. Als Abschluß diente ein konischer Trichter. Im Durchlaßbereich machen sich die

Eigenfrequenzen des Filters bemerkbar. Die Lage der Grenzfrequenz ist in Übereinstimmung mit der Theorie. — Akustische Widerstände von kleinen Öffnungen, die auch oft bei Filtern als Quer- oder Längswiderstände Verwendung finden, sind von Wintergerst und Knecht (*73*), Wüst (*77*) und Sivian (*50*) gemessen worden; Helmholtzsche Luftresonatoren wurden von Richardson (*44*) untersucht.

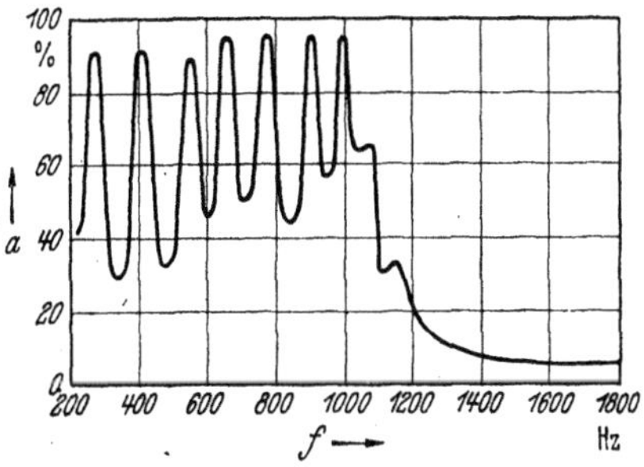

Abb. 35. Eingangsabsorption eines akustischen Tiefpasses nach Schuster und Stöhr.

3. **Schluckstoffproben.** Poröse Schluckstoffe dienen zur Absorption von Luftschall und spielen dementsprechend in der Raumakustik eine große Rolle. Die Theorie der Schallvorgänge in porösen Stoffen wurde vor allem von Cremer (*6, 7*) gegeben. Danach gilt für den Wellenwiderstand die schon im Abschnitt II angeführte Formel:

$$\mathfrak{Z}_\infty = \frac{c_0 \varrho_0}{\tau F} \cdot \sqrt{1 - j\frac{r}{\omega \varrho_0}}.$$

Im Grenzfall $\frac{\omega \varrho_0}{r} < 1$ ergibt sich daraus für das Energiereflexionsvermögen R einer unendlich dicken Schluckstoffschicht bei senkrechtem Einfall:

$$1 - R = \frac{2\sqrt{f}}{\sqrt{f} + \frac{1}{\tau}\sqrt{\frac{r}{4\pi\varrho_0}}}, \tag{49}$$

wobei f die Schwingungszahl in Hz bedeutet. Das Gesetz entspricht vollkommen dem bekannten Hagen-Rubensschen Gesetz für das optische Reflexionsvermögen von Metallen im Ultraroten: Die porösen Stoffe spielen für die Schallwellen die gleiche Rolle wie die Metalle für die elektrischen Wellen. Der durch (*49*) gegebene Frequenzgang des Schluckgrades $1 - R$ wurde von verschiedenen Autoren nachgeprüft. Abb. 36 zeigt den Vergleich zwischen Experiment und Theorie nach einer Messung von Schuster (*48*). Die Messung wurde an einer 17,4 cm dicken Filzschicht, die aus 18 dicht hintereinander angeordneten gleichmäßigen Filzscheiben bestand, im Bereich von 80 bis 2320 Hz nach der Brückenmethode ausgeführt. Als Abszisse ist die Wur-

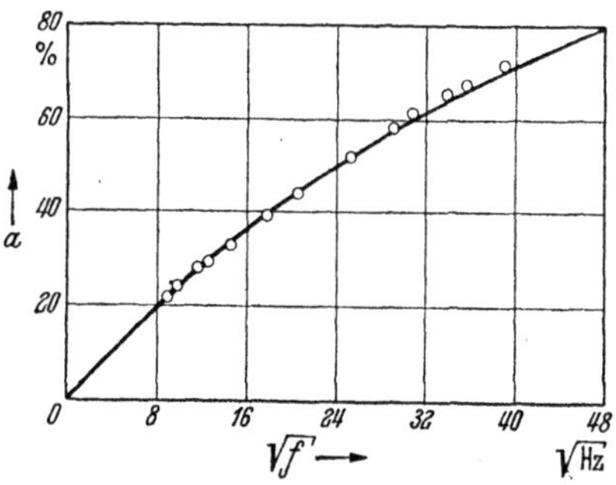

Abb. 36. Schluckgrad einer dicken Filzschicht nach Schuster.

zel aus der in Hz gemessenen Schwingungszahl, als Ordinate der Schluckgrad aufgetragen. Die kleinen Kreise bezeichnen die gemessenen Werte. Die ausgezogene Kurve stellt den Verlauf des Schluckgrades nach Gl. (*49*) dar; die Konstante $\frac{1}{\tau}\sqrt{\frac{r}{4\pi\varrho_0}}$ wurde bei der Berechnung so gewählt, daß die Kurve durch den Meßpunkt $f = 640$ Hz ($\sqrt{f} = 25{,}3\ \sqrt{\text{Hz}}$) hindurchgeht. Die Übereinstimmung zwischen Messung und Berechnung ist sehr gut.

Kühl und Meyer (*29*) bestimmten mit dem oben beschriebenen elektrostatischen Vibrometer den akustischen Widerstand und damit den Schluckgrad von Schluckstoffproben verschiedener Dicke. Die Schluckstoffprobe schließt ein dickwandiges Rohr ab, an dessen Eingang sich die Aluminiummembran des Vibrometers befindet. Abb. 37 zeigt als Beispiel das Meßergebnis für eine Akustikplatte von der Dicke 7,8 cm. Als Ordinate ist der Realteil und der Imaginärteil des auf die Flächeneinheit bezogenen Widerstandes in akustischen Ohm und außerdem der sich daraus ergebende Schluckgrad aufgetragen. Die Rückseite des Materials war durch eine dicke Metallplatte abgeschlossen. An dem Verlauf der Widerstandskomponenten erkennt man die Bildung von stehenden Wellen in der Schicht [siehe auch (*38*)].

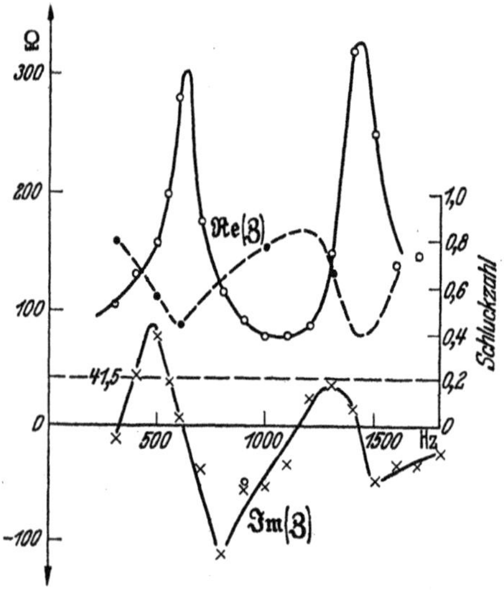

Abb. 37. Akustischer Widerstand einer Faserstoffplatte nach Kühl und Meyer.

Anstatt die Messungen an einer Probe bestimmter Dicke für verschiedene Frequenzen durchzuführen, kann man natürlich auch bei konstanter Frequenz die Abhängigkeit des Widerstandes von der Dicke der Schluckstoffprobe untersuchen. Abb. 38 zeigt nach Davis und Evans (*8*) den Schluckgrad von Watte als Funktion der Dicke für vier verschiedene Frequenzen. Die Messungen wurden nach der Methode der stehenden Wellen vorgenommen.

Eine Schluckstoffprobe endlicher Dicke soll sich nach theoretischen Erwägungen wie ein Vierpol verhalten. Daß das tatsächlich der Fall ist, hat Wüst (*77*) durch Messungen im Bereich von 180 bis 1285 Hz bestätigt. Die Filzscheibe befindet sich in einem Rohr, das durch ein Kompensationsmikrophon M_3 abgeschlossen ist. Die Länge der Luftsäule zwischen Filzscheibe und dem Mikrophon M_3, das einen schallharten Abschluß garantiert, beträgt bei der Leerlaufmessung $\frac{\lambda}{2}$, bei der Kurzschlußmessung $\frac{\lambda}{4}$. Unmittelbar vor der Filzscheibe ist seitlich am Rohr das Kompensationsmikrophon M_1 angebracht. Wüst geht nun von der ersten der beiden Vierpolgleichungen (10) aus:

$$\mathfrak{P}_1 = \cos \gamma h \cdot \mathfrak{P}_2 + i\, \mathfrak{Z}_\infty \sin \gamma h \cdot \mathfrak{J}_2 .$$

Die Indizes 1 und 2 bezeichnen hier die Vorder- und die Rückseite der Filzscheibe von der Dicke h. Die Eigenschaften des Filzes sind durch den Wellenwiderstand $\mathfrak{Z}_\infty$ und die komplexe Wellenzahl γ gegeben. Wird der Schalldruck vor dem Kompensationsmikrophon M_3 mit $\mathfrak{P}_3$ bezeichnet, so ist

bei Leerlauf ($\mathfrak{J}_2 = 0$):

$$\mathfrak{P}_1 = \cos \gamma h \cdot \mathfrak{P}_2 = - \cos \gamma h \cdot \mathfrak{P}_3 \tag{50}$$

bei Kurzschluß ($\mathfrak{P}_2 = 0$):

$$\mathfrak{P}_1 = \mathfrak{Z}_\infty \sin \gamma h \cdot \mathfrak{J}_2 = - \frac{F \mathfrak{Z}_\infty}{c_0 \varrho_0} \sin \gamma h \cdot \mathfrak{P}_3 . \tag{51}$$

Die Rohrdämpfung der Luftsäule ist dabei vernachlässigt. Wird das komplexe Schalldruckverhältnis $\mathfrak{P}_1/\mathfrak{P}_3$ bei Leerlauf und bei Kurzschluß bestimmt, so ergeben sich daraus $\mathfrak{Z}_\infty$ und γ. Zur Nachprüfung des Vierpolcharakters der Schluckstoffprobe muß auch noch der Schalldruck im Abstand $\frac{\lambda}{4}$ vor der Probe gemessen werden, was sich durch Verschieben des Filzes in einfacher Weise erreichen läßt. Es lassen sich so die vier komplexen Vierpolkonstanten der beiden Gl. (10) ermitteln. Wüst fand, daß ihre Determinante stets den Wert Eins hatte, wie es die Theorie verlangt.

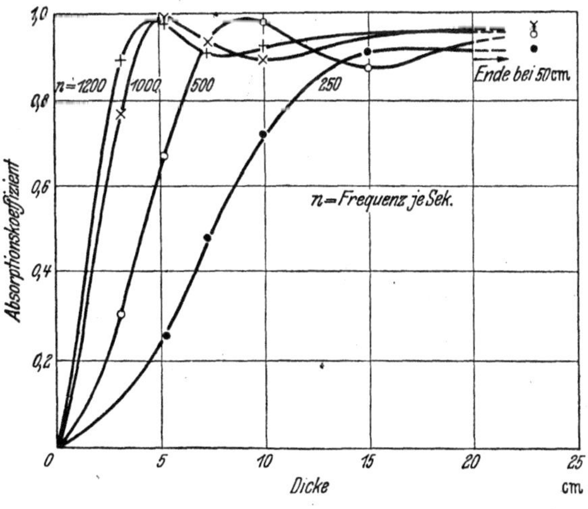

Abb. 38. Abhängigkeit des Schluckgrades einer Watteschicht von der Schichtdicke nach Davis und Evans.

Von verschiedenen Autoren (*8*, *48*, *49*, *74*) ist der akustische Eingangswiderstand von Schluckstoffproben gemessen worden, wenn sich hinter der Probe eine hart abgeschlossene Luftsäule befindet. Eine solche Anordnung ist vor allem für die Raumakustik von großer Bedeutung, weil poröse Schichten eine viel größere Schallabsorption besitzen, wenn sie nicht unmittelbar auf der Wand, sondern in einem bestimmten Abstand von ihr angebracht werden. Wird eine Schluckstoffprobe durch eine Luftsäule von veränderbarer Länge abgeschlossen, so erhält man einen durchaus brauchbaren, willkürlich veränderbaren akustischen Vergleichswiderstand (*4*, *49*). Abb. 39 zeigt nach Schuster und Stöhr (*49*) für 960 Hz die Abhängigkeit des Schluckgrades dreier Schluckstoffproben von der Länge s der hart abgeschlossenen Luftsäule. Die Dicken der Proben sind so gewählt, daß der maximale Schluckgrad 100% beträgt. Das Maximum wird von den drei Proben bei verschiedenen Luftsäulenlängen erreicht.

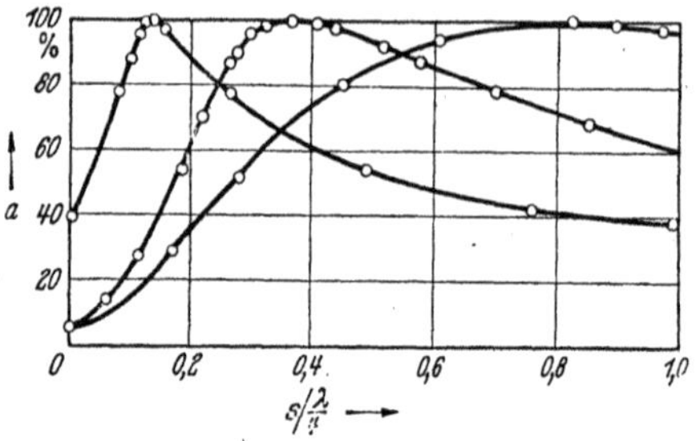

Abb. 39. Abhängigkeit des Schluckgrades von der Länge der Luftsäule hinter der Schluckstoffprobe nach Schuster und Stöhr.

Zur Schluckgradbestimmung bei Wasserschall hat Tamm (*54*) die Methode der stehenden Wellen angewandt [siehe auch (*13*) und (*37*)]. Experimentelle Schwierigkeiten ergeben sich hierbei vor allem durch die Schallausbreitung in der Rohrwand und durch die Schalleitung in der Mikrophonzuleitung; beide Effekte haben ein akustisches Übersprechen und damit eine Störung vor allem der Schalldruckminima zur Folge. Zur Unterdrückung der Schallausbreitung in der Rohrwand wurde das Meßrohr als mechanisch-akustische Drosselkette ausgebildet. Einstiche in bestimmten Abständen unterteilen das dickwandige Rohr in eine Kette von Massen und Federungen.

4. **Dämmstoffproben.** Dämmstoffplatten dienen dazu, die Schallübertragung von einem festen Körper zu einem anderen zu unterdrücken, indem sie die Körperschalleitung unterbrechen. Als Maß der inneren Dämpfung, die für die Wirksamkeit der Platte ausschlaggebend ist, wird der Verlustfaktor η benutzt. Er ist gleich dem mit $1/\pi$ multiplizierten logarithmischen Materialdekrement. Zur Messung des Eingangswiderstandes von Dämmstoffproben hat Böhme (*3*) das elektrodynamisch-elektrostatische Vibrometer (vgl. III, 2) entwickelt. Die Abb. 40 und 41 zeigen Meßergebnisse für eine harte Gummiprobe von 20 cm Dicke. Die Zahlen neben den Meßpunkten bedeuten die Schwingungszahlen in Hz. Abb. 40 stellt die Leerlaufmessung, Abb. 41 die Kurzschlußmessung dar. Bei der Leerlaufmessung diente als Widerlager für die stabförmige Probe die gedrehte

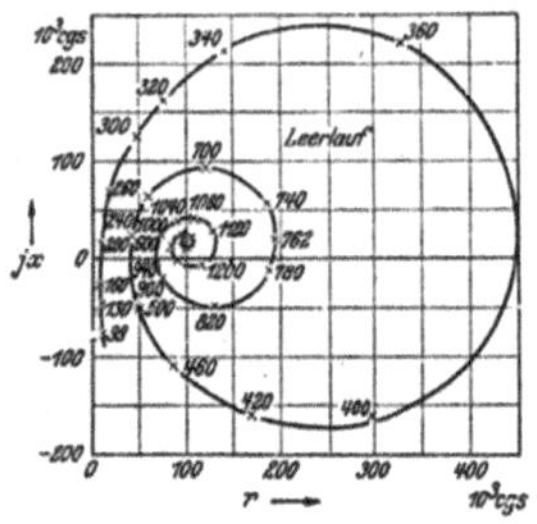

Abb. 40. Eingangswiderstand einer Gummiprobe bei Leerlauf nach Böhme.

Fläche eines Bleiklotzes; das Widerlager preßt die Probe an den leichten, genau eben gedrehten Teller aus Elektron an, der an die Schwingspule angeschraubt ist. Zur Kurzschlußmessung wurden die Proben mit dem einen Ende an den horizontal gestellten Teller der Schwingspule angeklebt, das andere Ende konnte frei schwingen. Aus den Messungen ergibt sich für die Gummiprobe eine frequenzunabhängige Schallgeschwindigkeit von 152 m/sec und dementsprechend ein frequenzunabhängiger Elastizitätsmodul von $294 \cdot 10^6$ dyn/cm². Der Verlustfaktor η ist frequenzabhängig; er steigt im untersuchten Frequenzbereich von etwa 0,1 bis auf 0,3 an.

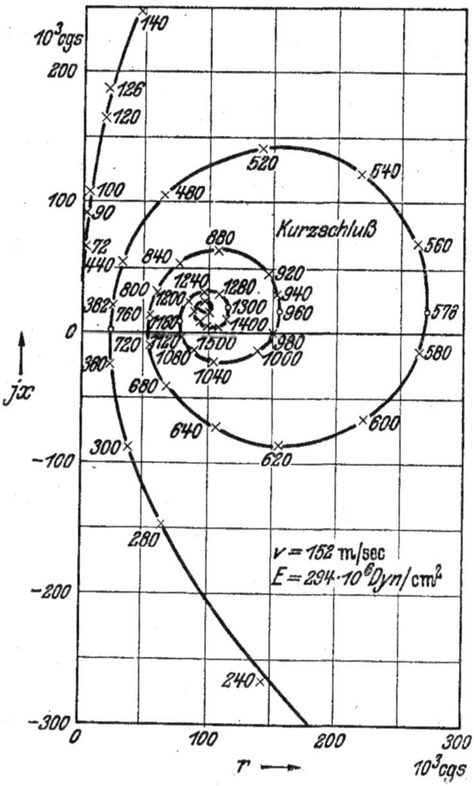

Abb. 41. Eingangswiderstand einer Gummiprobe bei Kurzschluß nach Böhme.

5. **Elektroakustische Wandler.** Die mechanischen Widerstände der Telephone, Lautsprecher, Mikrophone und Tonabnehmer können entweder an den ausgebauten mechanischen Bestandteilen oder auch an den fertigen elektroakustischen Apparaten bestimmt werden. Ein Beispiel für den ersten Weg bildet die schon im Abschnitt III, 2 besprochene Messung von Lautsprecher-Konusmembranen nach Strutt (*52*, *53*). Am fertigen elektrischen Schallsender können derartige Messungen grundsätzlich durch die Rückwirkung auf den elektrischen Stromkreis, z. B. durch elektrische Widerstandsmessungen, erfolgen (vgl. III, 2). Die Abb. 42 und 43 zeigen nach Kosten und Zwikker (*28*) den in der komplexen Ebene eingetragenen Verlauf des elek-

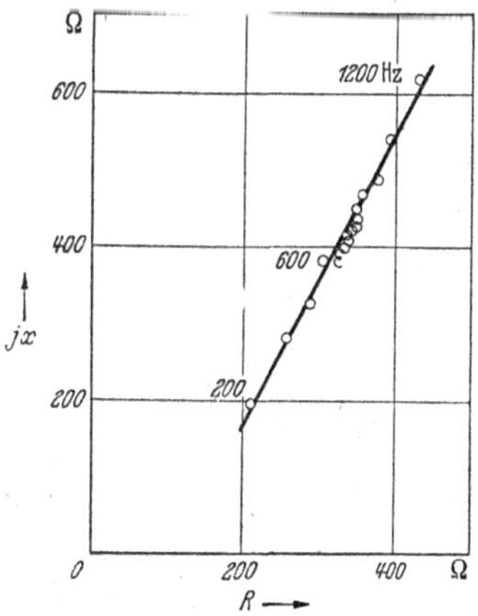

Abb. 42. Elektrischer Eingangswiderstand eines Telephons bei fest gebremster Membran nach Kosten und Zwikker.

trischen Eingangswiderstandes eines Telephons als Funktion der Frequenz bei festgebremster und bei freischwingender Membran.

Einen besonders eleganten Kunstgriff hat Kluge (*26*) zur Bestimmung des mechanischen Eingangswiderstandes von elektrischen Tonabnehmern benutzt. Wir denken uns den Tonabnehmer nacheinander in drei verschiedenen Schaltungen betrieben (Abb. 44). In Schaltung *I* erfolgt der Antrieb von der mechanischen Seite, während der elektrische Ausgang offen ist. Im Fall *II* erfolgt der Antrieb ebenfalls von der mechanischen Seite; aber der elektrische Ausgang ist jetzt kurz geschlossen. In Schaltung *III* endlich wird der Tonabnehmer wie ein Plattenschneider von der elektrischen Seite her angetrieben, während der mechanische Ausgang unbelastet bleibt, die Nadel also frei schwingt. Entsprechend den oben (vgl. III, 2) angegebenen Grundgleichungen für den Schallsender lauten die Gleichungen für einen Schallempfänger:

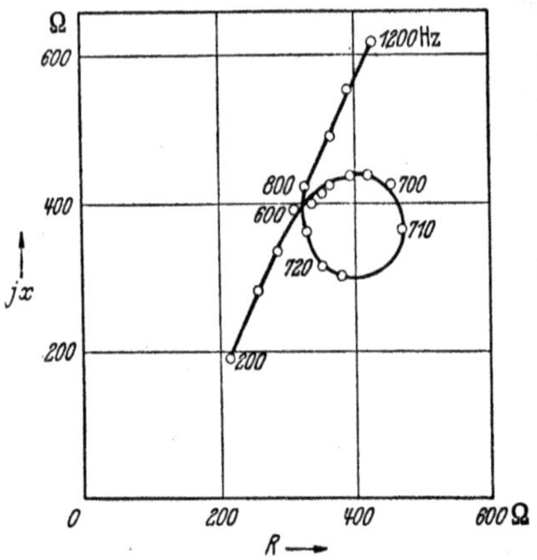

Abb. 43. Elektrischer Eingangswiderstand eines Telephons bei frei schwingender Membran nach Kosten und Zwikker.

$$(52)\qquad \begin{cases} \mathfrak{W}_0\mathfrak{U} - \mathfrak{M}\mathfrak{U} = \mathfrak{K}, \\ (\mathfrak{R}_a + \mathfrak{R}_0\,\mathfrak{J} + \mathfrak{M}\mathfrak{U} = 0. \end{cases}$$

Dabei bedeuten $\mathfrak{W}_0$ und $\mathfrak{R}_0$ den mechanischen und den elektrischen Widerstand, $\mathfrak{M}$ den elektromechanischen Kopplungswiderstand des Schallempfängers, $\mathfrak{R}_a$ den elektrischen Ausgangswiderstand. Daß in den Kopplungsgliedern der gleiche Faktor $\mathfrak{M}$ auftritt, folgt aus dem Energieprinzip. $\mathfrak{K}$ stellt die äußere mechanische Kraft dar. In Abb. 44 sind die Gleichungen des Tonabnehmers angegeben, wie sie für die einzelnen Schaltungen gelten. Die Indizes der Schwingungsgrößen sind

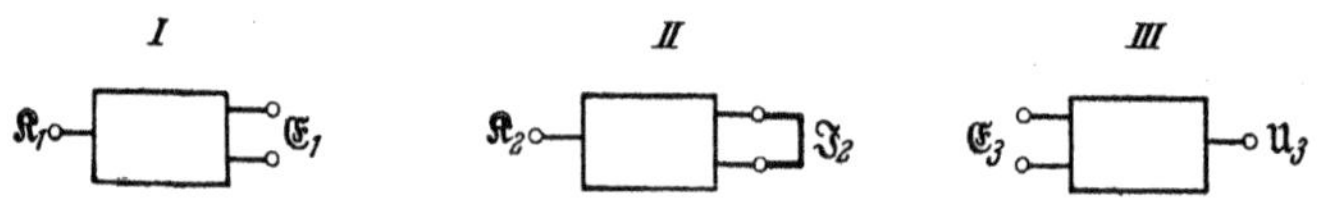

Abb. 44. Zur Bestimmung des mechanischen Widerstandes von Tonabnehmern nach Kluge.

nach den drei Schaltungen benannt. $\mathfrak{E}_1$ und $\mathfrak{E}_3$ sind die Klemmenspannungen am Tonabnehmer bei den Schaltungen *I* und *III*. Durch Zusammenfassung ergibt sich zunächst:

$$(53)\qquad \frac{\mathfrak{K}_2}{\mathfrak{J}_2} = -\frac{\mathfrak{E}_3}{\mathfrak{U}_3}.$$

Für den mechanischen Eingangswiderstand $\mathfrak{W}_0$ erhalten wir dann:

$$(54)\qquad \mathfrak{W}_0 = \frac{\mathfrak{K}_1}{\mathfrak{U}_1} = \frac{\mathfrak{K}_2}{\mathfrak{U}_2} + \mathfrak{M}\cdot\frac{\mathfrak{J}_2}{\mathfrak{U}_2} = \left(\frac{\mathfrak{K}_2}{\mathfrak{J}_2} + \mathfrak{M}\right)\frac{\mathfrak{J}_2}{\mathfrak{U}_2} = -\frac{1}{\mathfrak{R}_0}\cdot\left(\frac{\mathfrak{E}_3}{\mathfrak{U}_3} + \frac{\mathfrak{E}_1}{\mathfrak{U}_1}\right)\frac{\mathfrak{E}_1}{\mathfrak{U}_1}.$$

Im allgemeinen wird $\frac{\mathfrak{E}_1}{\mathfrak{U}_1} \ll \frac{\mathfrak{E}_2}{\mathfrak{U}_2}$ sein, so daß sich für den Scheinwiderstand die Beziehung ergibt:

$$(55)\qquad |\mathfrak{W}_0| = \frac{1}{|\mathfrak{R}_0|}\cdot\left|\frac{\mathfrak{E}_3}{\mathfrak{U}_3}\right|\cdot\left|\frac{\mathfrak{E}_1}{\mathfrak{U}_1}\right|.$$

Zur Messung von $\mathfrak{W}_0$ brauchen demnach nur die Schaltungen *I* und *III* wirklich ausgeführt zu werden. Im Fall *I* betrieb Kluge den Tonabnehmer mit einer Schallplatte konstanter Amplitude und Wellenlänge; die Umdrehungszahl und damit die Frequenz konnte in weiten Grenzen geändert werden. Die Schnellenamplitude $|\mathfrak{U}_1|$ wurde nach dem optischen Verfahren von Meyer und Buchmann bestimmt. In Schaltung *III* mußte die Nadel frei schwingen; die Schnellenamplitude $|\mathfrak{U}_3|$ wurde hier nach der Sandkörnchenmethode von Andrejew festgestellt. Abb. 45 zeigt das Ergebnis einer Messung von Kluge für drei verschiedene Nadelsorten. Da der Nadel des Tonabnehmers die Geschwindigkeit durch die Schallplatte aufgezwungen wird, gibt der Eingangswiderstand ein Maß für die Plattenbeanspruchung.

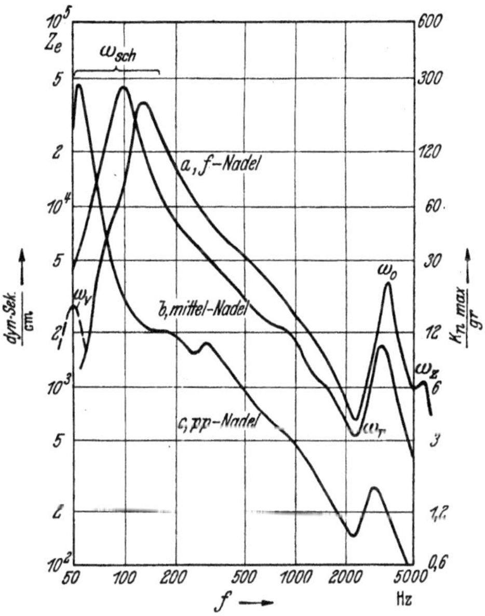

Abb. 45. Eingangswiderstand eines elektrischen Tonabnehmers nach Kluge für drei verschiedene Nadelsorten.

Literaturverzeichnis.

1. v. Békésy, G.: Ann. Physik (5) **13**, 126 (1932).
2. Beranek, L. L.: J. acoust. Soc. Amer. **12**, 3, 14 (1940).
3. Böhme, H.: Akust. Z. **2**, 303 (1937).
4. Bolt, R. H., u. R. L. Brown: J. acoust. Soc. Amer. **12**, 31 (1940).
5. Casper, L., u. G. Sommer: Wiss. Veröff. Siemens-Werken **10**, 117 (1931).
6. Cremer, L.: Elektr. Nachr.-Techn. **10**, 242 (1933).
7. — Elektr. Nachr.-Techn. **12**, 333 (1935).
8. Davis, A. H., u. E. J. Evans: Proc. roy. Soc. London **127**, 89 (1930).
9. Eckhardt, E. A., u. V. L. Chrisler: Bur. Stand. Sci. Paper Nr. 526, S. 61 (1926/27).

10. Fay, R. D., u. W. M. Hall: J. acoust. Soc. Amer. **5**, 46 (1933).
11. Flanders, P. B.: J. acoust. Soc. Amer. **4** (1932) Ergänzungsheft.
12. — Bell System techn. J. **11**, 402 (1932).
13. Ganitta, E.: Akust. Z. **5**, 87 (1940).
14. Geffcken, W.: Elektr. Nachr.-Techn. **10**, 39 (1933).
15. — Ann. Physik (5) **19**, 829 (1934).
16. Hahnemann, W., u. H. Hecht: Ann. Physik **60**, 454 (1919).
17. — — Ann. Physik **63**, 57 (1920).
18. Hall, W. M.: J. acoust. Soc. Amer. **11**, 140 (1939).
19. Harmans, J.: Akust. Z. **5**, 215 (1940).
20. Heimburger, G.: Physic. Rev. **31**, 275 (1928).
21. Keibs, L.: Ann. Physik (5) **26**, 585 (1936).
22. Kellog, E. W.: J. acoust. Soc. Amer. **2**, 198 (1930).
23. Kenelly, A. E., u. K. Kurokawa: Proc. Amer. Acad. Arts Sci. **56**, 1 (1921).
24. — Electrical vibration instruments. New York 1923, S. 190.
25. — J. Franklin Inst. **200**, 467 (1925).
26. Kluge, M.: Hochfrequenztechn. u. Elektroakust. **40**, 55, 108 (1932).
27. Knötzel, H.: Akust. Z. **5**, 245 (1940).
28. Kosten, C. W., u. C. Zwikker: Akust. Z. **6**, 124 (1941).
29. Kühl, V., u. E. Meyer: S.-B. preuß. Akad. Wiss., Physik.-math. Kl. **26**, 416 (1932).
30. Kurokawa, K.: J. Instn. electr. Engr. Jap. Suppl. 1923
31. Kurtz, R.: Akust. Z. **3**, 74 (1938).
32. Lippert, W.: Akust. Z. **6**, 46 (1941).
33. Mallet, E., u. R. C. G. Williams, J. Instn. electr. Engr. **68**, 560 (1930)
34. Menzel, W.: Akust. Z. **5**, 257 (1940).
35. Meyer, E.: Akust. Meßtechnik i. Handb. d. Experimentalphysik von Wien u. Harms **17**/2, 149 (1934).
36. —, G. Buchmann u. A. Schoch: Akust. Z. **5**, 352 (1940).
37. — u. K. Tamm: Akust. Z. **7**, 45 (1942).
38. Morse, P. M., R. H. Bolt u. R. L. Brown: J. acoust. Soc. Amer. **12**, 217 (1940).
39. Nukiyama, H., u. M. Matsudeira: Proc. imp. Acad. (Tokyo) **2**, 410 (1926).
40. —, u. M. Matsudeira: J. Instn. electr. Engr. Japan 1927.
41. Oberst, H.: Akust. Z. **2**, 76 (1937).
42. Paolini, E.: Z. techn. Physik **14**, 332 (1933).
43. Paris, E. T.: Proc. physic. Soc. **39**, 269 (1927).
44. Richardson, E. G.: Proc. physic. Soc. **40**, 206 (1928).
45. Robinson, N. W.: Philosophic. Mag. **23**, 665 (1937).
46. Schuster, K., u. A. Hohberg: Ann. Physik **16**, 203 (1933).
47. Schuster, K.: Physik. Z. **35**, 408 (1934).
48. — Elektr. Nachr.-Techn. **13**, 164 (1936).
49. —, u. W. Stöhr, Akust. Z. **4**, 253 (1939).
50. Sivian, L. J.: J. acoust. Soc. Amer. **7**, 94 (1935).
51. Stewart, G. W.: Physic. Rev. **28**, 1038 (1926).
52. Strutt, M. J. O.: Ann. Physik **10**, 244 (1931).
53. — Wireless Engr. **9**, 143 (1932).
54. Tamm, K.: Akust. Z. **6**, 16 (1941).
55. Taylor, H. O.: Physic. Rev. **2**, 270 (1913).
56. Tischner, H.: Elektr. Nachr.-Techn. **7**, 192, 236 (1930).
57. Tröger, J.: Physik. Z. **31**, 26 (1930).
58. Tuma, H.: S.-B. Akad. Wiss. Wien, Math.-naturwiss. Kl. **1902**, S. 402
59. Turner, P. K.: J. Instn. electr. Engr. **69**, 591 (1931).
60. Waetzmann, E.: Festschrift der Techn. Hochschule Breslau 1935, S. 470.
61. —, u. L. Keibs, Ann. Physik (5) **22**, 247 (1935).
62. —, — Ann. Physik (5) **26**, 141 (1936).
63. — Z. techn. Physik **17**, 549 (1936).

64. Waetzmann, E., u. L. Keibs: Akust. Z. **1**, 1 (1936).
65. — Akust. Z. **3**, 1 (1938).
66. —, u. W. Wenke: Akust. Z. **4**, 1 (1939).
67. Weisbach, F.: Ann. Physik **33**, 763, (1910).
68. Wente, E. C., u. E. H. Bedell: Bell System techn. J. **7**, 1 (1928).
69. —, u. A. L. Thuras: Bell System techn. J. **7**, 140 (1928).
70. West, W.: J. Post. off. electr. Engng. **21**, 293 (1929).
71. Willms, W.: Akust. Z. **4**, 29 (1939).
72. — Akust. Z. **6**, 150 (1941)
73. Wintergerst, E., u. W. Knecht: Z. VDI **76**, 777 (1932).
74. —, u. H. Klupp: Z. VDI **77**, 91 (1933).
75. — Schalltechn. **6**, 5 (1933).
76. Wisotzky, W.: Hochfrequenztechn. u. Elektroakust. **53**, 97 (1939).
77. Wüst, H.: Hochfrequenztechn. u. Elektroakust. **44**, 73 (1934).

GPSR Compliance

The European Union's (EU) General Product Safety Regulation (GPSR) is a set of rules that requires consumer products to be safe and our obligations to ensure this.

If you have any concerns about our products, you can contact us on ProductSafety@springernature.com

In case Publisher is established outside the EU, the EU authorized representative is:

Springer Nature Customer Service Center GmbH
Europaplatz 3
69115 Heidelberg, Germany

Batch number: 10682323

Printed by Printforce, the Netherlands